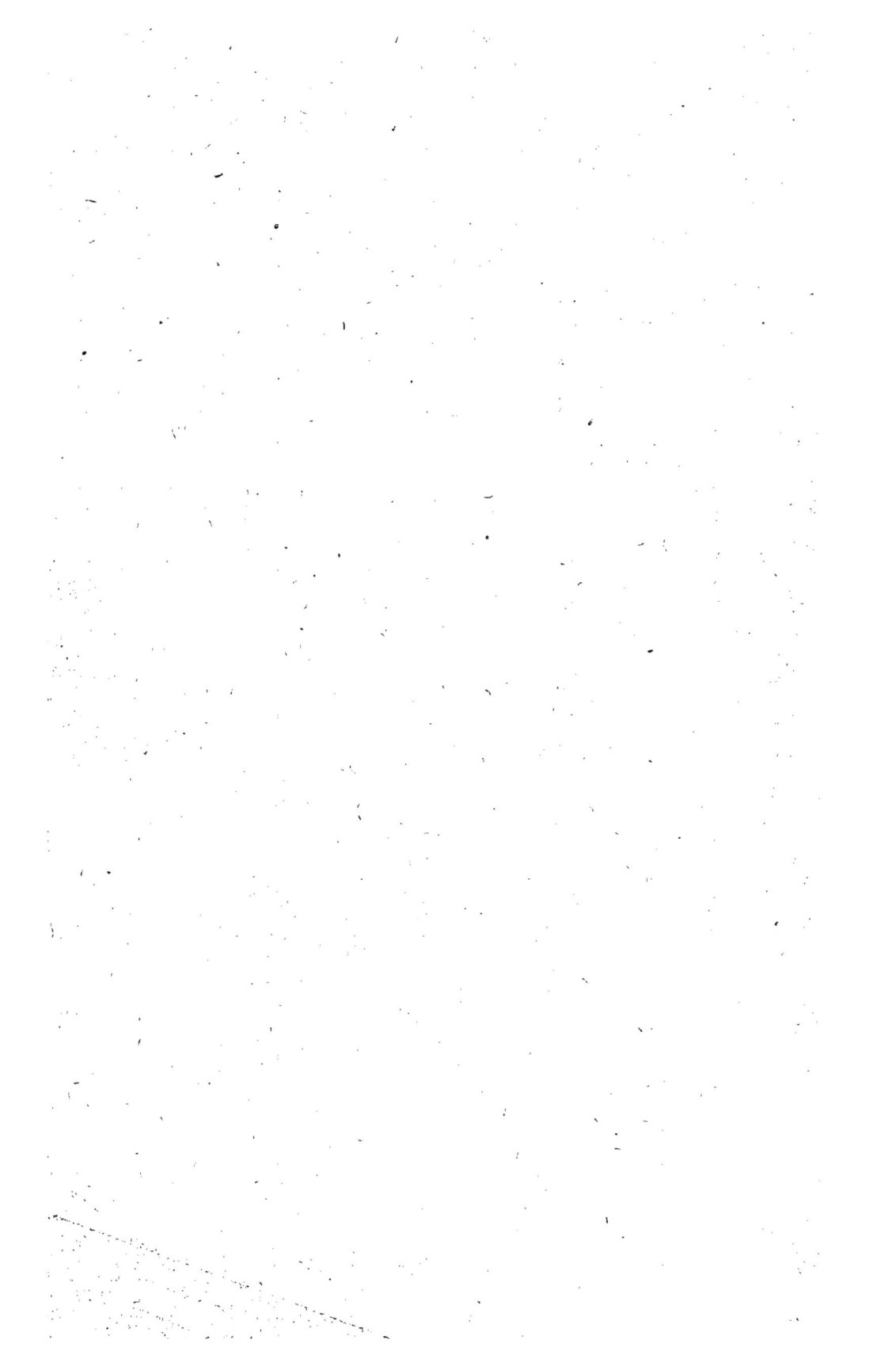

LA FACULTÉ MOTRICE

DANS

LES PLANTES

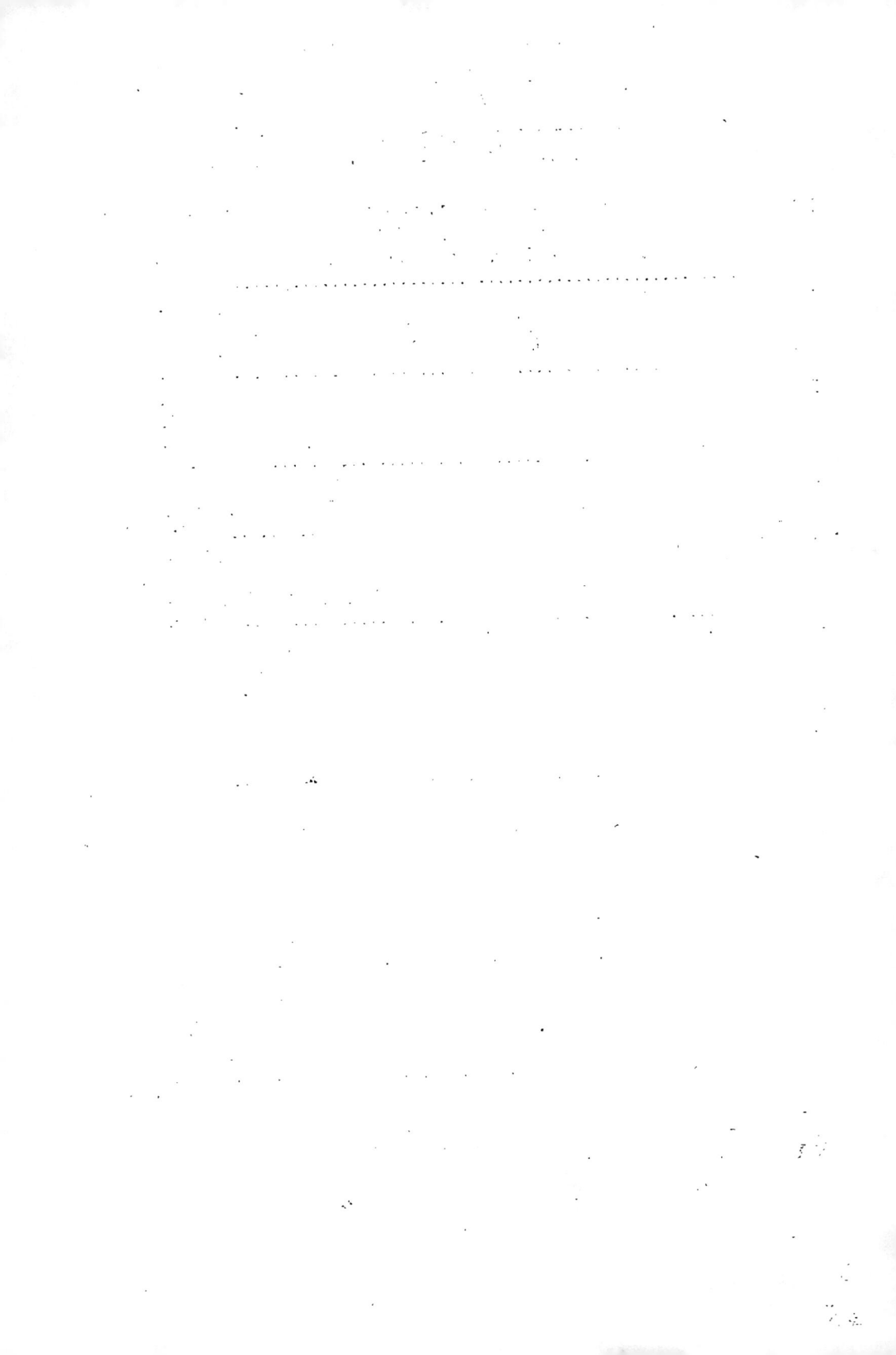

AUTRES OUVRAGES DE CH. DARWIN

L'origine des Espèces au moyen de la sélection naturelle ou la Lutte pour l'existence dans la nature, traduit sur l'édition anglaise définitive par Edmond Barbier, 1 volume in-8°. Cartonné à l'anglaise... 8 fr.

De la Variation des Animaux et des Plantes à l'état domestique, traduit sur la seconde édition anglaise par Ed. Barbier, préface par Carl Vogt. 2 vol. in-8°, avec 43 gravures sur bois. Cart. à l'anglaise.. 20 fr.

La Descendance de l'Homme et la Sélection sexuelle. Traduit de l'anglais par Edmond Barbier, préface de Carl Vogt. Troisième édition française. 1 vol. in-8° avec gravures sur bois. Cartonné à l'anglaise................................. 12 fr. 50

De la Fécondation des Orchidées par les insectes et du bon résultat du croisement. Traduit de l'anglais par L. Rérolle. 1 vol. in-8° avec 34 gravures sur bois. Cart. à l'anglaise......... 8 fr.

L'Expression des Émotions chez l'homme et les animaux. Traduit par Samuel Pozzi et René Benoit. 2ᵉ édition, revue. 1 vol. in-8°, avec 21 gravures sur bois et 7 photographies. Cartonné à l'anglaise... 10 fr.

Voyage d'un Naturaliste autour du Monde, fait à bord du navire *Beagle*, de 1831 à 1836. Traduit de l'anglais par E. Barbier. 1 vol. in-8° avec gravures sur bois. Cart. à l'anglaise ...... 10 fr.

Les Mouvements et les Habitudes des Plantes grimpantes. Ouvrage traduit de l'anglais sur la deuxième édition par le docteur Richard Gordon. 1 vol. in-8° avec 13 figures dans le texte. Cartonné à l'anglaise.. 6 fr.

Les Plantes insectivores, ouvrage traduit de l'anglais par Edm. Barbier, précédé d'une Introduction biographique et augmenté de Notes complémentaires par le professeur Charles Martins. 1 vol. in-8° avec 30 figures dans le texte. Carton. à l'anglaise...... 10 fr.

Des Effets de la Fécondation croisée et directe dans le règne végétal. Traduit de l'anglais par le docteur Ed. Heckel, professeur à la Faculté des sciences de Marseille. 1 vol. in-8°. Cartonné à l'anglaise...................................... 10 fr.

Des différentes Formes de Fleurs dans les plantes de la même espèce. Ouvrage traduit de l'anglais avec l'autorisation de l'auteur et annoté par le docteur Ed. Heckel, précédé d'une préface analytique du professeur Coutance. 1 vol. in-8° avec 15 gravures dans le texte. Cartonné à l'anglaise............................... 8 fr.

LA FACULTÉ MOTRICE

DANS

LES PLANTES

PAR

CH. DARWIN

Avec la collaboration de **Fr. DARWIN** fils

OUVRAGE TRADUIT DE L'ANGLAIS

ANNOTÉ ET AUGMENTÉ D'UNE PRÉFACE

PAR LE

Dr Édouard HECKEL

Professeur à la Faculté des Sciences de Marseille
Directeur du Jardin botanique

———— ⬥✦⬥ ————

PARIS

C. REINWALD, LIBRAIRE-ÉDITEUR
15, rue des Saints-Pères, 15

———

1882

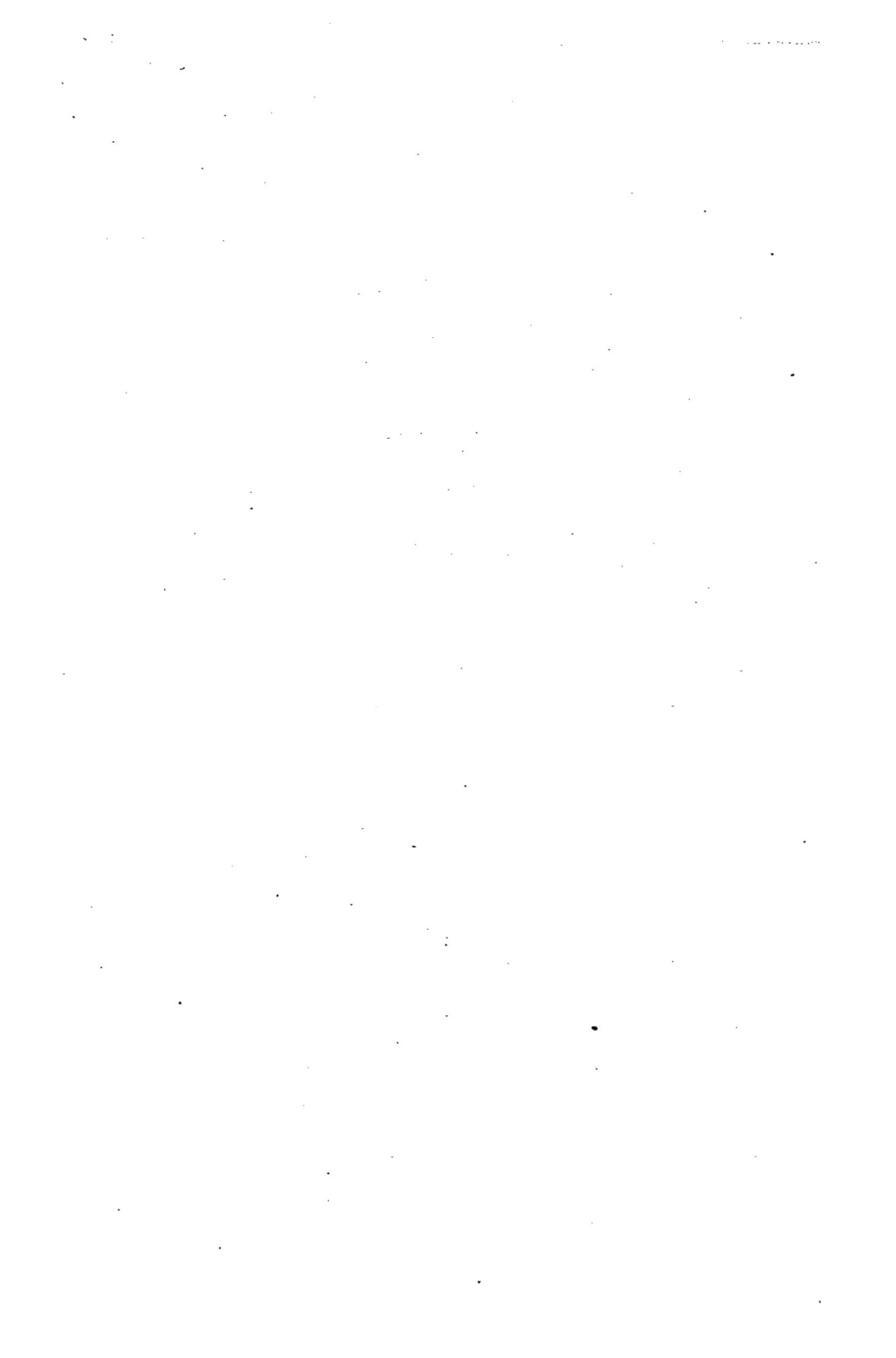

TABLE DES CHAPITRES

CHAPITRE PREMIER

Mouvements circumnutants dans les jeunes semis.

CHAPITRE II

Considérations générales sur les mouvements et la croissance des semis.

CHAPITRE III

Sensibilité de l'extrémité radiculaire à l'attouchement et aux autres excitants.

CHAPITRE IV

Mouvements circumnutants dans les diverses parties des plantes adultes.

CHAPITRE V

Modifications de la circumnutation; plantes grimpantes; mouvements d'épinastie et d'hyponastie.

CHAPITRE VI

Modifications de la circumnutation. — Mouvements de sommeil ou nyctitropiques; leurs usages. — Sommeil des Cotylédons.

CHAPITRE VII

Modifications de la circumnutation : Mouvements de sommeil ou nyctitropiques des feuilles.

CHAPITRE VIII

Modifications de la circumnutation : Mouvements déterminés par la lumière.

CHAPITRE IX

Sensibilité des plantes à l'action de la lumière : Transmission de ses effets.

AVIS IMPORTANT AU LECTEUR

Pour faciliter la lecture des nombreux tracés indiquant les divers mouvements des plantes, le lecteur voudra bien tenir compte de l'interprétation suivante à donner aux abréviations portées sur leur parcours; par exemple :

Page 361. — 6° 40' a. m. 23rd = 6 heures 40^{m} avant midi (matin) le 23.
Page 368. — 10° 40' p. m. 10th = 10 heures 40^{m} après midi (soir) le 10.

L'emploi nécessaire des bois originaux portant les annotations anglaises a eu pour conséquence l'introduction dans le texte français d'un système de notes qui pourrait ne pas être compris, malgré sa simplicité, sans l'explication ci-dessus.

PRÉFACE

———

Un nouveau livre de Ch. Darwin n'a pas besoin de préface.

Il m'a néanmoins semblé, qu'ayant accepté la tâche d'ouvrir au lecteur français les trésors renfermés dans cet ouvrage, je devais le mettre en état de tirer tout le profit possible de cette lecture, en l'initiant rapidement et avec simplicité aux diverses phases d'évolution, et à l'état actuel de cette grande question du *mouvement végétal* (traitée ici partiellement par Darwin) que l'on s'est complu, comme à plaisir, à rendre aussi obscure que possible.

J'ai senti d'autant plus cette nécessité que, d'un côté, une foule de points supposés connus du lecteur par Ch. Darwin, sont absolument laissés dans l'ombre, et que, de l'autre, mes travaux (1) sur cette question de physiologie me font un devoir de compléter les enseignements contenus en ce livre.

Mon intention, dans cette préface, est donc moins d'analyser la nouvelle œuvre de Ch. Darwin que de tenter l'examen, dans son ensemble et dans sa situation présente, de cette question sans cesse renaissante de la motilité végétale, qui, résolue en apparence depuis Dutrochet, est cependant toujours à l'étude, tant son domaine est vaste et complexe, tant les phénomènes d'observation facile, ont reçu jusqu'ici des explications encore discutées.

(1) *Du mouvement végétal*, nouvelles recherches au point de vue anatomique et physiologique sur la motilité dans les organes reproducteurs des Phanérogames. — Paris — G. Masson — 1875 (Thèse pour le doctorat ès sciences).

Recherches sur le mouvement staminal des *Parnassia palustris*, *Saxifraga umbrosa*, etc. (Communications à l'Académie des sciences — 1870.)

Après avoir traité magistralement les questions les plus
importantes qui se rattachent à la morphologie et à la physiologie végétales, sous le titre de *Plantes carnivores*, *Plantes
grimpantes*, *Formes florales*, *Fécondation croisée et directe*,
Darwin ne pouvait se soustraire à la nécessité d'aborder
l'étude du mouvement végétal, qui a passionné depuis plus
d'un siècle tous les botanistes, même bien avant Linné (1), et
semble, à notre époque, avoir repris ses droits, un moment
perdus, à l'attention des observateurs.

On peut le dire hardiment, depuis que la physiologie existe,
il s'est trouvé des physiologistes qui ont traité et cru résoudre
cet important problème ; mais nul ne l'a abordé avec plus
d'autorité, plus de liberté d'esprit, plus d'indépendance d'idées,
plus de hauteur de vues et de tendances synthétiques que
Ch. Darwin. Le terrain était, du reste, tout préparé, il faut
le reconnaître, par des travaux de premier ordre parus depuis
ces dix dernières années, et par les recherches antérieures de
l'auteur, qui s'était exercé à ces études délicates en observant
les plantes grimpantes. Ce dernier sujet ne constitue, à proprement parler, qu'un chapitre étroit du vaste ensemble aujour-
d'hui traité. Ch. Darwin eût pu, en suivant ses premiers erre-
ments, morceler ce travail en autant de volumes qu'il réunit ici
de chapitres consacrés au *Géotropisme*, à l'*Héliotropisme*, à la
Circumnutation, au *Nyctitropisme* et à l'*Hydrotropisme* :
mais ce procédé d'exposition eût été assurément plus long et
moins philosophique. La façon dont sont reliées, dans leurs
origines, les différentes impressions des agents cosmiques et
des milieux sur la circumnutation, eussent échappé peut-être
à un esprit distrait de l'ensemble par la disjonction des parties : en tout cas, le lecteur aurait certainement été exposé à
perdre le fil harmonieux qui les unit en formant de ces
manifestations complexes un faisceau serré de faits subordon-
nés tous à cette grande loi : *La vie, c'est le mouvement*. Il
serait bien difficile, en effet, et c'est une vérité qui se dégage
des dernières recherches de Darwin, de trouver aujourd'hui un

---

(1) Valerius Cordus (1561) paraît être le premier botaniste qui ait observé, dans
les feuilles, le mouvement déterminé par ce que l'on appelait la sieste diurne et que
nous nommons aujourd'hui *parhéliotropisme*, c'est-à-dire contre-héliotropisme.

séul végétal, si complexe ou si dégradée que puisse être sa structure organique, qui n'obéisse pas à cette règle, dans une ou plusieurs parties de son être, et cela à tous les moments de son existence.

Récemment encore on admettait que les plantes douées de mouvement, formaient l'exception dans le règne végétal. Notre proposition semblera dès lors surprenante aux esprits encore imbus de cette notion fausse de l'opposition absolue entre le végétal et l'animal, tirée de l'immobilité de l'un et de la motilité de l'autre : elle mérite donc d'être développée et peu de mots y suffiront. Le lecteur jugera dès lors la valeur de cette dernière barrière élevée entre les deux règnes. Quoique réputée infranchissable, elle a été ébranlée déjà depuis longtemps par chaque nouvelle connaissance acquise sur la véritable nature des phénomènes du mouvement dans les végétaux. Elle tombe définitivement aujourd'hui devant les recherches profondes consignées dans ce livre, établissant sa généralité dans les groupes supérieurs qui y semblaient les plus réfractaires. Il suffira, j'espère, pour convaincre ces esprits, de montrer nettement la diffusion de cette motilité dans tous les végétaux en dehors des Phanérogames, qui ont presque exclusivement absorbé l'attention de Darwin.

Claude Bernard a pu dire, avec une grande vérité, que certains organismes végétaux possèdent non-seulement la motilité, mais encore le mouvement approprié vers un but déterminé, c'est-à-dire *les apparences du mouvement volontaire*. Cette notion, considérée comme hasardée il y a quelques années, nous portait déjà bien loin de cette époque relativement récente, dans laquelle Isidore Geoffroy Saint-Hilaire, après avoir longuement traité cette question du mouvement dans son immortel *Traité d'histoire naturelle des êtres organisés*, se croyait autorisé à dire, tant la physiologie végétale avait été négligée : *Les animaux ont des mouvements autonomiques et les végétaux des mouvements automatiques*. Aujourd'hui nous pouvons, après les conquêtes de Ch. Darwin, affirmer sans crainte d'être contredits, que si quelques végétaux sont doués, au moins dans certaines de leurs parties, de mouvements dont l'ampleur et le but semblent indiquer une lueur de volonté, tous possèdent, et à un haut degré, une motilité dont les manifestations surtout sensibles, dans les organes en voie d'accroissement, aux deux extrémités de l'individualité, constituent le phénomène de la circumnutation.

Nous affirmons que certains végétaux présentent des apparences de mouvements voulus, et la volonté existe en eux certainement, si, comme cela ne paraît point faire doute pour certains naturalistes, on discerne cette propriété dans les mouvements complexes propres aux Infusoires. Quelle différence trouve-t-on, en effet, entre les mouvements de ces Protozoaires et les phénomènes de motilité surprenants qu'on observe dans une zoospore, un anthérozoïde ? Aucun, si ce n'est que les premiers sont quelquefois d'une durée plus longue, ce qui ne saurait constituer un criterium distinctif. Buffon a dit, il est vrai, dans une de ces phrases plus sonores que profondes auxquelles leur célébrité a donné le triste privilège de devenir de véritables fléaux pour le progrès des sciences : « *Les Zoospermes sont des machines qui s'arrêtent quand leur effet est produit.* » On a beaucoup admiré ce sophisme ; mais quelle machine animale ou végétale douée de mouvement, si perfectionnée soit-elle, pourrait échapper à la même appréciation ?

Les Myxomycètes sont, comme les spores des protoplasmas mobiles très bien doués, auxquels nous accorderons, le but de leur mouvement n'étant pas bien manifeste, tout au moins la motilité. Leur déplacement s'accompagne de formation de bras temporaires, de pseudopodes, et ce mouvement est identiquement semblable à celui que l'on trouve dans le règne animal, chez les Rhizopodes, par exemple. Bien plus, les organes du mouvement qui manquent le plus souvent, peuvent devenir apparents dans les organismes favorisés, et la jeune algue, à l'état de spore, nage à l'aide de cils vibratiles tout comme d'un infusoire ou tout autre embryon cilié d'une nature animale incontestée. Si nous allons plus bas encore dans la série végétale, nous voyons certains Schizomycètes mobiles dans leur milieu ambiant être cependant dépourvus selon toute apparence, comme les Diatomés, de tout organe de mouvement. Donc, les organismes cellulaires peuvent être mobiles, que leur plasma soit libre ou qu'il ait pu par différenciation végétale se secréter une membrane d'enveloppe cellulosique pourvue ou non d'appendices motiles. Cependant, quand les masses protoplasmiques se sont incarcérées dans une membrane résistante, elles ne sauraient que rarement manifester au dehors le mouvement interne qui les agite incessamment tant que dure la vie. Les tractus du phytoblaste se produisent certainement, mais ils ont pour résultat de donner naissance à ces tourbillons complexes et étouffés qu'on appelle du nom de *gyration* ou *mouvement intra-cellulaire*, si remarquables dans les utricules de *Chara* et les poils filamenteux des *Tradescantia*. Ce sont les mêmes torsions amiboïdes des filaments tractiformes propres à toute cellule, qui entraînent les déplacements de son organe le plus important, le noyau, et qui, se manifestant ou s'arrêtant sous les influences alternatives de la lumière et de l'obscurité, donnent naissance à ces singulières migrations des corps chlorophylliens. Nés du protoplasma et dans le protoplasma même, ces corpuscules doivent suivre fatalement les mouvements de cette masse vivante primordiale, dont la physiologie encore mal ébauchée, il faut le reconnaître, mérite une étude approfondie de quiconque prétend aborder sans parti-pris la question de la motilité végétale. A ces tourbillons internes, à ces formations intracellulaires de pseudopodes et de processus. doit être rapportée la cause du mouvement provoqué dans les organes reproducteurs des phanérogames, ainsi que je l'ai montré dans mes recherches sur le mécanisme du mouvement spontané des étamines de Berberis.

Le rappel de ces quelques notions aura pour résultat de nous montrer que le mouvement est le propre de la cellule végétale, quelle que soit sa complexion, sa complication, sa différenciation. Mouvement au dedans; mouvement au dehors; mouvement insensible, invisible dans la gyration; mouvement tangible, appréciable dans le protoplasma libre, et quelquefois dans le plasma emprisonné; tout est mouvement tant que la cellule vit. — Mais, agrégée à sa congénère et réunie en colonie, la cellule peut-elle manifester au dehors les phénomènes de motilité résultant de la vie elle-même, qui agitent sans cesse son phytoblaste dans sa cellule, ainsi qu'un animal se meut dans sa coquille? Oui, et c'est assurément le point le

plus intéressant de ce phénomène complexe : c'est là ce que
Darwin a mis le plus vivement en lumière.

Garreau, dans un travail déjà ancien (1), avait prévu comment les organismes complexes, multicellulaires, pourvus
d'organes bien distincts, devaient réagir d'une manière tout à
fait apparente sous l'impulsion du travail interne phytoblastique. Je ne puis m'empêcher de rapporter ici le passage qui y
a trait. On verra qu'il n'a point vieilli et qu'on pourrait le
croire écrit d'hier : « La matière azotée des plantes réunit les
« principaux attributs de celle qui vit chez les animaux : elle
« en possède l'excitabilité, la contractilité, la composition élé-
« mentaire ; et cette matière a la propriété de se mouvoir et
« de se reproduire comme celle qui constitue les animaux. Ces
« mouvements visibles dans toutes les plantes en voie d'ac-
« croissement, n'ont pas d'action marquée sur les parois trop
« résistantes des cellules : mais, dans les Oscillaires, dont les
« unes s'allongent à la manière des vers, et les autres se cris-
« pent sous la forme de spire, on retrouve des conditions nou-
« velles, à l'aide desquelles la matière vivante de ces plantes,
« sans paraître changer de nature, se trouve dépouillée de
« l'écorce qui limitait le mouvement. Enveloppons par la
« pensée une Oscillaire d'une coque cellulosique plus résis-
« tante et nous aurons tous les éléments organiques d'une fibre
« ligneuse, donnons la même enveloppe à l'amibe diffluent et
« nous retrouverons ceux d'une cellule parenchymateuse. »
Cette réaction si bien indiquée dans ce passage remarquable,
constitue précisément ce fond commun de mouvement qui, in-
hérent à la nature même de la plante, a reçu de Darwin le nom
de *Circumnutation* et se modifie sous l'influence des excitants
externes, pour devenir *Géotropisme, Hydrotropisme, Nyctitropisme, Volutisme* (2), *Héliotropisme,* formes qui peuvent
elles-mêmes naître les unes des autres, comme les agents phy-
siques qui les font naître de ce fond commun propre aux

_____

(1) Annales des Sciences naturelles, 4ᵉ *série*, T. XIII, p. 145. 1860.

(2) Je prie le lecteur de vouloir bien excuser ce néologisme devenu nécessaire
pour éviter les lenteurs de la périphrase. J'entends par *volutisme* la modification
de la circumnutation qui fait que certaines plantes deviennent grimpantes en s'enroulant tantôt à gauche tantôt à droite, pour décrire leurs spires. Une preuve bien

organes végétaux, peuvent se transformer les uns dans les autres, la chaleur, par exemple, en électricité et en lumière, et inversement. C'est la grande idée de ce livre et rien jusqu'ici n'y avait préparé les esprits, chaque manifestation du mouvement semblant avoir son autonomie réelle et sa physiologie distincte, sans aucun point de contact et aucune transition avec sa congénère. Tous les termes de passage d'une forme à l'autre sont indiqués et quelquefois expliqués dans ce livre, mais il est une question devant laquelle l'esprit synthétique de Ch. Darwin s'est arrêté malgré sa puissance, je veux parler de la cause des *mouvements provoqués* restés jusqu'ici irréductibles en dépit des efforts louables de tous les physiologistes préoccupés, à juste titre, de condenser ces phénomènes en une origine unique.

En dehors des conditions anatomiques qui assurent leur réalisation, les mouvements quels qu'ils soient, dans un végétal quelconque, peuvent se classer sous deux chefs au point de vue physiologique : 1o être sous la dépendance des agents cosmiques ou des agents internes et prendre alors un caractère périodique (1), ce sont les *mouvements spontanés*, ceux à coup

tangible de la dérivation du *volutisme* de la circumnutation nous est fournie par cette observation, due à M. le professeur Crié (de Rennes), établissant que certaines plantes volubles (*Rhypogonum, Rajania*) sont capables de s'enrouler indistinctement dans deux sens opposés. Il est évident que, dans ces conditions, l'impulsion due à la circumnutation qui, en 24 heures, conduit les tiges dans différents sens contraires, est moins altérée par l'adaptation particulière à l'état de plantes grimpantes.

(1) A cette périodicité se rattachent intimement des faits du plus haut intérêt relatifs au dégagement des odeurs dans les fleurs. Voici comment s'exprime sur ce point M. L. Crié, qui a, le premier, découvert ces faits : « J'ai pu m'assurer qu'il « existe, chez les plantes, des odeurs *continues* et celles que j'ai appelées odeurs « *périodiques* et *excitées*. Les plantes les plus instructives sous ce rapport sont les « *sceaux de Salomon* (Convallaria), *Silene nutans, Lychnis vespertina, Spi-* « *ranthes*, etc., Les botanistes admettent depuis longtemps que *Polygonatum* « *multiflorum* possède des fleurs inodores alors que, dans *P. uniflorum*, les fleurs « sont odorantes. J'ai pu m'assurer qu'il n'en était pas ainsi. Le *P. multiflorum* « odorant le soir seulement, devient inodore au lever du soleil, son congénère, le « *P. uniflorum* est odorant tout le jour. J'ai constaté, en effet, que la radiation lu- « mineuse empêche le développement des odeurs dans cette plante, tandis que « l'obscurité le favorise puissamment. Ayant placé dans une caisse à l'obscurité « plusieurs échantillons de *P. multiflorum*, à fleurs inodores pendant le jour, j'ai « constaté qu'au bout de quelques heures, il se dégageait des fleurs une délicieuse « odeur, rappelant en même temps celle du muguet ou de la Narcisse. Cette odeur « durait trois jours, c'est-à-dire jusqu'au moment où les fleurs se dessèchaient. Ces « phénomènes sont comparables aux phénomènes de veille et de sommeil. »

sûr les plus nombreux, ceux précisément que Darwin a fait dé-
river sans effort des phénomènes de circumnutation; puis,
2º viennent ensuite ceux qui, se manifestant seulement dans
certaines conditions spéciales, sont d'un caractère souvent tel
qu'ils ont donné à penser à une intervention de la volonté
(*Zoospores, Diatomées, Oscillaires, Anthérozoïdes*), et
exigent souvent le concours, l'intervention d'un être animé
pour se produire (étamines de *Mahonia, Berberis, rameaux
et feuilles de Sensitive,* stigmates de *Mimulus, Tecoma,* etc.) :
ce sont les mouvements provoqués.

Cette dernière forme est la moins répandue dans le règne
végétal, c'est celle que l'esprit de Darwin, avide de généralisa-
tion, a cherché, mais en vain, à faire rentrer dans la même
catégorie causale que la précédente. Comme la plupart des
auteurs qui ont tenté cette réduction, Ch. Darwin, contraint
de recourir à la seule puissance du raisonnement et incapable
de retrouver par l'observation, dans les organes doués de
sensibilité, la trace du mouvement circumnutant apparente
dans tous les phénomènes de motilité qui en dérivent, a échoué
dans sa tâche. Aussi insiste-t-il à peine et ne fait-il que dire
un mot en vue d'essayer un rapprochement que l'on sent impossible. Son esprit prudent a reculé devant les explications
trop faciles étendues sans contrôle à tous les cas indistinctement. En parlant ainsi, j'ai tout particulièrement en vue la
théorie de Pfeffer, qui, jusqu'à ce jour, semble avoir été ac-
ceptée généralement pour expliquer les phénomènes et vouloir
régner en maîtresse. D'après cet auteur, les mouvements provoqués, qui, dans la Sensitive, sont unis aux mouvements
spontanés et réalisés par le même organe (bourrelet articu-
laire), seraient dus à ce que, sous l'influence d'une excitation, les cellules de la moitié inférieure déversent l'eau qu'elles
contiennent dans les méats interposés et que les gaz contenus
dans ceux-ci sont alors refoulés dans d'autres parties du pétiole, si bien, qu'enfin, le renflement inférieur, vide en partie,
devient flasque et ne peut supporter le pétiole qui s'abaisse.
C'est une modification aux phénomènes de tension, spécialement établie pour le cas de la Sensitive à bourrelets irritables. Mais comment cette théorie serait-elle acceptable dans le

cas où, comme cela se produit pour les étamines des *Berbéri-dées*, les espaces intercellulaires (les méats) manquent absolu-ment ? Et puis comment expliquer cette sortie soudaine de l'eau sous l'influence d'une irritation, alors que la même mem-brane suffit à contenir le même liquide, en dehors de toute excitation ? La membrane cellulosique est poreuse sans doute, mais comme elle ne paraît pas jusqu'ici être contractile, d'où vient la pression qui chasse l'eau ? J'ai montré (1) que ces phé-nomènes reconnaissent une autre cause : une véritable con-traction des tractus protoplasmiques et Darwin a constaté le même phénomène dans les cellules des laciniations irritables terminées par des glandes dans les feuilles de Drosera. P. Bert, dont la méthode a sans doute servi d'exemple à Darwin pour les recherches de ce genre, se tient dans son remarquable tra-vail sur la Sensitive, relativement aux causes du mouvement provoqué dans les organismes supérieurs, sur la plus stricte et la plus louable réserve. Loin de chercher à établir un point de contact entre les deux phénomènes dont la distinction s'im-pose malgré le dire de Pfeffer, il conserve cette division et l'établit sur des données physiologiques si indiscutables, que tous les efforts tentés en vue de l'unité ne sauraient plus faire sortir l'une de l'autre ces deux formes du mouvement. Tous ceux qui péniblement cherchent à confondre ces manifestations vi-tales oublient par quel point la physiologie les sépare et com-ment, quand ils sont unis dans le même organe, les anesthé-siques peuvent les dissocier. C'est cependant un fait capital, qui a été mis en vive lumière il y a plusieurs années déjà par les travaux remarquables de P. Bert. Endormez une Sensitive sous une cloche, comme l'a fait ce physiologiste, et vous verrez que si elle ne répond plus aux excitations du tact ou de la brû-lure, elle ne continue pas moins à être agitée de mouvements périodiques nocturnes et diurnes, qui, selon Bert, seraient dus, et tout porte à croire qu'il en est ainsi, à l'accumulation et à la destruction alternatives du glucose dans les éléments du renflement (2). Elle n'est plus sensible, mais elle continue à

---

(1) *Mouvement végétal* (loc. cit.)

(2) Cette manière de voir se trouve corroborée par ce fait que les cellules de tout bourrelet sont arrêtées dans leur développement, et, par conséquent, réalisent une

être motile. Les premiers, les mouvements provoqués, comme ceux des animaux, obéissent donc aux anesthésiques ; les autres, les mouvements spontanés y échappent, comme y échappent aussi, chez les animaux, les mouvements musculaires placés sous la dépendance du grand sympathique. Ces deux systèmes de motilité sont donc indépendants dans la même plante, comme certains mouvements peuvent l'être dans le même animal hautement organisé (1). Il n'y a donc là rien de surprenant.

Mais ils peuvent aussi être distincts, et c'est ce qui arrive le plus souvent, comme nous le voyons par exemple dans les étamines des Berbéris et celles des Rues : les premières ne se meuvent que par l'action d'un irritant, elles sont sensibles ; les autres, ne sont que motiles, mais rien, si ce n'est la mort, ne peut

permanence de l'état jeune ; or, on sait que les cellules jeunes contiennent en abondance du glucose qui disparaît dans les stades ultérieurs du développement phytoblastique.

(1) Il est très intéressant de constater de quelle manière le mouvement est reparti dans la série végétale. Nous trouvons d'abord, dans les organismes inférieurs, les manifestations d'une propriété motile dont nous avons suffisamment parlé déjà, et qui semble être une répercussion originaire d'une propriété qui va devenir caractéristique des animaux : l'automotilité. Les végétaux dégradés se meuvent (*Algues, Champignons*, etc.) et leurs organes reproducteurs mâles comparables en cela à ceux des animaux supérieurs se meuvent aussi. Mais cette propriété localisée dans les bas-fonds du règne végétal comme pour montrer la source commune à laquelle les deux règnes ont pris naissance, va bientôt s'éteindre avec le groupe important des Cryptogames, dont les termes supérieurs ne montrent plus la zoomotilité que dans leurs éléments fécondateurs. Dans les Gymnospermes et les Monocotylédones nous ne trouvons guère, mais alors répandu à profusion, que le mouvement spontané des diverses parties des organes : chez les Dicotylédones polypétales enfin apparaît le mouvement provoqué (indice de sensibilité) qui peut siéger indistinctement dans toutes les parties du végétal, phénomène nouveau qui exige des excitants particuliers pour se produire, mais qui coexiste le plus souvent avec le mouvement spontané périodique. Les Gamopétales enfin sont incontestablement les plus favorisées au point de vue de la motilité : c'est en elles, en effet, qu'on trouve, dans les organes reproducteurs tant mâles que femelles, ces admirables mouvements provoqués qui, destinées à protéger la fécondation et à favoriser le croisement, ne sauraient tenir quoi que ce soit du fatalisme propre au mouvement spontané, et relèvent au contraire de l'irritation portée par un être vivant. Ce sont là les familles patriciennes de la végétation, mais des patriciennes auxquelles la nature, plus prévoyante que l'homme ne l'est pour lui-même, a épargné la dégradation du mariage consanguin. En somme la motilité semble avoir deux pôles bien accusés dans le règne végétal : le haut et le bas de l'échelle, et le perfectionnement physiologique, qui n'est en somme que la meilleure et la plus complexe adaptation aux conditions ambiantes, paraît avoir marché du mouvement spontané (à caractère animal d'abord, puis végétal ensuite c'est-à-dire périodique) au mouvement provoqué.

suspendre la périodicité et la fatalité de leurs mouvements. Les anesthésiques, les dilacérations même de l'organe ne sauraient pas plus le suspendre que l'influence de la nuit ou de la lumière. — Faudra-t-il après ces caractères différenciels confondre ces manifestations dans les mêmes origines? Faudra-t-il aussi ranger sous le même chef causal ces phénomènes singuliers, véritables négations du mouvement, que L. Crié a fait connaitre sous le nom d'*état cataleptique des fleurs* (1)? Ici, il serait fort difficile de dire en face de quelle forme de mouve ments l'observateur se trouve placé puisque la tension semble ne plus exister. Sans avoir la prétention de me prononcer sur ce sujet encore si neuf, j'ai peine à croire que ces faits étranges

(1) Ces phénomènes étant très peu connus encore, et méritant certainement de l'être, j'ai cru nécessaire de rappeler ici les faits mis au jour de la science par le savant professeur de Rennes, en me servant d'une note manuscrite que l'auteur lui-même a bien voulu rédiger. Ce devoir m'était d'autant plus imposé que Ch. Darwin a omis non pas seulement de les étudier, mais de les signaler même dans son livre :

« Plusieurs Labiées de l'Amérique boréale, appartenant aux genres *Physostegia*, « *Brazonia, Macbridea*, devront enrichir la physiologie d'un fait des plus curieux « que je signale à l'attention des naturalistes. Ces plantes possèdent des inflores-« cences en grappes lâches et compactes. Les pédoncules offrent ceci de particu-« lier que, courbés, relevés, portés à droite ou à gauche, à l'aide du doigt, ils ne « reprennent qu'au bout d'un temps plus ou moins long leur position normale. Ce « phénomène est bien différent de celui qui s'accomplit à l'intérieur des organes en « voie d'accroissement quand ils subissent l'action de la pression, de la flexion, etc., « les pédoncules d'un grand nombre de fleurs courbés vers le bas par le poids de « celle-ci, conservant cette courbure alors même qu' n leur enlève leur charge. S'ac-« croissant plus tard, sous l'influence de la pesanteur ils se redressent et soulèvent « une charge bien plus forte, c'est-à-dire le poids du fruit développé. C'est ce que « montrent la Sylvie (*Anemone nemorosa* L), Pulsatille (*A. pulsatilla* L), *Hellebo*-« *rus fœtidus*, L, *Aquelegia vulgaris* L, *Silene nutans* L, *Fritillaria meleagris* L, et « beaucoup d'autres plantes à fleurs penchées et à fruits dressés. Ces pédicelles ne « réagissent donc d'aucune manière contre la force qui a modifié leur orientation « dans la grappe. Or, on sait que, dans les autres fleurs, les pédoncules ainsi « déplacés reprennent leur position primitive, dès qu'on les abandonne à eux-« mêmes. J'ai cru devoir appeler *cataleptiques* les fleurs chez lesquelles j'ai cons-« taté ce phénomène qui rappelle la maladie caractérisée par l'aptitude qu'ont les « membres à conserver, pendant toute la durée de l'attaque, l'attitude qu'ils avaient « au commencement. Mes premières études et expériences m'ont amené à conclure: « 1° que toutes les fleurs d'une même grappe sont cataleptiques; 2° que certaines « Labiées de la Caroline et du Texas, voisines des Physostegia, semblent avoir « perdu, *dans le temps*, cette curieuse et particulière manifestation de la vie végé-« tale. Je citerai, en faveur de mon opinion, les fleurs du *Macbridea pulchella* « (Ellis), qui ne sont pas cataleptiques en Amérique, mais qui le deviennent, lors-« que la plante est cultivée dans notre pays. Tels on voit, parmi les plantes « grimpantes, certains types qui ont perdu dans le temps l'habitude de grimper. »

qui se rattachent cependant au mouvement végétal, relèvent exclusivement de la circumnutation et des énergies potentielles qui seules ont été invoquées pour expliquer toutes les catégoréies de motilité. Ne serait-il vraiment pas tout aussi étrange qu'il existât, en dehors des propriétés qui leur sont bien connues, des phénomènes de tension nécessitant (cas de *Berberis,* etc.) pour se manifester, l'intervention d'un irritant en un point spécial de l'organe, tout ébranlement sur une autre partie restant sans résultat?

Dans ces derniers temps, une théorie nouvelle, développement ingénieux des phénomènes de tension dont j'ai dit l'application par Pfeffer aux mouvements végétaux, est venue au jour. Elle mérite d'être signalée, d'autant qu'elle émane d'un esprit qui a laissé des traces dans différents points de la physiologie végétale : le professeur Barthélémy, de Toulouse (1). Alors que les phénomènes de tension, dans leur simplicité, ne servent à expliquer le mouvement que par la turgescence différente dans les divers tissus, M. Barthélémy pense qu'il faut tenir grand compte d'un fait mécanique qu'il désigne sous le nom de *coup de Bélier*, c'est-à-dire de la réaction déterminée par le système foliaire (dont l'état physiologique est fort variable dans les 24 heures) sur le cours de la sève ascendante. C'est ainsi que le *Nyctitropisme* ou sommeil nocturne des plantes, s'expliquerait naturellement par l'augmentation de pression que déterminent et la cessation de l'évaporation et les actions chimiques. « Il faut remarquer, dit l'auteur, que, dans les feuilles, « le liquide général interstitiel existe surtout à la face supé- « rieure, et que, dans beaucoup de feuilles jeunes, on trouve, « sous l'épiderme supérieur, une véritable couche de liquide « qui recouvre les cellules en palissade. » Les mouvements héliotropiques s'expliqueraient, dans cette théorie, par ce fait que la lumière augmente l'évaporation ou bien diminue la tension, en déterminant la fixation de l'eau avec le carbone pour former l'amidon, la cellulose, etc. C'est encore par l'inégale distribution de la tension que l'on expliquerait soit le *volu-*

---

(1) *De l'influence de la tension hydrostatique et de ses variations sur les mouvements des liquides dans les végétaux et sur les mouvements des divers organes des plantes.* » (Extrait des Mémoires de l'Académie des sciences, inscriptions et belles-lettres de Toulouse, 1881.)

tisme soit les mouvements périodiques et spontanés de la sensitive. Comme on le voit, cette théorie, qui rapporte tout à l'énergie potentielle, à la tension hydrostatique, revêt un caractère exclusivement mécanique, ce qui nous permet de dire que, si les auteurs anciens se sont montrés uniquement vitalistes, les physiologistes modernes ne le sont plus du tout. En effet, tout ce que nous avons examiné jusqu'ici dans cette théorie est acceptable, satisfaisant même pour l'esprit qui recherche sans les trouver dans aucune des hypothèses régnantes, une cause profonde, tangible, un caractère commun tel que le présentent les manifestations physiologiques, à ces admirables adaptations du mouvement. Mais, en un point, la même pauvreté d'arguments, la même pénurie de preuves, enfin une absence identique de faits capables de servir de base solide à une théorie se retrouvent dans les explications de M. Barthélémy. Au milieu de ses efforts à faire rentrer les phénomènes de mouvements provoqués sous le joug des forces de tension hydrostatique, l'auteur est arrêté, et on le serait à moins, par l'action des anesthésiques sur cette forme de la sensibilité végétale. En vain cherche-t-il à éluder la question en en ajournant la solution ; ce n'est là évidemment qu'un aveu dissimulé d'impuissance. De l'irritabilité et du mouvement des organes reproducteurs il n'en est pas davantage question : du reste, le point eût été plus embarrassant encore à résoudre avec des données de l'ordre purement physique, car ici la poussée, on le comprend sans peine, ne pourrait être utilement invoquée dans un organe si exigu, et dont la sensibilité ne se révèle qu'à la suite d'une irritation portée sur un seul point de courbure. Quoi qu'il en soit, cette théorie, même dans ses points faibles, et malgré le mécanicisme dominant, exclusif, prétentieux même dont elle est empreinte, respire des tendances explicatives qui satisfont l'esprit et le reposent de ses vains efforts à lire la cause de toute motilité végétale au flambeau éteint des autres théories plus impuissantes qu'elle à résoudre les mouvements provoqués, et frappées, du reste, du même exclusivisme (1).

(1) Sous le titre de « *A locomotive Dicotyledon* » M. N.E. Brown a fait récemment connaître (*Gardener's Chronicle*, 9 juillet 1881) le singulier phénomène de progression que présente, pendant la période de germination, la graine d'un

J'ai signalé, dans l'ouvrage de Darwin, l'importante lacune qu'y forme l'absence de toute recherche sur le mouvement provoqué ; il en est une autre que je dois indiquer encore : son importance ne sera pas discutée, quand j'aurai dit que, par elle l'ouvrage ne répond plus à son titre. Il n'est à peu près question dans cet exposé que des Phanérogames, et la méthode eût exigé que l'étude, pour aller du simple au complexe, traitât des phénomènes de mouvement dans les organismes inférieurs, où ils ont été mal analysés jusqu'ici, surtout dans les formes discutées qui occupent les limites entre les deux règnes. Je ne parlerai pas des Monères, mais, pour ce qui est des Schizomycètes (parmi les Champignons), des Diatomées et des Algues, il y eût eu certainement intérêt à traiter de ce mouvement qui, pour certains genres, comme *Bacterium* (1) par exemple, constitue, à défaut d'autres, un caractère de différenciation et de classification dont il serait bon de connaître enfin la nature et partant la valeur. On sait, en outre, que dans les Oscillaires, le genre *Spirulina* se distingue de ses congénères par la nature de son mouvement (2) et qu'il en est de même dans le plus grand nombre des représentants de ce groupe important. Les différentes manifestations du mouvement, enfin, chez les *Vibrioniens* et dans les *Bacillus*, jusqu'ici peu étudiées, sont autant de questions que Ch. Darwin eût pu facilement élucider et agrandir en soumettant l'ensemble de ces phénomènes à ces

Loranthus indien, probablement *L. globosus*, Roxb. — La baie visqueuse de cette espèce détachée de son support, se fixe dans sa chute sur l'arbre parasite ou sur tout autre objet situé dans son parcours, et la graine germe encore incluse dans la baie. Dès qu'elle sort des enveloppes séminales, la radicule développe un disque aplati qui adhère tout d'abord à l'objet avec lequel cet organe le met en contact, mais qui est doué de la singulière propriété de s'en détacher peu après. Dès que cette partie terminale est libre, la radicule s'allonge, s'infléchit et porte à un endroit voisin, mais différent, le disque qui se fixe de nouveau en attirant la baie visqueuse d'où elle sort. Bientôt le disque se sépare encore et va se fixer ailleurs. Ce phénomène peut se répéter souvent et assurer ainsi à la baie une progression considérable. Je doute que le mécanicisme de M. Barthélemy puisse, dans l'état actuel de la théorie, donner l'explication de ce fait remarquable.

(1) Dans la classification des Schizomycètes généralement adoptée (Wunsche) le genre *Bacterium* ne se distingue à proprement parler de son voisin *Micrococcus*, qu'en ce que les cellules un peu allongées et en courts bâtonnets du premier sont *mobiles* tandis que les cellules similaires du second restent frappées d'immobilité.

(2) Zukal (*Beitrag zur Kentniss der Oscillarien*. Œsterreichische botanische Zeitschrift. Janv. 1880, pp. 11-14) a étudié ces organismes inférieurs et leurs mou-

procédés de recherches remarquables par leur perfection qu'il a
si bien su employer pour les végétaux supérieurs. Le problème
eût été aisément abordable pour les observateurs qui viennent de montrer les ressources de leurs procédés et moyens
d'observations en traçant dans un récent mémoire (1), la courbe
de circumnutation propre à un organe unicellulaire (cellule de
support des spores du *Phycomyces nitens*), et le livre, par les
déductions qui eussent pu être tirées de cet ensemble imposant,
eût acquis un caractère de généralité et de haute philosophie
qu'on regrette, en face de l'excellence de la méthode, de ne pouvoir lui reconnaitre.

Cette dernière qualité est si saillante dans l'œuvre entière,
qu'après examen approfondi, les physiologistes les plus accré-
dités n'ont pu la lui refuser. J'en ai pour preuve le récent
ouvrage de Wiesner (2) qui n'est qu'une longue critique des
faits annotés par Darwin et dans laquelle l'auteur cherche à
rattacher l'explication de ces phénomènes aux lois déjà connues de la physiologie végétale. Cette discussion sincère porte
beaucoup plus sur l'interprétation des expériences que sur les
faits eux-mêmes qui restent indiscutables.

Et maintenant que j'ai terminé ma tâche, je livre cet
ouvrage au lecteur. Il ne tardera pas à s'apercevoir que rien
n'y est dirigé en vue de servir une théorie plus qu'une autre,
que les faits y sont religieusement donnés sans souci de leur
interprétation possible, qu'enfin tout y est expériences et observations sûres. L'auteur du transformisme, et c'est en cela
qu'il convient de le louer, oublie lui-même son œuvre, et dans
une foule de circonstances où il eût pu déduire dans un sens

vements. Il a montré que ces algues enroulées autour de leur arc en tire-bouchon,
se meuvent par un mouvement de torsion analogue à la rotation des vrilles. Ce
phénomène serait dû à la croissance des filaments plus rapides suivant la longueur
que suivant l'arc central de l'hélice. Ces phénomènes auraient besoin, dans ce genre
et dans les autres Oscillaires, d'être soumis aux rigoureux procédés d'observation
mis en pratique par Darwin.

(1) *Uber circumnutation bei einem einzelligen Organe* (sur la circumnutation dans un organe unicellulaire). Botanische Zeitung. No 31, 1881.

(2) *Das Bewegungs Vermœgen der Pflanzen*. Eine Kristische Studie über das
gleichnahmige Werk von Ch. Darwin, nebst neuen Untersuchungen. Vienne 1881.
Le pouvoir moteur dans les plantes. Etude critique du même ouvrage de Ch.
Darwin, basée sur de nouvelles observations.

vers lequel les esprits les plus chagrins et les plus prévenus
lui eussent pardonné de pencher, il s'est borné à rester dans le
sillon étroit de l'expérience pure et de la déduction la plus
sévère. S'il se permet, avec le règne animal, quelques comparai-
sons frappées toujours au coin de la simplicité et de la vérité,
elles ne sont destinées qu'à rendre moins lourd et plus saisis-
sable pour l'esprit, le faisceau parfois trop compacte des arides
recherches (richesse de ce livre!) où le nombre et la variété des
expériences le disputent à la sincérité de leur exposition (Wiesner en donne la preuve) autant qu'à la rigueur de leur analyse.
Sans heurter les analogies ou violenter la raison, elles servent
à reposer l'esprit, accablé par cette précision expérimentale
dans laquelle tout ce qui doit éclairer la conscience scientifique
du lecteur est enregistré. Rien ici n'est doctrinal, tout y est
rigueur des faits : puisse le traducteur ne pas avoir été au-
dessous de sa tâche.

En raison même de ce qu'il a échappé à toute préoccupa-
tion d'école dans l'esprit de son auteur, ce livre sera sans
doute affranchi des critiques injustes et passionnées qui ont
signalé l'apparition des précédents travaux de Ch. Darwin :
reste à savoir s'il ne réchauffera pas l'éclosion de quelque
impuissante machine de guerre antidarwiniste, et, si cette
préface ne vaudra pas, à son auteur, la nouvelle faveur de soulever contre sa sincérité les imprécations intéressées de quelque heureux fervent des doctrines contraires.

                                        Edouard HECKEL.

Marseille, le 13 octobre 1881.

LE
MOUVEMENT DANS LES PLANTES

INTRODUCTION

Le principal objet de ce livre est de décrire et de rapprocher plusieurs grandes classes de mouvement communes à presque toutes les plantes. La plus répandue d'entre ces manifestations vitales est essentiellement de la même nature que celle qui caractérise la tige d'une plante grimpante se courbant successivement vers tous les points de l'horizon, de manière que son extrémité en fasse le tour complet. Ce mouvement a reçu de J. Sachs le nom de « *nutation tournante,* » mais nous avons trouvé plus convenable d'adopter les termes de *circumnutation* et *circumnuté*. Comme nous aurons beaucoup à parler de ce mouvement, une rapide description de sa manière d'être ne paraîtra pas superflue. Observons une tige en circumnutation au moment où elle commence à se courber, et prenons-la vers le Nord : nous verrons qu'elle tourne graduellement de plus en plus vers l'Est, jusqu'à ce qu'elle se trouve en face de ce point cardinal, puis progressivement vers le Sud, vers l'Ouest, pour enfin retourner au Nord. Si le mouvement a été complétement régulier, la pointe aura décrit un cercle, ou mieux une spirale circulaire, puisque la tige continue à s'accroître. Mais, en réalité, cette partie terminale décrit générale-

1

ment une ellipse irrégulière ou un ovale, parce que l'extrémité, après avoir occupé ces diverses positions, revient souvent dans un point complétement opposé, mais, sans repasser, toutefois, sur la première ligne tracée. Du reste, d'autres ellipses irrégulières ou d'autres ovales sont successivement décrits, et ont leur grand axe dirigé vers différents points de l'espace. Dans le même temps qu'elle décrit ces courbes, la partie apicale trace souvent des lignes brisées ou forme soit de petites boucles secondaires soit des triangles. Dans le cas particulier aux feuilles, les ellipses décrites sont généralement étroites.

Jusque dans ces derniers temps, la cause de ces mouvements était attribuée à une augmentation d'accroissement sur le côté qui devient momentanément convexe, et il a été bien établi que cette partie s'accroît en effet plus rapidement que celle qui lui est opposée sur la face concave ; mais De Vries a montré plus tard que cette augmentation d'accroissement est précédée d'un état de turgescence plus accentué sur le côté convexe (1). Dans les parties pourvues d'une articulation nommée coussin ou pulvinus, organe formé par une aggrégation de petites cellules arrêtées dans leur développement dès le plus jeune âge, nous rencontrons des mouvements semblables. Là, comme Pfeffer l'a montré (2), et comme nous le verrons dans le cours de cet ouvrage, l'accentuation de la turgescence dans les cellules opposées n'a pas pour conséquence une augmentation de l'accroissement. Wiesner, après avoir nié dans certains cas l'exactitude de la con-

---

(1) Sachs a le premier montré (*Lehrbuch*, etc. 4ᵉ édition, p. 452), la connexion intime qui existe entre le phénomène de turgescence et celui d'accroissement. Pour le travail intéressant de De Vries intitulé « *Wachtums Krummungen mehr-zelliger Organe* (courbure d'accroissement des organes pluricellulaires), voir Bot Zeitung, 19 décembre 1870, p. 830.

(2) *Die periodischen Bewegungen der Blattorgane*, 1875. (Les mouvements périodiques des organes foliaires).

clusion de De Vries, soutient (1) que l'augmentation de l'élasticité dans les parois cellulaires est le principal élément du phénomène. Que cette extensibilité doive accompagner la turgescence afin que la courbure puisse se produire, cela ne fait pas de doute, et plusieurs botanistes ont insisté sur ce point; mais, dans le cas des végétaux unicellulaires, il est difficile d'admettre qu'elle ne constitue pas la cause la plus importante. En résumé, nous pouvons, en l'état de la question, conclure que l'augmentation d'accroissement d'abord d'un côté, puis de l'autre, est un effet secondaire, et que l'accentuation de la turgescence dans les cellules, conjointement avec l'extensibilité de leurs parois, constituent la première cause du mouvement de circumnutation (2).

Dans le cours de ce volume, nous montrerons que, selon toute apparence, chaque partie en voie d'accroissement dans une plante est continuellement en état de circumnutation, bien que ce mouvement se produise sur une petite échelle. Les tigelles même des semis, avant leur apparition au-dessus du sol, aussi bien que les racines enterrées, évoluent en circumnutation autant que la pression de la terre environnante peut le leur permettre. Dans ce mouvement universellement répandu, il faut voir la source où la plante puise, selon ses besoins, le plus grand nombre des mouvements divers. C'est ainsi que les grandes courbures réalisées par les tiges des lianes et par les vrilles d'autres plantes grimpantes, sont le résultat d'une simple augmentation dans l'amplitude du mouvement ordinaire de circumnutation. La position que les

(1) *Untersuchungen über den Heliotropismus* (Recherches sur l'Héliotropisme). Sitzb. der K. Akad. der Wissenschaft (Vienne). Janv. 1880.

(2) Voir dans Arbeiten des Bot. Instituts in Wurzburg, B. II, pp. 142-143, 1878, l'excellente discussion de M. Vine sur ce sujet litigieux. Dans Jaresschriften des Vereins für Vaterl. Naturkunde in Wurtemberg, 1874, p. 211, les observations de Hofmeister sur les curieux mouvements du *Spirogyra* (plante formée d'une simple série de cellules), sont d'une grande valeur pour le sujet qui nous occupe.

jeunes feuilles et d'autres organes occupent finalement est obtenue par le mouvement circumnutant augmenté dans une certaine direction.

On dit pour plusieurs plantes qu'elles ont leurs feuilles sommeillantes pendant la nuit. Nous verrons que leurs surfaces prennent alors une position verticale sous l'influence d'un changement dans la circumnutation, et cela, en vue de protéger leurs pages supérieures contre le froid déterminé par le rayonnement. Les mouvements des organes vers la lumière, qui sont si répandus dans le règne végétal et qui s'exercent parfois dans le sens opposé à cet agent physique ou perpendiculairement à sa direction, constituent autant de formes modifiées de la circumnutation, aussi bien que la direction généralement universelle des tiges, etc. Vers le zénith, et des racines vers le centre de la terre. Ces conclusions admises, une grande difficulté, au point de vue évolutif, se trouve en partie écartée, car on pouvait se demander où avaient pris naissance les manifestations si diverses des mouvements, pour atteindre des buts si différents. En l'état, nous savons qu'il existe toujours du mouvement en action et que son amplitude ou sa direction, ou l'une et l'autre, se modifient pour le bien de la plante, d'après les excitations internes ou externes.

Outre la discussion des diverses formes de la circumnutation, nous aborderons l'examen d'autres sujets. Les deux points qui ont fixé le plus notre attention sont, d'abord, ce fait que, dans plusieurs plantes, les extrémités supérieures seulement sont sensibles à la lumière et transmettent l'influence de cet agent aux parties inférieures en déterminant leur courbure. Il s'ensuit que, si la portion supérieure de l'axe a été complétement protégée contre la lumière, les parties sous-jacentes pourront rester exposées longuement à l'action de cet excitant, sans montrer le moindre indice définitif de courbure, bien que cet état eût pu être obtenu très promptement si la partie supérieure avait été ébranlée par les vibrations lumineuses.

En second lieu, dans les jeunes plantes, l'extrémité radiculaire montre une grande sensibilité aux stimulants les plus divers, et en particulier, aux pressions même les plus légères; de plus, quand celles-ci se sont produites, l'in- fluence transmise aux parties supérieures se traduit par une courbure de ces dernières dans le sens opposé au côté comprimé. D'autre part, si cette extrémité est exposée, d'un seul côté, à de la vapeur d'eau, la partie supérieure de la racine se courbe vers ce côté. C'est encore la pointe qui, d'après les conclusions de Cieselski (bien que com- battues par d'autres), est sensible à l'action de la pesan- teur et qui, transmettant cette influence aux parties voi- sines de la radicule, en détermine la courbure vers le centre de la terre. Ces divers cas dans lesquels l'action du contact, ou d'autres irritants, vapeur, lumière ou attrac- tion de la pesanteur, se trouve transmise depuis le point où a porté l'excitation jusqu'à une certaine distance sur l'étendue de l'organe mis en cause, ont une signification importante pour la théorie de ces mouvements.

Terminologie. — Il convient de donner ici une courte explication de quelques termes spéciaux dont nous nous servirons. Dans les semis, l'axe qui supporte les *cotylédons* (c'est-à-dire les organes qui représentent les premières feuilles), a été nommé par plusieurs bota- nistes tige hypocotylée, mais, pour la rapidité du langage, nous l'ap- pellerons simplement *hypocotyle* ; la partie de l'axe placée immédia- tement au-dessus des cotylédons prend le nom d'*épicotyle* ou de *plumule*. La racine ne se distingue de l'hypocotyle que par la présence des poils radiculaires et par la nature de son revêtement. Quant à la signification du mot de *circumnutation*, nous l'avons donnée déjà. Les auteurs parlent d'héliotropisme négatif et positif (1), ce qui signifie torsion d'un organe vers la lumière ou dans le sens op- posé; mais il est plus convenable de réserver le mot d'*héliotropisme*

(1) Les termes très employés de *Héliotropisme* et *Géotropisme* ont été créés par le Dr A. B. Franck. Voir ses remarquables contributions à la physiologie des plan- tes (Beitræge zur Pflanzenphysiologie, 1868.)

à la courbure vers la lumière et de nommer *aphéliotropisme* la torsion en sens contraire. Il y a une autre raison à ce changement de
nom, c'est que, ainsi que nous l'avons observé, les auteurs omettent
quelquefois les adjectifs *positif* et *négatif*, et introduisent ainsi de la
confusion dans leurs discussions. *Diahéliotropisme* indiquera une
position déterminée par la lumière, et plus ou moins transversale par
rapport à la direction des rayons lumineux. De même le géotropisme
positif ou courbure vers le centre de la terre prendra le nom de *géotropisme*; *apogéotropisme* signifiera une courbure en opposition avec
la pesanteur et s'éloignant du centre de la terre, et enfin *diagéotropisme* une situation plus ou moins perpendiculaire au rayon de la
terre. Les mots d'héliotropisme et de géotropisme signifient proprement un acte de mouvement sous la dépendance de la lumière ou de
la terre, mais de même que le mot de gravitation, bien que défini « l'action de tendre vers le centre », est souvent employé pour exprimer la
cause qui fait tomber un corps, de même aussi on nous permettra
d'user quelquefois des mots héliotropisme et géotropisme pour indiquer la cause des mouvements dont il s'agit.

Le terme d'*épinastie* est aujourd'hui souvent employé en Allema-
gne, et indique que la face supérieure d'un organe s'accroît plus rapidement que la face inférieure, ce qui détermine une courbure vers le
bas. *Hyponastie* signifie l'inverse, c'est-à-dire un plus grand accroissement sur la face inférieure, déterminant une courbure vers le
haut (1).

Méthodes d'observation. — Tantôt très restreints, tantôt d'une
étendue considérable, les mouvements des différents organes soumis
à notre observation ont été enregistrés par un procédé qui, après plusieurs essais, nous a paru le plus convenable. Les plantes en pots et
protégées complétement contre la lumière, ou bien la recevant par en
haut ou encore par côté, suivant le cas, furent recouvertes par en
haut d'une grande lame de verre horizontale, et à droite et à gauche
par une autre lame verticale. Un fil de verre de l'épaisseur d'un crin
de cheval et long de 0,^{m}006 à 0,^{m}018 fut affixé à la partie observée au
moyen d'une solution de gomme-laque dans l'alcool. Nous laissâmes
évaporer cette solution jusqu'à ce qu'elle fut devenue assez épaisse
pour se fixer en 2 ou 3 secondes, mais sans nuire aux tissus sur lesquels elle était appliquée même à l'extrémité des plus tendres racines.
A l'autre bout du fil de verre il fut fondu une toute petite goutte de
cire à cacheter noire. Au-dessous et en arrière était placée une petite

(1) Ces termes sont employés dans le sens que j'indique par De Vries (Würzburg
Arbeiten, Heft II, 1873, p. 252.)·

lame de carton marquée d'un point noir, lame qui était fixée à une tige enfoncée dans la terre. Le poids du fil était si léger que même les plus petites feuilles n'en paraissaient pas chargées. Un autre mode d'observation fut mis en usage quand une grande amplification du mouvement n'était pas nécessaire ; nous le décrirons plus loin.

La goutte de cire et le point sur le carton étaient vus à travers la lame de verre horizontale ou verticale (suivant la position de l'objet), et quand l'une couvrait exactement l'autre, un point était marqué sur la lame de verre, au moyen d'un instrument à pointe très fine, trempé dans de l'encre de Chine épaisse. D'autres points étaient ainsi tracés à de courts intervalles, et, plus tard, réunis par des lignes droites. Les figures obtenues de cette manière étaient donc anguleuses ; mais, si les points avaient été faits à des intervalles de 1 ou 2 minutes, elles fussent devenues plus curvilignes, comme cela arrivait lorsque des radicules étaient disposées de manière à tracer leur propre marche sur des verres noircis à la fumée. La seule difficulté que présentât cette méthode, était de placer exactement les points, chose qui demandait une certaine habitude. Encore n'était-il pas possible de le faire très exactement, lorsque le mouvement était beaucoup amplifié, par exemple 30 fois et plus ; on pouvait cependant, dans ce cas, reconnaître la marche générale. Pour vérifier l'exactitude de cette méthode d'observation, nous fixâmes un fil sur un corps inanimé disposé de manière à glisser suivant une ligne droite, et des points furent à plusieurs reprises marqués sur une lame de verre ; ces points réunis les uns aux autres, auraient dû donner une trace rigoureusement droite, et la ligne obtenue était droite à très peu de chose près. Il est bon d'ajouter que, lorsque le point tracé sur le carton était placé 0^{m}0125 au-dessous ou en arrière de la goutte de cire à cacheter, et que la lame de verre (dont nous supposons l'inclinaison convenable) se trouvait à 0^{m}17 ou 0^{m}18 en avant (c'était la distance habituelle), les lignes obtenues représentaient le mouvement de la boule de cire, amplifié 15 fois.

Lorsqu'il n'était pas nécessaire d'obtenir une grande amplification du mouvement, une autre méthode fut adoptée, meilleure à plusieurs points de vue. Elle consistait à fixer deux petits triangles de papier mince, hauts d'environ 0^{m}00125, aux deux extrémités du fil de verre ; et, quand leurs sommets étaient amenés sur la même ligne, de manière à se recouvrir l'un l'autre, des points étaient tracés sur la lame de verre, comme dans lautre méthode. Si nous supposons que la lame se trouve à une distance de 0^{m}175 de l'extrémité de l'organe portant le fil, les points, une fois réunis, donneront à peu près la même figure que si un fil de 0^{m}175, trempé dans l'encre, eût été fixé sur l'organe mobile, et eût inscrit sur le verre son propre trajet. Le mouvement est, de cette manière, considérablement amplifié; si, par exemple, on observait une pousse longue de 0ᵐ025 en train de se courber, et que la lame de verre se trouvât à une distance de 0ᵐ175, le mouvement serait amplifié huit fois. Il eût été, cependant, très difficile de déterminer, dans chaque cas, quelle longueur de la pousse participait au mouvement; c'est cependant une condition indispensable pour déterminer la quantité dont ce dernier est amplifié.

Les points, une fois marqués sur la lame de verre, par les procédés que nous venons d'indiquer, étaient reportés sur du papier à calquer, et réunis par des lignes droites, avec des flèches indiquant le sens du déplacement. Les mouvements nocturnes sont représentés par des lignes pointillées. Le premier point est toujours plus fortement indiqué que les autres de manière à sauter aux yeux, comme on peut le voir dans nos diagrammes. Les figures obtenues sur la lame de verre étaient souvent à une trop large échelle pour pouvoir être reproduites dans ce volume, mais la proportion dans laquelle elles ont été réduites est toujours indiquée (1). Toutes les fois qu'il nous a été possible de déterminer approximativement l'amplification du mouvement, nous l'avons aussi indiquée. Nous donnons peut-être un nombre trop grand de diagrammes, mais ils occupent moins de place qu'une description complète des mouvements. Presque tous les croquis de plantes endormies, etc., ont été soigneusement faits en vue de ce travail, par M. George Darwin.

Comme les pousses, les feuilles, etc., en circumnutant, se courbent de plus en plus, d'abord dans une direction, puis dans une autre, elles sont nécessairement, vues, à différents moments, plus ou moins obliquement; et, comme les points sont marqués sur une surface plane, la quantité apparente du mouvement est exagérée suivant le degré d'obliquité du point de vue. Il eût, par suite, été beaucoup plus convenable d'employer des verres hémisphériques (dans le cas où nous en aurions possédé de toutes les dimensions), si la partie mobile de la pousse avait eu un centre distinct de mouvement, et en admettant qu'elle pût être placée de manière à former l'un des rayons de la sphère. Mais encore, dans ce cas, il eût été nécessaire de projeter ensuite la figure sur le papier, de sorte qu'une complète exactitude n'aurait pas été atteinte. Par suite de l'altération provenant des causes que nous venons d'énoncer, nos figures ne seraient d'aucune utilité pour celui qui voudrait connaître exactement l'amplitude du

(1) Nous devons être très reconnaissant à M. Cooper pour le soin avec lequel il a réduit et gravé nos diagrammes.

mouvement ou le trajet parcouru; mais elles servent très bien à déterminer si la partie considérée se meut ou ne se meut pas, aussi bien qu'à reconnaître le caractère général du déplacement.

L'objet des chapitres suivants sera de décrire les mouvements d'un nombre considérable de plantes : les espèces ont été classées suivant le système adopté par Hooker dans la « Botanique descriptive » de Le Maout et Decaisne. Tous ceux qui ne veulent pas faire de recherches spéciales sur le sujet traité ici, peuvent se dispenser de lire les détails que nous avons, cependant, cru devoir donner. Pour épargner au lecteur toute confusion, les parties les plus importantes ont été imprimées en plus gros caractères que les autres. Le lecteur pourra, s'il le juge convenable, lire d'abord le dernier chapitre qui contient l'analyse du volume tout entier ; il verra, de cette manière, quels sont les points qui l'intéressent, et sur lesquels il désire avoir les plus grands éclaircissements.

Enfin, c'est pour nous un devoir et un plaisir que d'adresser nos sincères remercîments à M. Joseph Hooker et à M. W. Thiselton-Dyer, pour la bonté qu'ils ont eue, non seulement de nous envoyer des plantes de Kew, mais encore de nous en procurer de plusieurs autres sources, quand nous les leur avons demandées pour nos observations. Ils nous ont aussi déterminé beaucoup d'espèces, et nous ont fourni de nombreux renseignements sur différents points.

CHAPITRE PREMIER

Mouvements circumnutants dans les jeunes semis.

Brassica oleracea, circumnutation de la radicule, — de l'hypocotyle courbé et encore complétement recouvert par la terre, — lorsqu'il sort de terre en se redressant, — et lorsqu'il est tout à fait redressé. — Circumnutation des cotylédons. — Vitesse du mouvement. — Observations analogues sur plusieurs organes chez diverses espèces de Githago, Gossypium, Oxalis, Tropæolum, Citrus, Æsculus, plusieurs genres de Légumineuses et de Cucurbitacées, Opuntia, Helianthus, Primula, Cyclamen, Stapelia, Cerinthe, Nolana, Solanum, Beta, Ricinus, Quercus, Corylus, Pinus, Cycas, Canna, Allium, Asparagus, Phalaris, Zea, Avena, Nephrodium et Selaginella.

Le présent chapitre est consacré aux mouvements circumnutants des radicules, des hypocotyles et des cotylédons chez les jeunes semis, et aux mouvements de l'épicotyle, quand les cotylédons ne s'élèvent pas au-dessus de la terre. Mais, dans l'un des chapitres suivants nous aurons à revenir sur les mouvements de certains cotylédons qui sont soumis au sommeil pendant la nuit.

Brassica oleracea (Crucifères). — Nous décrirons les mouvements de cette plante, avec des détails beaucoup plus complets que pour les autres espèces, de manière à épargner, pour ce qui suivra, et la place et le temps.

Radicule. — Une graine pourvue d'une radicule saillante de 1^{mm}25 fut attachée, au moyen de la gomme laque, sur une petite lame de zinc, de manière que la radicule fût verticale; un mince fil de verre fut fixé à peu de distance de la base, c'est-à-dire près de l'épisperme. La graine était entourée de petits morceaux d'éponge, humides, et les mouvements de la goutte de cire placée au bout du fil furent relevés durant soixante heures (Fig. I). Pendant ce temps, la longueur de la radicule s'accrut de 1^{mm}25 à 2^{mm}75. Le fil de verre avait été fixé d'abord près de l'extrémité de la radicule, et, s'il avait été laissé là, pendant toute la durée de l'expérience, le mouvement indiqué par lui eût été beaucoup plus grand ; mais, à la fin de nos observations, l'extrémité, au lieu de demeurer verticale, s'était courbée vers le bas, sous l'influence du géotropisme, jusqu'à toucher la lame de zinc. Autant que nous avons pu le déterminer par des mesures grossièrement prises sur d'autres semis au moyen du compas, l'extrémité seule, sur une longueur de $0^{mm}5$ à $0^{mm}75$ subit l'influence du géotropisme, mais le tracé obtenu montre que la partie basilaire de la radicule continua à circumnuter irrégulièrement pendant tout le temps. A ce moment, l'amplitude maximum du mouvement de la goutte de cire, à l'extrémité du fil, était d'environ $1^{mm}25$, mais il était impossible d'estimer

Fig. 1.

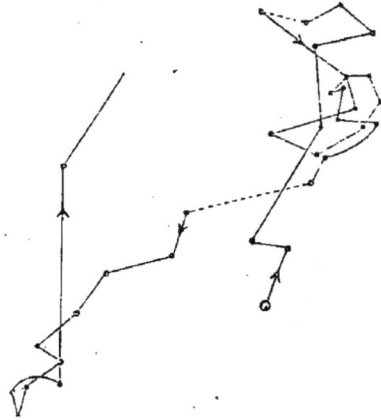

Brassica oleracea : circumnutation de la radicule, tracée sur un verre horizontal, depuis le 31 janvier, 9 h. du matin, jusqu'au 2 février, 9 h. du matin. Mouvement de la goutte de cire au bout du fil amplifié 40 fois environ.

dans quelle mesure le mouvement de la radicule était amplifié par le fil, qui avait environ 0^m018 de long.

Un autre semis fut disposé et observé de la même manière, mais la radicule avait, cette fois, une saillie de $2^{cm}5$, et n'était pas attachée

Fig. 2.

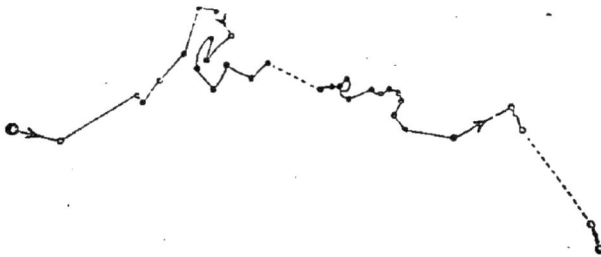

Brassica oleracea : mouvement de la radicule, sous l'influence de la circumnutation et du géotropisme, tracé sur un verre horizontal pendant 46 heures.

de manière à se trouver parfaitement verticale. Le fil de verre fut fixé près de sa base. Le tracé (fig. 2, réduite de moitié), indique son mouvement depuis le 31 janvier, à 9 h. du matin, jusqu'au 2 février à 7 h. du matin ; mais elle continua à se mouvoir pendant toute la durée de ce dernier jour, en suivant la même direction générale, et en décrivant des zigzags analogues.

La radicule n'étant pas parfaitement perpendiculaire lorsque le fil fut fixé, le géotropisme entra immédiatement en jeu ; mais la direction irrégulière et en zigzag des déplacements montre qu'il y avait croissance (probablement précédée de turgescence), tantôt d'un côté et tantôt de l'autre. Parfois, la goutte de cire demeurait stationnaire environ une heure ; la croissance se produisait probablement, alors, sur le côté opposé à celui qui déterminait l'incurvation géotropique. Dans le cas précédemment décrit, la partie basilaire de la très courte radicule étant dirigée verticalement, subissait d'abord très faiblement l'action du géotropisme. Dans deux autres cas, des fils de verre furent fixés sur des radicules un peu plus longues sortant obliquement de graines qui avaient été renversées, et, alors, les lignes tracées sur les verres horizontaux ne formaient que de légers zigzags, et le mouvement suivait toujours la même direction générale, sous l'influence du géotropisme. Toutes ces observations sont assujetties à diverses causes d'erreur, mais nous croyons, eu égard à ce qui sera montré plus tard relativement à d'autres plantes, que l'on peut, sans crainte, les accepter comme vraies.

Hypocotyle. — L'hypocotyle fait, à travers l'épisperme, une saillie rectangulaire, qui croît rapidement en prenant une forme arquée comme un U renversé, les cotylédons étant encore renfermés dans la graine. Dans quelque position que la graine soit placée dans la terre, ou fixée de tout autre manière, les deux branches de l'arc se retournent vers le haut, sous l'influence de l'apogéotropisme, et s'élèvent ainsi verticalement au-dessus du sol. Dès que ce fait s'est produit, ou même avant, la surface interne ou concave de l'arc croît plus rapidement que la surface externe ou convexe, ce qui tend à séparer ces deux branches et facilite la sortie des cotylédons hors des enveloppes séminales placées sous terre. Par suite de la croissance de l'arc tout entier, les cotylédons sont ensuite amenés au-dessus du sol, souvent à une hauteur considérable, et, alors, l'hypocotyle se redresse peu à peu, grâce à la croissance plus active du côté concave.

Souvent, tandis que l'hypocotyle, arqué ou replié, est encore à l'intérieur de la terre, il circumnute, autant que le permet la pression du sol ; mais ce fait était difficile à observer, car, dès que l'arc est libre de toute pression latérale, ses deux branches commencent à se séparer, souvent quand il est encore très jeune, et avant l'époque à laquelle il aurait, naturellement, atteint la surface. Des graines furent mises à germer à la surface d'un sol humide, et, après qu'elles se furent fixées par leurs radicules, et que l'hypocotyle, jusque-là replié, fut devenu à peu près vertical, un fil de verre fut attaché, en deux occasions, près de la base de la branche basilaire (c'est-à-dire celle en connexion avec la radicule), et ses mouvements furent marqués, dans l'obscurité, sur un verre horizontal. Le résultat fut la formation de longues lignes courant à peu près dans le plan de l'arc vertical, et ce, jusqu'à la presque complète séparation des deux branches, libres alors de toute pression. Mais comme ces lignes étaient en zigzag, indiquant un mouvement latéral, il faut que l'arc ait circumnuté, en même temps qu'il se redressait par suite de la croissance du côté de sa surface interne ou concave.

Une méthode d'observation quelque peu différente fut ensuite

Fig. 3.

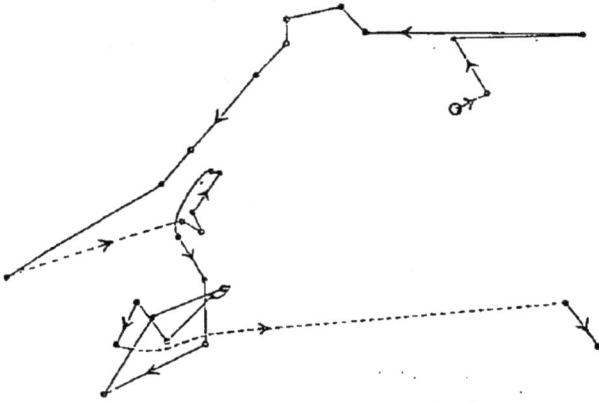

Brassica oleracea : mouvement circumnutant d'un hypocotyle placé sous terre et recourbé (faiblement éclairé par dessus), relevé sur un verre horizontal, pendant 45 heures. Mouvement de la goutte de cire amplifié 25 fois environ, et réduit, ici, à la moitié de l'original.

adoptée : dès que la terre du pot où se trouvaient les graines commença à se fendiller, sa surface fut enlevée jusqu'à une profondeur de 0ᵐ005 ; un fil de verre fut fixé sur la branche basilaire d'un hypocotyle recourbé et enfoui, même au-dessus du sommet de la radicule. Les cotylédons étaient encore presque complétement renfermés dans le périsperme fendu ; ils étaient, en outre, recouverts par une couche de terre homogène et humide assez fortement comprimée. Les mouvements du fil furent relevés (fig. 3), depuis le 5 février, 11 h. du matin, jusqu'au 7 février, 8 h. du matin. A cette dernière époque, les cotylédons étaient sortis de dessous la terre comprimée, mais la partie supérieure de l'hypocotyle formait encore presque un angle droit avec la partie inférieure. La figure montre que l'hypocotyle recourbé tend, à cette dernière époque, à circumnuter irrégulièrement. Le premier jour, le plus grand mouvement (de droite à gauche dans la figure), n'était pas dans le plan de l'hypocotyle recourbé, mais bien à angle droit avec lui, ou dans le plan des deux cotylédons, qui se trouvaient encore en contact parfait. La branche basilaire de l'arc, au moment où elle reçut le fil, était déjà fortement inclinée en arrière, et éloignée des cotylédons ; si le fil avait été fixé avant que cette inclinaison ne se produisît, le mouvement principal aurait été perpendiculaire à celui indiqué par la figure. Un fil fut attaché à un autre hypocotyle enterré, du même âge, et son mouvement général fut de même nature, mais avec des lignes moins compliquées. Cet hypocotyle se redressa complétement, et les cotylédons sortirent de terre, le matin du second jour.

Fig. 4.

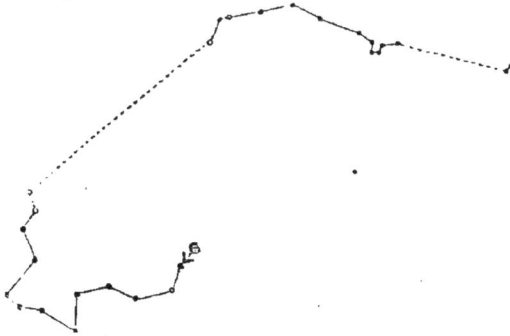

Brassica oleracea : mouvement circumnutant d'un hypocotyle enterré et recourbé (les deux branches de l'arc liées ensemble), relevé sur un verre horizontal, pendant 33 heures 1/2. Mouvement de la goutte de cire amplifié 26 fois environ, et réduit ici à la moitié de l'original.

Avant que ces observations ne fussent faites, des hypocotyles recourbés, enterrés à une profondeur de 0m00625 furent découverts ; et, pour empêcher les deux branches de l'arc de commencer à se séparer, ces dernières furent attachées l'une à l'autre par un fil très fin. Nous avions agi ainsi, en partie parce que nous désirions déterminer combien de temps l'hypocotyle continuerait à se mouvoir, dans sa position recourbée, et si le mouvement, lorsqu'il n'était pas masqué et troublé par le redressement, indiquait toujours une circumnutation. Un fil fut d'abord fixé à la branche basilaire d'un hypocotyle, tout à fait sur le sommet de la radicule. Les cotylédons étaient encore partiellement enfermés dans l'épisperme. Les mouvements furent relevés (fig. 4), du 23 décembre, 9 h. 20 du matin au 25 décembre 6 h. 45 du matin. Sans aucun doute, nous avions troublé beaucoup le mouvement naturel, en liant ensemble les deux branches de l'arc ; mais nous voyons qu'il formait des zigzags distincts, d'abord dans une direction, puis dans le sens diamétralement opposé.

Le 24, après 3 h. du soir, l'hypocotyle recourbé demeura stationnaire pendant un laps de temps considérable, et, lorsqu'il reprit son mouvement, ce dernier était beaucoup plus faible qu'auparavant. Aussi, le matin du 25, le fil fut-il enlevé de la base de la branche basilaire, et fixé horizontalement sur le sommet de l'arc, qui, par suite de la ligature des branches, était devenu large et uni. Le mouvement fut alors relevé (fig. 5), pendant 23 heures, et nous pouvons voir que sa direction était encore en zigzag, ce qui indique une tendance à la circumnutation. La base de la branche basilaire avait, à ce moment, complétement cessé de se mouvoir.

Fig. 5.

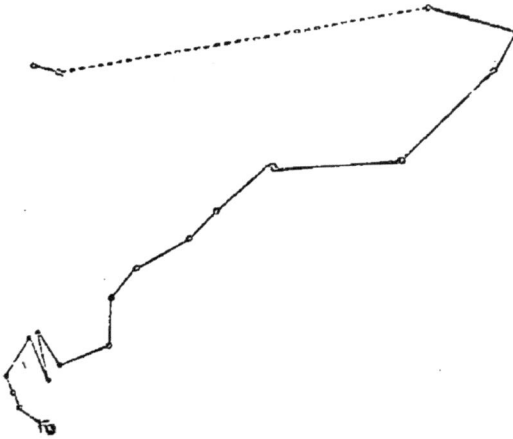

Brassica oleracea : mouvement circumnutant du sommet d'un hypocotyle recourbé et enterré, dont les deux branches sont liées ensemble, relevé pendant 23 heures sur un verre horizontal. Mouvement de la goutte de cire amplifié 58 fois environ, et réduit ici à la moitié de l'original.

Dès que les cotylédons sont sortis de terre, et que l'hypocotyle s'est redressé par suite de la croissance de sa portion inférieure ou concave, rien ne s'oppose plus au libre mouvement des parties; la circumnutation devient alors bien plus régulière, et se montre clairement, comme le prouvent les faits suivants. — Un semis fut placé en face et près d'une fenêtre exposée au nord-est, de façon que la ligne joignant les deux cotylédons fût parallèle à cette ouverture. Il fut ainsi laissé pendant tout le jour, pour pouvoir s'accommoder à la lumière. Le matin suivant, un fil fut fixé sur la nervure médiane du plus grand et du plus gros cotylédon (qui enveloppe l'autre, plus petit, tant qu'ils restent dans la graine), et un point de repère étant placé tout à fait derrière, le mouvement de la plante entière, c'est-à-dire de l'hypocotyle et des cotylédons, fut relevé, avec une grande amplification, sur un verre vertical.

D'abord la plante se courba tellement vers la lumière, qu'il était inutile d'essayer de relever son mouvement ; mais, à 10 h. du matin, l'héliotropisme cessa complétement d'exercer son action, et le premier point fut tracé sur le verre. Le dernier fut marqué à 8 h. 45 du soir ; quatorze points avaient été relevés dans cet intervalle de 10 h. 45 m. (voir fig. 6.) Il est bon de noter que, lorsque nous observions, peu

Fig. 6.

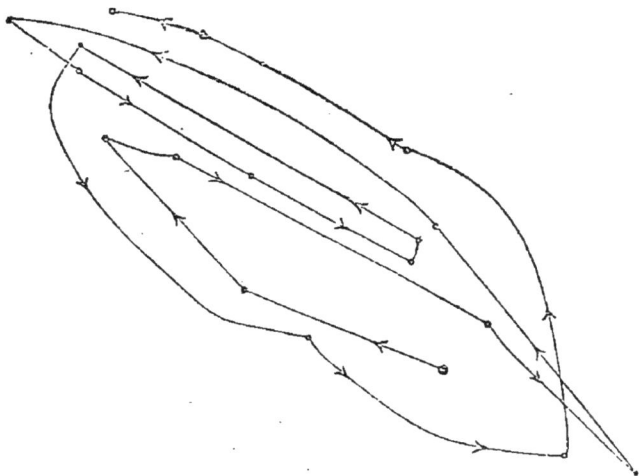

Brassica oleracea : circumnutation de l'hypocotyle et des cotylédons réunis, pendant 10 heures 45 minutes. Figure réduite à la moitié de l'original.

après 4 h. du soir, la goutte de cire était dans la direction du verre, mais elle y revint à 5 h. 30 du soir, et sa course, dans cet intervalle de 1 h. 30, a été tracée par à peu près, sans que l'indication donnée puisse, cependant, s'éloigner beaucoup de la vérité. La goutte de cire changea sept fois de direction et décrivit ainsi 3 ellipses et demie en 10 h. 3/4 : chacune de ces ellipses étant tracée, en moyenne, en 3 h. 4 m.

Le jour précédent, un autre semis avait été observé dans des conditions semblables, avec cette différence que la plante était placée de manière qu'une ligne joignant les deux cotylédons fût perpendiculaire à la fenêtre ; le fil était fixé sur le plus petit cotylédon, du côté le plus éloigné de cette ouverture. D'ailleurs, la plante était, alors, pour la première fois placée dans cette position. Les cotylédons s'inclinèrent fortement vers la lumière de 8 h. à 10 h. 50 du matin ; à ce moment fut tracé le premier point (fig. 7). Pendant les 12 heures suivantes, la

goutte de cire se promena 8 fois obliquement de droite à gauche, et
décrivit 4 figures représentant des ellipses ; de sorte que son mouvement fut à peu près du même genre que dans le cas précédent. Pendant la nuit, elle remonta, sous l'influence du mouvement dû au sommeil des cotylédons, et continua à se mouvoir dans la même direction
jusqu'au lendemain matin à 9 h.; mais ce dernier mouvement ne se
serait pas produit chez des semis placés dans des conditions naturelles, et pleinement exposés à la lumière.

Fig. 7.

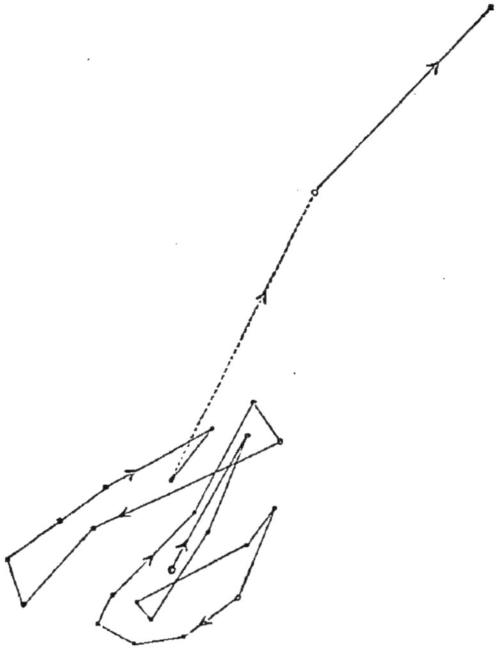

Brassica oleracea : circumnutation de l'hypocotyle et des cotylédons réunis, de
10 h. 50 du matin au lendemain matin 8 h. Relevée sur un verre vertical.

Le second jour, à 9 h. 25 du matin, le même cotylédon avait commencé à redescendre, et un point fut marqué sur un second verre. Le
mouvement fut relevé jusqu'à 5 h. 30 du soir (voir fig. 8). Nous en
donnons la figure, car le trajet parcouru était beaucoup plus irrégulier que celui relevé dans les précédentes observations. Durant ces
8 heures, la goutte de cire changea nettement de direction à 10 reprises différentes. Le mouvement ascendant du cotylédon durant l'après-
midi et la première partie de la nuit, se voit ici distinctement.

Comme les fils de verre étaient fixés, dans les trois derniers cas, sur l'un des cotylédons, et que l'hypocotyle était laissé libre, les figures montrent le mouvement des deux organes réunis ; nous désirions, maintenant, savoir si tous deux circumnutaient. Des fils furent donc placés horizontalement sur deux hypocotyles tout à fait au-dessous des pétioles de leurs cotylédons. Les semis étaient restés depuis deux jours dans la même position, devant une fenêtre exposée au nord-est. Le matin, à 11 h. environ, ils se dirigeaient, en décrivant des zigzags, du côté de la lumière ; et, la nuit, ils se redressaient de nouveau complétement sous l'influence de l'apogéotropisme. Après 11 h. du matin environ, ils avaient un léger mouvement pour s'éloigner

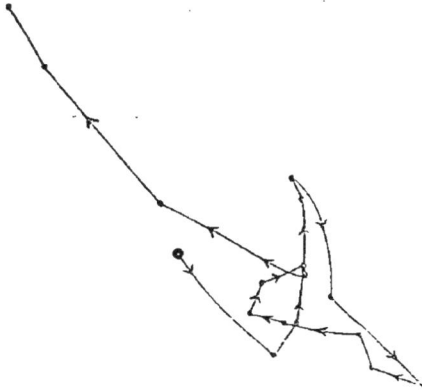

Fig. 8.

Brassica oleracea : circumnutation de l'hypocotyle et des cotylédons réunis, durant 8 heures. Figure réduite au tiers de l'original relevé sur un verre vertical.

de la lumière, et croisaient et recroisaient souvent leur première direction, en décrivant des zigzags. La lumière du soleil, ce jour-là, varia beaucoup d'intensité. Cette observation prouve que les hypocotyles avaient un mouvement continuel ressemblant à la circumnutation. Un jour précédent, par un temps uniformément nuageux, un hypocotyle fut d'abord assujetti sur un petit bâton, un fil fut fixé sur le plus grand des deux cotylédons, et son mouvement relevé sur un verre vertical. Il descendit beaucoup de 8 h. 52 du matin, moment où fut relevé le premier point, jusqu'à 10 h. 55 ; il remonta alors beaucoup jusqu'à 12 h. 17. Puis il descendit un peu et décrivit une boucle, mais, à partir de 2 h. 22 du soir, il s'éleva un peu, et continua à remonter jusqu'à 9 h. 25 ; il décrivit alors une seconde boucle, et, à 10 h. 30, il remontait de nouveau. Ces observations montrent que les cotylédons se mouvaient verticalement de haut en bas et de bas en haut, toute la journée, et comme il y avait un léger mouvement latéral, ils circumnutaient.

Le chou est une des premières plantes dont nous ayions observé les semis, et nous ne savions pas, alors, jusqu'à quel point la circumnutation des différentes parties est influencée par la lumière. De jeunes semis furent donc gardés dans l'obscurité complète, hormis le temps employé (une minute ou deux) à chaque observation ; ils étaient

alors éclairés par une petite bougie, placée presque verticalement au-dessus d'eux. Pendant le premier jour, l'hypocotyle d'un de ces semis changea 13 fois de direction (fig. 9), et il faut noter que les plus grands axes des figures dé-
crites se croisent souvent à angles droits ou presque droits. Un autre semis fut observé de la même manière, mais il était beaucoup plus âgé, car il avait formé une vraie feuille de 0ᵐ00625 de long et l'hypocotyle mesurait 0ᵐ034375. La figure tracée était très complexe, quoique le mouvement n'eût pas une étendue aussi considérable que dans le cas précédent.

L'hypocotyle d'un autre semis du même âge fut assujetti sur un petit bâton, et on fixa un fil de verre sur la nervure médiane de l'un des cotylédons. Le mouvement de la goutte de cire fut relevé pendant 14 h. 15 m. (fig. 10) à l'obscurité. Il faut remarquer que le mouvement principal des cotylédons, c'est-à-dire celui dirigé de haut en bas et de bas en haut, n'est indiqué, sur un verre horizontal, que par l'allongement ou le raccourcissement des lignes dirigées dans le sens de la nervure médiane (c'est-à-dire de haut en bas, dans la position de la fig. 10), tandis que tout mouvement latéral est pleinement indiqué. La figure montre que les cotylédons avaient ainsi un mouve-

Fig. 9.

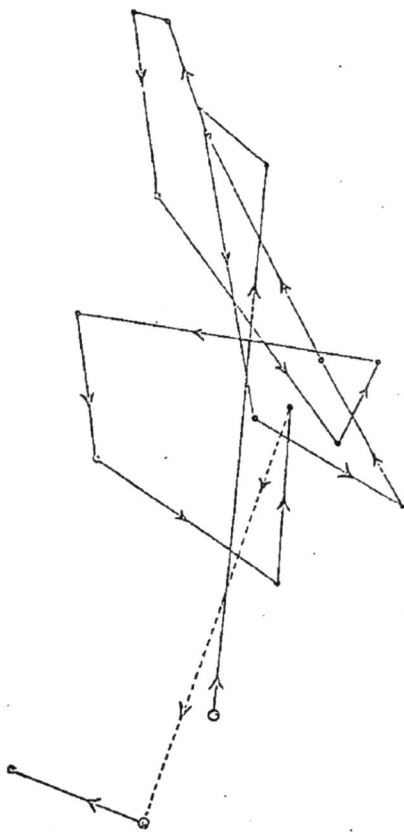

Brassica oleracea : circumnutation de l'hypocotyle relevée à l'obscurité sur un verre horizontal, au moyen d'un fil de verre avec une goutte de cire à son sommet, de 9 h. 15 du matin au lendemain matin 8 h. 30. Figure réduite à la moitié de l'original.

ment latéral (soit de droite à gauche, dans la figure) dont la direction changea 12 fois en 14 h. 15 m. d'observation. Les cotylédons circumnutaient donc d'une manière évidente, quoique leur mouvement prin-
cipal s'exécutât de haut en bas, dans un plan vertical.

Vitesse du mouvement. — Les mouvements des hypocotyles et des cotylédons chez les jeunes semis de choux à différents âges ont maintenant été assez clairement montrés. Pour apprécier leur vitessse, nous

plaçâmes les semis sous un microscope, dont la platine avait été enlevée, et auquel était adapté un oculaire micrométrique, dont chaque division était égale à 0mm05 ; les plantes étaient éclairées par une lumière qui traversait une solution de bichromate

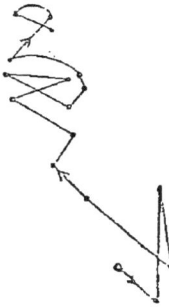

Fig. 10.

Brassica oleracea : circumnutation d'un cotylédon , l'hypocotyle étant assujetti sur un petit bâton, relevée sur un verre horizontal, dans l'obscurité, de 8 h. 15 du matin à 10 h. 30 du soir. Mouvement de la goutte de cire amplifié 13 fois.

de potasse, de manière à éviter l'héliotropisme. Il était intéressant, dans ces circonstances, de voir avec quelle rapidité la pointe d'un cotylédon, en circumnutant, croisait les divisions du micromètre. En marchant dans une direction ou dans l'autre, la pointe oscillait généralement de long en large, dans un espace de 0mm05 et quelquefois de 0mm1. Ces oscillations différaient complétement du tremblement causé par un choc dans la même pièce, ou par la fermeture d'une porte éloignée. La première pousse observée avait environ 0m05 de haut et était étiolée par la croissance dans l'obscurité ; l'extrémité d'un cotylédon traversait 10 divisions du micromètre soit 1/2mm en 6 m. 40 s. De courts fils de verre furent alors fixés verticalement sur les hypocotyles de plusieurs semis, de manière à dépasser un peu les cotylédons, et à exagérer la vitesse du mouvement, mais quelquesunes seulement des observations ainsi faites

valent la peine d'être données. Les faits les plus remarquables étaient les mouvements oscillatoires qui viennent d'être décrits, et la différence des vitesses que possédait la goutte de cire, en traversant les divisions du micromètre, à de courts intervalles. — Par exemple, un semis vigoureux, non étiolé, après être demeuré 14 heures dans l'obscurité, fut exposé, pendant deux ou trois minutes, devant une fenêtre au nord-est ; un fil de verre fut fixé verticalement sur l'hypocotyle ; il fut alors de nouveau mis à l'obscurité pour une demi-heure, et observé au moyen d'une lumière traversant une solution de bichromate de potasse. La goutte de cire, oscillant comme d'habitude, traversa 5 divisions du micromètre (soit 0mm25) en 1 m. 30 s. Le semis fut alors laissé dans l'obscurité pendant une heure, et elle mit ensuite 3 m. 6 s. pour traverser une division, soit 15 m. 30 s. pour en traverser cinq. Un autre semis, qui avait par hasard été observé avec une faible lumière, au fond d'une pièce exposée au nord, puis laissé, pendant une demi-heure, dans l'obscurité complète, traversa 5 divisions en 5 m. en se dirigeant vers la fenêtre, d'où nous conclûmes que le mouvement était héliotropique. Mais ce n'était probablement pas le cas, car il fut placé près d'une fenêtre exposée au nord-est, et laissé là 25 minutes, après lesquelles, au lieu de se diriger encore plus fortement vers la lumière, comme on aurait pu s'y attendre, il marchait seulement avec une vitesse de 5 divisions pour 12 m. 30 s. Il fut alors laissé de nouveau dans l'obscurité pour une heure, et la goutte de cire marchait, ensuite, dans la même direction qu'auparavant, mais avec une vitesse de 5 divisions pour 3 m. 18 s.

Nous reviendrons sur les cotylédons du chou, dans un chapitre suivant, lorsque nous traiterons des mouvements dûs au sommeil. Nous aurons aussi à décrire plus tard la circumnutation des feuilles complétement développées.

Githago segetum (Caryophyllées). — Un jeune semis fut faiblement éclairé par dessus, et la circumnutation de l'hypocotyle fut observée

Fig. 11.

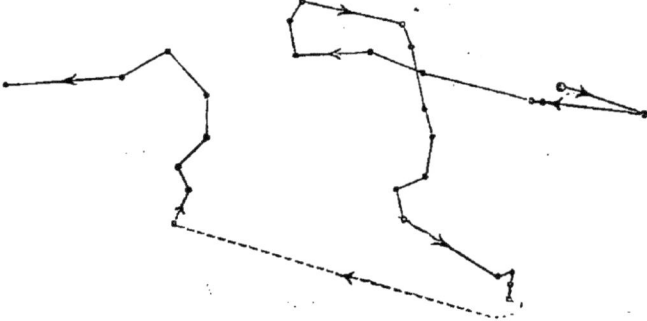

Githago segetum : circumnutation de l'hypocotyle relevée sur un verre horizontal, au moyen d'un fil fixé transversalement sur son sommet, de 8 h. 15 du matin, à 12 h. 15 du jour suivant. Mouvement de la goutte de cire amplifié 13 fois environ et réduit ici à la moitié de l'original.

pendant 28 h. (fig. 11). Il se mouvait dans toutes les directions; les lignes qui, dans la figure, vont de droite à gauche, étaient parallèles aux limbes des cotylédons. La distance parcourue à ce moment, d'un côté à l'autre, par le sommet de l'hypocotyle était d'environ 0ᵐ005, mais il était impossible d'être exact sur ce point, car plus la plante était vue obliquement, après avoir marché quelque temps, plus les distances étaient exagérées.

Nous nous sommes efforcé d'observer la circumnutation des cotylédons, mais ces derniers restaient réunis, s'ils n'étaient pas légèrement éclairés, et comme l'hypocotyle est très sensible à l'héliotropisme, il devenait extrêmement difficile de prendre les dispositions nécessaires. Nous reviendrons dans un chapitre suivant sur les mouvements nocturnes des cotylédons.

Gossypium (var. Coton Nankin) (Malvacées). — La circumnutation de l'hypocotyle fut observée dans la serre chaude, mais le mouvement était tellement exagéré que deux fois la goutte de cire passa hors de vue pour un certain temps. Il fut cependant manifeste que deux ellipses, un peu irrégulières, avaient été à peu près décrites en 9 heures. Une autre pousse de 0ᵐ0375 de haut, fut alors observée pendant 23 heures. Mais les observations ne furent pas faites à des intervalles assez courts, comme le montrent les quelques points de la fig. 12, et le mouvement n'était pas assez amplifié. Néanmoins, on ne peut conserver de doutes sur la circumnutation de l'hypocotyle, qui décrivit en 12 heures, une figure représentant 3 ellipses irrégulières, de grandeurs inégales.

Les cotylédons étaient, pendant tout le jour, animés d'un mouvement constant de va-et-vient, et, comme ils offraient cette particularité exceptionnelle de descendre tard dans la soirée, et pendant une partie de la nuit, plusieurs observations furent faites sur eux. Un fil fut fixé sur le milieu d'un de ces cotylédons, et son mouvement tracé sur un verre vertical ; nous ne donnons pas cette figure, car l'hypocotyle n'ayant pas été assujetti, et il était impossible de distinguer son mouvement de celui du cotylédon. Les cotylédons s'élevaient de 10 h. 30 du matin à 3 h. du soir environ, ils redescendaient alors jusqu'à 10 h. du soir, mais pour s'élever beaucoup dans la dernière partie de la nuit. Nous donnons dans le court tableau qui suit, les angles que faisaient, avec l'horizon, à différentes heures, les cotylédons d'un autre semis :

Fig. 12.

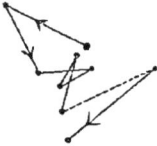

Gossypium : circumnutation de l'hypocotyle, relevée sur un verre horizontal, de 10 h. 30 du matin, à 9 h. 30 du matin suivant, au moyen d'un fil fixé sur son sommet. Mouvement de la goutte de cire amplifié 2 fois environ : le semis est éclairé par dessus.

20 octobre	2 h. 50 du soir........	25° au-dessus de l'horizon.
» »	4 h. 20 »	22° »
» »	5 h. 20 »	15° »
» »	10 h. 40 »	8° »
21 »	8 h. 40 du matin.......	28° »
» »	11 h. 15 »	35° »
» »	9 h. 11 »	10° au-dessous de l'horizon.

La position des deux cotylédons fut grossièrement relevée à diverses heures, avec les mêmes résultats généraux.

Au printemps suivant, l'hypocotyle d'un quatrième semis fut assujetti sur un petit bâton, et un fil de verre, muni de triangles de papier, fut fixé sur l'un des cotylédons : ses mouvements furent relevés sur une lame de verre verticale, sous un double châssis vitré, et à l'intérieur de la maison. Le premier point fut marqué à 4 h. 20 du

soir, le 20 juin : le cotylédon s'abaissa jusqu'à 10 h. 15 du soir, en
suivant une ligne presque droite. Peu après minuit; il se trouvait un
peu plus bas, et légèrement incliné d'un côté. Le matin suivant, à
3 h. 45, il s'était beaucoup élevé, mais à 6 h. 20, il s'était encore un
peu abaissé. Pendant tout ce jour-là (le 21), il s'abaissa, suivant une
ligne légèrement ondulée, mais sa course normale était modifiée par
l'insuffisance de la lumière, car, durant la nuit, il ne s'éleva qu'un
peu, et tout le jour suivant, ainsi que pendant la nuit du 22 juin, il se
mût irrégulièrement. Les lignes ascendantes et descendantes tracées
pendant ces trois jours ne coïncidaient nullement, ce qui indique que
le mouvement était un mouvement de circumnutation. Cette pousse
ayant été alors placée dans la serre, fut visitée cinq jours après, à 10 h.
du soir ; les cotylédons se trouvaient pendants, dans une position si
rapprochée de la verticale, qu'on pouvait bien les dire endormis. Le
matin suivant, ils avaient repris leur position horizontale habituelle.

Oxalis rosea (Oxalidées). — L'hypocotyle fut assujetti sur un petit
bâton, et un fil de verre extrêmement mince, muni de triangles de
papier, fut fixé à l'un des cotylédons, qui mesurait 0^{m}00375 de long.
Dans cette espèce, et dans la suivante, l'extrémité du pétiole, à l'endroit où il s'unit au limbe, se développe en un coussinet. La pointe
du cotylédon se trouvait seulement à 0^{m}12 de la lame de verre verticale,
de sorte que son mouvement n'était pas très amplifié tant qu'elle
demeurait horizontale, mais, dans le courant de la journée, le cotylédon s'éleva beaucoup au-dessus et descendit au-dessous de la position horizontale, et, par suite, ses mouvement furent beaucoup amplifiés. La fig. 13 indique sa marche depuis le 17 juin, 6 h. 45 du matin,
jusqu'au lendemain matin 7 h. 40, et nous voyons que, pendant la
journée, dans un intervalle de 11 h. 15 m., il s'abaissa trois fois, et
s'éleva deux fois. Après 5 h. 45 du soir, il s'abaissa rapidement, et,
une heure ou deux après, il pendait verticalement. Il resta ainsi toute
la nuit. Cette position ne peut être représentée sur un verre vertical,
ni sur la figure donnée. Le matin suivant (le 18), à 6 h. 40, les deux
cotylédons s'étaient beaucoup élevés, et ils continuèrent jusqu'à 8 h. ;
ils étaient alors tout à fait horizontaux. Leur mouvement fut relevé
tout ce jour-là, et jusqu'au lendemain matin, mais nous n'en donnons
pas la figure, qui ressemblait complétement à la fig. 13, quoique les
lignes formassent des zigzags plus nombreux. Les cotylédons se mûrent 7 fois, soit vers le haut, soit vers le bas, et le grand mouvement
de sommeil nocturne commença à 4 h. du soir.

Un autre semis fut observé de la même manière pendant près de
24 heures, mais avec cette différence que l'hypocotyle demeurait libre ;
le mouvement était aussi moins amplifié. Entre 8 h. 12 du matin et

5 h. du soir, le 18, l'extrémité du cotylédon se mût 7 fois vers le haut ou vers le bas (fig. 14). Le mouvement de sommeil nocturne, qui n'est qu'une exagération de l'une des oscillations diurnes, commença à 4 h. du soir, environ.

Fig. 13.

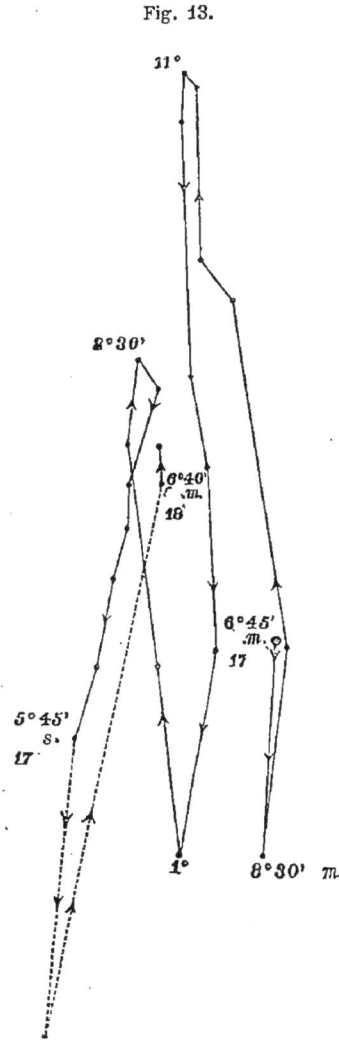

Oxalis Valdiviana (Oxalidées). — Cette espèce est intéressante, par ce fait que les cotylédons s'élèvent perpendiculairement, pendant la nuit, de manière à venir se toucher, au lieu de tomber verticalement, comme dans l'*Oxalis rosea*. Un fil de verre fut fixé sur un cotylédon de 0^{m}00425 de long, l'hypocotyle ayant été laissé libre. Le premier jour, le semis était placé trop loin du verre vertical, de sorte que la figure était énormément exagérée, et le mouvement ne pouvait être relevé, lorsque le cotylédon s'élevait ou s'abaissait beaucoup; mais on voyait clairement que les cotylédons s'élevaient 3 fois et s'abaissaient 2 fois entre 8 h. 15 du matin et 4 h. 15 du soir. Le lendemain matin (le 19 juin), de bonne heure, le sommet d'un cotylédon fut placé à 0^{m}047 seulement du verre vertical. A 6 h. 40 du matin, le cotylédon était horizontal; il descendit jusqu'à 8 h. 35, puis remonta : dans un intervalle de 12 heures, il remonta 3 fois, et descendit 2 fois, comme le montre la fig. 15. Le grand mouvement nocturne qui élève les cotylédons commence d'ordinaire à 4 ou 5 heures du soir, et, le matin suivant, ces organes sont développés horizontalement à 6 h. 30. Dans le cas actuel, cependant, ce grand mouvement ne commença qu'à 7 h., mais

Oxalis rosea : circumnutation des cotylédons, l'hypocotyle étant fixé; éclairage par en haut. Figure réduite à moitié de l'original.

cela tient à ce que l'hypocotyle s'était, pour une cause inconnue, incliné momentanément vers la gauche, comme le montre la figure. Pour constater positivement la circumnutation de l'hypocotyle, une marque

fut placée, à 8 h. 15 du soir, devant les deux cotylédons, qui étaient
alors réunis et verticaux, et le mouvement d'un fil placé sur le sommet
de l'hypocotyle fut relevé jusqu'à 10 h. 40 du soir. Pendant tout ce
temps, il se mût de droite à gauche, comme d'avant en arrière, ac-
cusant une circumnutation évidente; mais ce mouvement était de peu
d'étendue. Aussi la fig. 15 indique-t-elle très bien le déplacement des

Fig. 14.

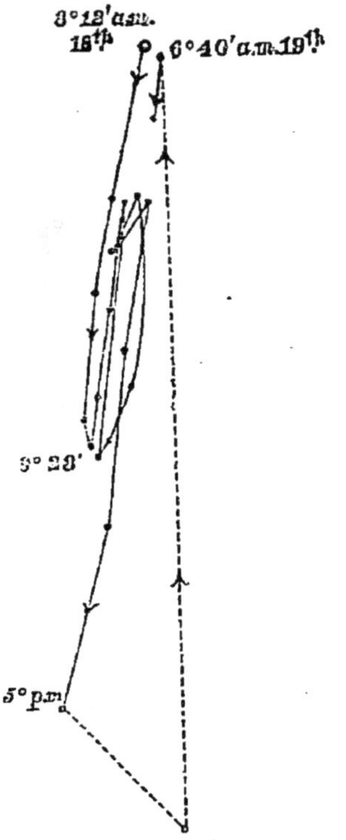

Fig. 15.

Oxalis rosea : circumnutation combinée
des cotylédons de l'hypocotyle, relevée du
18 juin, 8 h. 12 du matin, au 19 juin
7 h. 30 du matin. L'extrémité du cotylédon se trouve seulement à 9 mm. du verre
vertical. Figure réduite de moitié.

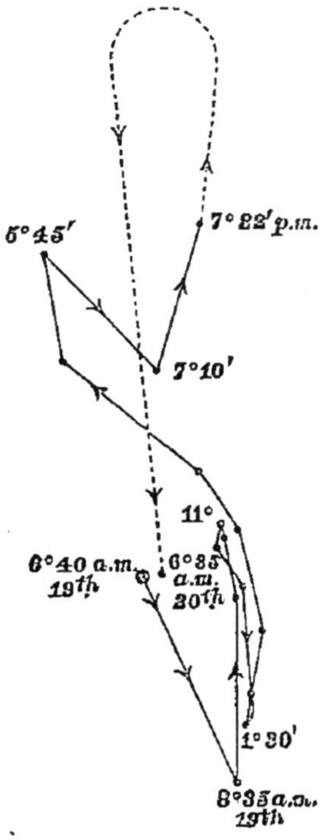

Oxalis valdiviana : circumnutation combinée d'un cotylédon et
de l'hypocotyle, relevée sur un
verre vertical, pendant 24 heures.
Figure réduite de moitié. La pousse
est éclairée par dessus.

cotylédons seuls, si l'on excepte la grande inclinaison vers la gauche
qui eut lieu dans l'après-midi.

Oxalis corniculata (var. *cuprea*). — Pendant la nuit, les cotylédons
s'élèvent au-dessus de l'horizon, suivant un angle variable qui est
généralement de 45° environ. Ceux observés sur des semis de 2 et de
5 jours se trouvèrent en mouvement pendant toute la journée; mais
ces mouvements étaient plus simples que ceux des deux dernières

espèces. Cela peut tenir en partie à ce que les plantes n'étaient pas assez éclairées lorsqu'on les observait, car les cotylédons ne commençaient à s'élever que tard dans la matinée.

Oxalis (Biophytum) sensitiva. — Les cotylédons sont fort remarquables par l'amplitude et la rapidité de leurs mouvements diurnes. Les angles qu'ils font au-dessus ou au-dessous de l'horizon, furent mesurés à de très courts intervalles, et nous regrettons que leurs mouvements n'aient pas été relevés pendant le jour tout entier. Nous ne donnerons que quelques-unes des mesures qui furent prises, les pousses étant exposées à une température de 22° 5 à 24° 5 C. Un coty-

Fig. 16.

lédon s'éleva de 70° en 11 m., un autre, sur un semis différent, s'abaissa de 80° en 12 m. Immédiatement avant ce mouvement, le même cotylédon s'était élevé de la position verticale (son extrémité dirigée en bas), à la position diamétralement opposée (son extrémité dirigée en haut), en 1 h. 48 m., et avait ainsi parcouru 180° en moins de 2 heures. Nous n'avons rencontré aucun autre exemple d'un mouvement de circumnutation de 180°, ni d'une vitesse de 80° en 12 minutes. Les cotylédons de cette plante dorment la nuit en s'élevant verticalement et en s'appliquant complétement l'un contre l'autre.

Ce mouvement de bas en haut ne diffère de l'une des grandes oscillations diurnes que nous venons de décrire que par la constance de la position du cotylédon pendant toute la nuit,

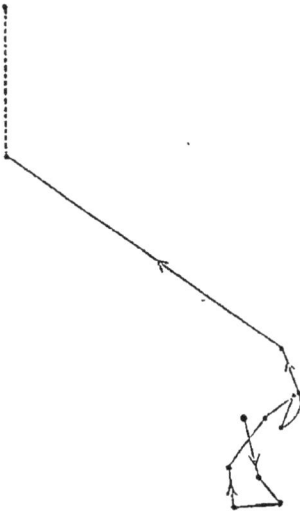

Tropæolum minus (?) : circumnutation de l'épicotyle arqué et enfoui, relevée sur un verre horizontal, de 9 h. 20 m. à 8 h. 15. Mouvement de la goutte de cire grossi 27 fois.

et par sa périodicité, car il commence toujours à une heure avancée de la soirée.

Tropæolum minus (?) (var. Tom Thumb) (Tropæolées). — Les cotylédons sont hypogés, et ne s'élèvent jamais au-dessus du sol. En remuant la terre, nous trouvâmes un épicotyle (plumule) enterré, dont le sommet était assez fortement recourbé vers le bas, comme l'était l'hypocotyle courbé du chou, que nous avons déjà décrit. Un fil de verre, muni d'une goutte de cire, fut fixé sur la branche basilaire tout-à-fait au-dessus des cotylédons hypogés, qui étaient encore presque complétement entourés par de la terre meuble. La fig. 16 montre la marche de la goutte de cire durant 11 heures. Après le dernier point marqué sur cette figure, la goutte fut entraînée à une grande distance, puis en dehors de la lame de verre, dans la direction qu'indique la ligne pointillée. Ce grand mouvement, en relation avec l'accroissement de la surface concave de l'arc, était dû à ce que la branche basilaire s'inclinait en sens inverse de la branche supérieure, c'est-à-dire dans une direction opposée à celle de cette extrémité, comme cela se produisait dans l'hypocotyle du chou. Un autre épicotyle recourbé et enterré fut observé de la même manière avec cette différence que les deux extrémités étaient liées ensemble par un fil très fin, afin d'empêcher le grand mouvement qui vient d'être décrit. Cependant, son déplacement, dans la soirée, eut lieu dans le même sens qu'auparavant, mais la ligne suivie était moins droite. Dans la matinée, l'arc lié

Fig. 17.

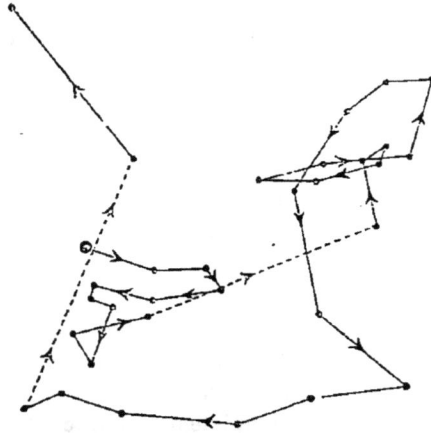

Citrus aurantium : circumnutation de l'épicotyle portant un fil fixé transversalement près de son extrémité, relevée sur un verre horizontal, de 12 h. 30 s., le 20 février, à 8 h. 55 m., le 22. Mouvement de la goutte de cire amplifié 21 fois, soit 10 1/2 sur la figure donnée ici, et ensuite 36 fois, soit 18 ici ; plante éclairée par dessus.

décrivit un cercle irrégulier, en formant de légers zigzags, et à une distance plus grande que dans le cas précédent, comme le montre un diagramme amplifié 18 fois. Nous décrirons plus loin le mouvement d'une jeune plante portant quelques feuilles, et d'une autre plante plus âgée.

Citrus aurantium (orange.) (Aurantiacées). — Les cotylédons sont hypogés. La figure ci-jointe (fig. 17), montre la circumnutation d'un épicotyle, qui, à la fin de nos observations mesurait 15^{mm} (54/100 de pouce) au-dessus du sol. Ce mouvement fut observé pendant une période de 44 h. 40 m.

Æsculus hippocastanum (Hippocastanées). — Des semis furent placés dans une boîte d'étain, maintenue humide à l'intérieur, et munie d'une couche inclinée de sable argileux humide, sur laquelle reposaient quatre lames de verre enduites de noir de fumée, inclinées de 70° et 65° sur l'horizon. Les extrémités des radicules furent placées de manière à venir juste en contact avec la partie supérieure de ces lames de verre, et, dans leur croissance vers le bas, elles pressaient légèrement, sous l'action du géotropisme, les surfaces noircies, en y laissant

Fig.   18.

trace de leur marche. Dans la partie médiane de chaque trace, le verre était tout à fait nettoyé, mais, les bords étaient moins distincts et moins réguliers. Des copies de deux de ces traces (toutes quatre étaient presque semblables) furent prises sur du papier à calquer placé sur les lames de verre qui avaient, auparavant, été vernies. Elles étaient aussi exactes que possible, eu égard à la nature des bords (fig. 18). Elles suffisent pour montrer qu'il y avait un mouvement latéral, tout à fait tortueux, et que les extrémités des radicules, dans leur course

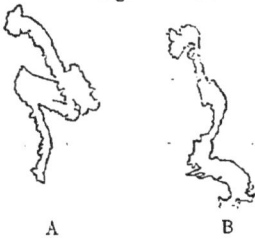

A   B

Æsculus hippocastanum : croquis des traces laissées sur des verres inclinés par les extrémités des radicules. En A le verre était incliné de 70° avec l'horizon, et la radicule avait 5cm. de long, et 5mm. 3/4 de diamètre à sa base. En B, l'inclinaison était de 65°, et la radicule était un peu plus grande.

descendante, pressaient sur les lames avec des forces inégales, car les traces variaient de largeur. Les lignes tortueuses tout à fait parfaites tracées par les radicules de *Phaseolus multiflorus* et de *Vicia faba* (que nous allons décrire), mettent hors de doute la circumnutation de ces organes.

Fig. 19.

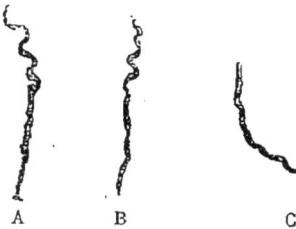

A   B   C

Phaseolus multiflorus : traces laissées sur des verres noircis et inclinés par les extrémités des radicules pendant leur croissance. A et C, verres inclinés de 60°. B, verre incliné de 68° sur l'horizon.

Phaseolus multiflorus (Légumineuses). — Quatre lames de verre noircies furent disposées comme nous l'avons déjà indiqué pour Æsculus, et les traces laissées pendant leur croissance par les extrémités de quatre radicules de l'espèce dont nous nous occupons, furent photographiées, comme des objets transparents. La figure 19 représente exactement trois d'entre elles. Leur marche tortueuse montre que les extrémités se portaient régulièrement de droite à gauche; elles pressaient aussi alternativement, avec plus ou moins de force, sur les lames de verre, s'élevant quelquefois jusqu'à les quitter, pendant un court intervalle ; mais ce fait était beaucoup plus visible sur les lames elles-mêmes que sur les copies. Ces radicules, par conséquent, se mouvaient continuellement dans toutes les directions — c'est-à-dire circumnutaient. La distance entre les positions extrêmes (à droite et à gauche) de la radicule A, dans son mouvement latéral, était de 2^{mm}, ce que nous dé-

Fig. 20.

Vicia faba : circumnutation d'une radicule, d'abord verticale, tenue à l'obscurité, relevée sur verre horizontal pendant 14 heures. Amplification du mouvement de la goutte en cire, 23 fois. Réduction de moitié.

terminâmes par des mesures prises avec un oculaire micrométrique.

Vicia faba (vesce commune) (Légumineuses). — *Radicule.* — Quelques vesces furent mises à germer sur du sable nu, et, après que l'une d'elles eut développé sa radicule jusqu'à une longueur de 0^{m}005, elle

Fig. 21.

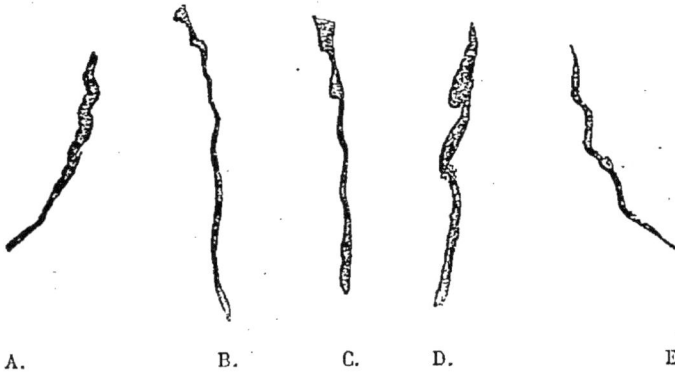

A.   B.   C.   D.   E.

Vicia faba : traces laissées sur des verres noircis par les extrémités des radicules pendant leur croissance. Le verre C était incliné de 65°, les verres A et D de 71°, le verre B de 75°, le verre E de quelques degrés sous l'horizon.

fut retournée sens dessus dessous, de sorte que la radicule qui était restée dans l'air humide, devint alors redressée. Un fil de verre, long de près de 0^{m}025 fut fixé obliquement près de son extrémité, et le mouvement de la goutte de cire put être relevé de 8 h. 30 du matin à 10 h. 30 du

soir, comme le montre la figure 18. D'abord, la radicule changea deux
fois le sens de son mouvement, puis fit une petite boucle, et, ensuite,
décrivit une courbe en zigzag beaucoup plus large. Pendant la nuit,
et jusqu'au lendemain matin 11 h., la goutte de cire parcourut une
grande distance, suivant une ligne presque droite, dans la direction
indiquée sur la figure par la ligne pointillée. Cela provient de ce que
l'extrémité de la radicule s'inclinait fortement vers le bas, car elle
avait gagné une position très oblique, et largement favorable à l'action du géotropisme.

Nous expérimentâmes ensuite sur près d'une vingtaine de radicules,
en les mettant à croître sur des verres noircis inclinés, exactement de
la même manière que pour Æsculus et Phaseolus. Quelques-unes des
lames de verre n'étaient inclinées que de quelques degrés sur l'horizon, mais la plupart d'entre elles l'étaient de 60 et 75°. Dans ces derniers cas, les radicules, en croissant vers le bas n'étaient que peu déviées de la position qu'elles avaient prise en germant dans de la sciure,
et elles pressaient légèrement sur le verre (fig. 21). Cinq de ces traces,
les plus distinctes, ont été copiées ici ; elles sont légèrement sinueuses,
et accusent la circumnutation. De plus, un examen attentif de chacune
de ces traces montre que les radicules, dans leur marche vers le bas,
avaient pressé avec plus ou moins de force, alternativement, sur le
verre, et s'étaient quelquefois relevées jusqu'à quitter presque la
lame pendant de courts intervalles.

Epicotyle. — Au point où la radicule était sortie d'une vesce laissée sur le côté, une masse solide, aplatie, faisait une saillie de 0^{m}0025,
sur le même plan horizontal que la vesce. Cette protubérance était
formée par le sommet convexe de l'épicotyle recourbé, et, quand il se
développa, les deux branches de l'arc se courbèrent latéralement vers
le haut, sous l'action de l'apogéotropisme, de telle sorte que l'arc était
fortement incliné après 14 heures, et vertical après 48. Un fil de verre
fut fixé sur la couronne de la protubérance, avant que l'arc ne fût
visible, mais la partie basilaire s'accrut si rapidement que, le matin
suivant, l'extrémité du fil était fortement inclinée en bas. Il fut donc
enlevé et fixé sur un point moins élevé. La ligne tracée pendant ces
deux jours s'étendait dans la même direction générale, et était sur certains points presque droite, sur d'autres complétement sinueuse, don-
nant ainsi la certitude d'une circumnutation.

L'épicotyle courbé, dans quelque position qu'il puisse être placé,
s'incline fortement vers le haut, sous l'action de l'apogéotropisme,
et les deux branches tendent de très bonne heure à se séparer l'une
de l'autre, aussitôt qu'elles sont délivrées de la pression de la terre
environnante ; il était donc difficile de déterminer avec précision si

l'épicotyle circumnutait tant qu'il demeurait courbé. Aussi, quelques
vesces plus profondément enterrées furent-elles mises à découvert, et
les deux branches de l'arc furent-elles liées ensemble, comme nous
l'avions fait pour l'épicotyle du Tropæolum, et l'hypocotyle du chou.
Les mouvements des arcs liés furent relevés, de la manière habituelle,
en deux occasions, pendant trois jours. Mais les diagrammes obtenus
dans des conditions si peu naturelles ne sont pas dignes de confiance ;
il est nécessaire de dire seulement que les lignes étaient décidément en
zigzag et qu'il se formait, occasionnellement, de petites boucles. Nous
pouvons conclure de là que l'épicotyle circumnute tandis qu'il est encore recourbé, et avant qu'il n'ait pris assez d'accroissement pour
paraître à la surface du sol.

Afin de pouvoir observer les mouvements de l'épicotyle à un âge
plus avancé, nous fixâmes un fil près de la base d'un de ces organes qui
n'était plus recourbé, car sa partie supérieure formait maintenant un
angle droit avec la moitié inférieure. Cette vesce avait germé à découvert sur du sable humide, et l'épicotyle commençait à se redresser
beaucoup plus tôt qu'il ne l'aurait fait s'il avait été réellement planté.
Sa marche, suivie pendant 50 heures (du 26 décembre, 9 h. du matin,
au 28, 11 h. du matin), est indiquée par la figure 22, et nous voyons

Fig. 22.

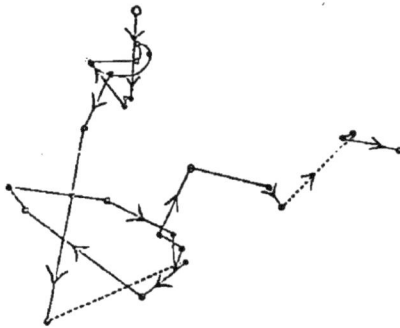

Vicia faba : circumnutation d'un jeune épicotyle relevée dans l'obscurité pendant 50 heures
sur un verre horizontal. Mouvement de la goutte de cire amplifié 20 fois et réduit ici de
moitié.

que l'épicotyle circumnutait pendant tout ce temps. La partie basilaire
prit, pendant ces 50 heures, un tel accroissement, que le fil, à la fin de
nos observations, se trouvait attaché à une hauteur de 0ᵐ01 au-dessus
de la face supérieure de la vesce, tandis qu'il avait été fixé tout à fait
contre cette face. Si la vesce avait été plantée, cette partie de l'épicotyle aurait, à ce moment, dépassé la surface du sol.

Le 28, assez tard dans la matinée, et quelques heures après la fin de

ces observations, l'épicotyle s'était beaucoup redressé, car la partie supérieure formait avec l'inférieure un angle largement ouvert.
Un fil fut fixé sur la partie basilaire redressée, plus haut qu'auparavant, et tout à fait au-dessous d'une très petite excroissance écailleuse qui était l'homologue d'une feuille; son mouvement fut relevé

Fig. 23.

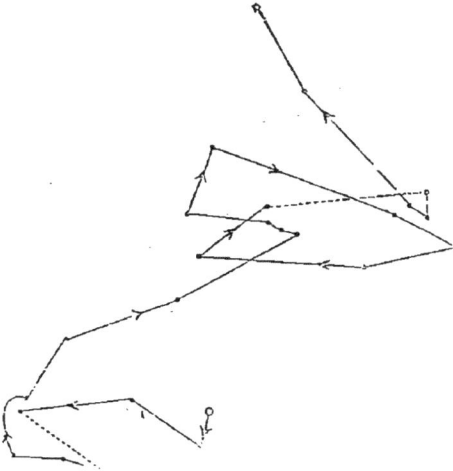

Vicia faba : circumnutation du même épicotyle que fig. 22, un peu plus âgé, tracée dans
des conditions semblables, du 28 décembre 8 h. 40 m. au 30, 10 h. 50 m. Mouvement de
la goutte de cire amplifié 20 fois.

durant 38 heures (fig. 23). Ici encore, nous avons une circumnutation
continue pleinement évidente. Si la vesce avait été convenablement
plantée, la partie de l'épicotyle à laquelle était attaché le fil de verre,
et dont le mouvement est indiqué ici, se serait probablement élevée
au-dessus de la surface du sol.

Fig. 24.

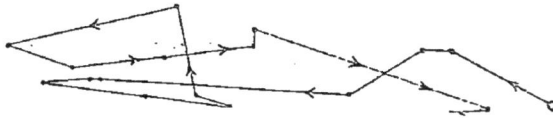

Latyrus nissolia : circumnutation de la tige d'un jeune semis, tracée dans l'obscurité
sur un verre horizontal, du 22 novembre 6 h. 45, au 23, 7 h. Mouvement de l'extrémité
de la feuille amplifié 12 fois environ et réduit ici de moitié.

Lathyrus nissolia (Légumineuses). — Cette plante fut choisie pour
nos observations, à cause de sa forme anormale et de ses feuilles
semblables à celles d'une plante grasse. Les cotylédons sont hypogés,
et l'épicotyle est recourbé quand il sort de terre. La figure 24 montre

les mouvements, pendant 24 heures, d'une tige de 0ᵐ03 de haut, composée de trois entre-nœuds, dont l'inférieur était entièrement souterrain, et dont le supérieur portait une feuille courte et étroite. Nous n'employâmes pas de fil de verre, mais nous plaçâmes un point de repère derrière le sommet de la feuille. La dimension, à ce moment, de la plus longue des deux ellipses décrites par la tige est d'environ 0ᵐ0035. La veille, la direction principale du mouvement était presque à angle droit avec celle indiquée sur la figure, et sa marche était plus simple.

Cassia tora (1) (Légumineuses). — Un semis fut placé devant une fenêtre exposée au nord-est ; il s'inclina très peu de ce côté, car l'hypocotyle, qui était demeuré libre, était assez vieux, et, par suite, peu fortement héliotropique. Un fil de verre avait été fixé sur la nervure médiane de l'un des cotylédons, et le mouvement de la plante tout entière fut relevé durant deux jours. La circumnutation de l'hypocotyle est tout à fait insignifiante vis-à-vis de celle des cotylédons. Ces derniers s'élèvent verticalement pendant la nuit, et arrivent complètement au contact ; de sorte qu'on peut les dire endormis. Ce semis était assez âgé pour qu'une véritable petite feuille se fût développée, qui, à la nuit, était entièrement recouverte par les cotylédons fermés. Le 24 septembre, de 8 h. du matin à 5 h. du soir, les cotylédons s'élevèrent cinq fois et descendirent cinq fois. Ils décrivirent ainsi cinq ellipses irrégulières, dans l'intervalle de 9 heures. La grande élévation nocturne commença à 4 h. 30 du soir, à peu près.

Le lendemain matin (25 septembre), le mouvement du même cotylédon fut encore relevé de la même manière pendant 24 heures. Nous donnons ici une copie de ce diagramme (fig. 25). La matinée fut froide, et la fenêtre était par hasard restée ouverte pendant peu de temps, ce qui peut avoir refroidi la plante ; cela l'empêcha probablement de se mouvoir aussi librement que le jour précédent, car elle n'eut que quatre mouvements d'ascension et quatre de descente pendant la journée ; encore les oscillations étaient-elles peu étendues. A 7 h. 10 du matin, quand fut tracé le premier point, les cotylédons n'étaient pas entièrement ouverts ou réveillés ; ils continuèrent à s'ouvrir jusqu'à 9 heures, à peu près ; à ce moment ils étaient tombés un peu au-dessous de l'horizon ; à 9 h. 30, ils s'étaient relevés et ils oscillaient de haut en bas, mais les mouvements de montée et de descente ne coïncidaient

(1) Des graines de cette plante, qui croît au bord de la mer, nous furent envoyées du Brésil, par Fritz Muller ; les pousses se développèrent mal et ne fleurirent pas bien chez nous ; nous les envoyâmes à Kew, où on décida qu'elles ne différaient pas de *C. tora.*

jamais complètement. A 4 h. 30 du soir à peu près, commença le grand mouvement nocturne. A 7 h. le matin suivant (26 septembre), ils occupaient presque la même position que la veille au matin, comme le montre le diagramme ; ils commencèrent à s'ouvrir ou à tomber, de la manière habituelle. Ce diagramme amène à penser qu'il n'y a pas de différence, si ce n'est pour l'amplitude, entre les mouvements quotidiens d'élévation et de descente, et les oscillations qui ont eu lieu dans la journée.

Lotus Jacobœus (Légumineuses). — Les cotylédons de cette plante, après les premiers jours de leur vie, s'élèvent de manière à rester presque mais rarement tout à fait, verticaux pendant la nuit. Ils continuent à se comporter de cette manière longtemps encore après le développement des feuilles vraies. Avec des pousses de 0ᵐ075 de haut, portant 5 ou 6 feuilles, ils s'élevaient la nuit d'environ 45°. Ils continuaient ainsi pendant encore une quinzaine jours. Après ce temps, ils demeuraient la nuit dans une position horizontale, quoiqu'ils fussent encore verts, puis ils tombaient. Leur mouvement nocturne d'élévation, qui les amène à être presque verticaux, paraît dépendre beaucoup de la température, car lorsque les semis sont gardés dans un lieu frais, quoiqu'ils continuent à croître, les cotylédons ne prennent plus, la nuit, la position verticale. Il est remarquable que les cotylédons ne s'élèvent généralement pas, la nuit, d'une manière évidente, pendant les quatre ou cinq premiers jours qui suivent la germination ; mais cette période variait beaucoup pour

Fig. 25.

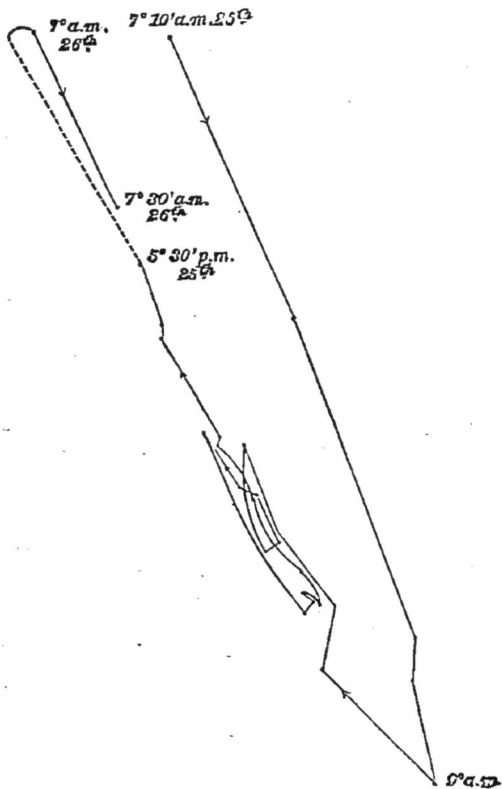

Cassia tora : circumnutation simultanée de l'hypocotyle et des cotylédons, relevée sur verre vertical du 25 septembre, 7 h. 10 m., au 26, 7 h. 30 m. Réduite de moitié.

des semis placés dans les mêmes conditions, et nous en observâmes un grand nombre. Des fils de verre munis de petits triangles de papier furent placés sur les cotylédons (larges de 1^{mm}5) de deux semis vieux de 24 heures, et l'hypocotyle fut assujetti sur un bâton ; leurs mouvements, fortement amplifiés, furent relevés et nous eûmes la certitude qu'ils circumnutaient pendant tout ce temps sur une petite échelle ; mais ils ne montraient aucun mouvement diurne et nocturne. Les hypocotyles, laissés libres, circumnutaient largement.

Un autre semis très âgé, portant une feuille à demi enveloppée, fut observé de la même manière pendant les trois premiers jours et les trois premières nuits de juin; mais les semis, à cet âge, paraissent très sensibles à l'insuffisance des rayons lumineux ; ils furent observés à une lumière assez obscure et à une température de 16 à 17° 1/2 C. et, probablement par suite de ces conditions, le grand mouvement quotidien des cotylédons disparut le troisième jour. Pendant les deux premiers jours, ils commencèrent à s'élever au commencement de l'après-midi, suivant une ligne presque droite, jusqu'à 6 ou 7 heures du soir ; ils étaient alors verticaux. Dans la seconde partie de la nuit, ou plutôt le matin de bonne heure, ils commencèrent à s'ouvrir ou à redescendre, de sorte qu'à 6 h. 45 ils étaient tout à fait ouverts et horizontaux. Ils continuèrent à descendre un peu pendant quelque temps, et durant le second jour, ils décrivirent une simple petite ellipse de 9 h. du matin à 2 h. du soir, en sus du grand mouvement diurne. La marche suivie pendant ces 24 heures était beaucoup moins complexe que dans le cas précédent. Le troisième matin, ils descendirent beaucoup et circumnutèrent alors, mais sur une faible échelle, autour du même point; dès 8 h. 20 du soir, ils ne montraient aucune tendance à s'élever pendant la nuit. Les cotylédons des nombreux autres semis placées dans le même pot ne s'élevèrent pas davantage. Il en fut de même la nuit suivante (5 juin). Le pot fut alors placé dans la serre, en un point exposé au soleil, et, la nuit suivante, les cotylédons s'élevèrent de nouveau d'un angle considérable, mais sans devenir tout à fait verticaux. Chacun des jours suivants, la ligne représentant le grand mouvement ascensionnel nocturne ne coïncidait pas avec celle du grand mouvement diurne de descente, de sorte que de légères ellipses étaient engendrées, comme d'habitude, par tous les organes en circumnutation. Les cotylédons étaient pourvus d'un pulvinus dont le développement sera décrit plus loin.

Mimosa pudica (Légumineuses). — Les cotylédons s'élèvent verticalement pendant la nuit, jusqu'à se toucher. Deux semis furent observés dans la serre (température 16 à 17°). Leurs hypocotyles étaient assujettis sur des bâtons, et des fils de verre munis de petits triangles de papier étaient fixés sur les cotylédons de chacun d'eux. Les mouvements furent relevés sur une lame verticale de verre pendant 24 heures, le 13 novembre. Le pot était resté quelque temps dans la même position, et les plantes étaient éclairées à travers le toit de verre. Les cotylédons de l'un de ces semis s'abaissèrent dans la matinée jusqu'à 11 h. 30, puis s'élevèrent d'un mouvement rapide dans la soirée jusqu'à être verticaux, de sorte que, dans ce cas, il n'y avait qu'un seul mouvement diurne d'élévation et de descente. L'autre semis se comporta d'une manière un peu différente, car les cotylédons s'abaissèrent dans la matinée jusqu'à 11 h. 30, puis s'élevèrent; mais, après 12 h. 10, ils tombèrent de nouveau, et le grand mouvement ascensionnel dela soirée ne commença qu'à 1 h. 22. Le lendemain matin ce cotylédon s'était écarté beaucoup de la verticale à 8 h. 15. Deux autres semis (l'un de 7 jours, et l'autre de 8), avaient déjà été observés dans des circonstances favorables, car ils avaient été transportés dans la maison et placés devant une fenêtre exposée au nord-est, à une température de 13 ou 14° C. Ils avaient, de plus, à être abrités contre la lumière latérale, et peut-être n'étaient-ils pas assez éclairés. Dans ces circonstances, les cotylédons se murent seulement de haut en bas, de 7 h. du matin à 2 h. du soir, après quoi, pendant une grande partie de la nuit, ils continuèrent à s'élever. Entre 7 et 8 h. du matin, le jour suivant, ils s'abaissèrent de nouveau, mais le second et encore le troisième jour, les mouvements devinrent irréguliers et, entre 3 h. et 10 h. 30 du soir, ils circumnutaient autour du même point, et avec une faible amplitude, mais ne s'élevaient plus pendant la nuit. La nuit suivante, néanmoins, ils s'élevèrent comme d'habitude.

Cytisus fragrans (Légumineuses). — Quelques observations seulement furent faites sur cette plante. L'hypocotyle circumnutait sur une étendue considérable. mais d'une manière plus compliquée ; il marchait deux heures dans une direction, puis revenait plus lentement sur ses pas en décrivant des zigzags et conservant une direction parallèle à la première, et dépassait son point de départ. Le mouvement continuait toute la nuit dans la même direction, mais il commençait le lendemain à s'opérer en sens inverse. Les cotylédons se mouvaient continuellement de haut en bas et latéralement, mais sans s'élever beaucoup durant la nuit.

Lupinus luteus (Légumineuses). — Des semis de cette plante furent observés, parce que les cotylédons sont si épais (ils ont environ 0ᵐ002), qu'il semble impossible qu'ils aient un mouvement. Nos observations ne furent pas suivies de succès, car les semis sont fortement héliotropiques, et leur circumnutation ne put pas être bien observée près d'une fenêtre exposée au nord-est, quoiqu'ils eussent été gardés le jour précédent dans la même position. Un semis fut alors mis dans l'obscurité, et son hypocotyle assujetti sur un bâton ; les deux cotylédons s'élevèrent d'abord un peu, puis tombèrent le reste de la journée ; le soir, entre 5 et 6 h. ils eurent un léger mouvement ; pendant la nuit, l'un continua à s'abaisser et l'autre s'éleva, mais peu. Leur marche n'avait pas été beaucoup amplifiée, et comme les lignes tracées formaient des zigzags, les cotylédons doivent avoir eu un léger mouvement latéral, par conséquent avoir circumnuté.

L'hypocotyle est assez épais (environ 0m003), néanmoins il circumnute avec un mouvement complexe, quoique peu étendu. Le mouvement d'un semis âgé, qui avait deux vraies feuilles en parties développées, fut observé dans l'obscurité. Comme ce mouvement était amplifié 100 fois environ, le diagramme n'est pas digne de confiance, et nous ne le donnons pas ; mais on ne peut nullement douter que l'hypocotyle ne se soit mû dans tous les sens pendant le jour, en changeant 19 fois de direction. La distance extrême, d'un côté à l'autre, que la partie supérieure de l'hypocotyle parcourut pendant 14 heures 1/2, n'était que de 0mm4 ; il marchait à raison de 0mm5 à l'heure.

Cucurbita ovifera. (Cucurbitacées). — *Radicule.* — Une graine qui avait germé sur du sable humide fut fixée de façon que la radicule, légèrement recourbée, qui n'avait que 1mm75 de long, fût tout à fait verticale et tournée vers le haut ; dans cette position, le géotropisme ne devait avoir d'abord, qu'une faible action. Un fil de verre fut attaché près de sa base et placé de manière à former sur l'horizon un angle de 45°. La marche générale suivie pendant les 11 heures d'observation et durant la nuit suivante, est indiquée par le diagramme (fig. 26) ; elle était entièrement due au géotropisme, mais il

Fig. 26.

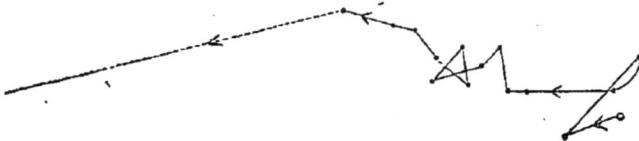

Cucurbita ovifera : Ligne suivie par une radicule dans sa marche descendante géotropique relevée sur verre horizontal entre 10 h. 25 m. et 10 h. 25 s. La marche nocturne est indiquée par la ligne brisée. Mouvement amplifié 14 fois.

était clair aussi que la radicule circumnutait. Le lendemain matin, l'extrémité s'était tellement inclinée que le fil, au lieu de faire avec l'horizon un angle de 45°, était presque horizontal. Une autre graine qui germait fut retournée et couverte de sable humide : un fil de verre fut fixé sur la radicule de manière à faire avec l'horizon un angle d'environ 50° ; cette radicule avait 9^{mm} de long ; elle était un peu courbée. La marche suivie fut tout à fait déterminée, comme dans le cas précédent, par le géotropisme, mais la ligne tracée durant 12 heures, et amplifiée comme auparavant, formait des zigzags plus prononcés, dénonçant encore la circumnutation.

Quatre radicules furent placées pendant leur croissance, sur des lames de verre noircies, inclinées de 70° sur l'horizon, dans les mêmes conditions que les radicules d'Æsculus, de Phaseolus et de Vicia. Nous donnons ici (fig. 27) les fac-simile de deux des traces obte-

Fig. 27.   Fig. 28.

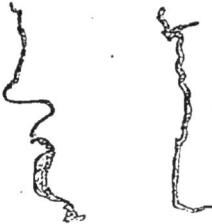

Cucurbita ovifera. Traces laissées par les radicules sur des verres noircis inclinés de 70° sur l'horizon.

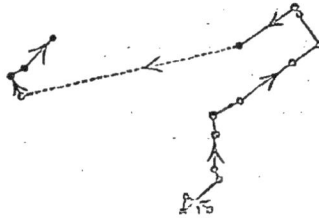

Cucurbita ovifera : circumnutation d'un hypocotyle arqué très jeune, relevée dans l'obscurité sur verre horizontal de 8 h. du matin au lendemain 10 h. 20 m. Amplification 28 fois. — Réduit de moitié.

nues ; une troisième, plus courte, était tout à fait aussi tortueuse que celle figurée en A. Il était aussi manifeste, par le plus ou moins de noir qui avait été enlevé, que les extrémités des radicules avaient pressé sur le verre avec plus ou moins de force. Il a donc dû y avoir un mouvement dans deux plans perpendiculaires l'un sur l'autre. Ces radicules étaient si délicates, qu'elles pouvaient rarement enlever complétement la couche de noir étendue sur le verre. L'une d'elles avait développé quelques petites racines latérales ou secondaires, inclinées de quelques degrés sur l'horizon, et il faut noter comme un fait important que trois d'entre ces dernières avaient laissé des traces sinueuses distinctes sur la surface noircie, montrant, sans doute possible, qu'elles avaient circumnuté aussi bien que la racine principale ou primaire. Mais ces traces étaient si légères qu'elles ne purent être retracées et copiées, une fois la plaque vernie.

Hypocotyle. — Une graine, placée sur du sable humide, fut d'abord fixée par deux fils de fer et par sa propre radicule en voie d'accroissement. Les cotylédons étaient encore enfermés sous les enveloppes séminales et l'hypocotyle court, entre le sommet de la radicule et les cotylédons, n'était que légèrement arqué. Un fil (de 21^{mm} de long), incliné de 35° sur l'horizon, fut fixé sur le côté de l'arc touchant les cotylédons. Ce point devait plus tard, lorsqu'il se serait redressé pour devenir vertical, former la partie supérieure de l'hypocotyle. Si la graine avait été plantée convenablement, l'hypocotyle, à ce point de sa croissance, aurait été profondément enfoncé sous le sol. La marche suivie par la goutte de cire est indiquée par la fig. 28. La direction principale du mouvement, de droite à gauche dans la figure, était parallèle au plan des deux cotylédons réunis et de la graine; et ce mouvement devait aider à les dégager des enveloppes séminales qui sont retenues par une structure spéciale, que nous aurons à décrire plus loin. Le mouvement perpendicu-

laire à la direction dont nous venons de parler était dû à ce que l'hypocotyle arqué se courbait davantage à mesure qu'il grandissait. Les observations précédentes sont faites sur la branche de l'arc qui touche les cotylédons, mais l'autre branche, qui touche la radicule, circumnutait de même à la même époque.

La figure 29 indique le mouvement du même hypocotyle, redressé et vertical, mais dont les cotylédons ne sont qu'en partie ouverts. La marche suivie pendant 12 heures présente l'aspect de 4 et demi ellipses ou ovales, le plus grand axe de la première ellipse étant presque à angle droit avec celui des autres. Tous les grands axes sont obliques sur une ligne joignant les deux cotylédons. La distance extrême, d'un côté à l'autre, que

Fig. 29.

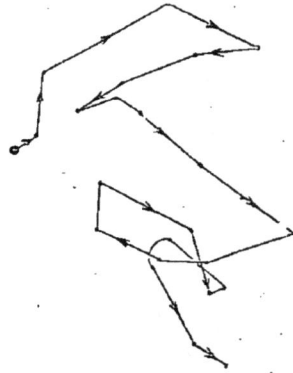

Cucurbita ovifera : circumnutation d'un hypocotyle vertical ayant un fil fixé transversalement sur sa partie supérieure, relevée dans l'obscurité sur un verre horizontal de 8 h. 30 du matin à 8 h. 30 du soir. Mouvement de la goutte de cire amplifié 18 fois, ici 4 fois 1/2 seulement.

parcourut le sommet de ce vigoureux hypocotyle dans cet espace de 12 heures, était de 7^{mm}. La figure primitive était tracée sur une large échelle, et, à cause de l'obliquité du point de vue, les parties périphériques du diagramme étaient beaucoup exagérées.

Cotylédons. — En deux occasions les mouvements des cotylédons furent relevés sur un verre vertical, et, comme les lignes ascendantes et descendantes ne coïncidaient pas tout à fait, d'étroites ellipses furent engendrées; donc les cotylédons circumnutaient. Jeunes, ils s'élevaient verticalement à la nuit, mais leurs extrémités demeuraient toujours repliées; le matin suivant ils retombaient. Dans un semis conservé au milieu de l'obscurité complète, ils étaient doués d'un mouvement analogue, car ils redescendaient de 8 h. 45 du matin à 4 h. 30 du soir, pour commencer alors à s'élever et demeurer réunis jusqu'à 10 h. du soir, heure de la dernière observation. A 7 h. du matin, le lendemain, ils étaient aussi complètement étalés qu'à toute heure de la veille. Les cotylédons d'un autre jeune semis exposé à la lumière étaient, un jour, entièrement ouverts dès la première heure, mais ils furent trouvés complètement réunis le lendemain à 7 h. du matin. Ils commencèrent bientôt à s'étaler et continuèrent ainsi jusqu'à 5 h. du soir ; alors ils se mirent à remonter, et ils étaient verticaux et tout à fait réunis à 10 h. Le troisième jour, à 7 h. du matin, ils étaient presque verticaux et ils s'étalèrent de nouveau dans la journée; le quatrième matin, ils n'étaient pas réunis, mais ils s'abaissèrent cependant dans la journée, pour s'élever un peu la nuit suivante. Pendant ce temps, une petite feuille vraie s'était développée. Un autre semis encore plus âgé, portant une feuille bien développée, reçut un fil de verre sur un de ses cotylédons (long de 85ᵐᵐ), qui inscrivait ses propres mouvements sur un tambour tournant garni de papier noirci. Les observations étaient faites dans la serre où avait vécu la plante, de sorte qu'il n'y eut aucun changement dans la température ou dans la lumière. L'enregistrement commença le 18 février à 11 h. du matin ; depuis ce moment jusqu'à 3 h. du soir, le cotylédon s'abaissa; il se releva alors rapidement jusqu'à 9 h. du soir, puis très modérément jusqu'à 3 h. du matin, le 19 février ; après ce moment, il tomba graduellement jusqu'à 4 h. 30 du soir; mais le mouvement de descente fut interrompu par une légère élévation ou oscillation, à 1 h. 30 du soir environ. Après 4 h. 30 du soir (le 19), le cotylédon s'éleva jusqu'à 1 h. du matin (dans la nuit du 20), puis tomba graduellement jusqu'à 9 h. 30 du matin ; nos observations s'arrêtèrent là. La somme de mouvement était plus grande le 18 que le 19 ou que dans la matinée du 20.

Cucurbita aurantia. — Un hypocotyle recourbé fut trouvé à peu de distance sous la surface du sol : afin de l'empêcher de se redresser brusquement lorsqu'il serait délivré de la pression de la terre environnante, nous liâmes ensemble les deux branches de l'arc. La graine fut alors couverte d'une légère couche de terre meuble humide. Un fil de verre, muni à l'extrémité d'une goutte de cire, fut fixé sur la branche basilaire dont les mouvements furent observés pendant deux jours, de la manière habituelle. Le premier jour, l'arc se mut suivant une ligne brisée, du côté de la branche basilaire. Le jour suivant, les cotylédons avaient paru au-dessus de la surface du sol, et l'arc lié avait changé la direction de son mouvement 9 fois en 14 heures 1/2. Il décrivit une figure large, circulaire, extrêmement irrégulière, revenant vers la nuit à peu près au même point qu'il avait quitté le matin de bonne heure. La ligne suivie formait des zigzags si fortement marqués, qu'elle sem-

-blait représenter cinq ellipses, dont les plus grands axes étaient dirigés en divers sens. Quant aux mouvements périodiques des cotylédons,
ceux de plusieurs jeunes semis formaient ensemble à 4 h. du soir un
angle d'environ 60°, et à 10 h. du soir, leurs parties inférieures étaient
verticales et en contact. Leurs extrémités
cependant, comme c'est l'habitude dans
ce genre, étaient toujours repliées. Ces
cotylédons, à 7 h. du matin le jour suivant, étaient encore bien étalés.

Lagenaria vulgaris (var. Gourde mi-
niature) (Cucurbitacées). — Une pousse
ouvrait ses cotylédons, dont les mouvements furent seuls observés le 27 juin
de bonne heure, et les fermait à la nuit;
le jour suivant (28) à midi, ils formaient
un angle de 53°, et à 10 h. du soir, ils
entraient en contact parfait, de sorte que
chacun avait décrit un arc de 26° 1/2.
À midi, le 29, ils formaient un angle de
118° et à 10 h. du soir un angle de 54°,
chacun ayant décrit un arc de 32°. Le
jour suivant ils étaient encore plus ouverts, et l'élévation nocturne était plus
forte, mais les angles ne furent pas mesurés. Deux autres semis furent observés
et se comportèrent absolument de même
pendant trois jours. Donc les cotylédons
s'ouvraient de plus en plus chaque jour
et s'élevaient toutes les nuits de 30° environ; par suite, les deux premières
nuits de leur vie, ils étaient verticaux et
en contact.

Pour déterminer plus soigneusement
la nature de ces mouvements, nous as-
sujettîmes sur un bâton l'hypocotyle
d'un semis dont les cotylédons étaient

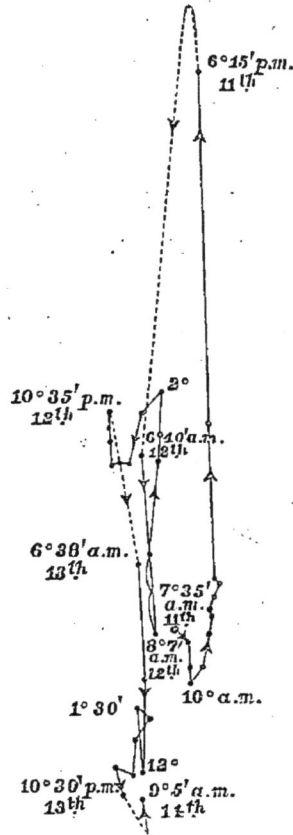

Fig. 30.

Lagenaria vulgaris : circumnutation d'un cotylédon long de
37^{mm}5; l'extrémité est à 107^{mm} du
verre vertical, sur lequel ses mouvements ont été relevés du 11 juillet 7 h. 35 m. au 14, 9 h. 5 m.
Figure réduite d'un tiers.

étalés, et nous fixâmes sur l'un de ces derniers un fil de verre
muni de triangles de papier. Les observations furent faites à une
lumière assez obscure, et la température, pendant toute leur durée,
oscilla entre 17° 5 et 18° C. Si la température avait été plus élevée et la
lumière plus intense, les mouvements eussent probablement été plus
étendus. Le 11 juillet (fig. 30), le cotylédon s'abaissa de 7 h. 35 du

matin à 10 h. ; il s'éleva alors (rapidement après 4 h. du soir), jusqu'à ce qu'il fût tout à fait vertical à 8 h. 40 du soir. Au commencement de la matinée suivante, il tomba de nouveau jusqu'à 8 h. puis remonta, puis retomba et remonta encore, de sorte qu'à 10 h. 85 du soir il était plus haut que le matin, mais sans être vertical comme la nuit précédente. Le lendemain matin, de bonne heure, et pendant toute la journée (le 13), il descendit et circumnuta, mais il ne s'était pas élevé lorsque nous l'observâmes dans la soirée ; ce qui était probablement dû à l'insuffisance de la lumière ou de la chaleur, ou de ces deux agents. Nous voyons par-là que les cotylédons devinrent chaque jour plus fortement ouverts, et qu'ils s'élevèrent beaucoup chaque nuit, quoique sans prendre une position verticale, si ce n'est les deux premières nuits.

Fig. 31.

Opuntia basilaris : circumnutation combinée de l'hypocotyle et d'un cotylédon ; fil fixé longitudinalement sur le cotylédon. Mouvement relevé pendant 66 heures sur un verre horizontal. Amplification 30 fois, réduite au tiers. Pousse éclairée par-dessus.

Cucumis dudaim (Cucurbitacées). — Deux semis avaient ouvert leurs cotylédons pour la première fois dans la journée, l'un sous un angle de 90°, et l'autre un peu plus ; ils demeurèrent jusqu'à 10 h. 40 du soir presque dans la même position, mais, à 7 h. du matin, le lendemain, le semis qui, auparavant, s'était ouvert de 90°, avait ses cotylédons verticaux et complétement fermés ; l'autre les avait presque fermés. Plus tard dans la matinée ils s'ouvrirent comme d'ordinaire. Il semble donc que les cotylédons de cette plante se ferment et s'ouvrent à des moments un peu différents de ceux observés chez les espèces précédentes appartenant aux genres voisins Cucurbita et Lagenaria.

Opuntia basilaris (Cactées). — Un semis fut soigneusement observé, car, en considérant son apparence et la nature de la plante adulte, il semblait difficile que les cotylédons ou l'épicotyle circumnutassent d'une manière appréciable. Les cotylédons étaient bien développés ; ils avaient 22mm5 de long, 5mm5 de large et 3mm75 d'épaisseur. L'hypocotyle, tout à fait cylindrique, portait alors à son sommet un petit bourgeon épineux ; il n'avait que 11mm25 de haut et 5mm d'épaisseur. Le diagramme (fig. 31), montre les mouvements combinés de l'hypocotyle et de l'un des cotylédons, de 4 h. 45 du soir, le 28 mai, à 11 h. du matin, le 31. Le 30, l'hypocotyle se mouvait, pour quelque cause inconnue, dans la même direction générale, en décrivant des zigzags ; mais, entre 4 h. 30 et 10 h. du soir, il compléta tout à fait une seconde petite ellipse. Les cotylédons ne se meuvent qu'un peu de haut en bas : ainsi, à 10 h. 15 du soir, ils n'étaient que de 10° plus élevés qu'à midi. Par conséquent le principal siège du mouvement, au moins quand les cotylédons sont assez vieux, comme dans le cas présent, se trouve dans l'hypocotyle. L'ellipse décrite le 29 avait son grand axe dirigé perpendiculairement à une ligne joignant les cotylédons. La somme actuelle du mouvement de la goutte de cire était, autant qu'on pouvait le déterminer, d'environ 5ᵐᵐ5.

Helianthus annuus (Composées). — La partie supérieure de l'hypocotyle avait, pendant le jour, un mouvement indiqué par la fig. 32. Comme la ligne court dans diverses directions, se croisant elle-même à plusieurs reprises, ce mouvement peut être considéré comme un mouvement de circumnutation. La distance extrême parcourue était au moins de 2ᵐᵐ5. Les mouvements des cotylédons de deux semis furent observés; l'un était en face d'une fenêtre exposée au nord-est, l'autre était si faiblement éclairé par-dessus qu'il se trouvait presque dans l'obscurité. Les cotylédons continuèrent à tomber jusqu'à midi, et commencèrent alors à s'élever ; mais, entre 5 et 7 ou 8 h. du soir, ils descendirent un peu ou se mûrent latéralement, et commencèrent alors à s'élever de nouveau. Le lendemain, à 7 h. du matin, ceux de la plante qui se trouvait devant la fenêtre au nord-est étaient si faiblement ouverts qu'ils formaient avec l'horizon un angle de 78° ; ils ne furent pas observés plus longtemps. Ceux du semis qui était resté dans l'obscurité, tombèrent pendant tout le jour sans s'élever vers midi, mais ils remontèrent pendant la nuit. Le troisième et le quatrième jour, ils continuèrent à tomber sans alternative de mouvement ascendant; cela était, sans aucun doute, dû à l'absence de la lumière.

Primula Sinensis (Primulacées). — Un semis fut placé de façon que ses deux cotylédons fussent parallèles à une fenêtre orientée au nord-est, un jour où la lumière était presque uniforme, et un fil de verre fut fixé sur l'un d'eux. Des observations faites plus tard sur un autre semis dont la tige était assujettie sur un bâton, il ressort que la plus grande partie du mouvement indiqué par la fig. 33 est le mouvement de l'hypocotyle ; les cotylédons cependant ont certaine-

Fig. 32.

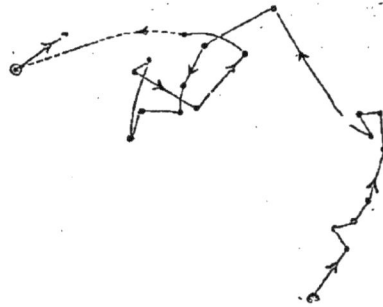

Helianthus annuus : circumnutation de l'hypocotyle portant un fil fixé sur sommet, relevée dans l'obscurité sur un verre horizontal de 8 h. 45 du matin à 10 h. 45 du soir, et pendant une heure le lendemain matin. Mouvement de la goutte de cire amplifié 21 fois, réduit ici de moitié.

ment un mouvement vertical de quelque étendue, à la fois le jour et la nuit. Les mouvements du même semis furent relevés le jour suivant presque avec le même résultat et on ne peut douter qu'il n'y ait eu circumnutation de l'hypocotyle.

Fig. 33.

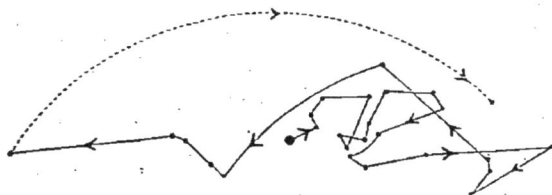

Primula sinensis : circumnutation simultanée de l'hypocotyle et d'un cotylédon, relevée sur un verre vertical, de 8 h. 40 du matin à 10 h. 45 du soir. Mouvement de la goutte de cire amplifié environ 26 fois.

Cyclamen Persicum (Primulacées). — Cette plante est générale-ment considérée comme ne produisant qu'un seul cotylédon, mais le Dr H. Gressner (1) a montré qu'un second se développe après un long intervalle. L'hypocotyle est transformé en une tige globulaire, même avant que le premier cotylédon ne soit sorti de terre, avec son limbe complètement replié et son pétiole arqué, comme l'hypocotyle ou l'épicotyle arqué d'une plante dicotylédone ordinaire. Un fil de verre fut fixé sur un cotylédon de 18mm75 de long, dont le pétiole s'était redressé et se trouvait presque vertical, mais sans que le limbe fût encore étalé. Les mouvements furent relevés pendant 24 h. 1/2, sur un verre horizontal, avec un grossissement de 50 fois ; dans cet intervalle, il décrivit deux petits cercles irréguliers ; il circumnutait donc, quoi-que sur une petite échelle.

Stapelia sarpedon (Asclépiadées). — Cette plante, lorsqu'elle est adulte, ressemble à un cactus. L'hypocotyle aplati est épais, élargi à sa partie supérieure, et porte deux cotylédons rudimentaires. — Il sort de terre recourbé, avec ses deux cotylédons en contact parfait. Un fil de verre fut fixé tout à fait verticalement sur l'hypocotyle d'un semis haut de 12mm5, et les mouvements furent relevés pendant 50 heures sur un verre horizontal (fig. 34). Sous l'influence d'une cause inconnue il s'inclina d'un côté, et comme ce mouvement était en zigzag, il est probable que cet hypocotyle circumnutait ; jamais ce-pendant ce mouvement n'a été si peu visible dans aucun des semis que nous avons observés.

Ipomœa cœrulea ou *PharbitisNil* (Convolvulacées). — Des semis de cette espèce furent observés, parce que c'est une plante grim-

(1) « Bot. Zeitung. » 1874, p. 837.

pante, dont les entre-nœuds supérieurs circumnutent visiblement;
mais, comme chez les autres plantes grimpantes, les quelques premiers entre-nœuds qui sortent de terre sont assez forts pour supporter leur poids et, par suite, ne circumnutent pas d'une manière
bien évidente (1). Dans ce cas par-
ticulier, le cinquième entre-nœud
(l'hypocotyle compris) était le premier qui circumnutât pleinement, et
s'enroulât contre un bâton. Nous
voulions donc savoir si la circumnutation pouvait se voir dans l'hypocotyle, en l'observant de notre manière habituelle. Deux semis furent
placés dans l'obscurité, avec des fils
de verre fixés sur la partie supérieure de leurs hypocotyles; mais, par

Fig. 34.

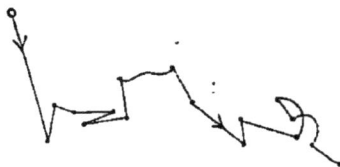

Stapelia sarpedon : circumnutation
de l'hypocotyle, éclairé par dessus, relevée sur un verre horizontal, du
26 juin, 6 h. 45 du matin au 28, 8 h.
45 m. Température 23-24° cent. Mouvement de la goutte de cire amplifié 21
fois.

suite de circonstances qu'il n'est pas utile de rapporter, leurs mouvements ne furent observés que très peu de temps. L'un de ces hypocotyles se mut trois fois en avant et deux fois en arrière dans des directions presque opposées, dans l'espace de 3 h. 15 m., et l'autre deux
fois en avant et deux fois en arrière, en 2 h. 22. Donc les hypocotyles
circumnutaient avec une rapidité extraordinaire. On peut ajouter qu'un
fil fut fixé transversalement sur le sommet du second entre-nœud, au-
dessus des cotylédons d'une petite plante de 8cm75 de haut, et que ses
mouvements furent relevés sur un verre horizontal. Il circumnutait et
la distance qui était alors parcourue, d'un côté à l'autre, était de 6mm25,
ce qui était trop peu pour que le mouvement pût être constaté sans
points de repère.

Les mouvements des cotylédons sont intéressants par leur complexité et leur rapidité, et sous plusieurs autres rapports. L'hypocotyle
(de 5cm de haut) d'un semis vigoureux fut assujetti sur un bâton, et un
fil de verre muni de triangles de papier fixé sur l'un des cotylédons.
La plante, après être restée tout le jour dans la serre, fut placée, à
4 h. 20 du soir (le 20 juin), dans la maison, sur un châssis vitré, et
observée de temps en temps dans la soirée et dans la nuit. Le cotylédon tomba suivant une ligne en zigzag, sur une faible étendue, de
4 h. 20 à 10 h. 15 du soir. Lorsqu'il fut observé peu après minuit
(12 h. 30), il s'était un peu relevé, et beaucoup à 3 h. 45 du matin.
Quant il fut de nouveau observé à 6 h. 10 du matin (le 21), il était
beaucoup redescendu. Un nouveau tracé fut commencé (fig. 35), et peu

_____

(1) « Movements and Habits of Climbing plants » p. 33, 1875.

après, à 6 h. 42, le cotylédon s'était un peu élevé. Pendant la matinée, il fut observé presque une fois par heure, et entre 12 h. 30 et 6 h., chaque demi-heure. Si les observations avaient été faites toute la journée à ces courts intervalles, la figure aurait été trop compliquée pour pouvoir être copiée. En cet état, le cotylédon, dans l'espace de 16 h. 20 m. (soit entre 6 h. 10 du matin et 10 h. 30 du soir), avait effectué 13 fois sa course de bas en haut et de haut en bas.

Les cotylédons de ce semis tombaient chaque soir et pendant la première partie de la nuit, mais se relevaient dans la dernière partie. Comme c'est là un mouvement inusité, nous observâmes les cotylédons de 12 autres semis; ils étaient tout à fait ou presque horizontaux à midi, et se trouvaient à 10 h. inclinés sous divers angles. Les angles les plus habituels étaient compris entre 30 et 35°, mais trois étaient à 50° environ et même un à 70° sous l'horizon. Les limbes de tous ces cotylédons avaient atteint leur pleine taille, soit 0m025 à 0m0375 de long, mesurés sur les nervures médianes. Il est remarquable que tandis qu'ils sont jeunes, — c'est-à-dire quand ils ont moins de 0m0125 de long, mesurés de la même manière, — ils ne tombent pas dans la soirée. Donc, leur poids qui est considérable quand ils sont pleinement développés, contribue probablement à déterminer à l'origine le mouvement de descente. La périodicité de ce mouvement est largement influencée par le degré de lumière que reçoivent les semis pendant la journée; car trois, gardés dans l'obscurité, commencèrent à

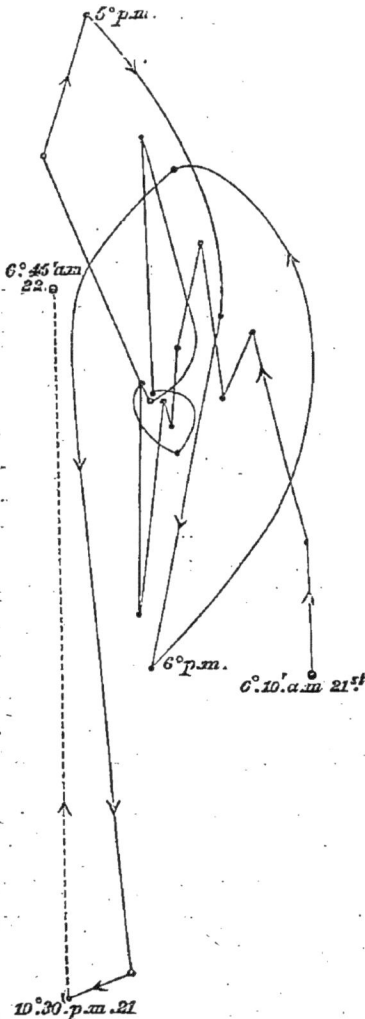

Fig. 35

Ipomœa cœrulea : circumnutation d'un cotylédon, relevée sur un verre vertical, du 21 juin, 6 h. 45 du matin, au 22, 6 h. 45 du matin. Cotylédon dont le pétiole a 4 cm. de long, et dont la pointe se trouve à 10 cm. 25 du verre. Le mouvement n'est donc pas fortement amplifié. Température 20° cent.

tomber à midi au lieu du soir ; et ceux d'un autre semis étaient complètement paralysés parce qu'il était resté deux jours dans les mêmes conditions. Les cotylédons de plusieurs autres espèces d'Ipomea tombaient également à une heure avancée de la soirée.

Cerinthe major (Borraginées). — La circumnutation de l'hypocotyle d'un jeune semis, dont les cotylédons étaient largement développés, est indiquée par la figure 36, qui présente l'apparence de 4 ou

Fig. 36.

Cerinthe major : circumnutation de l'hypocotyle portant un fil fixé sur son sommet, éclairé par dessus. Relevée sur un verre horizontal, de 9 h. 26 du matin à 9 h. 53 du soir, le 25 octobre. Mouvement de la goutte de cire amplifié 30 fois, réduit ici d'un tiers.

5 ellipses irrégulières, décrites dans un intervalle d'un peu plus de 12 heures. Deux autres semis furent observés de même, avec cette différence que l'un d'entre eux était placé dans l'obscurité ; leurs hypocotyles circumnutaient aussi, mais d'une manière plus simple. Les cotylédons d'un semis exposé à la lumière descendirent depuis le matin, de bonne heure, jusqu'à peu après midi ; ils continuèrent alors à remonter jusqu'à 10 h. 30 du soir, ou plus tard. Les cotylédons du même semis se conduisirent de la même manière pendant les deux journées suivantes. Il avait auparavant été placé dans l'obscurité, et après être demeuré ainsi pendant seulement 1 h. 40, les cotylédons commencèrent à tomber à 4 h. 30, au lieu de continuer à s'élever encore jusqu'à la nuit.

Nolana prostrata (Nolanées). — Les mouvements ne furent pas tracés, mais un pot planté de semis de cette espèce, qui avait été placé dans l'obscurité pendant une heure, fut mis sous le microscope, dont l'oculaire micrométrique était disposé de manière que chaque division égalât 0^{mm}05. L'extrémité d'un des cotylédons traversait un peu obliquement quatre divisions en 13 minutes ; il s'abaissait aussi, car il s'éloignait du foyer. Les semis furent de nouveau mis à l'obscurité pendant une heure, et l'extrémité du cotylédon traversait alors deux divisions en 6 m. 18 s., soit presque avec la même vitesse qu'auparavant. Après un autre intervalle d'une heure dans l'obscurité, il traversait deux divisions en 4 m. 15 s., c'est-à-dire avec une plus grande rapidité. L'après-midi, après une plus longue station à l'obscurité, l'extrémité du cotylédon était immobile, mais, après quelque temps, elle recommença à se mouvoir, quoique lentement; peut-être l'appartement était-il trop froid. En jugeant d'après ces observations, il ne peut y avoir de doute quant à la circumnutation de ces cotylédons.

Solanum lycopersicum (Solanées). — Les mouvements hypocotylaires de deux pousses de tomates furent observés durant sept heures,

Fig. 37.

et il n'est pas douteux qu'elles entrèrent toutes deux en circumnutation.

Solanum lycopersicum : circumnutation d'un hypocotyle ayant un fil fixé sur son sommet, relevée sur un verre horizontal de 10 h. du matin à 5 h. du soir, le 24 oct. Eclairement oblique par le haut. Mouvement de la goutte de cire amplifié 35 fois environ, et réduit ici d'un tiers.

Elles étaient éclairées par en haut, mais, par suite d'un accident, un peu de lumière pénétra par l'un des côtés, et on peut voir sur la fig. 37 que l'hypocotyle se dirigea de ce côté (le supérieur sur la figure), dessinant dans sa course des zigzags et de petites boucles. Les mouvements des cotylédons furent aussi tracés sur deux verres, l'un horizontal, l'autre vertical; leurs angles avec l'horizon étaient aussi mesurés à différentes heures. Ils descendirent à 8 h. 30 du matin (le 17 octobre) jusqu'à midi environ; puis il se déplacèrent latéralement en décrivant des zigzags, et à 4 h. du soir, ils commencèrent à remonter, continuant ainsi jusqu'à 10 h. 30; à cette heure ils étaient verticaux, et dormaient. Nous n'avons pas déterminé à quelle heure de la nuit ou de la matinée ils commençaient à redescendre. Quant au mouvement latéral, peu après le milieu du jour, les lignes ascendantes et descendantes ne coïncidaient pas, et des ellipses irrégulières furent décrites chaque 24 heures. La régularité périodique de ces mouvements est détruite, nous le verrons plus loin, quand les semis sont placés à l'obscurité.

Solanum palinacanthum. — Plusieurs hypocotyles recourbés s'élevant à près de 2mm5 au-dessus du sol, mais avec leurs cotylédons encore sous terre, furent observés : les diagrammes montrent qu'ils entrent en circumnutation. De plus, dans plusieurs cas, on pouvait voir sur le sable argileux de petites surfaces circulaires entr'ouvertes ou craquelées, qui entouraient les hypocotyles arqués; ce fait semble résulter de ce que les hypocotyles, dans leur croissance, s'étaient courbés tantôt d'un côté et tantôt de l'autre. En deux cas, les branches verticales de l'arc se mouvaient, comme nous l'avons observé, à une distance considérable du point où les cotylédons étaient enterrés ; ce mouvement qui a été remarqué dans de nombreux autres cas, et qui semble destiné à faciliter la sortie des cotylédons hors du périsperme enterré, est dû à un commencement de redressement de l'hypocotyle. Pour empêcher ce dernier mouvement, les deux branches de l'arc dont le sommet était au niveau du sol, furent liées ensemble ; la terre avait été, au préalable, enlevée tout autour à une faible profondeur. Le mouvement de l'arc pendant 48 heures, dans ces conditions extranaturelles, est indiqué par la fig. 38 ci-jointe.

Les cotylédons de quelques semis placés dans la serre étaient horizontaux le 13 décembre vers midi ; à 10 h. du soir, ils s'étaient élevés jusqu'à former avec l'horizon un angle de 27° ; à 7 h. du matin, le

Fig. 38.

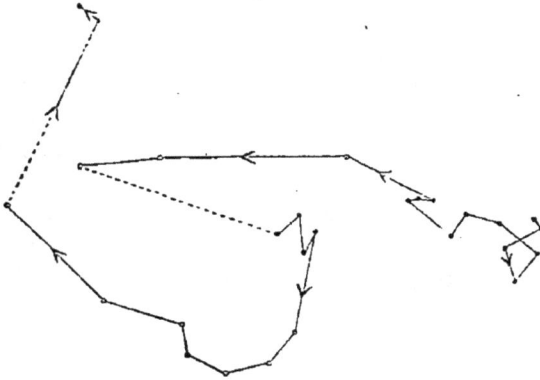

Solanum palinacanthum : circumnutation d'un hypocotyle arqué, sortant à peine de terre, et dont les deux branches sont liées ensemble, relevée sur un verre horizontal, du 17 décembre 9 h. 20 du matin, au 19, 8 h. 30 du matin. Mouvement de la boule de cire amplifié 13 fois. Le fil, fixé obliquement sur la couronne de l'arc, était d'une longueur inusitée.

lendemain, avant qu'il ne fît jour, ils s'étaient élevés à 59° sur l'horizon ; dans l'après-midi de la même journée, ils se trouvaient de nouveau horizontaux.

Beta vulgaris (Chénopodées). — Les semis étaient très sensibles à la lumière, de sorte que, quoique, le premier jour, ils ne fussent à découvert que pendant deux ou trois minutes à chaque observation, ils se dirigeaient tous fortement vers le côté de la pièce d'où venaient les rayons lumineux, et les diagrammes ne se composaient que de lignes en zigzag dirigées vers la lumière. Le jour suivant, les plantes furent placées dans une pièce complètement obscure, et, à chaque observation, elles étaient éclairées, autant que possible verticalement, au moyen d'une petite bougie. La fig. 39 montre le mouvement de l'hypocotyle pendant neuf heures dans ces circonstances. Une seconde

4

pousse fut ainsi observée en même temps, et le diagramme avait le même caractère particulier, dû à ce que l'hypocotyle allait et venait souvent suivant des lignes presque parallèles. Le mouvement d'un troisième hypocotyle était très différent.

Nous nous efforçâmes de tracer les mouvements des cotylédons, et, dans ce but, nous observâmes des semis dans l'obscurité ; mais leur mouvement était anormal : ils continuaient à s'élever de 8 h. 45 du matin à 2 h. du soir, puis se mouvaient latéralement, et, de 3 à 6 h. du soir, redescendaient, tandis que des cotylédons qui avaient été exposés tout le jour à la lumière s'élevaient dans la soirée, de manière à être verticaux la nuit ; mais cela ne s'applique qu'aux jeunes semis. Par exemple, six semis placés dans la serre avaient les cotylédons en partie ouverts au commencement de la matinée du 15 novembre et, à 8 h. 45 du soir, ils étaient complètement fermés, de sorte qu'on pouvait les dire endormis. Le matin du 27 novembre, les cotylédons de quatre autres semis qui étaient entourés d'un collier de papier noir, de manière à ne recevoir la lumière que d'en haut, étaient ouverts sous un angle de 39° ; à 10 h. du soir ils étaient complètement clos ; le matin suivant (28 novembre), à 6 h. 45, tandis qu'il faisait encore nuit, deux d'entre eux étaient en partie ouverts et tous s'ouvrirent dans le courant de la matinée ; mais à 10 h. 20 du soir, tous quatre (sans compter neuf autres qui étaient ouverts le matin, et six, dans une autre occasion), étaient de nouveau complètement fermés. Le matin du 29 ils étaient ouverts, mais à la nuit un seul des quatre était fermé, et encore en partie ; les trois autres avaient leurs cotylédons beaucoup plus élevés que pendant la journée. Dans la nuit du 30, les cotylédons des quatre semis n'étaient que légèrement élevés.

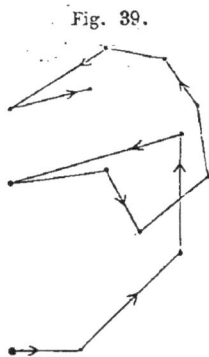

Fig. 39.

Beta vulgaris : circumnutation d'un hypocotyle ayant un fil fixé obliquement sur son sommet, relevée dans l'obscurité sur un verre horizontal, de 8 h. 25 du matin à 5 h. 30 du soir, le 4 novembre. Mouvement de la goutte de cire amplifié 23 fois, et réduit ici d'un tiers.

Ricinus Borboniensis (Euphorbiacées). — Des graines furent achetées sous ce nom qui est probablement celui d'une variété du ricin commun. Dès que l'hypocotyle arqué se fut élevé visiblement au-dessus du sol, un fil de verre fut attaché sur la branche supérieure, portant les cotylédons qui étaient encore sous terre, et le mouvement de la goutte de cire fut relevé sur un verre horizontal durant une période de 34 heures. Les lignes tracées formaient de petits zigzags, et comme la goutte de cire revint deux fois sur ses pas, presque parallèlement à sa route primitive dans deux directions différentes, il ne peut y avoir

aucun doute sur la circumnutation de l'hypocotyle arqué. A la fin de
ces 34 heures, la partie supérieure commençait à s'élever et à se redresser, faisant sortir de terre les cotylédons de sorte que les mouvements ne purent être relevés plus longtemps.

Quercus (esp. américaine) (Cupulifères). — Des glands d'un chêne
américain, qui avaient germé à Kew furent semés en pot dans la
serre. Cette transplantation arrêta leur croissance, mais, quelque
temps après, l'un d'eux, mesuré de la base des petites feuilles partiellement repliées à son sommet, arriva à une taille de 0m125; il paraissait

Fig. 40.

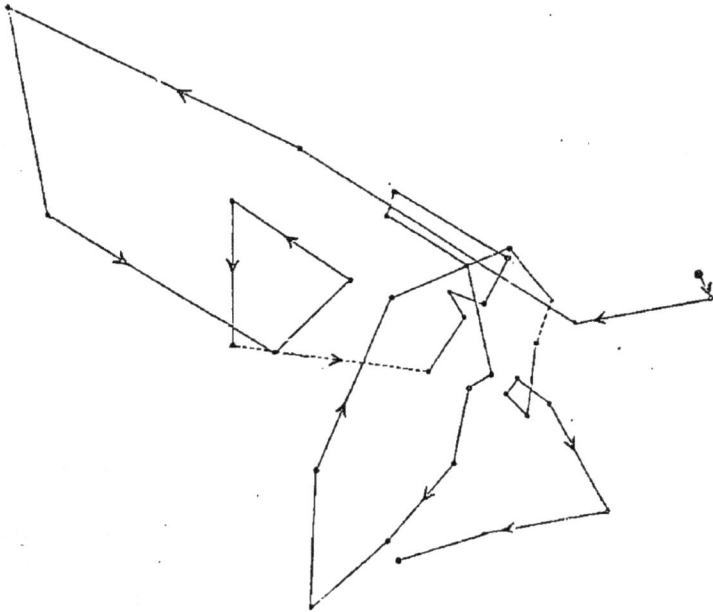

Quercus (espèce américaine) : circumnutation d'une jeune tige, relevée sur un verre
horizontal, du 22 février, 12 h. 50, au 24, 12 h 50. Mouvement de la goutte de cire
d'abord grandement amplifié, mais beaucoup plus légèrement vers la fin de l'observation (10 fois environ, en moyenne).

alors vigoureux et se composait de six entre-nœuds très épais, ayant
des longueurs inégales. Eu égard à ces circonstances et à la nature de
la plante, nous nous attendions à peine à ce qu'elle circumnutât, mais
la fig. 40 montre qu'elle le fit d'une manière remarquable, changeant
plusieurs fois de direction et se mouvant dans tous les sens pendant
les 48 heures que dura l'observation.

La figure semble représenter 5 ou 6 ellipses ou ovales irréguliers.
La quantité de mouvement d'un côté à l'autre (sans tenir compte
d'une forte inclinaison vers la gauche) était à ce moment de 5mm; mais

il était difficile de l'estimer, car, eu égard à la rapide croissance de la tige, le fil de verre se trouvait beaucoup plus loin du point de repère inférieur qu'au commencement de l'observation. Il faut noter que le pot avait été placé dans une pièce orientée au nord-est, dans une boîte profonde, dont le haut n'avait pas d'abord été couvert, de sorte que le côté opposé aux fenêtres était un peu plus éclairé que l'autre ; pendant la première matinée, la tige se dirigea de ce côté (le côté gauche de la figure) beaucoup plus qu'il ne le fit lorsque la boîte fut mise complètement à l'abri de la lumière.

Quercus robur. — Sur des glands qui germaient, on observa seulement les mouvements des radicules, lesquelles furent appliquées, de la manière que nous avons déjà décrite, contre des lames de

Fig. 41.

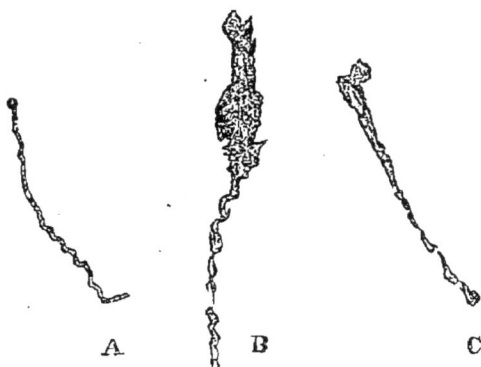

A   B   C

Quercus robur : Traces laissées par les extrémités des radicules, pendant leur croissance, sur une lame de verre noircie et inclinée. Les lames A et C inclinées de 65°, et la lame B de 68° sur l'horizon.

verre noircies, inclinées de 65° et 69° sur l'horizon. Dans quatre cas, les traces furent presque complètement droites mais les extrémités des radicules avaient pressé sur le verre tantôt avec plus, et tantôt avec moins de force, comme l'indiquaient l'épaisseur variée des traces, et les petites marges de suie laissées au travers de leurs lignes. Dans le cinquième cas, la trace était légèrement ondulée, c'est-à-dire que la radicule avait décrit un léger mouvement d'un côté à l'autre. Dans le sixième cas (fig. 41 A) elle était complètement ondulée et la radicule avait, dans toute sa course, exercé sur le verre des pressions égales. Dans le septième cas (B), la radicule s'était mue latéralement, et, en même temps, avait exercé sur le verre des pressions inégales, de sorte que le mouvement avait eu lieu presque dans deux plans perpendiculaires l'un sur l'autre. Dans le huitième et dernier cas (C), le mouve-

ment latéral avait été très faible, mais la radicule tantôt avait quitté
le verre, et tantôt était venue en contact avec lui. On ne peut douter que,
dans les quatre derniers cas, la radicule de ces chênes n'ait circumnuté
pendant sa croissance.

Corylus avellana (Corylacées). — L'épicotyle sort de terre recourbé,
mais, dans l'exemplaire qui fut d'abord examiné, l'extrémité avait
dépéri et l'épicotyle s'accrut pendant quelque temps, comme une racine
au-dessous du sol, dans une direction presque horizontale et tortueuse. Par suite de cet accident, il avait émis, près des cotylédons
hypogés, deux pousses secondaires, et il faut remarquer que toutes
deux étaient recourbées comme l'hypocotyle normal dans les cas
ordinaires. La terre fut écartée autour de l'une de ces pousses secon-

Fig. 42.

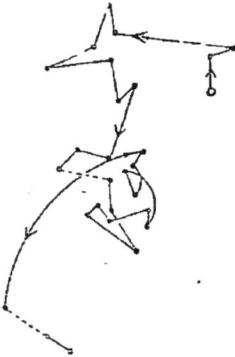

Corylus avellana : cir-
cumnutation d'un jeune semis émis par l'hypocotyle,
dont la pointe avait été endommagée, relevée sur un
verre horizontal, du 2 fév.
9 h. du matin, au 4, 8 h. du
matin. Mouvement de la
goutte de cire amplifié
27 fois.

daires, et un fil de verre fut fixé sur la branche basilaire. Le tout fut conservé humide
sous une boîte de métal munie d'un couvercle
de verre, et ne fut, en outre, éclairé que par en
haut. Probablement à cause de l'absence de
la pression latérale de la terre, la partie terminale et réfléchie de la pousse commença tout
d'abord à se relever, de sorte que, 24 heures
après, elle était à angle droit avec la partie
inférieure. Cette dernière partie, à laquelle
était attaché le fil, se redressa aussi, et s'é-
loigna un peu de la portion supérieure. Par
suite, une longue ligne fut tracée sur le verre
horizontal; cette ligne était droite en certains
points, et sur d'autres, en zigzag, ce qui indiquait la circumnutation.

Le jour suivant, l'autre pousse secondaire
fut observée; elle était un peu plus âgée, car
la partie terminale, au lieu de pendre vertica-
lement vers le bas, était inclinée de 45° sur l'horizon. L'extrémité de la
pousse sortait obliquement de terre sur une longueur de 0m01, mais, à
la fin de nos observations, qui durèrent 47 heures, elle s'était accrue
surtout à sa base, jusqu'à une hauteur de 0m02125. Le fil de verre fut
fixé transversalement sur la moitié basilaire et à peu près droite de la
pousse, presque sous l'appendice écailleux le plus inférieur. Le mouvement circumnutant est indiqué par la fig. 42. La distance parcourue à
ce moment d'un côté à l'autre était environ de 1mm.

Pinus pinaster (Conifères). — Un jeune hypocotyle, dont les extrémités des cotylédons étaient encore enfermées sous le périsperme, avait
à ce moment 8mm75 de haut; mais la partie supérieure crut si rapide-

ment qu'à la fin de l'observation il mesurait 15^{mm}, et que, pendant ce temps, le fil était venu à une certaine distance sous la petite branche. Sous l'influence d'une cause inconnue, l'hypocotyle se dirigea fortement vers la gauche, mais on ne pouvait avoir de doute (fig. 43) sur sa circumnutation. Un autre hypocotyle fut observé de même, et il parcourut aussi une ligne en zigzag dans le même sens. Ce mouvement latéral n'avait pas pour cause la présence des fils de verre, et l'action de la lumière était nulle, car aucun rayon lumineux ne pouvait pénétrer, si ce n'est verticalement, pendant les observations.

L'hypocotyle d'un semis fut assujetti sur un petit bâton ; il paraissait porter neuf cotylédons distincts disposés en cercle. Les mouvements de deux d'entre eux, presque opposés, furent observés. L'ex-

Fig. 43.

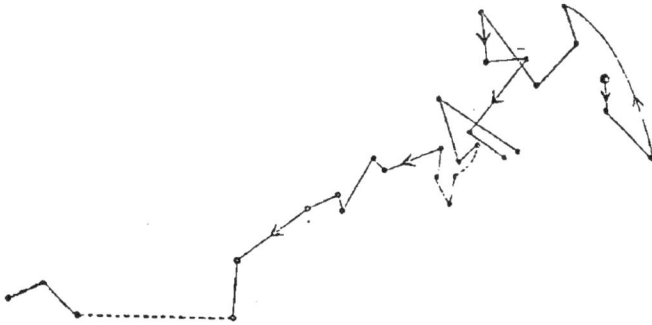

Pinus pinaster : circumnutation d'un hypocotyle ayant un fil fixé sur son sommet, relevée sur un verre horizontal, du 21 mars, 10 h. du matin, au 23, à 9 h. du matin. Semis conservé dans l'obscurité. Mouvement de la goutte de cire amplifié 35 fois.

trémité de l'un d'eux fut peinte en blanc, avec un point de repère placé derrière, et la fig. 44 A, montre qu'il décrivait un cercle irrégulier en 8 heures environ. Pendant la nuit, il parcourut une distance considérable, dans la direction indiquée par la ligne pointillée. Un fil de verre fut fixé longitudinalement sur l'autre cotylédon et celui-ci décrivit presque (fig. 44 B) une figure irrégulièrement circulaire, en 12 heures environ. Pendant la nuit, il parcourut aussi une distance considérable dans la direction indiquée par la ligne pointillée. Les cotylédons circumnutent donc indépendemment du déplacement de l'hypocotyle. Quoiqu'ils aient un fort mouvement pendant la nuit, ils ne se rapprochent pas l'un de l'autre de manière à être plus verticaux que pendant le jour.

Cycas pectinata (Cycadées). — Les grosses graines de. cette plante, lorsqu'elles germent, ne produisent d'abord qu'une simple feuille, qui sort de terre avec son pétiole recourbé en arc et avec ses folioles

enroulées. Une feuille dans ces conditions était, à la fin de nos observations, longue de 0ᵐ0625. Ses mouvements furent relevés, dans une

Fig. 44.

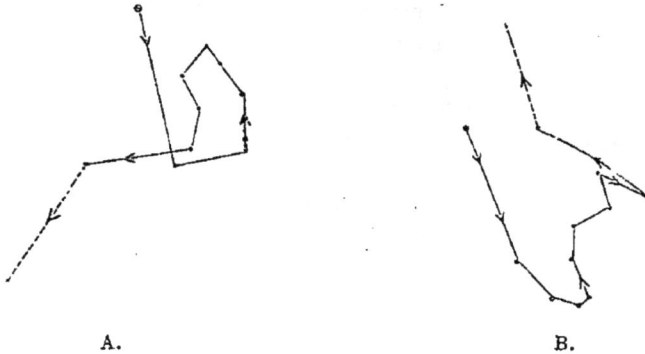

A.   B.

Pinus pinaster : circumnutation de deux cotylédons opposés, tracée sur un verre horizontal, dans l'obscurité, de 8 h. 45 du matin à 8 h. 35 du soir, le 25 novembre. Mouvement de la pointe augmenté 22 fois en A, réduit ici à la moitié de l'original.

serre chaude, au moyen d'un fil de verre muni de triangles de papier
et attaché en travers sur son extrémité. La figure 45 montre combien

Fig. 45.

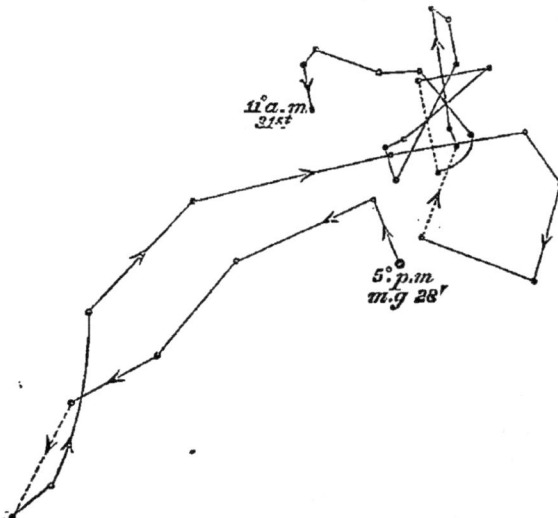

Cycas pectinata : circumnutation d'une jeune feuille qui sort de terre (faiblement éclairée
par dessus), relevée sur un verre vertical, du 28 mai, 5 h. du soir, jusqu'au 31 mai, 11 h.
du matin. Mouvement amplifié 7 fois, et réduit ici aux deux tiers.

grands, complexes et rapides étaient les mouvements de circumnutation. La distance extrême, parcourue d'un côté à l'autre, variait entre
15ᵐᵐ et 17ᵐᵐ5.

Canna Warscewiczii (Cannacées). — Un semis dont la plumule s'élevait de 0ᵐ025 au-dessus du sol, fut observé, mais dans de mauvaises conditions, car il avait été enlevé de la serre, et placé dans une pièce insuffisamment chauffée. Néanmoins, le diagramme (fig. 46)

Fig. 46.

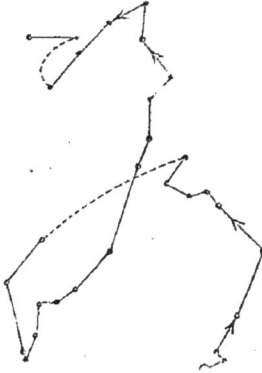

Canna Varscewiczii : circumnutation d'une plumule ayant un fil fixé obliquement sur la feuille inférieure, relevée dans l'obscurité sur un verre horizontal, du 9 nov. 8 h. 45 du matin, au 11 nov. 8 h. 10 du matin. Mouvement de la goutte de cire amplifié 6 fois.

montre qu'elle décrivit deux ou trois ellipses ou cercles irréguliers et incomplets, dans l'espace de 48 heures. La plumule est droite, et c'est là le premier cas dans lequel nous ayons vu cette partie sortir de terre sans être recourbée.

Allium cepa (Liliacées). — La petite feuille verte qui sort de la graine de l'oignon commun comme un cotylédon (1), paraît à la surface du sol sous forme d'un arc, de la même manière que l'hypocotyle ou l'épicotyle d'une plante dicotylédone. Longtemps après que cette feuille a paru au-dessus de terre, l'extrémité reste enfermée dans le périsperme, absorbant, c'est évident, son contenu qui est encore abondant. Le sommet (ou couronne) de l'arc, quand il sort d'abord de la graine et qu'il se trouve encore enfoui, est simplement arrondi ; mais, avant de paraître à la surface, il se développe en une protubérance conique de couleur blanche (par suite de l'absence de chlorophylle), tandis que les parties environnantes sont vertes, et l'épiderme paraît un peu plus épais et plus dur que partout ailleurs. Nous pouvons en conclure que cette protubérance conique est une adaptation spéciale pour sortir de terre (2) et répond à la crête blan-

(1) C'est l'expression dont se sert Sachs, dans son Traité de Botanique.
(2) Haberlandt a brièvement décrit (« Die Schutzeinrichtungen..... Keimpflanze », 1877, p. 77), cette curieuse structure et le but qu'elle est destinée à atteindre. Il constate que de bonnes figures du cotylédon de l'oignon ont été données par Tittmann et par Sachs dans sa « Physiologie expérimentale », p. 93.

che en forme de couteau, qui se trouve au sommet du cotylédon droit des Graminées.

Après un certain temps, l'extrémité apicale se dégage du périsperme et se redresse, formant avec la partie inférieure un angle droit, ou, plus communément, un angle encore plus ouvert ; quelquefois, le tout devient complétement droit. La protubérance conique, qui formait à l'origine la couronne de l'arc, se trouve maintenant sur un côté, et présente l'aspect d'un nœud ou d'un *genou* ; elle verdit en acquérant de la chlorophylle, et augmente de volume. Ces cotylédons ne devenant jamais. ou rarement tout à fait droits, diffèrent remarquablement de l'état ultime des épicotyles et des hypocotyles arqués de dicotylédones.

Il faut aussi noter comme une particularité singulière, que l'extrémité amincie de la partie supérieure se dessèche invariablement et meurt.

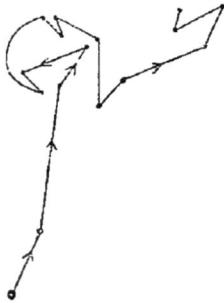

Fig. 47.

Allium cepa : circumnutation de la moitié inférieure d'un cotylédon arqué, relevée dans l'obscurité sur un verre horizontal, de 8 h. 15 du matin à 10 h. du soir, le 31 octobre. Mouvement de la goutte de cire amplifié 17 fois environ

Un fil de 0^m0425 de long fut fixé presque droit, au-dessous du *genou* de la partie verticale et basilaire d'un cotylédon, et ses mouvements furent relevés de la manière habituelle, pendant 14 heures. Le tracé que nous en donnons indique qu'il y avait circumnutation (fig. 47). Le mouvement de la partie supérieure du même cotylédon, au-dessus du genou, fut observé en même temps ; cette partie était inclinée de 45° sur l'horizon. Nous ne la munîmes pas d'un fil, mais nous disposâmes un point de repère derrière son extrémité qui était presque blanche, car elle commençait à se flétrir, et nous pûmes relever ainsi ses mouvements. La figure décrite ressemblait presque complétement à celle donnée plus haut, ce qui montre que le siège principal du mouvement se trouve dans la partie inférieure ou basilaire du cotylédon.

Asparagus officinalis (Asparaginées). — L'extrémité d'une plumule ou d'un cotylédon droit (nous ne savons pas, en effet, quel nom il convient de lui donner) fut trouvée à une profondeur de 0^m0025, et la terre fut écartée tout autour jusqu'à une épaisseur de 0^m0075. Un fil de verre ayant été fixé obliquement sur cet organe, le mouvement de la goutte de cire, amplifié 17 fois, fut relevé dans l'obscurité. Pendant le premier intervalle de 1 h. 15 m., la plumule se redressa et pendant les 2 heures suivantes, elle revint sur ses pas suivant une ligne grossièrement parallèle, mais en formant de forts zigzags. Sous l'in-

fluence d'une cause qui nous échappe, elle avait poussé à travers la
terre dans une direction inclinée, et, sous l'influence de l'apogéotropisme, elle se mut pendant près de 24 heures, mais en décrivant de
légers zigzags, dans la même direction générale, jusqu'à atteindre une
situation complètement verticale. Le matin suivant elle changea totalement de marche. On peut donc à peine douter que, lorsqu'elle était
enfouie sous le sol, la plumule circumnutât autant que le lui permettait la pression de la terre environnante. La surface du sol, dans
le pot, fut alors couverte d'une légère couche de sable argileux très
fin qui fut maintenu humide; et après que les semis eurent poussé de
quelques dixièmes de pouce, nous trouvâmes que chacun était entouré
d'un petit espace fendillé ou d'une craquelure circulaire; ce fait ne

Fig. 48.

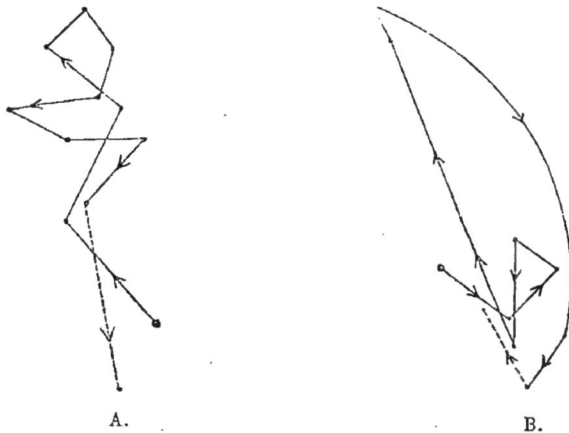

A.   B.

Asparagus officinalis : circumnutation de plumules dont les extrémités blanchies portent, au-dessous d'elles, des points de repère. A, jeune plumule, mouvement relevé du
30 nov. 8 h. 30 du matin, au lendemain matin, 7 h 15. Mouvement amplifié 36 fois
environ ; B, plumule plus âgée, mouvement relevé de 10 h. 15 matin, à 8 h. 10 du soir,
le 29 novembre, amplifié 9 fois, mais réduit de moitié.

peut être attribué qu'à la circumnutation réalisée et à la pression ainsi
exercée sur le sable dans toutes les directions, car il n'y avait, sur
aucun autre point de traces de craquelures.

Afin de prouver qu'il y avait circumnutation, nous relevâmes les
mouvements de cinq pousses, dont la hauteur variait de 0m0075 à 0m05.
Elles étaient placées dans une boîte et éclairées par le haut · mais,
dans ces cinq cas, les plus grands axes des figures décrites étaient
dirigés presque vers le même point, de sorte qu'il semble qu'une plus
grande quantité de lumière a pénétré d'un côté que de l'autre à travers le toit vitré de la serre. En A (fig. 48), la pousse n'avait que

11^{mm} de haut et n'était formée que d'un entre-nœud, portant un bourgeon à son sommet. L'extrémité décrivit entre 8 h. 30 du matin et 10 h. 20 du soir (environ 14 heures), une figure qui consisterait probablement en 3 ellipses 1/2, si la tige n'avait pas été attirée vers un côté jusqu'à 1 h. du soir ; après cette heure, elle se dirigea vers le bas. Le matin suivant, elle n'était pas très éloignée du point d'où elle était partie la première fois. La quantité du mouvement de la pointe d'un côté à l'autre était très faible, environ 1^{mm}4. La pousse dont les mouments sont reproduits en B (fig. 48) avait 0^{m}045 de haut, et était formée par trois entre-nœuds, surmontés d'un bourgeon. La figure décrite en 10 heures paraît présenter deux ellipses ou cercles irréguliers et inégaux. La quantité du mouvement de l'extrémité dans les points non influencés par la lumière était de 2^{mm}75, et dans ceux qui subissaient cette influence de 9^{mm}25. Avec une pousse de 5^{cm} de haut, on pouvait voir, même sans l'aide d'un diagramme, la partie supérieure de la tige se courber successivement vers tous les points de l'horizon comme celle d'une plante grimpante. Un faible accroissement de la force de circumnutation et de la flexibilité de la tige, convertissait l'asperge commune en une plante grimpante, comme cela est arrivé pour une espèce de ce genre, *A. scandens.*

Phalaris canariensis (Graminées). — Chez les Graminées, la partie qui sort d'abord de terre a été nommée par quelques auteurs le piléole, et l'on a exprimé sur sa valeur morphologique des vues diverses. Elle est considérée par quelques grandes autorités comme un cotylédon, terme dont nous nous servirons, sans pourtant vouloir avancer aucune opinion à ce sujet (1). Elle consiste, pour le cas qui nous occupe, en un étui rougeâtre légèrement aplati, terminé à sa partie supérieure par une bordure blanche aiguë. Ce cotylédon renferme une vraie feuille verte qui sort de l'étui par un orifice en forme de fente, presque sous le bord aigu du sommet, et à angle droit avec lui. L'étui n'est pas courbé lorsqu'il sort de terre.

Les mouvements de trois semis assez âgés, d'environ 0^{m}0375 de haut, furent d'abord examinés un peu avant la sortie des feuilles. Ces semis étaient éclairés par le haut seulement, car, comme nous le montrerons plus loin, ils sont extrêmement sensibles à l'action de la lumière ; et si quelques rayons lumineux entrent par hasard d'un côté, les pousses s'inclinent fortement dans leur direction, en décrivant de légers zigzags. Des trois diagrammes obtenus, nous n'en donnons qu'un (fig. 49) : si les observations avaient été plus fréquentes pendant les

(1) Nous devons être reconnaissant au Rév. G. Henslow, de ce qu'il a bien voulu nous donner un extrait des vues émises à ce sujet, avec les renvois aux auteurs.

12 heures, la figure décrite se serait composée de deux ovales, avec les grands axes perpendiculaires l'un sur l'autre. L'amplitude actuelle du mouvement d'un côté à l'autre, était d'environ 0^{m}0075. Les figures décrites par les deux autres semis ressemblent jusqu'à un certain point à celle que nous donnons ici.

Fig. 49.

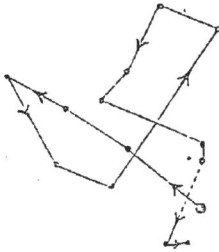

Phalaris canariensis : circumnutation d'un cotylédon portant un point de repère placé sous son extrémité, relevée sur un verre horizontal, du 26 novembre 8 h. 35 du matin, au 27, 8 h. 45. Mouvement de l'extrémité amplifié 7 fois, mais réduit ici de moitié.

Un semis qui venait de sortir de terre et qui faisait une saillie de 1^{mm}25, fut ensuite observé de la même manière. Il devint nécessaire d'écarter la terre autour du semis sur une petite profondeur pour pouvoir placer le point de repère sous l'extrémité. La fig. 50 montre que cette extrémité était en mouvement vers un côté, mais qu'elle changea dix fois sa marche dans un espace de dix heures, de sorte qu'on ne peut douter qu'il y eût circumnutation. On ne peut guère attribuer à l'action de la lumière latérale le mouvement général dans une direction, car toutes les précautions étaient soigneusement prises pour l'éviter; nous supposons que ce mouvement était d'une manière quelconque, en connexion avec l'écartement de la terre autour de la jeune plante.

Enfin, la terre du même pot fut examinée à la loupe et nous trouvâmes, au même niveau que la terre environnante, l'extrémité blanche en forme de couteau, d'une pousse. La terre fut écartée tout autour jusqu'à une profondeur de 0^{mm}625 et la graine elle-même demeura couverte. Le pot, protégé contre la lumière latérale, fut placé sous le microscope qui était muni d'un oculaire micrométrique dont chaque division était égale à 0^{m}05. Après un intervalle de 30 min. l'extrémité fut observée, et nous vîmes qu'elle traversait un peu obliquement deux divisions du micromètre en 9 m. 15 s.; après quelques minutes, elle traversait le même espace en 8 m. 50 s. Le semis fut de nouveau observé après un intervalle de trois quarts d'heure, et alors, la pointe traversait assez obliquement deux divisions en dix minutes Nous devons en conclure qu'elle marchait à peu près à raison de 0^{mm}5 par 45 minutes. Nous devons aussi conclure de ces

Fig. 50.

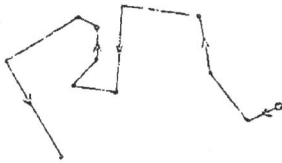

Phalaris canariensis : circumnutation d'un très jeune cotylédon portant un point de repère placé sous son extrémité, relevée sur un verre horizontal, de 11 h. 37 du matin à 9 h. 30 du soir, le 13 décembre. Mouvement fortement amplifié, mais réduit ici à un quart.

observations et des précédentes, que les semis de *Phalaris* en sortant de terre circumnutent autant que le permet la pression du sol. Il faut ajouter que (comme dans le cas précédent cité à propos de l'asperge) un faible espace circulaire fendillé ou craquelé était distinctement visible autour de plusieurs semis qui avaient poussé à travers du sable argileux, maintenu uniformément humide.

Zea maïs (Graminées). — Un fil de verre fut fixé obliquement au sommet d'un cotylédon sortant de terre sur une longueur de 5ᵐᵐ ; mais, le troisième matin il avait poussé jusqu'à atteindre trois fois cette hauteur, de sorte que la distance de la goutte de cire au point de repère placé au-dessous d'elle était fortement accrue, et, que par suite le tracé (fig. 51) était beaucoup plus amplifié le premier que le second jour. La partie supérieure du cotylédon changea de marche au moins rectangulairement six fois chaque jour. La plante était éclairée par le haut au moyen d'une lumière faible. C'était là une précaution nécessaire, car le jour précédent nous avions tracé les mouvements de cotylédons placés dans une boîte profonde, dont la partie supérieure était faiblement éclairée sur un côté par une fenêtre éloignée, orientée au nord-est, et à chaque observation, par une bougie placée pour une minute ou deux du même côté ; il en résulta que les cotylédons marchèrent tout le jour vers ce côté, quoique leur marche présentât des courbures remarquables ; de ce fait seul nous aurions pu conclure qu'il y avait circumnutation ; mais nous crûmes meilleur de faire le tracé que nous avons donné plus haut.

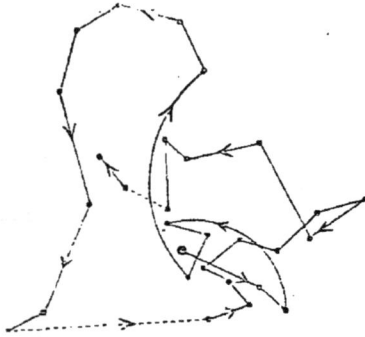

Fig. 51.

Zea mays : circumnutation du cotylédon, tracée sur un verre horizontal, depuis le 4 février à 8 h.30 du matin, jusqu'au 6, à 8 heures. Mouvement de la goutte de cire amplifié environ 25 fois.

Radicules. — Des fils de verre furent fixés sur deux courtes radicules placées de manière à être presque verticales, et, lorsqu'elles s'inclinaient sous l'influence du géotropisme, leur marche présentait de forts zigzags. De cette dernière circonstance on aurait pu conclure qu'il y avait circumnutation, si les tiges n'avaient pas légèrement blanchi après les premières 24 heures, quoiqu'elles fussent arrosées et que l'air fût maintenu très humide. Neuf radicules furent ensuite disposées suivant le mode déjà décrit, de manière à laisser dans la croissance leurs traces sur des verres noircis inclinés sous l'horizon à différents degrés (entre 45° et 80°). Presque toutes ces traces sont bien distinctement plus minces ou plus larges en différents points, et montrent de petites marges de suie ; il est donc évident que la pointe des radicules est venue alternativement en contact plus ou moins parfait avec le verre. La fig. 52 est une copie exacte de l'une de ces traces. En deux cas seulement (et les lames de verre étaient alors très inclinées) il y avait quelques indices évidents d'un léger mouvement latéral. Nous pensons donc que le frottement de l'extrémité sur la surface noircie, si faible qu'il ait été, a suffi pour empêcher le mouvement latéral de ces délicates radicules.

Fig. 52.

Zea mays : Trace laissée sur une lame de verre noircie, par la pointe de la radicule dans sa croissance.

Avena sativa (Graminées).—Un cotylédon de0ᵐ0357 de haut, fut placé en face d'une fenêtre orientée au nord-est, et le mouvement de l'extrémité fut relevé sur un verre horizontal pendant deux jours. Elle se dirigea vers la lumière en décrivant des zigzags de 9 h. à 11 h. 30 m. le 15 octobre : elle descendit alors un peu et forma beaucoup de zigzags jusqu'à 5 h. du soir ; ensuite, et pendant la nuit, elle continua à se diriger vers la fenêtre. Le matin suivant, le même mouvement dura jusqu'à 12 h. 40, en ligne presque droite ; depuis ce moment jusqu'à 2 h. 35, la lumière demeura extraordinairement faible, cachée par des nuages orageux. Pendant cet intervale de 1 h. 55 m. où la lumière était obscure, il fut intéressant d'observer combien la circumnutation domina l'héliotropisme, car la pointe, au lieu de continuer à se mouvoir vers la fenêtre en ligne légèrement ondulée, rebroussa chemin quatre fois, décrivant deux petites ellipses étroites. Un diagramme de ce mouvement sera donné dans le chapitre concernant l'héliotropisme.

Fig. 53.

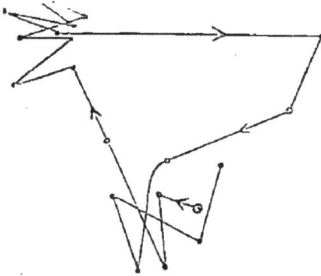

Nephrodium molle : circumnutation d'une très jeune fronde, tracée dans l'obscurité sur un verre horizontal, le 30 octobre, de 9 h. du matin à 9 h. du soir. Mouvement de la goutte de cire amplifié 48 fois.

Un fil fut ensuite fixé sur un cotylédon qui n'avait que 0ᵐ00625, et n'était éclairé que par le haut : ayant été gardé dans une serre chaude il s'accrut rapidement. La circumnutation ne pouvait ici faire doute, car il décrivit en 5 h. 1/2 une figure en forme de 8, ainsi que deux petites ellipses.

Nephrodium molle (Filicinées). — Une pousse de cette espèce de fougère se développa par hasard dans un pot près de son progéniteur. La fronde, qui n'était cependant que légèrement lobée, n'avait que

4ᵐᵐ de long et 5 de large et était supportée par un rachis aussi fin qu'un cheveu, et long de 5ᵐᵐ75. Un fil de verre très fin, long de 9ᵐᵐ, fut fixé à l'extrémité de la fronde. Le mouvement reçut une si forte amplification que la figure (fig. 53) ne saurait être entièrement exacte : mais la fronde se mouvait constamment d'une manière complexe, et la goutte de cire changea de marche 18 fois pendant les douze heures de l'observation. Après une demi-heure elle revenait souvent sur ses pas, suivant une ligne presque parallèle à sa première course. La plus grande amplitude du mouvement se présenta entre 4 et 6 h. du soir. La circumnutation de cette plante est intéressante, car les espèces du genre Lygodium sont bien connues pour circumnuter visiblement et s'enrouler autour des objets voisins.

Selaginella Kraussii (?) (Lycopodiacées). — Une très jeune plante, qui n'avait que 1ᶜᵐ de haut se développa en pot dans la serre. Un fil de verre extrêmement fin ayant été fixé à l'extrémité de la tige en forme de fronde, le mouvement de la goutte de cire fut relevé sur un verre horizontal. Elle modifia sa marche plusieurs fois (comme le montre la fig. 54) pendant une observation de 13 h. 15 m., mais revint la nuit vers un point peu distant de celui d'où elle était partie le matin. Il ne peut y avoir aucun doute sur la circumnutation de cette petite plante.

Fig. 54.

Selaginella Kraussii (?): circumnutation de la jeune plante, observée dans l'obscurité, et tracée le 31 octobre, de 8 h. 45 du matin à 10 h. du soir.

CHAPITRE II

Considérations générales sur les mouvements et la croissance des semis.

Existence générale du mouvement de circumnutation. — Les radicules et l'utilité de leur circumnutation. — Manière dont elles pénètrent dans le sol. — Manière dont les hypocotyles et les autres organes sortent de terre, à l'aide de leur incurvation. — Singulier mode de germination des Megarrhiza, etc. — Avortement des cotylédons. — Circumnutation des hypocotyles et des épicotyles, lorsqu'ils sont encore recourbés et enfouis. — Leur pouvoir de redressement. — Leur sortie des enveloppes séminales. — Effet héréditaire de l'incurvation dans les hypocotyles hypogés. — Circumnutation des hypocotyles et des épicotyles, lorsqu'ils se redressent. — Circumnutation des cotylédons. — Pulvini, ou articulations des cotylédons : durée de leur activité ; rudimentaires chez l'*Oxalis corniculata :* leur développement. — Sensibilité des cotylédons à l'action de la lumière, et troubles que cet agent apporte dans leurs mouvements périodiques. — Sensibilité des cotylédons à l'attouchement.

Le précédent chapitre a été consacré à la description des mouvements de circumnutation propres aux diverses parties ou aux divers organes, dans un nombre considérable de semis. Nous avons placé ici une liste des familles, cohortes, sous-classes, etc., auxquelles appartiennent ces semis, en les arrangeant et les ordonnant suivant la classification adoptée par Hooker (1).

On verra, en examinant cette liste, que les jeunes plantes choisies pour nos observations représentent bien tous les groupes de végétaux, à l'exception des plus inférieurs, les Cryptogames : encore décrirons-nous plus loin les mouve-

(1) Telle qu'elle est donnée dans le « Traité général de Botanique » de Le Maout et Decaisne, 1873.

ments dans quelques-uns de ces derniers, arrivés à l'état adulte. Tous les semis que nous avons observés, y compris les Conifères, les Cycadées, et les Fougères, qui représentent les plus anciens types végétaux, se sont montrés continuellement en circumnutation ; nous pouvons donc en conclure que ce genre de mouvement est commun aux semis de toutes les espèces.

SOUS-RÈGNE I. — **Plantes phanérogames.**

CLASSE I. — DICOTYLÉDONES.

Sous-Classe I. — *Angiospermes.*

Familles.		Cohortes.
14. *Crucifères*	II.	PARIÉTALES.
26. *Caryophyllées*	IV.	CARYOPHYLLINÉES.
36. *Malvacées*	VI.	MALVOÏDÉES.
41. *Oxalidées*	VII.	GERANIOÏDÉES.
49. *Tropœolées*		d°
52. *Aurantiacées*		d°
70. *Hippocastanées*	X.	SAPINDINÉES.
75. *Légumineuses*	XI.	ROSINÉES.
106. *Cucurbitacées*	XII.	PASSIFLORÉES.
109. *Cactées*	XIV.	FICOÏDÉES.
122. *Composées*	XVII.	ASTRALES.
135. *Primulacées*	XX.	PRIMULINÉES.
145. *Asclépiadées*	XXII.	GENTIANÉES.
151. *Convolvulacées*	XXIII.	POLÉMONIACÉES.
154. *Borraginées*		d°
156. *Nolanacées*		d°
157. *Solanées*	XXIV.	SOLANINÉES.
181. *Chénopodées*	XXVII.	CHENOPODINÉES.
202. *Euphorbiacées*	XXXII.	EUPHORBINÉES.
211. *Cupulifères*	XXXVI.	QUERCINÉES.
212. *Corylacées*		d°

Sous-Classe II. — *Gymnospermes.*

223. *Conifères.*
224. *Cycadées.*

CLASSE II. — MONOCOTYLÉDONES.

2. *Cannacées*	II.	AMOMALES.
34. *Liliacées*	XI.	LIRIOÏDÉES.
41. *Asparagées*		d°
55. *Graminées*	XV.	GLUMACÉES.

SOUS-RÈGNE II. — **Plantes cryptogames.**

1. *Filices*	I.	FILICINÉES.
2. *Lycopodiacées*		d°

5

Radicules. — Dans toutes les graines en voie de germination que nous avons observées, la première modification est la saillie de la radicule : cet organe s'incline immédiatement vers le bas, et s'efforce de pénétrer dans la
terre. Pour que ce dernier phénomène puisse se produire,
il est à peu près indispensable que la graine subisse une
pression de haut en bas, et offre ainsi une certaine résistance, à moins cependant que le sol ne soit extrêmement
meuble ; s'il n'en est pas ainsi, la graine est soulevée, et
la radicule ne pénètre pas la surface du sol. Mais les
graines sont souvent recouvertes par la terre que dépla-
cent les quadrupèdes fouisseurs, les oiseaux qui grattent
le sol ou les vers de terre ; par des amas d'excréments,
par les branches tombées des arbres, etc. ; c'est ainsi
qu'elles se trouvent pressées de haut en bas. Si la terre
est desséchée, il est souvent nécessaire qu'elles tombent
dans des crevasses ou dans des trous. Quelquefois, lorsque les graines gisent à découvert à la surface du sol, les
premiers poils radiculaires qui se développent peuvent,
en s'attachant aux pierres ou aux autres objets qui se
trouvent sur le sol, retenir la partie supérieure de la radicule, tandis que son extrémité s'enfonce dans la terre.
Sachs a montré (1) avec quelle facilité les poils radiculaires s'adaptent en s'accroissant aux particules les plus
irrégulières du sol, et contractent avec elles un accole-
ment intime. Cette adhérence semble due à ce que la surface externe de l'épiderme de la radicelle se ramollit, se
liquéfie, pour se solidifier ensuite, fait que nous décrirons
avec plus de détails, dans une autre occasion. Cette union
intime joue, d'après Sachs, un rôle important dans l'absorption de l'eau et de la matière inorganique qu'elle tient
en dissolution. L'aide mécanique que les poils radiculaires apportent à la pénétration de la radicule dans la

(1) « Physiologie végétale » 1868, pages 199, 205.

terre n'est donc probablement qu'une action d'importance secondaire.

L'extrémité de la radicule commence à circumnuter, aussitôt qu'elle sort des enveloppes séminales, et ce mouvement persiste dans toute la partie en voie d'accroissesement, probablement aussi lóngtemps que continue la croissance elle-même. Nous avons décrit ce mouvement de la radicule dans les genres Brassica, Æsculus, Phaseolus, Vicia, Cucurbita, Quercus et Zea. Sachs (1) avait déduit la probabilité de son existence de ce que des radicules placées verticalement et tournées vers le ciel, subissent l'action du géotropisme (fait que nous avons aussi constaté). En effet, si ces radicules étaient demeurées absolument perpendiculaires, l'attraction de la pesanteur n'aurait pu les faire pencher d'aucun côté. Dans les cas que nous venons de citer, la circumnutation fut observée, soit au moyen de fils de verre extrêmement fins, fixés sur les radicules de la manière que nous avons déjà décrite, soit en les faisant pousser sur des lames de verre inclinées, noircies à la fumée, à la surface desquelles elles laissaient leurs traces. Dans ces derniers cas, leur marche onduleuse (voir fig. 19, 21, 27, 41) montrait, sans équivoque possible, que l'extrémité s'était continuellement mue dans deux sens opposés. Ce mouvement latéral avait une faible amplitude : dans le genre Phaseolus, il s'étendait tout au plus, de chaque côté, à 1 mm. de la ligne médiane. Mais il y avait aussi des mouvements dans un plan vertical, perpendiculaire aux lames de verre inclinées. C'est ce qu'indiquaient souvent les traces alternativement un peu plus larges ou plus étroites, selon que les radicules

(1) «Ueber das Wachstum der Wurzeln.Sur l'accroissement des racines. (*Arbeiten des bot. Instituts in Würzburg.* » Heft III, 1873, p. 460.) Ce mémoire, outre son grand intérêt intrinsèque, doit être étudié comme un modèle de recherches faites avec soin, et nous aurons à diverses reprises l'occasion de nous y reporter. Le Dr Franck avait remarqué antérieurement « (Beitrage zur Pflanzenphysiologie » 1868, p. 81) que les radicules placées verticalement, subissaient l'action du géotropisme, et il expliquait ce fait en supposant que leur croissance n'est pas égale de toutes parts.

avaient pressé sur le verre avec plus ou moins de force. Parfois, de petites bandes de suie subsistaient au travers des traces, indiquant que l'extrémité de la radicule avait été soulevée en ces points. Ce dernier fait pouvait surtout se présenter lorsque les radicules, au lieu de poursuivre en droite ligne sur le verre leur marche vers le bas, décrivaient une courbe en demi-cercle; la fig. 52 montre, cependant, que cela peut arriver, même lorsque la trace est rectiligne. L'extrémité de la radicule, en s'élevant ainsi, pouvait, dans un cas, surmonter un poil fixé en travers sur le verre incliné; mais des brins de bois de 0^{mm}625 seulement d'épaisseur, déterminaient toujours une courbure rectangulaire de la radicule sur un côté : ainsi, l'extrémité ne peut pas s'élever à cette faible hauteur, en luttant contre le géotropisme.

Lorsque les radicules, munies de fils de verre, étaient placées de manière à se tenir presque verticales, elles se recourbaient vers le bas, sous l'action du géotropisme, et circumnutaient en même temps : leur marche était donc en zigzag. Quelquefois, cependant, elles avaient de grands mouvements circulaires, en décrivant encore des zigzags.

Des radicules complètement entourées de terre, même lorsque cette dernière est tout à fait humide et amollie, peuvent peut-être échapper entièrement à la circumnutation. Nous devons toutefois nous rappeler que les cotylédons en forme d'étui, et circumnutants, des Phalaris, les hypocotyles des Solanum, et les épicotyles des Asparagus, forment, autour d'eux, de petites crevasses ou craquelures circulaires sur une couche superficielle de sable argileux humide. Comme les hypocotyles des Brassica, ils peuvent aussi, en circumnutant et en s'inclinant vers une lumière latérale, déterminer dans le sable humide des sillons rectilignes. Nous montrerons, dans un des chapitres suivants, que le mouvement de balancement ou de

circumnutation des capitules de *Trifolium subterraneum*
les aide à s'enfoncer sous terre.

Il est donc probable que le mouvement de circumnutation de l'extrémité de la radicule lui est d'un faible secours pour la pénétration dans le sol ; et nous pouvons
observer, dans plusieurs des diagrammes déjà donnés,
que ce mouvement est plus fortement prononcé, dans les
radicules, lorsqu'elles viennent de sortir de la graine,
qu'un peu plus tard : mais est-ce là une coïncidence accidentelle ou un fait d'adaptation ? C'est ce que nous ne prétendons pas décider. Cependant, lorsque de jeunes radicules de *Phaseolus multiflorus* étaient fixées verticalement sur du sable humide, nous nous attendions à les
voir, dès qu'elles le toucheraient, former des sillons circulaires ; ce fait ne se produisit cependant pas, ce que
nous croyons devoir attribuer au rapide accroissement en
diamètre de l'extrémité de la radicule, qui remplissait le
sillon dès qu'il était formé. Qu'une radicule, lorsqu'elle
est entourée de terre meuble, soit ou ne soit pas aidée par
la circumnutation, pour se frayer un passage, nous pouvons difficilement refuser d'attribuer à ce mouvement une
haute importance, car il guide la radicule sur une ligne
de moindre résistance, comme on le verra dans le chapitre suivant, où nous traitons de la sensibilité de l'extrémité à l'attouchement. Si, toutefois, une radicule,
dans sa croissance, se fraye obliquement un passage dans
une crevasse, dans un trou laissé par une racine morte
ou creusé par la larve d'un insecte, ou plus spécialement
par un ver, le mouvement de circumnutation de son extrémité doit l'aider matériellement à suivre le passage
ainsi ouvert ; nous avons d'ailleurs observé que les racines suivent généralement les vieux trous de vers (1).

(1) Voir aussi le travail du prof. Hensen (« Zeitschrift für wissen. Zool. », B.
XXVIII, p. 354, 1877) sur le même sujet. Il va jusqu'à croire que les racines peuvent atteindre une grande profondeur dans la terre, au moyen seulement des
trous de vers.

Lorsqu'une radicule se trouve placée dans une position horizontale ou inclinée, la partie terminale en voie d'accroissement se recourbe, on le sait bien, vers le centre de la terre, et Sachs (1) a montré que, pendant cette incurvation, la croissance de la face inférieure est fortement retardée, tandis que celle de la face supérieure continue dans la proportion habituelle; elle peut même y être quelque peu accrue. Il a montré en outre que, si l'on attache un fil courant sur une poulie, à une radicule horizontale de grande taille, celle, par exemple, de la vesce commune, cette radicule n'est capable de soulever qu'un poids de 1 gramme, soit 15,4 grains. Nous pouvons donc conclure que le géotropisme ne donne pas à la radicule une force suffisante pour pénétrer dans la terre, mais que cet agent lui indique seulement (si cette expression peut être employée) la route qu'elle doit suivre. Avant de connaître les observations plus précises de Sachs, nous avions recouvert une surface unie de sable humide avec les feuilles d'étain les plus minces que nous avions pu nous procurer ($0^{mm}02$ à $0^{mm}03$ d'épaisseur) et nous avions placé, à une faible distance au-dessus, une radicule disposée de manière à croître presque perpendiculairement vers le bas. Lorsque son extrémité vint au contact de la surface polie, elle se courba à angle droit, et glissa sur l'étain, sans y laisser aucune impression; cependant ces feuilles étaient si flexibles qu'un petit morceau de bois tendre, placé dans la même direction que l'extrémité de la radicule, et légèrement chargé d'un poids de 7 gr. 75 (120 grains ou 1⎸4 d'once) déchira complètement la feuille d'étain.

Les radicules peuvent pénétrer dans la terre par la force due à leur accroissement longitudinal et transver-

---

(1) « Arbeiten des bot. Inst. Würzburg » vol. 1, 1873, p. 461. Voir aussi p. 397, pour la longueur de la partie en voie d'accroissement, et p. 450, pour la force du géotropisme.

sal, les graines elles-mêmes étant retenues par le poids du sol qu'elles supportent. Dans la vesce, l'extrémité, protégée par la pilorhize, est pointue, et la partie en voie d'accroissement, longue de 8 à 10^{mm}., est beaucoup plus rigide, comme Sachs l'a prouvé, que la partie immédiatement supérieure, qui a cessé de s'accroître en longueur. Nous nous sommes efforcé de déterminer la pression exercée de haut en bas par la partie en voie d'accroissement. Dans ce but, nous placions des vesces en germination entre deux petites lames de métal, dont la supérieure était chargée d'un poids connu ; la radicule était alors disposée de manière à pousser à travers un trou étroit creusé dans le bois, profond de 5^{mm} ou 7^{mm}5, et dont le fond était bouché. Le bois avait été taillé de façon que la petite longueur de la radicule qui se trouvait entre la vesce et l'orifice du trou ne put s'incliner latéralement sur trois côtés ; mais il fut impossible de protéger aussi le quatrième côté, près de la vesce. Par suite, aussi longtemps que la radicule continuait à s'allonger en demeurant droite, la vesce, chargée de poids, devait être soulevée lorsque l'extrémité de la radicule avait gagné le fond du trou peu profond. Des vesces ainsi disposées, entourées de sable humide, soulevaient un poids de 113 gr. 40 (1/4 de livre), 24 heures après que l'extrémité des radicules avait pénétré dans le trou. Avec une charge plus forte, les radicules elles-mêmes se recourbaient vers le côté qui n'était pas garanti ; mais ce fait ne se serait probablement pas produit si elles avaient été complètement entourées, de tous côtés, par de la terre compacte. Il y avait cependant dans ces expériences une source d'erreur possible, mais peu probable, car nous n'avions pas déterminé si les vesces elles-mêmes se gonflent plusieurs jours après la germination, et après avoir été traitées comme le furent les nôtres, c'est-à-dire laissées d'abord 24 heures dans l'eau, puis mises à germer dans l'air très humide, et enfin placées sur le trou, et presque entourées de sable humide, dans une boîte close.

Nous réussîmes mieux à déterminer la force exercée transversalement par ces radicules. Deux furent disposées de manière à pénétrer dans des trous étroits pratiqués dans de petits morceaux de bois, dont l'un était taillé sur le modèle exactement représenté par la fig. 55. La courte extrémité du morceau de bois, derrière le trou, était, à dessein, fendue, mais cette disposition n'était pas répétée à l'extrémité opposée. Comme le bois était très élastique, la fente se refermait dès qu'on l'avait pratiquée. Après six jours, la vesce et le morceau de bois furent retirés du sable humide, et nous trouvâmes la radicule fort épaissie en avant et en arrière du trou. La fente, qui, à l'origine, était complètement close, se trouvait maintenant ouverte sur une largeur de 4^{mm}; aussitôt que la radicule fut retirée, elle se referma immédiatement de 2^{mm}. Le morceau de bois fut alors suspendu horizontalement par un fil très fin traversant le trou auparavant rempli par la radicule, et un petit plateau fut suspendu au-dessous pour recevoir les poids. Il fallut 3 kil. 851 gr. 35 (1) pour ouvrir la fente de 4^{mm}, largeur qu'elle mesurait avant qu'on en eut enlevé la radicule. Mais la partie de cet organe (d'environ 2^{mm} de long) qui était emprisonnée dans le trou, exerçait même probablement un effort transversal plus considérable que 3 kil. 851 gr. 35, car elle avait séparé le bois solide sur une largeur de 7^{mm} environ (exactement 6^{mm}875). Cette fente peut se voir sur la fig. 55. Un autre morceau de bois fut traité de la même manière, et donna exactement le même résultat.

Nous adoptâmes alors une méthode plus précise. Des

Fig. 55.

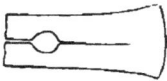

Croquis réduit de moitié d'une pièce de bois percée d'un trou à travers lequel poussait la radicule d'une vesce. Epaisseur du bois, du côté étroit, 2^{mm}; du côté large 4^{mm}, profondeur du trou, 2^{mm}5.

(1) 8 livres 8 onces.

trous furent pratiqués près de la petite extrémité de deux pinces en bois (fig. 56), maintenues fermées par des ressorts de cuivre en spirale. Deux radicules placées dans du sable humide furent mises à pousser à travers ces trous. Les pinces reposaient sur des lames de verre, pour diminuer le frottement du sable. Les trous étaient un peu plus larges (3^{mm}5) et beaucoup plus profonds (95^{mm}), que dans l'expérience précédente ; de cette manière, la pression transversale était exercée par une plus grande longueur et par une plus forte épaisseur de radicule. Elles furent retirées 13 jours après. La distance entre deux points marqués (voir la figure) à l'extrémité des plus longues branches des pinces fut alors soigneusement mesurée ; puis les radicules furent retirées des trous, et, par suite, les pinces se refermèrent. On les suspendit alors horizontalement comme l'avaient été les morceaux de bois, et un poids de 1,500 gr. (soit 3 livres 4 onces) dut être appliqué à l'une des pinces pour la faire ouvrir de la même quantité que l'avait fait la croissance transversale de la radicule. Aussitôt que cette radicule eut légèrement entr'ouvert la pince, elle prit, en augmentant de volume, une forme aplatie ; elle

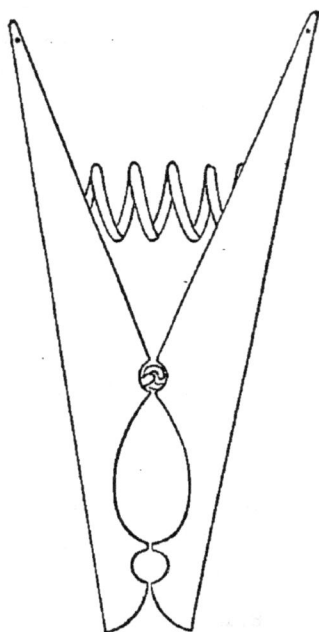

Fig. 56.

Pince en bois, maintenue fermée par un ressort de cuivre en spirale, avec un trou (de 3^{mm}5 de largeur et 15^{mm} de profondeur) pratiqué dans la partie mince et fermée ; une radicule de vesce fut mise à pousser dans ce trou. Température 50-60° F. (12-16° c,)

était d'ailleurs un peu sortie du trou ; son diamètre dans une direction était de 4^{mm}2, et, dans la direction perpendiculaire, de 3^{mm}5. Si cet applatissement et cette sortie avaient pu s'éviter, la radicule aurait probablement exercé une pression supérieure à 1,500 gr. Avec l'autre pince, la radicule était encore plus fortement sortie du trou ; le poids nécessaire pour l'ouvrir de la même quantité que l'avait fait la radicule, fut de 600 grammes seulement.

Ces faits acquis, il semble ne plus y avoir de grandes difficultés pour comprendre comment une radicule pénètre dans la terre. L'extrémité est appointie, et protégée par la pilorhize ; la partie terminale en voie d'accroissement est rigide ; elle s'allonge avec une force égale, autant qu'on peut se fier à nos observations, à une pression de 115 gr. au moins. Cette force devient probablement plus grande lorsque la pression de la terre environnante empêche la radicule de s'incliner sur un côté. Tandis qu'elle s'allonge ainsi, la radicule s'épaissit, repoussant, de tous côtés, la terre humide, avec une force de 3 k. 850 dans un cas, et de 1 k. 500 dans un autre. Il nous a été impossible de déterminer si l'extrémité exerçait à ce moment, relativement à son diamètre, la même pression transversale que les parties situées un peu au-dessus : mais il ne nous paraît y avoir aucune raison pour douter qu'il en soit ainsi. La partie en voie d'accroissement n'agit donc pas comme un clou que l'on enfoncerait à coups de marteau dans une planche, mais bien plutôt comme un coin de bois, qui, légèrement poussé dans une fente, se gonflerait en même temps par absorption d'eau : un instrument agissant de cette manière briserait même un bloc de rochers.

Manière dont les hypocotyles, les épicotyles, etc., poussent et se font jour à travers le sol. — Après que la radicule, en pénétrant dans la terre, a fixé la graine, les hypocotyles de tous les semis de dicotylédones que nous avons observés, et qui soulèvent leurs cotylédons au-dessus du sol, se font jour à la surface, en forme d'arc. Lorsque les cotylédons sont hypogés, c'est-à-dire demeurent enfouis dans la terre, l'hypocotyle est à peine développé, et l'épicotyle ou plumule s'élève au-dessus de la surface en affectant aussi la forme d'un arc. Dans la plupart de ces cas, sinon toujours, l'extrémité recourbée vers le bas demeure quelque temps enfermée sous les enveloppes séminales. Dans *Corylus avellana*, les cotylédons sont hypogés, et l'épicotyle arqué ; mais, dans le cas particulier que nous avons décrit au chapitre précédent, son extrémité avait été endommagée, et il poussa latéralement sous le sol, comme une racine ; par suite, deux tiges secondaires furent émises, qui sortirent encore de terre sous forme d'arcs.

Les Cyclamen ne produisent pas de tige distincte, et un seul cotylédon apparaît d'abord (1), son pétiole sort de terre recourbé (fig. 57). Les Abronia n'ont aussi qu'un seul cotylédon pleinement développé, mais, dans ce cas, c'est l'hypocotyle qui sort le premier, et qui est arqué. *Abronia umbellata*, présente cependant cette particularité, que le limbe replié du seul cotylédon développé (avec l'endosperme qu'il en-

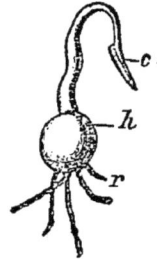

Fig. 57.

Cyclamen persicum : semis, figure grossie : *c*. limbe du cotylédon, non encore déployé, dont le pétiole arqué commence à se redresser. *h*, hypocotyle développé en une formation tubéroïde ; *r*, radicules secondaires.

veloppe) a, tandis qu'il est encore au-dessous de la surface du sol, son extrémité tournée vers le haut, et parallèle à la branche descendante de l'hypocotyle arqué ; mais il sort de terre, par suite de l'accroissement de l'hypocotyle, avec son extrémité dirigée vers le bas. Dans *Cycas pectinata*, les cotylédons sont hypogés, et une vraie feuille sort d'abord de terre, avec son pétiole replié en arc.

Dans le genre Acanthus, les cotylédons sont encore hypogés. Dans *A. mollis*, une simple feuille sort d'abord

_____

(1) Telle est la conclusion à laquelle est arrivé le D' H. Gressner (« Bot . Zeitung, » 1874, p 887), qui maintient que ce que les autres botanistes ont pris pour la première vraie feuille est en réalité le second cotylédon, considérablement retardé dans son développement.

de terre avec son pétiole recourbé, et, en même temps, se fait jour la feuille opposée, beaucoup moins développée, courte, étroite, de couleur jaunâtre, et dont le pétiole n'est d'abord pas de moitié aussi large que celui de l'autre. La feuille non développée est protégée par son insertion au-dessous de l'autre feuille repliée; il faut remarquer, comme un fait instructif, que n'ayant pas à se frayer un passage à travers la terre, elle n'est pas recourbée en arc. Dans la figure 58, le pétiole de la première feuille s'est déjà partiellement redressé, et le limbe commence à se déployer. La seconde petite feuille grandit plus tard jusqu'à atteindre à la taille de la première, mais cet état est obtenu par des procédés bien différents chez les divers individus : dans un cas, la seconde feuille ne parut pleinement au-dessus du sol que six semaines après la première. Comme les expansions foliaires, dans toute la famille des acanthacées, sont, soit opposées soit en verticilles, et qu'elles ont la même taille, il est singulier de rencontrer cette grande différence

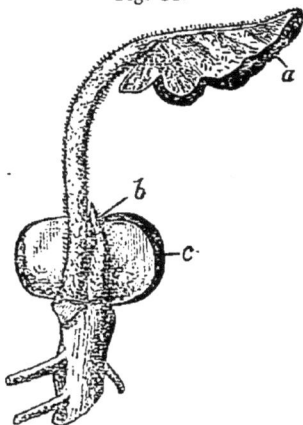

Fig. 58.

Acanthus mollis : Semis dont le cotylédon hypogé de face est enlevé et dont la racine est coupée. *a*, limbe de la première feuille commençant à s'étaler, ayant son pétiole encore partiellement arqué; *b*, deuxième feuille opposée, encore imparfaitement développée; *c*, deuxième cotylédon hypogé.

entre les deux premières feuilles. Nous pouvons comprendre comment cette inégalité de developpement et la courbure du pétiole ont pu être acquises graduellement, si elles constituent, pour les semis, un bénéfice, en favorisant leur sortie. En effet, chez *A. candelabrum*, *spinosus*, et *latifolius*, il y avait de grandes variations dans l'inégalité entre les deux premières feuilles, et dans la courbure de leurs pétioles. Dans un semis d'*A. candelabrum*, la première feuille était arquée, et neuf fois aussi longue que la seconde,

qui consistait en un très petit stylet filiforme, étroit, d'un
blanc jaunâtre. Dans d'autres semis, la différence de longueur entre les deux premières feuilles était seulement
comme 3 est à 2, ou 4 à 3, ou seulement de 19^{mm} à 15^{mm}5.
Dans ces derniers cas, la première feuille, la plus grande,
n'était pas arquée, à proprement parler. Enfin, dans un
autre semis il n'y avait pas la moindre différence de taille
entre les deux premières feuilles, et toutes deux avaient
des pétioles droits ; leurs limbes étaient repliés et serrés
l'un contre l'autre, formant une tête de lance ou un coin,
au moyen duquel ils étaient sortis de terre. Donc, chez
différents individus de cette même espèce d'acanthus, la
première paire de feuilles sort de terre suivant deux
modes bien différents. Si l'un ou l'autre de ces modes
avait été nettement avantageux ou désavantageux, l'un
d'entre eux aurait bientôt eu la prépondérance.

Asa Gray (1) a décrit le mode particulier de germination propre à trois plantes bien différentes, chez lesquelles l'hypocotyle est à peine développé. Nous les
avons, par ce fait, considérées comme se rapportant à
notre sujet.

Delphinium nudicaule. — Les pétioles allongés des
deux cotylédons sont confluents (de même que, quelquefois, les limbes à leur base), et ils sortent de terre en forme
d'arc. Ils ressemblent ainsi, d'une façon très trompeuse,
à un hypocotyle. D'abord, ils sont solides, puis deviennent tubulaires, et la partie basilaire, sous terre, s'élargit
en une chambre creuse, dans laquelle se développent les
jeunes feuilles, sans plumule proéminente. Extérieurement, des radicelles se forment sur les pétioles confluents
soit un peu au-dessus, soit à la hauteur de la plumule.
La première feuille, à une période plus avancée de sa
croissance, et tandis qu'elle est encore dans la chambre,
se trouve tout à fait droite, mais son pétiole se recourbe

(1) « Botanical Text-Book » 1879, p. 22.

bientôt; l'accroissement de cette dernière partie (et probablement du limbe) déterminant la fente et l'ouverture
d'un des côtés de la chambre, la feuille sort. Nous trouvâmes dans un cas que la fente avait $3^{mm}2$ de long, et
était située sur la ligne de confluence des deux pétioles.
La feuille, lorsqu'elle vient de sortir de sa cavité, est enfouie sous la terre, et alors la partie supérieure du pétiole, près du limbe, se recourbe de la manière habituelle.
La seconde feuille sort de la fente soit droite soit quelque
peu arquée, mais ensuite la partie supérieure du pétiole
— dans quelques cas certainement, et dans tous, à ce que
nous croyons — se recourbe en se frayant un passage
dans le sol.

Megarrhiza Californica. — Les cotylédons de cette Cucurbitacée ne se dégagent jamais des enveloppes séminales; de plus ils sont hypogés. Leurs pétioles restent entièrement confluents, et constituent un tube qui se termine,
à sa partie inférieure, par une pointe solide, formée d'une
très petite radicule et de l'hypocotyle : la plumule, aussi
très petite, est enfermée dans la portion basilaire de ce
tube. Cette structure était bien évidente dans un spécimen
anormal, présentant l'un des deux cotyledons dépourvu
de pétiole, tandis que dans l'autre cet organe avait développé un support pétiolaire consistant en un demi cylin-.
dre ouvert, terminé par une pointe aiguë, formée des parties que nous venons de décrire. Dès que les pétioles confluents sortent de la graine, ils se courbent (car ils sont
fortement géotropiques) et pénètrent dans la terre. La
graine elle-même demeure dans sa position primitive,
soit à la surface, soit enfouie à une certaine profondeur,
comme le cas peut se présenter. Si, cependant, l'extrémité des pétioles confluents rencontre quelque obstacle
dans le sol, comme cela semble être arrivé pour les semis
décrits et figurés par Asa Gray (1), les cotylédons sont

(1) « American Journal of science » vol. XIV, 1877, p. 21.

soulevés au-dessus de la surface. Les pétioles entourés de poils radiculaires comme ceux d'une vraie radicule, ressemblent encore à ce dernier organe, en ce qu'ils brunissent lorsqu'ils sont plongés dans une solution de permanganate de potasse. Nos graines furent soumises à une haute température, et, dans l'espace de trois ou quatre jours, les pétioles pénétraient perpendiculairement dans le sol, jusqu'à une profondeur de 5 cent. à 6 cent. 25 ; c'est à ce moment seulement que la vraie radicule commença à croître. Dans un spécimen qui fut soigneusement observé, les pétioles avaient, 7 jours après leur sortie, atteint une longueur de 6 cent. 25, et la radicule s'était aussi, dans le même temps, bien développée. La plumule, encore renfermée dans le tube, mesurait alors $7^{mm}5$ de long, et était tout à fait droite ; mais après avoir augmenté d'épaisseur, elle venait de commencer à fendre sur un côté la partie inférieure des pétioles, suivant leur ligne de confluence. Le lendemain matin, la partie supérieure de la plumule s'était recourbée à angle droit, et le côté convexe ou coude avait été ainsi engagé à travers la fente. Ici donc l'incurvation de la plumule joue le même rôle que dans le cas des pétioles du Delphinium. Comme la plumule continuait à croître, l'extrémité se recourba davantage, et, dans l'intervalle de six jours elle émergea à travers les 6 cent. 25 de terre surincombante, gardant encore sa forme arquée. Après avoir gagné la surface, elle se redressa de la manière habituelle. La fig. 58, A, est un croquis d'un semis à ce stade avancé du développement ; la surface du sol est représentée par la ligne G..... G.

La germination des graines en Californie, leur patrie, se produit d'une manière un peu différente, comme nous l'apprend une intéressante lettre de M. Rattan, que nous a envoyée le prof. Asa Gray. Les pétioles sortent des graines peu après les pluies d'automne, et s'enfoncent dans le sol, généralement avec une direction verticale, à une profondeur de 10 à 15 centimètres. Ils ont été trouvés en cet état par M. Rattan pendant les vacances de Noël, avec les plumules encore renfermées dans les tubes; et cet auteur fait remarquer que, si les plumules après s'être développées, avaient gagné la surface (comme cela arrivait avec nos graines, exposées à une haute température) elles auraient certainement été tuées par la gelée. De cette manière elles demeurent au repos à quelque profondeur sous la surface, et se trouvent ainsi protégées contre la gelée, les poils radiculaires des pétioles les entretenant dans un état d'humidité suffisant. Nous verrons plus loin que beaucoup de semis sont protégés contre la gelée, mais par un procédé tout à fait différent : ils sont amenés au-dessous de la surface du sol par la contraction de leurs radicules. Nous pouvons, cependant, admettre que le procédé extraordinaire de germination du genre Megarrhiza présente un autre avantage secondaire. Après quelques semaines la radicule commence à s'élargir en un petit tube, abondamment pourvu d'amidon, et légèrement amer. Elle pourrait donc être dévorée par les animaux, si elle n'était protégée par son enfouissement, durant son état jeune et tendre, à une profondeur de quelque pouces sous terre. Plus tard, elle atteint une très grande taille.

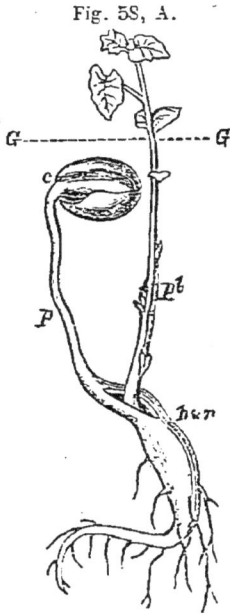

Fig. 58, A.

Megarrhiza californica : esquisse d'un semis, reproduit d'après Asa Gray, réduit de moitié; c. cotylédons sous les enveloppes seminales; p, les deux pétioles confluents; h. et r, hypocotyle et radicule; pl. plumule; G..... G., surface du sol.

Ipomœa leptophylla. — Dans la plupart des espèces de ce genre, l'hypocotyle est bien développé, et sort de terre en forme d'arc. Mais les graines de l'espèce que nous con-

sidérons se comportent en germant comme celles des Megarrhiza, avec cette différence que les pétioles allongés
des cotylédons ne sont pas confluents. Après être sortis
de la graine, ils sont unis, à leur extrémité inférieure,
avec l'hypocotyle et la radicule peu développés, qui forment ensemble une pointe de 2^{mm} 5 seulement de long,
environ. Ils sont d'abord fortement géotropiques, et pénètrent dans le sol à une profondeur d'un peu plus de
1 cent. 25. La radicule commence alors à croître. Dans
quatre cas, après que les pétioles eurent poussé verticalement en bas sur une faible longueur, ils furent placés
horizontalement dans l'air humide, à l'obscurité, et, en
un intervalle de 4 heures, ils se courbèrent verticalement
en bas, ayant parcouru, dans ce laps de temps, un arc de
90º. Mais leur sensibilité au géotropisme cesse en 2 ou
3 jours, et la partie terminale seule, sur une longueur de
5 à 10^{mm}, possède cette sensibilité. Quoique les pétioles de
nos spécimens ne pénétrassent pas dans le sol à une profondeur de plus de 1 cent. 25, environ, ils continuaient cependant à croître rapidement pendant quelque temps, et
atteignaient enfin la grande longueur de 75^{mm} environ. La
partie supérieure est apogéotropique; elle croît, par conséquent, verticalement vers le haut, à l'exception d'une
courte portion près des limbes, qui, à une période ulté-
rieure, s'incline, se recourbe, et arrive ainsi à la surface.
Plus tard cette portion se redresse, et les cotylédons se
dégagent alors des enveloppes séminales. Nous avons
ainsi, dans les différents points du même organe, diverses sortes de mouvement et de sensibilité; en effet, la
partie basilaire est géotropique, la portion supérieure apogéotropique, tandis qu'une partie près du limbe se recourbe temporairement et spontanément. Pendant quelque temps la plumule ne se développe pas; elle s'élève
entre les bases des cotylédons, qui, en sortant de terre,
ont formé un passage presque ouvert; elle n'a donc pas

6

besoin d'être recourbée : aussi est-elle toujours droite. Nous ignorons si la plumule demeure enfouie et au repos pendant un certain temps, dans le pays d'où la plante est originaire, et si elle est ainsi protégée contre le froid de l'hiver. La radicule, comme celle des Megarrhiza, se développe en une masse tubéroïde, qui atteint ultérieurement une grande taille. Il en est de même chez *Ipomœa pandurata*, dont la germination, à ce que nous dit Asa Gray, ressemble à celle d'*I. leptophylla.*

Le cas suivant est intéressant à cause de la nature quasi radiculaire des pétioles. La radicule d'un semis fut enlevée, parce qu'elle était complètement morte, et les deux cotylédons, dès lors séparés, furent mis en terre. Ils émirent à leur base des radicelles, et demeurèrent pendant deux mois verts et bien vivants. Les limbes de chacun d'eux se flétrirent alors, et, en écartant la terre, nous trouvâmes les bases des pétioles (au lieu des radicules) élargies en petits tubes. Nous ne savons s'ils auraient eu le pouvoir de produire deux plantes indépendantes, au printemps suivant.

Dans *Quercus virens*, d'après le Dr Engelmann (1), les deux cotylédons ont leurs pétioles confluents. Le dernier arriva à une longueur « de 2 cent. 5 ou même plus » et, si nous comprenons bien, pénétra dans la terre, de sorte qu'il était géotropique. Les aliments que renferment les cotylédons sont alors rapidement transportés dans l'hypocotyle et dans la radicule qui se développe ainsi en un tube fusiforme. Ce fait que des tubes sont formés par les trois plantes bien distinctes susmentionnées, nous fait croire que la protection qu'ils donnent contre les animaux, dans le jeune âge, et tant que la plante demeure tendre, est au moins l'un des avantages que procure le remarquable allongement des pétioles des cotylédons, avantage

---

(1) Transact. St-Louis Acad. Science, vol. IV, p. 190.

auquel se joint le pouvoir de pénétrer dans le sol comme des racines sous l'action du géotropisme.

Les cas suivants peuvent être cités ici, car ils se rapportent à notre sujet, quoique ne s'appliquant pas à des semis. La tige florifère du parasite *Lathræa squamaria*, qui est dépourvu de vraies feuilles, sort de terre en forme d'arc (1); il en est de même de la tige florifère de *Monotropa hypopitys*, parasite et dépourvu de feuilles. Dans *Helleborus niger*, les tiges florifères, qui s'élèvent indépendamment des feuilles, sortent aussi de terre sous forme d'arcs. C'est ce qui se produit aussi avec les tiges florifères très allongées et avec les pétioles d'*Epimedium pinnatum*. Il en est de même avec les pétioles de *Ranunculus ficaria*, lorsqu'ils ont à se frayer un passage dans la terre; mais, lorsqu'ils sortent du sommet du bulbe, au-dessus du sol, ils sont dès l'abord tout à fait

(1) Le passage de la tige florifère du Lathræa à travers la terre ne peut manquer d'être singulièrement facilité par la quantité extraordinaire d'eau que sécrétent à ce moment de l'année les feuilles écailleuses souterraines; ce n'est cependant pas une raison pour supposer que cette sécrétion soit une adaptation spéciale pour cet objet: elle est probablement une conséquence de la grande quantité de sève absorbée le printemps précédent, par les racines parasites. Après une longue période sans pluie, la terre avait pris une coloration claire et était très sèche, mais elle était de couleur foncée et humide même, en certains endroits, et tout à fait mouillée, à une distance de 15 cent. au moins tout autour de chaque tige florifère. L'eau est sécrétée par des glandes (décrites par Cohn « Bericht. Bot. sect. der Schlessischen Gesell » 1876, p. 113) qui garnissent les cannelures longitudinales courant le long de chaque feuille écailleuse. Une forte plante fut retirée de terre, lavée pour enlever la terre, puis placée, dans la matinée, sur une lame de verre sèche, couverte d'une cloche en verre : le lendemain matin elle avait sécrété une grande flaque d'eau. La lame de verre fut séchée, et, pendant les 7 ou 8 heures qui suivirent, une autre petite flaque fut sécrétée ; après 16 autres heures, il y avait plusieurs larges gouttes. Une plus petite plante fut alors lavée, puis placée dans un grand vase, qui demeura incliné pendant une heure; après ce temps, il ne s'échappait plus d'eau. Le vase fut alors redressé et fermé : 23 heures après, six grammes d'eau furent recueillis au fond, et un peu plus après 25 nouvelles heures. Les tiges florifères furent alors coupées, car elles ne prenaient pas part à la sécrétion, et nous trouvâmes que la partie souterraine pesait 106 gr. 8 (1611 grains), et l'eau sécrétée pendant les 48 heures, 11 gr. 9 (183 grains) soit un neuvième du poids total de la plante, les tiges florifères exceptées. Il faudrait nous rappeler que les plantes, dans leur état naturel, sécréteraient probablement, en 48 heures, beaucoup plus que le poids considérable que nous avons indiqué, car leurs racines continueraient, tout le temps, à absorber la sève de la plante sur laquelle elles sont parasites.

droits : c'est là un fait qui mérite d'être noté. Le rachis d'une fougère (*Pteris aquilina*) et de quelques autres, probablement en grand nombre, sort également de terre en forme d'arc. Sans aucun doute, on pourrait, par des recherches faites avec soin, trouver d'autres exemples analogues. Dans tous les cas ordinaires de bulbes, rhizomes, tiges souterraines, etc., enfouis sous le sol, la terre est écartée par un cône que constituent les jeunes feuilles imbriquées, auxquelles leur croissance combinée donne la force nécessaire pour cet objet.

Dans les graines monocotylédones en train de germer (nous n'en avons malheureusement pas observé un grand nombre) les plumules, celles, par exemple, d'Asparagus et de Canna, sont droites au moment où elles sortent de terre. Chez les Graminées, les cotylédons en forme de tubes sont également droits ; ils se terminent cependant par une petite crête blanche et quelque peu indurée ; cette structure facilite évidemment leur sortie de terre. Les premières vraies feuilles émergent du tube par une fente située au-dessous de son extrémité en forme de ciseau, et à angle droit avec cette extrémité. Dans le cas de l'oignon (*Allium cepa*), nous rencontrons encore un arc, le cotylédon foliacé, brusquement coudé lorsqu'il sort de terre, ayant son extrémité encore renfermée sous les enveloppes séminales. La couronne de l'arc, comme nous l'avons déjà indiqué, est développée en une protubérence conique, blanche, que nous pouvons, sans crainte, considérer comme une adaptation spéciale en vue de ce but.

Ce fait, que des organes si différents — hypocotyles et épicotyles, pétioles de certains cotylédons ou de certaines premières feuilles, cotylédons de l'oignon, rachis de quelques fougères, certaines tiges florifères — sont tous recourbés en sortant de terre, montre quelle est la justesse des remarques du Docteur Haber-

landt (1) sur l'utilité de l'incurvation dans les semis. Il
en attribue la principale importance à ce que les parties
supérieures, jeunes et plus tendres de l'hypocotyle ou de
l'épicotyle échappent ainsi à toute compression et à tout
dommage, tandis qu'elles sortent de terre. Mais nous
croyons qu'il faut attribuer aussi quelque importance à
l'augmentation de force que procure à l'hypocotyle, à
l'épicotyle, ou aux autres organes, leur incurvation primitive. En effet, les deux branches de l'arc gagnent en
longueur, et toutes deux ont des points de résistance,
aussi longtemps qu'elles demeurent sous les enveloppes
séminales ; la couronne de l'arc est ainsi poussée hors de
terre avec une force double de celle que pourrait exercer
un hypocotyle ou tout autre organe droit. Aussitôt, cependant, que l'extrémité supérieure s'est dégagée, tout
l'effort doit être exercé par la branche basilaire. Dans
l'épicotyle de la vesce commune, la branche basilaire
(lorsque l'extrémité s'est dégagée des enveloppes séminales) pousse avec une force suffisante pour soulever une
mince plaque de zinc, chargée d'un poids de 340 gr. 4
(12 onces). Deux nouvelles onces (60 gr.) ayant été ajou-
tées, les 14 onces (396 gr. 87) furent soulevées à une très
petite hauteur ; l'hypocotyle fléchit alors, et s'inclina sur
un côté.

Quant à la cause première de l'incurvation, nous pensions que, dans beaucoup de semis, elle pouvait être attribuée à la manière dont l'hypocotyle ou l'épicotyle était
disposé et replié dans la graine, et que la forme arquée
ainsi acquise était tout simplement conservée jusqu'à ce
que la partie en question eût atteint la surface du sol.
Mais il est douteux qu'il en soit tout à fait ainsi dans aucun cas. Pour la vesce commune, par exemple, l'épicotyle

(1) « Die Schutzeinrichtungen in der Entwickelung der keimpflanze » 1877. Cet
intéressant essai nous a beaucoup appris, bien que nos propres observations nous
semblent différer sur plusieurs points de celles de l'auteur.

(ou la plumule) est recourbé en arc lorsqu'il sort de l'enveloppe séminale, comme le montre la fig. 59. La plumule sort d'abord, sous l'aspect d'une protubérance solide (*e* en A) qui, après 24 heures de croissance, constitue la couronne de l'arc (*e* en B). Cependant, chez plusieurs Vesces qui germaient dans l'air humide, et qui avaient été traitées d'une manière extra naturelle, de petites plumules s'étaient développées sur le milieu des pétioles des deux cotylédons, et ces dernières étaient aussi parfaitement recourbées que la plumule normale ; elles n'avaient pourtant été soumises à aucun emprisonnement, ni aucune pression, puisque les enveloppes séminales étaient entièrement rompues, et qu'elles poussaient en plein air. Ce fait prouve bien que la plumule a une tendance innée ou spontanée à se recourber.

Dans d'autres cas, l'épicotyle ou l'hypocotyle ne sort d'abord de la graine que très peu courbé ; mais l'incurvation s'accentue ensuite indépendamment de toute contrainte. L'arc est ainsi resserré, car les branches qui se sont en même temps beaucoup allongées deviennent parallèles et se touchent ; il devient de cette façon tout à fait propre à se frayer un passage dans la terre.

Dans plusieurs espèces de plantes, la radicule, lorsqu'elle est encore enfermée dans la graine, et même après sa première sortie, se trouve dans le prolongement du futur hypocotyle et de l'axe longitudinal des cotylédons. Il en est ainsi dans *Cucurbita ovifera* ; néanmoins, dans quelque position que la graine soit enterrée, l'hypocotyle sort toujours courbé dans une direction particulière. Des graines furent semées dans de la tourbe friable à une profondeur de 25^mm environ, et dans la position verticale, ayant le côté d'où devait sortir la radicule tourné vers le bas. Toutes les parties occupaient ainsi les mêmes positions relatives qu'elles devaient conserver plus tard, lorsque les semis se seraient élevés tout à fait au-dessus de la surface du sol. Malgré cela, l'hypocotyle se recourba, et, comme l'arc continuait à croître dans la tourbe, les graines enterrées furent retournées sens dessus dessous, ou se trouvèrent horizontales, lorsqu'elles furent amenées au-dessus du sol. Plus tard, l'hypocotyle se redressa comme d'habitude, et alors, après tous ces mouvements, les diverses parties occupaient relativement les unes aux autres, et par rapport au centre de la terre, les mêmes positions qu'elles avaient lorsque la graine fut mise en terre. Mais on peut ici, et dans d'autres cas analogues, avancer que, comme l'hypocotyle croît à travers la terre, la graine sera certainement toujours penchée sur un côté, et alors, par suite de la résistance qu'elle doit offrir pendant son élévation subséquente, la partie supérieure de l'hypocotyle se repliera vers le bas, et deviendra ainsi arquée. Cette manière de voir semble la plus probable, car, dans *Ranunculus ficaria*, les seuls pétioles des feuilles qui se fraient un passage dans la terre, étaient repliés, et non par ceux des feuilles qui sortent du sommet des bulbes, au-dessus du sol. Néanmoins, cette explication ne s'applique pas aux Curcubita. En effet, lorsque des graines en germination étaient suspendues dans l'air humide, occupant des positions variées, dans lesquelles elles étaient maintenues par des épingles qui traversaient les cotylédons, et qui étaient fixées sur le côté des couvercles des vases, les hypocotyles n'étaient, dans ce cas, soumis à aucun frottement, ni à aucune contrainte, et cependant leur partie supérieure s'incurvait spontanément. Ce fait prouve, de plus, que ce n'est pas le poids des cotylédons qui détermine l'incurvation. Des graines d'*Helianthus annuus* et de deux espèces d'Ipomœa (celles d'*I. bona nox* sont grandes et pesantes pour ce genre de plantes) furent fixées de la même manière, et les hypocotyles s'incurvèrent encore spontanément. Les radicules qui pendaient verticalement, prirent, par suite, une position horizon-

tale. Dans le cas d'*Ipomœa leptophylla*, ce sont les pétioles des cotylédons qui se recourbent en sortant de
terre et le fait se produisait spontanément lorsque les
graines étaient fixées sur les couvercles des vases.

On peut cependant avancer, avec quelque probabilité,
que l'incurvation était, dans l'origine, provoquée par une
impulsion mécanique, due à l'emprisonnement des parties
sous l'enveloppe séminale, ou au frottement qu'elles subissent pendant leur sortie. Mais, s'il en est ainsi,
nous devons admettre, à cause des cas que nous venons
de citer, qu'une tendance, dans la partie supérieure des
divers organes en question, à se courber vers le bas, et à
devenir ainsi arquée, est maintenant devenue héréditaire
dans beaucoup de plantes. L'incurvation, à quelle cause
qu'elle soit due, est le résultat de la circumnutation modifiée par suite d'un accroissement plus considérable sur
le côté convexe de l'organe; un tel accroissement n'est que
temporaire, car l'organe se redresse toujours dans la
suite, sous l'influence de l'accroissement plus considérable sur le côté concave, comme nous le décrirons plus
loin.

C'est un fait curieux que, dans certaines plantes,
les hypocotyles peu développés, et n'amenant jamais
leurs cotylédons au-dessus du sol, héritent néanmoins
d'une certaine tendance à s'incurver, bien que ce mouvement ne leur soit utile en rien. Nous nous rappor-
tons à un mouvement observé par Sachs dans les hypocotyles de la Vesce et de certaines autres Légumineuses,
et que montre la fig. 59, copiée dans son mémoire (1).
L'hypocotyle et la radicule poussent d'abord vers le bas,
comme en A, et s'inclinent alors, souvent dans l'espace
de 24 heures, jusqu'à la position indiquée en B. Comme
nous aurons souvent, dans la suite, à nous reporter à ce
mouvement, nous l'appellerons, pour plus de brièveté,

(1) « Arbeiten des bot. Instit. Würzburg », vol. 1, 1873, page 403.

« incurvation de Sachs. » A première vue, on peut croire
que la position modifiée de la radicule en B était entièrement due à la sortie de l'épicotyle (e), le pétiole (p) servant de charnière; il est même probable qu'en effet ce
phénomène reconnaît partiellement cette cause, mais l'hypocotyle et la partie supérieure de la radicule se recourbent eux-mêmes légèrement.

A diverses reprises, nous avons pu voir le mouvement

Fig. 59.

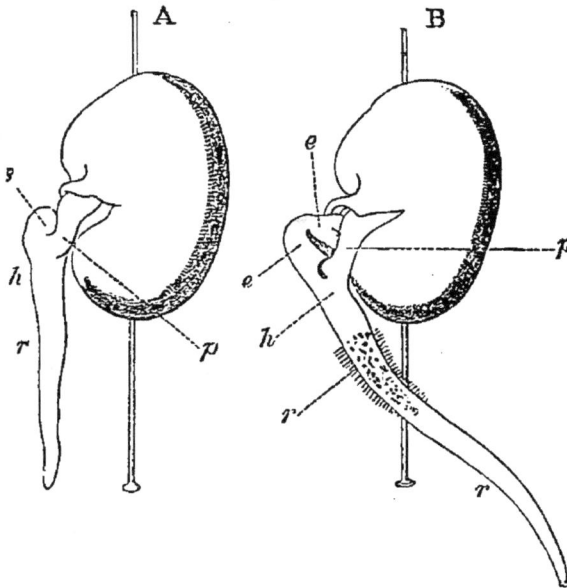

Vicia faba : graines en germination, suspendues dans l'air humide : A, la radicule pousse perpendiculairement vers le bas; B, la même Vesce, après 24 heures, et
lorsque la radicule s'est recourbée : *r*, radicule; *h*, hypocotyle court; *e*, épicotyle
apparaissant comme une protubérance en A, et comme un arc en B; *p*, pétiole du
cotylédon, ce dernier enfermé sous l'enveloppe séminale.

que nous venons d'indiquer dans la vesce; mais nos observations ont surtout porté sur *Phaseolus multiflorus*,
dont les cotylédons sont aussi hypogés. Des semis munis
des radicules bien développées furent d'abord plongés
dans une solution de permanganate de potasse. A en juger
par les changements de coloration (bien qu'ils ne fussent
pas nettement définis), l'hypocotyle mesurait environ
7mm5 de long. Des lignes noires de cette longueur, droites

et minces, furent alors tracées à partir de la base des
courts pétioles, le long des hypocotyles de 23 graines
qui germaient et qui étaient épinglées sur les couvercles
des vases. Ces graines avaient leur hile tourné vers le
bas et les radicules dirigées vers le centre de la terre.
Après un intervalle de 24 à 48 heures, les lignes noires
tracées sur les hypocotyles de 16 de ces 23 semis devinrent manifestement courbées, mais à des degrés variés
(c'est à dire avec des rayons compris entre 20 et 80^{mm}, au
cyclomètre de Sachs), dans la même direction relative qui
est indiquée en B, fig. 59. Comme le géotropisme tendra
au contraire à combattre cette incurvation, sept graines
furent mises à germer, avec les précautions nécessaires à
leur développement, sur un *clinostat* (1), au moyen duquel le géotropisme était annulé. La position des hypocotyles fut observée pendant quatre jours successifs, et
ces organes continuèrent à s'incliner vers le hile et
vers la face inférieure de la graine. Le quatrième jour, ils
formaient un angle d'environ 63° avec une ligne perpendiculaire à la surface inférieure, et étaient, par conséquent, quoique occupant la même position relative, beaucoup plus courbés que l'hypocotyle et la radicule de la
vesce représentée en B (fig. 59).

On voudra bien admettre, nous le croyons, que toutes
les Légumineuses à cotylédons hypogés sont descendues
de formes ancestrales qui élevaient leurs cotylédons au-
dessus du sol suivant le mode habituel ; et, se comportant
ainsi, il est certain que leurs hypocotyles devaient être
fortement arqués, comme ceux de toutes les autres plantes
dicotylédones. Le fait est particulièrement évident dans
les Phaseolus, car, sur cinq espèces dont nous pûmes
observer les semis, *P. multiflorus, caracalla, vulga-*

_____

(1) Instrument inventé par Sachs, et consistant essentiellement en un axe horizontal tournant lentement, sur lequel est placée la plante qu'on observe. Voir « Würzburg Arbeiten », 1879, p. 209.

ris, Hernandesii, et *Roxburghii* (habitant l'ancien et le nouveau monde), les trois dernières ont des hypocotyles bien développés, sortant de terre arqués. Si nous imaginons maintenant qu'un semis de vesce commune ou de *P. multiflorus* se comporte comme le faisaient ses progéniteurs, l'hypocotyle (*h.* fig. 59), dans quelle position que la graine puisse avoir été semée, deviendrait tellement arqué, que la partie supérieure se replierait vers le bas jusqu'à devenir parallèle à la partie inférieure ; et c'est là exactement le mode d'incurvation qui se présente actuellement, quoique à un moindre degré, dans ces deux plantes. Nous pouvons donc à peine douter que leurs courts hypocotyles aient retenu par hérédité une tendance à se courber de la même manière qu'ils le faisaient à une période antérieure, lorsque ce mouvement leur était très important pour sortir de terre, bien qu'il leur soit devenu inutile par ce fait que les cotylédons sont hypogés. Les structures rudimentaires sont, dans la plupart des cas, très variables, et nous pouvons nous attendre à ce que des actions rudimentaires ou sans usages actuels soient également sujettes à varier ; aussi l'incurvation de Sachs varie-t-elle considérablement d'intensité, et manque-t-elle parfois totalement. C'est là le seul cas que nous connaissions d'une transmission héréditaire, bien atténuée, il est vrai, de mouvements actuellement superflus, par suite des modifications que l'espèce a subies.

Cotylédons rudimentaires. — Nous pouvons placer ici quelques remarques sur ce sujet. On sait bien que quelques plantes dicotylédones ne montrent qu'un seul cotylédon ; par exemple, certaines espèces de Ranunculus, Corydalis, Chærophyllum ; nous nous efforcerons de démontrer ici que l'absence de l'un des cotylédons, ou de ces deux organes, est probablement due à ce qu'un amas de matières nutritives a été placé dans quelque autre partie, comme dans l'hypocotyle, ou dans l'un des deux cotylédons, ou dans l'une des racines secondaires. L'oranger (*Citrus aurantium*) a ses cotylédons hypogés, et l'un d'eux est plus grand que l'autre, comme on peut le voir en A (fig. 60). En B, l'inégalité est un peu plus grande, et la tige a poussé entre les points d'insertion des deux pétioles, de sorte qu'ils ne sont plus opposés ; dans un autre cas, cette séparation allait jusqu'à 5^{mm}. Le plus petit des cotylédons d'un semis était très mince, et n'avait pas la moitié de la longueur du plus grand ; il devenait donc nettement rudimentaire (1). Dans tous ces semis, l'hypocotyle était élargi ou gonflé.

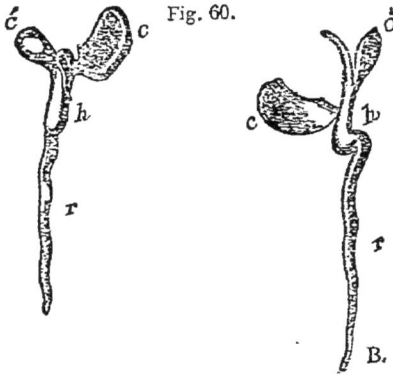

Fig. 60.

Citrus aurantium : deux jeunes semis : c, le plus grand cotylédon ; c', le plus petit cotylédon ; h, hypocotyle accru ; r, radicule ; en A, l'épicotyle est encore arqué ; il s'est redressé en B.

Dans *Abronia umbellata* un des cotylédons est tout à fait rudimentaire, comme on peut le voir en c' (fig. 61). Dans ce spécimen, il consiste en un petit appendice vert, de 0^{mm}21 de long, dépourvu de pétiole, et couvert de glandes semblables à celles du cotylédon pleinement développé (c). Il était d'abord opposé à ce dernier ; mais comme le pétiole de celui-ci gagnait en longueur, et croissait dans le prolongement de l'hypocotyle, le rudiment paraissait, dans les semis plus vieux, être placé en quelque sorte sous l'hypocotyle. Dans *Abronia arenaria*, il y a un rudiment semblable qui, dans un spécimen, n'avait que 0^{mm}25, et dans un autre 0^{mm}416

(1) Dans *Pachira aquatica*, comme le décrit M. R. I. Lynch (« *Journal Linn. Soc. Bot.* », vol. XVII 1878, p. 147) un des cotylédons hypogés est d'une taille considérable ; l'autre très petit tombe bientôt : la paire ne reste pas toujours opposée. Dans une autre plante aquatique très différente, *Trapa natans*, l'un des cotylédons, rempli de matière farineuse, est plus grand de beaucoup que l'autre, qui est à peine visible, comme l'a constaté Aug. de Candolle (« Physiologie végétale » tome II, p. 834, 1832.)

de long; il paraissait, à la fin, occuper le milieu de l'hypocotyle. Dans ces deux espèces, l'hypocotyle est si
élargi, surtout à un âge peu avancé, qu'on peut presque
lui donner le nom de tubercule. L'extrémité inférieure
forme un éperon ou une protubérance, dont nous décrirons plus loin les usages.

Dans *Cyclamen persicum*, l'hypocotyle, même encore
enfermé dans les enveloppes séminales,
s'agrandit en tubercule régulier (1) et un
seul cotylédon se développe d'abord (voir
plus haut la fig. 57). Dans *Ranunculus
ficaria*, il n'y a jamais deux cotylédons
développés, et, ici, c'est une des racines
secondaires qui s'arrondit de très bonne
heure en ce qu'on pourrait nommer un
bulbe (2). D'autre part, certaines espèces
de Chœrophyllum et des Corydalis ne
montrent qu'un seul cotylédon (3); dans
le premier de ces genres, c'est l'hypocotyle, et dans le dernier la radicule, qui
donne naissance à un bulbe, suivant Irmisch.

Fig. 61.

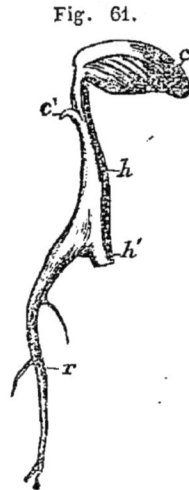

Abronia umbellata:
semis grossi deux
fois : *c*, cotylédon;
c', cotylédon [rudi-
mentaire; *h*, hypo-
cotyle accru ayant un
éperon ou un pro-
longement (*h'*) à l'ex-
trémité inférieure
r, radicule.

Dans les quelques cas qui viennent
d'être cités, l'un des cotylédons est arrêté
dans son développement, sa taille se réduit, et il devient rudimentaire ou avorte
même tout à fait; mais, dans d'autres cas, les deux cotylédons ne sont représentés que par de véritables rudiments. Ce n'est pas ce qui se produit dans *Opuntia basilaris*, car les deux cotylédons sont grands et épais, et

(1) D' H. Gressner « *Bot. Zeitung* », 1874, p. 824.

(2) Irmisch. « *Beitr. zur Morphologie der Pflanzen* » 1854, p. 11, 12; « *Bot. Zeitung* », 1874, p. 803.

(3) Delpino « *Rivista Botanica* », 1877, p. 21. Il est évident d'après ce que rapporte Vaucher (« *Hist. Phys. des Plantes d'Europe* » T. 1, p. 149, 1841) sur la germination des graines de plusieurs espèces de Corydalis, que le bulbe ou tubercule
commence à se former à un âge extrêmement peu avancé.

l'hypocotyle ne présente d'abord aucun indice d'accroissement; mais, plus tard, lorsque les cotylédons se sont flé-
tris et désarticulés, il s'épaissit, et au lieu de conserver
sa forme élancée, il ressemble à une racine, avec son épiderme épais, lisse, coloré en brun, lorsque il a été, plus
tard, entraîné à une certaine profondeur sous le sol. D'autre part, dans plusieurs autres Cactées, l'hypocotyle est
d'abord très grossi, et les deux cotylédons demeurent
presque ou même tout à fait rudimentaires. Ainsi, dans
Cereus Landbeckii, deux petites protubérances triangulaires, représentant les cotylédons, sont plus étroites
que l'hypocotyle, qui a la forme d'une poire dont le sommet serait tourné vers le bas. Dans *Rhipsalis cassytha,*
les cotylédons sont représentés par deux véritables pointes
sur l'hypocotyle gonflé. Dans *Echinocactus virides-
cens,* l'hypocotyle globuleux est pourvu de deux petites
proéminences à son sommet. Dans *Pilocereus Houlle-
tii,* l'hypocotyle, très épaissi à la partie supérieure, est
bifide au sommet; et chaque côté de la division représente évidemment un cotylédon. *Stapelia sarpedon,*
qui appartient à la famille des Asclépiadées, bien différente des Cactées, est charnu comme un Cactus. Ici encore la partie supérieure de l'hypocotyle aplati, plus
épaisse, porte deux cotylédons très petits, qui, mesurés
sur leur face interne, n'avaient que $3^{mm}75$ de long, et n'é-
taient pas égaux, en largeur, au quart du diamètre de
l'hypocotyle dans sa partie étroite. Ces petits cotylédons
ne sont cependant pas tout à fait inutiles, car, lorsque
l'hypocotyle sort de terre, en forme d'arc, ils sont fermés
et pressés l'un contre l'autre. Ils protègent ainsi la plumule et s'ouvrent ensuite.

Des différents exemples que nous venons de citer, et
qui se rapportent à des plantes nettement distinctes,
nous pouvons inférer qu'il y a une connexion intime
entre la réduction de la taille d'un des cotylédons ou de ces

deux organes, et la formation, par épaississement de l'hypocotyle ou de la radicule, de ce qu'on nomme un bulbe.
Mais (c'est une question qu'on peut poser) sont-ce d'abord
les cotylédons qui tendent à avorter, ou bien est-ce le
bulbe qui le premier commence à se former ? Toutes les
plantes dicotylédones produisant naturellement deux cotylédons, tandis que, dans les différentes plantes, la taille
et la grosseur de l'hypocotyle et de la radicule sont sujettes à de nombreuses variations, il paraît probable que
ces derniers organes se sont épaissis pour une cause quelconque, — en rapport apparent, dans plusieurs cas, avec
la nature charnue de la plante adulte — de manière à
contenir une quantité de matières nutritives suffisante
pour le semis, et que, dès lors, l'un des cotylédons ou
tous deux, étant superflus, ont perdu de leur taille. Il
n'est pas étonnant qu'un seul cotylédon se soit trouvé
quelquefois ainsi modifié, car, dans certaines plantes, le
chou par exemple, les cotylédons sont dès l'abord de
grandeur inégale, et cela, probablement à cause de la
façon dont ils sont disposés dans la graine. De cette connexion cependant, il ne découle pas que, toutes les fois
que se forme un bulbe, l'un des cotylédons ou tous les
deux deviennent nécessairement, à un âge avancé, inutiles, et, par suite, plus ou moins rudimentaires. Enfin,
ces divers cas nous donnent une bonne confirmation du
principe de compensation ou de balancement de la croissance, et nous voyons, comme l'a dit Gœthe que, « afin
de pouvoir dépenser d'un côté, la nature est forcée d'éco-
nomiser de l'autre. »

*Circumnutation et autres mouvements des hypocotyles
et des épicotyles lorsqu'ils sont encore recourbés et enfouis sous terre, puis lorsqu'ils paraissent à la surface
du sol.* — Suivant la position dans laquelle une graine
a été semée, l'hypocotyle arqué ou l'épicotyle commence
à sortir dans un plan soit horizontal, soit plus ou

moins incliné, soit vertical. Hormis le cas où elles sont tournées presque verticalement vers le haut, les deux branches de l'arc subisssent, dès les premiers moments, l'influence de l'apogéotropisme. Par suite, toutes deux se courbent vers le haut, jusqu'à ce que l'axe devienne vertical. Pendant toute cette évolution, et même avant que l'arc ne soit sorti de terre, il s'efforce continuellement de circumnuter dans une faible étendue ; sa manière d'être est la même s'il se trouve dès l'abord placé verticalement. — Nous avons plus ou moins complètement observé et décrit ces différents cas dans le chapitre précédent. Lorsque l'arc s'est élevé d'une certaine hauteur, la partie basilaire cesse de circumnuter, tandis que la branche supérieure continue son mouvement.

Qu'un hypocotyle ou un épicotyle arqué, ayant les deux branches fixées dans la terre, puisse être capable de circumnuter, cela nous paraissait inexplicable, jusqu'après lecture des observations du professeur Wiesner. Ce savant a montré (1), pour certains semis dont des extrémités étaient inclinées vers le bas (ou qui avaient un mouvement de nutation), que, tandis que la face antérieure de la partie supérieure, ou dirigée vers le bas, est douée d'une croissance rapide, la face antérieure et opposée de la partie basilaire du même entre-nœud a également une croissance très prompte. Ces deux parties sont séparées par une zone neutre, où l'acroissement conserve le même dégré sur les deux faces. Il peut même y avoir, dans le même entre-nœud plus d'une zone neutre, et les faces opposées des parties situées au-dessus ou au-dessous de ces zones ont une plus forte croissance. Ce mode particulier d'accroissement est nommé par Wiesner « nutation ondulatoire. » La circumnutation dépend de ce qu'une face d'un organe croît plus fortement (cette croissance est pro-

(1) *Die undulirende nutation der Internodien.* Akad. der Wissench. (Vienne) 17 janvier 1878 ; publié aussi séparément, voir p. 32.

bablement précédée d'une augmentation de turgescence),
et de ce que, ensuite, cette croissance plus forte se produit sur une autre face, généralement opposée. Si nous
considérons maintenant un arc, ayant la forme suivante ⌐⌐, et que nous supposions qu'une face entière,
(la face convexe des deux branches, par exemple) s'ac-
croisse en longueur, ce fait n'entraînera pas l'inclinaison
de l'arc vers le côté opposé. Mais, si la face externe de la
branche gauche augmente de longueur, l'arc sera porté
vers le côté droit, et ce mouvement sera facilité par
l'accroissement de longueur de la face interne de la branche droite. Si, ensuite, cet ordre de choses est renversé,
l'arc sera alors porté vers le côté opposé (gauche), et
ainsi de suite, de sorte qu'il y aura circumnutation.
Comme un hypocotyle arqué, dont les deux branches sont
fixées en terre, circumnute certainement, et n'est composé
que d'un seul entre-nœud, nous pouvons en conclure
qu'il s'accroît suivant le mode décrit par Wiesner. On
peut ajouter que la couronne de l'arc ne croît pas, ou ne
croît que très légèrement, car elle ne gagne pas beaucoup en largeur, tandis que l'arc lui-même augmente
beaucoup en hauteur.

Il est presque impossible que les mouvements de circumnutation des hypocotyles et épicotyles arqués n'aident
pas ces organes à se frayer un passage dans la terre, quand
ce substratum est humide et meuble; leur sortie de terre
dépend sans doute beaucoup de la force exercée par
leur croissance longitudinale. Bien que l'arc ne circumnute que sur une faible étendue, et probablement avec
peu de force, il peut, cependant, remuer la terre près de
la surface, alors qu'il est incapable de le faire à une certaine profondeur. Un pot contenant des graines de *Solanum palinacanthum*, dont les forts hypocotyles arqués
étaient sortis du sol, et ne poussaient que faiblement,
fut couvert de sable argileux très fin, maintenu humide,

7

qui, d'abord, entourait étroitement les bases des arcs ; mais un petit espace craquelé fut bientôt formé autour de chacun d'eux. On ne pouvait attribuer ce fait qu'à la pression exercée de tous les côtés sur le sable, car aucune soulevure du même genre n'entourait les épingles et les petits bâtons fichés dans le sable. Nous avons d'ailleurs constaté déjà que les cotylédons de Phalaris et d'Avena, les plumules d'Asparagus, et les hypocotyles de Brassica, pouvaient aussi déplacer le même sable, soit par simple circumnutation, soit en s'inclinant vers une lumière latérale.

Tant qu'un hypocotyle ou un épicotyle arqué demeure enfoui sous terre, les deux branches ne peuvent se séparer l'une de l'autre, à moins que le sol ne s'y prête dans une certaine mesure ; mais aussitôt que l'arc s'élève au-dessus de la terre, ou plutôt quand la pression du sol environnant peut être supprimée artificiellement, l'arc commence à se redresser. Ce fait est dû, sans aucun doute, à l'accroissement suivant la partie concave *tout entière* des deux branches de l'arc ; croissance qui est entravée ou prévenue, tant que les deux branches sont fortement pressées l'une contre l'autre. Lorsque l'on écarte la terre autour d'un arc, et que les deux branches sont liées ensemble à leur base, l'accroissement sur la face inférieure de la couronne rend après un certain temps, cette dernière surface plus plate et plus large qu'elle ne le serait naturellement. Le mode de redressement est une forme modifiée de la circumnutation, car les lignes tracées pendant ce redressement (comme avec l'hypocotyle de Brassica, et les épicotyles de Vicia et de Corylus) sont souvent entièrement en zigzags, et quelquefois en boucles. Dès que les hypocotyles ou les épicotyles ont paru au-dessus du sol, ils deviennent rapidement tout à fait droits. Aucune trace ne subsiste de leur incurvation primitive, excepté pour *Allium cepa*, dont le cotylédon se redresse rarement en totalité, à cause de la protubérance développée sur la couronne de l'arc.

L'augmentation de croissance sur la face inférieure de l'arc, qui en détermine le redressement, paraît commencer sur la branche basilaire c'est à dire sur celle qui est unie à la racine. Cette branche, en effet, nous l'avons souvent observé, est d'abord inclinée dans le sens opposé à l'autre branche. Ce mouvement aide l'extrémité de l'épicotyle ou des cotylédons à se dégager des enveloppes séminales et de la terre. Mais il arrive souvent que les cotylédons, quand ils émergent, sont encore étroitement enfermés sous les enveloppes séminales, qui servent apparemment à leur protection. Ces enveloppes sont, plus tard, rompues et rejetées par l'acroissement des cotylédons étroitement réunis et non pas sous l'influence d'un mouvement tendant à séparer l'un de l'autre ces deux organes.

Dans quelques cas, cependant, surtout chez les Cucurbitacées, les enveloppes séminales sont rompues par un singulier artifice, qu'a décrit M. Flahault (1). Un éperon, véritable cheville, se développe sur une face du sommet de la radicule ou de la base de l'hypocotyle. Cet organe accroche la moitié inférieure du testa crutacé (la radicule étant fixée en terre), tandis que la croissance continue de l'hypocotyle arqué force vers le haut la partie supérieure et déchire en deux parties les enveloppes séminales, mais à une de leur extrémité seulement ; les cotylédons se dégagent alors aisément. La fig. 62 rendra intelligible cette description. Quarante et une graines de *Cucurbita ovifera* furent placées sur de la tourbe friable, et recouvertes d'une couche épaisse d'environ 25^{mm} de cette matière, sans être trop comprimées, de manière que les cotylédons, en se dégageant, étaient soumis à un très faible frottement ; malgré cela, quarante d'entre eux sortirent nus, les enve-

(1, « Bull. Soc. Bot. de France », tome XXIV, 1877. p. 201.

loppes séminales étant restées enfouies dans la tourbe.
Ce fait était certainement dû à l'action de l'éperon, car,
lorsqu'on l'empêchait d'agir, les cotylédons, comme nous
le verrons bientôt, sortaient de terre encore enfermés sous
leurs enveloppes. Ces dernières, cependant, étaient rejetées au bout de deux ou trois jours, par suite de la croissance des cotylédons. Jusqu'à ce moment, les cotylédons
sont privés de lumière et ne peuvent
décomposer l'acide carbonique ; personne, toutefois, ne voudrait probablement admettre que l'avantage procuré
par la chute un peu plus prompte des
enveloppes séminales puisse être une
cause suffisante pour le développement de l'éperon. Cependant, d'après
M. Flahault, des semis que l'on avait
empêchés de rejeter leurs enveloppes
séminales, lorsqu'ils étaient encore
sous terre, avaient un développement
moindre que ceux qui étaient sortis
avec leurs cotylédons libres et prêts à
entrer en fonction.

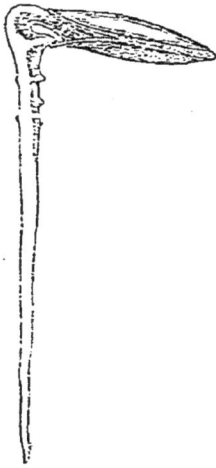

Cucurbita ovifera : graine en voie de germination, montrant l'éperon ou cheville faisant saillie sur un côté du sommet de la radicule, et s'accrochant à l'extrémité inférieure des enveloppes séminales, qui ont été en partie rompues par suite de la croissance de l'hypocotyle arqué.

L'éperon se développe avec une rapidité extraordinaire; car il était à
peine perceptible sur deux semis dont
les radicules mesuraient 8^{mm}75 de
long, et, 24 heures après, on le trou-
vait bien développé sur l'un et sur l'autre sujet. Il serait
formé, suivant Flahault, par l'accroissement des couches du parenchyme cortical à la base de l'hypocotyle.
Si, cependant, nous en jugeons par les effets que produisit
une solution de permanganate de potasse, il se développe
sur la ligne exacte de jonction entre l'hypocotyle et la radicule : en effet, la face inférieure aplatie, ainsi que les
côtés, étaient colorés en brun comme la radicule, tandis

que la face supérieure, légèrement inclinée demeurait
sans coloration comme l'hypocotyle. Sur 33 pousses traitées ainsi, il faut cependant en excepter une chez laquelle
une grande partie de la face supérieure était colorée en
brun. Des racines secondaires sortent quelquefois de la
face inférieure de l'éperon qui semble ainsi, à tous
égards, participer de la nature de la radicule. L'éperon se
développe toujours sur le côté qui devient concave par l'incurvation de l'hypocotyle, il ne serait, en effet, d'aucune
utilité, s'il se développait sur le côté opposé. Il se forme
aussi toujours de manière que sa face inférieure aplatie,
qui, comme nous l'avons établi, forme une partie de la
radicule, soit à angle droit avec cette dernière, et dans un
plan horizontal. Ce fait devenait bien évident lorsque nous
semions quelqu'une de ces graines minces et plates, dans
la position indiquée par la fig. 62, avec cette différence
qu'elle ne reposait pas sur ses faces larges et aplaties,
mais sur un de ses bords, qui était alors dirigé vers le bas.
Neuf graines furent ainsi semées, et l'éperon se développa
relativement à la radicule, dans la même position que
l'indique la figure ; par suite, il ne reposait pas sur l'extrémité aplatie de la moitié inférieure de l'enveloppe séminale, mais se trouvait inséré comme un coin entre les
deux moitiés. Comme l'hypocotyle arqué se développait
vers le haut, il tendait à entraîner avec lui la graine
tout entière, et l'éperon frottait nécessairement contre
les deux extrémités, mais n'en accrochait aucune. Il en
résultait que les cotylédons de cinq des neuf graines
ainsi placées, furent amenés au-dessus de la surface, encore enfermés sous les enveloppes séminales. Quatre
graines furent semées dans une position telle que l'extrémité d'où sort la radicule fut dirigée verticalement vers le
bas, et, comme l'éperon se développa dans la même position, son extrémité seule vint en contact avec l'extrémité
d'une des faces et frotta contre elle : il en résulta que les

cotylédons de ces quatre graines sortirent de terre encore
enfermés sous les enveloppes séminales. Ces différents cas
nous montrent combien l'action de l'éperon est liée à la
position que doivent toujours occuper ces graines larges,
minces et plates, quand elles sont semées naturellement.
Lorsque l'extrémité de la moitié inférieure des enveloppes
séminales est enlevée, Flahaut a trouvé (comme nous l'a-
vons trouvé nous-même), que l'éperon ne pouvait agir,
puisqu'il n'avait rien pour opérer une pression, et que les
cotylédons étaient amenés au-dessus de la surface sans
que les enveloppes séminales fussent tombées. Enfin, la
nature nous indique elle-même l'usage de l'éperon : en
effet, dans le seul genre de Cucurbitacées actuellement
connu, dont les cotylédons soient hypogés et ne rejettent
pas les enveloppes séminales, c'est-à-dire dans le genre
Megarrhiza, il n'y a aucune trace d'éperon. Ce dernier organe paraît exister dans la plupart des autres genres
de la famille, si nous en jugeons par ce que dit Flahault.
Nous le trouvons bien développé et agissant très bien
dans *Trichosanthes anguina*, où nous n'espérions guère
le rencontrer, car les cotylédons sont quelque peu épais et
charnus. Il n'existe pas beaucoup d'exemples d'une structure mieux adaptée que celle-ci à une fin spéciale.

Dans *Mimosa pudica*, la radicule émerge d'une petite
ouverture placée sur le bord aigu de la graine. A son sommet, au point où la racine est unie à l'hypocotyle, se développe de très bonne heure un repli transversal, qui l'aide
évidemment à fendre les enveloppes séminales résistantes
mais qui n'est d'aucune utilité pour les rejeter, car ce sont
les cotylédons qui se chargent de ce soin, lorsqu'ils sont
sortis de terre. Cependant, le repli ou l'éperon n'agit pas
tout à fait de la même manière que celui des Cucurbitacées. Sa surface inférieure et ses rebords se sont colorés
en brun par le permanganate de potasse, tandis que ce
réactif restait sans action sur la face supérieure. Un fait

remarquable, c'est que, lorsque le repli a rempli ses fonctions et est sorti des enveloppes séminales, il se développe en un collier tout autour du sommet de la radicule (1).

Dans *Abronia umbellata*, à la base de l'hypocotyle épaissi et au point où cet organe se réunit à la radicule, se trouve une saillie ou éperon variable dans sa forme; son croquis est un peu trop anguleux dans notre figure 61. La radicule sort d'abord par un orifice situé à une extrémité du fruit résistant, coriace et pourvu de prolongements aliformes. A ce moment, la partie supérieure de la radicule occupe dans le fruit une position parallèle à l'hypocotyle, et le cotylédon unique est replié en bas, parallèlement à ce dernier. Le gonflement de ces trois parties et surtout le développement rapide de l'éperon épaissi entre l'hypocotyle et la radicule, au point où ces organes se replient, déterminent la rupture du fruit à sa partie supérieure, et la sortie de l'hypocotyle arqué. Telle semble être la fonction de l'éperon. Une graine ayant été retirée du fruit, fut mise à germer dans l'air humide; un disque aplati et mince se développa alors tout autour de la base de l'hypocotyle et acquit des proportions extraordinaires (comme le collet déjà décrit sur le Mimosa), mais un peu plus larges. Flahault dit que, dans le genre Mirabilis, qui fait partie de la même famille que Abronia, un éperon ou un collier se développe tout autour de la base de l'hypocotyle, mais plus fortement d'un côté que de l'autre, et que cet organe débarrasse les cotylédons de leurs enveloppes séminales. Notre observation n'a porté que sur de vieilles graines qui se rompirent par l'absorption de l'humidité, sans aucune intervention de

---

(1) Notre attention fut appelée sur ce point par une courte note de Nobbe, dans son *Handbuch der Samenkunde* 1876, p. 215, où il donne aussi la figure d'un semis de Martynia pourvu d'un repli ou éperon, à la jonction de la radicule et de l'épicotyle. Cette graine possède une enveloppe très forte et très résistante, elle doit avoir besoin d'aide pour la briser, et délivrer ses cotylédons.

l'éperon, et avant la sortie de la radicule ; mais cette expérience ne prouve pas que des fruits frais et résistants se comportent de la même manière.

En terminant cette partie du présent chapitre, il peut être utile de résumer, sous forme de comparaison, les mouvements propres aux hypocotyles et aux épycotyles dans les semis, lorsqu'ils sortent de terre, et immédiatement après leur sortie. Supposons qu'un homme soit renversé sur les mains et sur les genoux, en même temps que sur un côté, par une charge de paille qui l'écrase. Il s'efforcera d'abord de redresser verticalement son corps encore courbé, et en même temps il s'agitera dans toutes les directions pour se délivrer de la pression environnante ; cette comparaison peut représenter les effets combinés de l'apogéotropisme et de la circumnutation, lorsqu'une graine est semée de façon que l'épicotyle ou l'hypocotyle arqué sorte d'abord dans un plan horizontal ou incliné. L'homme, en s'agitant encore, élèvera alors aussi haut qu'il le pourra son corps courbé, ce qui peut représenter la croissance et la circumnutation continue de l'hypocotyle ou de l'épicotyle arqué, avant que cet organe n'ait atteint la surface du sol. Dès que cet homme se trouvera tout à fait libre, il élèvera la partie supérieure de son individu, en demeurant toujours à genoux et en continuant à s'agiter ; cette dernière action peut représenter à la fois l'inclinaison vers le bas de la branche basilaire de l'arc qui, dans la plupart des cas, aide à la sortie des cotylédons hors des enveloppes séminales brisées et rejetées, et le redressement subséquent de l'hypocotyle ou de l'épicotyle tout entier — la circumnutation continuant encore à se produire.

Circumnutation des hypocotyles et des épicotyles, après leur redressement. — Les hypocotyles, les épicotyles, et les premières pousses de beaucoup de semis observés par nous, après s'être redressés, continuent à circumnuter. Les diverses figures qu'ils décrivent, sou-. vent pendant deux jours consécutifs, ont été indiquées dans les planches du chapitre précédent. On se rappellera que les points étant reliés par des lignes droites, il en résulte que les figures sont anguleuses. Mais si les observations avaient été faites à des intervalles de quelques minutes, les figures eussent été plus ou moins curvilignes, et l'on aurait vu se former des ellipses ou des ovales, ou peut-être parfois des cercles. Les directions des plus grands axes des ellipses décrites dans la même journée ou dans des journées consécutives, changent généralement d'une manière complète, jusqu'à être perpendiculaires l'une sur l'autre. Le nombre des ellipses ou des cercles irréguliers décrits dans un temps donné diffère beaucoup suivant les espèces. Dans *Brassica oleracea, Cerinthe major* et *Cucurbita ovifera*, environ quatre figures semblables étaient complétées en 12 heures ; tandis que dans *Solanum palinacanthum* et *Opuntia basilaris*, il s'en formait à peine plus d'une. Les figures diffèrent aussi notablement par la taille ; ainsi elles étaient très petites et jusqu'à un certain point douteuses dans Stapelia, et grandes dans Brassica, etc. Les ellipses décrites par *Lathyrus nissolia* et Brassica étaient étroites, tandis que celles du Chêne étaient larges. Ces figures ont été souvent compliquées par de petites boucles ou par des zigzags.

Comme la plupart des semis, avant le développement des vraies feuilles, sont de taille médiocre, souvent même très peu élevée, la quantité extrême du mouvement de droite à gauche, dans leurs tiges en circumnutation, s'est montrée très peu accusée ; celle de l'hypocotyle dans *Githago segetum*, était de 5^{mm}, et celle de *Cucurbita ovifera* de 7^{mm} environ. Une très jeune pousse de *Lathyrus nissolia* avait un mouvement approximatif de 3^{mm}5, celle d'un Chêne américain de 5^{mm}, celle du Noyer commun de

1^{mm} et une pousse assez forte d'Asparagus, de 2^{mm}75. La quantité extrême du mouvement dans le cotylédon en étui de *Phalaris canariensis* était de 7^{mm}5, mais ce mouvement n'était pas très rapide, l'extrémité traversant dans un cas 5 divisions du micromètre, soit 0^{mm}25 en 22 minutes 53 secondes· Un semis de *Nolana prostrata* parcourait la même distance en 10 m. 383. Des semis de choux circumnutaient beaucoup plus rapidement, car l'extrémité d'un cotylédon traversait 0^{mm}25 sur le micromètre, en 3 m. 20 s.; ce mouvement rapide, accompagné d'oscillations incessantes, était étonnant à voir sous le microscope.

L'absence de lumière, pour un jour au moins, n'influe pas du tout sur la circumnutation des hypocotyles, épicotyles ou jeunes pousses dans les diverses dicotylédones que nous avons observées, pas plus que sur celles des jeunes pousses de certaines monocotylédones. La circumnutation était, à la vérité plus évidente dans l'obscurité qu'à la lumière, car si la lumière était tant soit peu latérale, la tige s'inclinait dans sa direction en décrivant des zigzags plus ou moins prononcés.

Enfin, les hypocotyles de beaucoup de semis sont attirés vers la terre en hiver, ou même sous le sol, de manière à y disparaître. Ce phénomène remarquable qui sert probablement à leur protection, a été complétement décrit par De Vries (1). Cet auteur a montré qu'il est produit par la contraction des cellules parenchymateuses de la racine. Mais l'hypocotyle lui-même se contracte beaucoup dans certains cas, car sa surface d'abord lisse, se recouvre de replis en zigzags, comme nous l'avons observé dans *Githago segetum*. Nous n'avons pas observé dans quelle proportion la contraction de cette partie et celle de

---

(1) « Bot. Zeitung », 1879, p. 649. Voir aussi Winkler dans « Verhandl des Bot. Vereins der P. Brandenburg » Iahrg. XVI p. 16, ainsi que Haberlandt (*Schutz-inrichtungen der Keimpflanze* 1877, p. 52, dispositions protectives des plantes en germination.)

la radicule agissent pour attirer vers la terre et y enfouir l'hypocotyle d'*Opuntia basilaris*.

Circumnutation des cotylédons. — Dans tous les semis de dicotylédones que nous avons décrits (chapitre
précédent), les cotylédons s'agitaient continuellement,
surtout dans le plan vertical, et, en général, ce mouvement s'exerçait une fois vers le haut et une fois vers le
bas, dans l'espace de 24 heures. Mais une telle simplicité
de mouvement rencontrait beaucoup d'exceptions : ainsi,
les cotylédons d'*Ipomœa cœrulea* se mouvaient 13 fois,
soit vers le haut, soit vers le bas, en 16 h. 18 m. Ceux
d'*Oxalis rosea* se déplaçaient de la même manière 7 fois
en 24 heures, et ceux de *Cassia tora* décrivaient, en
9 heures, cinq ellipses irrégulières. Les cotylédons de
quelques individus de *Mimosa pudica* et de *Lotus jacobœus* ne se mouvaient qu'une fois en haut et en bas, dans
24 heures, tandis que ceux des autres achevaient dans le
même temps une petite oscillation supplémentaire. Ainsi
dans différentes espèces et dans différents individus de la
même espèce, il y avait de nombreuses gradations depuis
un simple mouvement diurne, jusqu'à des oscillations
aussi complexes que celles d'Ipomæa et de Cassia. Les
cotylédons opposés du même semis se meuvent dans une
certaine mesure indépendamment l'un de l'autre. Ce fait
était bien sensible avec ceux d'*Oxalis sensitiva*, plante
dans laquelle on pouvait voir un cotylédon s'élever, dans
la journée, jusqu'à la station verticale, tandis que l'autre
congénère s'abaissait.

Quoique les mouvements des cotylédons s'opèrent en
général dans le même plan vertical, leur course d'ascension et de descente ne coïncide cependant jamais exactement, de sorte qu'il se forme des ellipses plus ou moins
étroites, et que l'on peut sans crainte dire que les cotylédons ont circumnuté. Ce fait ne saurait être attribué à une
augmentation de la longueur des cotylédons due à leur

croissance, car cette amplification ne produirait par elle-même aucun mouvement latéral. Il est évident qu'il y a, dans certains cas, comme pour les cotylédons du Chou, des mouvements latéraux; car ces organes, outre leur mouvement vertical, changeaient de direction, de droite à gauche, 12 fois en 14 h. 15 m. Dans *Solanum lycopersicum*, les cotylédons, après une chute matinale, décrivaient des zigzags de droite à gauche entre midi et 4 h. du soir, puis commençaient à s'élever. Les cotylédons de *Lupinus luteus* étaient si épais (2^{mm} environ) et si charnus (1) qu'ils semblaient peu capables de se mouvoir ; ils furent, en raison de cette constitution, observés avec un intérêt tout spécial. Ils étaient certainement doués d'un mouvement vertical prononcé, mais, comme la ligne décrite était en zigzag, ils étaient agités aussi d'un mouvement latéral. Les neuf cotylédons d'un semis de *Pinus pinaster* circumnutaient largement, car les figures décrites se rapprochaient bien plus de cercles irréguliers que d'ovales ou d'ellipses non réguliers. Les cotylédons en tubes des Graminées circumnutent aussi, c'est à dire se meuvent en tous sens, absolument comme les hypocotyles ou les épicotyles des dicotylédones. Enfin, les très jeunes frondes d'une Fougère et d'une Sélaginelle circumnutaient également.

Dans la grande majorité des cas qui ont été soigneusement observés, les cotylédons descendent un peu dans la matinée et s'élèvent un peu l'après-midi ou le soir. Ils se trouvent ainsi un peu plus fortement inclinés pendant la nuit qu'au milieu de la journée, moment où ils sont étalés presque horizontalement. Le mouvement de circumnutation est ainsi au moins en partie périodique, et, sans aucun doute, en connexion, comme nous le verrons

---

(1) Ces cotylédons quoique d'un vert foncé, rappellent dans une certaine mesure l'état hypogé. Voir l'intéressante discussion d'Haberlandt (*Die Schutzeinrichtungen*, etc., 1877, p. 95) sur les gradations qui, dans les Légumineuses, existent entre les cotylédons subaériens et souterrains.

plus loin, avec les alternances quotidiennes de lumière
et d'obscurité. Les cotylédons de plusieurs plantes se redressent tellement pendant la nuit, qu'ils se trouvent
presque tout à fait verticaux; dans ce dernier cas, ils
viennent en contact intime l'un avec l'autre. D'autre part,
les cotylédons de quelques plantes tombent tout à
fait ou presque verticalement pendant la nuit; dans ce
dernier cas, ils embrassent la partie supérieure de l'hypocotyle. Dans le même genre Oxalis, les cotylédons de
certaines espèces se dressent verticalement, et ceux d'autres espèces tombent aussi verticalement pendant la
nuit. Dans tous les cas semblables, on peut dire que les
cotylédons sommeillent, car ils se comportent de la même
manière que les feuilles de beaucoup de plantes sommeillantes. C'est là un mouvement adapté à un but spécial;
nous l'examinerons donc dans un prochain chapitre consacré à ce sujet.

Afin d'acquérir quelques notions générales sur le nombre relatif des cas dans lesquels les cotylédons des dicotylédones (les hypogés exceptés, bien entendu) changent
de position d'une manière appréciable, pendant la nuit,
nous observâmes avec soin une ou plusieurs espèces de
chaque genre, en sus de celles décrites dans le chapitre
précédent. En tout, 153 genres, répartis dans des familles
aussi différentes que possible, furent l'objet de notre attention. Les cotylédons étaient examinés au milieu de la journée, puis à l'entrée de la nuit. Nous notions comme sommeillants ceux qui étaient ou verticaux ou inclinés de 60°
au moins sur ou sous l'horizon. Il y eut 26 genres dans ces
conditions: dans 21 d'entre eux, les cotylédons de l'une des
espèces s'élevaient à l'entrée de la nuit, et dans 6 seulement ils s'abaissaient; encore quelques-uns de ces derniers cas furent-ils rendus assez douteux, sous l'influence
de causes que nous exposerons dans le chapitre qui
traite du sommeil des cotylédons. Lorsque ces organes

qui, à midi, étaient presque horizontaux, se trouvaient, à l'entrée de la nuit, inclinés de plus de 20° et de moins de 60° sur l'horizon, ils étaient classés comme « nettement élevés. » Nous comptâmes 38 genres dans ces conditions, mais sans tenir compte des cotylédons qui ne s'inclinaient périodiquement, la nuit, que de quelques degrés, bien qu'il ne pût y avoir aucun doute à ce sujet. Sous ce chef, nous avons rangé 64 genres sur le total de 158 ; il en reste donc 89 dont les cotylédons ne changeaient de position, pendant la nuit, que d'un angle de moins de 20° (c'est là une quantité toujours aisément appréciable à l'œil nu, avec quelque attention), mais on ne doit pas conclure de là que ces cotylédons n'étaient doués d'aucun mouvement, car, dans plusieurs cas, en observant attentivement, nous pouvions noter un mouvement ascensionnel de quelques degrés. Le nombre 89 peut avoir été un peu grossi, car les cotylédons, dans certaines espèces propres à quelques genres, demeurèrent presque verticaux pendant la nuit ; par exemple, les genres Trifolium et Geranium, qui sont compris parmi ceux qui sommeillent. Des genres semblables, peuvent donc avoir été compris dans les 89. D'autre part, une espèce d'Oxalis élève généralement ses cotylédons, pendant la nuit, de plus de 20° et de moins de 60° sur l'horizon, de sorte que ce genre aurait pu être compté dans deux groupes différents. Cependant, comme nous n'avons pas souvent observé plusieurs espèces dans le même genre, ces doubles entrées ont été évitées.

Dans un des chapitres suivants, nous montrerons que pour beaucoup de plantes qui ne sommeillent pas, les feuilles s'élèvent de quelques degrés dans la soirée et dans la première partie de la nuit ; il sera utile de ne présenter qu'après cet examen nos considérations sur la périodicité des mouvements cotylédonaires.

Des coussinets ou articulations des cotylédons. — Sur plusieurs des semis que nous avons décrits dans ce chapitre et dans le précédent, le sommet du pétiole se développe en un *coussinet*, *pulvinus* ou *articulation* (ce sont les divers noms qu'a reçus cet organe), semblable à celui dont beaucoup de feuilles sont munies. Il consiste en une masse de petites cellules, de couleur ordinairement pâle, par suite de l'absence de clorophylle ; les contours en sont plus ou moins convexes, comme l'indique la fig. 63. Dans *Oxalis sensitiva,* les 2/3 du pétiole. et dans *Mimosa pudica*, le court pétiole, probablement tout entier, des folioles, se changent en un pulvinus. Dans les feuilles articulées (c'est à dire pourvues d'un coussinet) le mouvement périodique dépend, suivant Pfeffer (1) de la turgescence des cellules du pulvinus qui est alternativement plus forte d'un côté que de l'autre ; d'autre part, les mouvements similaires des feuilles non pourvues de pulvinus dépend de leur croissance alternativement plus rapide d'un côté que de l'autre (2). Aussi longtemps qu'une feuille articulée reste jeune et continue à croître, son mouvement dépend de la combinaison

Fig. 63.

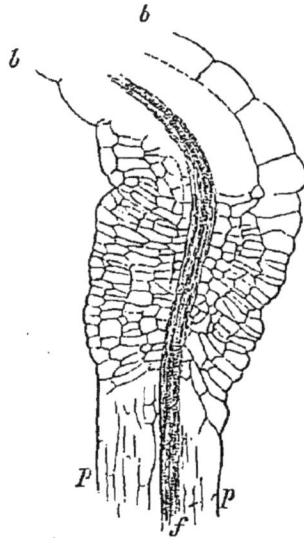

Oxalis rosea : Section longitudinale d'un pulvinus au sommet du pétiole d'un cotylédon, dessinée à la chambre claire et amplifiée 75 fois: *pp.* pétiole; *f.* faisceau fibro-vasculaire ; *bb.* commencement du limbe cotylédonaire.

de ces deux causes, et, si l'on admet les vues adoptées par plusieurs botanistes, à savoir que la croissance est toujours précédée d'une turgescence des cellules en voie d'accroissement, la différence entre les mouvements déterminée avec l'aide d'un coussinet et ceux produits sans

(1) Die Periodische Bewegungen der Blattorgane, 1875.
(2) Batalin « Flora» 1 octobre 1873.
(3) Pfeffer, ibid. p. 5,

cet organe, serait alors réduite à ceci que la turgescence des cellules n'est pas suivie de croissance dans le premier cas, tandis qu'elle l'est dans le second.

Des points ayant été tracés à l'encre de Chine sur la nervure médiane des deux cotylédons articulés portés par un semis assez vieux d'*Oxalis Valdiviana*, la distance qui les séparait fut mesurée à diverses reprises au moyen d'un oculaire micrométrique, pendant 8 jours 3/4, et ils n'indiquèrent pas la moindre trace de croissance. Il est cependant presque certain que le coussinet lui-même n'était pas alors en voie d'accroissement. Néanmoins, pendant tout ce temps, et 10 jours après, ces cotylédons se redressaient verticalement chaque nuit. Dans quelques semis sortis de graines achetées sous le nom d'*Oxalis floribunda*, les cotylédons continuèrent longtemps à se mouvoir verticalement, et ce mouvement paraissait résider uniquement dans le coussinet, car les pétioles étaient presque de même longueur dans les semis jeunes et dans les plus anciens qui avaient déjà produit de vraies feuilles. Dans quelques espèces de Cassia, d'autre part, il était visible, sans prendre des mesures, que les cotylédons augmentaient beaucoup de longueur pendant quelques semaines; de sorte qu'ici, la turgescence des cellules du coussinet et la croissance du pétiole se combinaient probablement pour déterminer leurs mouvements périodiques prolongés. Il était aussi évident que dans plusieurs plantes, les cotylédons dépourvus de coussinets, croissaient rapidement en longueur, et leurs mouvements périodiques étaient, sans aucun doute, exclusivement dus à cette croissance.

Suivant cette théorie, que les mouvements périodiques de tous les cotylédons dépendent, en premier lieu de la turgescence des cellules, qu'elle soit ou non suivie d'accroissement, nous pouvons comprendre qu'il n'y ait qu'une faible différence dans la nature ou dans la force du mouvement propre à ces deux catégories de cas. C'est ce qu'on peut constater en comparant les diagrammes que nous donnions dans le précédent chapitre. Ainsi, les mouvements des cotylédons de *Brassica oleracea* et d'*Ipomœa cœrulea*, qui ne sont pas articulés, sont aussi complexes que ceux d'Oxalis et de Cassia, pourvus d'un coussinet. Les cotylédons articulés de certains individus de *Mimosa pudica* et de *Lotus jacobœus* ne décrivent qu'une simple oscillation, tandis que ceux d'autres individus se meuvent deux fois en haut et en bas, dans le cours de 24 heures ; il en est de même parfois pour les cotylédons de *Cucurbita ovifera*, qui sont dépourvus de pulvinus. Les mouvements des cotylédons articulés ont généralement une étendue un peu plus considérable que ceux des cotylédons dépourvus de pulvinus ; néanmoins, certains de ces derniers parcourent un angle de 90°. Il existe cependant une différence importante entre ces deux sortes de cas : les mouvements nocturnes des cotylédons inarticulés, par exemple de ceux des Crucifères, des Cucurbitacées, des Githago, des Beta, ne durent jamais plus d'une semaine, d'une manière appréciable. Les cotylédons articulés, au contraire, continuent à s'élever la nuit pendant un temps plus long, souvent plus d'un mois, comme nous allons le montrer. Mais, sans aucun doute, ce laps de temps dépend beaucoup de la température à laquelle les semis sont exposés, et du mode de leur développement subséquent.

Oxalis Valdiviana. — Des cotylédons qui s'étaient ouverts tard, et qui se trouvaient horizontaux le 6 mars à midi, étaient, pendant la nuit, verticaux et tournés vers le haut ; le 13, la première feuille vraie fut formée, et embrassée pendant la nuit par les deux cotylédons ; le 9 avril, après un intervalle de 35 jours, six feuilles étaient développées, et les cotylédons s'élevaient cependant toujours verticalement pendant la nuit. Les cotylédons d'un autre semis qui, au moment de la première observation, avait déjà produit une feuille, se tenaient verticaux durant la nuit, et continuèrent à se comporter de la même manière pendant 11 jours encore ; 16 jours après la première observation, deux

8

feuilles étaient développées, et les cotylédons étaient encore très élevés la nuit. Après 21 jours, les cotylédons étaient, dans la journée, inclinés sous l'horizon, mais ils s'élevaient ,à l'entrée de la nuit, à 45° au-dessus. 24 jours après la première observation (commencée après le développement d'une vraie feuille), les cotylédons cessèrent de s'élever la nuit.

Oxalis (Biophytum) sensitiva. — Les cotylédons de plusieurs semis se trouvaient, 45 jours après leur premier épanouissement, présque verticaux pendant la nuit, et embrassaient étroitement tantôt une et tantôt deux des feuilles vraies qui étaient formées à cette époque. Ces semis étaient restés dans la serre, et leur développement avait été rapide.

Oxalis corniculata. — Les cotylédons ne sont pas verticaux la nuit, mais s'élèvent généralement jusqu'à un angle de 45° environ sur l'horizon. Ils continuèrent à se comporter ainsi 23 jours après leur premier épanouissement : à cette époque, deux vraies feuilles s'étaient formées ; même après 29 jours, ils s'élevaient encore modérément au-dessus de leur position diurne horizontale ou même inclinée vers le bas.

Mimosa pudica. — Les cotylédons s'ouvrirent pour la première fois le 2 novembre, et se tinrent verticaux durant la nuit. Le 15, se formait la première feuille, et, la nuit, les cotylédons étaient verticaux. Le 28, ils se comportaient de la même manière. Le 15 décembre, c'est à dire après 44 jours, les cotylédons s'élevaient encore considérablement la nuit, mais ceux d'un autre semis, plus vieux d'un jour seulement, étaient très peu élevés.

Mimosa albida. — Un semis fut observé durant 12 jours seulement ; pendant ce temps, une vraie feuille s'était formée ; les cotylédons étaient encore verticaux la nuit.

Trifolium subterraneum. — Un semis de 8 jours avait ses cotylédons horizontaux à 10 h. 30 du matin, et verticaux à 9 h. 15 du soir. Deux mois après, quand les deux premières feuilles vraies s'étaient développées, les cotylédons possédaient encore le même mouvement. Ils n'avaient pas beaucoup grandi, et étaient devenus ovales ; leurs pétioles mesuraient alors 20^{mm} de long.

Trifolium strictum. — Après 17 jours, les cotylédons s'élevaient encore la nuit ; ils ne furent pas observés plus longtemps.

Lotus jacobœus. — Les cotylédons de quelques semis pourvus de feuilles bien développées se redressaient la nuit jusqu'à atteindre un angle d'environ 45°, et, même après la formation de trois ou quatre verticilles de feuilles, ils s'élevaient encore considérablement, la nuit, au-dessus de leur position diurne horizontale.

Cassia mimosoides. — Les cotylédons de cette espèce indienne, 14 jours après leur premier épanouissement, et après le développement d'une feuille, étaient horizontaux dans la journée, et verticaux la nuit.

Cassia sp.? (un grand arbre du Brésil méridional naquit de graines que nous avait envoyées Fr. Müller). —Les cotylédons, 16 jours après leur premier épanouissement, avaient beaucoup grandi, ainsi que les deux feuilles qui venaient de se former. Ils étaient horizontaux dans la journée, et verticaux la nuit ; mais nous ne les observâmes pas plus longtemps.

Cassia neglecta (espèce aussi du Brésil). — Un semis, 34 jours après le premier épanouissement de ses cotylédons, mesurait de 75 à 90^{mm} de haut, et portait 3 feuilles bien développées ; les cotylédons, qui, dans la journée, étaient presque horizontaux, se tenaient verticaux la nuit, et embrassaient étroitement la jeune tige. Les cotylédons d'un autre semis du même âge, mesurant 125^{mm} de haut, et pourvu de 4 feuilles bien développées, se comportaient, la nuit, exactement de la même manière.

On sait (1) qu'il n'existe, entre la moitié supérieure et la moitié inférieure des coussinets propres aux feuilles, aucune différence de structure suffisante pour expliquer leurs mouvements vers le haut ou vers le bas. A cet égard, les cotylédons offrent une facilité peu ordinaire pour comparer la structure de ces deux moitiés. En effet, les cotylédons d'*Oxalis Valdiviana* s'élèvent verticalement la nuit, tandis que ceux d'*O. rosea* tombent perpendiculairement. Cependant, après avoir pratiqué des coupes dans les coussinets, on ne pouvait trouver aucune différence remarquable entre les moitiés correspondantes de cet organe dans les deux espèces qui se meuvent d'une manière si différente. *O. rosea* cependant, présentait un peu plus de cellules dans la moitié inférieure que dans la supérieure, mais la même différence existait aussi dans *O. Valdiviana*. Les cotylédons des deux espèces (3^{mm} 1/2 de long) furent examinés dans la matinée, alors qu'ils étaient étalés horizontalement ; la surface supérieure du coussinet d'*O. rosea* était alors ridée transversalement, ce qui indique

(1) Pfeffer « *Die period. Bewegungen* », 1875, p. 157.

qu'elle subissait une compression; on pouvait s'y attendre, puisque les cotylédons tombent la nuit; dans *O. Valdiviana,* c'était la surface inférieure du pulvinus qui était
plissée, car les cotylédons s'élèvent la nuit.

Le genre Trifolium est un genre naturel, et les feuilles,
dans toutes les espèces que nous avons pu examiner
étaient articulées; il en est de même pour les cotylédons
des *T. subterraneum* et *strictum*, qui se trouvent verticaux durant la nuit; mais ceux de *T. resupinatum* ne présentent aucune trace de coussinet, et aucun mouvement
nocturne. Ce fait fut établi en mesurant comparativement
le jour et la nuit la distance entre les extrémités des cotylédons dans 4 semis. Dans cette espèce, cependant, et dans
les autres, la première feuille, qui est simple et non trifoliée, s'élève et sommeille comme la foliole terminale d'une
plante adulte.

Dans un autre genre naturel, Oxalis, les cotylédons d'*O.
Valdiviana, rosea, floribunda, articulata*, et *sensitiva*,
sont articulés, et tous se meuvent la nuit pour prendre
une position verticale, soit vers le haut, soit vers le bas.
Dans ces diverses espèces, le pulvinus est placé près du
limbe du cotylédon, comme cela se présente habituellement dans la plupart des plantes. *Oxalis corniculata*
(var. *atro-purpurea*), diffère des autres sous plusieurs
rapports; les cotylédons s'élèvent la nuit, d'une quantité
très-variable, rarement de plus de 45°. Dans un groupe de
semis acheté sous le nom d'*O. tropæoloides,* mais appartenant certainement à la variété en question, ils ne s'élevaient que de 5° à 15° sur l'horizon. Le coussinet y est atteint d'un développement imparfait et très variable, de
sorte qu'il tend à disparaître. Nous ne croyons pas qu'un
fait semblable ait encore été décrit. Coloré en vert par les
grains chlorophylliens que contiennent les cellules, il est
situé à peu près au milieu du pétiole, au lieu d'en occuper
l'extrémité supérieure, comme dans toutes les autres es-

pèces. Le mouvement nocturne s'effectue en partie sous son influence, et en partie par suite de la croissance de la face supérieure du pétiole, comme chez les plantes dépourvues de pulvinus. Par ces diverses causes, et, en raison de ce que nous avons en partie suivi et tracé le développement du pulvinus depuis le premier âge, nous croyons devoir décrire ce cas avec quelques détails.

Les cotylédons d'*O. corniculata* disséqués hors de la graine d'où ils allaient bientôt sortir, n'ont jamais montré aucune trace de pulvinus. Toutes les cellules qui formaient le court pétiole, au nombre de 7 dans une rangée longitudinale, étaient de taille à peu près semblable. Dans les semis vieux d'un ou deux jours, le coussinet était si peu distinct, que nous crûmes d'abord qu'il n'existait pas; mais on pouvait voir, au milieu du pétiole, une zone transversale et mal définie de cellules, beaucoup plus courtes que celles situées soit au-dessus soit au-dessous, mais de la même largeur. Elles semblaient avoir été récemment formées par la division transversale de cellules plus longues; et l'on ne pouvait guère douter qu'il en fût autrement, car les cellules du pétiole qui avait été disséqué hors de la graine égalaient en longueur à peu près 7 divisions du micromètre (chaque division représentant $0^{mm}003$) et étaient un peu plus longues que celles formant un pulvinus bien développé, qui variaient entre 4 et 6 des mêmes divisions. Après quelques jours encore, la zone mal définie de cellules devient distincte, et, quoiqu'elle ne s'étende pas à toute la largeur du pétiole et que ses cellules soient colorées en vert par la chlorophylle, elle constitue cependant sans aucun doute un pulvinus, qui, nous allons le voir, agit comme tel. Ces petites cellules étaient disposées en rangées longitudinales, et variaient de nombre, entre 4 et 7; les cellules elles-mêmes étaient de longueur différentes. Les figures ci-jointes (A et B, fig. 64) nous représentent deux aspects de l'épiderme (1) dans la partie médiane du pétiole de deux semis, dans lesquels les coussinets étaient bien développés pour l'espèce observée. Ils offrent un contraste frappant avec les pulvinus d'*O. rosea* (voir fig. 63) ou d'*O. Valdiviana*. Dans les semis, nommés à tort *O. tropæoloides*, dont les cotylédons ne s'élèvent que médiocrement la nuit, les petites cellules étaient très peu nombreuses; en certains endroits, elles formaient une simple rangée

_____

(1) Des sections longitudinales montrent que les formes des cellules épidermiques peuvent être considérées comme la représentation exacte des formes propres aux cellules du pulvinus.

transversale, et, en d'autres, dè courtes séries longitudinales de 2 ou 3 éléments seulement. Elles suffisaient néanmoins, pour frapper les yeux, lorsque le pétiole entier était vu par transparence sous le microscope.

Fig. 65.

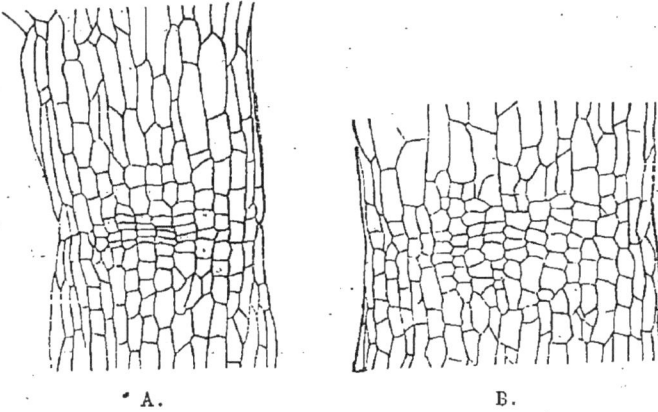

A.   B.

Oxalis corniculata : A et B. Coussinets, presque rudimentaires, de deux semis assez vieux, vus par transparence, grossis 50 fois.

Dans ces semis, on pouvait à peine douter que le pulvinus devînt rudimentaire et tendît à diparaître ; c'est ce qui explique sa grande variabilité et de structure et de fonctions.

Nous donnons, dans le tableau suivant, quelques mesures des cellules dans les coussinets très bien développés d'*O. corniculata* :

Semis âgés de 1 jour, avec cotylédons longs de 2mm3.

	DIVISIONS DU MICROMÈTRE (1)
Longueur moyenne des cellules du pulvinus...................	6 à 7
Longueur des plus longues cellules au-dessous du pulvinus.....	13
Longueur des plus longues cellules au-dessus du pulvinus,......	20

Semis vieux de 5 jours, cotylédons longs de 3mm1, pulvinus très distinct.

Longueur moyenne des cellules du pulvinus...................	6
Longueur des plus longues cellules au-dessous du pulvinus.....	22
Longueur des plus longues cellules au-dessus du pulvinus......	40

Semis de 8 jours, cotylédons longs de 5mm, avec une vraie feuille fermée, mais non étalée.

Longueur moyenne des cellules du pulvinus...................	9
Longueur des plus longues cellules au-dessous du pulvinus......	44
Longueur des plus longues cellules au-dessus du pulvinus......	70

Semis de 13 jours, cotylédons de 4mm5, avec une petite feuille vraie bien développée.

Longueur moyenne des cellules du pulvinus...................	7
Longueur des plus longues cellules au-dessous du pulvinus......	30
Longueur des plus longues cellules au-dessus du pulvinus.......	60

(1) Chaque division était égale à 0mm003.

Nous voyons par là que les cellules du pulvinus augmentent peu de longueur en avançant en âge, si on les compare à celles du pétiole, soit au-dessus, soit au-dessous d'elles; mais elles continuent à croître en épaisseur, et demeurent égales, sous ce rapport, aux autres cellules du pétiole. Toutefois, la rapidité de la croissance varie dans toutes les parties du pétiole, comme on peut le voir par les mesures prises sur les semis de 8 jours.

- Les cotylédons des semis d'un jour seulement s'élèvent beaucoup la nuit, quelquefois autant qu'ils le feront plus tard; mais il y avait, sous ce rapport, de grandes variations. Le coussinet étant d'abord très peu distinct, le mouvement ne doit pas dépendre alors de la turgescence de ses cellules, mais d'une inégalité périodique dans la croissance du pétiole. En comparant des semis de différents âges connus, on pouvait acquérir la certitude que le siège principal de la croissance du pétiole se trouvait dans la partie supérieure, entre le coussinet et le limbe; ce qui s'accorde avec ce fait (démontré par les mesures qui nous venons de donner) que les cellules arrivent à une plus grande longueur dans la partie supérieure que dans la partie inférieure du pétiole. Dans un semis de 11 jours, l'élévation nocturne se trouvait largement dépendante de l'action du pulvinus, car, la nuit, le pétiole était courbé vers le haut sur ce point; pendant le jour, tandis que le pétiole était horizontal, la surface inférieure du pulvinus était plissée, et la surface supérieure tendue. Quoique les cotylédons, à un âge avancé, ne s'élèvent, la nuit, pas plus que lorsqu'ils sont jeunes, ils ont cependant à décrire un angle plus considérable (atteignant dans un cas 68°) pour gagner leur position nocturne, car ils sont généralement, dans la journée, inclinés au-dessous de l'horizon. Même dans les semis de 11 jours, le mouvement ne relevait pas exclusivement du pulvinus, car le limbe, à sa jonction avec le pétiole, était courbé vers le haut, ce que l'on peut attribuer à une inégalité de croissance . Les mouvements périodiques des cotylédons d'*O. corniculata* dépendent donc de deux actions distinctes mais concomitantes, à savoir : la turgescence des cellules du coussinet, et la croissance de la partie supérieure du pétiole, comprenant la base du limbe.

Lotus jacobœus. — Les semis de cette plante nous offrent un cas semblable, à certains égards, à celui d'*Oxalis corniculata*, et unique à d'autres égards, d'après nos observations. Les cotylédons, durant les 4 ou 5 premiers jours de leur vie, ne montrent aucun mouvement nocturne distinct. Mais, ensuite, ils se tiennent verticaux ou presque verticaux pendant la nuit. Il y a cependant, sur ce point, un certain degré de variabilité, tenant probablement à la saison et à la quantité de lumière qu'ils ont reçue dans la journée. Dans des semis plus vieux, portant des cotylédons longs de 4 mm. qui s'élevaient considérablement la nuit, il existait près du limbe un pulvinus bien développé, incolore, et un peu plus étroit que le reste du pétiole dont il était nettement séparé. Il était formé d'une masse de petites cellules, d'une longueur moyenne de $0^{mm}021$; par contre, les cellules de la partie inférieure du pétiole mesuraient environ $0^{mm}06$, et celles du limbe de $0^{mm}034$ à $0^{mm}04$. Les cellules épidermiques, dans la partie inférieure du pétiole, étaient côniques, et différaient ainsi, pour la forme, de celles situées au-dessus du pulvinus.

Si nous considérons maintenant de très jeunes semis, dont les cotylédons ne s'élèvent pas la nuit et n'ont que 2^{mm} à 2^{mm} 1/2 de long, leurs pétioles ne montrent aucune zone définie de petites cellules dépourvues de chlorophylle et différant des inférieures par leur aspect extérieur. Toutefois, les cellules, au point où se développera plus tard un pulvinus, sont plus petites (elles ont une longueur moyenne de $0^{mm}015$) que celles situées dans la partie inférieure du même pétiole, qui deviennent graduellement plus grandes en descendant, les plus grandes mesurant $0^{mm}03$ de long. A cet âge peu avancé, les cellules du limbe mesurent environ $0^{mm}027$ de long. Nous voyons donc que le pulvinus est constitué par les cellules de la partie tout à fait supérieure du pétiole, qui ne continuent que très peu de temps à s'allonger, et s'arrêtent dans leur croissance, en même temps qu'elles perdent leurs grains de chlorophylle, tandis que les cellules de la partie inférieure du pétiole continuent longtemps à s'allonger, et que celles de l'épiderme deviennent plus coniques. Ce fait singulier, que les cotylédons de cette plante ne sommeillent pas d'abord, est donc dû à ce que le pulvinus, à un âge peu avancé, n'a pas encore pris tout le développement nécessaire à son fonctionnement.

Nous voyons, par ces deux cas, Lotus et Oxalis, que le développement d'un pulvinus provient de ce que la croissance des cellules, dans une partie étroite et limitée du pétiole, est presque arrêtée à un âge peu avancé. Dans *Lotus jacobæus*, les cellules augmentent d'abord un peu de longueur ; dans *Oxalis corniculata*, elles diminuent un peu, grâce à leur division. Un ensemble de ces petites cellules formant un coussinet, peut donc être soit acquis soit perdu, sans aucune difficulté spéciale, par les espèces différentes d'un même genre naturel. Nous savons que, dans des semis de Trifolium, de Lotus et d'Oxalis, certaines espèces possèdent un coussinet bien développé, tandis que d'autres n'en ont pas, ou n'en présentent qu'à l'état rudimentaire. Les mouvements déterminés par la turgescence alternative des cellules dans les deux moitiés d'un coussinet peuvent résulter de l'extension puis de la contraction de leurs parois; ce fait nous aidera peut-être à comprendre pourquoi ce but sera mieux rempli par un grand nombre de petites cellules que par un petit nombre de grandes cellules occupant le même espace. Puisqu'un pulvinus est formé par l'arrêt du développement des cellules, les mouvements qui dépendent de l'action de ces dernières peuvent se continuer longtemps sans accroissement de longueur de la partie ainsi constituée; cette persistance des mouvements semble être une des fins principales auxquelles est destiné le développement d'un coussinet. Une longue continuation de mouvement serait impossible dans une partie quelconque, sans une croissance inusitée, si la turgescence des cellules était toujours suivie d'accroissement.

Trouble apporté par la lumière dans les mouvements périodiques des cotylédons. — Les hypocotyles et les cotylédons de la plupart des semis sont, on le sait bien, extrêmement héliotropiques ; mais les cotylédons, outre leur héliotropisme, subissent encore de la lumière l'action paratonique (pour employer l'expression de Sachs); c'est-à-dire que leurs mouvements périodiques quotidiens sont profondément et rapidement troublés par les changements d'intensité ou par l'absence des rayons lumineux. Ce n'est pas que ces organes cessent de circumnuter dans l'obscurité, car ils continuèrent à le faire dans tous les cas que nous avons observés, mais l'ordre normal de leurs mouvements est fortement troublé ou complétement annulé. Ce fait se produit tant chez des espèces dont les cotylédons s'élèvent assez pendant la nuit pour qu'on puisse les dire sommeillants, que chez d'autres dont les

mêmes organes ne se redressent que fort peu. Mais des
espèces différentes sont affectées, à des degrés bien différents, par les modifications de la lumière.

Par exemple, les cotylédons de *Beta vulgaris, Solanum lycopersicum, Cerinthe major* et *Lupinus luteus*, placés dans l'obscurité,
se courbaient vers le bas pendant l'après-midi et le commencement
de la nuit, au lieu de s'élever, comme ils l'auraient fait s'ils avaient
été exposés à la lumière. Tous les semis de Solanum ne se comportaient pas de la même manière, car les cotylédons de l'un circumnutèrent presque sur place, entre 2 h. 30 et 10 h. du soir. Les cotylédons d'un semis d'*Oxalis corniculata*, qui était faiblement éclairé par
en haut, descendirent pendant la première matinée de la manière normale
mais pour remonter dans la seconde. Les cotylédons de *Lotus jacobœus* n'étaient pas affectés par 4 heures d'obscurité complète, mais,
lorsqu'ils étaient placés sous un double chassis vitré, et ainsi éclairés
faiblement, ils perdaient tout à fait leurs mouvements périodiques, dès
la troisième matinée. D'autre part, les cotylédons de *Cucurbita ovifera* se mouvaient normalement pendant toute une journée dans
l'obscurité.

Des semis de *Githago segetum* furent faiblement éclairés par en
haut, le matin, avant que leurs cotylédons ne fussent étalés, et ils demeurèrent alors fermés pendant les 40 heures qui suivirent. D'autres
semis ayant été placés dans l'obscurité après que leurs cotylédons se furent ouverts le matin, ceux-ci ne commencèrent pas à se fermer avant
que 4 heures environ se fussent écoulées. Les cotylédons d'*Oxalis rosea* tombent verticalement, après être restés 1 h. 20 dans l'obscurité ;
mais ceux de certaines autres espèces d'Oxalis n'étaient pas affectés
par une obscurité de plusieurs heures. Les cotylédons de plusieurs
espèces de Cassia sont éminemment susceptibles de modifications
dans leurs mouvements suivant le degré de lumière auquel ils sont
exposés. Ainsi les semis d'une espèce du sud du Brésil (un grand et
bel arbre) furent sortis de la serre et placés sur une table au milieu
d'une chambre éclairée par deux fenêtres orientées l'une au nord-est,
et l'autre au nord-ouest ; de cette manière les semis étaient en pleine
lumière, mais cependant moins que dans la serre, car le jour ne brillait
que modérément. Après 36 heures, les cotylédons qui étaient horizontaux s'étaient élevés verticalement et se touchaient comme pendant le
sommeil ; après être restés ainsi sur la table 1 h. 13 m., ils commencèrent à s'ouvrir. Les cotylédons de jeunes semis d'une autre espèce
brésilienne et de *Cassia neglecta*, traités de la même manière, se
comportèrent de même, avec cette différence qu'ils ne s'élevèrent pas

autant; ils devinrent de nouveau horizontaux après une heure environ.

Ici se place un cas des plus intéressants : des semis de *Cassia tora* occupant deux pots, qui étaient restés quelque temps sur la table dans la chambre dont nous venons de parler, avaient leurs cotylédons horizontaux. Un pot fut alors exposé pendant 24 heures à la lumière solaire assez faible, et les cotylédons demeurèrent horizontaux, puis il fut placé sur la table, et, 50 minutes après, les cotylédons s'étaient élevés à 68° au-dessus de l'horizon. L'autre pot fut placé, pendant ces deux mêmes heures, derrière un écran dans la chambre (la lumière y était très faible), et ses cotylédons s'élevèrent de 63° sur l'horizon ; le pot fut alors replacé sur la table, et, 50 minutes après, les cotylédons étaient tombés de 33°. Ces deux pots, contenant des semis du même âge, demeurèrent ensemble, et furent exposés à une lumière rigoureusement égale ; pourtant, les cotylédons s'élevaient dans un pot, tandis que dans l'autre ils tombaient, au même moment. Ce fait montre, d'une manière frappante, que leurs mouvements n'étaient pas placés sous la dépendance de la quantité de lumière reçue, mais bien d'un changement dans son intensité. Une expérience de même nature fut faite sur deux séries de semis, exposés tous deux à une lumière faible, mais à des degrés différents, et le même résultat fut obtenu. Les mouvements des cotylédons de cette Cassia sont cependant déterminées en grande partie (comme dans beaucoup d'autres cas) par l'habitude ou l'hérédité, indépendamment de la lumière ; en effet, des semis, qui avaient été modérément éclairés dans la journée, demeurèrent toute la nuit et le matin suivant dans l'obscurité, et, cependant, les cotylédons étaient ouverts en partie dans la matinée, et ils demeurèrent ouverts dans l'obscurité pendant 6 heures environ. Les cotylédons, dans un autre pot, traité de la même manière dans une autre occasion, s'ouvrirent à 7 h. du matin, et demeurèrent ouverts dans l'obscurité pendant 4 h. 30 m. ; puis commencèrent à se fermer. Ces mêmes semis, cependant, lorsqu'on les faisait passer, au milieu de la journée, d'une lumière modérément brillante à une lumière modérément faible, élevaient, nous l'avons vu, leurs cotylédons à une certaine hauteur sur l'horizon.

Sensibilité des cotylédons au contact. — Ce sujet ne présente pas grand intérêt, car on ne sait si une sensibilité de cette nature est utile en quelque chose aux semis. Nous ne l'avons constatée que dans quatre genres, quoique nous ayons observé, mais en vain, les cotylédons de beaucoup d'autres. Le genre Cassia semble être le premier à ce point de vue : ainsi, des cotylédons de *C. tora* étalés horizontalement, furent tous deux frappés avec une baguette très mince pendant 3 m.,

et, dans l'espace de peu de minutes, ils formèrent ensemble un angle
de 90°, de sorte qu'ils s'étaient élevés chacun de 45°. Un seul cotylédon
d'un autre semis fut frappé de la même manière pendant 1 m., et il
s'éleva de 27° en 9 m. ; après 8 autres minutes, il s'était élevé de 10° de
plus ; le cotylédon opposé, qui n'était pas frappé, ne se mut que légèrement. Les cotylédons, dans tous ces cas, revenaient à la position horizontale en moins d'une demi-heure. Le pulvinus est la partie la plus
sensible, car, en piquant légèrement trois cotylédons en ce point, avec
une épine, on les faisait élever verticalement ; mais nous trouvâmes
aussi le limbe sensible, en ayant soin de ne pas toucher le pulvinus.
Des gouttes d'eau placées délicatement sur ces cotylédons ne produisaient aucun effet, mais un très mince filet d'eau, projeté au moyen
d'une seringue, les faisait mouvoir vers le haut. Quand un pot contenant des semis, était rapidement frappé avec une baguette, et par
conséquent ébranlé, les cotylédons s'élevaient légèrement. Si une petite
goutte d'acide nitrique était placée sur les deux pulvinus d'un semis,
les cotylédons s'élevaient si rapidement, qu'on pouvait facilement les
voir marcher ; ils commençaient à tomber presque immédiatement
après ; mais les coussinets avaient été brûlés et étaient devenus bruns.

Les cotylédons d'une espèce indéterminée de Cassia (un grand arbre du sud du Brésil) s'élevaient de 31° degrés dans l'espace de 26 m.
après que les pulvinus et les limbes avaient été frappés durant 1 minute avec une baguette ; mais quand le limbe seul était frappé de la
même manière, les cotylédons ne s'élevaient que de 8°. Les cotylédons
remarquablement longs et étroits d'une troisième espèce indéterminée
du sud du Brésil, n'eurent aucun mouvement lorsque leurs limbes
furent frappés, à reprises différentes, avec une baguette pointue, pendant 30 s. ou 1 m. ; mais, lorsque le pulvinus était frappé et légèrement piqué avec une épingle, les cotylédons s'élevaient de 60° en quelques minutes. Plusieurs cotylédons de *C. neglecta* (originaire aussi du
Brésil méridional) s'élevaient dans l'espace de 5 à 15 m., et atteignaient
divers angles compris entre 16 et 34°, après avoir été frappés pendant
une minute au moyen d'une baguette. Leur sensibilité persiste à un âge
assez avancé, car les cotylédons d'une petite plante de *C. neglecta*,
vieille de 34 jours, et portant trois vraies feuilles, s'élevaient lorsqu'ils
étaient légèrement pincés entre le pouce et l'index. Des semis furent
exposés pendant 30 m. à un vent assez fort pour maintenir les cotylédons en vibration, mais, à notre grande surprise, cette cause ne détermina aucun mouvement. Les cotylédons de quatre semis de *C. glauca*
de l'Inde, furent soit frappés avec une mince baguette pendant 2 m.,
soit légèrement pincés ; l'un s'éleva de 31°, un second de 6° seulement,
un troisième de 13°, et un quatrième de 17°. Un cotylédon de *C. flo-*

rida, traité de la même manière, s'éleva de 9° ; un de *C. corymbosa*, de 7° 1/5, et un de l'espèce bien différente *C. mimosoides*, de 6° seulement. Ceux de *C. pubescens* ne paraissaient pas sensibles du tout ; non plus que ceux de *C. nodosa*, mais ces derniers étaient un peu épais et charnus, et ne s'élevaient pas la nuit pour sommeiller.

Smithia sensitiva. — Cette plante appartient à une subdivision des Légumineuses distincte des Cassia. Les deux cotylédons d'un semis assez vieux, dont la première feuille vraie était en partie développée, furent frappés pendant une minute avec une petite baguette, et, en 5 m., chacun de ces organes s'éleva de 8°. Ils demeurèrent dans cette position pendant 15 m., mais, lorsqu'ils furent examinés, 40 m. après avoir été frappés, chacun était descendu de 14°. Les deux cotylédons d'un autre semis plus jeune furent légèrement frappés de la même manière pendant 1 m., et, après un intervalle de 32 m., chacun s'était élevé de 30 degrés. Ils étaient à peine sensibles à l'action d'un mince filet d'eau. Les cotylédons de *S. Pfundii*, plante aquatique Américaine, sont épais et charnus ; ils ne sont pas sensibles et ne sommeillent pas.

Mimosa pudica et *albida.* — Les limbes de plusieurs cotylédons de ces deux plantes furent frappés ou légèrement pressés avec les branches d'une pince pendant 1 ou 2 minutes ; mais ils ne présentèrent absolument aucun mouvement. Lorsque, cependant, les coussinets de six cotylédons de *M. pudica* furent ainsi pressés, deux d'entre eux s'élevèrent légèrement. Dans ces deux cas peut-être, le pulvinus fut accidentellement piqué, car le pulvinus d'un autre cotylédon ayant été irrité, celui-ci s'éleva un peu. — On voit ainsi que les cotylédons de Mimosa sont moins sensibles que ceux des plantes sus-mentionnées (1).

Oxalis sensitiva. — Les limbes et les coussinets de deux cotylédons, dans la position horizontale, furent frappés, ou plutôt chatouillés pendandant 30 s. avec un petit poil raide, et, en 10 m., chacun s'éleva de 48° ; lorsqu'ils furent examinés de nouveau, 85 minutes après avoir été excités, ils s'étaient encore élevés de 4° ; après 30 nouvelles minutes, ils étaient horizontaux. En heurtant un pot avec un bâton pendant 1 m., nous vîmes les cotylédons de deux semis s'élever considérablement dans l'espace de 11 m.

Un pot ayant été transporté à une petite distance, dans un baquet, fut de cette manière, secoué ; les cotylédons de quatre semis s'élevèrent

_____

(1) La seule indication que nous ayons rencontrée sur la sensibilité des cotylédons, est relative au Mimosa ; en effet, A. de Candolle dit (« Phys. vég. » 1832, t. II, p. 865) : « Les cotylédons du *M. pudica* tendent à se rapprocher par leurs faces supérieures, lorsqu'on les irrite. »

tous en 10 m.; après 17 m., l'un s'était élevé de 56°, un second de 45°, un troisième presque de 90°, et un quatrième de 90°. Après un nouvel intervalle de 40 minutes, trois d'entre eux étaient revenus à l'état d'expansion. Ces observations étaient faites avant que nous eussions déterminé avec quelle extraordinaire rapidité les cotylédons circumnutent; elles étaient donc sujettes à erreur. Toutefois, il est très peu probable que les cotylédons, dans les 8 cas que nous avons donnés, eussent dû s'élever tous au moment de l'excitation. Les cotylédons d'*Oxalis Valdiviana* et *rosea* furent frappés, et ne manifestèrent aucune sensibilité.

En résumé, il semble exister une certaine relation entre l'habitude propre aux cotylédons de s'élever verticalement la nuit ou de sommeiller, et leur sensibilité au contact, surtout dans leurs coussinets; en effet, toutes les plantes que nous venons de citer sommeillent. D'autre part, il y a beaucoup de plantes dont les cotylédons sommeillent sans posséder la moindre sensibilité. Comme les cotylédons de plusieurs espèces de Cassia sont facilement affectés, soit par une légère diminution de lumière, soit par le contact, nous pensons que ces deux sortes de sensibilité peuvent être en connexion, mais non pas d'une façon nécessaire, car les cotylédons d'*Oxalis sensitiva* ne s'élevèrent pas après avoir été tenus, dans un cas, 1 h. 1/2, et dans un second, près de 4 h. emprisonnés dans le cabinet noir. D'autres cotylédons, comme ceux de *Githago segetum,* sont très affectés par une lumière faible, mais n'ont aucun mouvement lorsqu'ils sont égratignés par une aiguille. Il semble très probable qu'il existe, dans la même plante, une certaine relation entre la sensibilité des cotylédons et celle des feuilles, car la Smithia et l'Oxalis que nous venons de décrire ont reçu le nom de *sensitiva*, à cause de la sensibilité de leurs feuilles; et, quoique les feuilles des diverses espèces de Cassia ne soient pas sensibles au contact, elles prennent cependant en partie leur position nocturne, quand une branche est choquée ou arrosée d'eau. Mais la relation n'est pas parfaite entre la sensibilité au contact des cotylédons et celle des feuilles de la même plante. L'on peut s'appuyer, pour soutenir cette proposition, sur ce fait que les cotylédons de *Mimosa pudica* ne sont que légèrement sensibles, tandis que les feuilles sont bien connues pour l'être au plus haut degré. Enfin, les feuilles de *Neptunia oleracea* sont très irritables par le toucher, tandis que les cotylédons ne paraissent l'être à aucun degré.

CHAPITRE III

Sensibilité de l'extrémité de la radicule à l'attouchement et aux autres excitants.

Manière dont les radicules se courbent lorsqu'elles rencontrent un obstacle dans le sol. — *Vicia faba*, extrémités des radicules sensibles au contact et aux autres excitants. — Effets d'une température trop élevée. — Pouvoir d'élection entre des objets attachés sur des faces opposées. — Extrémités des racines secondaires sensibles. — Pisum, extrémité de la radicule sensible. — Effets de cette sensibilité sur l'obéissance au géotropisme. — Radicules secondaires. — Phaseolus, extrémités des radicules à peine sensibles au contact, mais très impressionnables à l'acide, et à la section d'une tranche. — Tropæolum — Gossypium — Cucurbita — Raphanus — Æsculus, extrémité insensible à un léger contact, mais profondément sensible à l'acide. — Quercus, extrémité très sensible au contact. — Pouvoir d'élection. — Zea, extrémité largement sensible, racines secondaires. Sensibilité des radicules à l'air humide. — Résumé du chapitre.

Nous proposant de voir comment les radicules des semis se fraient un passage à travers les pierres, les racines et les autres obstacles qu'elles rencontrent incessamment dans le sol, nous plaçâmes des Vesces (*Vicia faba*) en voie de germination, de manière à ce que leurs extrémités radiculaires vinssent en contact, presque rectangulairement, ou sous un angle largement ouvert, avec des lames de verre placées au-dessous de ces organes. Dans d'autres cas, les Vesces furent retournées, de façon que les radicules, dans leur croissance, descendissent presque verticalement sur la surface supérieure, large, unie et presque plate de la graine elle-même. Quand la pilorhize délicate touchait d'abord une surface directement opposée à sa marche, elle s'aplatissait un peu transversalement; mais cet aplatissement devenait bientôt oblique, et disparaissait même complétement en quelques heures, car l'extrémité se dirigeait alors perpendiculairement ou presque perpendiculairement à sa marche primitive. La radicule paraissait, dans ce cas, glisser vers sa nouvelle direction sur la surface qui lui était opposée, en pressant sur elle avec très peu de force. Il est impossible de déterminer dans quelle mesure de tels changements dans la direction primitive sont facilités par la circumnutation de la radicule. Sur des lames de verre plus ou moins inclinées, on fixa des brins de bois minces perpendiculairement aux radicules qui glissaient sur ces lames. Des lignes droites avaient été tracées le long de la partie terminale en voie d'accroissement de quelques-unes de ces radicules, avant qu'elles ne touchassent les brins de bois ; ces lignes se courbèrent sensiblement en 2 heures, après que la pointe fut venue au contact des obstacles. Dans une radicule dont la croissance était assez faible, la pilorhize, après avoir rencontré un brin de bois raboteux placé perpendiculairement à sa direction, s'aplatit tout d'abord un peu transversalement : après un intervalle de 2 h. 30 m., l'aplatissement devint oblique ; après 3 nouvelles heures, il avait entièrement disparu, et l'extrémité était alors dirigée perpendiculairement à sa course primitive. Elle continua à croître dans cette nouvelle direction le long du brin de bois, jusqu'à ce qu'elle arrivât à son extrémité, autour de laquelle elle s'inclina rectangulairement. Peu après, quand elle parvint au bord de la lame de verre, elle se courba de nouveau suivant un angle largement ouvert, et descendit perpendiculairement dans le sable humide.

Lorsque, comme dans les cas précédents, les radicules rencontraient un obstacle perpendiculaire à leur direction, leur partie terminale en voie d'accroissement se courbait sur une longueur de 8 à 10 mm. mesurée à partir de leur extrémité. C'est ce que montraient bien les lignes

9

noires que nous avions au préalable tracées sur la radicule.
La première explication et la plus plausible que l'on
puisse donner de cette incurvation, c'est qu'elle résulte
en grande partie de la résistance mécanique apportée à la
croissance de la radicule dans sa direction primitive.
Néanmoins, cette explication ne nous semble pas satis-
faisante. Les radicules ne paraissent pas avoir été soumises à une pression suffisante pour rendre compte de leur
incurvation, et, de plus, Sachs (1) a montré que la partie en
voie d'accroissement est plus rigide que la partie immédiatement supérieure qui a cessé de croître : on devait donc
s'attendre à ce que cette dernière fléchît et entrât en courbure, dès le moment où l'extrémité rencontrerait un objet
inflexible, tandis que c'est la partie rigide, en voie d'accroissement, qui s'est recourbée. Autre fait : un objet qui
cède avec la plus grande facilité est capable de provoquer
la déviation d'une radicule. Ainsi, comme nous l'avons
vu, lorsque l'extrémité radiculaire d'une fève rencontrait la surface polie d'une feuille d'étain extrêmement
fine étendue sur du sable mou , elle ne laissait sur cette
surface aucune impression, bien que l'organe se courbât à angle droit. Une seconde explication s'est présentée
à notre esprit : souvent la plus faible pression empêche
l'accroissement de l'extrémité, et, dans ce cas, cette croissance ne continuant que sur un côté, la radicule prend
une forme rectangulaire. Mais cette manière de voir
laisse sans aucune explication l'incurvation de la partie
supérieure, sur une longueur de 8 à 10 mm.

Nous fûmes ainsi amené à penser que l'extrémité était
sensible au contact, et transmettait cette impression à
la partie supérieure de la radicule, laquelle se trouvait ainsi excitée à se courber pour s'éloigner de l'obstacle. Sachant qu'une petite boucle de fil fixée sur une
vrille ou sur un pétiole de plante grimpante, détermine

(1) *Arbeiten Bot. Inst. Würzburg.* Heft III., 1873, p. 398.

l'incurvation de l'organe chargé, nous pensâmes qu'un petit objet quelconque, fixé à l'extrémité d'une radicule délicatement suspendue et croissant dans l'air humide, pourrait la faire courber, si elle était sensible, alors même que le corps étranger n'offrirait aucune résistance mécanique à son accroissement. Nous donnerons tous les détails des expériences entreprises dans ce but, car le résultat en est réellement remarquable. Ce fait, que l'extrémité d'une radicule est sensible au contact, n'avait jamais été observé, bien que, comme nous le verrons plus loin, Sachs ait découvert que la radicule, un peu au-dessus de son extrémité, présente une certaine sensibilité qui la fait incliner comme une vrille *vers* l'objet avec lequel elle est en contact. Mais, lorsqu'un côté de l'extrémité est pressé par un objet quelconque, la partie en voie d'accroissement s'incline *en s'éloignant* de cet objet ; ce fait paraît être le résultat d'une remarquable adaptation en vue d'éviter les obstacles dans le sol, et, comme nous le verrons, dans le but de suivre les lignes de moindre résistance. Après attouchement, beaucoup d'organes s'inclinent dans une direction fixe, comme les étamines de Berberis, les lobes de la Dionée, etc.; et beaucoup, comme les vrilles, ou des feuilles modifiées ou des pédoncules floraux, et quelques tiges, s'inclinent vers l'objet qui les irrite. Mais nous ne croyons pas qu'un seul cas d'un organe s'inclinant *pour s'éloigner* de l'objet qui le touche, soit encore connu.

Sensibilité de l'extrémité radiculaire de Vicia faba. — Des fèves communes, au préalable plongées dans l'eau pendant 24 heures, et placées dans une situation telle que le hile fût tourné vers le bas (d'après la méthode suivie par Sachs), furent épinglées sur les bouchons de liège de vases en verre à moitié remplis d'eau ; les parois des vases et le liège étaient bien humides, et l'accès de la lumière complétement évité. Dès que les fèves eurent montré leurs radicules, l'une sur une longueur de moins

de 2^{mm}5, et d'autres sur une longueur plusieurs fois aussi
considérable, de petits morceaux de carton, carrés ou oblongs, furent fixés sur les faces inclinées de leurs extrémités coniques. Les carrés adhéraient donc obliquement,
par rapport à l'axe longitudinal de la radicule : c'était là
une précaution nécessaire, car si les morceaux de carton
se trouvaient déplacés par accident ou entraînés par la
matière visqueuse que nous employions, de manière à
adhérer parallèlement aux faces de la radicule (bien qu'à
une faible distance seulement de l'extrémité conique), la
radicule ne s'inclinait pas de la manière particulière que
nous avons à considérer ici. Des morceaux de carton carrés d'environ 1^{mm}25, ou ovales et de la même dimension à
peu près, se trouvèrent être le plus convenables pour
cet objet. Nous employâmes d'abord ordinairement du
carton peu épais, comme celui des cartes de visite, ou des
morceaux de verre très minces, et divers autres objets;
mais plus tard, nous nous servîmes surtout du papier de
verre, car il était presque aussi dur que du carton mince,
et sa surface rugueuse facilitait l'adhérence. D'abord nous
nous servîmes d'eau gommée très épaisse ; mais, suivant
les circonstances, elle ne se desséchait pas du tout, et, paraissait, au contraire, quelquefois absorber la vapeur
d'eau, de sorte que les morceaux de carton se trouvaient
séparés de la radicule par une couche liquide. Lorsque
cette absorption n'avait pas lieu, et que le carton n'était
pas déplacé, son action était convenable ; elle provoquait
l'incurvation de la radicule sur le côté opposé. Nous pouvons en conclure que l'eau gommée épaisse n'empêche pas
cette action par elle-même. Dans la plupart des cas, les
morceaux de carton furent enduits d'une très petite
quantité de gomme laque dissoute dans l'alcool que
nous laissions évaporer jusqu'à épaississement; elle sé-
chait alors en quelques secondes, et fixait très bien les
corps étrangers. Lorsque de petites gouttes de gomme

laque étaient placées sur les extrémités des radicules, sans carton, elles séchaient en formant de petites boules, qui, agissant comme tout autre objet dur, déterminaient l'incurvation des radicules vers le côté opposé. Souvent de très petites gouttes de gomme laque manifestaient une action faible, comme nous le décrirons plus loin. Mais ce fut surtout le carton qui détermina le mouvement dans nos nombreuses expériences; nous eûmes la preuve de ce fait en recouvrant un des côtés de l'extrémité radiculaire d'un petit morceau de baudruche (qui par elle-même, agit à peine) et en fixant alors sur la baudruche un morceau de carton qui n'arrivait jamais en contact avec la radicule : malgré cette interposition, la radicule s'inclina en s'éloignant du carton, de la façon habituelle.

Quelques expériences préliminaires furent tentées (nous allons les décrire) en vue de déterminer la température la plus convenable ; les voici :

Il est bon de dire d'abord que les fèves furent toujours, pour la commodité de la manipulation, fixées sur les bouchons, de manière à présenter, tourné vers le bas, le point par où sortent la radicule et la plumule. On doit se rappeler que, par suite de ce que nous avons nommé « *l'incurvation de Sachs* », les radicules, au lieu de croître perpendiculairement vers le bas, se courbent quelque peu, souvent jusqu'à 45° environ, au-dessus ou au-dessous de la fève suspendue. Donc, lorsque un carré de carton était fixé de front sur l'extrémité radiculaire, l'incurvation déterminée par cet objet coïncidait avec l'incurvation de Sachs, et ne pouvait être distinguée de cette dernière que par ce qu'elle était plus fortement prononcée ou qu'elle se produisait plus rapidement. Pour écarter ce motif de doute, les morceaux de carton furent fixés soit par derrière, pour déterminer une incurvation directement opposée à celle de Sachs, ou, plus souvent, sur le côté droit ou sur le côté gauche. Pour abréger, nous dirons des morceaux de carton, etc., qu'ils ont été fixés *de front*, ou *derrière*, ou *latéralement*. L'incurvation principale de la radicule se produisant à peu de distance de l'extrémité, et les portions extrême, terminale et basilaire étant presque droites, il est possible d'estimer grossièrement, par une mesure d'angle, la quantité de la cour-

Fig. 65.

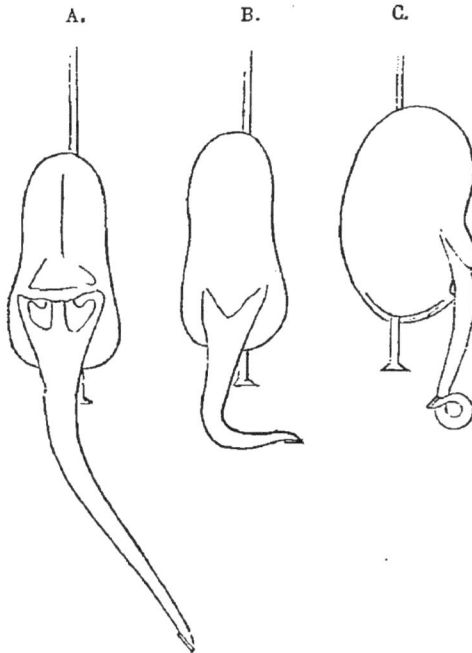

Vicia faba : A. radicule commençant à s'incliner pour s'écarter du morceau de carton attaché à son extrémité. B. courbée à angle droit ; C, courbée en cercle. ou en boucle, avec l'extrémité commençant à se courber vers le bas, sous l'action du géotropisme.

bure. Aussi, lorsque nous dirons que la radicule se courbait à un certain angle de la perpendiculaire, cela signifiera que l'extrémité était tournée vers le haut et éloignée d'autant de degrés de la direction perpendiculaire qu'elle aurait naturellement suivie, et du côté opposé à celui où était fixé le carton. Afin que le lecteur puisse avoir une idée juste du mouvement provoqué par les morceaux de carton fixés, nous donnons ici les croquis fidèles de trois fèves en voie de germination, traitées de cette manière et choisies parmi divers exemplaires pour montrer les degrés d'incurvation. Nous allons maintenant exposer en détail une série d'expériences, puis un résumé des résultats obtenus.

Dans les 12 premières expériences, de petits morceaux de carton humide, carrés ou oblongs, de $1^{mm}8$ de long et de $1^{mm}5$ ou seulement $0^{mm}9$ de large, furent fixés au moyen de gomme laque sur l'extrémité des radicules. Dans les expériences suivantes, les petits carrés ne furent mesurés que quelquefois, mais ils avaient à peu près les mêmes dimensions.

1) Une jeune radicule, longue de 4 mm., était munie d'un morceau de carton fixé en arrière : après 9 h., elle se recourba dans le plan de l'aplatissement de la vesce, à 50° de la perpendiculaire, en s'éloignant du carton, et en opposition avec l'incurvation de Sachs. Aucun changement n'existait le lendemain matin, 23 heures après la fixation du carton.

2) Radicule longue de $5^{mm}5$, ayant son carton fixé en arrière. Après 9 heures, elle est courbée dans le plan de la vesce à 20° de la perpendiculaire et du carton, en opposition avec l'incurvation de Sachs : après 23 h., aucun changement.

3) Radicule longue de 11 mm.; carton fixé en arrière : après 9 heures, elle est courbée dans le plan de la fève à 40° de la perpendiculaire et du carton, en opposition avec l'incurvation de Sachs, l'extrémité de la radicule plus courbée que la partie supérieure, mais dans le même plan. Après 23 heures, l'extrémité était légèrement infléchie vers le carton; l'incurvation générale de la radicule demeurait la même.

4) Radicule longue de 9 mm.; carton fixé derrière et un peu latéralement : après 9 h,, elle est infléchie dans le plan de la vesce à 7 ou 8° seulement de la perpendiculaire ou du carton, en opposition avec l'incurvation de Sachs. Il y avait de plus une légère incurvation latérale dirigée en partie dans le sens opposé au carton. Après 23 heures aucun changement.

5) Radicule longue de 8mm., carton fixé presque latéralement. Après 9 heures, elle est infléchie à 30° de la perpendiculaire, dans le plan de la vesce et en opposition avec l'incurvation de Sachs; elle est aussi infléchie perpendiculairement sur le premier plan, à 20° de la perpendiculaire : après 23 h., aucun changement.

6) Radicule longue de 9 mm., carton fixé de front : après 9 heures elle est infléchie dans le plan de la fève à 40° environ de la verticale, dans le sens opposé au carton et dans la direction de l'incurvation de

Sachs. Il n'était donc, ici, nullement évident que le carton fût la cause de l'incurvation ; cependant une radicule ne se meut jamais spontanément, autant que nous l'avons vu, d'une quantité égale à 40°, dans l'espace de 9 h. Après 23 heures, aucun changement.

7) Radicule longue de 7 mm., carton fixé en bas · après 9 heures, la partie terminale de la radicule est infléchie dans le plan de la vesce à 20° de la verticale, dans le sens opposé au carton, et en opposition avec l'incurvation de Sachs. Après 22 h. 30 m., cette partie de la radicule s'est redressée.

8) Radicule longue de 12 mm.; carton fixé presque latéralement : après 9 h., elle est infléchie latéralement dans un plan perpendiculaire à celui de la vesce entre 40 et 50° de la verticale et du carton. Dans le plan de la vesce elle-même, l'infléchissement s'élevait à 8° ou 9° de la verticale et du carton, en opposition avec l'incurvation de Sachs. Après 22 h. 30, l'extrémité s'est légèrement courbée vers le carton.

9) Carton fixé latéralement : après 11 h. 30, aucun effet, la radicule étant encore presque verticale.

10) Carton fixé presque latéralement : après 11 h. 30, la radicule est infléchie à 90° de la verticale et du carton, dans un plan intermédiaire entre celui de la vesce elle-même, et un plan perpendiculaire à celui-ci. Radicule partiellement infléchie, sous l'influence de l'incurvation de Sachs.

11) Extrémité de la radicule protégée par de la baudruche, et munie d'un carré de carton, ayant les dimensions ordinaires, fixé au moyen de gomme laque. Après 11 h. forte inflexion dans le plan de la vesce, et dans la direction de l'incurvation de Sachs ; cette incurvation est plus forte et plus rapide que celles qui se produisent spontanément.

12) Extrémité de la radicule protégée de même : après 11 h., aucun effet produit, mais après 24 h. 40 m., infléchissement visible dans le sens opposé au carton. Cette légère action était probablement due à ce qu'une partie de la baudruche s'était enroulée, et était venue irriter par son contact la face opposée de la radicule.

13) Radicule de longueur considérable, pourvue d'un petit carré de carton, fixé au moyen de gomme laque, sur le côté de l'extrémité : après 7 h. 15 seulement, une longueur de 10 mm., mesurée sur le milieu et depuis la pointe, s'est courbée considérablement vers le côté opposé au carton.

14) Ce cas est semblable au précédent, à tous égards ; mais l'incurvation ne portait que sur une longueur de 6mm25 de la radicule.

15) Jeune radicule munie d'un petit carré de carton fixé au moyen de gomme laque : après 9 h. 15 m., incurvation de 90° de la perpendiculaire, dans le sens opposé au carton. Après 24 h., inflexion beau-

coup plus considérable : après une seconde journée, elle est réduite à 23°.

16) Carré de carton fixé au moyen de gomme-laque derrière l'extrémité de la radicule, qui, par suite d'un changement de la position durant la nuit, s'est considérablement tordue. La partie terminale est cependant droite. Elle s'infléchit d'environ 45° de la perpendiculaire, dans le sens opposé au carton, et en opposition avec l'incurvation de Sachs.

17) Carré de carton fixé au moyen de gomme laque : après 8 h., la radicule est courbée et forme un angle droit avec la perpendiculaire, dans le sens opposé au carton. Après 15 nouvelles heures, cette incurvation a beaucoup diminué.

18) Carré de carton fixé au moyen de gomme laque ; après 24 h., aucun effet produit ; mais la radicule n'a pas bien grandi ; elle paraît malade.

20) Carré de carton fixé au moyen de gomme laque : après 24 h., aucun effet n'est produit.

21) 22) Carrés de carton fixés au moyen de gomme laque : après 24 h., les deux radicules sont courbées à 45° environ de la perpendiculaire, dans le sens opposé aux cartons.

23) Carré de carton fixé au moyen de gomme laque sur une jeune racine. Après 9 h., légère incurvation dans le sens opposé au carton. Après 24 h., l'extrémité est courbée vers le carton. Le carton est de nouveau fixé latéralement : après 9 h., incurvation distincte dans le sens opposé au carton, et, après 24 h., incurvation à angle droit de la perpendiculaire, toujours dans le sens opposé au carton.

24) Morceau de carton oblong, assez grand, fixé sur l'extrémité au moyen de gomme laque : après 24 h., aucun effet produit, mais le carton se trouvait ne pas toucher la pointe. Un petit carré fut de nouveau fixé au moyen de gomme laque ; après 16 heures, légère incurvation de la perpendiculaire, et dans le sens opposé au carton. Après une nouvelle journée, la radicule s'est presque redressée.

25) Carré de carton fixé latéralement sur l'extrémité d'une jeune racine : après 9 h., inflexion considérable de la perpendiculaire ; après 24 heures, cette inflexion a diminué. Un nouveau carré est fixé au moyen de gomme laque ; après 24 h., l'incurvation forme avec la perpendiculaire un angle de 40° dans le sens opposé au carton.

26) Très petit carré de carton fixé au moyen de gomme laque sur l'extrémité d'une jeune radicule : après 9 h., l'inflexion était presque à angle droit avec la perpendiculaire, dans la direction opposée au carton. Après 24 h., l'incurvation a beaucoup diminué : après 24 nouvelles heures, la radicule est presque droite.

27) Carré de carton fixé au moyen de gomme laque sur l'extrémité d'une jeune radicule : après 9 heures, l'inflexion est à angle droit avec la perpendiculaire, dans le sens opposé au carton ; le matin suivant, elle est presque nulle. Le carton est de nouveau fixé latéralement au moyen de gomme laque. Après 9 h., légère incurvation, qui augmente après 24 h.

28) Carré de carton fixé au moyen de gomme laque : après neuf heures, légère incurvation. Le lendemain matin, le carton était tombé ; il fut replacé au moyen de gomme laque ; il tomba de nouveau, et fut encore replacé. Dans cette troisième expérience, la radicule était courbée à angle droit, dans le sens opposé au carton, après 14 h.

29) Un petit carré de carton fut d'abord fixé à l'extrémité de la radicule au moyen d'eau gommée épaisse. Il produisit d'abord un effet assez faible, mais tomba bientôt. Un carton de même taille fut alors fixé latéralement au moyen de gomme laque ; après 9 h.. la radicule formait avec la perpendiculaire un angle d'environ 45°, dans le sens opposé au carton. Après 36 nouvelles heures, l'angle d'inflexion était réduit à 80°.

30) Un très petit morceau d'étain très mince, mesurant moins de 1^{mm}25 carrés, était fixé au moyen de gomme laque sur la pointe d'une jeune radicule. Aucun effet produit après 24 h. L'étain fut alors enlevé et remplacé par un petit carré de carton humide : après 9 h., incurvation presqu'à angle droit de la perpendiculaire, dans le sens opposé au carton. Le lendemain matin, l'incurvation était réduite à 40° environ.

31) Un carré de verre mince, fixé à l'extrémité de la radicule, ne produisit aucun effet après 9 h.; il se trouvait alors ne pas toucher l'extrémité. Le lendemain matin, un carré de carton fut fixé au moyen de gomme laque, et, après 9 h., la radicule était fortement inclinée dans le sens opposé au carton. Après deux nouveaux jours, l'inclinaison avait diminué, et se trouvait réduite à 35° de la perpendiculaire.

32) Petit carré de carton humide attaché latéralement sur l'extrémité au moyen d'eau gommée épaisse. Radicule longue et droite. Après 9 h., forte incurvation dans le sens opposé au carton. L'incurvation s'étendait sur une longueur de 5^{mm}5 de la pointe. Après 3 nouvelles heures, la partie terminale formait un angle droit avec la perpendiculaire. Le lendemain matin, la portion incurvée était longue de 9 mm.

33) Carré de carton fixé à l'extrémité au moyen d'eau gommée ; après 15 h., incurvation de près de 90° dans le sens opposé au carton.

34) Petit morceau oblong de carton verré, fixé sur l'extrémité au moyen d'eau gommée. Après 15 h., incurvation de 90° dans le sens opposé au carton. Dans le cours des trois jours qui suivirent, la partie terminale se tordit beaucoup et finit par se replier en hélice.

35) Carré de carton fixé au moyen d'eau gommée ; après 9 h., incurvation dans le sens opposé au carton. 24 h. après la fixation, forte incurvation oblique, et en partie opposée à la courbure de Sachs.

36) Petit morceau de carton, mesurant un peu moins de $1^{mm}25$, fixé au moyen d'eau gommée ; après 9 h., incurvation considérable dans le sens opposé au carton, et en opposition avec la courbure de Sachs. Après 24 h., l'incurvation est encore plus forte, dans la même direction ; après deux nouveaux jours, l'extrémité était courbée vers le carton.

37) Carré de carton, fixé de front sur l'extrémité, au moyen d'eau gommée ; aucun effet sensible après 8 h. 30. Un nouveau carton fut fixé latéralement après 15 h., incurvation de près de 90° dans le sens opposé au carton. Après deux nouveaux jours, cette incurvation était beaucoup réduite.

38) Carré de carton fixé sur l'extrémité au moyen d'eau gommée ; après 9 h.. forte incurvation, qui s'élève à près de 90°, 34 h. après la fixation. Après une nouvelle journée, la partie terminale avait formé une boule, et une hélice le jour suivant.

39) Petit morceau de carton oblong, fixé de front sur l'extrémité, au moyen d'eau gommée, mais un peu incliné vers un côté : après 9 h., légère incurvation, dans le sens de la courbure de Sachs, mais un peu oblique dans la direction opposée au carton. Le lendemain, l'incurvation s'est accentuée dans la même direction, et la radicule a formé un cercle après deux nouveaux jours.

40) Carré de carton fixé à l'extrémité au moyen d'eau gommée : après 9 h., légère incurvation dans le sens opposé ; le lendemain matin, la radicule est droite, et la pointe a poussé au-delà du carton. Un autre carton est fixé latéralement au moyen de gomme laque : après 9 h., légère incurvation, mais aussi dans la direction de la courbure de Sachs. Après deux nouveaux jours l'incurvation a considérablement augmenté dans le même sens.

41) Petit carré découpé dans une feuille d'étain, fixé sur la pointe d'une radicule jeune et encore courte : après 15 h., aucun effet produit, mais le carré a été déplacé. Un petit carré de carton est alors fixé sur un côté de la pointe, au moyen d'eau gommée : après 8 h. 40 légère incurvation ; 24 h. après la fixation du carton, cette incurvation a atteint 90°. Après 9 nouvelles heures, la radicule forme un crochet, son extrémité se dirigeant vers le zénith. Trois jours après la fixation, la partie terminale de la radicule forme un cercle complet.

42) Petit carré de papier à lettre mince, fixé au moyen d'eau gommée sur l'extrémité de la radicule, qui, après neuf heures, est infléchie dans le sens opposé. 24 h. après la fixation du papier, l'incurvation a

beaucoup augmenté, et, après 2 nouveaux jours, elle s'élève à 50°, dans le sens opposé au papier.

43) Un mince fragment de plume est fixé au moyen de gomme laque, sur l'extrémité de la radicule. Après 9 h., aucun effet produit. Après 24 h., incurvation modérée; à ce moment, le fragment de plume cesse de toucher l'extrémité. Il est enlevé et remplacé par un carré de carton, qui, après 8 h., détermine une légère incurvation. Le quatrième jour après la fixation de la plume, l'extrémité était courbée vers le carton.

44) Un fragment assez long et étroit de verre extrêmement mince est fixé sur l'extrémité au moyen de gomme laque: il détermine en 9 h. une légère incurvation, qui disparaît en 24 h.; le fragment se trouve alors ne plus toucher la pointe. Il est replacé deux fois, avec des résultats à peu près semblables; c'est à dire en déterminant une légère incurvation, qui disparaît bientôt. Le quatrième jour, l'extrémité de la radicule est courbée vers le fragment.

D'après ces expériences, il est clair que l'extrémité de la radicule de la fève est sensible au contact, et que cette sensibilité détermine dans la partie supérieure une incurvation qui éloigne cette extrémité de l'objet touché. Mais, avant de donner un résumé des résultats, il sera bon d'exposer brièvement quelques autres observations. Des morceaux de verre extrêmement mince, et de petits carrés de carton ordinaire furent, en vue d'une expérience préliminaire, fixés au moyen d'eau gommée épaisse sur les extrémités radiculaires de 7 fèves. Six d'entre elles furent complétement excitées, et, en 2 cas, les radicules se recourbèrent pour former des boucles complètes. Une autre radicule était courbée en demi-cercle, en un court laps de temps de 6 h. 10 m. La septième, qui n'avait pas été affectée, était probablement malade, car elle brunit le lendemain; elle ne constitue donc pas une exception réelle. Quelques-unes de ces expériences furent faites au commencement du printemps, pendant le froid, dans un salon, et les autres dans une serre, mais la température ne fut pas notée. Ces six cas frappants nous ayant presque convaincu de la sensibilité de l'extrémité radiculaire, nous résolûmes de tenter un beaucoup plus grand nombre d'expériences. Ayant remarqué que les radicules poussent beaucoup plus rapidement lorsqu'elles sont soumises à une chaleur considérable, nous pensâmes que cette même chaleur accroîtrait leur sensibilité. Pour vérifier l'hypothèse, nous plaçâmes dans une pièce chauffée des vases pourvus de fèves en voie de germination, suspendues dans l'air humide : elles y furent soumises, pendant la majeure partie de la journée, à une température qui variait entre 20° et 22° C.; j'ajoute que quelques-unes furent placées dans la serre, où la température était un peu plus élevée. Nous expérimentâmes ainsi sur plus de deux douzaines de fèves, et, lorsqu'un carré de verre ou de carton n'agissait pas, il était enlevé et remplacé immédiatement, opération que nous avons répétée souvent trois fois pour la même radicule. Nous fîmes donc simultanément de 5 à 6 douzaines d'expériences. Dans ce nombre considérable de cas, nous constatâmes sur une radicule seulement, une incurvation modérément distincte, s'écartant de la perpendiculaire et de l'objet surajouté. Dans cinq autres cas, il y eut une incurvation très légère et douteuse. Etonnés de ce résultat, nous en conclûmes que nous avions commis quelqu'erreur inexplicable dans les six premières expériences. Mais avant d'abandonner complétement ce sujet, nous résolûmes de faire une nouvelle épreuve, car il nous revint à l'esprit que la sensibilité est facilement troublée par les conditions extérieures, et que les radicules, dont la croissance naturelle se fait au commencement du printemps ne seraient pas soumises, pendant cette saison, à une température voisine de 21° C. Nous fîmes donc pousser les radicules de 12 fèves à une température de 13° à 15° C. Dans chacun de ces cas, le résultat compris dans les expériences que nous venons de décrire fut que la radicule était infléchie en quelques heures vers le côté opposé à l'objet attaché. Toutes les expé-

riences successives que nous avons rapportées ci-dessus
et quelques autres que nous allons donner, furent faites
dans un salon, à la température sus-indiquée. Il ressort
donc de ces faits qu'une température de 21° C. ou un peu
au-dessus, détruit la sensibitité des radicules, soit directement, soit indirectement, par suite de l'augmentation
anormale de la croissance ; ce fait curieux explique probablement pourquoi Sachs, qui dit expressément que ses
fèves étaient conservées à une haute température, ne
put constater la sensibilité de l'extrémité radiculaire.

Mais d'autres causes interviennent pour troubler cette
sensibilité. Pendant les derniers jours de 1878, et les premiers jours de l'année suivante, dix-huit radicules furent
mises en expérience avec de petits carrés de carton humide fixés les uns par de la gomme laque, les autres par
de l'eau gommée. Elles furent conservées dans une pièce
à la température convenable, durant la journée; mais la
nuit était probablement trop froide (nous subissions à cette
époque un hiver rigoureux), car les radicules, quoique paraissant saines, ne poussèrent que lentement. Il en résulta
que 6 seulement de ces 18 radicules se courbèrent pour
s'éloigner des morceaux de carton, et encore à un degré
très faible et très lentement. Ces radicules présentaient
donc un contraste frappant avec les 44 que nous avons décrites. Le 6 et le 7 mars, la température de la pièce variant
entre 12° et 15° C., onze fèves en voie de germination
furent mises en expérience de la même manière; chacune
des radicules se courba alors pour s'éloigner des cartons,
cependant une d'entre elles ne le fit que légèrement. Les
horticulteurs croient que certaines espèces de graines ne
germent pas facilement dans le milieu de l'hiver, bien
que gardées à une température convenable. S'il y a réellement une période favorable pour la germination des
fèves, le faible degré de sensibilité des radicules que
nous avons constaté peut avoir résulté de ce que les expé-

riences ont eu lieu au milieu de l'hiver, et non pas seulement de ce que les nuits étaient trop froides. Enfin, quatre fèves qui, sous l'influence de quelque cause innée, germèrent plus tard que toutes les autres du même lot, et dont les radicules, quoique bien portantes selon toute apparence, poussèrent lentement, furent mises en expérience de la même manière : après 24 heures, elles étaient déjà infléchies pour s'éloigner des morceaux de carton. Nous pouvons donc en conclure, qu'une cause qui rend plus lente ou plus rapide la croissance des radicules, modifie ou annule la sensibilité de leurs extrémités au contact. Il faut particulièrement remarquer que, lorsque les objets attachés restaient sans action, il n'y avait aucune espèce d'incurvation si ce n'est celle de Sachs. La force de notre conviction eût été grandement affaiblie, si, parfois, quoique rarement, les radicules s'étaient recourbées dans une direction indépendante des objets fixés à leur extrémité. Dans les paragraphes précédents cependant, nous avons pu voir que l'extrémité se courbe quelquefois brusquement, après un laps de temps considérable, vers le morceau de carton ; mais c'est là un phénomène entièrement distinct de celui que nous étudions ici, comme nous allons l'expliquer.

Résumé des résultats obtenus par les expériences précédentes sur les radicules de Vicia faba.—De petits carrés mesurant $1^{mm}25$ environ, de papier de verre aussi dur que du carton épais (de $0^{mm}15$ à $0^{mm}20$ d'épaisseur), quelquefois aussi de carton ordinaire ou encore de petits morceaux de verre très mince, etc., furent simultanément fixés à diverses reprises sur les extrémités coniques de 55 radicules. Les 11 cas que nous venons de mentionner sont compris dans ce nombre ; mais il n'en est pas de même des expériences préliminaires. Les divers carrés étaient le plus souvent fixés au moyen de gomme laque, et, dans 19 cas, avec de l'eau gommée épaisse. Lorsque nous employâmes

ce dernier procédé, les carrés se trouvèrent quelquefois,
nous l'avons dit déjà, séparés de la radicule par une couche
de liquide épais et ne furent plus en contact avec elle ; ils
ne purent donc déterminer son incurvation. Les quelques
cas de ce genre n'ont pas été rapportés ici. Mais, toutes
les fois que nous n'avons pas employé la gomme laque,
et que, cependant, les carrés ne sont pas tombés de suite,
nous avons noté les résultats obtenus. Dans plusieurs
cas, lorsque les carrés s'étaient déplacés, de manière à se
trouver parallèles à la radicule, ou qu'ils en étaient séparés par du liquide, ou qu'ils tombaient bientôt, ils étaient
immédiatement remplacés par de nouveaux carrés : nous
avons rapporté ici ces divers cas, ils sont décrits dans les
paragraphes numérotés. Parmi les 55 radicules mises en
expérience à une température convenable, 52 se courbèrent, en s'écartant généralement beaucoup de la perpendiculaire, et dans le sens opposé au côté qui supportait l'objet. Des trois exceptions, une peut s'expliquer, car la radicule devint malade le lendemain ; la seconde n'avait été observée que pendant 11 h. 30. Dans plusieurs cas, la pointe
radiculaire (en voie d'accroissement) continuait pendant
quelque temps à se courber pour s'éloigner de l'objet affixé
à son extrémité ; elle prenait ainsi la forme d'une boucle,
dont l'extrémité restait dirigée vers le zénith, ou souvent
d'un anneau, enfin quelquefois d'une hélice ou d'une spire.
Il faut remarquer que ces derniers cas se présentaient
plus fréquemment lorsque les corps étaient fixés au moyen
d'eau gommée épaisse (qui ne sèche jamais complètement), que dans le cas où la gomme laque était employée.
L'incurvation se dessinait souvent très bien en 7 à 11 heures ; dans un cas, un demi-cercle se forma en 6 h. 10 m.
à partir du moment où l'objet avait été fixé. Mais, si l'on
veut voir le phénomène se manifester aussi nettement que
dans les cas que nous avons décrits, il est indispensable
de disposer les morceaux de carton, etc., de manière

à adhérer fortement à l'un des côtés de l'extrémité conique ; il faut en outre que les radicules bien portantes soient choisies et conservées à une température ni trop haute ni trop basse, et, probablement que les expériences n'aient pas lieu au milieu de l'hiver. Dans dix cas, les radicules qui s'étaient courbées pour s'éloigner d'un carré de carton ou d'un autre objet attaché à leur extrémité, se redressèrent sur une certaine étendue ou même entièrement, dans l'espace d'un ou deux jours après la fixation de l'objet. Ce fait semblait se présenter plus spécialement, lorsque l'incurvation était faible. Mais, dans un cas (N° 27), une radicule qui, en 9 heures, s'était écartée de la perpendiculaire d'environ 90°, se redressa complétement 24 heures après la fixation de l'objet. Dans l'expérience N° 26, la radicule était presque droite après 48 h. Nous attribuâmes d'abord ce redressement à ce que les radicules s'accoutumaient à une légère excitation, de même qu'une vrille ou un pétiole sensible s'accoutume à supporter une légère boucle de fil, et se redresse bien que cet obstacle ne le quitte pas. Mais Sachs (1) a montré que les radicules de la fève, placées horizontalement dans l'air humide, après s'être courbées vers le bas sous l'action du géotropisme, se redressent un peu par suite de la croissance de leur face inférieure concave. La cause de ce fait n'est pas claire : mais peut-être intervenait-elle aussi dans les dix cas que nous venons de citer. Il y eut encore un autre mouvement accidentel que nous ne devons pas passer sous silence : l'extrémité de la radicule, sur une longueur de 2 à 3 mm., se trouva, en six occasions, et après un intervalle d'environ 24 heures ou plus, courbée vers le morceau de carton épais fixé sur elle ; cette direction était donc diamétralement opposée à l'incurvation que nous constations auparavant, et qui se manifestait sur

---

(1) *Arbeiten Bot. Instit. Würzburg.* Heft. III, p. 456.

toute la partie en voie d'accroissement, c'est à dire sur une longueur de 7 à 8 mm. Ce fait se présenta partout lorsque la première incurvation était faible, et que l'extrémité de la radicule avait été plus d'une fois pourvue d'un objet excitant. La fixation d'un morceau de carton, au moyen de la gomme laque, sur un côté de l'extrémité encore tendre, peut quelquefois, mécaniquement, en empêcher la croissance : l'application répétée d'eau gommée peut encore endommager le côté sur lequel elle a été faite. Dans ce cas, le retard de la croissance sur ce côté joint à la continuité de cette croissance sur le côté opposé, non endommagé, rendait compte de l'incurvation en sens contraire de l'extrémité radiculaire.

Diverses expériences furent tentées, dans le but de déterminer, autant que possible, la nature et le degré de l'irritation à laquelle devait être soumise l'extrémité, pour que la partie terminale, en voie d'accroissement, se courbât en sens contraire : nous cherchâmes aussi à reconnaître la cause de l'excitation. Nous avons vu par les expériences que nous avons énumérées, qu'un petit carré de papier-à-lettre assez mince, collé sur l'extrémité radiculaire, déterminait une incurvation considérable, quoique lente. D'autre part, en plusieurs cas, divers objets fixés avec de l'eau gommée, avaient été ainsi séparés de l'extrémité par une couche liquide ; quelquefois encore des gouttes d'eau gommée épaisse avaient été appliquées sur la radicule ; nous pouvons juger, d'après les résultats obtenus, que ce liquide ne provoque aucune incurvation. De petits carrés de baudruche extrêmement mince ayant été mouillés, nous les fîmes, dans cet état, appliquer sur un côté de l'extrémité de deux radicules : un d'entre eux, après 24 h., n'avait produit aucun effet, l'autre n'en avait pas produit non plus après 8 h., tandis que ce temps suffit ordinairement avec les morceaux de carton : toutefois, après 24 h., il y avait une légère incurvation.

Une goutte ou plutôt un morceau ovale de gomme laque desséchée, long de 1^{mm}01 et large de 0^{mm}63, fit courber la radicule presque à angle droit en 6 h. seulement ; mais, après 23 h., elle s'était presque complétement redressée. Une très petite quantité de gomme laque fut recueillie sur un morceau de carton et nous servit à toucher, latéralement, les extrémités de 9 radicules ; deux seulement d'entre elles s'incurvèrent légèrement du côté opposé à celui qui portait le fragment de gomme laque desséchée ; elles se redressèrent plus tard. Ces fragments furent enlevés ; tous deux ensemble pesaient moins de 0mgr.64 ; de sorte qu'un poids inférieur à 0mgr.32 suffisait pour provoquer un mouvement dans deux radicules sur neuf. Nous avons donc ici, probablement, déterminé à peu près le poids minimum capable d'agir sur ce mouvement.

Un poil modérément épais (il se trouva, d'après nos mensurations, un peu aplati, et d'une épaisseur de 0^{mm}33 dans un sens et de 0^{mm}20 dans l'autre) fut coupé en morceaux longs de 1^{mm}25. Après avoir touché ces fragments avec de l'eau gommée épaisse, nous les plaçâmes sur les extrémités de onze radicules. Trois d'entre elles furent excitées : l'une se courba en 8 h. 15 m. à environ 90° de la perpendiculaire ; la seconde s'était infléchie de la même quantité lorsqu'elle fut observée après 9 h. ; toutefois, 24 heures après le moment où le poil avait été fixé, l'incurvation avait diminué jusqu'à n'être plus que de 19° ; la troisième n'était que faiblement courbée après 9 heures, et le fragment de poil ne se trouva plus alors en contact avec l'extrémité : il fut remis en place, et, après 15 nouvelles heures, l'incurvation s'éleva à 26° de la perpendiculaire. Les huit autres radicules n'étaient nullement excitées par les morceaux de poil ; et nous semblons, par suite, avoir ici, à peu près déterminé la taille minimum d'un objet capable d'agir sur la radicule de la fève. Il est cependant remarquable de voir combien les morceaux de poils sont, lorsqu'ils agissent, doués d'une action rapide et efficace.

En pénétrant dans le sol, l'extrémité d'une radicule est évidemment pressée de toutes parts : aussi désirions-nous savoir s'il était possible à ces organes d'établir une distinction entre les substances les plus dures ou les plus résistantes, et celles plus meubles. Un carré de papier humide, presque aussi épais que du carton, et un carré de papier extrêmement mince (trop mince pour qu'on pût y écrire), d'une surface exactement semblable ($1^{mm}25$ environ) furent fixés, au moyen de gomme laque, sur les côtés opposés de la pointe dans 12 radicules suspendues. Sur 8 de ces 12 cas, il fut impossible de douter que la radicule n'eût été infléchie, pour s'éloigner du côté où était attaché le papier-carton, et vers le côté opposé qui portait le papier très mince. Dans certains cas, cet effet fut produit en 9 h., mais, dans d'autres, il n'en fallut pas moins de 24. De plus, certaines des quatre exceptions peuvent à peine être considérées comme telles; dans l'une d'entre elles, en effet, nous trouvâmes, en enlevant les papiers de l'extrémité, que le carré le plus mince avait reçu une couche de gomme laque si épaisse qu'il était presque aussi dur que du carton ; dans le second cas, la radicule s'était recourbée vers le haut en demi-cercle, mais l'incurvation ne s'était pas produite directement sur le côté qui portait le carton ; ce qui fut expliqué par ce fait que les deux carrés s'étaient réunis latéralement, et avaient formé une sorte d'angle épais; l'incurvation était opposée à cet angle. Dans le troisième cas, le carré de carton avait été, par mégarde, fixé de front, et, quoique l'incurvation lui fût opposée, elle peut avoir été le résultat de la courbure de Sachs ; seul, le quatrième cas, ne nous permit d'assigner aucun motif à l'absence absolue d'incurvation dans la radicule. Ces expériences suffisent à prouver que la pointe de la radicule douée du pouvoir extraordinaire de choisir entre le carton faible et le papier très mince, s'incurve en s'éloignant du côté pressé par la substance la plus dure ou la plus résistante.

Nous instituâmes alors quelques expériences en excitant la radicule, mais sans laisser aucun objet en contact avec cet organe. Neuf radicules, suspendues au-dessus de l'eau, furent soumises à l'expérimentation. Nous frottâmes leurs extrémités, chacune six fois, au moyen d'une aiguille et avec une force suffisante pour ébranler la fève tout entière : la température était du reste favorable, soit environ 17° C. Dans 7 de ces cas, il ne se produisit aucun effet; dans le huitième, la radicule se courba légèrement dans le sens opposé au côté frotté, et dans le neuvième, elle se courba aussi légèrement, mais vers ce même côté. Ces deux dernières incurvations étaient probablement accidentelles, car la radicule ne pousse jamais vers le bas parfaitement rectiligne. Les extrémités de deux autres radicules furent frottées de la même manière durant 15 secondes avec une petite baguette ronde, celles de deux autres durant 30 secondes celles de deux autres enfin durant 1 minute, mais sans qu'aucun effet se produisit. Nous pouvons donc conclure de ces 15 expériences que les radicules insensibles à un contact temporaire, sont influencées par l'action prolongée de cet excitant, même quand il est faible.

Nous expérimentâmes alors les effets produits en détachant de la radicule, une lame très mince, parallèle à un des côtés inclinés de l'extrémité. Nous pensions que la plaie produirait une irritation prolongée, capable d'occasionner l'incurvation vers le côté opposé, ainsi qu'il arrive quand un objet est fixé sur la radicule. Deux essais préliminaires furent tentés. D'abord des lames furent détachées sur les radicules de 6 fèves suspendues dans l'air humide, au moyen d'une paire de ciseaux, qui, quoique fins, produisirent probablement un froissement considérable :

cette opération ne fut suivie d'aucune incurvation. En second lieu, de minces lames furent détachées obliquement,
(avec le rasoir) sur les extrémités de trois radicules suspendues de la même manière. Après 44 heures, deux
d'entre elles se trouvèrent complétement courbées dans le
sens opposé à la surface coupée; la troisième, dont toute
la pointe avait été enlevée obliquement par accident, était
courbée vers le haut au-dessus de la fève, mais nous ne
déterminâmes pas sûrement si l'incurvation avait d'abord
été dirigée dans le sens opposé à la surface coupée. Ces
résultats nous engagèrent à poursuivre l'expérience, et
18 radicules, qui avaient poussé verticalement vers le
bas, dans l'air humide, furent traitées de la même manière; c'est à dire qu'une bande en fut détachée, avec le
rasoir, sur un côté de leur pointe conique. Les extrémités,
disposées de manière à pénétrer dans l'eau des pots,
restèrent soumises à une température de 14° à 16° C. Les
observations eurent lieu à des moments différents. Trois
radicules furent examinées 12 h. après avoir été mutilées :
elles étaient toutes légèrement courbées dans le sens opposé à la surface coupée; l'incurvation augmenta considérablement après 12 nouvelles heures. Huit furent examinées après 19 h., 4 après 22 h. 30, et 3 après 25 h. Le
résultat définitif fut que, sur les 18 radicules ainsi observées, 13 étaient, après les intervalles de temps que nous
venons d'indiquer, pleinement courbées dans le sens opposé à la surface coupée; une autre le devint après un
nouvel intervalle de 13 h. 30 m. De sorte que 4 seulement
sur les 18 radicules n'avaient pas été excitées. A ces
18 cas, il faut ajouter les 3 que nous avons déjà mentionnés. On peut donc conclure qu'une mince lame enlevée au
rasoir sur un côté de la radicule, provoque une incurvation dans le sens opposé au côté endommagé, comme le
ferait un corps étranger attaché au même point.

Enfin, un caustique sec (nitrate d'argent) fut employé

pour exciter un côté de la pointe radiculaire. Si l'un des
côtés de cette pointe ou de la partie terminale tout entière,
en voie d'accroissement, est, par un moyen quelconque,
brûlé ou gravement endommagé, l'autre côté continue à
croître; ce qui fait courber cette partie vers le côté endommagé (1). Mais, dans les expériences suivantes, nous
nous sommes efforcé, et en général avec succès, d'irriter
les extrémités sur un côté, sans les endommager gravement. Nous y parvînmes en séchant l'extrémité, autant que
possible, avec du papier buvard (qui la laissait à la vérité,
toujours un peu humide), et en la touchant alors une fois
avec le caustique tout à fait sec. Nous traitâmes ainsi
17 radicules et les suspendîmes à l'air humide, au-dessus
de l'eau, à une température de 14° C. L'examen eut lieu
après un intervalle de 21 à 24 heures. Deux radicules
eurent leurs pointes noircies, d'une manière égale, dans
toute leur étendue : elles ne pouvaient, dans cet état,
fournir aucune indication ; nous les rejetâmes et il nous
en resta 15. Parmi ces dernières, 10 étaient courbées dans
le sens opposé au côté touché, où se trouvait une petite
marque brune ou noirâtre. Cinq de ces radicules, dont
3 étaient déjà légèrement courbées, ayant été disposées de
manière à entrer dans l'eau des vases, furent examinées
de nouveau après un intervalle de 27 h. (soit 48 h. après
l'application du caustique). Quatre d'entre elles s'étant
alors courbées dans le sens opposé au côté décoloré,
eurent leurs extrémités dirigées vers le zénith ; la cinquième demeura droite et sans altération. Ainsi 11 radicules sur les 15 furent excitées. Mais l'incurvation des 4 que

(1) Ciesielski a trouvé que ce cas se présente (*Untersuchungen über die Ab-
wartskrümmnung der Wurzel*, 1871, p. 28, « Recherches sur la courbure inférieure
de la racine, ») après avoir brûlé, avec un fil de platine chauffé, un côté de la radicule. Nous agissions de même en enduisant longitudinalement la moitié de la longueur totale de sept radicules suspendues sur l'eau, d'une couche épaisse de graisse,
substance très nuisible, ou même mortelle pour les parties en voie d'accroissement ;
après 48 heures, en effet, cinq de ces radicules étaient courbées vers le côté graissé ;
deux demeurèrent droites.

nous venons de décrire était si complète, que, seules, elles auraient suffi pour démontrer que les racines de la fève se recourbent dans le sens opposé au côté de leur extrémité qui a été légèrement irrité par un caustique.

Influence d'un excitant sur l'extrémité radiculaire de la fève, comparée à celle du géotropisme. — Nous savons que, lorsqu'un petit carré de carton ou tout autre corps étranger est fixé sur le côté de l'extrémité d'une radicule dirigée verticalement vers le bas, la partie en voie d'accroissement pour s'éloigner de cet objet, s'incline et va souvent jusqu'à décrire un demi-cercle : ce mouvement a lieu en opposition avec le géotropisme, et il est dû à l'excitation que provoque l'objet attaché. Des radicules furent donc étendues horizontalement dans l'air humide et soumises à la température qui est convenable pour leur conserver leur pleine sensibilité. Des carrés de carton purent être fixés, au moyen de gomme laque, sur la face *inférieure* de leurs pointes, de telle façon que, si les cartons agissaient, la partie terminale, en voie d'accroissement, devait se recourber vers le haut. D'abord, 8 fèves furent placées de manière à ce que leurs radicules courtes et jeunes, étendues horizontalement, fussent en même temps sous l'influence du géotropisme et de l'incurvation de Sachs, si cette dernière entrait en jeu. Toutes huit se recourbèrent vers le centre de la terre en 20 heures, à l'exception d'une d'elles qui ne fut que légèrement influencée. Deux d'entre elles, au bout de 5 h. étaient déjà un peu courbées vers le bas ! Par conséquent les morceaux de carton, fixés sur la face inférieure de leurs pointes, paraissaient ne produire aucun effet, le géotropisme surmontant facilement l'influence de l'excitation ainsi provoquée. En second lieu, des radicules assez vieilles, longues de $37^{mm}5$ et, par suite, moins sensibles que celles d'un âge plus jeune, furent placées de même et traitées d'une façon identique. De ce que nous avions vu en bien d'autres occasions, on pouvait conclure que, si ces fèves eussent été suspendues verticalement, elles se seraient courbées pour s'éloigner des cartons ; si, au contraire elles eussent été étendues horizontalement, sans cartons attachés, elles se seraient rapidement inclinées vers le bas, sous l'action du géotropisme : le résultat de notre expérience fut que deux de ces radicules se trouvaient encore horizontales, après 23 h. ; deux n'étaient courbées que légèrement et la cinquième était inclinée jusqu'à 40° sous l'horizon. — En troisième lieu, 5 fèves furent fixées dans une position telle que leur surface aplatie fût parallèle au bouchon, afin que l'incurvation de Sachs ne pût alors agir sur les radicules étendues horizontalement, ni pour les courber vers le haut, ni pour les incliner vers le bas. On fixa, comme auparavant, de petits carrés de carton sur la face inférieure de leurs pointes. Il en résulta que les 5 radicules se courbèrent vers le bas, c'est à dire vers le centre de la terre, après 8 h. 20 m. seulement. En même temps et dans les mêmes pots, furent disposées 3 radicules du même âge, munies de cartons sur un côté et suspendues verticalement. Après 8 h. 20 m., ces radicules, considérablement infléchies dans le sens opposé au côté qui supportait les cartons, étaient, par suite, recourbées vers le haut, luttant ainsi contre le géotropisme. Dans ces derniers cas, l'excitation causée par les carrés avait été plus forte que le géotropisme. Dans les premiers cas, au contraire, lorsque les radicules étaient étendues horizontalement, le géotropisme avait été plus fort que l'excitation. Ainsi, dans les mêmes pots, certaines des radicules se courbaient vers le haut et d'autres, en même temps, vers le bas ; ces mouvements en sens contraire dépendent de ce que les radicules, au moment où elles recevaient les carrés de carton, se trouvaient soit dirigées verticalement vers le bas, soit étendues horizontalement. Cette différence dans leur manière d'être paraît tout d'abord inexplicable ; on peut cependant, croyons-nous, s'en rendre compte facilement par la différence qui existe entre les pouvoirs initiaux des deux forces, dans les circonstances que nous venons d'indiquer, et, en même temps, par le principe bien connu de la force acquise sous l'influence d'un stimulant. Lorsqu'une radicule jeune et sensible se trouve étendue horizontalement, ayant un carré de carton fixé sur une de ses faces, le géotropisme agissant sur elle à angle droit, est, comme nous l'avons vu, beaucoup plus énergique que l'excitation produite par le carré de carton. La force géotropique sera, d'ailleurs, augmentée à chaque période successive, par suite de son action antérieure ou de la force acquise. D'autre part, si un carré de carton est fixé sur une radicule dirigée perpendiculairement vers le bas, et que l'extrémité commence à se recourber vers le haut, ce mouvement aura pour antagoniste le géotropisme; mais ce dernier n'agit que suivant un angle très oblique et l'excitation produite par le carton sera encore augmentée par suite de la force acquise. Nous pouvons en conclure que le pouvoir initial d'un excitant sur l'extrémité de la radicule de la fève, est moindre que celui du géotropisme, lorsque ce dernier agit à angle droit; mais il est plus fort, lorsque la pesanteur agit obliquement sur la radicule.

Sensibilité des extrémités des racines secondaires de la fève au contact. — Toutes les observations qui précèdent se rapportent à la racine principale ou primaire. Quelques fèves, suspendues aux bouchons, et dont les radicules trempaient dans l'eau, ayant développé des racines secondaires ou latérales, elles furent placées dans l'air très humide, à une température assez élevée pour conserver toute leur sensibilité. Ces racines secondaires se dirigeaient, comme d'ordinaire, presque horizontalement, et n'avaient qu'une légère incurvation vers le bas. Elles gardèrent plusieurs jours cette position.

Sachs a montré (1) que ces racines secondaires subissent d'une manière particulière l'action du géotropisme, et que, si on les déplace, elles reprennent leur première position sub-horizontale, sans s'incliner verticalement vers le bas, comme la racine primaire. De petits carrés de papier épais, humides, furent fixés au moyen de gomme laque (et quelquefois d'eau gommée épaisse) sur les extrémités de 39 racines secondaires d'âges différents, choisies généralement parmi les supérieures. La plupart des carrés étaient fixés sur la face inférieure de l'extrémité, de manière que, s'ils agissaient, la racine devait se courber vers le haut. Quelques-uns cependant furent fixés latéralement, et d'autres, sur la face supérieure. Eu égard à l'extrême ténuité des racines, il était très difficile d'attacher les carrés sur la pointe. C'est peut-être à cause de ce fait ou sous l'influence de quelqu'autre circonstance, que neuf seulement des carrés de papier provoquèrent une incurvation. Cette dernière s'élevait, en certains cas, jusqu'à 45° environ au-dessus de l'horizon, dans d'autres à 90°; l'extrémité se dirigeait alors vers le zénith. Dans un cas, nous observâmes une incurvation distincte vers le haut, en 8 h. 15 m., mais, d'ordinaire, il ne fallait pas moins de 24 h. Quoique 9 seulement sur les 39 radicules aient été influencées, l'incurvation était cependant si nette dans plusieurs d'entre elles, qu'on ne peut douter de l'insensibilité de l'extrémité radiculaire à un léger contact, et de la courbure de la partie en voie d'accroissement pour s'éloigner de l'objet qui la touche. Il est possible que quelques racines secondaires soient plus sensibles que d'autres; Sachs a prouvé (2), en effet, ce fait intéressant que chaque racine secondaire, individuellement, possède sa constitution particulière.

Sensibilité au contact de la radicule primaire, un peu

(1) *Arbeiten Bot. Inst.*, *Würzburg*. Heft. IV, 1874, p. 605, 617.
(2) *Arbeiten Bot. Instit.*, *Würzburg*. Heft. IV, 1874, p. 620.

*au-dessus de son extrémité, dans la fève (Vicia faba) et
le pois (Pisum sativum).* — La sensibilité de la pointe
radiculaire, dans les cas que nous venons de décrire, et
l'incurvation subséquente de la partie supérieure pour
s'éloigner de l'objet qui la touche ou de toute autre
cause d'irritation, sont d'autant plus remarquables, que
(Sachs (1) l'a montré), une pression exercée quelques millimètres au-dessus de l'extrémité, détermine la courbure
de la radicule vers l'objet qui la touche, comme le ferait une
vrille. Nous pûmes constater ce mode d'incurvation, en
fixant des épingles dans une position telle qu'elles exer-
çassent une pression contre des radicules de fèves suspendues dans l'air humide. Cependant, nous ne produi-
sîmes aucun effet en frappant, pendant plusieurs minutes,
la radicule au moyen d'une baguette ou d'une aiguille.
Haberlandt (2) fait remarquer que les radicules, en se
frayant un passage au travers des enveloppes séminales,
frappent souvent et pressent contre les bords de l'ouverture, pour se courber ensuite autour de ces bords. De petits carrés de papier-carton, fixés avec de la gomme laque sur les extrémités étaient largement suffisants pour
provoquer l'incurvation de la radicule dans le sens opposé; aussi plaçâmes-nous des objets semblables (de
$1^{mm}25$ dans les deux sens ou même un peu moins) et de la
même manière, sur un côté de la radicule, à 3 ou 4 mm.
au-dessus de l'extrémité. Dans notre première expérience,
qui portait sur 15 radicules, nous n'obtînmes aucun résultat. Dans une seconde, sur le même nombre, 3 devinrent
assez fortement courbées (une seulement l'était très fortement) vers le côté qui supportait le carton, et cela en 24 h.
De ces cas, nous pouvons déduire que la pression d'un
morceau de carton fixé au moyen de gomme laque sur un
côté de la radicule, au-dessus de l'extrémité, est un exci-

(1) *Arbeiten Bot, Instit., Würzburg.* Heft. III, 1873, p. 437.
(2) *Die Schutzeinrichtungen der Keimpflanze,* 1877, p. 25.

tant à peine suffisant. Elle peut cependant, parfois, amener la radicule à se courber vers ce côté, comme le ferait une vrille.

Nous essayâmes alors de toucher plusieurs radicules à une distance de 4 mm. de la pointe, et pendant quelques secondes, avec la pierre infernale (nitrate d'argent). Quoique les radicules eussent été séchées et que le bâton de caustique fût sec, la partie touchée, très endommagée par ce contact, conserva une légère dépression permanente. Dans ces cas, le côté opposé continuant à croître, la radicule se recourbait nécessairement vers le côté cautérisé. Toutefois, lorsqu'un point, à 4 mm. de l'extrémité, était touché rapidement avec le caustique sec, il n'était que momentanément décoloré, et il n'en résultait aucun dommage permanent. C'est ce que montraient plusieurs racines qui, ainsi traitées, se redressèrent après deux ou trois jours : elles s'étaient inclinées cependant d'abord *vers* le côté touché, comme elles l'eussent fait, si elles avaient été soumises à une légère pression continue. Ces cas méritent d'être notés, car lorsqu'un côté de la pointe venait d'être irrité par le caustique, la radicule, nous l'avons vu, se courbait dans le sens opposé, c'est à dire comme pour s'*éloigner* du côté touché.

La radicule du pois ordinaire, sur un point situé un peu au-dessus de l'extrémité, est un peu plus sensible à une pression continue, que celle de la fève, et elle s'incline vers le côté touché (1). Nous fîmes nos expériences sur une variété (Yorkshire Hero) qui est pourvue d'une peau très dure et très plissée, trop large pour les cotylédons qu'elle renferme, de sorte que, sur 30 pois que nous fîmes tremper 24 heures et que nous mîmes ensuite à germer sur le sable humide, les radicules de trois graines ne purent s'échapper et se plissèrent dans l'enveloppe d'une manière remarquable. Quatre autres radicules se cour-

(1) Sachs. *Arbeiten Bot. Inst.* Würzburg. Heft. III, p. 438.

bèrent brusquement autour des bords de l'enveloppe rompue, contre lesquels elles étaient pressées. De telles anomalies ne se produiraient probablement jamais ou du moins très rarement, avec des formes développées dans les conditions normales et soumises à l'influence de la sélection naturelle. Une de ces quatre radicules, en se courbant vers le bas, vint en contact avec l'épingle qui fixait le pois sur le bouchon. Elle se courba alors à angle droit autour de ce corps étranger dans une direction toute différente de celle de la première incurvation due au contact avec l'enveloppe brisée, nous apportant ainsi un excellent exemple de la sensibilité de la radicule un peu au-dessus de son extrémité. Cette sensibilité est semblable à celle des vrilles.

De petits carrés de papier-carton furent ensuite fixés sur des radicules de pois, à 4 mm. de leur extrémité et de la même manière que pour la fève. Vingt-huit radicules suspendues verticalement au-dessus de l'eau, ayant été ainsi traitées en différentes occasions, 13 d'entre elles se courbèrent vers les cartons. Le plus grand degré d'incurvation s'élevait à 62° de la perpendiculaire, mais un angle aussi considérable ne se forma qu'une fois. En une occasion, une légère incurvation pouvait s'apercevoir après 5 h. 45 m., et elle était généralement bien marquée après 14 h. Il n'est donc pas douteux que, dans le pois, l'excitation produite par un morceau de carton attaché sur un côté de la radicule, au-dessus de la pointe, ne suffise pour déterminer une incurvation.

Des carrés de carton furent attachés sur un côté des extrémités de 11 radicules, dans les mêmes pots où avaient été faites les expériences précédentes : 5 d'entre elles se courbèrent pleinement, et une légèrement, dans le sens opposé; d'autres cas analogues vont bientôt être décrits. Nous mentionnons ici ce fait, parce que c'était un spectacle frappant et capable de montrer la différence de

sensibilité de la radicule dans ses diverses parties, que de
voir, dans le même pot, une série de radicules courbées
dans le sens opposé aux cartons fixés à leur extrémité, et,
une autre, incurvée vers les cartons attachés un peu
plus haut. De plus, le mode d'incurvation diffère dans
les deux cas. Les carrés attachés au-dessus de l'extrémité font courber brusquement la radicule, les parties
situées au-dessus et au-dessous demeurant droites ; donc
l'effet, ici, n'est pas transmis ou ne l'est que très peu.
D'autre part, les carrés attachés à l'extrémité actionnent
la radicule sur une longueur d'environ 4 ou même 8 mm.
et produisent, dans la plupart des cas, une incurvation symétrique. Il y a donc là quelque influence transmise de
l'extrémité jusqu'à cette distance, le long de la radicule.

*Pisum sativum (var. Yorkshire Hero) : Sensibilité de
son extrémité radiculaire.* — De petits carrés du même
papier-carton furent fixés (le 24 avril), au moyen de
gomme laque, sur un côté de l'extrémité de 10 radicules
suspendues verticalement. La température de l'eau dans
les vases était de 15° à 16°. La plupart de ces radicules
furent influencées en 8 h. 30 m.; huit d'entre elles, devinrent, en 24 h., remarquablement, et les deux autres légèrement déviées de la perpendiculaire, dans le sens opposé
au côté qui portait les carrés attachés. Toutes subirent
donc l'action : il nous suffira cependant de décrire les
deux cas les plus remarquables. Dans l'un, la portion
terminale de la radicule était courbée à angle droit (A.
fig. 66), après 24 h.; dans l'autre (B), elle était, dans le
même temps, devenue recourbée, et son extrémité se dirigeait vers le zénith. Les deux morceaux de carton employés ici avaient 1mm75 de long sur 1 mm. de large. Deux
autres radicules, qui, après 8 h. 30, étaient modérément
inclinées, se redressèrent après 24 h. Une autre expérience fut faite dans les mêmes conditions sur 15 radicules. Mais, par suite de circonstances qu'il n'est pas né-

cessaire d'exposer, elles ne furent examinées qu'une fois et rapidement, après le court intervalle de 5 h. 30. Nous trouvons dans nos notes que « presque toutes sont légèrement écartées de la perpendiculaire, et dans le sens opposé aux cartons ; l'écartement atteint, dans un ou deux cas, à un angle presque droit. » Ces deux séries de cas, surtout le premier, prouvent que l'extrémité radiculaire est sensible à un léger contact, et que la partie supérieure se courbe pour s'écarter de l'objet qui la touche. Toute--

Fig. 66.

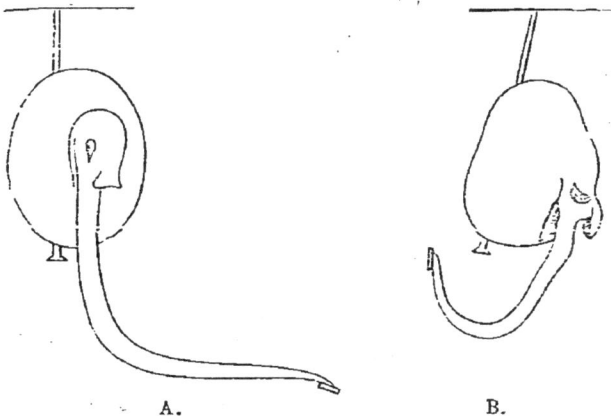

A. B.

Pisum sativum : incurvation produite en 24 heures dans la croissance des radicules dirigées vers le bas, par deux petits carrés de carton fixés au moyen de gomme laque sur un côté de l'extrémité radiculaire : A. courbée à angle droit, B. recourbée.

fois, le 1er et le 4 juin, 8 autres radicules furent expérimentées de la même manière, à une température de 18 à 19° C. : une seulement était franchement courbée pour s'éloigner du carton, 4 l'étaient légèrement, 2 d'une manière douteuse et 1 pas du tout. La grandeur de l'incurvation était d'une faiblesse inaccoutumée; cependant toutes les radicules courbées l'étaient dans le sens opposé aux cartons.

Nous observâmes alors sur la sensibilité de ces radicules munies de carrés de carton à leurs extrémités les effets de températures nettement différentes. D'abord

13 pois, dont la plupart portaient des radicules jeunes et très courtes, furent placés au fond d'une boîte entourée de glace, dans laquelle, en trois jours, la température s'éleva de 7° à 8° C. Ils y poussèrent légèrement, mais 10, sur les 13, se courbèrent très faiblement, en trois jours, dans le sens opposé aux cartons ; les 3 autres ne furent pas affectés. La température était donc trop basse pour permettre un haut degré de sensibilité ou un mouvement très considérable. Des pots portant 13 autres radicules furent alors placés dans une pièce chauffée, où ils furent soumis à une température de 20° à 22° C. : 24 h. après, 11 d'entre elles étaient remarquablement courbées loin des cartons, 2 l'étaient légèrement, et 7 ne l'étaient pas du tout. Cette température était donc un peu trop élevée. Enfin, 12 radicules furent soumises à une température de 22° à 29° C. et 9 d'entre elles ne furent pas excitées par les cartons. Les quelques expériences précédentes, surtout la première, montrent que la température la plus favorable à la sensibilité de la radicule du pois est d'environ 19° C.

Les extrémités de 6 radicules dirigées verticalement vers le bas furent touchées une fois avec le caustique sec, de la manière que nous avons décrite pour *Vicia faba*. Après 24 h., 4 d'entre elles étaient courbées dans le sens opposé au côté qui portait une petite marque noire. L'incurvation devint, dans un cas, plus forte après 38 h., et, dans un autre cas, après 48 h., jusqu'à ce que la partie terminale fût dirigée presque horizontalement. Les deux autres radicules ne furent pas affectées.

Lorsque les radicules de la fève étaient *étendues horizontalement* dans l'air humide, le géotropisme surmontait toujours les effets de l'excitation produite par les carrés de carton attachés sous les faces inférieures de leurs extrémités. Nous fîmes une expérience semblable sur 13 radicules de pois. Les carrés étaient attachés au moyen de gomme laque, et la température variait entre

11

18° et 19° C. Le résultat fut ici quelque peu différent de la fève, sans doute parce que ces radicules ou subissent moins fortement l'action du géotropisme, ou, ce qui est plus probable, sont plus sensibles au contact. Après un certain temps, le géotropisme avait toujours le dessus, mais son action était souvent amoindrie. Dans trois cas, il se produisit une lutte des plus curieuses entre le géotropisme et l'excitation déterminée par la présence des cartons. Quatre des 13 radicules étaient un peu courbées vers le bas au bout de 6 à 8 h. (toujours à partir du moment où les cartons furent attachés), et, après 23 heures, trois d'entre elles étaient dirigées verticalement vers le bas, tandis que la quatrième formait sous l'horizon un angle de 45°. Ces quatre radicules ne paraissaient donc avoir été affectées en rien par les carrés de carton. Quatre autres résistèrent pendant les 6 ou 8 premières heures à l'action du géotropisme, mais, après 23 h. elles étaient fortement courbées vers le bas. Deux autres demeurèrent presque horizontales pendant 23 h., mais elles subirent plus tard l'action du géotropisme. Par conséquent, dans ces six derniers cas, l'action du géotropisme fut fortement retardée. La onzième radicule s'était légèrement courbée vers le bas après 8 h., mais, lorsque nous l'observâmes de nouveau après 23 h., la partie terminale était courbée vers le haut; si nous l'avions observée plus longtemps, nous aurions, sans aucun doute, trouvé l'extrémité courbée de nouveau vers le bas, et elle aurait formé une boucle, comme dans le cas suivant. La douzième radicule, après 6 h., était légèrement courbée en bas; mais, lorsque nous l'observâmes de nouveau après 21 h., cette incurvation avait disparu, et l'extrémité était dirigée vers le haut; après 30 heures, la radicule formait comme on peut le voir en A (fig. 67) un crochet, qui, après 45 h. se transforma en une boucle (B). La treizième radicule, après 6 h., était légère-

ment courbée vers le bas, mais, en 2 h., elle s'était considérablement courbée vers le haut, puis de nouveau vers le
bas, formant un angle de 45° sous l'horizon ; enfin elle
était devenue perpendiculaire. Dans ces trois derniers
cas, la pesanteur, puis l'excitation déterminée par les
carrés de carton avaient alternativement l'avantage, et
cela d'une manière très remarquable. Le géotropisme était
toujours victorieux en dernier lieu.

Des expériences de la même nature ne furent pas toujours couronnées du succès obtenu dans les cas ci-dessus.

Fig. 67.

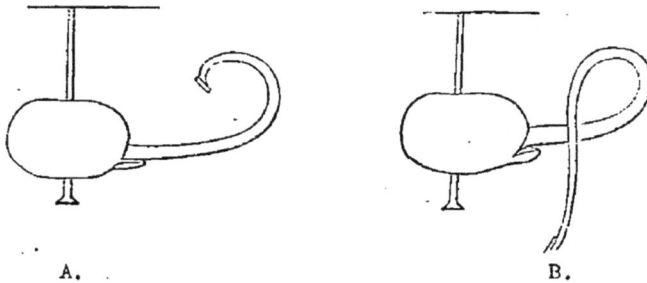

A.   B.

Pisum sativum : radicule étendue horizontalement dans l'air humide : un petit carré
de carton, fixé sur la face inférieure de son extrémité, la fait courber vers le haut,
luttant ainsi contre le géotropisme. L'incurvation de la radicule après 21 h., est indiquée en A, et celle de la même radicule, après 45 h., en B ; elle forme alors une boucle.

C'est ainsi que, 6 radicules étendues horizontalement, et
munies de carrés de carton, ayant été soumises, le 8 juin, à
une température convenable, ne furent après 7 h. 30,
ni courbées vers le haut, ni distinctement géotropiques :
au contraire, sur 6 radicules non munies de carton, qui
servaient de témoins, 3 devinrent pendant ce même laps
de temps légèrement et presque rectangulairement géotropiques, mais après 23 heures, les deux lots étaient également géotropiques. Le 10 juillet, une autre expérience
fut faite avec 6 radicules étendues horizontalement, pourvues de carrés attachés de la même manière sous leurs
extrémités. Après 7 h. 30, 4 d'entre elles étaient légèrement géotropiques, 1 demeura horizontale, 1 se courba
vers le haut, en opposition avec l'action de la pesanteur

ou géotropisme. Cette dernière radicule, après 48 h., formait une boucle, comme en B (fig. 67).

Nous fîmes alors une expérience analogue, mais, au lieu d'attacher des carrés de carton sur les faces inférieures des extrémités ridiculaires, nous cautérisâmes ces organes avec un caustique sec. Les détails de cette expérience seront donnés dans le chapitre relatif au géotropisme. Il suffira pour le moment de dire que 10 pois, dont les radicules étaient étendues horizontalement et non cautérisées, furent placées sur et dans de la tourbe humide friable. Ces témoins, ainsi que 10 autres racines qui avaient été touchées par le caustique à la partie *supérieure*, devinrent fortement géotropiques après 24 h. Neuf radicules, placées de la même manière, furent touchées avec le caustique sec, à la partie *inférieure* de leur extrémité. Après 24 heures, 3 d'entre elles étaient légèrement géotropiques, 2 demeuraient horizontales, et 4 étaient courbées vers le haut en opposition avec l'action du géotropisme. Cette incurvation vers le haut était manifestement visible 8 h. 45 après que la partie inférieure des extrémités eût été cautérisée.

En deux occasions, de petits carrés de carton furent fixés au moyen de gomme laque, sur l'extrémité de 22 racines *secondaires* jeunes et encore courtes. Ces organes émergés de la radicule primaire pendant son développement dans l'eau étaient, au moment de l'expérience, suspendus dans l'air humide. Ce fut une grande difficulté que d'attacher les carrés sur des objets aussi délicatement appointés que ces racines. En outre, la température demeura trop élevée : dans le premier cas, elle oscilla entre 22 et 25° C., et, dans le second, elle atteignait presque 25° 1/2 C. : cette circonstance diminua, sans doute, de beaucoup la sensibilité des extrémités. Après un intervalle de 8 h. 30 m., 6 des 22 racines étaient courbées vers le haut (une très fortement) en opposition avec le géotropisme :

deux se courbèrent latéralement, et les 14 autres n'avaient pas été affectées. Eu égard aux circonstances défavorables et en tenant compte du cas de la fève, il paraissait suffisamment évident que les extrémités des racines secondaires sont sensibles à un léger contact.

Phaseolus multiflorus : Sensibilité de son extrémité radiculaire. — Cinquante-neuf radicules furent munies de carrés de diverses grandeurs du même papier-carton ou de morceaux de verre mince ou enfin de cendre. Ces différents objets étaient fixés, au moyen de gomme laque, sur un des côtés de la pointe. Nous plaçâmes encore sur quelques-unes de ces radicules d'assez grosses gouttes de gomme laque dissoute, qui devaient, en se desséchant, former des boules dures. Ces échantillons restèrent exposés à des températures variant entre 15 et 22° C., le plus souvent à cette dernière. Cependant, sur ce nombre considérable de sujets expérimentés, 5 radicules seulement se courbèrent pleinement; 8 autres l'étaient légèrement ou même d'une manière douteuse, mais toujours dans le sens opposé aux objets attachés; les 46 autres n'étaient nullement influencées. Il est donc évident que les extrémités radiculaires de ce Phaseolus sont beaucoup moins sensibles au contact que celles de la fève ou du pois. Nous pensâmes qu'elles pouvaient être affectées par une pression plus considérable, mais, après plusieurs expériences, nous ne pûmes trouver aucun procédé permettant de peser sur un côté de la pointe plus fortement que sur l'autre, sans offrir, en même temps, une résistance mécanique à la croissance de la radicule. Nous essayâmes alors d'autres excitants.

Les extrémités de 13 radicules, essuyées avec du papier buvard, furent touchées ou plutôt frappées trois fois, sur un même côté, avec du nitrate d'argent sec. Nous répétâmes trois fois l'irritation, parce que nous supposions, d'après les expériences précédentes, que les extré-

mités n'étaient pas sensibles. Après 24 h. nous les trouvâmes fortement noircies ; 6 d'entre elles l'étaient d'une
manière égale sur tout leur pourtour, fait qui ne permettait d'attendre aucune incurvation sur l'un des côtés ;
6 portaient une face plus noire, sur une longueur d'environ 2mm5, et cette longueur se courba à angle droit : *du côté*
de la surface noircie l'incurvation s'accentua ensuite, dans
plusieurs cas, jusqu'à former de petites boucles. D'après
ces faits, il était manifeste que le côté si fortement noirci
était endommagé, qu'il ne pouvait continuer à croître,
tandis que l'augmentation de la face opposée continuait
à s'effectuer. Une seule de ces treize radicules se courba
dans le sens opposé au côté noirci, et cette incurvation
s'étendit jusqu'à une certaine distance au-dessus de l'extrémité.

Cette expérience terminée, les extrémités de 6 radicules
presque sèches furent touchées une fois seule, sur une face
avec le caustique sec. Après un intervalle de 10 m., elles
furent disposées de manière à tremper dans de l'eau
maintenue à une température de 18 à 20° C. Il en résulta que, après un intervalle de 8 h., on pouvait distinguer, sur un côté de l'extrémité de ces cinq radicules, un
petit point noirâtre. Toutes cinq se courbèrent vers le
côté opposé, — dans deux cas sur un angle de 45° — dans
deux autres presque à angle droit — dans la cinquième
cas enfin, plus qu'à angle droit, de sorte que la radicule
formait presque un crochet. Dans ce dernier cas, la
marque noirâtre était un peu plus grande que dans les
autres. 24 h. après l'application du caustique, l'incurvation de trois de ces radicules (parmi lesquelles celle en
crochet) avait diminué ; dans la quatrième, elle demeurait sans changement, et dans la dernière elle avait augmenté, au point que l'extrémité formait alors un crochet.
Nous avons dit que, après 8 heures, des points noirâtres
pouvaient se voir sur un côté de la pointe, dans cinq des

six radicules. Dans la sixième, ce point, qui était extrêmement réduit, se trouvait sur l'extrémité même ; il était
donc central : aussi cette radicule ne montra-t-elle aucune incurvation. Nous la touchâmes de nouveau sur un
côté avec le caustique sec, et, après 15 h. 30, elle était
courbée et formait avec la perpendiculaire un angle de 34°,
qui, après neuf nouvelles heures, atteignit 54° : sa direction était opposée au côté noirci.

Il est donc certain que l'extrémité radiculaire de ce
Phaseolus est extrêmement sensible à l'action d'un caustique ; elle l'est beaucoup plus que la radicule de la fève ;
bien que cette dernière soit plus impressionable à la pression. Dans les expériences que nous venons de citer, l'incurvation *dans le sens opposé* au côté légèrement cautérisé, s'étendait, le long de la radicule, sur une longueur de
près de 10 mm. Au contraire, dans la première expérience, lorsque les extrémités d'un certain nombre de radicules avaient été fortement endommagées sur un côté,
et que leur croissance avait été arrêtée, l'incurvation *vers*
le côté endommagé, due à la continuation de l'accroissement du côté sain, ne s'étendit que sur une longueur de
3 mm. Cette différence dans les résultats est intéressante :
elle nous montre qu'un excitant trop violent ne produisant
aucun effet transmissible, ne détermine pas l'incurvation de la partie supérieure avoisinante de la radicule en
voie d'accroissement. Les Drosera nous fournissent des
cas analogues, car une forte solution de carbonate d'ammoniaque, absorbée par les glandes, ou une chaleur trop
considérable, subie tout à coup par ces organes, ou leur
écrasement, ne suffit pas à faire courber la partie basilaire des tentacules, tandis que cet effet est toujours
obtenu par une solution faible de carbonate, par une chaleur modérée ou par une pression légère. De semblables
résultats ont été observés sur Dionæa et Pinguicula (1).

(1) Voir *Darwin*, *Plantes insectivores*, trad. Barbier, page 226.

Nous recherchâmes ensuite les effets produits par l'ablation, au moyen d'un rasoir, d'une tranche mince sur l'un des côtés de l'extrémité radiculaire conique. Cette expérience porta sur 14 radicules jeunes et encore courtes. Six d'entre elles furent, après l'opération, suspendues dans l'air humide; les extrémités des huit autres, suspendues de la même manière, furent mises à tremper dans de l'eau maintenue à une température d'environ 20° C. Nous notâmes, dans chaque cas, le côté de la radicule qui avait été endommagé. Puis, nous déterminâmes la direction de l'inclinaison, avant de consulter nos notes. Sur les 6 radicules placées dans l'air humide, trois, après un intervalle de 10 h. 15 m., avaient leur extrémité courbée dans le sens opposé à la surface endommagée; les trois autres n'avaient pas été affectées et demeuraient droites. Cependant, une d'entre elles, après 17 nouvelles heures, se courba légèrement dans la même direction. Sur les 8 radicules dont les extrémités trempaient dans l'eau, sept, après 10 h. 15 m., étaient entièrement courbées dans la direction opposée à la surface endommagée; sur la huitième, qui était demeurée complétement droite, nous n'avions enlevé qu'une tranche trop faible, de sorte qu'elle ne saurait être considérée comme formant une exception réelle au résultat général. Lorsque nous observâmes de nouveau les sept radicules, 23 h. après l'opération, deux étaient tordues, quatre formaient avec la perpendiculaire un angle de 70°, et la septième, un angle de près de 90°, de sorte qu'elle était projetée presque horizontalement; mais son extrémité commençait à s'incliner vers le bas, sous l'action du géotropisme. Il est donc manifeste qu'une tranche mince, enlevée sur un côté de l'extrémité conique, détermine l'incurvation de la partie en voie d'accroissement de la radicule de ce Phaseolus; cette incurvation, due à la transmission des effets de l'excitation, a lieu dans le sens opposé au côté endommagé.

Tropæolum majus : Sensibilité de son extrémité radiculaire au contact. — De petits carrés de carton furent attachés au moyen de gomme laque sur un côté des extrémités de 19 radicules, dont quelques-unes furent soumises à une température de 25° C., et les autres à une chaleur beaucoup moins forte. Trois seulement s'incurvèrent pleinement dans le sens opposé aux carrés de carton. Cinq se courbèrent légèrement, quatre d'une manière douteuse, et sept pas du tout. Pensant que ces graines étaient vieilles, nous nous en procurâmes un autre lot et pûmes obtenir alors des résultats nettement différents. Vingt-trois furent traitées de la même manière ; cinq des carrés de carton seulement ne produisirent aucun effet. Toutefois, trois de ces derniers cas ne constituaient pas des exceptions réelles, car, dans les deux premiers, les carrés ayant glissé, étaient parallèles à l'extrémité, et, dans le troisième, la gomme laque, en trop grande quantité, s'était étendue tout autour de la radicule. Une radicule n'était que légèrement écartée de la perpendiculaire, dans le sens opposé au carton, tandis que dix-sept étaient pleinement infléchies. En plusieurs de ces derniers cas, les angles formés avec la perpendiculaire variaient entre 40 et 65° ; deux fois, ils s'élevèrent, en 15 ou 16 h., à 90° environ. En un cas, une boucle se forma presque complétement en 16 heures. On ne peut donc douter que l'extrémité de la radicule ne soit hautement sensible à un léger contact, et que la partie supérieure de cet organe ne s'incline dans la direction opposée à l'objet qui le touche.

Gossypium herbaceum : Sensibilité de son extrémité radiculaire. — Nous expérimentâmes de la même manière sur des radicules de cette plante; mais elles se montrèrent peu appropriées au but que nous nous proposions, et ne tardèrent pas à s'altérer, après leur suspension dans l'air humide. Sur 38 radicules soumises en cet état, à des températures qui variaient entre 19 et 21° C.,

et munies à leurs extrémités de carrés de carton, 9
s'écartèrent complétement de la perpendiculaire, et 7 légèrement ou même d'une manière douteuse ; ce mouvement avait toujours lieu dans le sens opposé aux carrés
de carton : 22 ne furent nullement affectées. Pensant que
la température n'était peut-être pas assez élevée, nous
soumîmes, à une chaleur de 23 à 26° C., 19 radicules
munies de carrés de carton et toujours suspendues dans
l'air humide ; mais pas une seule ne fut affectée et elles
devinrent bientôt malades. Enfin, 19 radicules furent suspendues dans l'eau à une température de 21 à 23° C.,
puis munies de morceaux de verre ou de carrés de carton
fixés à leurs extrémités au moyen de baume du Canada
ou de bitume, substance qui, sous l'eau, adhère mieux
que la gomme laque. Les radicules ne demeurèrent pas
longtemps en bon état. Le résultat de l'expérience fut que
6 se courbèrent pleinement, et 2 d'une manière douteuse, dans la direction opposée aux objets attachés : 11 ne
furent pas affectées. Il n'est donc pas permis de tirer
de conclusion certaine ; toutefois, eu égard aux résultats
des deux expériences faites à une température modérée,
il est probable que les radicules sont sensibles au contact. Elles le seraient davantage dans des conditions favorables.

Quinze radicules, qui avaient germé dans de la tourbe
friable, furent suspendues verticalement au-dessus de
l'eau. Sept d'entre elles servaient de témoins : elles demeurèrent droites durant 24 heures. Les extrémités des
huit autres radicules furent touchées, sur un côté, avec
le caustique sec. Après 5 h. 10 m. seulement, cinq d'entre
elles s'étaient légèrement écartées de la perpendiculaire,
dans la direction opposée au côté qui portait de petites
marques noirâtres. Après 8 h. 40 m., 4 de ces 5 radicules formaient avec la perpendiculaire des angles de 15 à
65°. D'autre part, une de celles qui, après 5 h. 10 m., s'é-

taient légèrement courbées, était à ce moment redressée. Après 24 h., l'incurvation, dans deux cas, avait considérablement augmenté. Il en fut de même dans quatre autres cas, mais ces dernières radicules s'étaient alors si fortement tordues — quelques-unes s'étant recourbées vers le haut — qu'il n'était plus possible de distinguer si elles étaient toujours courbées dans la direction opposée au côté cautérisé. Les sujets qui servaient de témoins n'ayant pas une croissance aussi irrégulière, les deux groupes offraient un contraste frappant. Sur les 8 radicules cautérisées, deux seulement n'avaient pas été affectées, et les traces laissées par le caustique y étaient extrêmement réduites. Dans tous les cas, ces traces étaient ovales ou allongées ; elles furent mesurées sur trois radicules, et nous les trouvâmes presque de même taille, soit 2/3 de mm. de long. En tenant compte de ce fait, il faut remarquer que la partie incurvée de la radicule, qui s'était écartée du côté cautérisé en 8 h. 40 m., se trouvait, dans trois cas, mesurer 6, 7 et 9 mm.

Cucurbita ovifera : Sensibilité de son extrémité radiculaire. — A cause de leur délicatesse et de leur flexibilité, les extrémités radiculaires sont, dans cette plante, peu propres à recevoir les carrés de carton. De plus, les hypocotyles se développent promptement et se recourbent, mouvement qui, en déplaçant considérablement la radicule tout entière, cause ainsi une certaine confusion. Nous fîmes un grand nombre d'expériences, mais sans obtenir de résultats, si ce n'est dans deux cas, où, sur 32 radicules, 10 s'inclinèrent dans la direction opposée aux carrés de carton, et 13 ne furent pas influencées. Des carrés d'une certaine grandeur paraissaient agir plus efficacement que de très petits, bien que plus difficiles à fixer.

Nous obtînmes avec le caustique un succès beaucoup plus grand. Dans notre première expérience, cependant,

15 radicules ayant été cautérisées trop fortement, deux seulement se courbèrent dans la direction opposée au côté noirci ; les autres étaient, ou brûlées sur un côté, ou cautérisées d'une manière égale sur tout leur poutour. Dans l'expérience suivante, les extrémités sèches de 11 radicules furent rapidement touchées avec le caustique sec et plongées dans l'eau quelques minutes après. Les traces allongées laissées par le caustique au lieu de prendre la couleur noire, restèrent seulement brunes ; elles mesuraient environ 1/2 mm. de long et quelquefois moins. 4 h. 30 m. après la cautérisation, 6 de ces radicules étaient nettement courbées dans la direction opposée au côté taché d'une marque brune, 4 l'étaient légèrement et 1 pas du tout. Cette dernière étant devenue malade, ne continua pas à croître. Les traces laissées sur 2 des 4 radicules qui n'étaient courbées que légèrement furent extrêmement réduites : l'une d'elles n'était visible qu'à la loupe. Des 10 témoins que nous avions placés en même temps dans les mêmes vases, pas un seul ne se courba. 8 h. 50 m. après la cautérisation, 5 radicules sur les 10 (nous parlons plus de celle malade) formaient avec la perpendiculaire un angle de 90° à peu près, et 3 un angle de 45° environ. Après 24 heures, les 10 radicules avaient énormément gagné en longueur ; dans 5 d'entre elles, l'incurvation était à peu près égale, dans 2 elle avait augmenté, et dans 3 elle avait diminué. Les témoins présentaient avec les radicules cautérisées un contraste très frappant, après ces deux intervalles de 8h.40 m. et de 24 h. Ils avaient, en effet, continué à croître vers le bas, à l'exception de deux cependant, qui, nous ne savons sous quelle influence, étaient devenus fortement tordus.

Nous verrons dans le chapitre relatif au géotropisme, que 10 radicules de cette plante ayant été étendues horizontalement et entourées de tourbe friable humide, leur croissance s'effectua mieux et plus naturelle-

ment que dans l'air humide. Les extrémités radiculaires
furent alors légèrement cautérisées sur le côté inférieur, et l'opération laissa des traces brunes de 1/2 mm.
environ de longueur. Des spécimens placés dans les mêmes conditions, mais qui n'avaient pas été cautérisés,
s'inclinèrent fortement vers le bas, en 5 ou 6 heures,
sous l'action du géotropisme. Après 8 heures, 3 seulement des radicules cautérisées étaient courbées vers le
bas, et encore ne le furent-elles que légèrement ; 4 demeurèrent horizontales ; 3 étaient courbées vers le haut, malgré l'influence du géotropisme, et dans une direction opposée à la marque brune. Dix autres radicules avaient été
cautérisées de la même manière, à leur extrémité, mais
sur la face supérieure. Si cette opération devait être suivie d'un effet, ce devait être celui d'accroître le pouvoir
géotropique : toutes ces radicules, après 8 heures, étaient
fortement courbées vers le bas. En considérant les faits
qui précèdent, on ne peut douter que la cautérisation de
l'extrémité radiculaire dans cette Cucurbita, ne détermine, à la condition qu'elle est assez profonde, l'incurvation en sens contraire de toute la partie en voie d'accroissement.

*Raphanus sativus : Sensibilité de son extrémité radicu-
laire.* — Dans nos expériences sur cette plante, de nombreuses difficultés surgirent, soit lorsque nous essayâmes
les carrés de carton, soit quand nous dûmes recourir à la
cautérisation. Lorsque les graines étaient fixées sur un
bouchon, beaucoup de radicules, qui n'avaient subi aucune excitation, croissaient d'une façon très irrégulière, se
courbant souvent vers le haut, comme si elles étaient attirées par la surface humide placée au-dessus. Si nous les
placions dans l'eau, leur croissance était encore souvent
très irrégulière. Nous ne pouvons donc accorder grande
confiance aux expériences faites avec les carrés de carton :
quelques-unes cependant, semblaient indiquer que l'extré-

mité de la radicule est sensible au contact. Dans nos expériences avec le caustique, nous ne pouvions généralement pas éviter la difficulté de ne pas endommager trop fortement l'extrémité excessivement délicate. Sur 7 radicules, traitées de cette dernière façon, une se courba en 22 h., suivant un angle de 60°, une seconde sous un angle de 40°, et une troisième très légèrement; ces mouvements étaient toujours dans la direction opposée au côté cautérisé.

Æsculus hippocastanum : Sensibilité de son extrémité radiculaire. — Des morceaux de verre et des carrés de carton furent fixés avec de la gomme laque ou de l'eau gommée sur l'extrémité de 12 radicules de maronnier d'Inde. Lorsque ces objets tombaient, ils étaient aussitôt remis en place. Il n'y eut pas, cependant, un seul cas d'incurvation sensible. Ces radicules massives, dont l'une mesura 5 centimètres de long et $7^{mm}5$ de diamètre à la base, paraissaient insensibles à un stimulant aussi faible que pouvaient l'être les petits objets fixés à leur extrémité. Toutefois, lorsque la pointe radiculaire rencontrait un obstacle dans sa marche vers le bas, la partie en voie d'accroissement se recourbait si uniformément et si systématiquement, que son aspect n'indiquait pas une incurvation mécanique, mais bien une augmentation de croissance sur le côté convexe, déterminée par l'excitation de l'extrémité.

La vérité de cette manière de voir est confirmée par les effets que produit le caustique, stimulant bien plus énergique. L'incurvation dans le sens opposé au côté cautérisé, se réalisait moins fortement que dans les espèces précédentes ; aussi croyons-nous utile de donner ici le détail de nos expériences.

Les graines germaient dans la sciure de bois, et un côté des extrémités radiculaires était légèrement frappé, une fois, avec le nitrate d'argent sec. Après quelques minutes, elles étaient mises à tremper dans l'eau, puis, soumises à une température variant généralement entre 11 et 14° C. Nous n'avons pas cru devoir mentionner certains cas dans lesquels, ou l'extrémité tout entière avait blanchi ou le semis était bientôt devenu malade.

1) La radicule, en un jour (soit 24 h.) s'était légèrement courbée dans le sens opposé au côté cautérisé; en trois jours, elle s'écarta de 60° de la perpendiculaire; en quatre jours, de 90°; le cinquième jour, elle formait, au-dessus de l'horizon, un angle d'environ 40°; elle avait donc parcouru, en ces cinq jours, un angle de 180° : c'est la plus grande incurvation que nous ayons observée.

2) En deux jours, la radicule était légèrement infléchie; après sept jours, l'incurvation était de 69° dans le sens opposé au côté cautérisé; après huit jours, l'angle atteignait près de 90°.

3) Après un jour, légère incurvation, mais la marque de la cautérisation était si faible, que nous touchâmes de nouveau le même côté avec le caustique. Quatre jours après le premier attouchement, l'incurvation atteignait 78°, et 90° le jour suivant.

4) Après deux jours, légère incurvation, qui s'accrut certainement durant les trois jours qui suivirent, mais ne devint jamais considérable. La radicule ne croissait pas bien; elle mourut le huitième jour.

5) Après deux jours, très légère incurvation; elle atteignit, le quatrième jour, 56°, dans le sens opposé au côté cautérisé.

6) Après trois jours, inflexion douteuse dans le sens opposé au côté cautérisé; elle devient indiscutable le quatrième jour. Le cinquième, l'incurvation atteint 45°, et 90° environ le septième jour.

7) Après deux jours, légère incurvation; elle atteint 25° le troisième jour sans devenir plus grande.

8) Après un jour, incurvation distincte; le troisième jour, elle s'élève à 44°, et, le quatrième, à 72°, dans le sens opposé au côté cautérisé.

9) Après deux jours, incurvation légère, mais distincte. Le troisième jour, l'extrémité fut touchée de nouveau sur le même côté, avec le caustique; mais elle fut brûlée.

10) Après un jour, incurvation légère, qui s'élève, après six jours, à 50° dans le sens opposé au côté cautérisé.

11) Après un jour, incurvation bien prononcée, qui s'éleva, après 6 jours, à 62°, dans le sens opposé au côté cautérisé.

12) Après un jour, légère incurvation, qui s'éleva à 35° le second jour, à 50° le quatrième, et à 63° le sixième, toujours dans le sens opposé au côté cautérisé.

13) L'extrémité tout entière est noircie, mais plus d'un côté que de l'autre; elle est, légèrement le quatrième jour et fortement le sixième,

infléchie vers le côté le moins noirci ; le neuvième jour, l'incurvation
s'éloignait de 90° de la perpendiculaire.

14) L'extrémité tout entière est noircie de la même manière que
dans le cas précédent : le second jour, il y a une courbure bien prononcée dans le sens opposé au côté le plus fortement noirci ; cette incurvation s'accroît le septième jour, et atteint presque 90° ; le jour suivant, la radicule paraissait malade.

15) Nous sommes ici en face d'un cas anormal. Une radicule s'inclinant légèrement *vers* le côté cautérisé, le premier jour, continuait à
agir de même pendant les trois jours suivants : l'incurvation s'élevait à ce
moment à 90° environ. Cette anomalie paraît résulter de la sensibilité,
semblable à celle des vrilles, qui est propre à la partie supérieure de
la radicule, contre laquelle pressait avec beaucoup de force la pointe
d'un gros fragment triangulaire des enveloppes séminales. Cette excitation prit apparemment le dessus, annulant ainsi celle qui provenait
de la cautérisation de l'extrémité.

Ces différents cas montrent, sans doute possible, que
l'irritation portée sur un côté de l'extrémité radiculaire
détermine, vers le côté opposé, l'incurvation de cette partie terminale. Ce fait était bien évident dans un lot de cinq
graines fixées sur le bouchon d'un vase. Après 6 jours,
en effet, le bouchon fut retourné, et, quand on regardait
directement par en haut, les marques noires laissées par
le caustique étaient toutes distinctement visibles sur les
faces supérieures des extrémités radiculaires, courbées
latéralement.

Une mince tranche fut enlevée, au moyen du rasoir, sur
un côté de l'extrémité dans 22 radicules, de la manière
que nous avons décrite à propos de la fève commune. Mais
ce mode d'excitation ne nous fournit aucune preuve effec-
tive : 7 seulement des 22 radicules s'écartèrent légèrement
en 3 à 5 jours, de la perpendiculaire, dans le sens opposé
à la surface endommagée. Plusieurs des autres radicules
eurent une croissance irrégulière. Ce fait est donc loin
d'être concluant.

*Quercus robur : Sensibilité de son extrémité radicu-
laire*. — Les extrémités radiculaires du chêne ordinaire

sont aussi sensibles à un léger contact que celles de toutes les plantes que nous avons examinées. Elles demeuraient, pendant 10 jours, en bon état dans l'air humide mais leur y croissance était lente. Des carrés de papier-carton furent fixés, au moyen de gomme laque, sur les extrémités de 15 radicules, et 10 d'entre elles se courbèrent nettement pour s'écarter des carrés de carton : 2 ne se courbèrent que légèrement, et 3 point du tout. Mais deux d'entre ces dernières ne sauraient constituer des exceptions réelles, car elles furent, d'abord, très courtes, et ne poussèrent, ensuite, que fort peu. Il sera utile de décrire quelques-uns des cas les plus remarquables. Les radicules étaient examinées chaque matin, à peu près au même moment, soit à des intervalles de 24 h.

1) Cette radicule, supportant toute une série d'accidents, se comporta d'une manière complétement anormale ; son extrémité parut, en effet, d'abord insensible, puis sensible au contact. Le premier carton fut attaché le 19 octobre : le 21, la radicule n'était nullement incurvée et le carré de carton était dérangé accidentellement. Il fut replacé le 22, et la radicule s'incurva légèrement pour s'en écarter. Mais cette incurvation disparut le 23 ; le carré de carton fut alors enlevé et replacé. Aucune incurvation ne s'ensuivit, et le carton tomba accidentellement. Il fut replacé : le 27 au matin il était encore entraîné par l'eau qu'il rencontra au fond du vase. Il fut replacé, et, le 29, c'est à dire dix jours après la fixation du premier carré, et deux jours après celle du dernier, la radicule avait atteint la taille considérable de 80ᵐᵐ. ; la partie terminale était alors courbée dans le sens opposé au carton et formait un crochet. (Fig. 68).

Fig. 68.

Quercus robur : radicule pourvue d'un carré de carton attaché sur un côté de la pointe, et courbée en crochet. Dessin réduit de moitié.

2) Carré de carton fixé le 19 ; le 20, la radicule est légèrement incurvée dans le sens opposé ; le 21, elle forme presque un angle droit ; elle demeure dans la même position pendant les deux jours qui suivent, mais, le 25, l'incurvation vers le haut diminue sous l'action du géotropisme ; ce mouvement s'accentue le 26.

3) Carré de carton fixé le 19 ; le 21, trace d'incurvation dans le sens opposé ; cette incurvation atteint, le 22, 40° environ, et le 23, 53°.

4) Carré de carton fixé le 21 ; le 22, trace d'incurvation dans le sens opposé ; le 23, la radicule est complétement en crochet, avec la pointe tournée vers le zénith. Trois jours après (le 26) l'incurvation a entièrement disparu, et l'extrémité se dirige perpendiculairement vers le bas.

5) Carré de carton attaché le 21 ; le 22, incurvation en sens contraire bien marquée, quoique faible ; le 23, la pointe est courbée au-dessus de l'horizon, et le 24, elle forme un crochet, en se dirigeant vers le zénith, comme dans la fig. 68.

6) Carré de carton attaché le 21 ; le 22, légère incurvation dans le sens opposé ; le 23, cette incurvation est plus prononcée ; le 25, elle est considérable ; le 27, toute courbure a disparu, et la radicule se dirige perpendiculairement vers le bas.

7) Carré de carton fixé le 21 ; le 22, trace d'incurvation dans le sens opposé ; cette incurvation s'accroît le lendemain, et forme un angle droit le 24.

Il est donc manifeste que l'extrémité radiculaire du chêne, très sensible au contact, garde cette sensibilité pendant plusieurs jours. Le mouvement ainsi déterminé était cependant plus faible que dans aucun des cas précédents, à l'exception d'Æsculus. Comme dans la fève, la partie terminale, en voie d'accroissement, après s'être courbée, se redressait parfois, sous l'action du géotropisme, bien que l'objet demeurât constamment fixé à son extrémité.

Nous tentâmes ensuite la même expérience remarquable que nous avions déjà faite sur la fève : en attachant de petits carrés exactement égaux de papier-carton verre et de papier mince, sur les faces opposées (autant que faire se pouvait) des extrémités de 13 radicules. Les plantes étaient suspendues dans l'air humide, et soumises à une température de 18 à 19° C. Le résultat en fut frappant : en effet, sur ces 13 radicules, 9 se courbèrent pleinement et 1 très légèrement, dans la direction opposée au papier-carton, et vers le côté qui portait le papier mince. Dans deux de ces cas, la radicule forma, en deux jours, une boucle complète ; en quatre cas, l'écarte-

ment de la perpendiculaire et du côté portant le papier
épais, s'éleva, dans l'intervalle de deux à quatre jours,
à 90°, 72°, 60° et 49° ; en deux cas, cependant, il ne parvint
qu'à 8 et 15°. Il faut remarquer, cependant, que, dans le
cas où l'écartement était de 49°, les deux carrés étaient,
accidentellement, venus en contact sur un côté de la radicule, et formaient, ainsi, un angle latéral. L'inflexion se
dirigeait en partie dans le sens opposé à l'angle, et en
partie dans le sens opposé au papier-carton. En trois cas
seulement, les radicules ne furent pas influencées par
la différence d'épaisseur des carrés de papier attachés sur
leurs faces opposées ; elles ne s'inclinèrent donc pas dans
le sens opposé au papier le plus épais.

*Zea mays : Sensibilité de son extrémité radiculaire au
contact.* — Un grand nombre d'expériences furent tentées
sur cette plante, unique monocotylédone sur laquelle
portèrent d'ailleurs nos recherches. Il suffira de donner ici un résumé des résultats obtenus. En premier
lieu, 22 graines en voie de germination furent fixées sur
des bouchons, sans qu'aucun objet fût attaché à l'extrémité des radicules. Les unes supportèrent une température de 18-19° C., et les autres furent exposées à une chaleur
variant entre 23 et 26° C. : 9 d'entre elles s'incurvèrent,
parce que quelques-unes avaient été légèrement inclinées
sur un côté. Nous en choisîmes quelques-unes, qui,
après germination dans du sable humide, eurent leur partie terminale dirigée verticalement en bas. Ce fait étant
bien vérifié, nous fixâmes en diverses occasions, au
moyen de gomme laque, de petits carrés de papier-carton
sur les extrémités de 68 radicules. Dans 39 d'entre elles,
la partie terminale s'incurva sensiblement en 24 heures,
en s'écartant de la perpendiculaire et du côté qui supportait les carrés de papier ; 13 de ces radicules formèrent
des crochets dont la pointe était dirigée vers le ciel, et 8
enfin engendrèrent des boucles complètes En outre, 7 au-

tres radicules, sur les 68, étaient légèrement écartées de
la perpendiculaire, et deux, d'une manière douteuse. Il en
restait 20, qui ne furent pas influencées ; mais, sur ces 20,
10 ne sauraient entrer en ligne de compte, car l'une d'elles
était morte, autres avaient leur extrémité complètement entourée de gomme laque, et, sur les 7 autres, les
carrés avaient glissé jusqu'à devenir parallèles à la pointe
au lieu d'être fixés obliquement sur elle. Il n'y en eut
donc que 10, sur les 68, qui ne furent aucunement
influencées. Quelques-unes des radicules soumises à l'expérience étaient jeunes et encore courtes ; la plupart
avaient une longueur modérée, et deux ou trois dépassaient 75^{mm}. Dans tous ces cas, l'incurvation se fit
en 24 heures, mais elle était souvent appréciable dans un
laps de temps beaucoup plus court. Par exemple, la
partie terminale d'une radicule s'étant courbée à angle
droit en 8 h. 15 m., une autre le fut en 9 h. En un cas, un
crochet se forma dans l'espace de 9 h. Un vase, placé
dans un bain de sable et contenant 9 radicules, ayant été
soumis à une température de 24-27° C., six d'entre elles
se courbèrent en crochet, et une septième compléta une
boucle, après 15 heures, au moment de notre première
observation.

Les figures ici placées, représentant quatre graines en
germination (fig. 69) montrent : d'abord, une radicule (A)
dont l'extrémité s'est assez incurvée dans le sens opposé
à l'objet attaché, pour former un crochet. Ensuite (en B),
un crochet converti en une boucle, par suite de l'excitation continue déterminée par le carton, et augmentée
peut-être de l'influence du géotropisme. Dans la formation
d'une boucle, l'extrémité heurte généralement contre
la partie supérieure de la radicule, et dérange le carré
de carton attaché : la boucle se contracte alors ou se
ferme, mais sans disparaître jamais ; puis l'extrémité croît
vers le bas, verticalement, puisqu'elle ne subit plus l'ex-

citation de l'objet attaché. Ce fait se présente souvent : il est retracé en C. Dans un cas toutefois, l'extrémité ne vint point frapper contre la partie radiculaire supérieure, et le carton demeura en place ; par suite l'excitation déterminée par le carton continuant à s'exercer, il se forma

Fig. 69.

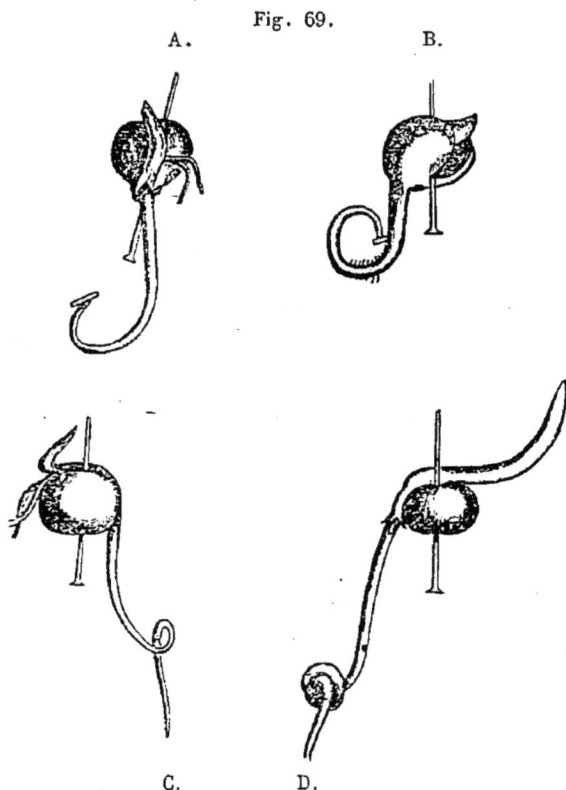

Zea mays : radicules munies , sur un côté de leur extrémité , de petits carrés de carton, qui les excitent à se courber.

deux boucles complètes, c'est à dire une hélice à deux tours de spire. Ces deux tours devinrent ensuite étroitement pressés l'un contre l'autre. Le géotropisme prévalut alors, et l'extrémité se mit à croître perpendiculairement vers le bas. Dans un autre cas, représenté en D, l'extrémité, en formant un second tour de spire, passa à travers la première boucle, qui était d'abord largement ouverte, et détermina ainsi la chute du carré de carton. Elle crut alors perpendiculairement vers le bas, et il en résulta un nœud, qui se resserra ensuite étroitement.

Racines secondaires de Zea. — Peu de temps après l'apparition de la radicule primitive, d'autres sortent racines de la graine ; mais elles ne se forment pas latéralement sur la radicule. Dix de ces racines secondaires, qui se dirigeaient obliquement vers le bas, furent munies, à la face inférieure de leur extrémité, de petits carrés de carton, fixés au moyen de gomme laque. Par conséquent, si ces carrés agissaient, les racines devaient se courber vers le haut, malgré l'action du géotropisme. Le vase (protégé contre la lumière) était placé sur un bain de sable, dont la température variait entre 24 et 27° C. Après 5 heures seulement, l'une d'elles parut un peu incurvée par l'action du carton, et, après 20 h., elle formait une boucle. Quatre autres étaient, après 20 h., considérablement courbées dans la direction opposée aux cartons, et trois d'entre elles formèrent des crochets, ayant leurs pointes dirigées vers le ciel — l'une après 29 h. et les deux autres après 44 h. Après ce dernier laps de temps, une sixième radicule s'était courbée à angle droit dans le sens opposé au carré de carton. Donc, six radicules sur les dix, avaient été influencées, et quatre étaient demeurées sans aucun changement. On ne peut donc pas douter que les extrémités de ces racines secondaires ne soient sensibles à un léger contact, et que, après excitation, elles ne s'inclinent pour s'écarter de l'objet qui les touche. Il semble toutefois que ce phénomène ne se produise généralement pas avec la même rapidité que dans la radicule primaire.

SENSIBILITÉ DE L'EXTRÉMITÉ RADICULAIRE A L'AIR HUMIDE

Sachs découvrit, il y a quelques années, ce fait intéressant, que les radicules de beaucoup de plantes en germination s'inclinent vers une surface humide placée dans le voisinage (1). Nous nous efforcerons ici de démontrer que ce mode spécial de sensibilité a son siége dans les extrémités radiculaires. Le mouvement est exactement inverse de celui qui est déterminé par les excitants énumérés jusqu'ici, et dont l'effet est d'incliner la radicule dans la direction opposée à la source d'excitation. Nous avons, dans nos expériences, suivi la marche adoptée par Sachs ; des cribles, munis de graines en germination dans de la sciure humide, furent suspendus de manière que le tout fût incliné de 40° sur l'horizon. Si les radicules n'avaient subi que l'influence du géotropisme, elles auraient poussé perpendiculairement vers le bas ; mais, comme elles étaient attirées par la surface humide avoisinante, elles s'inclinèrent vers celle-ci, et s'écartèrent de 50° de la perpendiculaire. Désirant déterminer si l'extrémité seulement ou la partie en voie d'accroissement était sensible à l'influence de l'humidité, nous appliquâmes, dans un certain nombre de cas, sur une longueur de 1 à 2 mm., un mélange d'huile d'olive et de noir de fumée. Cette mixtion dont le but était de donner à l'huile plus de consistance afin qu'une couche mince pût en être appliquée, devait empêcher au moins en grande partie, l'action de l'humidité ; elle était en outre facilement visible. Il eût été nécessaire de tenter un plus grand nombre d'expériences que celles mentionnées ici, s'il n'avait pas été clairement établi déjà que l'extrémité de la radicule est la partie sensible aux divers autres excitants.

Phaseolus multiflorus. — Vingt-neuf radicules, n'ayant subi aucun traitement, et poussant dans un tamis, furent observées en même temps et aussi longtemps que celles dont les extrémités avaient été graissées. Sur ces 29, 24 se courbèrent jusqu'à venir en contact intime avec le fond du tamis. Le point principal de l'incurvation se trouvait, en général, à 5 ou 6 mm. de l'extrémité. Huit radicules, dont les extré-

(1) *Arbeiten des Bot. Instit. in Würzburg*, vol. I, 1872, p. 209.

mités avaient été graissées sur une longueur de 2 mm. et deux sur une longueur de 1 mm. 1/2, furent soumises à une température de 15-16° C. Après des intervalles de 19 à 24 h., toutes étaient dirigées plus ou moins verticalement vers le bas ; quelques-unes d'entre elles s'étaient déplacées de 10° environ vers la surface humide avoisinante. Elles n'avaient donc été influencées que faiblement ou même pas du tout, par le surcroît d'humidité agissant sur un côté, et cela, bien que toute leur surface supérieure fût entièrement exposée à l'air. Après 48 h., trois de ces radicules se courbèrent considérablement vers le tamis ; l'absence d'incurvation dans quelques-unes des autres radicules pouvait, peut-être, être mise sur le compte de leur mauvaise croissance. Il faut cependant remarquer que toutes poussaient très bien pendant les premières 19 ou 24 heures : deux avaient gagné en 11 h., 2 et 3 mm. ; cinq autres, 5 à 8 mm. en 19 h. ; et deux, qui n'avaient d'abord que 4 et 6 mm. de long, avaient atteint, en 24 h., 15 et 20 mm.

Les extrémités de 10 radicules, douées aussi d'une bonne croissance, furent enduites de graisse sur une longueur de 1 mm. seulement, et le résultat fut alors quelque peu différent : en effet, 4 se courbèrent vers le tamis en 21 ou 24 heures, tandis que 6 demeuraient sans incurvation ; cinq de ces dernières furent observées un jour de plus, et alors toutes, à l'exception d'une, étaient courbées vers le tamis.

Les extrémités de 5 radicules furent cautérisées au nitrate d'argent, et une longueur de 5 1 mm. environ d'épiderme fut ainsi brûlée. Elles furent observées pendant des périodes variant entre 11 et 24 h., et toutes se trouvèrent pousser très bien. L'une d'entre elles s'était courbée jusqu'à venir en contact avec le tamis ; une autre était en train de se courber dans la même direction ; pendant ce temps, les trois autres demeuraient dirigées verticalement vers le bas. Sept radicules non cautérisées, que nous observâmes en même temps, étaient toutes venues en contact avec le tamis.

Les extrémités de 11 radicules furent protégées au moyen de morceaux de baudruche humide, qui y adhéraient fortement, sur une longueur variant entre 1 1/2 et 2 1/2 mm. Après 22 à 24 heures, 6 de ces radicules étaient nettement courbées vers le tamis ou étaient en contact avec lui ; 2 étaient légèrement inclinées dans cette direction et 3 demeurèrent perpendiculaires. Toutes avaient très bien poussé. Sur 14 spécimens de contrôle, observés en même temps, un seul ne s'approchait pas très fortement du tamis. Il semble, par ces expériences, qu'un revêtement de baudruche empêche, quoique à un faible degré, l'incurvation des radicules vers une surface humide. Nous ne savons si l'on obtiendrait cet effet avec un revêtement de la même substance assez mince pour se laisser traverser par l'humidité de l'air. Un cas nous indique que la baudruche était quelquefois plus fortement protectrice qu'il ne semblerait résulter des expériences précédentes ; en effet, une radicule qui, après 23 heures ne s'était que faiblement inclinée vers le tamis, fut dépouillée de sa coiffe de baudruche (qui mesurait 1 mm. 1/2 de long), et, pendant les 15 h. 1/2 qui suivirent, elle s'inclina fortement vers la source d'humidité ; le siège principal de l'incurvation se trouvait placé à 3 ou 5 mm. de l'extrémité.

Vicia faba. — Les extrémités de 13 radicules furent graissées sur une longueur de 2 mm.; on doit se rappeler que dans ces radicules le siège principal de l'incurvation se trouve à environ 4 ou 5 mm. de la pointe. Quatre d'entre elles furent examinées après 23 h. et six après 36 h. ; neuf avaient été attirées vers la surface humide du tamis. Dans une autre expérience, 7 radicules furent traitées de la même façon ; 5 étaient encore dirigées perpendiculairement vers le bas après 11 h., tandis que 2 se courbaient légèrement vers le tamis ; par suite d'un accident, ces radicules ne furent pas observées plus longtemps. Dans ces deux expériences, la croissance des radicules était bonne ; 7 d'entre elles qui avaient d'abord 4 à 11 mm. de long, avaient atteint après 11 heures de 7 à 16 mm.; trois, qui avaient d'abord 6 à 8 mm. avaient après 26 h., 11^{mm}5 à 18 mm. ; enfin, quatre radicules qui avaient d'abord 5 à 8 mm., mesuraient, après 46 h., 18 à 23 mm. de long. Les radicules dépourvues de graisse, qui servaient de témoins, n'étaient pas invariablement dirigées vers le fond du tamis. Mais, en une occasion, 12, sur 13 soumises à l'observation pendant des périodes qui variaient de 22 à 36 h., y furent attirées. En deux autres occasions que nous indiquons cumulativement, 38 radicules sur 40, se comportèrent de même. Dans un autre cas, 7 seulement sur 14 s'inclinèrent, mais après deux nouveaux jours, la proportion atteignit 17 sur 28. Dans une dernière occasion, 11 seulement sur 20 avaient été attirées ; si nous réunissons ces résultats, nous trouvons que 78 radicules sur 96 qui servaient de témoins, se recourbèrent vers le fond du tamis. Parmi les exemplaires dont les extrémités étaient enduites de graisse, 2 seulement sur 20 (7 cependant ne furent pas observées assez longtemps) se courbèrent ainsi. Nous pouvons donc difficilement mettre en doute que l'extrémité radiculaire, sur une longueur de 2 mm. ne soit la partie sensible à l'humidité de l'air, et ne détermine l'incurvation de la partie supérieure vers la source d'humidité.

Les extrémités de 15 radicules ayant été cautérisées au nitrate d'argent, eurent une croissance aussi bonne que celles que nous venons de décrire. Après un intervalle de 24 h., 9 d'entre elles ne manifestaient aucune incurvation vers le fond du tamis ; 2 étaient courbées vers ce support et formaient avec leur position initiale des angles de 20 et 12° :

4 étaient venues en contact parfait. Ainsi donc la destruction de l'extrémité, sur une longueur de 1mm. environ empêchait l'incurvation du plus grand nombre de ces radicules vers la surface humide avoisinante. Sur 24 spécimens de contrôle, 23 étaient inclinés vers le tamis, et, dans un autre cas, 15 sur 16 se comportaient de la même manière, et avec plus ou moins de force. — Ces expériences de contrôle font partie de celles que nous donnons dans le paragraphe précédent.

Avena sativa. — Les extrémités de 13 radicules, qui dépassaient de 2 à 4 mm. le fond du tamis, et dont plusieurs n'étaient pas exactement perpendiculaires, furent enduites de graisse noircie sur une longueur de 1 mm. à 1 mm. 1/2. Les tamis étaient inclinés de 30° sur l'horizon. Le plus grand nombre de ces radicules furent examinées après 22 h., et quelques-unes après 25 h.; pendant cet intervalle, leur croissance avait été si rapide, que leur longueur avait presque doublé. Dans les radicules non enduites de graisse, le siège principal de l'incurvation se trouve à une distance de l'extrémité qui n'est pas moindre de 3.5 ou 5.5 mm., sans dépasser 7 ou 10 mm. Sur les 13 radicules dont les extrémités étaient enduites de graisse, 4 ne manifestèrent aucun mouvement vers le tamis; 6 étaient courbées vers lui, et avaient décrit des angles de 10 à 35°; 3 étaient venues en contact parfait avec la surface humide. Il semble donc, à première vue, que la couche de graisse placée sur les radicules ne les empêche que très peu de s'incliner vers la surface humide. Mais, en deux occasions, l'examen des tamis produisait sur l'esprit une impression entièrement différente. Il était, en effet, impossible de confondre les radicules munies de graisse, dont les extrémités se projetaient vers le bas sous le tamis, avec toutes celles (au nombre de 40 ou 50 au moins) dont les extrémités, dépourvues de graisse, s'inclinaient fortement vers le tamis; on ne pouvait douter que le corps gras n'eût produit un puissant effet. En y regardant de près, nous ne pûmes trouver qu'une radicule dépourvue de graisse, qui ne se fût pas inclinée vers le tamis. Il est probable que, si les extrémités avaient été protégées par la couche grasse sur une longueur de 2 mm., au lieu de 1 à 1 1/2 mm., elles n'auraient pas été affectées par l'humidité de l'air, et aucune ne se serait courbée.

Triticum vulgare. — Des expériences analogues furent faites sur 8 radicules du blé ordinaire: en enduisant leurs extrémités de graisse, nous produisimes un effet beaucoup moindre que lorsque nous agissions sur les radicules d'avoine. Après 22 h., 5 d'entre elles étaient venues en contact avec le fond du tamis; 2 avaient parcouru dans sa direction des angles de 10° et 15°, et une seule demeurait perpendiculaire. Pas une seule des nombreuses radicules qui n'avaient pas été enduites de graisse, ne manqua de venir en contact immédiat avec le

tamis. Ces expériences étaient faites le 28 novembre, à 10 h. du matin,
par une température de 4°,8 C. Sans la circonstance suivante, nous
n'aurions pas cru nécessaire de rapporter ce cas. Au commencement
d'octobre, alors que la température était considérablement plus élevée
(12 à 18° C.), nous trouvâmes que quelques-unes seulement des radicules enduites de graisse s'inclinaient vers le tamis ; ce fait indique que
la sensibilité à l'humidité de l'air s'accroît à mesure que la température baisse, fait semblable à celui que nous avons vu exister dans les
radicules de *Vicia faba*, relativement aux objets attachés à leurs
extrémités. Mais dans le cas qui nous occupe, il est possible qu'une
différence dans l'état hygrométrique de l'air, ait causé la dissemblance
qui existe entre les résultats obtenus à ces deux époques.

Enfin, les faits que nous venons de rapporter, relatifs
à *Phaseolus multiflorus, Vicia faba* et *Avena sativa,*
montrent, à notre avis, qu'une couche de graisse, étendue
sur une longueur de 1 1/2 à 2 mm. au-dessus de la
pointe radiculaire ou la destruction de cette extrémité
par la cautérisation, diminuent fortement ou même annu-
lent, dans la partie supérieure libre, la faculté de s'incliner vers une surface humide avoisinante. Nous devons
nous rappeler que la portion qui s'incline le plus fortement
se trouve placée à une faible distance au-dessus de la
pointe graissée ou cautérisée : enfin, la croissance rapide
de cette partie, prouve qu'elle n'a pas souffert du traitement qu'a subi l'extrémité. Dans les cas où les radicules
s'inclinent, lors même que leur extrémité avait été couverte
de graisse, il est probable que la couche n'était pas assez
épaisse pour empêcher complètement l'accès de l'humidité, ou que la protection ne s'étendait pas sur une longueur suffisante : dans les cas où le caustique était employé, il est aussi probable que la surface cautérisée
n'était pas suffisante. Lorsque des radicules dont l'extrémité est couverte de graisse sont placées pendant quelques jours dans l'air humide, on constate que la couche
graisseuse forme des réticulations ou des gouttelettes de
la plus grande finesse, en laissant nues de petites por-

tions de la surface. Dès lors, il est probable que ces parties sont capables d'absorber l'humidité, et nous pouvons ainsi nous expliquer comment plusieurs des radicules dont nous avions couvert l'extrémité d'une couche
graisseuse, se sont inclinées vers le tamis, au bout d'un
ou deux jours. Somme toute, nous pouvons l'affirmer,
c'est dans la pointe radiculaire que réside la sensibilité
de l'organe à la différence qui peut exister dans l'humidité
de l'air circulant sur ses deux côtés. L'extrémité transmet une certaine excitation à la partie supérieure et en
détermine l'incurvation vers la source d'humidité. Le
mouvement est donc diamétralement opposé à celui qu'en-
gendrent de petits objets attachés sur un côté de l'extrémité radiculaire ou l'ablation d'une tranche mince, ou
enfin la cautérisation. Dans l'un des chapitres suivants,
nous montrerons que la sensibilité à l'action du géotropisme réside aussi dans la pointe radiculaire; c'est donc
cette extrémité qui excite les parties avoisinantes d'une
radicule étendue horizontalement, à s'incliner vers le
centre de la terre.

Les Racines secondaires deviennent verticalement géotropiques, lorsque la partie terminale de la Radicule Primaire est détruite ou endommagée.

Sachs a montré que les racines secondaires ou latérales
de la fève, et probablement d'autres plantes, subissent
d'une façon toute particulière l'action du géotropisme :
elles croissent horizontalement ou dans une direction
faiblement inclinée. Il a, de plus, fait connaître ce fait intéressant (1) que, si l'extrémité de la radicule primaire est
enlevée, l'une des racines secondaires les plus rapprochées, changeant de nature, pousse perpendiculairement
vers le bas pour remplacer la radicule primaire. Nous

---

(1) *Arbeiten Bot. Institut. Würzburg*, Heft iv. 1874, p. 622.

avons répété cette expérience, en plantant dans de la tourbe friable, des fèves privées de leur extrémité radiculaire, et nous avons obtenu le résultat décrit par Sachs. Cependant nous avons vu que ce sont généralement deux ou trois de ces racines secondaires qui se dirigent perpendiculairement vers le bas. Nous avons aussi modifié l'expérience, en pinçant de jeunes radicules, un peu au-dessus de leur extrémité, entre les branches d'un morceau de fil de fer épais en forme d'U. La partie comprimée ne tardait pas à se flétrir et ne pouvait continuer à croître. Cinq radicules dont les extrémités avaient été enlevées, servirent de témoins. Huit furent disposées comme nous l'avons dit ; mais 2 ayant été pincées trop fort, leurs extrémités moururent et tombèrent ; 2 autres, pincées trop faiblement, ne furent pas sensiblement affectées ; les quatre dernières avaient été pincées assez fort pour que la croissance de leur partie terminale fût arrêtée ; elles ne parurent pas autrement endommagées. Lorsque nous enlevâmes les fils de fer en forme d'U, après un intervalle de 15 jours, nous trouvâmes que la partie située au-dessous du point pincé était extrêmement mince et cassante, tandis que la partie supérieure était épaissie. Dans ces quatre cas, une ou plusieurs des racines secondaires, sortant de la partie épaissie, immédiatement au-dessus du fil de fer, avaient poussé perpendiculairement vers le bas. Dans le meilleur cas, la radicule primaire (la partie au-dessous du fil de fer mesurait $37^{mm}5$) un peu tordue n'était pas de moitié aussi longue que trois racines secondaires, qui avaient poussé verticalement ou presque verticalement vers le bas. Quelques-unes des racines secondaires adhéraient ensemble ou étaient devenues confluentes. Nous voyons, par ces quatre cas, qu'il n'est pas nécessaire, pour que les racines secondaires prennent la nature de la radicule primaire, que cette dernière soit amputée. Il suffit que l'afflux de la sève, arrêté en elle, soit dirigé vers

les racines secondaires avoisinantes. Il semble en effet que
ce soit là le premier phénomène qui se produise lorsque
la radicule primaire est pincée entre les branches d'un fil
de fer en forme d'U.

Ce changement de nature des racines secondaires est manifestement analogue, comme l'a remarqué Sachs, à celui
qui se produit dans les jeunes branches des arbres, lorsque le rameau principal, après destruction, est ensuite remplacé par une ou plusieurs pousses latérales. Ces dernières
se dirigent alors droit vers le ciel, au lieu de demeurer
presque horizontales. Dans ce dernier cas, cependant, les
jeunes pousses sont devenues apogéotropiques, tandis que
s'il s'agit de racines, celles ci deviennent géotropiques.
Nous avons donc lieu de penser que c'est la même cause
qui agit sur les racines et sur les branches et que cette
cause est un afflux de sève plus considérable dans les
organes latéraux. Nous fîmes diverses expériences sur
Abies communis et *pectinata*, en pinçant avec un fil de
fer la pousse principale et toutes les pousses latérales,
moins une. Mais nous croyons que nos échantillons
étaient trop vieux au moment de l'expérience. Quelques-
uns avaient été pincés trop fortement et d'autres pas assez.
Nous ne réussîmes que dans un cas, avec l'épinette du
Canada. La pousse principale n'avait pas été tuée; mais
sa croissance était arrêtée ; à sa base se trouvait un ver-
ticille de trois pousses latérales, dont deux avaient été
pincées ; l'une de ces dernières était morte ; la troisième
avait été laissée intacte. Ces pousses latérales, au moment
de l'expérience (14 juillet) formaient au-dessus de l'horizon un angle de 8°; le 8 septembre, la pousse intacte s'était
élevée de 35°; le 4 octobre, elle était de 46°, et le 26 janvier de 48°; elle était alors un peu courbée en dedans.
Une partie de cette élévation de 48° doit être attribuée à
la croissance ordinaire, car la pousse pincée s'était élevée
à 12° pendant le même temps. Il s'ensuit que la branche

intacte était, le 26 janvier, à 56° au-dessus de l'horizon, soit à 34° de la verticale; elle était donc presque capable de remplacer la pousse principale pincée, et ne croissant plus que lentement. Toutefois, nous avons encore quelques doutes au sujet de cette expérience, car nous avons observé, depuis, que des épinettes du Canada, à croissance anormale, ont, près du sommet, des rejets latéraux qui s'inclinent quelquefois fortement, tandis que la pousse principale paraît demeurer en bon état.

Il n'est pas rare de voir des pousses qui, à l'état normal, se seraient dirigées horizontalement, s'élever droit vers le ciel sous l'influence d'excitations bien différentes. Les branches latérales de l'épicea (*Abies pectinata*) sont souvent envahies par un champignon, *Æcidium elatinum*, sous l'influence duquel la branche s'élargit en formant un nœud de bois dur; nous avons compté, dans l'un de ces nœuds, 24 lignes d'accroissement. D'après De Bary (1), lorsque le mycelium pénètre dans un bourgeon en voie d'allongement, la pousse qui en résulte se dirige verticalement vers le ciel. Des rejets ainsi orientées vers le haut, produisent ensuite des branches latérales horizontales. Elles présentent alors un aspect tout particulier, comme si un jeune sapin avait poussé dans une motte d'argile entourant la branche. Ces pousses verticales ont manifestement changé de nature et sont devenues apogéotropiques, car, si elles n'avaient pas été affectées par l'Æcidium, elles auraient poussé horizontalement, comme tous les autres rejetons de la même branche. Ce changement peut, à la rigueur, être dû à un afflux plus considérable de sève dans la partie affectée; mais, la présence du mycelium doit avoir troublé considérablement sa manière d'être normale.

(1) Voir son remarquable article dans *Bot. Zeitung*, 1867, p. 257, sur ces croissances monstrueuses, que l'on nomme en allemand *Hexenbesen* ou balais des sorcières.

D'après M. Meehan (1), les branches dans trois espèces
d'Euphorbia et dans *Portulaca oleracea* sont « normalement couchées ou pendantes », mais lorsqu'elles sont attaquées par un Æcidium, elles « prennent une direction
verticale. » Le Dr Stahl nous informe qu'il a connaissance
de plusieurs cas analogues : ces derniers semblent se rapporter complétement à ceux de l'Abies. Les rhizomes de
Sparganium ramosum poussent horizontalement dans la
terre sur une longueur considérable; ils sont donc diagéotropiques ; mais F. Elfving a trouvé que, sous l'influence de la culture dans l'eau, leur extrémité se tourne
vers le ciel, et qu'ils deviennent apogéotropiques. Même
résultat était obtenu, en courbant la tige de cette plante
jusqu'à fendillement, ou seulement en la tordant d'une
manière assez énergique (2).

On n'a pas, jusqu'ici, essayé de donner une explication des cas semblables à ceux que nous venons de citer, c'est-à-dire dans lesquels des racines secondaires
s'allongent verticalement vers le bas ou des pousses latérales se dirigent vers le ciel, après l'amputation de la radicule primaire ou de la pousse principale. Nous croyons
cependant que les considérations suivantes nous en donnent la raison. D'abord, toute cause qui apporte un trouble dans la manière d'être (3) peut engendrer la régression. Tels le croisement de deux races distinctes, le
changement de conditions, comme lorsque des animaux

---

(1) *Proc. Acad. Nat. Sc. Philadelphia*, 16 juin 1874 et 28 juillet 1874.

(2) Voir l'intéressant mémoire de M. J. Elfving dans *Arbeit. Bot. Inst. in Würzburg*, vol. 2, 1880, p. 4?9. Carl Kraus (Triesdorf) avait observé auparavant (*Flora*,
1878, p. 234) que les pousses souterraines de *Triticum repens* s'inclinent verticalement vers le haut, lorsque la partie du végétal qui vit au-dessus de la terre est supprimée, et lorsque les rhizomes demeurent en partie immergés dans l'eau.

(3) Les faits sur lesquels nous basons ces conclusions sont exposées dans *The
variation of Animals and Plants under Domestication*, 2e éd. 1875. Sur les
causes principales de la réversion, voir ch. XII, vol. II et p. 59, ch. XIV. Sur les
fleurs péloriques, ch. XIII, p. 32 ; et voir p. 237 relativement à leur position sur la
plante. Pour les graines, voir p. 340. Pour la réversion au moyen de bourgeois,
p. 438, ch XI, vol. I.

domestiques repassent à l'état sauvage. Mais le cas que
nous devons surtout considérer est la fréquente apparition de fleurs péloriques au sommet d'une tige ou au centre d'une inflorescence, parties qui reçoivent, croit-on,
la plus grande quantité de sève. En effet, lorsqu'une
fleur irrégulière devient parfaitement régulière ou pélorique, ce fait peut être attribué, au moins en partie, à la
régression vers un type primitif et normal. Même la position d'une graine au sommet de la capsule donne quelquefois au semis qui en provient, une tendance à la régression. Secondement, les régressions se produisent
souvent au moyen de bourgeons, indépendamment de la
reproduction par graines; de sorte qu'un bourgeon peut
récupérer les caractères d'un état primitif dont il est séparé par un grand nombre de générations gemmaires.
Chez les animaux, les régressions peuvent se produire en
avançant en âge. Troisièmement, enfin, les radicules,
lorsqu'elle sortent de la graine, sont toujours géotropiques, et les plumules ou les pousses presque toujours apogéotropiques. Si, maintenant, une cause quelconque, telle
qu'un afflux de sève ou la présence d'un mycelium, vient
déranger la manière d'être d'une pousse latérale ou d'une
racine secondaire, celle-ci peut revenir à son état primordial; elle devient alors soit géotropique, soit apogéotropique, selon le cas, et, par suite, elle pousse verticalement, soit vers le haut, soit vers le bas. Il est évidemment possible ou tout au moins probable, que cette régression puisse être accrue, si elle est manifestement
utile à la plante.

RÉSUMÉ DU CHAPITRE.

Un organe ou une partie d'organe peut être appelé sensible, lorsque son excitation détermine un mouvement dans
un point voisin. Nous avons montré, dans ce chapitre, que

13

l'extrémité radiculaire de la Fève est, dans ce sens,
sensible au contact d'un objet de faibles dimensions attaché sur une de ses faces au moyen de gomme laque ou
d'eau gommée. Elle est aussi sensible lorsqu'on la touche
légèrement avec un caustique sec, et lorsqu'on enlève
une lame mince sur une de ses faces. Les radicules du
pois furent soumises à nos expériences, en recevant des
objets étrangers ou la cautérisation caustique : elles
furent impressionnées par ces deux excitants. Dans *Phaseolus multiflorus*, l'extrémité était très peu sensible aux
petits carrés de carton attachés, mais elle était excitée
par le caustique ou par l'ablation d'une branche mince.
Les radicules de Tropæolum étaient manifestement sensibles au contact; il en était de même, autant que nous
avons pu en juger, pour celles de *Gossypium herbaceum* :
elles étaient, en outre, très sensibles à l'action du caustique. Les extrémités des radicules de *Cucurbita ovifera*
étaient également très irritables par l'action du caustique, quoiqu'elles ne fussent que modérément excitées
par le contact. *Raphanus sativus* nous offrit un cas assez
douteux. Dans Æsculus, les extrémités étaient tout à
fait indifférentes aux corps attachés sur elles, quoique
sensibles à l'action du caustique. Celles de *Quercus robur*
et de *Zea mays* étaient très sensibles au contact, et
celles de ce dernier végétal à l'action du caustique.
En plusieurs de ces cas, les différences dans la sensibilité
de la pointe au contact et au caustique n'étaient, croyons-
nous, qu'apparentes. En effet, dans Gossypium, Raphanus et Cucurbita, la pointe était si fine et si flexible qu'il
était fort difficile de fixer un objet quelconque sur l'une
de ses faces. Dans les radicules d'Æsculus, les extrémités
n'étaient nullement irritables par contact des petits corps
attachés sur elles; mais il ne s'ensuit pas qu'elles n'eussent pas été sensibles à une pression un peu plus forte
et continue, si cette dernière avait pu être appliquée.

La forme particulière de sensibilité que nous considérons ici, est localisée dans l'extrémité de la radicule, sur une longueur de 1 à 1.5 mm. Lorsque cette pointe est irritée par le contact d'un objet quelconque, par le caustique, par l'ablation d'une tranche mince, la partie immédiatement supérieure de la radicule, sur une longueur de 6, 7 et souvent 12 mm., est excitée dans le sens opposé au côté d'où vient l'irritation. Une certaine excitation peut donc être transmise par l'extrémité dans la radicule, et sur une longueur déterminée. L'incurvation ainsi réalisée est aussi symétrique. La partie qui s'incline le plus fortement, coïncide en apparence avec celle qui est l'objet de la croissance la plus rapide. L'extrémité et la partie basilaire ne croissent que légèrement et s'inclinent très peu.

Si nous considérons les places bien distinctes qu'occupent, dans la série végétale, les divers genres que nous venons de nommer, nous pouvons conclure que les extrémités des radicules de toutes ou de presque toutes les plantes sont sensibles de la même manière, et peuvent transmettre une excitation capable de déterminer l'incurvation de la partie supérieure. Pour l'extrémité des racines secondaires, après avoir observé celles de *Vicia faba*, *Pisum sativum* et *Zea mays*; nous les avons trouvées toujours douées de la même sensibilité.

Pour que ces mouvements se produisent librement, il paraît nécessaire que les radicules puissent croître suivant leur marche habituelle. Quand elles sont soumises à une température élevée et que leur croissance est accélérée, il semble que l'extrémité perd sa sensibilité ou que la partie supérieure n'a plus le pouvoir de s'incliner. Si la croissance est très lente, il semble en être de même, par suite du peu de vigueur de la plante ou de la faible température à laquelle elle est soumise. Il en est encore de même lorsqu'on a fait germer les graines de ces plantes au milieu de l'hiver.

L'incurvation de la radicule se produit quelquefois 6 à 8 heures après irritation de l'extrémité; elle n'exige jamais au delà de 24 h., excepté pour la radicule massive d'Æsculus. L'incurvation a souvent lieu à angle droit, — c'est à dire que la partie terminale se dresse vers le haut jusqu'à ce que son extrémité, qui n'est que peu courbée, se projette presque horizontalement. Parfois l'extrémité, par suite de l'excitation continue produite par la présence constante de l'objet attaché, s'incurve jusqu'à former un crochet (sa pointe est alors dirigée vers le ciel), ou une boucle, ou même une spire. Après un certain temps, la radicule paraît s'accoutumer à l'excitation, comme le fait se produit dans les vrilles, car elle recommence à croître vers le bas, quoique le carré de carton — ou tout autre corps étranger — n'ait pas cessé d'être attaché à son extrémité.

Il est évident qu'un petit objet fixé sur le point libre d'une radicule suspendue verticalement dans l'air peut n'offrir aucune résistance mécanique à son accroissement total, car cet objet est entraîné vers le bas, quand la radicule s'allonge, et vers le haut, quand elle se recourbe. La croissance même de l'extrémité ne peut être empêchée mécaniquement par la présence d'un objet de petites dimensions fixé au moyen d'eau gommée, qui demeure tout le temps parfaitement visqueuse. Le poids de l'objet est tout à fait insignifiant; il devrait s'opposer du reste à l'incurvation vers le haut. Nous pouvons donc conclure que c'est l'excitation due au contact, qui détermine le mouvement. Ce contact, cependant, doit être prolongé, car les extrémités de 15 radicules ayant été frappées de coups rapides, ce traitement ne détermina point leur incurvation. Nous avons donc ici un cas spécial de sensibilité, analogue à celui des glandes de Drosera : ces derniers organes, en effet, doués d'une exquise sensibilité à une pression un peu prolongée, ne sont pas excités par deux ou trois attouchements rapides.

Lorsque la pointe d'une radicule est légèrement cautérisée au nitrate d'argent sec, le dommage qui en résulte est très faible ; la partie immédiatement supérieure s'incline dans la direction opposée au côté cautérisé, et cela plus nettement, dans la plupart des cas, que lorsque l'excitation est produite par de petits objets attachés sur un côté. Ce n'est certainement pas ici l'attouchement, mais bien l'effet produit par le caustique, qui fait que l'extrémité transmet à la partie immédiatement supérieure une excitation capable de déterminer son incurvation. Si l'un des côtés de l'extrémité est gravement endommagé ou brûlé par le caustique, il cesse de croître, tandis que l'accroissement continue sur la face opposée. Il en résulte que l'extrémité elle-même s'incurve *vers* le côté endommagé, et forme souvent un crochet complet. Il faut remarquer, dans ce cas, que la partie immédiatement supérieure ne s'incline pas. Le stimulant est trop puissant ou son effet trop profond pour que l'excitation produite puisse être transmise par l'extrémité. Dans Drosera, Dionæa et Pinguicula, nous trouvons des cas exactement analogues, car, dans ces plantes, un stimulant trop énergique n'excite pas les tentacules à se courber, les lobes à se fermer ou les bords à se replier en dedans.

Quant au degré de sensibilité de la pointe au contact, dans des conditions favorables, nous avons vu que, dans *Vicia faba*, un petit carré de papier à lettre fixé au moyen de gomme laque, suffisait pour déterminer le mouvement. Le même effet fut produit, dans un cas, par un morceau de baudruche humide ; mais l'action resta cependant faible. De petits morceaux de carton d'une épaisseur modérée (nous avons donné leurs dimensions) fixés au moyen d'eau gommée, n'agirent que dans trois expériences sur onze, et des gouttes de gomme laque sèche pesant $0^{mgr}32$ n'agirent que deux fois sur onze expériences. Nous avons donc, ici, atteint à peu près le minimum d'excitation nécessaire. L'extrémité radiculaire est donc moins sensible à la pression que les glandes de Drosera, car ces dernières sont affectées par le contact d'objets beaucoup plus tenus que des morceaux de carton et par des poids bien inférieurs à $0^{mgr}·32$.

Mais la preuve la plus intéressante de la délicate sensibilité de l'extrémité radiculaire nous fut fournie par le pouvoir que possède cet organe de faire une distinction entre des carrés de papier-carton et de papier très mince, ayant la même taille, lorsque ces carrés étaient attachés sur des côtés opposés. Nous observâmes ce fait sur les radicules de la Fève et du Chêne.

.Lorsque les radicules de la Fève étaient étendues horizontalement et pourvues de carrés de carton à leur face *inférieure*, l'excitation ainsi provoquée était toujours plus faible que le géotropisme, qui agit alors dans les conditions les plus favorables, perpendiculairement sur la radicule. Mais lorsque des objets étaient attachés sur les radicules des genres que nous venons de nommer, suspendues verticalement, l'excitation était plus forte que le géotropisme. Cette dernière influence, en effet, agissait à l'origine, obliquement sur la radicule ; l'excitation immédiate de l'objet attaché, aidée par la force acquise, prenait donc le dessus et déterminait l'incurvation de la radicule vers le haut, quelquefois jusqu'à ce que la pointe fût dirigée vers le zénith. Nous devons dire, cependant, que la force acquise par l'extrémité excitée sous l'influence de l'attouchement d'un objet, n'entre en jeu qu'après que le mouvement a été déterminé. L'extrémité des radicules du pois semblent être plus sensibles au contact que celles de la fève : en effet, lorsqu'elles étaient étendues horizontalement, et pourvues, à leur face inférieure, de petits carrés de carton, une lutte des plus curieuses s'engageait parfois; tantôt l'une, tantôt l'autre des forces l'emportait; en dernier lieu, cependant, la victoire restait toujours au géotropisme. Toutefois, en deux cas, la partie terminale se courba tellement vers le haut, que des boucles se formèrent ensuite. Donc, dans le pois, l'excitation déterminée par un objet attaché, et par le géotropisme, lorsque cette force agit perpendiculairement sur la radicule, sont deux influences presque égales. Nous observâmes des résultats entièrement semblables dans les radicules de *Cucurbita ovifera* étendues horizontalement, lorsque leurs extrémités étaient légèrement cautérisées sur la face opposée.

Enfin, les divers mouvements coordonnés au moyen desquels les radicules peuvent accomplir les fonctions qui leur sont dévolues, atteignent une admirable perfection. Dans quelque direction que la radicule sorte tout d'abord de la graine, le géotropisme la guide perpendiculairement vers le bas ; c'est dans l'extrémité que se localise la faculté de subir l'action de la pesanteur. Sachs a prouvé (1) cependant que les racines secondaires, ou émises par la racine primaire, subissent l'action du géotropisme de telle manière qu'elles tendent à se diriger obliquement vers le bas. Si elles étaient aussi sensibles à cette force que la radicule primaire, toutes les racines pénétreraient en terre en un faisceau serré. Nous avons vu que, quand l'extrémité de la radicule primaire est enlevée ou endommagée, les racines secondaires voisines devenant géotropiques croissent perpendiculairement vers le bas. Cette faculté doit souvent être pour la plante d'une grande utilité, lorsque la radicule primaire a été détruite par les larves d'insectes, les animaux fouisseurs ou par quelque autre accident. Les racines tertiaires, ou émises par les secondaires, ne sont pas influencées, au moins dans la Fève, par le géotropisme ; elles poussent donc librement dans toutes les directions. Ce mode de croissance

(1) *Arbeiten Bot. Inst., Würzburg*. Heft. IV, 1874, p. 603, 631.

des diverses sortes de racines, à pour conséquence de les distribuer avec leurs poils radiculaires, dans toute la terre environnante, et cela, comme Sachs l'a remarqué, de la manière la plus avantageuse. Le sol tout entier se trouve en effet fouillé en tous sens par suite de ce mode de développement.

Le géotropisme, nous l'avons montré dans le dernier chapitre, détermine l'incurvation de la radicule vers le bas; mais cette force, très peu considérable, est tout à fait insuffisante pour perforer la terre. Cette pénétration s'effectue parce que l'extrémité appointée (protégée par la pilorhize) est pressée vers le bas, par suite de l'expansion longitudinale, ou de la croissance de la portion terminale rigide; cette dernière se trouve encore aidée par la croissance transversale, et l'action cumulative de ces deux forces est considérable. Il est cependant indispensable que les graines puissent d'abord être maintenues d'une manière quelconque. Lorsqu'elles gisent à nu sur le sol, elles sont retenues par les poils radiculaires qui s'attachent aux objets voisins ; ce phénomène est apparemment dû à ce que la surface inférieure de ces poils se convertit en un ciment. Beaucoup de graines pour se soutenir profitent de circonstances accidentelles ; elles peuvent encore tomber dans des trous ou dans des crevasses. Certaines semences n'ont même pas besoin d'autre chose que de leur poids pour se maintenir.

Le mouvement de circumnutation de la partie terminale, en voie d'accroissement, dans les racines primaires et secondaires, est si faible, qu'il ne saurait leur être que d'un très faible secours pour pénétrer en terre, si ce n'est toutefois dans le cas où la couche superficielle est meuble et humide. Mais il peut leur fournir une aide matérielle, lorsqu'elles viennent à pénétrer obliquement dans des crevasses ou dans les trous pratiqués par les vers ou les larves. De plus, ce mouvement combiné avec la sensibilité de la pointe au contact, ne peut manquer d'avoir une grande importance. En effet, l'extrémité s'efforçant toujours de s'incliner dans tous les sens, subira une pression sur toutes ses faces; elle pourra donc ainsi reconnaître, parmi les surfaces avoisinantes, celle qui est la plus dure et la plus meuble, comme elle a distingué les carrés de papier-carton et ceux de papier mince qui avaient été fixés sur ses côtés. Elle tendra donc à s'incliner pour s'éloigner de la partie la plus dure du sol, et suivra ainsi les lignes de moindre résistance. Il en sera de même quand elle rencontrera dans le sol une pierre ou la racine d'une autre plante, faits qui se produisent incessamment. Si l'extrémité n'était pas sensible, et si elle ne déterminait pas l'inclinaison de la partie supérieure de la radicule, lorsqu'elle rencontre perpendiculairement un obstacle dans le sol, elle se replierait en une masse tordue. Mais nous avons vu, en faisant pousser des radicules sur des lames de verre inclinées que, au premier contact de l'extrémité avec un morceau de bois fixé sur la lame de verre, la partie terminale tout entière se courbait vers le haut, de telle sorte que l'extrémité occupait bientôt une position perpendiculaire à sa direction primitive. Le même effet se produirait à la rencontre d'un obstacle dans le sol, autant, du moins, que le permettrait la pression de la terre environnante. Nous pouvons aussi nous expliquer pourquoi des radicules courtes et épaisses, comme celles d'Æsculus, montrent moins de sensibilité que d'autres plus délicates : les premières sont capables, en effet, par la force de leur croissance, de surmonter un léger obstacle.

Lorsqu'une radicule écartée de sa course naturelle vers le bas par une pierre ou par une racine, parvient au bord de l'obstacle, le géotropisme la pousse à croître de nouveau directement vers le bas. Mais nous savons que le géotropisme n'a qu'une action très légère; aussi une autre excellente adaptation entre-t-elle ici en jeu, comme Sachs l'a remarqué (1). La partie supérieure de la radicule, un peu au-dessus de l'extrémité, est également, nous l'avons vu, douée de sensibilité. Cette propriété détermine la radicule à se courber comme une vrille *vers* l'objet qui la touche, de sorte que, après avoir frappé contre le bord d'un obstacle, elle s'inclinera vers le bas. L'incurvation ainsi déterminée est brusque elle diffère sous ce rapport, de celle que détermine l'irritation d'un côté de l'extrémité radiculaire. Cette incurvation vers le bas coïncide avec celle due au géotropisme, et toutes deux amèneront la radicule à reprendre sa direction primitive.

La radicule ressent les effets d'un excès d'humidité de l'air sur une de ses faces, et s'incline de ce côté. Nous pouvons en déduire qu'elle agira de la même manière à l'égard de l'humidité du sol. La sensibilité à l'humidité se localise dans l'extrémité radiculaire, qui à son tour détermine l'incurvation de la partie supérieure. Cette faculté pourrait peut-être expliquer en partie l'engagement considérable dont les conduits de drainage sont souvent l'objet de la part des racines.

Si nous envisageons les divers faits exposés dans ce chapitre, nous voyons que la marche suivie dans le sol par une racine est soumise à des influences extraordinairement diverses et complexes, à savoir : — le géotropisme, agissant d'une manière semblable sur les racines primaires, secondaires ou tertiaires ; — la sensibilité au contact, qui diffère suivant qu'elle s'exerce sur la pointe ou sur la partie immédiatement supérieure à cette extrémité ; — enfin, selon toute apparence, la sensibilité aux variations de l'état hygrométrique des différentes parties du sol. Ces divers stimulants du mouvement sont tous plus puissants que le géotropisme agissant obliquement sur la racine déviée de sa marche primitive vers le bas. De plus,

(1) *Arbeiten Bot. Inst.*, Würzburg, III, p. 456.

les racines de la plupart des plantes subissent l'action de la lumière et s'inclinent soit vers cet agent physique, soit dans un sens contraire à sa direction; mais, comme les racines ne sont pas exposées à la lumière, dans les conditions naturelles, il est douteux que cette sensibilité soit d'une utilité quelconque pour la plante; elle provient peut-être de ce que les radicules sont très sensibles aux autres stimulants. La direction prise par la pointe, à chaque période successive de la croissance d'une racine, détermine, pour la suite, sa marche tout entière. Il est donc de la plus haute importance que la pointe puisse, dès l'abord, prendre la direction la plus avantageuse. Nous pouvons par là comprendre pourquoi la sensibilité au géotropisme, celle au contact et celle à l'humidité, résident toutes dans l'extrémité, et pourquoi cette extrémité détermine l'incurvation de la partie supérieure vers l'excitant ou en sens contraire. Une radicule peut être comparée à un animal fouisseur, tel qu'une taupe, qui s'efforce de pénétrer perpendiculairement dans la terre. En faisant continuellement mouvoir sa tête dans tous les sens, cet animal reconnaîtra une pierre ou tout autre obstacle, il percevra les différences dans la dureté du sol, et se tournera vers le côté convenable: si la terre est plus humide d'un côté que de l'autre, il se dirigera vers la partie la moins sèche qui sera évidemment plus facile à remuer. Toutefois, après chaque interruption, guidée par la pesanteur, la taupe pourra reprendre sa marche vers le bas et fouir à une profondeur plus grande.

CHAPITRE IV

Mouvements circumnutants dans les diverses parties des plantes adultes.

Circumnutation des tiges : remarques finales. — Circumnutation des stolons : manière dont ce mouvement les aide à cheminer à travers les tiges des plantes environnantes. — Circumnutation des tiges florifères. — Circumnutation des feuilles de Dicotylédones. — Singulier mouvement oscillatoire des feuilles de Dionæa. — Mouvement nocturne de descente des feuilles de Cannabis. — Feuilles des Gymnospermes ; des Monocotylédones; des Cryptogames. — Remarques finales sur la circumnutation des feuilles : elles s'élèvent généralement le matin, pour descendre le soir.

Nous avons vu, dans le premier chapitre, que les tiges de tous les semis, soit hypocotylés, soit épicotylés, aussi bien que les cotylédons et les radicules, ont un mouvement continuel de circumnutation : c'est à dire que leur croissance s'exerce d'abord d'un côté, puis de l'autre. Cette croissance est probablement précédée d'une plus grande turgescence des cellules. Comme il était peu vraisemblable d'admettre que les plantes changeassent de mode de croissance, en avançant en âge, il nous parut très probable que les divers organes de toutes les plantes, à tous les âges, et pendant toute la durée de leur croissance, devaient être en circumnutation, quoique, peut-être, dans de faibles proportions. Il était, pour nous, très important de vérifier ces prévisions. Nous résolûmes donc d'examiner avec soin un certain nombre de plantes, dont la croissance était vigoureuse et dans lesquelles, à notre connaissance, aucune espèce de mouvement n'avait été signalée. Nous commençâmes par les tiges. Les observations de ce genre sont très pénibles ; aussi pensâmes-nous qu'il suffirait d'observer ces organes dans environ une vingtaine de genres, choisis au milieu de familles complétement distinctes, et originaires de diverses contrées. Nous prîmes de préférence plusieurs plantes qui, à cause de leur tige ligneuse, ou pour d'autres motifs encore, nous semblaient le moins disposées à circumnuter. Les observations et les diagrammes furent faits par la méthode que nous avons indiquée dans l'introduction. Placées dans des pots, les plantes furent soumises à une température convenable, et, pendant les observations, conservées à l'obscurité ou faiblement éclairées par en haut. Elles ont été disposées dans l'ordre spécial à Hooker, tel qu'il est indiqué dans la *Botanique systématique* de Le Maout et Decaisne. Le numéro d'ordre de la famille à laquelle appartient chaque plante a été mentionné : il servira à indiquer la place de ces groupes dans la série.

(1.) *Iberis umbellata*. (Crucifères. Fam. 14). — Nous relevâmes pendant 24 heures, comme le montre la fig. 70, le mouvement de la tige

Fig. 70.

Iberis umbellata : circumnutation de la tige d'une jeune plante, relevée du 13 septembre, 8 h. 30 du matin, jusqu'au lendemain à pareille heure. Distance du sommet de la tige au verre horizontal : 19 cm. Diagramme réduit de moitié. Le mouvement est ici amplifié entre 4 et 6 fois.

d'une jeune plante, haute de 10^{cm}, composée de 4 entre-nœuds (l'hypocotyle compris), et portant à son extrémité un fort bourgeon. Autant que nous en pouvions juger, la circumnutation ne s'étendait qu'à la partie supérieure de la tige, sur une longueur de 25^{mm}, et cela, d'une manière extrêmement simple. Le mouvement était faible et sa vitesse très différente à des moments divers. Dans sa marche, la tige décrivit une ellipse irrégulière, ou mieux un triangle, en 6 h. 30 m.

(2.) *Brassica oleracea* (Crucifères). — Nous plaçâmes sous le microscope une très jeune plante, munie de trois feuilles, dont la plus longue mesurait 18^{mm}75 de long. Le microscope était pourvu d'un oculaire micrométrique, et l'extrémité de la plus grande feuille se montra en mouvement continu. Elle traversait 5 divisions du micromètre, c'est-à-dire 0^{mm}25, en 6 m. 20 s. On peut à peine douter que le siège principal de ce mouvement ne fut dans la tige, car l'extrémité de la feuille ne s'écartait pas sensiblement du foyer ; c'est cependant ce qui serait arrivé, si le mouvement avait eu son siège dans la feuille, car cet organe se meut de haut en bas et de bas en haut, presque dans le même plan vertical.

(3.) *Linum usitatissimum* (Linées, Fam. 39). — Les tiges de cette plante, un peu avant la période de floraison, se meuvent en cercle ou circumnutent, ainsi que l'a constaté Fritz Müller (« *Ienaische Zeitschrift* » B. V. p. 137).

(4.) *Pelargonium zonale* (Géraniacées, Fam. 47). — Une jeune plante, longue de 187^{mm}5, fut observée de la manière habituelle : toutefois, afin de voir la goutte de cire au bout du fil de verre, et, en même

Fig. 71.

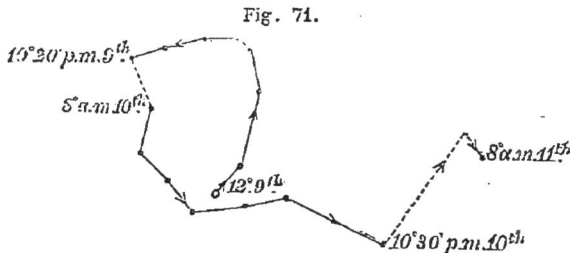

Pelargonium zonale : circumnutation de la tige d'une jeune plante faiblement éclairée par le haut. Mouvement de la goutte de cire amplifié 11 fois environ; relevé sur un verre horizontal, du 9 mars au soir jusqu'au 11, 8 h. du matin.

temps le point de repère placé derrière, nous fûmes obligé de couper trois feuilles de ce côté. Nous ignorons si c'est pour ce motif, ou parce que la plante s'était d'abord courbée d'un côté sous l'influence de l'héliotropisme, mais, du 7 mars au matin jusqu'au 8, à 10 h. 30 du soir, la tige franchit une distance considérable en décrivant des zigzags dans la même direction générale. Dans la nuit du 8, elle parcourut une certaine distance formant angle droit avec sa direction primitive, et le lendemain matin (le 9) elle demeura, pendant un certain temps, presque immobile. Dans la soirée du 9, nous commençâmes un nouveau tracé (voir fig. 71), qui fut continué jusqu'au 11, à 8 h. du matin. Depuis le 9 au soir jusqu'au 10, 5 h. du soir (soit pendant un intervalle de 29 h.) la tige décrivit un cercle. Cette plante circumnute donc, mais très lentement et sur une faible étendue.

(5.) *Tropæolum majus* (?) (variété naine nommée Tom Thumb); (Géraniacées). — Les espèces de ce genre grimpent avec l'aide de leurs

Fig. 72.

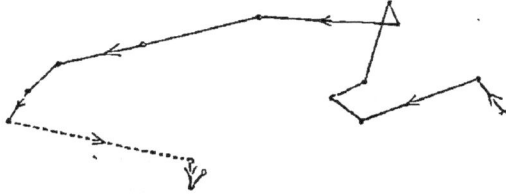

Tropæolum majus (?) : circumnutation de la tige d'une jeune plante, relevée sur un verre horizontal, du 26 décembre, 9 h. du matin, au 27, 10 h. du matin. Mouvement de la goutte de cire amplifiée 6 fois environ. Réduit de moitié.

pétioles sensibles, mais quelques-unes s'enroulent aussi autour des supports. Cependant ces dernières espèces ne commencent pas à circumnuter d'une manière apparente, lorsqu'elles sont encore jeunes. La variété dont nous parlons ici a une tige assez épaisse et est si rabougrie, qu'elle ne grimpe probablement en aucune façon. Nous voulions donc déterminer si la tige d'une plante jeune, formée de deux entre-nœuds, hauts ensemble de 8cm, avait un mouvement de circumnutation.

Elle fut observée durant 25 h., et nous voyons par la fig. 72, que la tige avait un mouvement en zigzag, indiquant une véritable circumnutation.

Fig. 73.

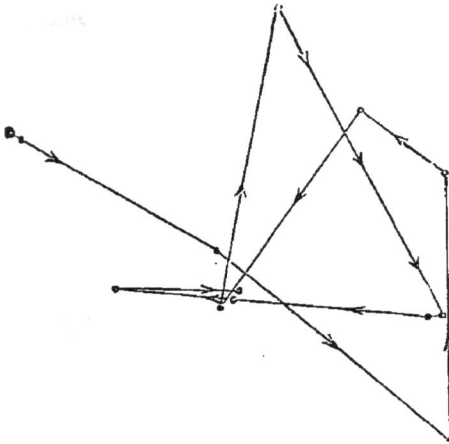

Trifolium resupinatum : circumnutation de la tige, relevée sur un verre vertical, le 3 novembre, de 9 h. 30 du matin à 4 h. 30 du soir. Tracé peu amplifié, et réduit ici de moitié. Plante faiblement éclairée par le haut.

(6.) *Trifolium resupinatum* (Légumineuses, fam. 75). — Lorsque nous parlerons du sommeil des végétaux, nous verrons que les tiges, dans plusieurs genres de Légumineuses, par exemple Hedysarum, Mimosa, Melilotus, etc., qui ne renferment aucune plante grimpante, circumnutent visiblement. Nous ne donnerons ici qu'un exemple (fig. 73), montrant la circumnutation de la tige d'une grande plante de trèfle, *Trifolium resupinatum*. Dans le cours de 7 heures, cette tige changea huit fois de direction et décrivit irrégulièrement trois cercles ou ellipses. Elle circumnutait donc visiblement. Quelques-unes des lignes tracées couraient perpendiculairement l'une sur l'autre.

Fig. 74.

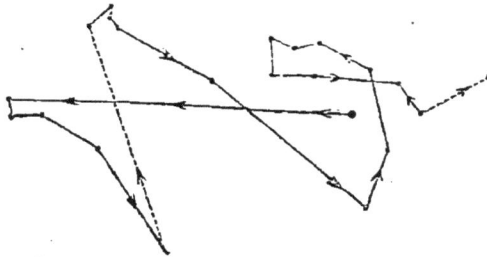

Rubus [hybride] : circumnutation d'une tige, tracée sur un verre horizontal, du 14 mars, 4 h. du soir, au 16 mars, 8 h. 30 du matin. Tracé fortement amplifié, et réduit ici de moitié. Plante faiblement éclairée par le haut.

(7.) *Rubus idæus* (Hybride) (Rosacées, Fam. 76). — Nous eûmes la

Fig. 75.

Deutzia gracilis : circumnutation d'une tige gardée à l'obscurité, relevée sur un verre horizontal, le 20 mars, de 8 h. 30 du matin à 7 h. du soir. Mouvement de la goutte de cire amplifié 20 fois environ, et réduit ici de moitié.

chance de posséder une jeune plante, haute de 27cm5 et dont la croissance était vigoureuse ; elle provenait d'un croisement entre le framboisier (*Rubus idæus)* et un Rubus du Nord de l'Amérique. Nous l'observâmes de la manière habituelle. Dans la matinée du 14 mars, la tige décrivit un cercle presque complet, et se mut ensuite en ligne presque droite. A 4 h. du soir elle revint sur ses pas, et nous commençâmes alors un nouveau tracé, qui fut continué pendant 4 h. 1/2 : nous le donnons fig. 74. Nous avons ici une circumnutation bien marquée.

(8.) *Deutzia gracilis* (Saxifragées, Fam. 77). — Nous observâmes une branche prise sur un buisson haute d'environ 45cm. La boule de cire changea nettement de direction onze fois dans le cours de 10 h. 30 m. (fig. 75) : on ne peut donc douter qu'il n'y eût circumnutation de la tige.

(9.) *Fuchsia* (variété de serre, à grandes fleurs, probablement hybride) (Onagrariées, Fam. 100). — Une jeune plante, haute de 37cm5, fut observée pendant près de 48 h. La figure ci-jointe (fig. 76), indique les principales particularités de sa marche et montre que la tige circumnutait, quoique assez faiblement.

(10.) *Cereus speciosissimus* (variété horticole, qui reçoit quelquefois le nom de *Phyllocactus multiflorus*) (Cactées, Fam. 109). —
Cette plante, qui poussait vigoureusement, car elle avait été transportée quelques jours auparavant, du jardin dans la serre, fut observée
avec un intérêt tout spécial, car il nous paraissait bien peu probable
que la tige circumnutât. Les branches étaient larges ou flabelliformes ;
mais quelques-unes présentaient une section triangulaire avec les trois
faces évidées. Nous choisîmes pour l'observation une de ces dernières
branches, longue de 21cm5 et épaisse de 37mm5 ; elle nous paraissait

Fig. 76.

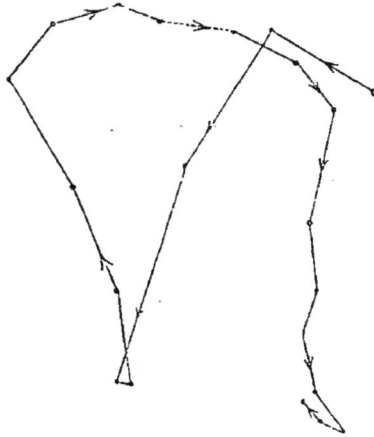

Fucshia (var. de jardin) : circumnutation d'une tige, gardée dans l'obscurité, relevée
sur un verre horizontal, de 8 h. 30 du matin à 7 h. du soir, le 20 mars. Mouvement
de la goutte de cire amplifié 40 fois environ, et réduit ici de moitié.

moins apte à circumnuter qu'une branche flabelliforme. Le mouvement de la goutte de cire, au bout du fil de verre fixé au sommet de la
branche, fut relevé (A, fig. 77) de 9 h. du matin à 4 h. 30 du soir, le
23 novembre ; pendant ce temps, elle changea six fois nettement de
direction. Le 24, fut relevé un autre tracé (voir B), et ce jour-là, la
boule de cire changea plus souvent de direction : en 8 h. elle décrivit
ce que l'on peut considérer comme 4 ellipses, dont les plus longs
axes avaient des directions différentes. La position de la tige et sa
direction primitive le lendemain matin, sont indiquées sur la même
figure. On ne peut douter que cette branche ne circumnutât malgré
son aspect complétement rigide. Toutefois, la quantité extrême du
mouvement pendant ce temps était très faible, et probablement inférieure à 1mm25.

(11.) *Hedera hèlix* (Araliacées, Fam. 114). — On sait que la tige est
aphéliotropique, et plusieurs semis poussant dans un pot, dans la

14

serre, se courbèrent au milieu de l'été, perpendiculairement à la lumière. Le 2 septembre, quelques-unes de ces tiges étaient redressées verticalement et placées devant une fenêtre au Nord-Est. Mais, à notre grande surprise, elles étaient devenues décidément héliotropiques, car durant quatre jours elles se courbèrent vers la lumière, et leur marche, relevée sur un verre horizontal, formait de forts zigzags. Durant les six jours qui suivirent elles circumnutèrent sur une petite étendue et très faiblement, mais sans qu'il pût y avoir de doute sur leur cir-

Fig. 77.

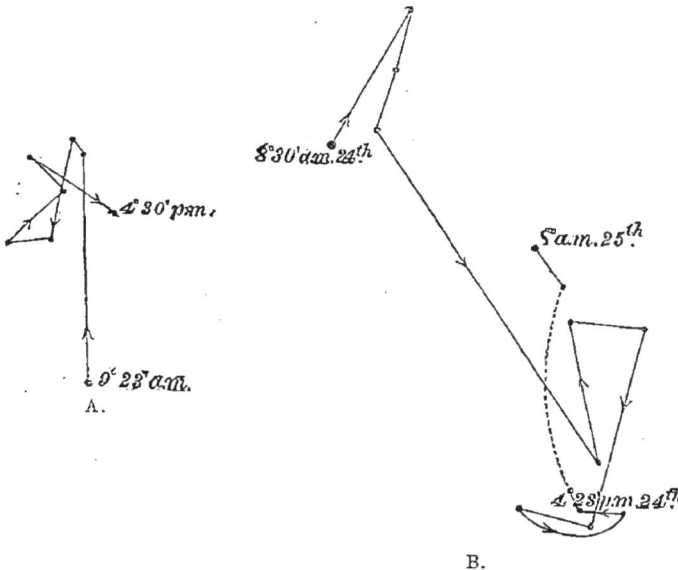

Cereus speciosissimus : circumnutation d'une tige, éclairée par le haut, relevée sur un verre horizontal ; en A, de 6 h. du matin à 4 h. 30 du soir, le 23 novembre ; en B, du 24, de 8 h. 30 du matin, au 25, 8 h. du matin. Mouvement de la goutte de cire, en B amplifié environ 38 fois.

cumnutation. Les plantes ayant été gardées exactement à la même place devant la fenêtre pendant un intervalle de 15 jours, les tiges furent observées de nouveau pendant 2 jours. Leurs mouvements relevés, elles se trouvèrent encore en circumnutation, quoique sur une plus petite échelle.

(12.) *Gazania ringens* (Composées, Fam. 122). — La circumnutation de la tige d'une jeune plante, haute de 17cm5 (du pied à la base de la plus haute feuille) fut relevée pendant 33 heures : elle est retracée dans la fig. ci-jointe (fig. 78). On peut voir que deux lignes principales courent presque perpendiculairement sur deux autres lignes principales. Elles étaient cependant interrompues par de petites boucles.

(13.) *Azalea Indica* (Ericinées, Fam. 128). — Un arbrisseau haut de 62^{cm}5, fut choisi pour l'observation. La circumnutation de son pied principal fut relevé durant 26 h. 40 m., comme le montre la fig. 79.

(14.) *Plumbago Capensis* (Plombaginées, fam. 134). — Une petite branche latérale qui sortait d'un pied en pleine croissance, fut choisie pour l'observation. Elle faisait avec l'horizon un angle de 35°. Pendant les 11 premières heures, elle parcourut une distance considérable presque en ligne droite, probablement parce qu'elle avait été auparavant déviée par la lumière, lorsqu'elle était dans la serre. A 7 h.

Fig. 78.

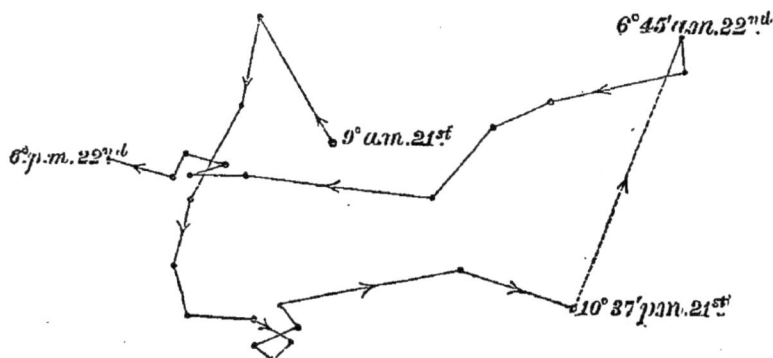

Gazania ringens : circumnutation d'une tige, relevée du 21 mars, 9 h. du matin, au 22, 6 h. du soir; plante gardée à l'obscurité. Mouvement de la goutte de cire, à la fin de l'observation, amplifié 34 fois, et réduit ici de moitié.

du soir, le 7 mars, un tracé fut commencé et continué durant 43 h. 40 m. (voir fig. 80). Pendant les 2 premières heures, elle suivit presque la même direction qu'auparavant, puis elle changea un peu : pendant la nuit, elle se mut presque perpendiculairement à sa direction primitive. Le lendemain (le 8) elle décrivit de nombreux zigzags, et le 9 elle eut un mouvement irrégulier de droite à gauche, mais sur un faible espace. A 3 h. du soir, le 9, la figure était devenue si compliquée, que nous ne pûmes pas relever de nouveaux points ; mais la tige continua, dans la soirée du 9, tout le 10, et la matinée du 11, à circumnuter irrégulièrement dans le même petit espace, qui mesurait seulement 0^{mm}97 environ de diamètre.

(15.) *Aloysia citriodora* (Verbénacées, Fam. 173). — La figure 81 indique les mouvements d'une tige pendant 31 h. 40 m., et montre qu'elle circumnutait. La plante mesurait 37^{cm} de haut.

(16.) *Verbena melindres* (?) (Var. herbacée, à fleurs écarlates) (Verbénacées). — Une plante haute de 27^{cm} avait été couchée sur le côté afin de pouvoir en observer l'apogéotropisme. La partie terminale

avait poussé verticalement vers le ciel, sur une longueur de 37ᵐᵐ5. Un
fil de verre muni d'une goutte de cire, fut fixé perpendiculairement
sur son extrémité, et ses mouvements relevés durant 41 h. 30 m. sur
un verre horizontal (fig. 82). Dans ces circonstances, le mouvement
latéral était principalement mis en évidence. Toutefois, comme les
lignes tracées de droite à gauche ne sont pas dans le même plan, il
faut que la tige se soit mue dans un plan perpendiculaire à celui du

Fig. 79.

Fig. 80.

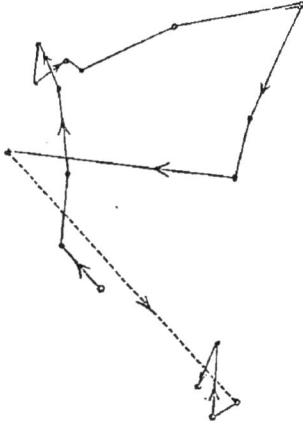

Azalea Indica : circumnutation
d'une tige, éclairée par en haut,
relevée sur un verre horizontal,
du 9 mars, 9 h. 30 du matin, au
10 mars, 12 h. 10 du soir. Mais,
dans la matinée du 10, quatre
points seulement furent tracés, de
8 h. 30 du matin à 12 h. 10 du
soir, ces deux heures comprises,
de sorte que la circumnutation ne
se montre pas pleinement dans
cette partie du diagramme. Mouvement de la boule de cire amplifié
30 fois environ.

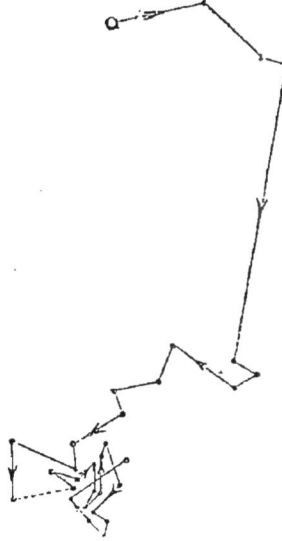

Plumbago Capensis : circumnutation de l'extrémité d'une branche
latérale, relevée sur un verre horizontal, du 7 mars, 7 h. 20 du
soir, au 9, 3 h. du soir. Mouvement de la cire amplifié 13 fois.
Eclairage faible par le haut.

mouvement latéral, c'est-à-dire qu'elle ait circumnuté. Le lendemain
(le 6) la tige courut, en 16 heures, 4 fois vers la droite et 4 fois vers la
gauche. Ce mouvement indique probablement la formation de quatre
ellipses, dont chacune aurait été complétée en 4 h.

(17.) *Ceratophyllum demersum* (Cératophyllées, Fam. 220). —
M. E. Rodier a publié (1) un intéressant travail sur les mouvements de
la tige dans cette plante aquatique. Ces phénomènes sont localisés dans
les jeunes entre-nœuds, et deviennent de moins en moins sensibles vers

(1) « *Comptes rendus* », avril 77. Une seconde note a encore été publiée séparément à Bordeaux, le 12 novembre 1877.

le bas de la tige. Leur amplitude est extraordinaire. La tige parcourait quelquefois, en 6 h., un angle supérieur à 200°; dans un cas, elle décrivit un arc de 220°, en 8 h. Ces tiges s'inclinent généralement de droite à gauche dans la matinée, et en direction opposée, dans la

Fig. 81.

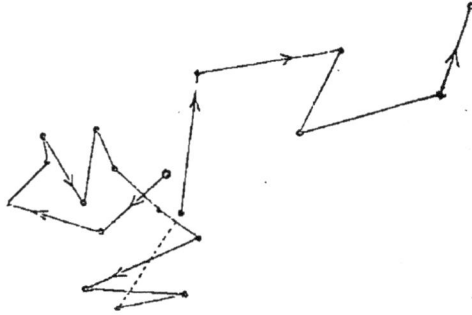

Aloysia citriodora : circumnutation de la tige, relevée du 22 mars, 8 h. 20 du matin, au 23, 4 h. du soir. Plante placée à l'obscurité. Mouvement amplifié 40 fois environ.

soirée. Mais quelquefois ce mouvement était troublé, ou même complétement arrêté. La lumière n'avait aucune influence sur lui. Il ne semble pas que M. Rodier ait tracé de diagramme dans un plan horizontal, pour représenter la marche suivie à ce moment par l'extrémité de la tige. Il parle toutefois des « branches qui ont un mouvement de

Fig. 82.

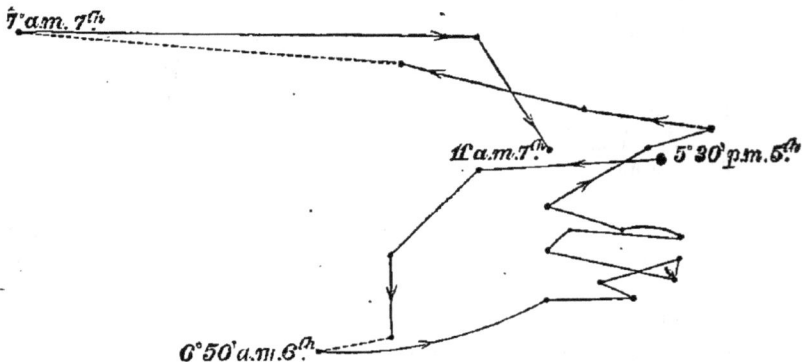

Verbena melindres : circumnutation de la tige dans l'obscurité, relevée sur un verre vertical, du 5 juin, 5 h. 30 du soir, au 6, 11 h. du matin. Mouvement de la goutte de cire amplifié 9 fois.

torsion autour de leurs axes de croissance. » Des particularités que nous venons de signaler (si nous nous rappelons surtout combien, dans le cas des plantes grimpantes et des vrilles, il est difficile de distinguer d'une vraie torsion leur incurvation vers tous les points de l'horizon) nous sommes amenés à conclure que les tiges de ce Ceratophyllum circumnutent, en décrivant probablement des ellipses étroi-

Fig. 83.

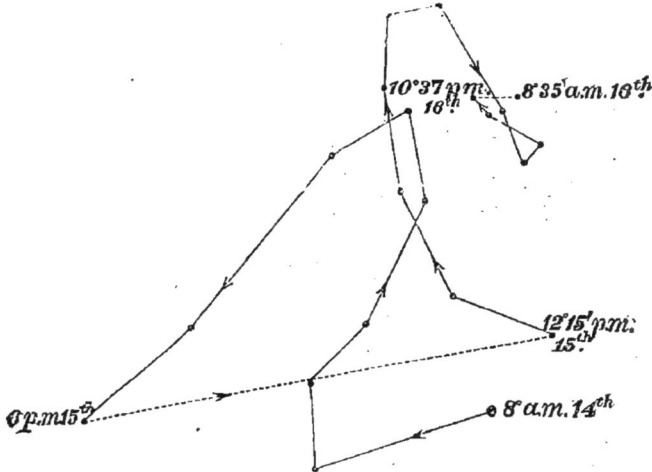

Lilium auratum : circumnutation d'une tige dans l'obscurité, relevée sur un verre horizontal, du 14 mars, 3 h. du matin, au 16 mars, 3 h. 35 du matin. Il faut noter que nos observations furent interrompues du 14, 6 h. du soir, au 15, 12 h 15, et que les mouvements, dans cet intervalle, ne sont représentés que par une longue ligne pointillée. Diagramme réduit de moitié.

tes, dont chacune est complétée en 26 h. environ. Le passage suivant, semble toutefois indiquer un phénomène qui diffère quelque peu de la

Fig. 84.

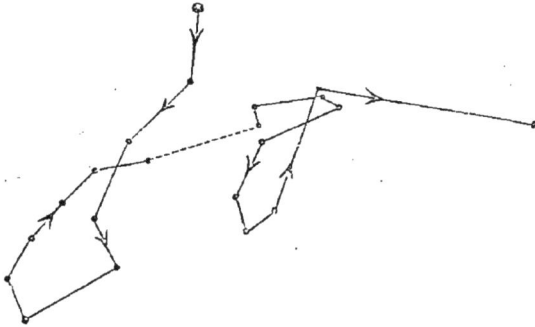

Cyperus alternifolius : circumnutation d'une tige éclairée par le haut, tracée sur un verre horizontal, du 9 mars, 9 h. 45 du matin, au 10, 9 h. du soir. La tige eut une croissance si rapide, pendant l'observation, qu'il fut impossible d'estimer l'amplification des mouvements.

circumnutation ordinaire ; mais nous ne pouvons pas le comprendre parfaitement. M. Rodier dit : « Il est alors facile de voir que le mouvement de flexion se produit *d'abord* dans les merithalles supérieurs, qu'il se propage *ensuite*, en s'amoindrissant du *haut en bas* ; tandis qu'au contraire le mouvement de *redressement* commence par la partie inférieure pour se terminer à la partie supérieure qui, quelquefois, peu de temps avant de se relever tout à fait, forme avec l'axe un angle très aigu. »

(18.) *Conifères.* — Le Dʳ Maxwell Masters dit (*Journal Linn. Soc.* 2 déc. 1879), que les pieds principaux de beaucoup de Conifères, pendant la période de leur croissance active, montrent des mouvements très remarquables de mutation tournante, ce qui revient à dire qu'ils circumnutent. Nous pouvons être assurés que les pousses latérales montreraient le même mouvement, si on les observait avec soin.

(19.) *Lilium auratum* (Fam. Liliacées). — La circumnutation de la tige d'une plante haute de 60ᶜᵐ, est représentée fig. 83.

(20.) *Cyperus alternifolius* (Fam. Cypéracées). Un fil de verre pourvu d'une goutte de cire à son extrémité, fut fixé transversalement sur le sommet d'une jeune tige longue de 25ᶜᵐ, tout à fait au-dessous de la couronne formée par les feuilles allongées. Le 8 mars, de 12 h. 20 à 7 h. 20 du soir, la tige décrivit une ellipse ouverte à un bout. Le lendemain, nous commençâmes un nouveau tracé (fig. 84) : il montre pleinement que la tige compléta, en 35 h. 15 m., trois figures irrégulières.

Remarques finales sur la circumnutation des tiges. — Si l'on passe en revue les diagrammes que nous venons de donner ; — si l'on ne perd pas de vue les positions nettement séparées, dans la série végétale, des plantes que nous avons décrites ; — si l'on se rappelle que nous avons de bonnes raisons pour croire à la circumnutation des hypocotyles et des épicotyles de tous les semis ; — si l'on n'oublie pas le nombre des plantes appartenant aux familles les plus distinctes, qui grimpent grâce à des mouvements similaires ; on admettra probablement que dans tous les végétaux, les tiges en voie d'accroissement, soumises à une observation soigneuse, se montreront en état de circumnutation, sur une étendue plus ou moins grande. Lorsque nous parlerons du sommeil et des autres mouvements des plantes, nous aurons à donner, incidemment, de nombreux autres exemples de tiges circumnutantes.

En nous reportant aux diagrammes, nous devons nous
rappeler que les tiges observées étaient toujours en voie
d'accroissement, de telle sorte que, dans tous les cas,
l'extrémité en circumnutant, s'élevait et décrivait ainsi une
sorte de spire. Les points étaient généralement relevés sur
les verres à une heure ou une heure et demie d'intervalle,
pour être plus tard réunis par des lignes droites. S'ils
avaient été tracés à des intervalles de 2 ou 3 minutes, les
lignes d'union eussent été courbes, ainsi que cela arrivait lorsque les extrémités radiculaires des semis en circumnutation étaient disposées de manière à inscrire
leur propre marche sur des verres noircis. La forme
des diagrammes se rapproche généralement d'une succession d'ellipses ou d'ovales plus ou moins réguliers, dont
les plus grands axes sont, le même jour ou dans des journées successives, dirigés vers les différents points de l'horizon. Les tiges s'inclinent donc plus tôt ou plus tard vers
tous les points cardinaux; mais, sitôt qu'une tige s'est
inclinée dans une direction quelconque, elle a tendance a
se diriger généralement tout d'abord, vers un point presque, sinon complétement opposé. C'est là ce qui détermine
la tendance des tiges à former des ellipses généralement
étroites, mais moins allongées toutefois que celles décrites
par les stolons et par les feuilles. D'autre part, les figures
prennent quelquefois une forme qui se rapproche de la
circonférence. Quelle que soit la figure engendrée, la
marche suivie est souvent interrompue par des zigzags, de petits triangles, des boucles ou des ellipses.
Une tige peut un jour décrire une seule grande ellipse
et en tracer deux le lendemain. La complexité, la vitesse et la quantité du mouvement, diffèrent beaucoup
dans des plantes semblables. Par exemple, les tiges
d'Iberis et d'Azalea ne décrivent qu'une seule grande ellipse en 24 heures. Au contraire, celles de Deutzia forment quatre ou cinq zigzags prononcés ou petites ellipses,

en 11 h. 1/2; celles de Trifolium donnent naissance, en 7 h., à 3 figures triangulaires ou quadrangulaires.

CIRCUMNUTATION DES STOLONS OU REJETONS.

Les stolons sont des branches flexibles, très allongées, qui, courant à la surface du sol, donnent des racines, à une certaine distance de la plante mère. Leur nature étant donc homologue de celle des tiges, les trois exemples suivants peuvent, être ajoutés aux vingt que nous avons donnés déjà.

Fragaria (var. horticole) (Rosacées). — Une plante, qui poussait dans un pot, avait émis un long stolon; ce dernier était supporté par

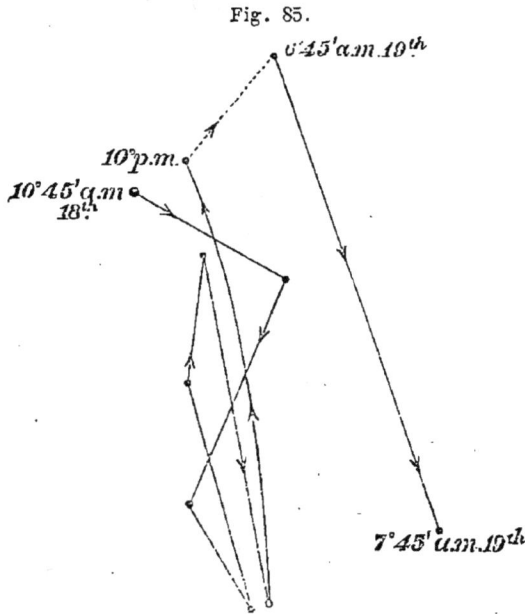

Fig. 85.

Fragaria : circumnutation d'un stolon gardé à l'obscurité, relevée sur un verre vertical, du 18 mai, 10 h. 45 du matin, au 19, 7 h. 45 du matin

un bâton, de sorte qu'il se projetait horizontalement sur une longueur de plusieurs pouces. Nous fixâmes sur le bourgeon terminal, qui se dirigeait vers le haut, un fil de verre muni de deux triangles de papier. Ses mouvements furent ainsi relevés durant 21 h., comme le montre la fig. 85. Pendant les 12 premières heures, il se mut deux fois vers le haut et trois fois vers le bas, suivant des lignes assez onduleuses, et continua sans aucun doute à se comporter de même pendant toute la nuit. Le lendemain matin, après un intervalle de 20 h., l'extrémité était un peu plus élevée que la veille, ce qui montre que pendant ce temps le stolon n'avait pas subi l'action du géotropisme (1) ; son poids ne l'avait pas non plus attiré vers le bas.

Le lendemain matin (le 19), le fil de verre était détaché et fixé de nouveau tout à fait au-dessous du bourgeon : il nous avait paru possible que la circumnutation du bourgeon terminal fût différente de celle de la partie voisine du stolon. Le mouvement fut ainsi relevé pendant deux jours consécutifs (fig. 86). Durant le premier jour, le fil se dirigea, dans le cours de 14 h. 30 m., cinq fois vers le haut et quatre fois vers le bas, en dehors d'un certain mouvement latéral. Le 20, la marche était encore plus complexe, et on peut à peine la suivre sur la figure.

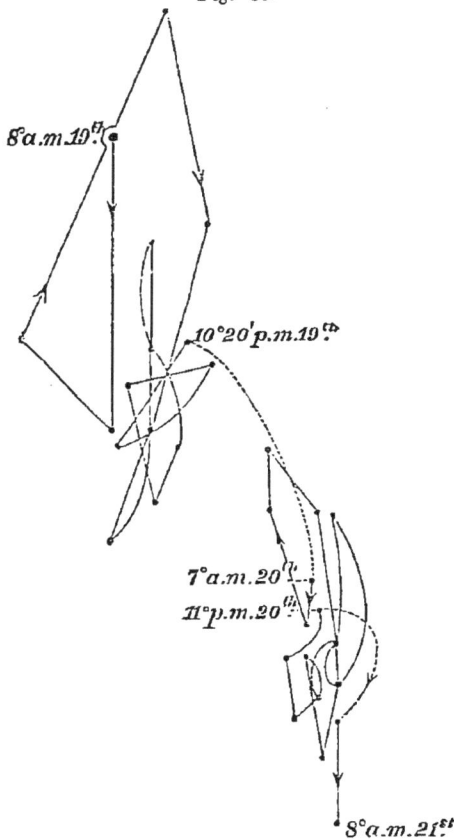

Fig. 86.

Fragaria : circumnutation du même stolon que dans la fig. 85, observée de la même manière du 19 mai, 8 h. du matin, au 21, 8 h. du matin.

Mais le fil s'était mû, en 16 h., au moins cinq fois vers le haut et cinq fois vers le bas, avec une très faible inflexion latérale. Le premier et le dernier points relevés pendant ce second jour (soit à 11 h. M., et à 11 h. S.) étaient très rapprochés l'un de l'autre, ce qui indique que le stolon ne s'était ni élevé ni abaissé. Toutefois, en comparant sa position, le matin du 19 et le matin du 21,

(1) Le Dr A. B. Frank dit (*Die Naturliche wagerechte Richtung von Pflanzentheilen*, 1870, p. 20. — La direction horizontale naturelle des parties des plantes), que les stolons de cette plante subissent l'action du géotropisme, mais seulement après un très long intervalle de temps.

on devait reconnaître qu'il était tombé ; on peut attribuer ce fait à une légère incurvation vers le bas, déterminée soit par le poids, soit par le géotropisme.

Pendant une partie de la journée du 20, nous fîmes un tracé orthogonal, en appliquant un cube de bois sur le verre vertical, et en visant à différentes périodes l'extrémité du stolon, de manière à ce qu'elle se trouvât sur le prolongement de l'une des faces du cube ; nous marquions chaque fois un point sur le verre. Ce diagramme représentait donc exactement la quantité actuelle du mouvement : dans un intervalle de 9 h., la distance extrême entre deux points fut de 11^{mm}25. Nous

Fig. 87.

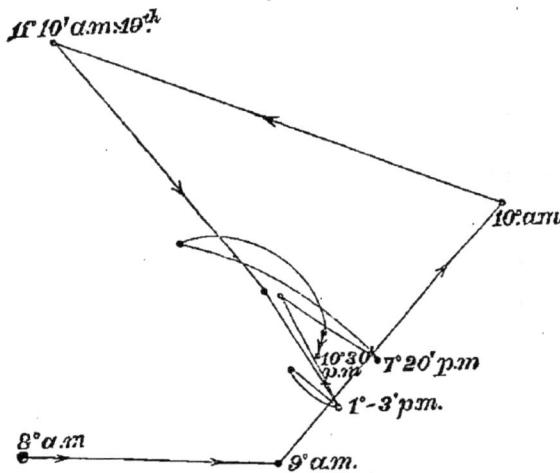

Fragaria : circumnutation d'un autre stolon plus jeune, relevée de 8 h. du matin à 18 h. du soir. Figure réduite de moitié.

reconnûmes, par le même moyen, que l'extrémité du stolon avait parcouru de 7 h. M., le 20, à 8 h. M., le 21, une distance de 20^{mm}5.

Un stolon plus jeune et plus court était soutenu de manière à se projeter en formant avec l'horizon un angle de 45°. Son mouvement fut relevé au moyen de la même méthode orthogonale. Le premier jour, l'extrémité s'éleva bientôt jusqu'à sortir du champ de la vision. Le lendemain matin elle était retombée, et la marche qu'elle suivit alors fut relevée durant 14 h. (fig. 87). La quantité du mouvement était à peu près la même de droite à gauche et de haut en bas. Sous ce point de vue, le mouvement différait remarquablement de celui du cas précédent. Pendant la dernière partie de la journée, c'est-à-dire entre 8 h. et 10 h. 30 S., la distance parcourue par l'extrémité atteignit 28^{mm}75 ; la marche de la journée toute entière était d'au moins 68^{mm}75. Cette quantité de mouvement est en tout comparable à celle de certaines plantes grimpantes. Le même stolon fut observé le lendemain ; il se mouvait alors d'une manière un peu moins complexe, dans un plan peu éloigné de la verticale. La quantité actuelle du mouvement était de 38mm75 dans un sens, et de 15mm dans la direction perpendiculaire. Pendant tout le temps, le stolon ne s'inclina pas vers le bas, soit à cause de son poids, soit sous l'influence du géotropisme.

Quatre stolons, encore attachés à la plante mère, étaient couchés sur du sable humide au fond d'une chambre : leurs extrémités étaient dirigées vers une fenêtre orientée au Nord-Est. Nous les avions ainsi placés, parce que De Vries dit (1) que ces stolons sont aphéliotropiques, lorsqu'ils sont exposés à la lumière du soleil : avec un aussi faible éclairage, nous ne pouvions constater aucun effet. Dans une occasion cependant, vers la fin de l'été, des stolons placés immédiatement au-dessous d'une fenêtre au Sud-Ouest, par un temps couvert, se courbèrent distinctement vers la lumière : ils étaient donc héliotropiques. Près de l'extrémité de ces stolons, furent enfoncés dans le sable une grande quantité de petits bâtons, et des brins d'herbe morts ; ces objets devaient représenter les tiges des nombreuses plantes qui, à l'état naturel, environnent les stolons. Nous voulions ainsi observer comment ces rejets, dans leur croissance, parviendraient à passer à travers ces obstacles. Ils le firent aisément, en 6 jours, et leur circumnutation parut faciliter beaucoup ce passage. Lorsque leurs extrémités rencontraient des tiges assez rapprochées pour qu'il leur fût impossible de s'insinuer entre elles, elles s'élevaient et passaient par-dessus. Les bâtons et les brins d'herbe furent enlevés, après le passage des quatre stolons. Deux de ces derniers se trouvèrent avoir pris une marche continuellement sinueuse ; les deux autres étaient presque complétement droits. Les expériences faites sur Saxifraga nous donneront, d'ailleurs, de nouveaux éclaircissements à ce sujet.

Saxifraga sarmentosa (Saxifragées). — Une plante placée dans un pot suspendu, avait émis de longs stolons ramifiés qui pendaient de tous côtés, comme des brins de fil. Deux furent liés de manière à se tenir verticaux, et leurs extrémités supérieures se courbèrent graduellement vers le bas ; ce mouvement était, toutefois, si peu prononcé, dans un intervalle de plusieurs jours, que l'incurvation résultait, selon toute probabilité, de leur poids, et non du géotropisme. Un fil de verre muni de triangles de papier fut alors fixé à l'extrémité de l'un de ces stolons, qui était long de 48cm75, et qui, malgré son incurvation toujours plus forte vers le bas, formait encore au-dessus de l'horizon un angle considérable. Il ne se mut que trois fois légèrement dans le

(1) *Arbeiten Bot. Inst.*, *Würzburg*, 1872, p. 434.

sens horizontal, puis vers le haut; le lendemain, le mouvement était encore plus faible. Ce stolon était si long que, sans doute, sa croissance était à peu près complète à ce moment; aussi en choisîmes-nous un autre plus mince et plus court : il mesurait 256 mm. Son mouvement principal était orienté nettement vers le haut ; il changea de direction cinq fois dans la journée. Pendant la nuit, son incurvation vers le haut en opposition avec le géotropisme, fut telle, que, ne pouvant plus longtemps tracer le mouvement sur un verre vertical, nous dûmes en prendre un horizontal. Nous suivîmes ce mouvement pendant encore 25 h. (voir fig. 88). Trois ellipses irrégulières, dont les grands

Fig. 88.

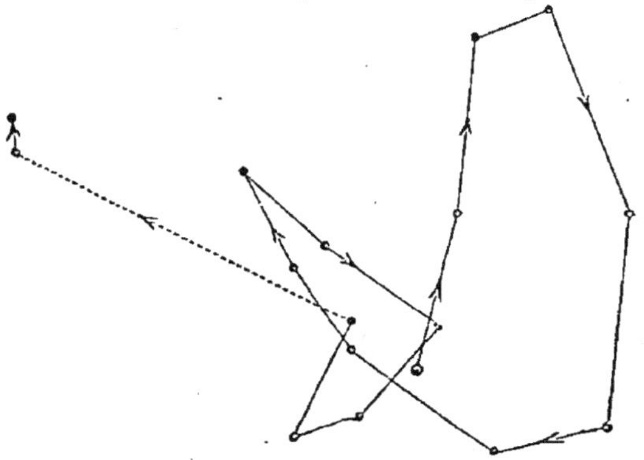

Saxifraga sarmentosa ; circumnutation d'un stolon incliné, relevée dans l'obscurité sur un verre horizontal, du 18 avril, 7 h. 45 du matin, au 19, 9 h. du matin. Mouvement de l'extrémité du stolon amplifié 2, 2 fois.

axes étaient diversement orientés, furent décrites pendant les 15 premières heures. La quantité extrême du mouvement, pendant les 25 h.. était de 18^{mm}75.

Plusieurs stolons gisaient sur une surface unie de sable humide, de la même manière que ceux du fraisier. Le frottement sur le sable n'agit aucunement sur leur circumnutation, et nous ne pûmes trouver aucun indice de sensibilité au contact. Afin de voir comment ces stolons se comportent, à l'état de nature, lorsqu'ils rencontrent, sur le sol, une pierre ou un autre obstacle, nous plantâmes droit dans le sable, en face de la pointe de deux petites branches latérales, de petits morceaux de verre noirci, hauts de 25 mm. Les extrémités des stolons enlevèrent dans diverses directions la surface noircie; l'une décrivit trois lignes dirigées vers le haut, et deux dirigées vers le bas, et, en outre, une ligne presque horizontale ; l'autre se courba comme pour s'éloigner du verre. Mais, à la fin, tous deux passèrent par-dessus le verre et continuèrent leur marche primitive. Un autre stolon plus épais décrivit sur le verre noirci une ligne courbe, puis recula, et vint ensuite de nouveau en contact avec lui ; il se dirigea alors vers la droite, puis, après son mouvement d'ascension, il redescendit verticalement ; plus tard, il contourna l'un des côtés du verre, au lieu de passer par-dessus.

Plusieurs longues aiguilles furent plantées dans le sable assez près l'une de l'autre, de manière à ce qu'elles se trouvassent rassemblées

Fig. 89.

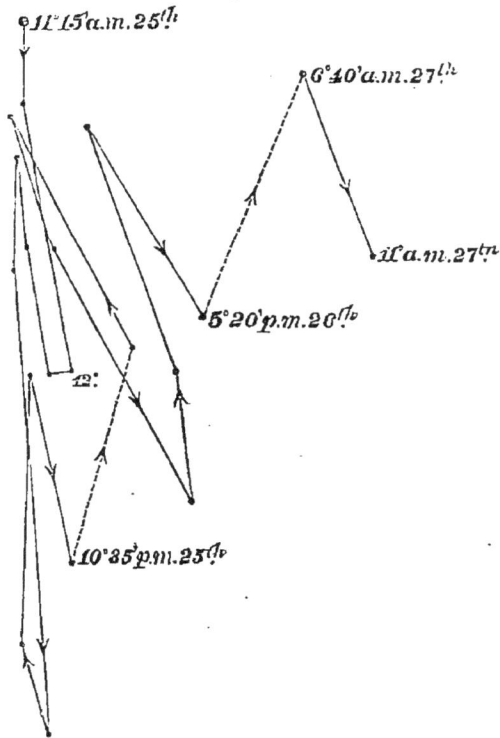

Cotyledon umbilicus : circumnutation d'un stolon, relevée du 25 août, 11 h. 15 du matin, au 27, 11 h. du matin. Plante éclairée par le haut. L'entrenœud terminal était long de 6 mm. 25, l'avant-dernier, de 56 mm 25. et le troisième de 76 mm L'extrémité du stolon était à 143 mm. 75 du verre vertical ; il n'était cependant pas possible de déterminer l'amplification du diagramme, car nous ne savions pas quelle longueur de l'entrenœud prenait part à la circumnutation.

devant les deux mêmes petites branches latérales : ces dernières trouvèrent facilement leur chemin à travers ces obstacles. Un stolon plus épais fut beaucoup plus dévié de sa route primitive. En un point, il dut tourner perpendiculairement à sa première direction ; plus loin, il lui fut impossible de passer entre les aiguilles, et sa partie terminale dut se courber ; il s'incurva alors vers le haut, et passa à travers l'espace compris entre les extrémités supérieures de deux aiguilles qui, par

hasard, divergeaient un peu ; il redescendit enfin et finit par se dégager de cet amas d'aiguilles. Ce stolon était devenu régulièrement sinueux, bien qu'à un faible degré, et, là où existaient ces sinuosités, il
était plus épais que partout ailleurs, probablement parce que sa croissance longitudinale avait été entravée.

Cotyledon umbelicus (Crassulacées). — Une plante qui poussait
dans une couche de mousse humide avait émis deux stolons, longs de

Fig. 90.

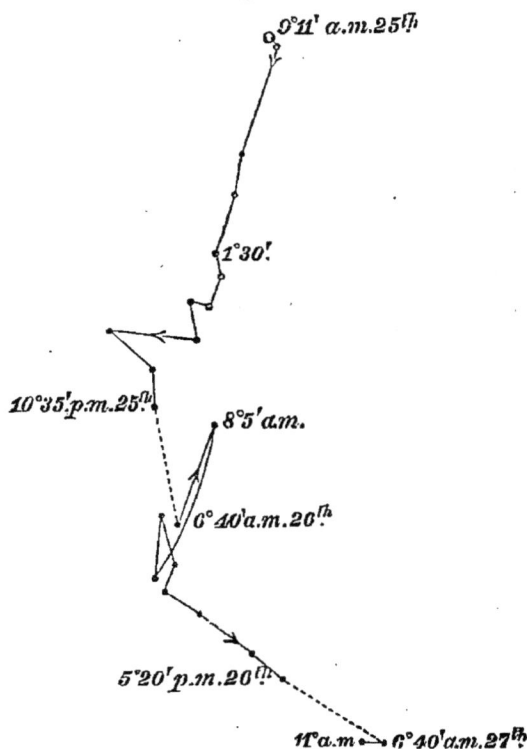

Cotyledon umbilicus : circumnutation et mouvement de descente d'un autre stolon, relevés sur un verre vertical, du 25 août 9 h. 11 du matin, au 27, 11 h. du matin. L'extrémité
était placée près du verre, de sorte que la figure n'est que peu amplifiée. Elle est ici réduite aux deux tiers de l'original.

50 et 55 cm. L'un de ces derniers était soutenu, de sorte que son extrémité, sur une longueur de 11^{cm}25, se projetait horizontalement. Nous
relevâmes le mouvement de cette extrémité. Le premier point fut tracé
à 9 h. 10 M. La partie terminale commença bientôt à s'incliner vers le
bas, et continua ainsi jusqu'au soir. Nous traçâmes donc d'abord sur
le verre une ligne droite, presque aussi longue que toute la figure 89.
La partie supérieure de cette ligne n'a pas été indiquée sur le diagramme. L'incurvation se produisit sur le milieu de l'avant-dernier

entre-nœud. Son siége principal était à 31^{mm}25 de l'extrémité. Cette incurvation paraissait due au poids de la partie terminale, agissant sur la portion la plus flexible de l'entre-nœud, mais non au géotropisme. La pointe, après être ainsi tombée de 9 h. 10 du matin jusqu'au soir, se dirigea légèrement vers la gauche ; elle se releva ensuite et circumnuta dans un plan presque vertical, jusqu'à 10 h. 35 S. Le lendemain (le 26) elle fut observée de 6 h. 40 M. à 5 h. 20 S. et, pendant ce temps, elle se dirigea deux fois vers le haut et trois fois vers le bas. Le 27, dans la matinée, l'extrémité était aussi élevée que le 25 à 11 h. 30 M. Elle ne redescendit pas dans la journée du 28, mais continua à circumnuter à peu près à la même place.

Un autre stolon, qui ressemblait au précédent à presque tous égards, fut observé pendant ces deux mêmes jours, mais 5 cm. seulement de sa partie terminale se projetaient librement suivant l'horizóntale. Le 25, l'extrémité continua, de 9 h. 10 M. à 1 h. 30 S., à s'incliner droit vers le bas ; ce mouvement paraissait dû à son poids (fig. 90) : mais après ce moment, et jusqu'à 10 h. 35 S. elle décrivit des zigzags. Ce fait mérite notre attention, car nous voyons probablement ici les effets combinés de l'incurvation due au poids, et de la circumnutation. Le stolon, cependant, ne circumnutait pas lorsqu'il commença à s'incliner, ainsi qu'on peut le voir par le diagramme ; ce fait était d'ailleurs encore plus évident dans le cas précédent, où une plus longue partie du stolon était demeurée sans support. Le lendemain (le 26) ce stolon se mut deux fois vers le haut et deux fois vers le bas, mais en continuant toujours à tomber ; le soir et pendant la nuit, il prit, sous l'influence d'une cause inconnue, une direction oblique.

Nous voyons, par ces trois cas, que les stolons ou les rejetons circumnutent d'une manière très complexe. Les lignes décrites s'étendent dans un plan vertical, fait qui doit probablement être attribué au poids de l'extrémité libre du stolon : il existe cependant toujours un certain mouvement latéral qui peut parfois devenir considérable. La circumnutation possède une si grande amplitude, qu'on peut toujours ici la comparer à celle des plantes grimpantes. Les observations précédentes ne permettent pas de douter que les stolons ne soient aidés par ce mouvement à passer à travers les obstacles, et à cheminer parmi les tiges des plantes environnantes. Sans la circumnutation, leurs extrémités n'auraient pu se recourber vers le haut, comme elles le faisaient souvent en rencontrant un obstacle sur leur route. Mais, de cette manière, ils peuvent aisément surmonter ceux qui se présentent. Cette faculté constitue nécessairement un immense avantage pour la plante qui se sépare de la tige mère. Nous sommes bien loin, toutefois, de supposer que cette propriété ait été acquise dans ce but par les stolons; la circumnutation nous paraît plutôt être universellement répandue dans toutes les parties en voie d'accroissement. Il n'est, cependant, pas improbable que l'amplitude de ce mouvement puisse avoir été accrue spécialement pour cet objet.

CIRCUMNUTATION DES TIGES FLORIFÈRES.

Nous ne croyons pas nécessaire de donner ici des observations spéciales sur la circumnutation des tiges florifères, puisque ces dernières, comme les stolons, sont de nature axile. Toutefois, quelques observations ont été faites sur ce sujet, incidemment, et à propos d'autres recherches. Nous les indiquerons rapidement. Quelques faits de cet ordre ont, en outre, été signalés par d'autres botanistes. Le tout réuni suffit pour rendre très probable cette assertion que les pédoncules principaux et secondaires circumnutent pendant leur croissance.

Oxalis carnosa. — Le pédoncule qui sort de la tige épaisse et ligneuse de cette plante porte trois ou quatre pédicelles secondaires. Un fil, muni de petits triangles de papier, fut fixé dans le calice d'une fleur qui se dirigeait vers le ciel. Ses mouvements furent observés durant 48 heures : pendant la première moitié de cet intervalle, la fleur s'épanouit complétement, et elle se flétrit pendant la seconde. La figure 91 représente 8 ou 9 ellipses. Bien que le pédoncule tout entier circumnutât et décrivît en 24 h. une grande et deux petites ellipses, le siége principal du mouvement se trouvait dans les pédoncules secondaires, qui s'inclinèrent plus tard verticalement vers le bas, comme nous le décrirons dans le chapitre suivant.

On peut voir, par la figure, que la tige florifère d'*O. carnosa* circumnuta pendant deux jours autour du même point. D'autre part, la tige florifère d'*O. sensitiva* subit un changement de position périodique, quotidien et bien marqué, lorsqu'elle est soumise à une température convenable. Au milieu de la journée, elle se dirige verticalement vers le ciel, ou, du moins, son inclinaison vers le haut est considérable ; dans la soirée, elle descend, et, le soir, elle est dirigée horizontalement ou presque horizontalement. Elle se relève pendant la nuit. Ce mouvement continue depuis le moment où les fleurs sont encore dans le bouton, jusqu'au moment, croyons-nous, où les gousses sont parvenues à maturité. On pourrait, peut-être, le faire entrer dans la catégorie des mouvements que l'on a désignés sous le nom de sommeil des plantes.

Fig. 91.

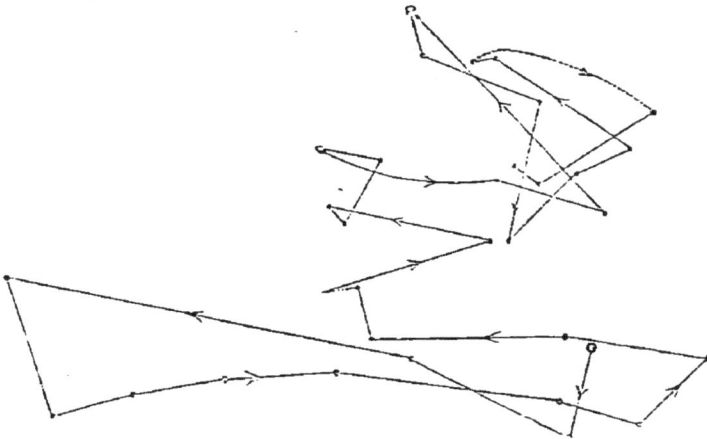

Oxalis carnosa : tige florifère, faiblement éclairée par le haut : circumnutation relevée du 13 avril, 9 h. du matin, au 15, 9 h. du matin. Sommet de la fleur à 20 cm. au-dessous du verre horizontal. Mouvement amplifié probablement 6 fois environ.

Nous n'avons pas fait de tracé, mais nous avons mesuré les angles à différents moments de la journée. Ces mesures nous montraient que le mouvement n'était pas continu, mais que le pédoncule oscillait verticalement. Nous pouvons en conclure qu'il y avait circumnutation. A la base du pédoncule se trouve une masse de petites cellules, formant un pulvinus bien développé, coloré extérieurement en pourpre, et velu. Dans aucun genre, autant que nous sachions, le pédoncule n'est ainsi pourvu d'un pulvinus. Le pédoncule d'*O. Ortogesii* se comportait autrement que celui d'*O. sensitiva* : il se tenait, en effet, au milieu du jour, moins élevé au-dessus de l'horizon que le matin et le soir. A 10 h. 20 du soir, il s'était fortement élevé. Dans le milieu de la journée, il oscillait beaucoup verticalement.

Trifolium subterraneum. — Un fil fut fixé verticalement sur la partie supérieure du pédoncule d'un jeune capitule dirigé vers le haut. La tige de la plante avait été attachée sur un bâton.

Les mouvements furent relevés durant 36 heures. Pendant ce temps, le pédoncule décrivit (voir fig. 92) une figure qui représente quatre ellipses. Mais, vers la fin, ce pédoncule commença à s'incliner vers le bas, et, après 10 h. 30 du soir, le 24, il s'incurva si rapidement que, le 25 à 6 h. 45 du matin, il ne formait avec l'horizon qu'un angle de 19°. Pendant deux jours, il revint, en circumnutant, presque dans

Fig. 92.

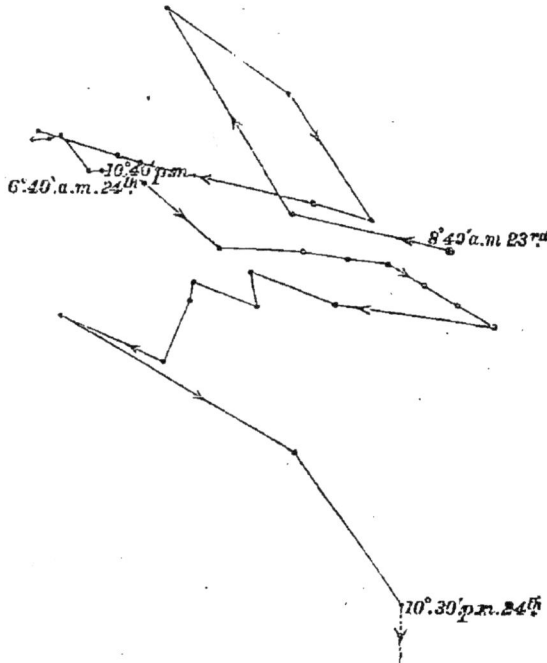

Trifolium subterraneum : pédoncule florifère entier éclairé par le haut ; circumnutation relevée sur un verre horizontal, du 23 juillet, 8 h. 40 du matin, au 24, 10 h. 30 du soir.

la même position. Même après que les capitules se furent enfoncés sous terre, il continua à circumnuter, comme nous le montrerons plus loin. Nous verrons aussi, dans le chapitre suivant, que les pédoncules secondaires des fleurs séparées de *Trifolium repens* circumnutent d'une manière compliquée pendant plusieurs jours. Nous pouvons ajouter que le gynophore d'*Arachis hypogœa*, organe considéré comme un pédoncule, circumnute en s'accroissant verticalement vers le bas, afin de cacher sous terre la jeune gousse.

Les mouvements des fleurs de *Cyclamen Persicum* n'ont pas été observés ; mais le pédoncule, pendant la formation des gousses, s'allonge beaucoup et se courbe vers le bas, sous l'influence d'un mouvement de circumnutation. Un jeune pédoncule de *Maurandia semperflorens* long de 37ᶜᵐ5, fut soigneusement observé pendant un jour entier : il décrivit 4 ellipses 1/2, étroites, irrégulières et courtes, chacune dans un espace approximatif de 2 h. 25 m. Un pédoncule voisin décrivit, dans le même temps, des ellipses semblables, mais plus nombreuses (1). D'après Sachs (2), les tiges florifères, pendant leur croissance, évoluent en circumnutation chez beaucoup de plantes, *Brassica napus*, par exemple. Celles d'*Allium porrum* s'inclinent dans différents sens, et formeraient sans aucun doute des ellipses, si leur mouvement était relevé sur un verre horizontal. Fritz Müller a décrit (3) les mouvements spontanés de révolution des tiges florifères d'un Alisma, mouvements qu'il compare à ceux des plantes grimpantes.

Nous n'avons fait aucune observation sur les mouvements des diverses parties des fleurs. Morren a cependant observé (4), dans les étamines de Sparmannia et de Cereus, un « frémissement spontané » qui, on peut le croire, n'est autre chose qu'un mouvement de circumnutation. La circumnutation du gynostème du Stylidium, que Gad a décrite (5), est des plus remarquables; elle facilite probablement la fécondation. Le gynostème, dans son mouvement spontané, vient en contact avec le labellum visqueux, auquel il adhère, jusqu'à ce qu'il s'en sépare par suite de l'augmentation de tension, ou de l'excitation produite par un attouchement (6).

---

(1) *The movements and Habits of climbing plants*, 2ᵉ édit. 1875, p. 68. (Mouvements et habitudes des plantes grimpantes).

(2) *Text-book of Botany*, 1875, p. 766, Linné et Treviranus d'après Pfeffer (*Die Periodischen Bewegungen*, etc., p. 162), disent que les pédoncules floraux de plusieurs végétaux occupent, la nuit et le jour, des positions différentes, et nous verrons, dans le chapitre sur le sommeil des plantes, qu'il y a encore là circumnutation.

(3) *Jenaische Zeitsch.*, B. v. p. 133.

(4) *N. Mém. de l'Ac. R. de Bruxelles*, t. XIV, 1841, p. 3.

(5) *Sitzungbericht des bot. Vereins der P. Brandenburg*, XXI, p. 84.

(6) Il est excessivement regrettable que l'auteur de ce livre n'ait pas cru devoir porter son attention sur le mouvement des diverses parties constituantes de la fleur, et en particulier des étamines et du pistil. Il y a là toute une série de faits dont j'ai donné le détail dans mon étude sur le *Mouvement végétal dans les organes reproducteurs des phanérogames* (1875) et dans quelques notes publiées dans les Comptes-rendus de l'Académie des Sciences (Mouvement des étamines de Saxifraga, de *Parnassia palustris*, etc., qui mériteraient certainement d'être synthétisés. Il est vraisemblable, si j'en juge par mes propres études, soit publiées soit inédites, que, dans les deux grandes classes de mouvement *provoqué* et *spontané* propres à ces organes, la dernière serait considérée par Ch. Darwin, en raison même de son existence générale (fait que j'ai affirmé le premier), dans toutes les étamines, et dans un grand nombre d'organes femelles, comme une modification de la cir-

Nous voyons donc que les pédoncules floraux circumnutent dans des plantes appartenant aux familles si diverses des Crucifères, Oxalidées, Légumineuses, Primulacées, Scrophularinées, Alismacées et Liliacées; ce qui indique que le même mouvement existe dans beaucoup d'autres familles. En considérant ces faits, et si nous nous rappelons que les vrilles de bon nombre de plantes ne sont que des pédoncules modifiés, nous pouvons admettre sans peine que la circumnutation se manifeste dans tous les pédoncules floraux pendant leur croissance.

CIRCUMNUTATION DES FEUILLES : DICOTYLÉDONES.

Plusieurs botanistes distingués, Hofmeister, Sachs, Pfeffer, De Vries, Batalin, Millardet, etc., ont observé, et quelques-uns avec le plus grand soin, les mouvements

cumnutation. C'est, je le crois fermement, de cette manière qu'il faut les envisager après les observations de Darwin sur un phénomène dont la généralité bien démontrée pour tous les organes, ne saurait avoir fait défaut dans les étamines et les pistils Certains auteurs ont cependant affirmé que les mouvements provoqués sont plus répandus que les spontanés; c'est là une erreur contre laquelle je veux m'élever une fois de plus. Quant aux mouvements provoqués, ils seront sans doute rattachés aussi par cet auteur à la circumnutation, mais je ne saurais affirmer qu'il soit bien facile de démontrer comment cette source commune de tous les mouvements végétaux, a pu se modifier au point de n'obéir plus aux mêmes irritants et de ne se produire que dans un laps de temps très court ou instantanément. Il conviendrait évidemment de reprendre, dans le sens indiqué par Darwin pour les autres organes, toutes les recherches qui ont été faites jusqu'ici sur les étamines et le pistil. Ce qui ne saurait, quoiqu il arrive, être contesté, c'est que ces mouvements lents ou rapides, provoqués ou spontanés, propres aux organes femelles ou aux mâles, ont tous en dernière analyse, pour résulat de favoriser la fécondation directe ou la fécondation croisée. Il semblerait cependant que les mouvements provoqués, qui exigent pour se produire l'intervention d'un agent animé (insecte, etc.). sont destinés à servir d'une manière plus efficace le croisement; aussi les voyons-nous localisés tout spécialement dans les organes reproducteurs des plantes les plus élevées en organisation, les Gamopétales : Composées, Stylidiées, Bignoniacées, Goodéniacées, Scrophularinées, Sésamées, etc., comme pour assurer à ces privilégiées du règne végétal une descendance certaine et garantie contre toute déchéance, par ce mode de fécondation régénérateur C'est ce que j'ai montré dans un travail récent (*Des relations que présentent les phénomènes de mouvement propres aux organes reproducteurs de quelques phanérogames avec la fécondation croisée et la fécondation directe.* — Bulletin de la Soc. bot. de Provence. Avril 1879, pp. 33 à 47.

[TRADUCTEUR.]

périodiques des feuilles ; mais leur attention s'est portée principalement, sinon exclusivement, sur celles dont les mouvements sont bien apparents, et que l'on dit *dormir* pendant la nuit (1). Par suite de considérations que nous exposerons plus loin, nous ne nous occuperons pas ici de ces dernières, que nous aurons à exa-

Fig. 93.

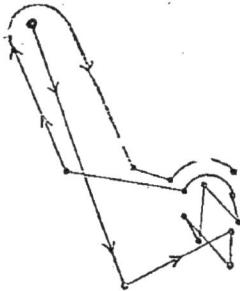

Sarracenia purpurea : circumnutation d'une jeune urne, relevée du 3 juillet, 8 h. du matin, au 4, 10 h. 15 du matin. Temp. 17-18° C. Extrémité de l'urne à 50 cm. du verre. Le mouvement est donc considérablement amplifié.

miner séparément. Nous désirions savoir si toutes les feuilles jeunes circumnutent pendant leur croissance, et nous pensâmes qu'il suffirait pour cela d'examiner 30 ou 40 genres répartis dans toute la série végétale, en choisissant quelques formes peu communes, et certaines plantes ligneuses. Tous nos sujets étaient en pots et se portaient bien. Ils furent éclairés par en haut, mais ne reçurent peut-être pas toujours une lumière suffisante, car plusieurs furent observés à travers un vitrage de verre noirci. A l'exception d'un petit nombre de cas que nous avons indiqués, un fil de verre muni de triangles de papier ayant été fixé sur les feuilles, les mouvements en furent relevés sur un verre vertical (toutes les fois que nous n'indique-

(1) Nous nous faisons un devoir de rappeler ici que les mouvements circumnutants des feuilles ont été bien observés et indiqués par M. J.-E. Planchon dans un travail resté ignoré, et non encore publié dans ses détails, dont nous donnons ici un résumé, et qui a trait surtout au mouvement nyctitropique (1856) :

« Un autre fait que Bonnet semble avoir entrevu chez le Robinia, c'est le mouve-
« ment indépendant qu'exécute chaque foliole des plantes sommeillantes. Nous
« avons suivi et noté ces mouvements (au moyen de mesures angulaires) pendant
« trois jours et trois nuits consécutives chez la luzerne ordinaire (*Medicago sativa*)
« et nous pouvons, en attendant la publication d'un mémoire fondé sur des expé-
« riences plus nombreuses, annoncer quelques-unes des conclusions générales de
« cette étude : 1° Les folioles sont nuit et jour en mouvement sauf des repos dont la
« durée est variable (d'une demi heure à six heures). 2° Le mouvement n'est pas
« sensible à l'œil, mais il se trahit vite par le changement de position des folioles.
« 3° Les folioles se meuvent tout d'une pièce sur leur articulation avec le pétiole
« commun. 4° La foliole terminale s'abaisse ou se relève plus ou moins par rapport

rons pas le contraire) de la manière que nous avons déjà décrite. Nous devons répéter que les lignes pointillées représentent la marche nocturne. La tige était toujours assujettie sur un bâton, près de la base de la feuille en observation. L'arrangement des espèces, avec le numéro d'ordre des familles, est le même que pour les tiges.

(1.) *Sarracenia purpurea* (Sarracéniées), Fam. 11). — Une jeune feuille, ou urne, haute de 21cm25, fut munie d'un fil placé transversalement sur son extrémité. Sa vésicule était bien développée, mais la coiffe n'était pas encore ouverte. Elle fut observée pendant 48 heures, et, pendant tout ce temps, elle circumnuta à peu près de la même manière, mais sur une faible étendue. Le diagramme que nous donnons (fig. 93) n'indique ses mouvements que pendant les 26 premières heures.

(2.) *Glaucium luteum* (Papavéracées, Fam. 12). — Une jeune plante, qui ne portait que 8 feuilles, reçut un fil de verre sur sa plus jeune feuille, qui ne mesurait pas moins de 75 mm., pétiole compris. Le mouvement de circumnutation fut relevé pendant 47 h. Durant ces deux jours, la feuille descendit depuis 7 h. du matin jusqu'à 11 h. environ, puis remonta légèrement pendant le reste de la journée, et la première partie de la nuit. Pendant la seconde partie de la nuit, elle descendit fortement. Son mouvement ascensionnel ne fut pas aussi prononcé le second jour que le premier, et elle descendit beaucoup plus bas la seconde nuit que la première. Cette différence était due probablement à ce que l'éclairage par le haut ne fut pas suffisant pendant les deux jours que dura l'observation. La fig. 94 indique sa marche pendant ces deux jours.

« au plan horizontal du pétiole commun, elle bascule aussi à droite ou à gauche, sui-
« vant les heures. 5° Les folioles latérales décrivent avec leurs sommets une courbe
« irrégulière. Il y a là, sauf l'intensité et la rapidité, quelque chose d'analogue aux
« mouvements réputés exceptionnels de certains Desmodium, *D. gyrans*,
« *D. gyroides*, etc. 6° Les mouvements ne sont ni strictement isochrones pour
« chaque foliole en particulier, ni simultanés chez les diverses folioles d'une même
« famille ou de familles différentes. 7° En général, cependant, c'est vers midi et
« vers minuit que les folioles sont le plus redressées, et vers six heures du matin
« et six heures du soir qu'elles sont le plus étalées (observations du mois d'avril).
« 8° On voit çà et là, à toutes les heures du jour, quelques feuilles qui n'obéissent
« pas à la loi commune et dont les folioles sont dans les positions les plus diverses.
« C'est ce qu'on voit également chez beaucoup de Phaséolées (*Phaseolus Lablab*) de
« Lotées (Trifolium, Medicago), d'Hédysarées (Desmodium). 9° Indépendamment de
« ces mouvements particuliers des folioles, on remarque aisément que l'ensemble
« des feuilles tournent constamment leur face supérieure vers le soleil. »
(TRADUCTEUR.)

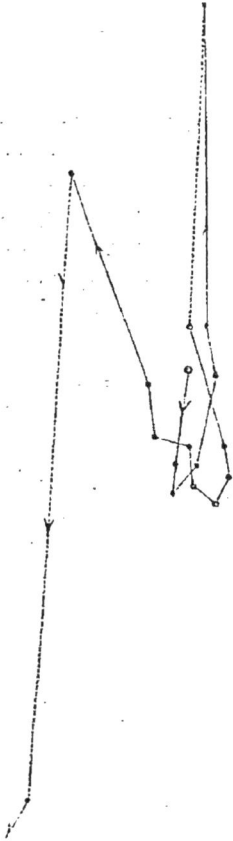

(3.) *Crambe maritima* (Crucifères, Fam. 14). — Une feuille.longue de 23^{cm}75 fut d'abord observée. Elle était prise sur une plante à croissance vigoureuse. Son extrémité était en mouvement constant, mais ce mouvement pouvait à peine être retracé, à cause de sa faible étendue. Cependant, l'extrémité changea certainement de direction au moins six fois en

Fig. 94.

Fig. 95.

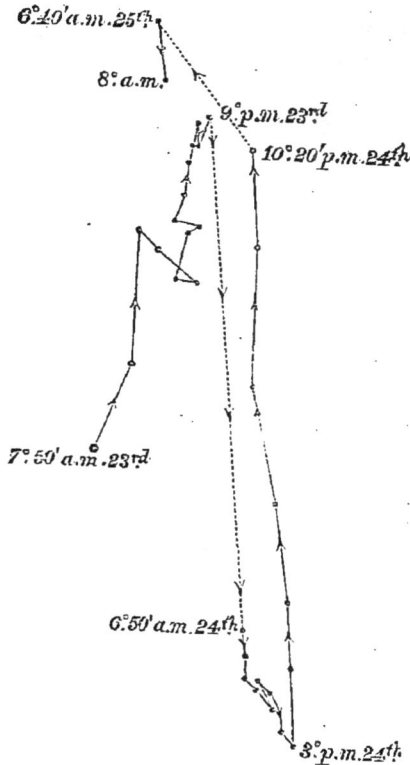

Glaucium luteum : circumnutation d'une jeune feuille, relevée du 14 juin, 9 h. 30 du matin, au 16, 8 h. 30 du matin. Tracé peu amplifié, car l'extrémité de la feuille n'était qu'à 13 cm. 75 du verre.

Crambe maritima : circumnutation d'une feuille troublée par l'insuffisance de l'éclairage. relevée du 23 juin, 7 h. 50 du matin, au 25, 8 h. du matin. Extrémité de la feuille à 38 cm. du verre vertical, de sorte que le tracé était fortement amplifié. Il est réduit ici au quart.

14 h. Une jeune plante plus vigoureuse, ne portant que 4 feuilles, fut alors choisie, et un fil fut affixé sur la nervure médiane de la 3e feuille à partir de la base : cette feuille, pétiole compris, mesurait 12^{cm}5. Elle était presque verticale, mais son extrémité était infléchie, de sorte que la fil se projetait presque horizontalement. Ses mouvements furent

relevés pendant 48 h. sur un verre vertical, comme le montre la fig. 95. Nous voyons pleinement, ici, que la feuille était continuellement en circumnutation. Mais la périodicité primitive de ses mouvements était troublée par ce fait qu'elle ne recevait qu'une lumière insuffisante à travers un double châssis vitré. Nous pensons qu'il en était ainsi, car deux feuilles, portées sur des plantes qui croissaient en dehors des fenêtres, et sur lesquelles des mesures d'angles furent prises au milieu de la journée, à 9 h. et à 10 h. du soir, se trouvèrent, à ce dernier moment, élevées de 90° environ au-dessus de la position qu'elles occupaient au milieu de la journée. Le lendemain matin elles retombèrent à leur position primitive. On peut constater par l'examen du diagramme, que la feuille s'éleva pendant la seconde nuit, de telle sorte que, à 6 h. 40 du matin, elle était plus haute qu'à 10 h. du soir, la nuit précédente ; ce fait est attribuable à ce que la feuille s'adaptait à une lumière faible, venant d'en haut.

(4.) *Brassica oleracea* (Crucifères), Hofmeister et Batalin (1) disent que les feuilles du chou s'élèvent la nuit, et tombent durant la journée. Nous couvrîmes d'une grande lame de verre une jeune plante portant 8 feuilles ; elle était placée, relativement à la lumière, dans la même position qu'elle avait longtemps occupée ; un fil de verre fut fixé à 1 cm. de l'extrémité d'une jeune feuille, qui mesurait environ 10 cm. de long. Ses mouvements furent relevés pendant trois jours, mais nous ne croyons pas nécessaire de donner ici le diagramme obtenu. La feuille descendit pendant la matinée toute entière : elle s'éleva dans la soirée et pendant une partie de la nuit. Les lignes ascendantes et descendantes ne coïncidaient pas, de sorte qu'une ellipse irrégulière se formait toutes les 24 h. La partie basilaire de la nervure médiane n'avait aucun mouvement : nous nous en assurâmes en mesurant, à divers moments, l'angle qu'elle formait avec l'horizon. Le mouvement était donc localisé dans la partie terminale de la feuille qui parcourait en 24 h. un angle de 11°. La distance traversée perpendiculairement par l'extrémité variait entre 20 et 22^{mm}5.

Afin de déterminer les effets de l'obscurité, nous fixâmes un fil de verre sur une feuille longue de 13^{cm}75, prise sur une plante qui, après avoir formé une tête, avait donné naissance à une tige. La feuille était inclinée de 44° au-dessus de l'horizon, et ses mouvements furent relevés sur un verre vertical. Les observations étaient faites toutes les heures, au moyen d'une bougie. Pendant le premier jour, la feuille s'éleva, de 8 h. du matin à 10 h. 40 du soir, en décrivant de légers zigzags : la distance parcourue à ce moment par l'extrémité était de

(1) *Flora*, 1873, p. 437.

16ᵐᵐ75. Pendant la nuit, la feuille tomba, alors qu'elle eût dû s'élever. A 7 h. du matin, le lendemain, elle était descendue de 5ᵐᵐ75 et elle continua le même mouvement jusqu'à 9 h. 40 du matin. Elle s'éleva alors jusqu'à 10 h. 50 du soir, mais ce mouvement fut interrompu par une oscillation considérable, c'est-à-dire par une chute suivie d'un nouveau mouvement ascendant. Pendant la seconde nuit, elle descendit de nouveau, mais très peu, et elle remonta aussi très peu le lendemain matin. Ainsi, la course normale de la feuille était fortement troublée,

Fig. 96.

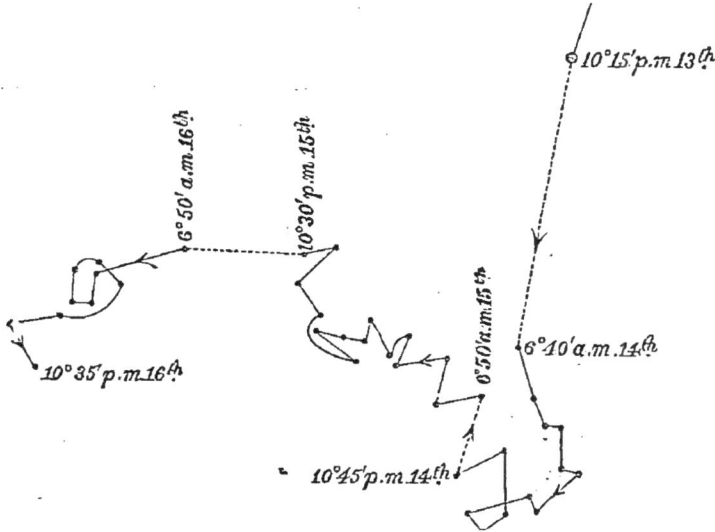

ianthus caryophyllus : circumnutation d'une jeune feuille, relevée du 13 juin, 10 h. 15 du soir, au 16, 10 h 35 du soir. A la fin de l'observation, l'extrémité de la feuille était à 22 cm. du verre vertical, de sorte que l'amplification n'était pas très forte. La feuille avait 131ᵐᵐ25 de long. Temp. 15°,5-17°,5 C.

et même presque renversée, par l'absence de la lumière; les mouvements avaient en outre une amplitude bien plus faible.

Nous pouvons ajouter que, d'après M. Stephen Wilson (1), les jeunes feuilles de la rave de Suède, qui est un hybride de *B. oleracea* et *B. rapa*, se rapprochent l'une de l'autre dans la soirée, à tel point que « la largeur horizontale devient d'environ 30 % plus faible que la même largeur pendant la journée. » Les feuilles doivent donc s'élever considérablement durant la nuit.

(1) *Trans. Bot. Soc. Edinburgh*, vol. XIII, p. 32. Pour l'origine de la rave de Suède, voir Darwin, *Animals and Plants under Domestication*, 2ᵉ éd., vol 1, p. 344.

(5.) *Dianthus caryophyllus* (Caryophyllées), Fam. 26). — Nous choisîmes, pour l'observation, la pousse terminale d'une jeune plante, dont la croissance était vigoureuse. Les jeunes feuilles étaient d'abord verticales et rapprochées les unes des autres, mais elles s'inclinèrent bientôt en dehors et vers le bas, jusqu'à devenir horizontales ; elles se penchaient souvent, en même temps, sur un côté. Un fil fut fixé sur l'extrémité d'une jeune feuille pendant qu'elle était encore fortement dirigée vers le haut, et le premier point fut tracé sur le verre vertical, le 13 juin à 8 h. 30 du matin. Elle s'incurva vers le bas si fortement qu'à 6 h. 40 du matin, le lendemain, elle n'avait qu'une faible inclinaison sur l'horizon. La fig. 98 n'indique pas ce mouvement représenté par une longue ligne, légèrement sinueuse, un peu inclinée vers la gauche. Mais cette figure montre la marche, sinueuse et interrompue par de nombreuses boucles, que suivit la feuille pendant les 2 jours et demi subséquents. Comme la feuille continuait toujours à se diriger vers la gauche, il est évident que les zigzags représentent un grand nombre de mouvements de circumnutation.

(6.) *Camellia Japonica* (Camelliacées, Fam. 32). — Une très jeune feuille, longue de 68^{mm}75, pétiole compris, et qui provenait d'une branche latérale d'un fort arbrisseau, fut munie d'un fil de verre à son extrémité. Cette feuille était inclinée vers le bas

Fig. 97.

Camellia Japonica : circumnutation d'une feuille, relevée du 14 juin, 6 h. 40 matin, au 15, 6 h. 50 matin Extrémité de la feuille à 80 cm. du verre vertical, de sorte que l'amplification est considérable. Temp. 16-16°,5 C.

et formait sous l'horizon, un angle de 40°. Elle était épaisse et rigide, et son pétiole très court, de sorte que nous ne pouvions constater un bien grand mouvement. Toutefois, l'extrémité changea complétement de direction 7 fois en 11 h. 1/2, mais son mouvement n'avait qu'une faible étendue. Le lendemain, le mouvement de l'extrémité fut relevé durant 26 h. 20 m. (voir fig. 97). Il était à peu près de même nature, mais un peu moins complexe. Ce mouvement semblait être périodique, car pendant deux jours, la feuille circumnuta dans la matinée, tomba dans l'après-midi (le premier jour jusqu'à 3 ou 4 h. du soir, le second jour jusqu'à 6 h.), puis s'éleva pour tomber de nouveau pendant la nuit ou au commencement de la matinée.

Dans le chapitre consacré au sommeil des plantes, nous verrons que les feuilles, dans plusieurs Malvacées, tombent vers la nuit : comme elles n'occupent pas, à ce moment, une position verticale, surtout si elles n'ont pas été fortement éclairées pendant la journée, il nous paraît douteux que ces cas puissent prendre place dans le présent chapitre.

(7.) *Pelargonium zonale* (Géraniacées, Fam. 47). — Une jeune feuille, large de 31ᵐᵐ25, et munie d'un pétiole long de 25 mm., fut observée de la manière habituelle pendant 61 h. Elle était prise sur une plante jeune. La fig. 98 indique sa marche pendant ce temps. Durant le premier jour et la première nuit, elle se dirigea vers le bas, mais elle circumnuta

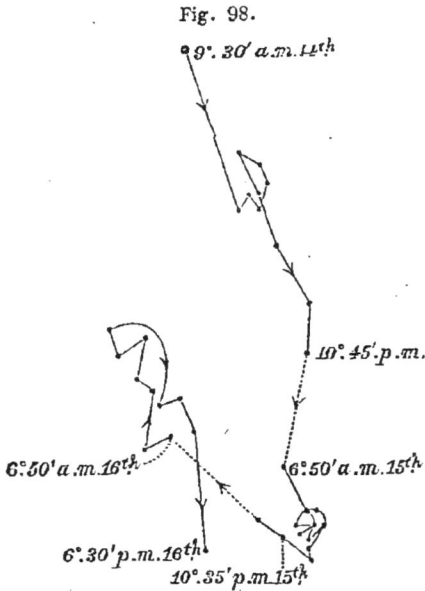

Fig. 98.

Fig. 99.

Pelargonium zonale : circumnutation et mouvement descendants d'une jeune feuille, relevés du 14 juin, 9 h. 30 matin, au 16, 6 h 30 soir. Extrémité de la feuille à 23 cm. du verre vertical. Amplification modérée. T. = 15-16°,5 C.

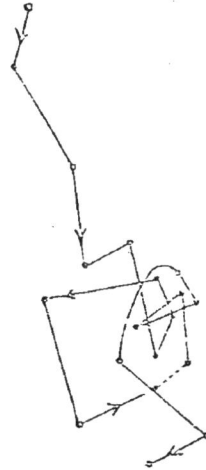

Cissus discolor : circumnutation d'une feuille, relevée du 28 mai. 10 h 35 matin. au 29, 6 h. soir. extrémité de la feuille à 22 cm. du verre vertical.

de 10 h. du matin à 4 h. 30 du soir. Le second jour, elle tomba pour remonter, mais entre 10 h. M. et 6 h. S., elle circumnuta très faiblement. Le troisième jour, la circumnutation était mieux marquée.

(8.) *Cissus discolor* (Ampélidées, Fam. 67). — Une feuille, non encore complètement développée, fut observée pendant 31 h. 30 m. (voir fig. 99). C'était la troisième à partir de l'extrémité d'une branche prise sur une plante coupée. La journée était froide (15-16° C.) et, si nos observations avaient eu lieu dans la serre, la circumnutation eût sans doute été beaucoup plus forte, bien qu'elle fût parfaitement visible.

Vicia faba (Légumineuses, Fam. 75). — Une jeune feuille, longue de 77ᵐᵐ5, mesurée du pétiole à l'extrémité de la foliole, fut munie d'un fil de verre, fixé sur la nervure médiane de l'une des deux folioles terminales. Les mouvements furent relevés pendant 51 h. 1/2. Le fil tomba dans la matinée (le 2 juillet) jusqu'à 3 h. du soir, puis s'éleva fortement jusqu'à 10 h. 35. Mais l'élévation fut si grande ce jour-là, relati-

vement à celle des jours suivants, qu'elle était, probablement, due en
partie à ce que la plante était éclairée par le haut. La dernière partie
de la marche suivie le 2 juillet est indiquée dans la fig. 100. Le lendemain (3 juillet), la feuille tomba de nouveau dans la matinée, puis

Fig. 100.

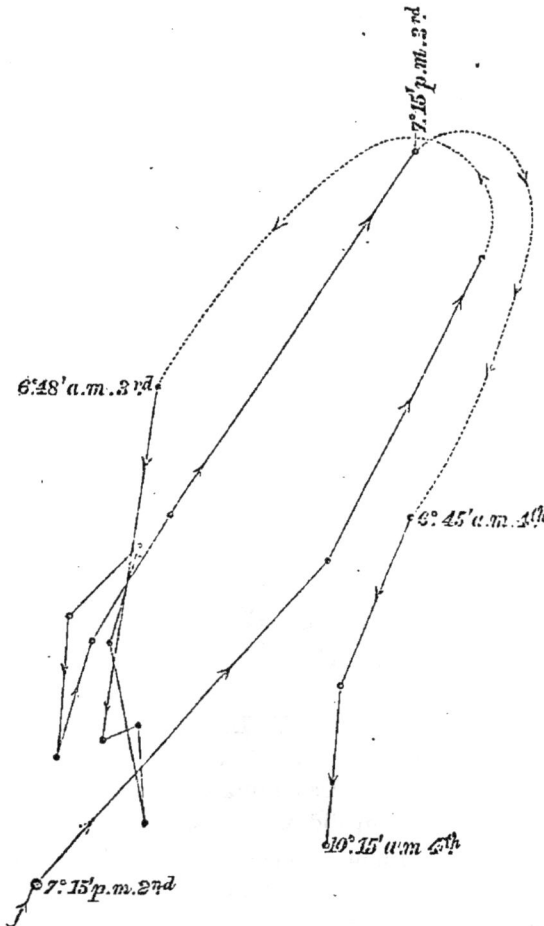

Vicia faba : circumnutation d'une feuille, relevée du 2 juillet, 7 h. 15 soir, au 4, 10 h. 15
matin. Extrémité des deux folioles terminales à 18 cm. du verre vertical. Figure réduite
ici aux 2/3. Temp. 17-18° C.

circumnuta visiblement, et remonta jusqu'à une heure avancée de la
nuit. Mais ce mouvement ne fut plus relevé après 7 h. 15 du soir, car,
passé ce moment, le fil de verre était dirigé vers le bord supérieur de
la lame de verre. Pendant la dernière partie de la nuit, et le commencement de la matinée, elle descendit de nouveau, de la même manière
qu'auparavant.

Le mouvement d'élévation dans la soirée, et celui de descente dans la matinée avaient une étendue exceptionnelle. Aussi mesurâmes-nous à deux reprises l'angle du pétiole au-dessus de l'horizon. La feuille se trouva avoir parcouru un arc de 19° de 12 h. 20 à 10 h. 45 du soir, et être descendue de 23° 30' de ce dernier moment au lendemain

Fig. 101.

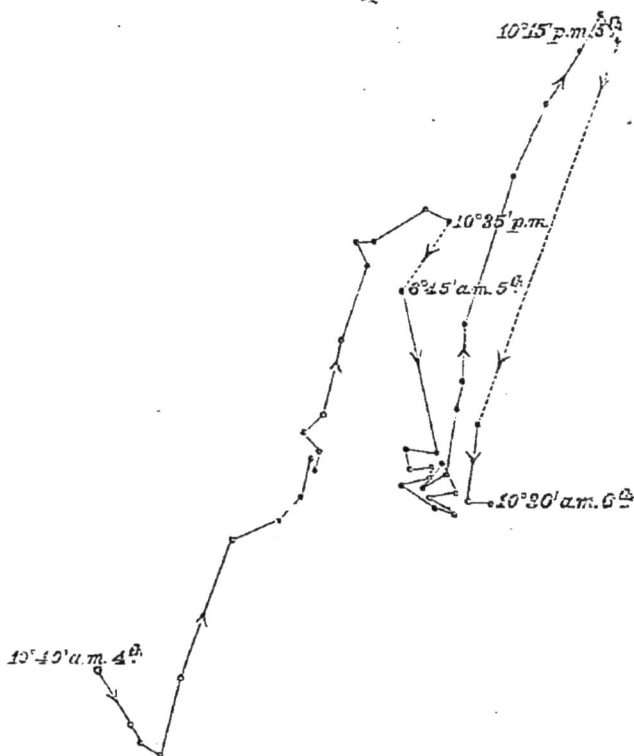

Vicia faba : circumnutation d'une des deux folioles terminales . (le pétiole entier étant assujetti), relevée du 4 juillet. 10 h. 40 matin. au 6. 10 h. 30 matin. Extrémité de la foliole à 15 cm. 5 du verre vertical. Diagramme réduit de moitié. Temp. 16-18° C.

matin. Le pétiole tout entier fut alors assujetti sur un bâton, près de la base des deux folioles terminales, qui étaient longues de 35 mm. Les mouvements de l'une de ces folioles furent relevés pendant 48 h. (voir fig. 101). La marche suivie est entièrement analogue à celle de la feuille entière.

La ligne onduleuse parcourue de 8 h. 30 du matin à 3 h. 30 du soir, le second jour, représente 5 très petites ellipses, dont les plus grands axes ont des directions différentes. De ces observations il ressort que la feuille entière et les folioles terminales subissent chacune un mouvement périodique bien marqué : elles s'élèvent dans la soirée et descendent dans la seconde partie de la nuit et au commencement de la matinée. Dans le milieu de la journée, elles circumnutent généralement sur une faible étendue.

Fig. 102.

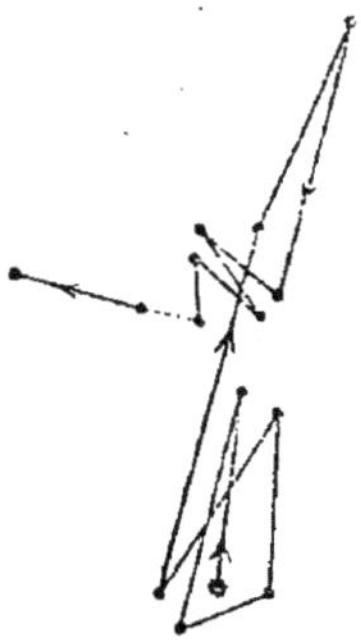

Acacia retinoides : circumnutation d'un jeune phyllode relevée du 18 juillet, 10 h. 45 m., au 19, 8 h. 15 m. Extrémité du phyllode à 22cm5 du verre vertical. Temp. 16°,5-17°,5 C.

(10.) *Acacia retinoides* (Légumineuses). — Nous relevâmes pendant 45 h. 30 le mouvement d'un jeune phyllode, long de 59mm375, et qui formait au-dessus de l'horizon un angle considérable.

Mais, dans la fig. 102, la circumnutation ne se montre que pendant 21 h. 30. Durant une partie de ce temps (soit 14 h. 30 m.), le phyllode décrivit une figure représentant 5 ou 6 petites ellipses. La quantité du mouvement vertical était alors de 7mm5. Le phyllode s'éleva beaucoup, de 1 h. 30 du soir à 4 h. : mais dans aucun de ces deux jours, nous ne pûmes constater l'existence d'un mouvement périodique.

(11.) *Lupinus speciosus* (Légumineuses). — Des plantes étaient nées de graines achetées sous ce nom. C'est là une des espèces de ce genre important dont les feuilles ne dorment pas pendant la nuit. Les pétioles sortent directement de terre, et mesurent 12cm à 17cm5. Un fil de verre fut fixé sur la nervure médiane de l'une des plus grandes folioles, et nous relevâmes le mouvement de la feuille entière (voir fig. 103). En 6 h. 30, le fil se dirigea 4 fois vers le haut et 3 fois vers le bas. Nous commençâmes alors un nouveau diagramme (que nous ne donnons pas ici) et, pendant 12 h. 30 m., la feuille se mût 8 fois vers le haut et 7 fois vers le bas ; elle décrivit ainsi 7 ellipses 1/2 pendant ce temps, ce qui constitue un mode extraordinaire de mouvement. Le sommet du pétiole fut alors assujetti sur un bâton, et les folioles secondaires se trouvèrent en continuelle circumnutation.

Fig. 103.

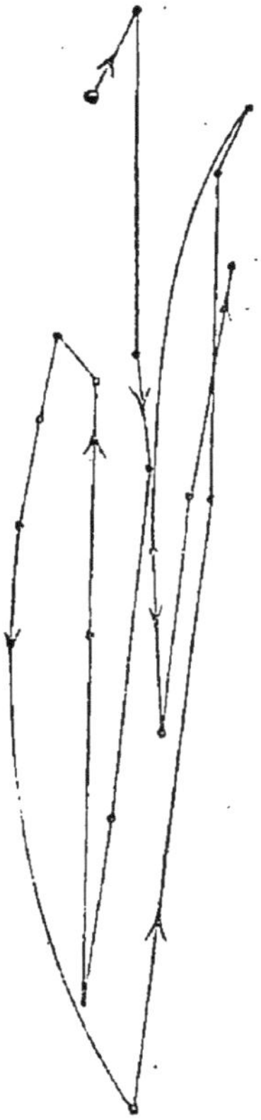

Lupinus speciosus : circumnutation d'une feuille, relevée sur un verre vertical. de 10 h. 15 matin, à 5 h. 45 soir. c'est-à-dire pendant 6 h. 30.

(12.) *Echeveria stolonifera* (Crassulacées, Fam. 84). — Les plus vieilles feuilles de cette plante sont si épaisses et si charnues, et les plus jeunes si courtes et si larges, qu'il nous semblait très peu probable que nous pussions y trouver un mouvement de circumnutation. Un fil de verre fut fixé sur une jeune feuille, inclinée vers le haut, longue de 18mm75 et large de 7 mm. Cette feuille était placée à l'extérieur d'une rosette terminale, produite par une plante dont la croissance était vigoureuse. Son mouvement fut relevé pendant trois jours (voir fig. 104). La direction générale était vers le haut, ce que

Fig. 104.

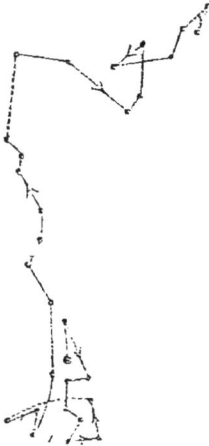

l'on peut attribuer à l'allongement dû à la croissance de la feuille. Mais on peut voir que les lignes sont légèrement onduleuses, et qu'il y a, par moments, une circumnutation distincte, quoique très peu étendue.

(13.) *Bryophyllum* (vel *Calanchœ*) *caly-cinum* (Crassulacées). — Duval-Jouve *(Bull. Soc. Bot. de France*, février 1868) a mesuré la distance qui sépare les extrémités des deux feuilles supérieures de cette plante, et a obtenu les résultats indiqués dans le tableau suivant. Il faut remarquer que les mesures indiquées à la date du 2 décembre ont été prises sur une autre paire de feuilles :

Echeveria stolonifera : circumnutation d'une feuille, relevée du 25 juin, 8 h. 20 matin, au 28, 8 h 45 matin. Extrémité de la feuille à 30 cm. 625 du verre. Forte amplification. Température. 23-24°.5 C.

	8 h. matin	1 h. soir	7 h. soir
16 novembre....	15 mm.	25 mm.	?
19 »	48 »	60 »	48 mm.
2 décembre....	22 »	43 »	28 »

Nous voyons, par ce tableau, que les feuilles sont beaucoup plus écartées à 2 h. du soir qu'à 8 h. du matin ou à 7 h. du soir, ce qui montre qu'elles s'élèvent un peu dans la soirée, et s'abaissent ou s'ouvrent dans la matinée.

(14.) *Drosera rotundifolia* (Droséracées, Fam. 85). — Nous relevâmes pendant 47 h. 15 m. les mouvements d'une jeune feuille munie d'un long pétiole, mais dont les tentacules (ou poils glandulaires) n'étaient pas encore développés. La fig. 105 montre qu'elle circumnutait largement, surtout dans une direction verticale, en décrivant deux ellipses chaque jour. Durant ces deux jours, la feuille commençait à descendre après midi vers une heure, et continuait ainsi pendant toute la nuit, mais elle parcourut dans les deux cas des distances très différentes. Nous pensâmes donc que le mouvement était périodique :

mais en observant trois autres feuilles pendant plusieurs jours consécutifs, nous pûmes nous convaincre que c'était une erreur ; aussi ne donnons-nous ce cas que par précaution. Le troisième jour, la feuille dont nous venons de parler occupait presque la même position qu'au commencement des observations. Les tentacules s'étaient développés, pendant ce temps, assez pour former un angle droit avec le limbe ou le disque.

Les feuilles, en vieillissant, s'abaissent généralement de plus en plus. Nous relevâmes pendant 24 h. les mouvements d'une feuille assez âgée, dont les glandes jouissaient encore d'une sécrétion active. Elle continua, pendant ce temps, à descendre un peu en décrivant des zigzags. Le lendemain matin, à 7 h., une goutte d'une solution de carbonate d'ammoniaque (2 gr. pour 32 gr. d'eau) fut déposée sur le disque : elle noircit les glandes et détermina la courbure de la plupart des tentacules. Le poids de la goutte fit d'abord un peu descendre la feuille ; mais, immédiatement après, elle se mit à remonter en décrivant de légers zigzags, jusqu'à 3 h. du soir. Elle circumnuta alors autour du même point, et sur un très faible espace, pendant 21 h. ; durant les 21 h. qui suivirent, elle descendit en zigzag pour revenir au niveau qu'elle occupait au moment où fut appliquée l'ammoniaque. Pendant ce temps, les tentacules avaient repris leur position et les glandes s'étaient de nouveau colorées. Nous voyons ainsi qu'une vieille feuille circumnute sur une faible échelle, au moins

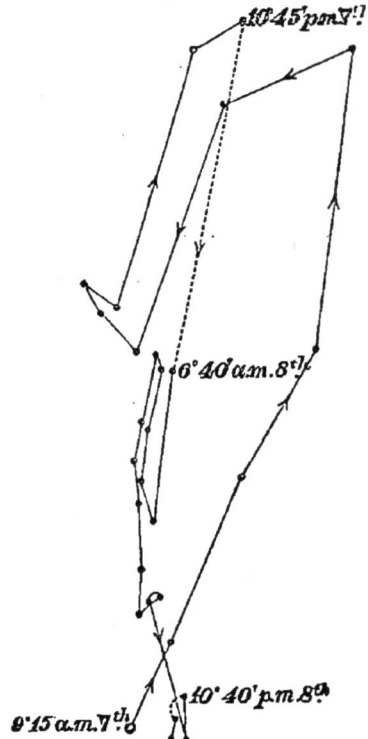

Fig. 105.

Drosera rotundifolia : circumnutation d'une jeune feuille, munie d'un fil à la face inférieure du limbe ; relevée du 7 juin, 9 h. 15 matin, au 9, 8 h. 30 matin. Réduit de moitié.

pendant l'absorption du carbonate d'ammoniaque ; il est en effet probable que cette absorption peut agir sur la croissance et, par suite, déterminer de nouveau la circumnutation. Nous ne pûmes savoir si l'ascension du fil de verre attaché sur le dos de la feuille, était due à une légère inflexion des bords (ce qui arrive généralement) ou à l'élévation du pétiole.

16

Afin de voir si les tentacules ou poils glandulaires circumnutaient, nous fixâmes la face inférieure d'une jeune feuille (dont les tentacules supérieurs étaient encore incurvés) sur un épais morceau de bois placé dans du sable argileux humide. La plante fut placée sous un microscope, dont la platine avait été enlevée, et pourvu d'un oculaire micrométrique, dont chaque division égalait 0^{mm}05. Nous pûmes ainsi reconnaître que, plus les feuilles avancent en âge, plus les tentacules des rangées extérieures s'inclinent en dehors et vers le bas jusqu'à s'incurver considérablement au-dessous de l'horizon. Nous observâmes alors un tentacule de la seconde rangée à partir du bord : il se dirigeait en dehors avec une vitesse de 0^{mm}05 en 20 m., soit 1 mm. en 6 h. 40. Mais il avait en même temps un mouvement de droite à gauche qui embrassait une étendue d'environ 0^{mm}05, et, par conséquent, son mouvement tout entier n'était sans doute qu'une circumnutation modifiée. Nous observâmes ensuite, de la même manière, un tentacule pris sur une feuille vieille : 15 m. après avoir été placé sous le microscope, il avait marché de 0^{mm}025 environ. Pendant les 7 h. 1/2 qui suivirent, il fut observé à plusieurs reprises, et, durant tout ce temps, il ne parcourut qu'un nouvel espace de 0^{mm}025. Ce faible mouvement peut avoir été dû au tassement du sable humide, bien que ce dernier eût été convablement pressé. Nous pouvons donc conclure que les tentacules vieux ne circumnutent pas. Cet appendice était cependant si sensible, qu'il commençait à se recourber, 23 secondes après que sa glande eût été touchée avec un morceau de viande crue. Ce fait est de quelque importance, car il paraît montrer que l'inflexion des tentacules par suite de l'excitation que détermine l'absorption d'une matière animale (et sans aucun doute le contact d'un objet quelconque) n'est pas due à une modification des mouvements circumnutants.

(15.) *Dionœa muscipula* (Droséracées). — Il faut dire d'abord que, à un stade peu avancé de leur développement, les feuilles ont leurs deux lobes étroitement pressés l'un contre l'autre. Elles sont d'abord dirigées vers le bas, et regardent le centre de la plante ; mais elles s'élèvent graduellement et forment bientôt un angle droit avec le pétiole, dans le prolongement duquel elles viendront plus tard. Nous fixâmes un fil de verre sur la nervure médiane des deux lobes encore fermés, qui étaient perpendiculaires au pétiole. La feuille était jeune, et son pétiole n'avait que 3 cm. de long. Dans la soirée, cette feuille décrivit une ellipse complète en 2 h. Le lendemain (25 septembre) ses mouvements furent retracés pendant 22 h. Nous voyons, fig. 106, que ces mouvements avaient la même direction générale, mais en décrivant de nombreux zigzags. Ce tracé représente plusieurs ellipses déformées dans le sens de la longueur. On ne peut donc avoir aucun doute sur la circumnutation de cette jeune feuille.

Nous observâmes ensuite, pendant 7 h., une feuille assez vieille, horizontalement étendue et munie d'un fil de verre attaché sur la face inférieure de la nervure médiane. Son mouvement était extrêmement faible, mais, lorsqu'un de ses poils sensitifs était touché, les lobes se refermaient, quoique assez lentement. Nous mar-

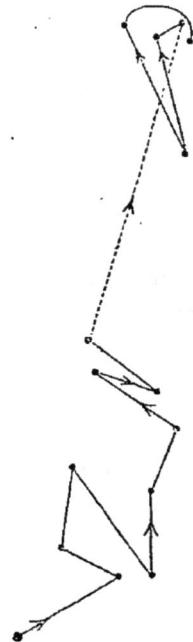

Fig. 106.

quâmes alors un nouveau point sur le verre ; mais, après 14 h. 20, il n'y avait qu'un changement à peine appréciable dans la position du fil. Nous pouvons en conclure qu'une feuille vieille et modérément sensible ne circumnute pas pleinement ; nous verrons bientôt, toutefois, qu'il ne s'ensuit nullement qu'une telle feuille soit absolument privée de mouvement. Nous pouvons dire, en outre, que l'excitation d'un attouchement ne détermine pas à nouveau une pleine circumnutation.

Une autre feuille en pleine croissance fut munie d'un fil fixé extérieurement sur un côté de la nervure médiane, et parallèle à cette feuille, de sorte que le fil devait se mouvoir si les lobes se fermaient. Nous reconnûmes d'abord que, bien qu'un attouchement sur l'un des poils sensitifs d'une feuille vigoureuse détermine rapidement, et souvent presque instantanément son occlusion, un morceau de viande humide ou une solution de carbonate d'ammoniaque, placé sur un des lobes, excite un mouvement si lent, qu'il faut en général 24 h. pour que l'occlusion soit complète. La feuille dont nous parlons fut observée pendant 2 h. 30 sans que nous ayions pu reconnaître aucun mouvement circumnutant ; il aurait fallu, cependant, pouvoir l'observer plus longtemps. Néanmoins, nous l'avons vu, une feuille jeune décrivait en 2 h. une grande ellipse. Nous plaçâmes alors sur cet organe

Dionœa muscipula : circumnutation d'une jeune feuille en voie de développement, relevée sur un verre horizontal, dans l'obscurité, du 24 septembre, à midi, au 25, 10 h. matin. Extrémité de la feuille à 53 cm. 75 du verre : amplification considérable.

une goutte d'une infusion de viande crue, et le fil de verre s'éleva un peu, en 2 h. Ceci indique que les lobes avaient commencé à se fermer, et peut-être le pétiole à s'élever. Il continua à progresser avec une extrême lenteur pendant les 8 h. 30 qui suivirent. Nous changeâmes alors (24 septembre, 7 h. 15 du soir) légèrement la position du pot, et, après avoir mis sur la feuille une nouvelle goutte de l'infusion nous commençâmes un autre diagramme (fig. 107). A 10 h. 50 du soir, le fil ne s'était élevé que légèrement, et il redescendit pendant la nuit. Le lendemain matin, les lobes se refermaient plus fortement, et, à 5 h. du soir, il était évident, à simple vue, qu'ils s'étaient considérablement fermés. A 8 h. 48 du soir, pleine occlusion et à 10 h. 45, les piquants marginaux étaient entrecroisés. La feuille descendit un peu pendant la nuit, et le lendemain matin (le 25) à 7 h., les lobes étaient entièrement fermés. La marche suivie, on peut le voir par la figure, formait de forts zigzags, ce qui indique que l'occlusion des lobes était combinée avec la circumnutation de la feuille entière. On ne peut donc douter, en considérant l'absence de mouvement dans la feuille 2 h. 30 avant l'application des gouttes d'infusion, que l'absorption d'une matière animale ne l'ait excitée à circumnuter. La feuille fut observée en diverses occasions, pendant les quatre jours qui suivirent ; mais elle était exposée à un froid un peu trop grand. Elle continua toutefois à circumnuter sur une faible étendue, et les lobes demeurèrent fermés.

Fig. 107.

Dionœa muscipula : fermeture des lobes et circumnutation d'une feuille en pleine croissance. pendant l'absorption d'une infusion de viande crue ; relevées dans l'obscurité, du 24 septembre, 7 h. 15 soir, au 26, 9 h, matin. Extrémité de la feuille à 21 cm. 25 du verre. Réduit aux deux tiers.

On lit quelquefois dans des ouvrages de botanique, que les lobes se ferment ou sommeillent la nuit ; c'est une erreur. Nous en eûmes la preuve en fixant sur les deux lobes dans trois feuilles, de très longs fils de verre et en mesurant, au milieu de la journée et à l'entrée de la nuit, les distances entre leurs extrémités. Nous ne pûmes constater aucune différence.

Les observations précédentes se rapportent aux mouvements de la feuille entière ; mais les lobes se meuvent indépendamment du pétiole et semblent continuellement se fermer et s'ouvrir, sur une très faible étendue. Une feuille presque en pleine croissance (que nous avions auparavant reconnue pleinement sensible au contact), était presque horizontale, de sorte qu'en traversant avec une longue et fine aiguille, son pétiole foliacé, près du limbe, on pouvait l'immobiliser complètement. La plante, munie d'un petit triangle de papier sur une des dents marginales, fut placée sous un microscope, dont l'oculaire micrométrique portait des divisions de $0^{mm}05$. Nous vîmes alors que le triangle de papier était doué d'un mouvement faible, mais constant. En effet, en 4 h., il traversa 9 divisions, soit $0^{mm}45$, et après dix nouvelles heures, il se dirigea vers le bas, et traversant 5 divisions, soit 0^{mm}25 dans le sens opposé. La plante était exposée à une température un peu trop basse ; aussi, le jour suivant, son mouvement était-il un peu plus faible, soit 0^{mm}25 en 3 h., et 0^{mm}1 dans le sens opposé, pendant 6 autres heures. Les deux lobes semblaient donc se fermer et s'ouvrir continuellement, quoique sur une faible étendue. Nous devons, en effet, nous rappeler que le petit triangle de papier fixé sur la dent marginale augmentait sa longueur et exagérait ainsi quelque peu le mouvement. Des observations semblables furent faites sur une feuille bien importante, mais si vieille, qu'elle ne se fermait plus même après des attouchements répétés sur un de ses poils sensitifs. Cependant, d'après d'autres cas, nous pensons qu'elle se serait légèrement fermée sous l'influence d'une matière animale. Ces expériences différaient en outre des premières, en ce que le pétiole était libre, et la plante soumise à une haute température. L'extrémité du triangle de papier avait un mouvement presque, mais non tout à fait constant, tantôt dans un sens, tantôt dans l'autre. A trois reprises, elle traversa 5 divisions du micromètre (soit 0^{mm}25) en 30 m. Ce mouvement, sur une échelle si restreinte, est à peine comparable à la circumnutation ordinaire ; il pourrait peut-être, cependant, être comparé aux lignes en zigzag, et aux petites boucles qui interrompent souvent les grandes ellipses décrites par d'autres plantes.

Nous avons examiné, dans le premier chapitre de ce volume, les remarquables oscillations de l'hypocotyle circumnutant du chou. Les feuilles de Dionæa présentent le même phénomène, qui est très apparent lorsqu'on l'observe avec un faible grossissement (objectif de 2 pouces) et avec un oculaire micrométrique dont chaque division (0^{mm}05) apparaît comme un espace assez large. La jeune feuille non encore déployée dont les mouvements sont retracés fig. 106, fut munie d'un fil de verre fixé perpendiculairement sur elle. Le mouvement de l'extrémité fut observé dans la serre (temp. 29-30° C.) ; la lumière venait par le haut, et tous les courants d'air étaient soigneusement évités. L'extrémité traversait parfois une ou deux divisions du micromètre avec une très faible vitesse, presque inappréciable, mais, généralement, elle se mouvait vers le haut par de rapides sauts ou bonds de 0^{mm}05 ou 0^{mm}075, et, dans un cas, de 0^{mm}1. Après chaque saut vers le haut, la pointe revenait vers le bas avec une vitesse relativement faible, et parcourait ainsi une partie de la distance qu'elle venait de gagner ; puis, très peu après, elle faisait un nouveau bond vers le haut. Nous vîmes, dans un cas, 4 de ces sauts bien nets suivis d'une légère retraite, et, en outre, quelques oscillations plus faibles, dans l'espace exact d'une minute. Autant que nous en pûmes juger, les li-

gnes d'ascension et de descente ne coïncidaient pas, et, par suite, de
très petites ellipses étaient décrites chaque fois.

Nous observâmes alors, de la même manière, une autre feuille, dont
les lobes était pleinement étalés, et que nous avions reconnue très
sensible au contact. La plante était seulement exposée dans une chambre, à une température plus basse. L'extrémité oscillait verticalement de la même manière que plus haut ; mais les sauts étaient moins
étendus (0^{mm}025), et les périodes de repos un peu plus longues. Comme
il paraissait possible que ces mouvements fussent dus aux courants
d'air, nous plaçâmes près de la feuille, pendant une des périodes de
repos, une bougie qui ne détermina aucune oscillation. Après 10 m.,
cependant, commencèrent de vigoureux déplacements, dus probablement à ce que la feuille avait été excitée par l'échauffement. La chandelle fut alors enlevée, et peu après, les oscillations cessèrent ; toutefois,
lorsque nous observâmes la feuille, après un intervalle de 1 h. 30, elle
était de nouveau en oscillation. La plante fut transportée dans la
serre et, le lendemain matin, nous la vîmes osciller, mais peu vigoureusement. Une autre feuille, vieille, mais en bonne santé, qui
n'était nullement sensible au contact, fut aussi observée pendant deux
jours dans la serre ; le fil de verre qu'elle portait fit beaucoup de petits sauts d'environ 0^{mm}05 ou 0^{mm}025.

Enfin, pour déterminer si les lobes oscillaient indépendamment du
pétiole, nous fixâmes près du limbe, au moyen de la gomme laque, le
pétiole d'une vieille feuille sur l'extrémité d'un petit bâton planté dans
le sol. Nous avions auparavant observé la feuille qui oscillait fortement. Après la fixation du pétiole, les oscillations de 0^{mm}05 continuaient encore. Le lendemain, nous plaçâmes sur la feuille une faible infusion de viande crue, qui détermina en deux jours l'occlusion
complète des lobes. Les oscillations continuèrent pendant tout ce
temps, et pendant les deux jours qui suivirent. Après neuf autres
jours, la feuille commença à s'ouvrir, et les bords s'écartèrent un peu.
L'extrémité du fil de verre avait à ce moment de longues périodes de
repos, puis se mouvait verticalement sur une distance de 0^{mm}025 environ, mais faiblement, et sans sauts. Toutefois, lorsque nous eûmes
chauffé la feuille, en plaçant auprès d'elle une bougie allumée, les
sauts recommencèrent comme auparavant.

La même feuille avait été observée 2 m. 1/2 auparavant ; elle oscillait alors par sauts. Nous pouvons en déduire que ce genre de mouvement se produit la nuit et le jour, pendant une très longue période ;
il est commun aux feuilles jeunes non encore développées, et aux
feuilles assez vieilles pour avoir perdu leur sensibilité à l'attouchement, bien qu'elles soient encore capables d'absorber la matière azotée.

Ce phénomène est des plus intéressants, lorsqu'il se déploie complètement, comme dans la jeune feuille que nous venons de décrire. Il fait
naître dans l'esprit l'idée d'un effort, comparable à celui que ferait un
petit animal pour échapper à quelque contrainte.

(16). *Eucalyptus resinifera* (Myrtacées, Fam. 94). — Une jeune
feuille, longue de 5 cm., pétiole compris, fut observée de la manière
habituelle. Elle était produite par le rejeton latéral d'un arbre coupé.
Le limbe n'avait pas encore pris sa position verticale. Le 7 juin, nous
fîmes seulement quelques observations;

Fig. 108.

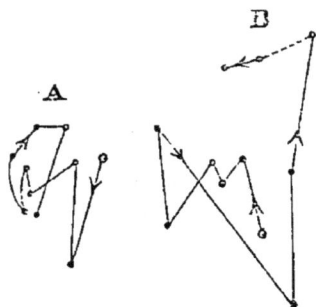

Eucalyptus resinifera : circumnutation d'une feuille, relevée; en
A, de 6 h. 40 matin à 1 h. soir, le
8 juin; en B, du 8, 1 h. soir, au
9, 8 h. 30 matin. Extrémité de la
feuille à 36 cm. 25 du verre horizontal; amplification considérable.

le diagramme montrait cependant que
la feuille avait marché 3 fois vers le
haut et 3 fois vers le bas. Le lendemain
elle fut observée plus souvent. Nous
fîmes deux tracés (A et B, fig. 108), car
un seul eût été trop compliqué. L'extrémité changea de direction 13 fois en
16 heures, principalement suivant la
verticale, mais avec un faible mouvement latéral. La quantité du mouvement était très faible, dans une direction donnée.

(17). *Dahlia* (var. horticole). (Composées, Fam. 122). — Nous observâmes
une feuille jeune, longue de 14^{cm}45, et
portée par une jeune plante haute de deux pieds, qui poussait vigoureusement dans un grand pot. La feuille formait sous l'horizon un
angle de 45° environ. Le 18 juin, la feuille descendit, de 10 h. à 11 h.
35 du matin (fig. 109); elle remonta alors fortement jusqu'à 6 h. du
soir; cette ascension était probablement due à la lumière, qui n'était
admise que par le haut. Elle décrivit des zigzags, de 6 h. à 10 h. 35 du
soir, et monta un peu pendant la nuit. Il faut remarquer que les distances verticales sont très exagérées dans la partie inférieure du diagramme, car la feuille était d'abord inclinée au-dessous de l'horizon,
et, après sa chute vers le bas, le fil se dirigeait très obliquement
vers la lame de verre. Le lendemain, la feuille descendit de 8 h. 20 du
matin à 7 h. 15 du soir, puis décrivit des zigzags et remonta beaucoup
pendant la nuit. Le 20 au matin, la feuille commençait probablement
à descendre, bien que la courte ligne du diagramme soit horizontale.
Les distances parcourues par l'extrémité de la feuille bien que considérables, ne pouvaient être calculées avec quelque exactitude.
D'après la marche suivie le second jour, une fois la plante accoutumée
à recevoir la lumière d'en haut, nous ne pouvions douter que les

feuilles n'eussent un mouvement périodique quotidien, et qu'elles ne descendissent dans la journée pour s'élever la nuit.

(18). *Mutisia clematis* (Composées). — Les feuilles se terminent par des vrilles et circumnutent comme les autre feuilles à vrilles ; mais, si nous citons ici cette plante, c'est pour redresser une assertion erronée (1) que j'ai publiée. Je disais que les feuilles tombent pendant la nuit pour s'élever dans la journée. Les organes qui se comportaient

Fig. 109.

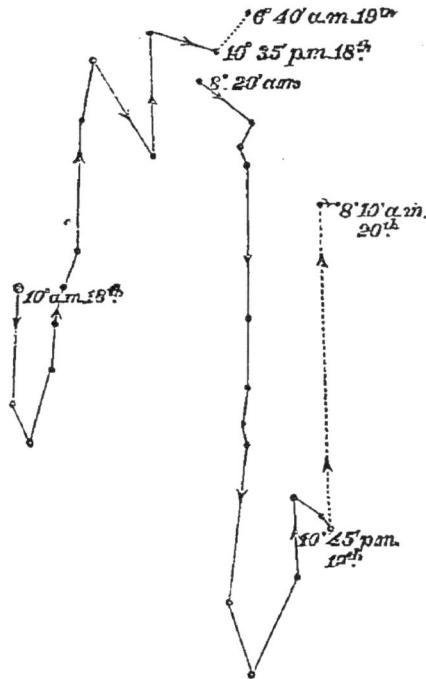

Dahlia : circumnutation d'une feuille, relevée du 12 juin, 10 h. du matin, au 20, 8 h. 10 matin, mais avec une interruption de 1 h. 40 le 19 au matin : le fil de verre se dirigeant trop fortement d'un côté, il fallut déranger légèrement le pot. La position relative des deux tracés est donc un peu arbitraire. La figure est réduite ici au cinquième. Extrémité de la feuille à 22 cm. 5 du verre, dans le sens de son inclinaison, et à 12 cm. 875, suivant une ligne horizontale.

ainsi avaient été gardées plusieurs jours dans une chambre exposée au nord, au milieu d'un éclairage insuffisant. Nous laissâmes donc une plante en serre, dans les conditions normales, et nous mesurâmes les angles de 3 feuilles, à midi et à 10 h. du soir. Toutes trois, à midi, étaient un peu inclinées sous l'horizon, mais à l'entrée de la nuit, l'une d'elles l'était de 2°, une autre de 21°, et la troisième de 10° plus

(1) *The Movements and Habits of Climbing Plants*, 1875, p. 118.

haut que dans la journée. Donc, au lieu de tomber, elles s'élèvent un peu la nuit.

(19). *Cyclamen Persicum* (Primulacées, Fam. 135). — Nous observâmes pendant trois jours, de la manière habituelle, une jeune feuille

Fig. 110.

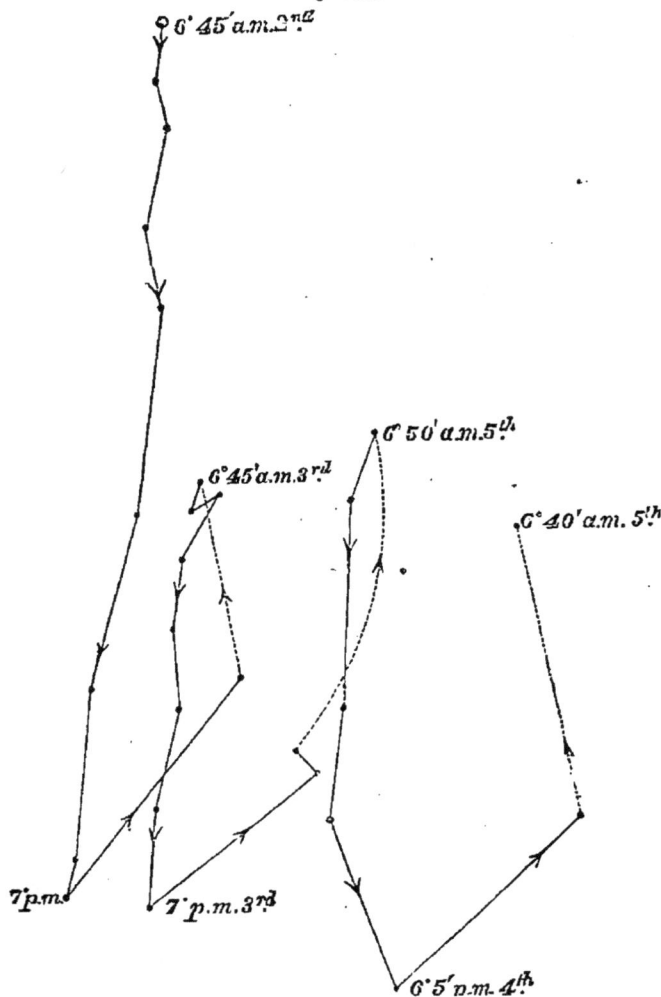

Cyclamen Persicum : circumnutation d'une feuille relevée du 2 juin, 6 h, 45 matin, au 5, 6 h 45 matin. Extrémité à 17 cm. 5 du verre.

longue de 45 mm., pétiole compris, et portée sur un vieux pied (fig. 110). Le premier jour, la feuille descendit plus que dans la suite, probablement pour s'accommoder à l'éclairage par en haut. Durant les 3 jours, elle tomba depuis le matin, de bonne heure, jusqu'à 7 h. du soir environ : depuis ce moment, elle s'éleva pendant la nuit, en décrivant de légers zigzags. Le mouvement est donc strictement périodique.

Fig. 111.

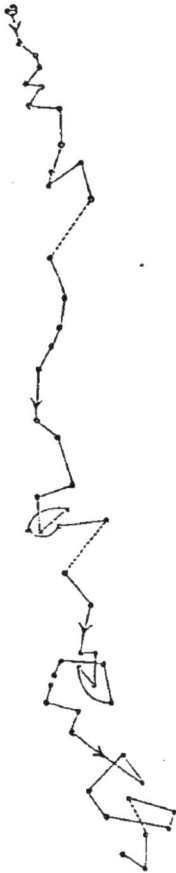

Petunia violacea : mouvement de descente et circumnutation d'une très jeune feuille, relevés du 2 juin, 10 h. matin, au 6, 9 h. 20 matin. — N. B. A 6 h. 40 matin, le 5, il fut nécessaire de changer un peu la position du pot, et de commencer un nouveau tracé à l'endroit où deux points ne sont pas reliés dans le diagramme. Extrémité de la feuille à 12 cm. 5 du verre. Température moyenne 17°,5 C.

Il faut noter que la feuille serait descendue, chaque soir, un peu plus bas qu'elle ne le fit, si, à 5 ou 6 h., le fil de verre n'avait pas été arrêté par le bord du pot. La somme du mouvement était considérable : en effet, si nous admettons que la feuille se courbe à la base du pétiole, le diagramme serait amplifié un peu moins de cinq fois, ce qui donnerait à la feuille un parcours vertical de 12^{mm}5, avec un certain mouvement latéral. Ce mouvement ne saurait, pourtant, attirer l'attention, sans le secours d'un diagramme ou sans l'aide d'une mesuration quelconque.

(20). *Allamanda Schotii* (Apocynées, Fam. 114). — Les jeunes feuilles de cet arbuste sont allongées, et leur limbe se courbait vers le bas d'une façon suffisante pour décrire presque un demi-cercle. La corde — c'est à dire une ligne tirée de l'extrémité du limbe à la base du pétiole — d'une jeune feuille longue de 118^{mm}75, formait, le 5 décembre à 2 h. 50 du soir, un angle de 15° sous l'horizon ; mais, à 9 h. 30 du soir, le limbe redressé (ceci s'applique à l'élévation de l'extrémité) jusqu'à ce point que la corde formât un angle de 37° avec l'horizon, s'était, par suite élevé de 50°. Le lendemain, nous prîmes des mesures semblables sur la même feuille : à midi, la corde était à 36° sous l'horizon, et à 9 h. 30 du soir, à 3° au-dessus ; elle s'était élevée de 39°,5. La principale cause de ce mouvement ascensionnel, est le redressement du limbe, mais le court pétiole s'élève de 4 ou 5°. La troisième nuit, la corde était à 35° au-dessus de l'horizon, et si, à midi, la feuille avait occupé la même position que la veille, elle s'était élevée de 71°. Dans les feuilles vieilles, nous ne pûmes point constater un tel changement d'incurvation. La plante fut alors portée dans la maison, et placée dans une chambre exposée au Nord-Est : à la nuit, cependant, il n'y avait aucun changement dans l'incurvation des jeunes feuilles. Ainsi, une exposition préalable à une forte lumière est probablement indispensable pour le changement périodique de l'incurvation du limbe, et pour la faible élévation du pétiole. .

(21). *Wigandia* (Hydroléacées, Fam. 149). — Le professeur Pfeffer nous informe que les feuilles de cette plante s'élèvent dans la soirée; mais nous ne connaissons pas l'amplitude de ce mouvement, et cette espèce doit, peut-être, prendre place parmi les plantes sommeillantes.

(22). *Petunia violacea* (Solanées, Fam. 157). Nous observâmes durant quatre jours une jeune feuille, n'ayant que 18^{mm}85 de long, et fortement inclinée vers le haut. Pendant tout ce temps, elle s'inclina en haut ou en bas, jusqu'à devenir progressivement presque horizontale. Les zigzags fortement marqués (fig. 111), montrent que ce mouvement se produisait sous l'influence d'une modification de la circumnutation. Durant la dernière partie de l'observation, il existait, mais très faible, une circumnutation beaucoup moins modifiée. Le mouvement, sur le diagramme, est amplifié de 10 à 11 fois. Il indique une trace bien nette de périodicité, car la feuille s'élève un peu tous les soirs. Mais cette disposition à l'élévation paraît être presque annihilée par la tendance de la feuille à se rapprocher de plus en plus de l'horizontale, à mesure qu'elle grandit. Les angles formés par deux feuilles plus âgées furent mesurés le soir et à midi pendant 3 jours successifs; chaque nuit, l'angle diminuait un peu, quoique irrégulièrement.

Fig. 112.

Acanthus mollis : circumnutation d'une jeune feuille, relevée du 14 juin, 9 h. 20 matin, au 16, 8 h. 30 matin. Extrémité de la feuille, à 27 cm. 5 du verre vertical; amplification considérable. Figure réduite de moitié. Temp. 15° à 16°,5 C.

(23). *Acanthus mollis* (Acanthacées, Fam. 168). — Nous observâmes pendant 47 h. la plus jeune des deux feuilles produites par un semis; elle mesurait 58 mm., pétiole compris. Chaque matin, de bonne heure, l'extrémité de la feuille tombait; elle continuait à s'abaisser jusqu'à 3 h. du soir, pendant les deux après-midi où elle fut observée. Après 3 h., elle s'élevait considérablement : elle procède de même, la seconde nuit, jusqu'au matin de bonne heure. Mais, la première nuit, elle descendit au lieu de monter : nous avons quelque raison de penser que ce mouvement était dû à ce que la feuille, encore jeune, devenait de plus en plus horizontale, sous l'influence de la croissance épinastique. On peut voir, en effet, par le diagramme (fig. 112), que la feuille était, le premier jour, à un niveau plus élevé que le second. Les feuilles d'une espèce voisine (*A. spinosus*) s'élèvent certainement chaque nuit; l'ascension, entre midi et 10 h. 15 du soir, était, dans un cas, de 10°, lorsque nous la mesurâmes. Ce mou-

Fig. 113.

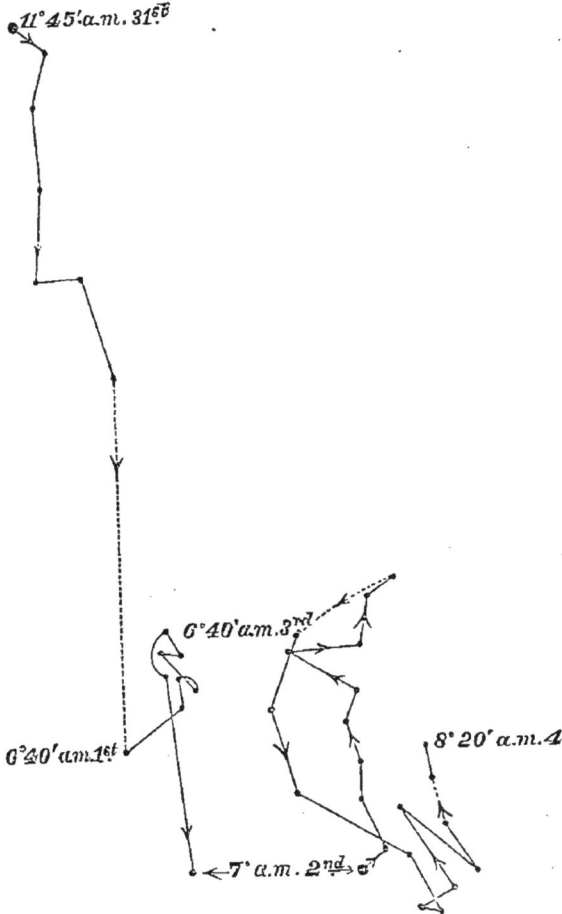

Fig. 113.

Pinus pinaster : circumnutation d'une jeune feuille, relevée du 31 juillet. 11 h. 45 matin, au 4 août, 8 h. 20 matin. Le 2 août, à 7 h. matin, le pot fut déplacé de 25 mm., de sorte que le tracé se compose de deux figures. Extrémité de la feuille, à 36 cm. 25 du verre ; amplification très forte.

vement était principalement ou même exclusivement dû au redressement du limbe, et non au mouvement du pétiole. Nous pouvons en conclure que les feuilles d'Acanthe circumnutent périodiquement, et descendent le matin pour remonter l'après-midi et dans la nuit.

(24). *Cannabis sativa* (Cannabinées, Fam. 195. — Nous avons ici
un rare cas de feuilles descendant dans la soirée, mais trop peu pour
que ce mouvement puisse recevoir le nom de sommeil (1). Le matin
de bonne heure ou à la fin de la nuit, elles s'élèvent. Par exemple,
toutes les jeunes feuilles, près du sommet de plusieurs tiges, étaient
presque horizontales, le 29 mai à 8 h. du matin, et s'étaient considérablement abaissées à 10 h. 30 soir. Un autre jour, deux feuilles étaient,
à 2 h. du soir, à 21° et 12° sous l'horizon, et, à 10 h. du soir, à 38°.
Deux autres feuilles, sur une plante plus jeune, étaient horizontales à
2 h., et à 36° sous l'horizon à 10 h. du soir. Ce mouvement propre aux
feuilles, est attribué par Kraus à leur croissance épinastique. Il ajoute
que les feuilles sont à l'état de relâchement dans la journée, et de tension dans la nuit, que le temps soit beau ou pluvieux.

(25). *Pinus pinaster* (Conifères, Fam. 223). — Les feuilles, au sommet des branches terminales, forment d'abord des bouquets presque
droits, puis s'écartent, jusqu'à devenir presque horizontales. Nous
retraçâmes, du 2 juin au matin jusqu'au 7 au soir, les mouvements
d'une jeune feuille longue de près de 25 mm., au sommet d'une jeune
plante qui ne mesurait que 7^{cm}5. Pendant 5 jours, la feuille s'écarta
des autres et son extrémité descendit d'abord presque en ligne droite ;
mais, pendant les deux derniers jours, elle décrivit de tels zigzags,
que la circumnutation était évidente. La même petite plante, parvenue
à une hauteur de 1^{cm}5, fut de nouveau observée pendant 4 jours. Un
fil fut fixé transversalement sur l'extrémité d'une feuille, longue de
25 mm., qui s'était considérablement écartée de sa position verticale
primitive. Elle continua à s'en éloigner (A. fig. 113) et à descendre, du
31 juillet 11 h. 45 du matin au 1er août 6 h. 40 du matin. Le 1er août,
elle circumnuta sur un faible espace, puis redescendit vers la nuit.
Le lendemain matin, le pot fut déplacé d'environ 25 mm. vers la
droite, et nous commençâmes un nouveau tracé (B). Depuis ce moment (2 août 7 h. matin) jusqu'au 4 août 8 h. 20 du matin, la feuille
circumnuta d'une façon manifeste. Il ne semble pas, d'après le diagramme, que le mouvement des feuilles soit périodique, car le mouvement de descente, pendant les deux premières nuits, était nettement dû à la croissance épinastique, et, à la fin des observations,
la feuille n'était pas aussi horizontale qu'elle le serait devenue plus
tard.

(1) Nous avons été amenés à observer cette plante par la lecture du mémoire du
Dr Carl Kraus, *Beitrage zur Kentniss der Bewegungen wachsender Laubblatter*,
Flora, 1879, p. 66. (Contributions à la connaissance des mouvements dans les feuilles
qui s'accroissent). Nous regrettons de n'avoir pu saisir entièrement certaines parties de ce travail.

Pinus austriaca. — Deux feuilles, longues de 75 mm., mais non en pleine croissance, furent observées pendant 29 h. (le 31 juillet) de la même manière que celles de l'espèce précédente : elles étaient portées par un jeune arbre, haut de trois pieds. Ces deux feuilles circumnutaient certainement : elles décrivirent, pendant cette période, deux (ou deux et demie) ellipses petites et irrégulières.

(28). *Cycas pectinata* (Cycadée, Fam. 214). — Nous observâmes pendant 47 h. 30 m., une jeune feuille, longue de 28cm75, dont les folioles venaient de se dérouler. Le pétiole entier était assujetti sur un bâton, à la base des deux folioles terminales. Sur l'une de ces dernières, longue de 89 mm., fut fixé un fil de verre. La foliole était fortement incurvée vers le bas, mais la partie terminale se retournait vers le ciel, et le fil de verre se projetait, par suite, presque horizontalement. La foliole se mouvait (fig. 114) largement et périodiquement; elle descendait en effet jusqu'à 7 h. du soir, environ, puis remontait pendant la nuit, pour redescendre de nouveau le lendemain matin, passé 6 h. Les lignes descendantes formaient des zigzags apparents, et il en eût été probablement de même des lignes ascendantes, si elles avaient été tracées pendant la nuit.

Fig. 114.

Cycas pectinata : circumnutation d'une des folioles terminales, relevée du 22 juin, 8 h 30 matin, au 24, 8 h. matin. Extrémité de la foliole, à 19 cm. 375 du verre vertical. L'amplification n'est donc pas très considérable. Le tracé est ici réduit au tiers. Temp. 19-21° C.

CIRCUMNUTATION DES FEUILLES : MONOCOTYLÉDONES.

(27). *Canna Warscewiczii* (Cannacées, Fam. ?). — Nous observâmes pendant 45 h. 50 m., les mouvements d'une jeune feuille, longue de 20cm, et large de 8cm75, portée sur une jeune plante vigoureuse (voir fig. 115). Le pot dut être déplacé d'environ 25 mm. vers la droite, le 11 au matin, car une seule figure eût été trop compliquée. Mais les deux diagrammes ne sont pas séparés par un intervalle de temps. Le mouvement est périodique, car la feuille descendait depuis le matin jusqu'à 5 h. du soir, et remontait pendant le reste de la soirée et une partie de la nuit. Le 11 au soir, elle circumnuta quelque temps sur une petite échelle, autour du même point.

(28). *Iris pseudo-acorus* (Iridées, Fam. 10). — Nous relevâmes pendant 27 h. 30 m. (fig. 116) les mouvements d'une jeune feuille, qui

s'élevait de 32^{cm}5 au-dessus du niveau de l'eau dans laquelle poussait
la plante. Elle circumnutait manifestement, mais sur une petite étendue. Le lendemain matin, de 6 h. 40 jusqu'à 2 h. du soir (à ce dernier
moment se termine la figure que nous donnons), l'extrémité changea

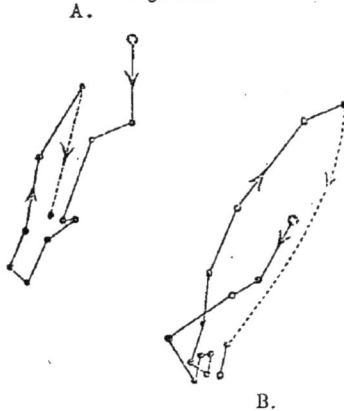

Fig. 115.

A.

B.

Canna Warscewiczii : circumnutation d'une feuille, relevée : en A, du 10 juin, 11 h.
30 matin. au 11. 6 h. 40 matin ; en B, du 11, 6 h. 40 matin, au 12, 8 h. 40 matin.
Extrémité de la feuille à 22 cm. 5 du verre vertical.

5 fois de direction. Pendant les dernières 8 h. 40 m., elle décrivit de
nombreux zigzags, et redescendit jusqu'au niveau du point le plus bas
de la figure ; dans cette descente, elle décrivit deux petites ellipses.
Mais le diagramme eût été trop compliqué si nous
y avions ajouté ces lignes.

(29). *Crinum Capense* (Amaryllidées, Fam. 11).
— Les feuilles de cette plante sont remarquables
par leur longueur et leur peu de largeur : une
d'entre elles, ayant été mesurée, nous trouvâmes,
qu'elle avait 1^{m}325 de long et 35 mm. de large à la
base. Lorsqu'elles sont encore toutes jeunes elles
se tiennent dressées presque verticalement à la
hauteur d'un pied environ ; plus tard, leur extrémité commence à plier, puis à se courber verticalement vers le bas, et elle continue à croître
ainsi. Nous choisîmes une feuille assez jeune
dont la partie infléchie et dirigée vers le bas n'a-
vait que 13^{cm}75 de long, et la partie basilaire, dres-
sée verticalement, 50^{cm} ; mais cette dernière partie
serait devenue plus courte, à mesure que la courbure se serait plus accentuée. Au-dessus de la
plante, fut placée une grande cloche de verre qui portait un point

Fig. 116.

Iris pseudo acorus :
circumnutation d'une
feuille, relevée du 28
mai, 10 h. 30 matin,
au 29, 2 h. soir. Le
tracé fut continué jus-
qu'à 11 h. soir, mais
sans être reporté ici.
Extrémité de la feuille,
à 30 cm. du verre ho-
rizontal ; amplification
considérable. Tempér.
15-16° C.

noir sur une de ses faces. En amenant en ligue avec ce point l'extrémité de la feuille, nous pûmes tracer la fig. 117 sur l'autre côté de
la cloche, dans l'intervalle de 2 jours 1/2. Pendant la première journée
(le 22), l'extrémité gagna beaucoup vers la gauche, peut-être parce que
la plante avait été dérangée. Nous ne donnons ici que le dernier point
tracé ce jour-là, à 10 h. 30 du soir.

Comme on le voit par la figure, il ne peut y avoir aucun doute sur la
circumnutation.

Un fil de verre muni de petits triangles de papier fut alors fixé obliquement sur l'extrémité d'une feuille encore plus jeune, qui se dres-
sait verticalement, et était toujours complétement droite. Ses mouvements furent relevés depuis le 22 mai, 3 h. du soir, jusqu'au 25, 10 h.
15 du matin. La feuille étant douée d'une croissance rapide, son

Fig. 117.

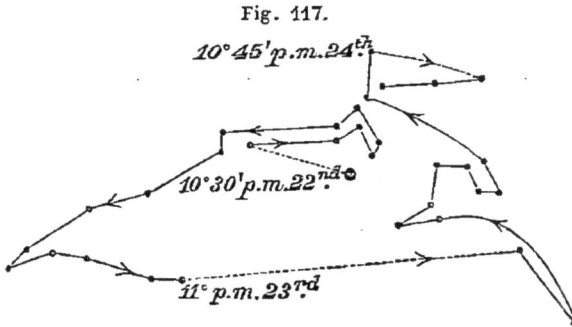

Crinum capense : circumnutation de l'extrémité pendante d'une jeune feuille, relevée
sur une cloche de verre, du 22 mai, 10 h. 30 soir, au 25, 10 h. 15 matin. Amplification faible.

extrémité monta rapidement pendant cette période : elle décrivit de
nombreux zigzags et circumnuta, par suite, clairement; paraissant
tendre à former chaque jour une ellipse. Les lignes tracées pendant
la nuit étaient beaucoup plus verticales que celles de la journée ;
ce fait indique que le diagramme aurait montré une élévation nocturne et une descente diurne, si la croissance de la feuille n'eût pas
été si rapide. Nous relevâmes orthogonalement, au moyen d'un cube
de bois (comme nous l'avons expliqué plus haut), le mouvement de la
même feuille après un intervalle de 6 jours (le 31 mai). L'extrémité
s'était incurvée jusqu'à occuper une position horizontale et avait ainsi
commencé le mouvement qui devait l'amener à pendre verticalement
vers le bas. Nous pûmes ainsi déterminer que la distance parcourue
à ce moment par l'extrémité, et due à la circumnutation, était de 78^{mm}122
en 20 h. 1/2. Pendant les 24 dernières heures, elle parcourut 62^{mm}5. Le
mouvement circumnutant de cette jeune feuille était donc fortement
marqué.

(30). *Pancratium littorale* (Amaryllidées). — Nous relevâmes pendant deux jours les mouvements, fortement amplifiés, d'une feuille longue de 22ᵐᵐ5, et inclinée d'environ 45° sur l'horizon. Le premier jour, elle changea complétement de direction, verticalement et latéralement, 9 fois en 12 heures ; la figure tracée paraissait représenter 5 ellipses. Le second jour, elle fut observée plus rarement ; nous ne la vîmes donc pas changer de direction si souvent (6 fois seulement), mais les changements étaient aussi complets que la veille, quoique les mouvements fussent peu étendus, on ne pouvait avoir aucun doute quant à la circumnutation de la feuille.

(31). *Imatophyllum* vel *Clivia* (sp. ?) (Amaryllidées). — Un long fil de verre fut fixé sur une feuille, et nous mesurâmes à diverses reprises, pendant trois jours, l'angle qu'il formait avec l'horizon. Il descendait chaque matin, jusqu'à 3 ou 4 h. du soir, puis remontait pendant la nuit. Le plus petit angle mesuré au-dessus de l'horizon était de 48°, et le plus grand de 50° ; la feuille ne s'élevait donc que de 2° pendant la nuit. Mais, comme cette élévation se produisait chaque jour, et que nous fîmes, d'ailleurs, des observations nocturnes sur une autre feuille portée par une plante distincte, nous ne pûmes douter du mouvement périodique, bien que peu étendu de la feuille. La position la plus élevée de la feuille était à 20 mm. au dessus de sa position la plus basse.

(32). *Pistia stratiotes* (Aroïdées, Fam. 30). — Hofmeister fait remarquer que les feuilles de cette plante aquatique flottante sont plus élevées la nuit que le jour (1). Nous fixâmes un mince fil de verre sur la nervure médiane d'une feuille assez jeune, et, le 19 septembre, nous mesurâmes 14 fois, de 9 h. du matin à 11 h. 50 du soir, l'angle formé avec l'horizon. La température de la serre se maintint, pendant les deux jours de l'observation, entre 18°,5 et 23°,5 C.. A 9 h. du matin, le fil était à 32° au-dessus de l'horizon ; à 3 h. 34 du soir, à 10°, et à 11 h. 50 du soir, à 55° ; ces deux derniers angles sont l'un le plus fort et l'autre le plus faible que nous ayons observés ce jour-là ; leur différence est de 45°. Le mouvement d'élévation ne devint fortement marqué qu'à 5 ou 6 h. du soir. Le lendemain, la feuille n'était qu'à 10° sur l'horizon : depuis 8 h. 25 du matin, elle demeura à 15° environ jusqu'à 3 h. du soir ; à 5 h. 40 du soir, elle était à 23°, et, à 9 h. 30, à 58°. Le mouvement d'élévation était donc plus rapide ce soir-là que la veille, et la différence entre les angles extrêmes atteignait 48°. Le mouvement est sensiblement périodique. De plus, la feuille était, la première nuit, à 55°, et la seconde à 58° au-dessus de l'horizon, de sorte qu'elle parais-

(1) « *Die Lehre von der Pflanzenzelle* », p. 327, 1867.

17

sait très fortement inclinée. Ce cas, nous le verrons dans le chapitre suivant, pourrait probablement être classé parmi les phénomènes de sommeil des plantes.

(33). *Pontederia* (sp. ?) (des montagnes de S¹ᵃ-Catharina, Brésil) (Pontédériacées, Fam. 46).— Un fil de verre fut fixé transversalement sur l'extrémité d'une feuille assez jeune, haute de 187ᵐᵐ5, et ses mouvements furent relevés pendant 42 h. 1/2 (fig. 118). Le premier soir, lorsque le tracé fut commencé, et pendant la nuit, la feuille descendit

Fig. 118.

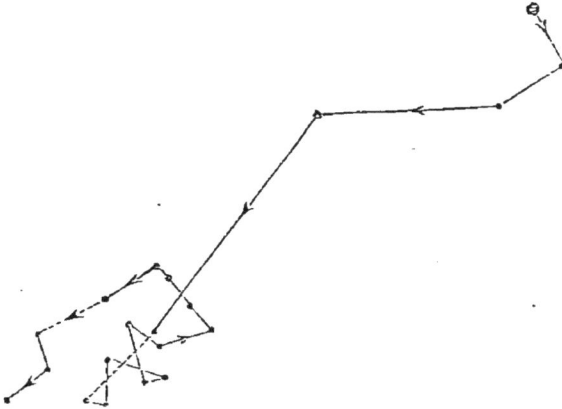

Pontederia (sp ?) : circumnutation d'une feuille, relevée du 2 juillet, 4 h. 50 soir, au 14. 10 h. 15 matin. Extrémité de la feuille, à 41 cm, 25 du verre vertical. Forte amplification. Temp. d'environ 17° C., c'est-à-dire un peu trop basse.

considérablement. Le lendemain matin, elle remonta en décrivant des zigzags fortement marqués, et descendit de nouveau le soir et dans la nuit. Le mouvement paraît donc être périodique, mais cette conclusion peut être mise en doute, car une autre feuille, haute de 20 cm., qui paraissait plus vieille et était plus fortement inclinée vers le haut, se comportait d'une manière différente. Pendant les 12 premières heures, elle circumnuta sur une faible étendue; mais, pendant la nuit et tout le jour suivant, elle remonta dans la même direction générale. Cette ascension s'effectuait par des oscillations verticales fréquentes et fortement prononcées.

CRYPTOGAMES

(34). *Nephrodium molle* (Filicées, Fam. 1). — Un fil de verre fut fixé près de l'extrémité d'une jeune fronde de cette fougère, haute de 42ᶜᵐ5, qui n'était pas encore complétement déroulée ; ses mouvements furent relevés pendant 24 h. Nous voyons, par la fig. 119, qu'elle circumnutait pleinement. Le mouvement n'était pas fortement amplifié, car la fronde était placée près du verre vertical, ce mouvement aurait, d'ailleurs, été probablement plus grand et plus rapide, si le jour avait été plus chaud. La plante, en effet, avait été prise dans une serre très chaude, et observée au dehors, sous un chassis vitré, à une température de 15° à 16° C. Nous avons vu, dans le Chap. I, qu'une fronde de cette Fougère, qui n'était encore que faiblement lobée, et dont le rachis n'avait que 5ᵐᵐ75 de haut, circumnutait pleinement (1).

Fig. 119.

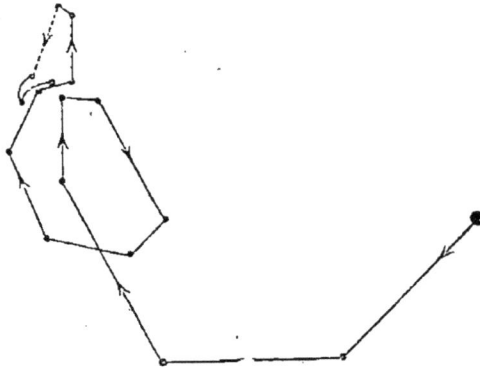

Nephrodium molle : circumnutation d'un rachis, relevée du 28 mai, 9 h. 15 matin. au 29, 9 h. matin. Figure réduite aux deux tiers.

Nous décrirons, dans le chapitre relatif au sommeil des plantes, la circumnutation remarquable de *Marsilea quadrifolia* (Marsiléacées, Fam. 4).

Nous avons aussi montré, dans le Chap. I, qu'une jeune *Sélaginelle* (Lycopodiacées, Fam. 6), haute seulement de 1 cm., circumnutait pleinement ; nous pouvons en conclure que des plantes plus âgées se conduisent de même pendant leur croissance.

(35.) *Lunularia vulgaris* (Hépatiques, Fam. 11, Muscinées). — La terre d'un vieux pot à fleurs était couverte de cette plante, portant des gemmules. Nous choisîmes, pour l'observation, une fronde très inclinée, qui faisait hors du sol, une saillie de 7ᵐᵐ5, sur une largeur de 1 cm.

(1) M. Loomis et le prof. Asa Gray ont décrit (« Botanical Gazette » 1880, p. 27-43), un cas très curieux de mouvement dans les frondes, mais seulement dans les frondes fructifères d'*Asplenium trichomanes*. Elles se meuvent presque aussi rapidement que les petites folioles de *Desmodium girans*, alternativement vers le haut et vers le bas, en parcourant un arc de 20 à 40°, dans un plan perpendiculaire à celui de la fronde. L'extrémité de la fronde décrit « une ellipse longue et très étroite », donc elle circumnute. Mais ce mouvement diffère de la circumnutation ordinaire en ce qu'il n'a lieu que lorsque la fronde est exposée à la lumière. Souvent la lumière artificielle « suffit pour déterminer un mouvement de quelques minutes. »

Nous fixâmes, au moyen de gomme laque, sur cette fronde, et perpendiculairement à sa largeur, un fil de verre d'une extrême ténuité, long de 18^{mm}75, dont l'extrémité avait été blanchie. Derrière cette extrémité et près d'elle, fut planté dans le sol un bâton blanc, pourvu d'un très petit point noir. L'extrémité blanchie du fil de verre pouvait être amenée rigoureusement en ligne avec le point noir, et des points pouvaient ainsi être tracés successivement sur la lame de verre verticale placée en face. Tout mouvement de la fronde devait ainsi devenir visible, et être considérablement amplifié ; le point noir était placé si près du fil de verre, relativement à la distance de la lame, que le mouvement de l'extrémité devait être amplifié environ 40 fois. Nous sommes, toutefois, convaincus que notre tracé donne une représentation très fidèle des mouvements de la fronde. Dans les intervalles des observations, la plante était couverte d'une petite cloche de verre. La fronde, nous l'avons déjà dit, était fortement inclinée, et le pot était placée en face d'une fenêtre orientée au nord-est. Pendant les cinq premiers jours, la fronde se dirigeait vers le bas : son inclinaison diminuait. La longue ligne ainsi tracée se composait de forts zigzags, mêlés de boucles fermées ou presque fermées ce qui indique une circumnutation. Nous ne savons si le mouvement de descente était dû à l'épinastie ou à l'aphéliotropisme. Ce mouvement ayant faibli le cinquième jour, nous commençâmes, le sixième (25 octobre), un nouveau tracé, qui fut continué pendant 47 heures. Nous le donnons fig. 120. Un autre tracé fut fait le

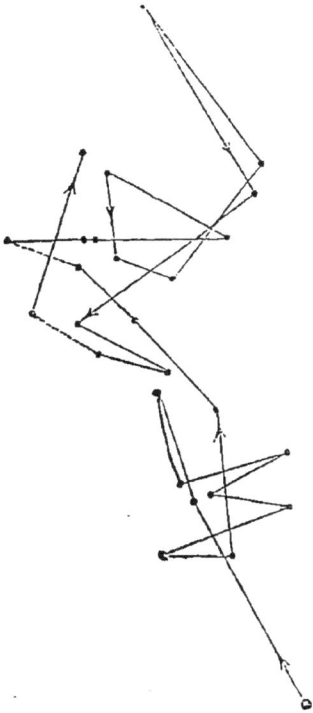

Fig. 120.

Lunularia vulgaris : circumnutation d'une fronde, du 25 octobre, 9 h. matin, au 27, 8 h. matin.

lendemain (le 27) et la fronde se trouva encore en circumnutation, car, en 14 h. 30 m., elle changea 10 fois complétement de direction (outre de plus faibles changements). Nous l'examinâmes encore quelquefois pendant les deux jours qui suivirent et nous la vîmes continuellement en mouvement.

Les termes les plus inférieurs de la série végétale, les Thallogènes, paraissent circumnuter. Si l'on place sous le microscope une Oscillaire, on peut lui voir décrire des cercles en 40 secondes environ. Après s'être courbée dans un sens, l'extrémité commence d'abord à s'incliner vers le côté opposé, et alors le filament tout entier prend la même direction. Hofmeister (1) a donné une minutieuse description des mouvements de Spyrogyra, mouvements curieux, mais moins par leur régularité que par leur constance ; en 2 h. 1/2, le filament se dirigea 4 fois vers la droite et trois fois vers la gauche ; il existe, en outre, un mouvement perpendiculaire à celui-là. L'extrémité se mouvait avec une vitesse d'environ $0^{mm}1$ en 5 minutes. Il compare ce phénomène au mouvement de nutation des plantes plus élevées en organisation (2). Nous verrons plus loin que les mouvements héliotropiques résultent de la circumnutation modifiée, et que les moisissures unicellulaires s'inclinent vers la lumière ; nous pouvons donc en conclure qu'elles circumnutent.

REMARQUES FINALES SUR LA CIRCUMNUTATION DES FEUILLES.

Nous venons de décrire les mouvements circumnutants des jeunes feuilles dans 33 genres, appartenant à 25 familles nettement réparties parmi les Dicotylédones ordinaires, les Gymnospermes, les Monocotylédones et, de plus, dans quelques Cryptogames. Il ne serait donc pas téméraire d'affirmer que les feuilles de toutes les plantes circumnutent pendant leur croissance, conclusion que nous avons cru pouvoir adopter, lorsqu'il s'est agi des cotylédons. Le mouvement a généralement son siège principal dans le pétiole et dans le limbe, ou dans le limbe seul. L'étendue du mouvement diffère beaucoup suivant les plantes ; mais la distance parcourue n'est jamais bien grande, si ce n'est toutefois pour Pistia qui devrait, peut-être, être compris parmi les plantes sommeillantes.

(1) « *Ueber die Bewegungen der Faden der* SPIROGYRA PRINCEPS (Sur les mouvements des filaments du Spirogyra princeps) : Jahreshefte des Vereins für vaterlandische Naturkunde in Würtemberg. » 1874, p. 211.

(2) Zukal fait aussi remarquer (*Journal R. Microsc. Soc.* 1880, vol. III, p. 320), que les mouvements de Spirulina (membre de la famille des Oscillatoriées) sont complétement analogues « à la rotation bien connue des tiges et des vrilles en voie d'accroissement. »

Nous n'avons mesuré qu'accidentellement le mouvement angulaire des feuilles ; il variait communément entre 2° (et peut-être moins encore dans certains cas) et 10° environ ; il s'élevait toutefois à 23° dans la fève commune. Le mouvement principal s'exerce dans un plan vertical, mais, comme les lignes ascendantes et descendantes ne coïncident jamais, il y a toujours un certain mouvement latéral qui donne naissance à des ellipses irrégulières. Le mouvement peut donc prendre le nom de circumnutation : tous les organes circumnutants tendent en effet à décrire des ellipses, ce qui revient à dire que la croissance sur un point est suivie d'un accroissement sur un point presque, mais, non tout à fait opposé. Les ellipses ou les lignes brisées qui représentent des ellipses étirées, sont en général très étroites ; cependant, dans le Camellia, leurs petits axes sont de moitié, et, dans l'Eucalyptus, de plus de moitié aussi longs que leurs plus grands axes. Dans le Cissus, certaines parties de la figure décrite représentent plutôt des cercles que des ellipses. La somme du mouvement latéral est donc quelquefois considérable. De plus, les plus grands axes des ellipses successivement formées (comme dans la fève, le Cissus et le *Crambe maritima*), et, en quelques cas, les lignes brisées qui représentent des ellipses, s'étendaient dans des directions très différentes pendant la même journée ou le lendemain. La marche suivie était curviligne ou droite ; elle formait des zigzags plus ou moins marqués ; elle pouvait encore, souvent, être interrompue par de petites boucles ou des triangles. Une seule grande ellipse irrégulière pouvait être décrite dans la journée, tandis que le lendemain, la même plante en formait deux. Deux, par exemple, dans Drosera, et plusieurs dans Lupinus, Eucalyptus et Pancratium se formaient chaque jour.

Les oscillations et les sauts propres aux feuilles de Dionæa (ils ressemblent à ceux de l'hypocotyle du Chou)

sont très remarquables, lorsqu'on les voit sous le microscope. Ils continuent nuit et jour pendant plusieurs
mois; on peut les constater chez les jeunes feuilles non
encore déployées, aussi bien que chez celles qui, plus
vieilles, ont perdu toute sensibilité à l'attouchement,
mais qui ferment leurs lobes après l'absorption d'une matière animale. Nous rencontrerons plus tard ce même
mouvement dans les articulations de certaines Graminées;
ce phénomène est, d'ailleurs, probablement commun à plusieurs plantes pendant la circumnutation. Il est, par suite,
étrange qu'un tel mouvement ne puisse être constaté dans
les tentacules de *Drosera rotundifolia*, bien que cette
plante appartienne à la même famille que la Dionæa. Cependant, le tentacule que nous avons observé, était si sensible qu'il commençait à se recourber 23 secondes après
avoir été touché par un morceau de viande crue.

Un des faits les plus intéressants parmi ceux qui sont relatifs à la circumnutation des feuilles, est la périodicité de
leurs mouvements. Souvent, et même généralement, elles
s'élèvent un peu dans la soirée et au commencement de
la nuit, pour redescendre le lendemain matin. Nous
avions observé exactement le même phénomène dans les
cotylédons. Les feuilles se comportaient ainsi dans 16
des 33 genres observés; il faut probablement en ajouter
encore 2 autres. On peut supposer que, dans ces 15 genres restants, il n'y eut pas périodicité de mouvement, car
6 d'entre eux furent observés trop peu de temps pour que
nous puissions formuler un jugement sur ce point; 3 autres feuilles étaient si jeunes, que toute espèce de mouvement était marqué dans ces organes par la croissance
épinastique, laquelle tendait à les amener dans une position horizontale. Dans un seul genre, Cannabis, les feuilles
tombaient dans la soirée, et Kraus attribue ce mouvement à la prépondérance de la croissance épinastique. On
peut à peine douter, nous le montrerons plus loin, que

cette périodicité ne soit déterminée par les alternances journalières de lumière et d'obscurité. Les plantes insectivores sont fort peu affectées par la lumière, en ce qui concerne leurs mouvements; cela tient probablement à ce que leurs feuilles, au moins pour Sarracenia, Drosera et Dionæa, n'ont pas de mouvements périodiques. Le mouvement ascensionnel de la soirée est d'abord faible; il commence à des heures différentes pour les différentes plantes : pour Glaucium, dès 11 h. du matin; généralement entre 3 et 5 h. du soir; mais quelquefois pas avant 7 h. du soir. On doit remarquer qu'aucune des feuilles décrites dans ce chapitre (excepté, croyons-nous, celles de *Lupinus speciosus*) ne possède de pulvinus, car les mouvements périodiques dans les feuilles qui en sont pourvues se sont généralement modifiées pour devenir des mouvements de sommeil, dont nous n'avons pas à nous occuper maintenant. Ce fait, que les feuilles et les cotylédons s'élèvent fréquemment, et même généralement, le soir, pour redescendre le matin, est d'un grand intérêt, car il nous indique l'origine d'où sont sortis les mouvements spéciaux de sommeil dans beaucoup de feuilles et de cotylédons non munis de pulvinus. Quand on veut envisager le problème de la position horizontale des feuilles et des cotylédons soumis pendant le jour à la lumière qui leur vient d'en haut, on ne doit pas perdre de vue la périodicité que nous avons constatée.

CHAPITRE V

Modifications de la circumnutation; plantes grimpantes; mouvements d'épinastie et d'hyponastie.

Modifications des mouvements circumnutants, sous l'influence de causes innées, ou par suite de l'action des conditions de milieu. — Causes innées. — Plantes grimpantes ; similitude de leurs mouvements et de ceux des plantes ordinaires : augmentation d'amplitude ; différences accidentelles. — Croissance épinastique des jeunes feuilles. — Croissance hyponastique des hypocotyles et des épicotyles des semis. — Courbure des tiges des plantes grimpantes et autres, par suite d'une modification des mouvements circumnutants. *Ampelopsis tricuspidata.* — *Smithia Pfundii.* — Redressement des tiges sous l'influence de l'hyponastie. — Croissance épinastique et circumnutation des pédoncules floraux dans *Trifolium repens* et *Oxalis carnosa.*

Les radicules, les hypocotyles et les épicotyles des jeunes semis, même avant leur sortie de terre, et, plus tard, leurs cotylédons sont tous en circumnutation continuelle. Il en est de même pour les tiges, les stolons, les pédoncules floraux et les feuilles des plantes plus avancées. Nous pouvons en conclure, avec la plus grande certitude que, dans toutes les plantes, toutes les parties en voie d'accroissement sont douées d'un mouvement circumnutant. Ce mouvement, dans son état ordinaire et primitif, paraît dans bien des cas, être d'une grande utilité directe ou indirecte pour les plantes; exemple : la circumnutation dans la radicule qui pénètre à travers le sol; celle de l'hypocotyle ou de l'épicotyle arqué, qui se fait jour à la surface. La circumnutation est cependant si généralement répandue, ou, plutôt, constitue un phénomène si universel, que nous ne saurions considérer un tel mouvement comme ayant été acquis dans un but spécial. Nous devons croire qu'il est la conséquence, par un processus encore inconnu, du mode de croissance des tissus végétaux.

Nous avons maintenant à considérer les nombreux cas dans lesquels la circumnutation s'est modifiée ; pour atteindre des buts spéciaux très différents. Cette modification provient de ce que le mouvement, dans sa marche, s'accentue pour un temps dans une direction, en diminuant ou en s'arrêtant presque dans les autres sens. Ces modifications peuvent se diviser en deux sous-classes : dans l'une, le phénomène provient d'une cause innée ou constitutionnelle et ne dépend en aucune façon des actions extérieures, si ce n'est, cependant, de celles qui influent sur la croissance. Dans la seconde sous-classe, la modification dépend en grande partie des agents externes, tels que : les alternatives régulières de jour et de nuit, la lumière seule, la température ou la pesanteur. Nous traiterons, dans ce chapitre, de la première sous-classe, tandis que la seconde formera l'objet du reste du volume.

CIRCUMNUTATION DES PLANTES GRIMPANTES

La modification la plus simple dans les mouvements circumnutants nous est offerte par les plantes grimpantes. Si nous en exceptons celles qui se fixent au moyen de crochets ou de radicelles immobiles, les modifications, en effet, consistent surtout dans l'augmentation d'amplitude du mouvement. Le phénomène résulterait, soit d'une grande augmentation de la croissance sur une faible longueur, soit, ce qui est peu probable, d'une augmentation modérée de croissance, répandue sur une longueur considérable de l'organe en mouvement, précédée de turgescence, et agissant successivement sur toutes les faces. La

circumnutation des plantes grimpantes est plus régulière
que celle des plantes ordinaires ; mais, à tous les autres
égards, il y a une similitude complète entre leurs mouvements. Des deux côtés, on trouve la même vitesse de
mouvement et la même tendance à décrire des ellipses
successivement dirigées vers tous les points de l'horizon
et souvent interrompues dans leur marche par des zigzags, des triangles, des boucles, ou de petites ellipses; des
deux côtés encore, les différentes espèces opèrent de plus
une ou plusieurs révolutions durant le même intervalle.
Dans le même entre-nœud, les mouvements cessent d'a-
bord à la partie inférieure, puis peu à peu vers le haut.
Dans les deux cas, le mouvement peut être modifié d'une
manière entièrement analogue par le géotropisme et par
l'héliotropisme, bien que peu de plantes grimpantes soient
héliotropiques. On pourrait, d'ailleurs, trouver d'autres
points de ressemblance.

L'examen des semis très jeunes montre bien que les
mouvements des plantes grimpantes ne sont que la circumnutation ordinaire, modifiée par un accroissement
d'amplitude. A cet état en effet, les plantes grimpantes
se meuvent comme les autres semis ; mais, à mesure
qu'elles avancent en âge, leurs mouvements deviennent
plus étendus, sans subir d'autres changements. Il est évident que ce pouvoir est inné, et qu'il n'est pas placé sous
l'influence des agents extérieurs, si ce n'est de ceux qui
peuvent agir sur la croissance et la vigueur de la plante.
Nul ne peut douter que cette faculté n'ait été acquise
dans le but de permettre aux plantes grimpantes d'atteindre une certaine hauteur et de se rapprocher ainsi de la
lumière. Ce but est atteint par deux procédés très différents : d'abord par l'enroulement autour d'un support
(mais il faut pour cela que les tiges soient longues et
flexibles) ; et, d'autre part, dans le cas des plantes à
feuilles grimpantes et à vrilles, par la mise en contact de

ces organes avec un support qu'ils saisissent, grâce à leur sensibilité. Il faut remarquer ici que ces derniers mouvements n'ont, autant qu'on en peut juger, aucun rapport avec la circumnutation. Dans d'autres cas, l'extrémité des vrilles, amenée au contact d'un support, se développe en un petit disque qui y adhère fortement.

Nous avons dit que la circumnutation des plantes grimpantes diffère surtout par son amplitude de celle des plantes ordinaires. Mais la plupart des feuilles circumnutent dans un plan presque vertical, en décrivant des ellipses très étroites, tandis qu'au contraire la plupart des vrilles provenant de feuilles transformées, décrivent des ellipses plus larges ou des figures presque circulaires : elles ont ainsi de plus grandes chances pour s'accrocher de quelque côté à un support. Les mouvements des plantes grimpantes ont encore été modifiés pour quelques buts spéciaux. C'est ainsi que les tiges circumnutantes de *Solanum dulcamara* ne peuvent s'enrouler autour d'un support que lorsque ce dernier est aussi mince et aussi flexible qu'une corde ou qu'un fil. Les tiges grimpantes de plusieurs plantes d'Angleterre ne peuvent s'enrouler autour d'un support épais de plus de quelques pouces, et cependant, dans les forêts des tropiques, certaines peuvent embrasser des troncs d'une grande épaisseur (1) ; cette grande différence de pouvoir dépend de quelque différence encore inconnue dans le mode de circumnutation. La plus remarquable modification spéciale de ce mouvement que nous ayons observée est offerte par les vrilles d'*Echinocystis lobata* ; ces vrilles sont d'ordinaire inclinées d'environ 45° sur l'horizon ; mais elles se raidissent et se redressent verticalement à un moment de leur course circulaire, c'est à dire lorsqu'elles atteignent et vont dépasser le sommet de la branche d'où elles sortent. Si elles ne possédaient et n'exerçaient pas cette curieuse

(1) *The movements and habits of Climbing plants*, p. 35.

propriété elles frapperaient infailliblement contre le sommet de la branche, et se verraient ainsi arrêtées dans leur marche. Dès qu'une de ces vrilles à trois branches commence à se raidir et à se redresser verticalement, le mouvement de révolution devient beaucoup plus rapide ; sitôt que le point difficile a été dépassé, ce mouvement coïncidant avec l'action du poids même de la vrille, la fait retomber dans sa position inclinée primitive, et cela, si rapidement, qu'on peut voir son extrémité se mouvoir comme l'aiguille d'une montre gigantesque.

Un grand nombre de feuilles, de folioles ordinaires et de pédoncules floraux, sont munis de *pulvinus* ; mais on ne connaît encore aucune vrille pourvue de cet organe. Le cause de cette différence se trouve probablement dans ce fait, que le rôle principal d'un pulvinus est de prolonger, après l'arrêt de la croissance, le mouvement de l'organe qui en est pourvu. Comme les vrilles, aussi bien que les autres organes de fixation, servent uniquement pendant que la plante augmente de hauteur, c'est à dire pendant sa croissance, un pulvinus destiné à prolonger les mouvements devient complétement inutile.

Nous avons montré, dans le précédent chapitre, que les stolons de certaines plantes circumnutent largement, et que ce mouvement paraît les aider à trouver un passage parmi les tiges des plantes qui les entourent. Si l'on pouvait prouver que leurs mouvements ont été modifiés et accrus dans ce but spécial, leur étude devrait être comprise dans le présent chapitre. Mais l'amplitude de leurs révolutions ne diffère pas aussi nettement de celle des plantes ordinaires, que lorsqu'il s'agit des plantes grimpantes : ce point n'est donc nullement établi. Nous rencontrons le même doute à exprimer pour les plantes qui enterrent leurs gousses. Ce mouvement est certainement favorisé par la circumnutation du pédoncule floral ; mais nous ne savons si cette circumnutation a été accrue dans ce but spécial.

EPINASTIE. — HYPONASTIE.

Le mot épinastie a été employé par de Vries (1) pour désigner une croissance longitudinale plus grande sur la face supérieure que sur la face inférieure d'une partie du végétal ainsi amenée à se courber vers le bas. Le mot hyponastie indique le phénomène inverse, occasionnant une incurvation vers le haut. Ces actions entrent si fréquemment en jeu, qu'il est absolument nécessaire de se servir de ces deux termes. Le mouvement ainsi produit n'est qu'une forme modifiée de la circumnutation; nous allons voir, en effet, qu'un organe en mouvement sous l'influence de l'épinastie ne parcourt généralement pas une ligne droite dans sa marche vers le bas, mais se meut par des oscillations verticales, avec une faible inflexion latérale; il en est de même, dans sa marche vers le haut, pour un organe soumis à l'action de l'hyponastie. Leur mouvement est cependant prépondérant dans une direction. Ce fait montre qu'il y a croissance sur toutes les faces de l'organe, mais que cette croissance est plus forte sur la face supérieure, s'il y a épinastie, et sur la face inférieure, s'il y a hyponastie. En même temps peut se produire (et de Vries insiste sur ce fait) une augmentation de croissance sur une face par l'action du géotropisme, et sur une autre par l'action de l'héliotropisme; c'est ainsi que les effets de l'épinastie ou de l'hyponastie peuvent être amplifiés ou diminués.

On peut, si l'on veut, dire que la circumnution ordinaire est combinée avec l'épinastie, l'hyponastie, les ef-

(1) *Arbeiten des Bot. Inst. in Würzburg*, Heft. II, 1872, p. 223. De Vries a légèrement modifié (p. 252) pour ces deux mots, la signification que leur avait d'abord donnée Schimper, et c'est dans ce sens que Sachs les a adoptés.

fets de la pesanteur, de la lumière, etc.; il nous semble cependant, pour des raisons que nous exposerons plus loin, qu'il est plus correct de dire que la circumnutation est modifiée par ces divers agents. C'est ce que nous ferons en considérant à l'avenir la circumnutation qui est toujours en jeu, comme modifiée par l'épinastie, l'hyponastie, le géotropisme ou d'autres agents internes ou externes.

L'un des cas d'épinastie les plus simples et les plus communs, est celui que nous offrent les feuilles qui, dans leur jeune âge, sont pressées les unes contre les autres autour des bourgeons, pour diverger ensuite en vieillissant. Sachs a remarqué le premier que ce fait était dû à une augmentation de croissance sur la face supérieure du pétiole et du limbe ; de Vries a montré ensuite avec plus de détails, que le mouvement admet bien cette cause, et qu'il est, en outre, facilité par le poids de la feuille et empêché, au contraire, à ce qu'il croit, par l'apogéotropisme, au moins après que la feuille s'est déjà un peu écartée. Dans nos observations sur la circumnutation des feuilles, plusieurs de ces organes que nous avions choisis trop jeunes, continuèrent, pendant les observations, à tomber ou à diverger. C'est ce qu'on peut voir par les diagrammes (fig. 98 et 112) qui représentent la circumnutation des feuilles d'*Acanthus mollis* et de *Pelargonium zonale*. Nous observâmes des cas analogues avec Drosera. Un exemple encore meilleur nous fut offert par une jeune feuille de *Petunia violacea*, longue de 18^{mm}75, dont les mouvements furent relevés pendant quatre jours (fig. 111). La feuille continua pendant tout ce temps à diverger, en parcourant une ligne curieusement ondulée, dont quelques angles étaient fortement aigus ; elle circumnutait nettement pendant les derniers jours. Nous observâmes en outre quelques feuilles à peu près du même âge sur un pied de ce Petunia, qui avait été couché horizontalement, et sur un autre pied vertical (les deux plantes étaient maintenues dans une complète obscurité), les feuilles divergèrent de la même manière pendant 48 h., sans paraître subir l'action de l'apogéotropisme. Leurs tiges avaient cependant une tension considérable, car elles s'incurvaient instantanément vers le haut, aussitôt qu'on les détachait des bâtons qui les soutenaient.

Les très jeunes feuilles, prises sur des branches maîtresses d'œillet (*Dianthus caryophyllus*), sont fortement inclinées ou verticales. Si la plante a une croissance vigoureuse, elles divergent si fortement que, en un jour, elles deviennent presque verticales. Elles se meuvent cependant dans une direction un peu oblique, et ce mouvement continue ensuite, pendant quelque temps, dans la même direction ; il est, croyons-nous, en connexion avec l'arrangement des feuilles en spirale sur la tige. La marche suivie par une jeune feuille fut relevée pendant qu'elle descendait ainsi obliquement : la ligne tracée présentait des zigzags distincts, quoique faibles ; les plus grands angles formés par les lignes successives n'étaient que de 135°, 154° et 163°. Le mouvement latéral qui suivit (voir fig. 96), était fortement onduleux, et mêlé de circumnutations momentanées. La divergence et la descente des jeunes feuilles de cette plante nous paraissent n'être que très peu affectées par le géotropisme ou l'héliotropisme : en effet, une plante, dont les feuilles n'avaient pas une forte croissance (nous nous en assurâmes par diverses mensurations), fut couchée horizontalement et les jeunes feuilles opposées se mirent, dans cette position, à s'écarter symétriquement l'une de l'autre, sans que leur mouvement habituel fût modifié par la pesanteur ou la lumière.

Les feuilles en aiguille de *Pinus pinaster* forment un faisceau dans leur jeunesse ; elles s'écartent ensuite lentement, de telle sorte que celles placées sur les branches verticales deviennent horizontales. Les mouvements d'une de ces jeunes feuilles furent relevés pendant 4 jours 1/2, et le diagramme que nous en donnons (fig. 121) montre qu'elle descendit d'abord suivant une ligne presque droite, mais qu'elle décrivit ensuite des zigzags et qu'elle forma même une ou deux petites boucles. Nous traçâmes aussi (voir plus haut, fig. 113) les mouvements de chute d'une feuille plus âgée : elle descendit pendant la première journée et la première nuit, en décrivant de légers zigzags ; elle se mit alors à circumnuter sur un petit espace, puis redescendit. Après cela, la feuille occupait presque sa position finale : elle se mit alors à circumnuter pleinement. Comme dans l'œillet, les feuilles très jeunes ne paraissent pas subir l'action du géotropisme ou de l'héliotropisme ; en effet, celles d'une plante couchée horizontalement et celles d'un autre pied dans sa position normale continuèrent, dans l'obscurité, à s'écarter de la manière habituelle, sans que les unes ni les autres présentassent aucune inclinaison.

Dans *Cobœa scandens*, les jeunes feuilles, qui s'écartent successivement de la branche principale inclinée sur un côté, s'élèvent jusqu'à se trouver verticales, et conservent quelque temps cette position pendant la révolution du rejeton. Nous relevâmes sur un verre vertical, sous châssis vitré, les mouvements de divergence et de descente du pétiole d'une de ces feuilles ; la marche suivie était presque partout droite : il y avait cependant deux zigzags bien marqués (dont l'un formait un angle de 112°), ce qui indique qu'il y avait circumnutation.

Les lobes encore fermés d'une jeune feuille de Dionæa formaient un angle droit avec le pétiole et s'élevaient légèrement. Après avoir fixé un fil de verre sur la face supérieure de la nervure médiane, nous en relevâmes les mouvements sur un verre horizontal. Il y eut, dans la soirée, une circumnutation, et, le lendemain, la feuille s'éleva, comme nous l'avons déjà décrit (voir fig. 106), en décrivant un certain nombre de zigzags à angles aigus, qui présentaient presque l'aspect d'ellipses. Ce mouvement était, sans aucun doute, dû à l'épinastie et un peu à l'apogéotropisme. En effet, les lobes fermés d'une très jeune feuille, sur une plante couchée horizontalement, suivaient dans leur mouvement presque la même direction que le pétiole, comme si la plante avait eu sa position normale; mais, en même temps, les lobes s'incurvaient latéralement vers le haut, et prenaient ainsi une position anormale, oblique sur le plan du pétiole foliacé.

Les hypocotyles et les épicotyles de certaines plantes sortent des enveloppes séminales sous la forme d'un arc, et il est douteux que l'incurvation de ces parties qui est toujours accomplie lorsque la plante sort de terre, puisse constamment être attribuée à l'épinastie. Mais, lorsque ces mêmes parties, d'abord droites, se recourbent ensuite, comme cela arrive souvent, l'incurvation est, sans aucun doute, due à l'épinastie. Tant que l'arc est entouré de terre compacte, il est forcé de conserver sa forme; mais, dès qu'il a dépassé la surface, ou même avant, s'il a été délivré artificiellement de toute pression, il commence à se redresser, ce qui, sans aucun doute, est un effet de l'hyponastie. Nous avons relevé, dans d'autres circonstances, les mouvements de la moitié supérieure et de la moitié inférieure de l'arc, ainsi que de la couronne; leur marche était plus ou moins en zigzag, et montrait une circumnutation modifiée.

Fig. 121.

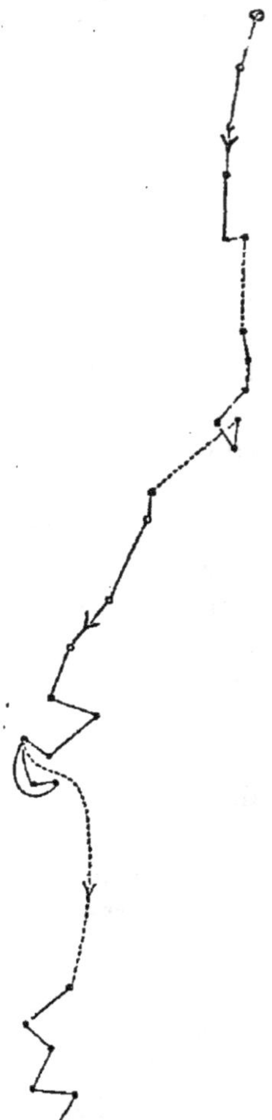

Pinus pinaster : Mouvement épinastique inférieur d'une jeune feuille appartenant à un jeune plant en pot, tracé sur un verre vertical, du 2 juin 6 h. 45 du matin, au 6 juin 10 h. 40 du soir.

18

Dans un certain nombre de plantes, spécialement les plantes grimpantes, le sommet de la tige forme un crochet, de sorte que l'extrémité
se dirige verticalement vers le bas. Dans sept genres de plantes grimpantes (1), l'incurvation, ou, comme l'a nommée Sachs, la mutation de
l'extrémité est spécialement due à une exagération du mouvement circumnutant. C'est-à-dire que la croissance est si forte sur une face,
qu'elle détermine l'incurvation de la tige dans la direction opposée, et
qu'il se forme ainsi un crochet. La ligne ou zone longitudinale de croissance se déplaçant alors un peu latéralement autour de la tige, le
crochet se dirige dans des directions différentes, et cela, jusqu'à ce que
l'incurvation soit complétement renversée; elle revient ensuite à son
point de départ. Nous nous assurâmes de ce fait en traçant à l'encre
de Chine des lignes étroites sur la surface convexe de plusieurs tiges
crochues; cette ligne devint alors peu à peu latérale, puis se montra
sur la surface concave et revint enfin sur la surface convexe. Dans
Lonicera brachypoda, la partie terminale crochue de la tige grimpante se redresse périodiquement, mais le crochet ne se renverse
jamais; ce fait est dû à ce que l'augmentation périodique de croissance
sur la face concave du crochet n'est suffisante que pour le redresser,
mais pas pour déterminer l'incurvation sur le côté opposé. La courbure de la partie terminale est d'une certaine utilité pour les plantes
grimpantes en ce qu'elle les aide à s'accrocher sur un support, et plus
tard, à embrasser ce support beaucoup plus étroitement qu'elles ne
sauraient le faire sans cela; cette disposition les empêche aussi,
comme nous l'avons observé, d'être entraînées par un vent violent.
Nous ne savons si l'avantage qu'acquièrent ainsi les plantes grimpantes suffit pour expliquer la courbure si fréquente de leurs extrémités : cette structure, en effet, n'est pas très rare chez des plantes qui ne
grimpent pas, et chez certaines plantes grimpantes (par exemple : Vitis,
Ampelopsis, Cissus, etc.), auxquelles elle n'est d'aucune utilité à cet
égard.

Pour les cas où l'extrémité demeure toujours recourbée vers le même
côté, comme dans les genres que nous venons de citer, l'explication la
plus plausible est que l'incurvation est due à un excès continu de
croissance sur le côté convexe. Wiesner maintient (2) cependant que,
dans tous les cas, l'incurvation est due à la plasticité de l'organe et à
son poids — conclusion certainement erronée, d'après ce que nous
avons vu chez plusieurs plantes grimpantes. Cependant, nous admet-

(1) *The Movements and Habits of climbring Plants*, 2ᵉ édition, p. 18. (Mouvements et Habitudes des Plantes grimpantes.)
(2) *Sitzb. der K. Akad. der Wissensch.* Vienne, janvier 1880, p. 16.

tons entièrement que le poids de l'organe, aussi bien que le géotropisme, entrent quelquefois en jeu.

Ampelopsis tricuspidata. — Cette plante grimpe à l'aide de vrilles adhérentes, et la courbure de l'extrémité de sa tige ne paraît lui être d'aucune utilité. L'incurvation provient surtout, autant que nous avons pu le déterminer, de ce que l'extrémité est soumise à l'épinastie et au géotropisme. Les parties inférieures plus âgées se redressent continuellement, grâce à l'hyponastie et à l'apogéotropisme. Nous pensons que le poids de l'extrémité n'est pas un élément important, car, sur des branches horizontales ou inclinées, le crochet s'étend souvent horizontalement, ou même se dirige vers le haut. De plus, les branches forment souvent des boucles au lieu de crochets : dans ce cas, l'extrémité, au lieu de pendre verticalement vers le bas, comme elle le ferait si elle obéissait à la pesanteur, s'étend horizontalement, ou même se dirige vers le haut. Une branche, terminée par un crochet assez ouvert, fut amenée dans une position fortement inclinée vers le bas, de telle sorte que sa face concave était tournée en haut; il en résulta que l'extrémité se recourba d'abord vers le haut. Ce fait paraissait dû à l'épinastie plutôt qu'à l'apogéotropisme, car l'extrémité, aussitôt après avoir dépassé la perpendiculaire, s'incurva si rapidement vera le bas, que le mouvement était, sans aucun doute, au moins aidé par le géotropisme. En quelques heures, le crochet fut ainsi converti en une boucle, et son extrémité se dirigeait perpendiculairement vers le bas. Le plus grand axe de la boucle était d'abord horizontal, mais il devint ensuite vertical.

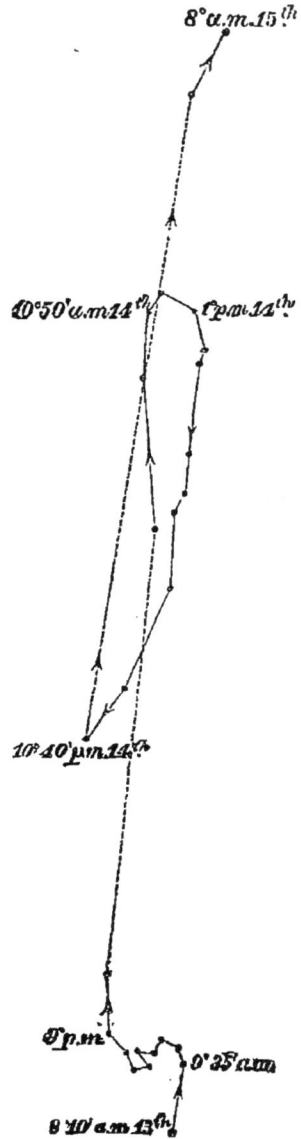

Fig. 122.

Ampelopsis tricuspidata : Mouvement hyponastique de l'extrémité crochue d'une branche principale, relevé du 13 juillet, 8 h. 10 matin, au 15, 8 h. matin. Extrémité de la branche à 137 mm. 5 du verre vertical. Réduit au tiers. Température 17°,5 à 19° C.

Pendant ce même temps, la partie basilaire du crochet (et plus tard

Fig, 123.

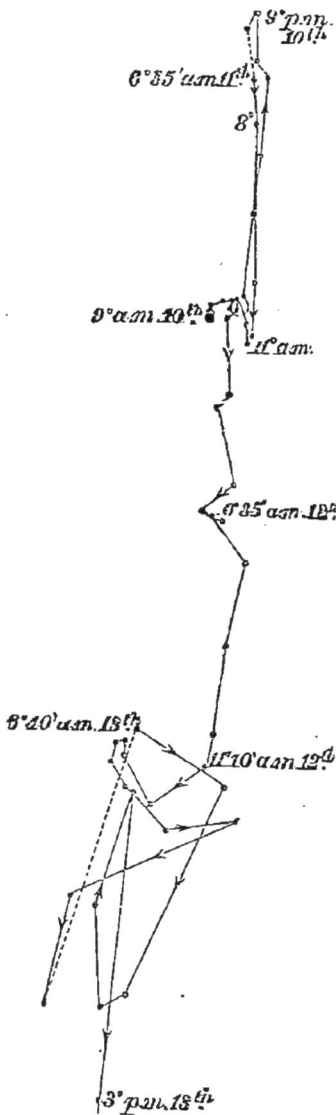

Smithia Pfundii : mouvement hypo-nastique du sommet crochu d'une branche, pendant son redressement, relevé du 10 juillet, 9 h. matin, au 13, 3 h. 3. Extrémité à 237ᵐᵐ5 du verre vertical. Diagramme réduit à un cinquième de l'original. Temp. 17°5 à 19° C.

de la boucle), s'incurva faiblement vers le haut. Ce dernier mouvement doit nécessairement être dû à l'apogéotropisme, agissant en opposition avec l'hyponastie. La boucle fut ainsi renversée, de sorte que sa partie basilaire devait subir l'action de l'hyponastie (si elle agit) et de l'apogéotropisme ; elle s'incurva alors si fortement vers le haut, en 4 heures seulement, qu'il était presque impossible de douter que les deux forces n'eussent agi ensemble. En même temps, la boucle s'ouvrit et se convertit de nouveau en crochet, ce qui paraît résulter du mouvement géotropique de l'extrémité, agissant en opposition avec l'épinastie. Dans le cas d'*Ampelopsis hederacea,* le poids joue, autant que nous en pouvons juger, un rôle plus important dans l'incurvation de l'extrémité.

Nous désirions déterminer si les branches d'*A. tricuspidata,* en se redressant sous l'action combinée de l'épinastie et de l'apogéotropisme, se mouvaient suivant une simple ligne droite ou si elles circumnutaient. Nous fixâmes à cet effet des fils de verre sur les couronnes de quatre branches crochues prises dans leur position naturelle, et nous relevâmes sur un verre vertical les mouvements de ces fils. Les quatre diagrammes se ressemblaient d'une manière générale ; nous n'en donnerons qu'un (voir fig. 122). Le fil s'éleva d'abord, ce qui montre que le crochet se redressait ; il décrivit alors des zigzags, marchant un peu vers la gauche, de 9 h. 35 du matin à 9 h. du soir. A partir de cette heure, le 13, jusqu'au 14, 10 h. 50 du matin, le crochet continua à se redresser, puis décrivit de petits zigzags, sur une faible étendue vers la droite. Mais, de 1 h. après midi à 10 h. 40 du soir, le 14, le mouvement fut renversé, et la branche s'incurva davantage. Pendant la nuit, de 10 h. 40 du soir à 8 h. 15 du matin, le 15, le crochet s'ouvrit ou se redressa de nouveau. Le fil de verre était alors si fortement incliné que nous ne pûmes plus retracer avec certitude ses mouvements. Le même jour, à 1 h. 30 du soir, la couronne du premier crochet était devenue complétement droite et verticale. Nous ne pouvions douter, par conséquent, que le redressement de la branche crochue, dans cette plante, ne s'effectuât par suite de la circumnutation de la partie courbée, c'est-à-dire par une alternative d'accroissement sur la face supérieure et sur l'inférieure, mais avec prépondérance pour la croissance de la face inférieure, et, en outre, avec un faible mouvement latéral.

Nous nous efforçâmes de retracer le mouvement d'une branche en voie de redressement, pendant un temps plus long (ce qui était dû à sa croissance plus faible, et à ce qu'elle avait été placée plus loin du verre vertical), c'est-à-dire du 13 juillet au matin, jusqu'au 16 au soir. Pendant toute la journée du 14, le crochet se redressa très peu, mais décrivit des zigzags et circumnuta pleinement autour du même point. Le 16, il était presque complétement redressé; le diagramme ne put être fidèle plus longtemps, il était cependant manifeste qu'il y avait une somme considérable de mouvement tant verticalement que latéralement : en effet, la couronne, en continuant à se redresser, devenait, par moments et pour peu de temps, plus fortement courbée; le fil descendit ainsi deux fois dans la journée.

Smithia Pfundii. — Les fortes branches terminales de cette Légumineuse aquatique d'Afrique, se projettent perpendiculairement à la tige qui les porte. Ce fait ne se produit cependant que lorsque la croissance est vigoureuse et que la plante a été exposée au froid : les extrémités des branches se redressent, comme elles le font à la fin de la période de croissance. La direction de la partie courbée perpendiculairement est indépendante de la source de lumière. Mais, lorsqu'on garde les plantes à l'obscurité, plusieurs branches deviennent, en deux ou trois jours, droites ou presque droites, pour se courber de nouveau à angle droit, lorsqu'on les ramène à la lumière. Nous pensons donc que cette incurvation est due à l'aphéliotropisme et cette force paraît agir jusqu'à un certain point dans un sens contraire à l'apogéotropisme. D'autre part, si nous observons ce qui se passe lorsqu'on lie par le bas une branche, de sorte que le rectangle soit tourné vers le haut, on est amené à penser que la courbure est un effet de l'épinastie. A mesure que la partie rectangulairement courbée d'une branche droite avance en âge, sa face inférieure se redresse, ce qui est un effet de l'hyponastie. Ceux qui ont lu le récent travail de Sachs sur les positions verticale et inclinée des diverses parties des végétaux (1) reconnaîtront quelle difficulté présente ce sujet, et ne s'étonneront pas de nous voir, dans ce cas et dans d'autres, nous exprimer avec doute.

Une plante, haute de 50 cm., fut assujettie sur un bâton près de son sommet incurvé, qui formait, avec la tige, un angle d'un peu moins de 90°. La branche se dirigeait dans le sens opposé à l'observateur. Un fil de verre, orienté vers le verre vertical où était relevé le diagramme, fut fixé sur la face convexe de la partie recourbée. Par conséquent, les lignes *descendantes*, dans la figure, représentent le mouvement de redressement de la partie incurvée, à mesure qu'elle avançait en âge. Le diagramme (fig. 123) fut commencé à 9 h. du matin, le 10 juillet. Le fil n'eut d'abord qu'un faible mouvement en zigzag; mais, à 2 h. du soir, il commença à s'élever et continua jusqu'à 9 h., ce qui prouve que la partie terminale s'était courbée plus fortement vers le bas. Après 9 h., le 10, commença un mouvement tout opposé, et la partie recourbée commença à se redresser, jusqu'au 12, 11 h. 10 du matin; ce mouvement fut cependant interrompu par quelques zigzags et de légères oscillations, qui montraient que le mouvement avait lieu dans diverses directions. Après 11 h. 10 du matin, le 12, cette partie de la tige, encore considérablement recourbée, circumnuta visiblement jusqu'au 13, 3 h. du soir; pendant tout ce temps, le mouvement du fil s'accentua cependant surtout vers le bas, ce qui était dû au redressement de la tige, qui continuait à se produire Le 13 au soir, le sommet, qui formait d'abord avec la perpendiculaire plus qu'un angle droit, s'était redressé presque complétement, à tel point que nous ne pûmes pas continuer plus longtemps le tracé sur un verre vertical. On ne peut donc douter que, dans cette plante, le redressement de la portion fortement coudée de la tige, qui paraît dû entièrement à l'hyponastie, ne soit autre chose qu'une modification des mouvements circumnutants. Nous ajouterons qu'un fil, fixé d'une manière différente et transversalement, sur le sommet coudé d'une autre plante, nous permit d'observer le même mouvement général.

Trifolium repens. — Dans beaucoup d'espèces de Trifolium, mais non dans toutes, lorsque les petites fleurs séparées se flétrissent, les pédoncules secondaires se courbent vers le bas, jusqu'à pendre parallèlement à la partie supérieure du pédoncule principal. Dans *T. subterraneum* le pédoncule principal se courbe vers le bas, afin d'enterrer ses capsules, et, dans cette espèce, les pédoncules secondaires des fleurs séparées se courbent vers le haut, pour venir occuper la même

(1) *Ueber Orthotrope und Plagiotrope Pflanzentheile* (Arbeiten des Bot. Inst. in Würzburg, Heft II, 1879, p. 226).

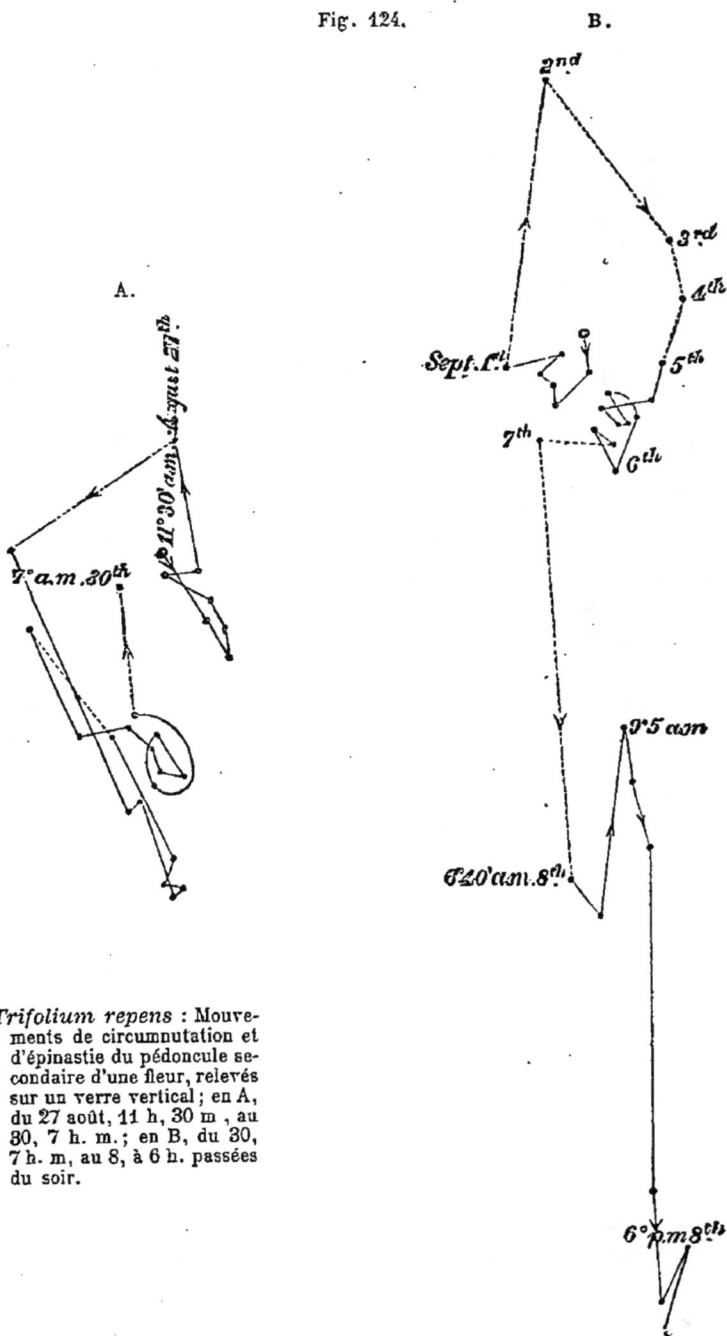

Fig. 124.

A.

B.

Trifolium repens : Mouvements de circumnutation et d'épinastie du pédoncule secondaire d'une fleur, relevés sur un verre vertical ; en A, du 27 août, 11 h, 30 m , au 30, 7 h. m. ; en B, du 30, 7 h. m, au 8, à 6 h. passées du soir.

position, relativement à la partie supérieure du pédoncule principal, que dans *Tr. repens*. Ce fait seul suffirait à rendre probable cette hypothèse que les pédoncules secondaires de *Tr. repens* ne subissent pas l'action du géotropisme. Toutefois, pour plus de sûreté, nous fixâmes sur des bâtons plusieurs pédoncules, les uns renversés, les autres horizontaux. Les pédoncules secondaires se tournèrent cependant fortement vers le haut, sous l'influence de l'héliotropisme; nous dûmes donc abriter de la lumière plusieurs autres pédoncules, fixés comme les premiers, et, bien que quelques-uns se fussent pourris, beaucoup de leurs pédoncules secondaires abandonnèrent lentement leur position renversée ou horizontale, pour venir se placer, comme d'ordinaire, parallélement à la partie supérieure du pédoncule principal. Ces faits montrent que le mouvement est indépendant du géotropisme ou de l'aphéliotropisme. Il doit donc être attribué à l'épinastie, qui, cependant, est entravée dans son action par l'influence de l'héliotropisme, au moins tandis que les fleurs sont encore jeunes. La plupart des fleurs que nous avons examinées ne furent pas fécondées, car elles étaient protégées contre la visite des abeilles; aussi se flétrirent-elles lentement, et les mouvements des pédoncules secondaires furent-ils ainsi fortement ralentis.

Afin de déterminer la nature du mouvement du pédoncule secondaire, pendant son incurvation vers le bas, nous fixâmes un fil de verre transversalement sur le sommet du calice d'une fleur non encore épanouie et parfaitement droite; cette fleur était presque au centre de l'inflorescence. Le pédoncule principal fut assujetti sur un bâton, tout près des fleurs. Nous dûmes, pour pouvoir voir les marques sur le fil de verre, couper quelques fleurs à la partie inférieure de l'inflorescence. La fleur observée s'écarta d'abord un peu de sa position primitive, de manière à occuper le petit espace libre laissé par la chute des autres fleurs. Ce mouvement demanda deux jours : nous commençâmes alors un nouveau diagramme (fig. 124). Nous voyons en A le mouvement de circumnutation effectué du 26 août, 11 h. 30 du matin, au 30, 7 h. du matin. Nous dérangeâmes alors un peu le pot vers la droite et nous continuâmes le tracé (B) sans interruption, du 30, 7 h. du matin, au 8 septembre, 6 h. du soir. Il faut remarquer que presque chaque jour, nous ne relevâmes qu'un seul point, à la même heure de la matinée. Lorsque la fleur était observée avec plus de soin, comme nous le fîmes le 30 août et le 5 et le 6 septembre, on la voyait circumnuter sur une faible étendue. Enfin, le 7 septembre, elle commença à s'incliner vers le bas ; elle continuait le 8, à plus de 6 h., et encore le 9 au matin. Après ce moment, il ne fut plus possible de relever ses mouvements sur le verre vertical. Elle fut observée avec soin pendant toute la journée du 8; à 10 h. 30 du soir, elle était descendue jusqu'à un point plus bas des deux tiers que la figure que nous donnons ici; mais le manque de place nous a obligé à copier le diagramme, en B, seulement jusqu'à un peu plus de 6 heures. Le 9 au matin, la fleur était flétrie; le pédoncule secondaire formait alors au-dessous de l'horizon un angle de 57°. Si la fleur avait été fécondée, elle se serait flétrie beaucoup plus tôt, et le mouvement aurait été beaucoup plus fort. Nous voyons donc que le pédoncule secondaire oscillait perpendiculairement, c'est-à-dire circumnutait, pendant toute la durée de sa marche épinastique vers le bas.

Les pédoncules secondaires des fleurs fécondées et flétries d'*Oxalis carnosa* se courbent aussi vers le bas sous l'action de l'épinastie, comme nous le montrerons dans l'un des chapitres suivants. Leur marche vers le bas décrit de forts zigzags, ce qui indique qu'il y a circumnutation.

Le nombre des cas dans lesquels divers organes se meuvent sous l'influence de l'épinastie ou de l'hyponastie (souvent en connexion avec d'autres forces), nous paraît immensément grand. Des divers exemples que nous avons donnés, nous pouvons légitimement conclure que ces mouvements sont dus à une modification de la circumnutation.

CHAPITRE VI

Modifications de la circumnutation. — Mouvements de sommeil ou nyctitropiques; leurs usages. — Sommeil des cotylédons.

Considérations préliminaires sur le sommeil des feuilles. — Présence du pulvinus. — La diminution de la radiation est la cause finale des mouvements nyctitropiques. — Manière d'expérimenter sur les feuilles d'Oxalis, Arachis, Cassia, Melilotus, Lotus et Marsilea, et sur les cotylédons de Mimosa. — Remarques finales sur la radiation des feuilles. — De faibles différences dans les conditions déterminent des différences considérables dans le résultat. — Description de la position et des mouvements nyctitropiques des cotylédons dans diverses plantes. — Liste des Espèces. — Remarques finales. — Indépendance des mouvements nyctitropiques, dans les feuilles et les cotylédons de la même espèce. — Raisons qui conduisent à penser que ce mouvement a été acquis dans un but spécial.

Ce qu'on nomme le sommeil des feuilles constitue un phénomène si remarquable, qu'il a été observé dès le temps de Pline (1) : il a été le sujet de bien des mémoires depuis que Linnée a publié son fameux « *Somnus Plantarum* ». Beaucoup de fleurs se ferment avec la nuit, et on dit alors aussi qu'elles sommeillent : nous n'avons pas cependant à nous occuper ici de ces derniers mouvements, qui, bien qu'ils s'effectuent par le même mécanisme que ceux des feuilles (inégalité de croissance sur les faces opposées, comme l'a prouvé Pfeffer), en diffèrent néanmoins essentiellement en ce qu'ils sont placés surtout sous l'influence des changements de température, et non de lumière. Ils s'en distinguent encore, croyons-

---

(1) Pfeffer a donné une esquisse claire et intéressante de l'histoire de ce sujet, dans « *Die Periodischen Bewegungen der Blattorgane* », 1875, p. 163.

nous, en ce qu'ils se produisent, autant qu'on en peut
juger, dans un but différent. Personne (1) ne suppose qu'il
y ait quelque analogie réelle entre le sommeil des animaux et celui des plantes, ou des feuilles et des fleurs.
Il paraît donc convenable de donner un nom distinct à ce
qu'on nomme les mouvements de sommeil des plantes.
Sous le nom de « mouvements périodiques » ils ont aussi,
généralement, été confondus avec les légères alternatives d'élévation et de descente qui se produisent quoti-
diennement dans les feuilles, et que nous avons décrites
dans le quatrième chapitre ; fait qui rend encore plus utile
la création d'un nom nouveau pour désigner les mouvements de sommeil. Les mots Nyctitropisme et Nyctitropique (c'est-à-dire changement nocturne de position) peuvent s'appliquer à la fois aux feuilles et aux fleurs, et
nous nous en servirons à l'occasion : il vaudrait mieux
cependant, ne les employer que pour les feuilles. Ces derniers organes dans certaines plantes s'élèvent ou s'abaissent lorsqu'ils reçoivent du soleil une lumière intense : ce
mouvement a quelquefois reçu le nom de sommeil diurne.
Nous croyons cependant qu'il diffère essentiellement, par
sa nature, du mouvement nocturne ; nous en parlerons
brièvement dans un des chapitres suivants.

Le sommeil ou nyctitropisme des feuilles constitue un
sujet d'étude considérable, et nous pensons que le plan le
plus convenable à adopter, est de donner d'abord une
courte description des positions que les feuilles occupent
pendant la nuit, et des avantages que ce mouvement peut
assurer à ces organes. Nous analyserons ensuite, avec
détail, les cas les plus remarquables de ce mouvement,
pour les cotylédons dans ce chapitre, et pour les feuilles
dans le chapitre suivant. Enfin, nous montrerons que ces
mouvements, bien qu'héréditaires dans une certaine me-

(1) Il faut en excepter cependant Cl. Royer ; voir « Ann. Sc. Nat. » 5ᵉ Série, Bot.
vol. IX, 1868, p. 378.

sure, proviennent de la circumnutation considérablement modifiée et régularisée par l'alternance du jour et de la nuit, ou de la lumière et de l'obscurité.

Lorsqu'elles prennent leur position de sommeil, les feuilles se dirigent vers le haut ou vers le bas. Quand il s'agit des folioles d'une feuille composée, elles se meuvent en avant, c'est-à-dire dans la direction de l'extrémité de la feuille, ou en arrière, c'est-à-dire vers sa base : elles peuvent encore tourner sur leur axe, sans se diriger en avant ou en arrière. Dans presque tous les cas, cependant, le plan du limbe est placé de manière à se trouver presque ou tout à fait vertical pendant la nuit. L'extrémité ou la base, ou encore le bord latéral, peut donc se diriger vers le zénith.

De plus, la surface supérieure de chaque feuille, et, plus spécialement de chaque foliole, est souvent amenée en contact intime avec celle de la feuille ou de la foliole opposée. Ce résultat est quelquefois atteint par des mouvements d'une complexité singulière. Ce fait amène à penser que la face supérieure demande plus de protection que la face inférieure. Par exemple, la foliole terminale de Trifolium , après s'être dirigée vers le haut pendant la nuit, jusqu'à se trouver verticale, continue souvent à s'incliner jusqu'à ce que sa surface supérieure soit dirigée vers le bas, tandis que sa face inférieure regarde directement le ciel. Il se forme ainsi un toit recourbé, au-dessus des deux folioles latérales, dont les faces supérieures sont intimement serrées l'une contre l'autre. Nous nous trouvons ici en face d'un de ces cas rares, dans lequel une des folioles n'est pas verticale, ou presque verticale, pendant la nuit.

Considérons que les feuilles, en prenant leur position nyctitropique, décrivent souvent un arc de 90° ; que le mouvement en devient très rapide dans la soirée ; que, dans quelques cas, comme nous le verrons au chapitre suivant, il acquiert une complexité extraordinaire ; que, dans certains semis, assez vieux pour porter des feuilles vraies, les cotylédons se dirigent verticalement vers le haut pendant la nuit, tandis que, au même moment, les folioles se meuvent verticalement vers le bas ; et que, dans un même genre, les feuilles et les cotylédons d'une espèce se meuvent vers le haut, tandis que ceux d'une autre se dirigent vers le bas; et il devient, en tenant compte de ces faits et de plusieurs autres encore, difficile de mettre en doute que les plantes tirent certains avantages importants d'une puissance de motilité si remarquable.

Les mouvements nyctitropiques des feuilles et des cotylédons s'effectuent de deux manières (1) : d'abord, au moyen de coussinets, qui deviennent, comme l'a montré Pfeffer, plus turgescents alternativement sur leurs faces opposées ; — en second lieu, par l'augmentation de la croissance sur une face du pétiole ou de la nervure médiane, puis sur la face opposée, comme Batalin l'a prouvé le premier (2). De Vries (3) ayant cependant démontré que, dans ces derniers cas, l'augmentation de croissance est précédée d'une augmentation dans la turgescence des cellules, la différence entre les deux modes de mouvement se trouve ainsi sensiblement diminuée : elle consiste principalement en ce que la turgescence des cellules d'un pulvinus entièrement développé, n'est pas suivie d'accroissement. Lorsqu'on compare les mouvements dans les feuilles et dans les cotylédons munis d'un pulvinus, avec ces mêmes phénomènes dans ceux qui en sont dépourvus, on voit qu'ils sont absolument similaires, et qu'ils paraissent s'effectuer dans un même but. Il ne nous semble donc pas utile, pour l'objet que nous poursuivons, de séparer ces

(1) Cette distinction fut établie d'abord (suivant Pfeffer « *Die Periodischen Bewegungen der Blattorgane* » 1875, p. 161) par Dassen, en 1837.

(2) « *Flora* » 1873, p. 433.

(3) « *Bot. Zeitung* », 1879, 19 décembre, p. 830.

deux sortes de cas, pour en faire deux classes différentes. Il y a cependant une distinction importante à établir entre eux ; c'est que les mouvements dus à un accroissement alternatif des faces opposées ne se produisent que dans les jeunes feuilles et pendant leur croissance, tandis que ceux qui sont effectués au moyen d'un pulvinus persistent très longtemps. Nous avons vu déjà des exemples bien nets de ce dernier fait dans les cotylédons, et il en est de même dans les feuilles, d'après les observations de Pfeffer et d'après les nôtres. La longue persistance des mouvements réalisés à l'aide d'un pulvinus indique encore, après toutes les preuves que nous en avons donné déjà l'importance fonctionnelle de cette motilité pour la plante. Il existe encore une différence entre les deux catégories de mouvements, c'est que jamais, ou rarement, il n'y a de torsion dans les feuilles, lorsque le pulvinus manque ; (1) mais cette observation ne s'applique cependant qu'aux mouvements nyctitropiques et périodiques, ainsi qu'il résulte de certains cas rapportés par Frank (2).

Ce fait, que les feuilles de beaucoup de plantes se placent, la nuit, dans des positions très différentes de celles qu'elles occupent dans la journée, indique clairement, nous semble-t-il, que le but de ce mouvement est la protection des pages supérieures des feuilles contre les effets de la radiation nocturne. En effet, toutes ces plantes ont ceci de commun que les faces supérieures de leurs feuilles ne regardent pas le zénith, et que souvent elles viennent en contact intime avec les feuilles ou les folioles opposées. Ce que nous avançons est d'autant plus probable que la surface supérieure a, plus que l'inférieure, besoin d'être protégée, et que toutes deux diffèrent beaucoup, soit comme fonction, soit comme structure. Tous les jardiniers savent que les plantes ont à souffrir de la

(1) Pfeffer, « Die Periodischen Bewegungen der Blattorgane, » 1875, p. 159.
(2) « Die Nat. Wagerechte Richtung von Pflanzentheilen, » 1870, p. 52.

radiation. C'est ce dernier agent, et non pas le vent froid, que les paysans du Sud de l'Europe redoutent pour leurs oliviers (1). On protège souvent les semis contre la radiation, au moyen d'une couche très mince de paille, et les espaliers d'arbres fruitiers, par quelques branches de pin, ou encore par un. filet qui les enlace. Il existe une variété de la groseille à maquereau (2) dont les fleurs, projetées loin et au-delà des feuilles, n'étant plus garanties par ces derniers contre la radiation, ne parviennent souvent pas à produire des fruits. Un excellent observateur (3) a remarqué qu'une variété de la cerise dont les pétales sont fortement enroulés vers le bas, après un froid un peu vif, a tous ses stigmates brûlés, tandis que, par le même temps, une autre variété à pétales droits, conserve ses stigmates absolument indemnes.

Cette idée, que le sommeil des feuilles les protège contre la radiation serait, sans aucun doute, venue à l'esprit de Linnée, si le principe de la radiation avait été connu alors. Il dit en effet, dans un passage de son « *Somnus plantarum,* » que la position nocturne des feuilles protège les jeunes tiges et les bourgeons, et souvent les jeunes inflorescences contre le froid du vent. Nous sommes loin de mettre en doute que ce soit là un avantage de plus acquis par la plante, et nous avons observé, dans plusieurs végétaux, *Desmodium gyrans*, par exemple, que, tandis que le limbe de la feuille tombe verticalement la nuit, le pétiole s'élève, de telle sorte que le limbe, pour prendre sa position verticale, est obligé de parcourir un angle beaucoup plus considérable ; mais il en résulte que toutes les feuilles de la même plante se serrent les unes contre les autres, comme pour se protéger mutuellement.

(1) Martins, in « *Bull. Soc. Bot. de Fr.* » tome XIX, 1872. Wells, dans son fameux « *Essai sur la rosée* », fait remarquer qu'un thermomètre exposé en plein air s'élève aussitôt qu'un nuage, même très faible, haut dans le ciel, passe au zénith.

(2) « *London's Gardener's Magasine* », vol. IV, 1828, p. 112.

(3) M. Rivers, dans son « *Gardener's Chron.* » 1866, p. 732.

Nous ne croyions pas, d'abord, que la radiation pût
affecter d'une manière un peu importante des organes
aussi menus que le sont beaucoup de cotylédons et de
feuilles, et surtout agir d'une manière très différente sur
leurs faces supérieure et inférieure. En effet, bien que la
température de la face supérieure dût, sans aucun doute,
tomber par suite de l'exposition à l'air, nous pensions
cependant, que, par conductibilité, elle devait revenir à la
température de l'air ambiant, et cela si rapidement, que
la différence ne pouvait être que très faible, entre la feuille
horizontalement étendue et rayonnant vers le ciel, et la
feuille verticale, rayonnant surtout dans une direction
latérale, vers les objets voisins. Nous nous efforçâmes de
fixer quelques points à ce sujet, en empêchant dans plusieurs plantes, les feuilles de sommeiller, et en exposant à
un ciel serein, par une température inférieure au point de
congélation de l'eau, ces feuilles, et dans les mêmes plantes, celles qui avaient pris déjà leur position nocturne
verticale. Nos expériences nous montrèrent que les
feuilles ainsi forcées de demeurer horizontales pendant
la nuit souffrent beaucoup plus de la gelée, que celles
qui peuvent prendre la position verticale normale. On
doit dire, cependant, que les conclusions tirées de ces expériences ne sont pas applicables aux plantes sommeillantes originaires des régions où la gelée est inconnue.
Mais, dans tous les pays et dans toutes les saisons, les
feuilles sont nécessairement exposées à être brûlées par
la radiation nocturne, laquelle peut, dans une certaine
mesure, leur être nuisible, et elles échappent à cette radiation en prenant une position verticale.

Dans nos expériences, nous retenions les feuilles loin
de leur position nyctitropique, en les piquant, avec les
plus fines aiguilles d'entomologiste (elles ne pouvaient
leur nuire sensiblement) sur des rondelles de liège attachées à de petits bâtons. Mais, dans quelques cas, elles

furent retenues par de petits morceaux de carton ; d'autres fois, leurs pétioles furent engagés à travers des fentes pratiquées dans un morceau de liége. Les feuilles étaient, d'abord, fixées tout à fait contre le liége : ce dernier support étant mauvais conducteur, et les feuilles ne demeurant pas longtemps exposées à l'air, nous pensions que le liége, qui avait été gardé dans la maison, ne leur communiquerait qu'une très légère somme de chaleur. En tous cas, si ces feuilles souffraient plus du froid que celles qui occupaient une position verticale, l'expérience n'en devenait que plus concluante, et devait prouver plus fortement le désavantage de cette position horizontale. Mais nous trouvâmes que, lorsqu'on pouvait, occasionnellement, constater une légère différence dans les résultats, les feuilles attachées tout à fait contre le liége avaient toujours souffert davantage que celles qui, fixées par une épingle très longue et très mince, se trouvaient à 15 ou 20 mm. au-dessus du bouchon. Très curieuse en elle-même puisqu'elle montre comment une légère dissemblance dans les conditions d'expérience influe sur l'intensité des phénomènes observés, cette différence dans les résultats, peut, croyons-nous, s'attribuer à ce que l'air ambiant plus chaud ne pouvait circuler librement au-dessous des feuilles étroitement épinglées, et ne pouvait ainsi les échauffer que très légèrement. Cette conclusion est encore confirmée par un certain nombre de faits, que nous citerons plus loin.

Notre intention n'est pas de donner une description détaillée des expériences que nous avons tentées. Elles furent pénibles, car nous ne pouvions savoir à l'avance quel degré de froid pouvaient supporter les feuilles de chaque espèce. Aussi beaucoup de plantes eurent-elles toutes leurs feuilles brûlées, aussi bien celles qui furent assujetties horizontalement que celles qui avaient pris leur situation verticale normale, c'est-à-dire leur position de sommeil. D'autres n'eurent pas une seule feuille éprouvée, et il fallut les exposer de nouveau à la radiation, soit par une température plus basse, soit pendant une plus longue période de temps.

Oxalis acetosella. —Un très grand pot, couvert de 300 à 400 feuilles, était resté tout l'hiver dans la serre. Sept feuilles furent fixées avec des épingles, de manière à demeurer ouvertes horizontalement, et, le 16 mars, on les exposa pendant 2 heures en plein air; la température des herbes voisines était à ce moment de —4° C. Le lendemain matin, ces sept feuilles se trouvèrent complétement brûlées; il en fut de même pour beaucoup de celles qui, demeurées libres, avaient pris leur position de sommeil, et une centaine de ces dernières, mortes ou endommagées, durent être enlevées. Plusieurs feuilles montrèrent, en ne s'étalant pas complètement le lendemain, qu'elles avaient un peu souffert : mais elles revinrent ensuite à leur état normal. Comme, cependant, toutes les feuilles ouvertes au moment de l'expérience avaient été brûlées, et que, d'autre part, un tiers seulement des autres avait souffert, nous pouvions déjà croire que le plus grand dommage était pour celles qui ne pouvaient prendre leur position verticale.

La nuit suivante (le 17) fut claire et uniformément froide (—3° ou —4° C.); le pot fut de nouveau exposé, mais, cette fois, pendant 30 m. seulement. Huit feuilles avaient été fixées, et, le matin, deux d'entre elles étaient mortes, tandis qu'aucun dommage ne pouvait se constater sur aucune des autres feuilles.

Le 23, le pot fut exposé pendant 7 h. 30 m., à une température de —2° C. seulement, et aucune feuille n'eut à souffrir; les feuilles maintenues ouvertes étaient cependant toutes fixées à 12^{mm}5 ou 18^{mm}75 au-dessus des bouchons.

Le 24, le pot fut de nouveau placé par terre et exposé en plein air pendant 35 à 40 m. Par suite d'une erreur, le thermomètre avait été placé sur un cadran solaire voisin, haut de 3 pieds, au lieu d'être posé directement sur l'herbe. Il indiquait —3°3 à —3°8 C. mais, observé une heure après, il était descendu à —5°5 C. Le pot se trouvait donc probablement exposé à une température un peu plus basse que dans les expériences précédentes. Huit feuilles avaient été fixées, les unes contre les bouchons, les autres un peu au-dessus, et, le lendemain matin, cinq d'entre elles, (c'est-à-dire 63 %), se trouvèrent brûlées. Après avoir compté une portion de la totalité des feuilles, nous pûmes estimer que 250 environ avaient pu prendre leur position nocturne, et, sur ce nombre, une vingtaine avaient été brûlées, (c'est-à-dire 8 % seulement) et une trentaine endommagées.

L'examen de ces différents cas ne peut permettre de douter que les feuilles de cet Oxalis, lorsqu'elles prennent leur position nocturne normale, n'aient eu beaucoup moins à souffrir du froid que celles (au nombre de 23), dont la face supérieure regardait le zénith.

Oxalis carnosa. — Un pied de cette espèce Chilienne fut exposé en plein air pendant 30 minutes, le thermomètre, placé sur l'herbe, marquant —2° C; quelques feuilles avaient été fixées, mais aucune n'eut à souffrir. Le 16 mars, un autre pied fut exposé de même pendant 30 minutes à une température un peu plus basse, soit —3° ou —4°. Six desfeuilles avaient été fixées, et, le lendemain matin, cinq se trouvèrent fortement brunies. La plante était grande, mais aucune des feuilles laissées libres, qui avaient pris leur position nocturne, ne changea de couleur, à l'exception, cependant, de quatre d'entre elles encore très jeunes. Mais trois autres feuilles, quoique sans changement de coloration, se trouvèrent un peu ramollies, et gardèrent, pendant toute la journée suivante, leur position nocturne. Il était bien certain, dans ce cas, que les feuilles exposées horizontalement avaient eu beaucoup plus à souffrir. Ce même pot fut plus tard exposé pendant 35 à 40 minutes, à une nuit légèrement froide, et toutes les feuilles furent brûlées, tant celles fixées que celles laissées libres. Il faut ajouter que deux pots d'*O. corniculata* (var. *atro-purperea*) furent exposées pendant 2 et 3 heures en plein air, par une température de 2°; aucune des feuilles n'eut à souffrir, soit parmi celles qui étaient fixées, soit parmi celles qui furent laissées libres.

Arachis hypogea. — Quelques plantes en pot furent exposées, la nuit, en plein air, pendant 30 minutes, à une température de 2° C.: deux nuits après, elles furent de nouveau soumises à la même température, mais cette fois pendant 1 h. 30 m. Dans ces deux cas, aucune feuille, soit fixée soit libre, n'eut à souffrir, ce qui nous surprit beaucoup, eu égard au lieu d'origine de ce végétal (Afrique tropicale). Deux plantes furent de nouveau exposées en plein air, le 16 mars, pendant 30 minutes; la température était alors un peu plus basse, car elle variait entre 3° et 4° C., et les quatre feuilles fixées furent toutes noircies et brûlées. Ces deux plantes portaient 22 autres feuilles libres (sans compter quelques-unes extrêmement jeunes et comme en bourgeons); deux d'entre elles seulement furent brûlées et trois un peu endommagées, ce qui revient à dire que 23 % eurent à souffrir d'une façon quelconque, tandis que la totalité des feuilles maintenues ouvertes avaient été complétement brûlées.

Une autre nuit, deux pots garnis de plusieurs plantes, furent exposés pendant 35 ou 40 minutes en plein air, et à une température peut-être un peu plus basse, car un thermomètre, placé sur un cadran solaire élevé de trois pieds, indiquait 3°3 à 3°8 C. Dans l'un des pots, trois feuilles avaient été fixées, et toutes furent fortement endommagées : sur les 44 feuilles libres, 26 eurent à souffrir, soit 59 pour °/°. Dans le second pot, 3 feuilles seulement avaient été maintenues ouvertes ; elles furent toutes brûlées ; quatre autres feuilles avaient été munies de petites bandes de papier gommé, collées en travers et qui les empêchaient de prendre leur position nocturne ; toutes quatre furent aussi brûlées : sur les 24 feuilles libres, 10 furent brûlées, 2 fortement endommagées, et 12 demeurèrent indemnes ; c'est-à-dire que 50 pour °/° des feuilles laissées libres furent ou brûlées ou fortement endommagées. En prenant ces deux pots ensemble, nous pouvons voir qu'un peu plus de la moitié des feuilles libres, qui avaient pris leur position de sommeil, furent brûlées ou endommagées, tandis que les dix feuilles maintenues ouvertes, et mises dans l'impossibilité de sommeiller, eurent toutes à souffrir fortement.

Cassia floribunda. — Un pied fut exposé, une nuit, pendant 40 minutes en plein air, par une température de —2° ; aucune feuille ne souffrit (1). Il fut de nouveau exposé, une autre nuit, pendant 1 heure, par une température de —4° ; cette fois toutes les feuilles de ce grand pied, soit fixées soit libres, furent brûlées, noircies et racornies, à l'exception de celles qui se trouvaient sur une petite branche basse, un peu protégée par les feuilles de la branche supérieure. Un autre pied bien développé fut ensuite exposé, mais pendant 30 m. (la température, sur l'herbe, était exactement la même, soit —4° C.), quatre de ses grandes feuilles composées étaient fixées et maintenues horizontales. Le lendemain matin, dans ces quatre feuilles chaque foliole était morte, et leurs faces supérieures et inférieures étaient toutes deux complètement noircies. Sur les nombreuses feuilles libres, sept seulement furent noircies, et, parmi elles une seule (qui était beaucoup plus jeune et plus délicate que toutes celles fixées) était noircie sur ses deux faces. Le contraste, à ce point de vue, était bien apparent pour une feuille libre, placée entre deux autres fixées ; ces dernières, en effet, avaient la face de leurs folioles aussi noire que de l'encre, tandis que la feuille libre placée entre elles, bien que fortement endommagée, gardait encore une pleine coloration verte sur la face inférieure de ses folioles. Cette plante montrait d'une manière frappante les dommages profonds

(1) *Cassia lævigata* fut exposé en plein air pendant 35 m., et *C. calliantha* (espèce de la Guinée) pendant 60 m. ; la température, sur l'herbe, était de —2° C.; aucune de ces plantes n'eut à souffrir. Mais, lorsque *C. lævigata* fut exposée pendant 1 h., par une température de —3° et —4° C., toutes les feuilles furent brûlées.

que souffrent les feuilles qui ne peuvent prendre, la nuit, leur position
verticale, car, si toutes avaient été dans cette situation, chaque foliole
de la plante aurait été bien certainement brûlée par cette seule exposition de 30 minutes. Les feuilles, en descendant le soir pour prendre
leur position nocturne verticale, se tordent, de telle sorte que leur face
supérieure est tournée vers l'intérieur, et, par suite, mieux protégée
que la face inférieure, qui regarde en dehors. La face supérieure était
cependant toujours plus fortement noircie que l'autre, lorsqu'on pouvait trouver une différence entre elles. Mais nous ne savons si ce
phénomène était dû à une plus grande délicatesse des cellules de la
face supérieure, ou plutôt à leur plus grande richesse en chlorophylle.

Melilotus officinalis. — Un grand pot, contenant de nombreuses
plantes, qui avait passé l'hiver dans la serre, fut exposé la nuit pendant 5 heures à un froid léger. Quatre feuilles avaient été fixées ; elles
moururent quelques jours après ; mais beaucoup d'entre les feuilles libres eurent le même sort. Nous ne pouvions donc rien conclure de cette
expérience, bien qu'elle indiquât que les feuilles fixées avaient souffert
davantage. Un autre grand pot, avec de nombreuses plantes, fut ensuite
exposé pendant 1 heure ; la température, sur l'herbe, était un plus
basse, soit —3° ou —4° C. Dix feuilles avaient été fixées, et le résultat
fut frappant, car, le lendemain matin, toutes se trouvèrent fortement
endommagées ou brûlées, tandis qu'aucune des nombreuses feuilles
laissées libres sur les nombreuses plantes, ne fut éprouvée le moins
du monde ; il faut cependant faire une exception douteuse pour deux
ou trois feuilles très jeunes.

Melilotus Italica. — Six feuilles furent fixées horizontalement,
trois ayant leur face supérieure et trois leur face inférieure tournée
vers le zénith. Les plantes furent exposées en plein air pendant 5 h. par
une température de —1° C., à la surface du sol. Le lendemain matin,
les six feuilles fixées parurent même plus fortement endommagées que
celles beaucoup plus jeunes et beaucoup plus délicates portées sur les
mêmes branches et laissées libres. Cependant l'exposition avait été
trop longue, car, après quelques jours, beaucoup des feuilles libres
parurent se trouver en presque aussi mauvais état que celles qui
avaient été fixées. Il fut impossible de déterminer si les feuilles dont
la face supérieure ou la face inférieure regardait le zénith, avaient plus
fortement souffert.

Melilotus suaveolens. — Quelques pieds, dont 8 feuilles avaient été
fixées, furent exposés en plein air pendant 2 heures, par une température
de —2° C. sur l'herbe. Le lendemain matin, 6 de ces huit feuilles avaient
une consistance moindre que les autres. Il y avait sur les plantes
environ 150 feuilles libres, et aucune n'eut à souffrir, à l'exception de

deux ou trois très jeunes. Mais, deux jours après, les plantes ayant été replacées dans la serre, les 6 feuilles fixées revinrent toutes à leur état normal.

Melilotus Taurica. — Durant deux nuits consécutives, plusieurs plantes furent exposées pendant 5 heures à un froid léger, avec un peu de vent. Cinq feuilles fixées au préalable souffrirent plus que celles situées au-dessus et au-dessous sur les mêmes branches et qui avaient pris leur position nocturne. Un autre pot, placé antérieurement dans la serre, fut exposé en plein air pendant 35 ou 40 m.; la température, sur l'herbe, variait entre —3° et —4° C. Neuf feuilles avaient été fixées : toutes furent brûlées. Sur les mêmes pieds étaient 210 feuilles libres, qui purent prendre leurs positions de sommeil, et dont 80 seulement furent brûlées, c'est-à-dire seulement 38 pour °/₀.

Melilotus Petitpierreana. — Les plantes furent exposées en plein air pendant 35 à 40 m. : température, sur l'herbe, —3° à —4° C. Six feuilles avaient été fixées de manière à se trouver à environ 12ᵐᵐ5 des bouchons, et quatre avaient, au contraire, été piquées tout à fait contre le liége. Ces dix feuilles furent toutes brûlées, mais celles fixées contre le liége eurent plus à souffrir, car 4 des 6 fixées à quelque distance avaient encore de petites places colorées en vert. Un nombre considérable de feuilles libres, mais pas toutes, furent brûlées ou fortement endommagées, tandis que toutes celles qu'on avait fixé étaient brûlées.

Melilotus macrorhiza. — Les plantes furent exposées de la même manière que dans le cas précédent. Six feuilles avaient été fixées horizontalement et cinq d'entre elles furent brûlées, c'est-à-dire 83 pour °/₀. Nous estimâmes qu'il y avait sur les plantes 200 feuilles libres, dont 50 environ furent brûlées et 20 fortement endommagées, de sorte qu'environ 35 pour °/₀ des feuilles libres eurent à souffrir.

Lotus aristata. — Six pieds furent exposés en plein air pendant près de 5 heures ; température sur l'herbe, —1°5 C. Quatre feuilles étaient maintenues horizontales et deux d'entre elles souffrirent plus que celles placées au-dessus ou au-dessous sur les mêmes branches, et qui avaient pu prendre leur position nocturne. C'est un fait remarquable que des pieds de *Lotus Jacobæus*, plante qui habite une contrée aussi chaude que les Iles du Cap Vert, soient restés exposés une nuit en plein air, par une température de —2°, et une seconde nuit pendant 30 m. par une température de —3° à —4° C., sans qu'une seule feuille fixée ou libre, eût à souffrir le moins du monde.

Marsilia quadrifolia. — Une grande plante de cette espèce — le seul cryptogame qui sommeille, à notre connaissance — avec quelques feuilles maintenues ouvertes, fut exposée en plein air pendant 1 h. 35, à une température de —2° C. sur l'herbe, et aucune feuille n'eut à souffrir. Après quelques jours, la même plante fut de nouveau exposée en plein air pendant 1 heure ; la température, par terre, était alors plus basse, soit —4° C. Six feuilles avaient été maintenues horizontales et toutes furent entièrement brûlées. La plante avait émis de longues tiges traînantes, qui avaient été entourées de couvertures destinées à les protéger contre le froid de la terre et la radiation; mais un très grand nombre de feuilles après avoir été laissées librement exposées, avaient pris leur position nocturne : douze seulement furent brûlées. Après un nouvel intervalle, la plante, avec 9 feuilles fixées, fut encore exposée pendant 1 heure, à une température de — 1° C. Six de ces feuilles furent brûlées, et une, qui ne le paraissait pas d'abord, montra plus tard des taches brunes. Les branches traînantes, qui reposaient sur la terre froide, eurent la moitié ou les trois quarts de leurs feuilles brûlées, mais, des nombreuses autres feuilles de la plante, qui seules pouvaient être comparées avec celles maintenues horizontales, aucune ne parut d'abord avoir eu à souffrir ; toutefois, après une recherche minutieuse, 12 se trouvèrent brûlées. Après un autre intervalle encore, à peu près avec la même température ou peut-être avec une température un peu plus basse (car le thermomètre, par suite d'un accident, était resté sur un cadran solaire, à quelque distance), la plante fut exposée de nouveau en plein air pendant 35 ou 40 m. ; neuf feuilles étaient fixées, et huit d'entre elles furent brûlées. Quant aux feuilles laissées libres (nous ne comptons pas celles des branches traînantes) un bon nombre furent brûlées, mais ce nombre était encore faible comparé à celui des feuilles indemnes. Enfin, en prenant ensemble ces trois expériences, 24 feuilles maintenues horizontales furent exposées à une radiation sans obstacle vers le zénith, et, sur ce nombre, 20 furent brûlées et une endommagée ; cependant les mêmes effets ne se produisirent que sur un nombre relativement très faible de feuilles laissées libres, qui avaient pu prendre leur position nocturne.

Les cotylédons de plusieurs plantes furent mis en expérience, mais la température était douce, et nous ne réussîmes que dans un cas, en prenant des semis d'âge convenable, pendant des nuits claires et froides. Les cotylédons de 6 semis de *Mimosa pudica* furent maintenus ouverts et fixés sur un bouchon, et ensuite exposés en plein air pendant 1 h. 45 m, à une température de —1°5 C. sur le sol; trois de ces semis furent brûlés. Deux autres semis, après que leurs cotylédons se furent élevés et fermés, furent penchés et fixés de manière à devenir horizontaux, avec la face inférieure d'un cotylédon tournée vers le zénith. Tous deux furent brûlés. Donc, sur les 8 semis ainsi mis en expérience, cinq, soit plus de moitié furent brûlés. Sept autres semis avec leurs cotylédons dans la position nocturne normale, soit verticaux et fermés, furent exposés en même temps, et deux seulement furent brûlés (1). Il paraît ici, autant que ces quelques expériences peuvent signifier quelque chose, que la position verticale nocturne des cotylédons de *Mimosa pudica* les protège dans une certaine mesure contre les effets désastreux de la radiation et du froid.

Remarques finales sur la radiation nocturne des feuilles. — En deux occasions, nous exposâmes en plein air, pendant l'été, plusieurs folioles, ouvertes artificiellement, de *Trifolium pratense* (ces folioles s'élèvent naturellement à l'entrée de la nuit) et d'*Oxalis purpurea* (ces dernières tombent pendant la nuit), et nous les observâmes successivement tous les matins, après l'heure où se prennent les positions diurnes. Il y eut généralement une différence notable dans la quantité de rosée déposée sur les folioles ouvertes artificiellement, et celles qui avaient pu prendre leur position nocturne. Ces dernières étaient quelquefois complétement sèches, tandis que les folioles qui étaient demeurées horizontales étaient couvertes de larges gouttes de rosée. Ce fait montre quelle différence de température s'était établie entre les folioles pleinement tournées vers le zénith, et celles qui avaient passé la nuit dans une position verticale, soit en haut, soit en bas.

Les divers cas que nous venons de citer, ne permettent en aucune façon de douter que la position nocturne des feuilles n'influe sur leur température par la radiation, et cela à un tel degré que, lorsque la plante est exposée en plein air pendant le froid, ce soit pour elle une question de vie ou de mort. Nous pouvons donc admettre comme fortement probable, si nous considérons combien leur po-

(1) Nous fûmes surpris de voir que de jeunes semis d'une plante aussi tropicale que *Mimosa pudica* pouvaient résister aussi bien qu'ils le firent, à une exposition de 1 h. 45 m. en plein air, par une température de —1° C. On peut ajouter que les semis de *Cassia pubescens* (espèce indienne) furent exposés en plein air pendant 1 h. 30 m. par une température d'au moins —2° C., et qu'ils n'eurent pas à souffrir le moins du monde.

sition nocturne est parfaitement adaptée pour éviter la radiation, que l'avantage acquis par suite des mouvements nyctotropiques, souvent fort compliqués, est de diminuer les chances qu'ont les feuilles d'être brûlées pendant la nuit. On ne doit pas perdre de vue que c'est surtout la face supérieure qui est ainsi protégée, car elle n'est jamais tournée directement vers le zénith, et, souvent, elle vient en contact intime avec la page supérieure d'une feuille ou d'une foliole opposée.

Nous n'avons pu déterminer avec une suffisante évidence, si la face supérieure des feuilles a besoin d'une protection plus efficace, parce qu'elle se laisse plus facilement endommager, ou parce que les dommages soufferts par cette face sont plus nuisibles à la plante tout entière. Les cas suivants montrent, d'ailleurs, qu'il y a une certaine différence de constitution entre les deux pages de la feuille. Des exemplaires de *Cassia floribunda* furent exposés en plein air par une nuit très froide, et plusieurs folioles, qui avaient pris leur position nocturne verticale présentant leur face inférieure tournée de manière à regarder obliquement le zénith, eurent cependant cette face moins attaquée que les pages supérieures qui étaient tournées vers l'intérieur, et en contact intime avec celle des folioles opposées. D'autre part, un pot rempli de pieds de *Trifolium resupinatum*, qui avait été gardé, pendant trois jours, dans une chambre chauffée, fut exposé hors de la fenêtre par une nuit claire et assez froide (le 21 septembre) ; le lendemain matin, dix des folioles terminales furent examinées au microscope. Ces folioles, en prenant leur position nocturne, se dirigent verticalement vers le haut, ou plus souvent, s'inclinent un peu vers les folioles latérales, de manière à exposer plutôt au zénith leur face inférieure que leur face supérieure. Cependant, six de ces dix folioles étaient distinctement plus jaunes à la face supérieure qu'à la face inférieure plus exposée.

Pour les quatre autres, le résultat n'était pas aussi concluant, mais on pouvait certainement constater quelque différence, indiquant que la face supérieure avait souffert davantage.

Nous avons dit que quelques-unes des folioles sur lesquelles portèrent nos expériences, avaient été fixées contre le liège, et d'autres à 15 ou 20 mm. au-dessus, et que, lorsque, après exposition au froid, on pouvait constater quelque différence dans l'état de ces folioles, celles qui avaient été attachées contre le liège étaient toujours le plus endommagées. Nous avons attribué cette différence à ce que l'air, non refroidi par la radiation, n'avait pu circuler librement au-dessous de ces dernières. Il nous fut pleinement démontré, dans un cas, qu'il existait une réelle différence dans la température des feuilles traitées suivant ces deux méthodes. Un pot planté de pieds de *Melilotus dentata* avait été exposé pendant 2 heures en plein air (la température, sur l'herbe environnante, étant de 2° C.), et il était manifeste qu'une quantité plus grande de rosée s'était convertie en gelée blanche sur les folioles attachées immédiatement sur le liège, que sur celles qui en étaient à une certaine distance. De plus, les extrémités de quelques folioles piquées directement sur le bouchon, se projetaient un peu au-delà du liège, de sorte que l'air pouvait librement circuler tout autour de ces parties extrêmes. C'est ce qui arriva pour six folioles d'*Oxalis acetosella*, et leurs extrémités souffrirent certainement un peu moins que le reste des mêmes folioles. Le même résultat fut obtenu, encore plus clairement, en deux cas, avec des folioles de *Melilotus officinalis* qui dépassaient le liège ; en deux autres occasions, des folioles fixées immédiatement sur le bouchon eurent à souffrir, tandis que des folioles libres, prises sur les mêmes feuilles, et qui n'avaient pas eu l'espace nécessaire pour faire leur évolution, et prendre leur position nocturne, n'avaient aucunement souffert.

Nous devons mentionner encore un autre fait analogue : nous observâmes, à diverses reprises, qu'un plus grand nombre de feuilles libres avaient eu à souffrir sur les branches maintenues immobiles par la fixation de quelques-unes de leurs feuilles, que sur les autres rameaux. Ce fait était évident chez *Melilotus Petitpierreana,* mais, dans ce cas, nous ne comptâmes pas les feuilles attaquées. Dans *Arachis hypogœa,* une jeune plante pourvue de 7 branches, portait 22 feuilles libres, dont 5 eurent à souffrir du froid ; ces cinq feuilles étaient placées sur deux branches, dont 4 feuilles avaient été fixées sur des bouchons. Dans *Oxalis carnosa,* 7 feuilles libres eurent à souffrir, et chacune d'elles appartenait à un bouquet de feuilles, dont une ou plusieurs avaient été fixées. Nous ne pouvons expliquer ces faits qu'en supposant que ces branches entièrement libres avaient été légèrement agitées par le vent, et que leurs feuilles avaient ainsi pu être un peu échauffées par l'air ambiant. Si nous tenons nos mains immobiles devant un bon feu, et que nous les agitions ensuite, nous sentons immédiatement un refroidissement ; il est évident qu'il s'agit ici d'un phénomène analogue, quoique agissant en sens contraire. Ces divers faits — relatifs aux feuilles fixées contre leur support de liège ou un peu au-dessus — à leurs extrémités dépassant le support — aux feuilles des branches maintenues immobiles — nous paraissent intéressants, car ils montrent à quel point une différence, que l'on peut considérer comme insignifiante, est capable d'augmenter l'importance des dommages soufferts par les feuilles. Nous pouvons même en déduire que la plus ou moins grande destruction, par le froid, des feuilles d'une plante qui ne sommeille pas, peut souvent dépendre du plus ou moins de flexibilité de leurs pétioles et des branches qui les portent.

MOUVEMENTS NYCTITROPIQUES, OU DE SOMMEIL DES
COTYLÉDONS.

Nous arrivons maintenant à la partie descriptive de
notre travail, et nous commencerons par les cotylédons,
pour passer aux feuilles dans le chapitre suivant. Nous n'a-
vons trouvé que deux courtes notices sur le sommeil des
Cotylédons. Hofmeister (1), après avoir constaté que les
Cotylédons de tous les semis de Caryophyllées (Alsinées
et Silénées) qu'il a observés, se dirigent vers le haut pendant la nuit (mais il ne dit pas de quel angle est ce mouvement), fait remarquer que ceux de *Stellaria media* s'élèvent jusqu'à venir en contact : on peut donc dire qu'ils sommeillent. D'autre part, d'après Ramey (2), les cotylédons
de *Mimosa pudica* et de *Clianthus Dampieri* s'élèvent
presque verticalement pendant la nuit, et s'approchent
beaucoup l'un de l'autre. Nous avons montré, dans l'un
des chapitres précédents, que les cotylédons d'un grand
nombre de plantes s'inclinent un peu vers le haut pendant
la nuit, et nous avons maintenant à résoudre cette question difficile : à quel degré d'inclinaison peut-on dire
qu'ils sommeillent? D'après les vues que nous soutenons,
aucun mouvement ne peut réellement prendre le nom de
nyctitropique s'il n'a été acquis en vue de diminuer les
effets de la radiation, fait qui ne peut être déterminé que
par une longue série d'expériences, établissant que les
feuilles de chaque espèce auraient à souffrir de cette radiation, si elles ne pouvaient prendre leur position de sommeil. Il faut cependant que nous fixions une limite arbitraire : si un cotylédon ou une feuille s'incline à 60° au-dessus de l'horizon, ou au-dessous, une moitié environ de sa
surface est exposée au zénith; par suite, l'intensité de sa

(1) « Die Lehre von der Pflanzenzelle », 1867, p. 327.
(2) « Adansonia », 10 mars 1869.

radiation sera diminuée de moitié environ, si on la compare à celle qui se serait produite dans le cas où le plan de la feuille ou du cotylédon serait demeuré horizontal. Ce degré de diminution créerait certainement une différence très sensible, pour une plante de constitution délicate. Nous dirons donc qu'un cotylédon ou une feuille sommeille, lorsque ses mouvements nocturnes d'ascension ou de descente s'étendront à un angle d'environ 60°, ou plus, au-dessus ou au-dessous de l'horizontale. Il ne s'ensuit pas cependant qu'une moindre diminution de la radiation ne puisse être de quelque avantage pour une plante, comme c'est le cas pour *Datura Stramonium*, dont les cotylédons s'élevaient de 31°, à midi et à 55°, la nuit, au-dessus de l'horizon. Le navet de Suède, peut tirer profit d'une diminution nocturne de 30 0/0 environ de la surface de ses feuilles, suivant l'estimation de M. A. S. Wilson; dans ce cas, cependant, la distance angulaire parcourue n'a pas été observée. D'autre part, si l'élévation angulaire des cotylédons et des feuilles est assez faible pour ne pas dépasser 30°, la diminution de la radiation est trop faible pour exercer sur la plante une influence quelconque, au point de vue du refroidissement. Par exemple, les cotylédons de *Geranium Ibericum* s'élevaient la nuit à 27° au-dessus de l'horizon, ce qui déterminait dans la radiation une diminution de 11 0/0 seulement; ceux de *Linum Berendieri* s'élevaient à 33° en diminuant la radiation de 16 pour cent.

Il y a, cependant, d'autres sujets de doutes relativement au sommeil des cotylédons. En certains cas, les cotylédons encore jeunes ne s'écartent que modérément dans la journée, de sorte qu'une faible élévation nocturne (et nous savons qu'elle se produit dans les cotylédons de beaucoup de plantes) les amènerait nécessairement à prendre, pendant la nuit, une position presque verticale ; il serait, dans ce cas, téméraire d'affirmer que le mouve-

ment s'est effectué dans un but spécial. C'est pour ce
motif que nous avons hésité longtemps pour savoir si
nous devions introduire dans la liste suivante, plusieurs
Cucurbitacées ; cependant, pour certaines raisons que
nous allons exposer, nous avons cru devoir les y comprendre, au moins temporairement. Ce même sujet de
doute se présente dans plusieurs autres cas ; en effet, au
commencement de nos observations, nous n'apportions
pas toujours une attention suffisante pour savoir si les
cotylédons étaient presque horizontaux au milieu du
jour. Dans plusieurs semis, les cotylédons prennent une
position nocturne fortement inclinée, pendant une période
si courte de leur vie, qu'on se demande naturellement si
ce phénomène peut être, pour la plante, d'une utilité
quelconque. Toutefois, dans la plupart des cas indiqués
sur la liste suivante, les cotylédons peuvent être considérés comme sommeillants, avec autant de certitude qu'on
peut le dire des feuilles d'une plante. En deux occasions,
spécialement pour le chou et le radis, dont les cotylédons
deviennent presque verticaux pendant les premières nuits
de leur vie, nous avons éclairci nos doutes en plaçant de
jeunes semis sur le clinostat, et nous avons vu que le
mouvement d'élévation ne dépendait nullement de l'apogéotropisme.

Les noms des plantes dont les cotylédons ont une position nocturne s'écartant d'au moins 60° de l'horizon, sont
disposés, sur la liste suivante, d'après la méthode que
nous avons déjà suivie. Les numéros d'ordre des familles, et, pour les Légumineuses, les numéros d'ordre des
tribus, ont été ajoutés, de manière à montrer comment
les plantes en question sont distribuées dans toute la
série des Dicotylédones. Nous aurons à faire, touchant bon
nombre des plantes de cette liste, quelques remarques
qui seront exposées sans suivre strictement un ordre
systématique, car nous parlerons à la fin, des Oxali-

dées et des Légumineuses. Dans ces deux familles, en effet, les cotylédons sont généralement pourvus d'un pulvinus, et leurs mouvements persistent beaucoup plus longtemps que ceux des autres plantes portées sur la liste.

Liste des semis dont les cotylédons s'élèvent ou s'abaissent, la nuit, suivant un angle de plus de 60 degrés au-dessus ou au dessous de l'horizon.

Brassica oleracea. Crucifères (Fam. 14)·
 — napus (suivant avis du prof. Asa Gray).
Raphanus sativus. Crucifères.
Githago segetum. Caryophyllées. (Fam. 26).
Stellaria media. Caryoph. d'après Hofmeister.
Anoda Wrightii. Malvacées (Fam. 36).
Gossypium (var. coton Nankin). Malvacées.
Oxalis rosea. Oxalidées (Fam. 41).
 — floribunda.
 — articulata.
 — valdiviana.
 — sensitiva.
Geranium rotundifolium. Géraniacées (Fam. 47).
Trifolium subterraneum. Légumineuses (Fam. 75, tribu 3).
 — strictum.
 — leucanthemum.
Lotus ornithopodoides. Légumineuses (Tribu 4).
 — peregrinus.
 — Jacobæus.
Clianthus Dampieri. Légum. (Tribu 5) d'après M. Ramey.
Smithia sensitiva. Légumineuses. (Tr. 6).
Hæmatoxylon Campechianum. Légumineuses. (Tribu 18), d'après M. Lynch.
Cassia mimosoides. Légumineuses. (Tribu 14).
 — glauca.
 — florida.

Cassia corymbosa.
 — pubescens.
 — tora.
 — neglecta.
 — (3 autres espèces Brésiliennes innommées).
Bauhinia (sp. ?) Légumin. (Tribu 15).
Neptunia oleracea. Légum. (Tribu 20).
Mimosa pudica. Légum. (Tribu 21).
 — albida.
Cucurbita ovifera. Cucurbitacées. (Fam. 106).
 — aurantia.
Lagenaria vulgaris. Cucurbitacées.
Cucumis dudaim. Cucurbitacées.
Apium petroselinum. Ombellifères (Fam. 113).
 — graveolens.
Lactuca scariola. Compos. (Fam. 122).
Helianthus annuus (?). Composées.
Ipomœa cærulea. Convolvulac. (F. 151).
 — purpurea.
 — bona nox.
 — coccinea.
Solanum lycopersicum. Solanées (Fam. 157).
Mimulus (sp. ?) Scrophularinées (Fam. 159) d'après renseignement reçu du prof. Pfeffer.
Mirabilis jalapa. Nyctaginées. (F. 177).
Mirabilis longiflora.
Beta vulgaris. Polygonées. (Fam. 179).
Amaranthus caudatus. Amaranthacées. (F. 180).
Cannabis sativa. Cannabinées. (Fam. 195).

Brassica oleracea (Crucifères). — Nous avons montré, dans le chapitre précédent, que les cotylédons du chou s'élèvent dans la soirée et restent verticaux pendant la nuit, ayant leurs pétioles en contact. Mais, comme les deux cotylédons sont de taille différente, ils contrarient souvent leurs mouvements mutuels, et le plus court n'est pas

toujours parfaitement vertical. Ils s'écartent le matin de bonne heure ;
ainsi, le 27 novembre, à 6 h. 45 du matin, tandis qu'il faisait encore
nuit, les cotylédons qui, dans la soirée précédente, étaient verticaux et
en contact, étaient courbés et présentaient ainsi une apparence notablement différente. On doit se rappeler que les semis, en poussant
dans leur saison naturelle, ne se trouveraient pas dans l'obscurité à
ce moment de la matinée. Ce mouvement des cotylédons n'est que
temporaire, car il cesse de se produire au bout de quatre à six jours,
pour les plantes gardées dans une serre chaude ; nous ne savons· combien de temps il persiste pour les plantes qui poussent en plein air.

Raphanus sativus. — Au milieu de la journée, les limbes des cotylédons de 10 semis formaient un angle droit avec les hypocotyles, et leurs
pétioles étaient un peu divergents. A la nuit, les limbes étaient verticaux, avec leurs bases en contact et les pétioles parallèles. Le lendemain matin, à 6 h. 45, tandis qu'il faisait encore nuit, les
limbes étaient horizontaux. La nuit suivante, ils s'étaient beaucoup
élevés, mais ils se trouvaient cependant à peine assez verticaux pour
qu'on pût dire qu'ils sommeillaient ; il en fut de même, à un degré
encore moindre, la nuit suivante : les cotylédons de cette plante (gardée dans la serre) ne sommeillent donc que pendant une période plus
courte que celle du chou. De semblables observations furent faites,
mais seulement pendant un jour et une nuit, sur 13 autres semis,
ainsi nés dans la serre, et qui fournirent les mêmes résultats.

Les pétioles des cotylédons de 11 jeunes semis de *Sinapis nigra* divergeaient légèrement à midi, et les limbes étaient perpendiculaires sur
les hypocotyles. La nuit, les cotylédons étaient entièrement appliqués
l'un contre l'autre, et les limbes s'étaient considérablement élevés, avec
leurs bases en contact, mais quelques-uns seulement étaient assez dressés pour qu'on pût dire qu'ils sommeillaient. Le lendemain matin, les
pétioles divergeaient avant le jour. L'hypocotyle est légèrement sensible, en sorte que, lorsqu'il heurtait une aiguille, il s'inclinait vers le
côté heurté. Dans le cas du *Lepidium sativum*, les pétioles des cotylédons de jeunes semis s'écartent pendant le jour, et convergent jusqu'à
se toucher pendant la nuit ; par ce moyen, les bases des limbes tripartites sont amenées en contact ; mais les limbes sont si peu dressés qu'on
ne peut dire qu'ils sommeillent. Les cotylédons de plusieurs autres
Crucifères furent encore observés, mais ils ne s'élevaient pas assez,
pendant la nuit, pour qu'on pût dire qu'ils sommeillaient.

Githago segetum (Caryophyllées). — Le premier jour après la sortie des cotylédons hors des enveloppes séminales, ils formaient à midi
un angle d'environ 75° au-dessus de l'horizon. A la nuit, ils avaient un
mouvement d'ascension, et chacun parcourait un angle de 15°, de ma-

nière à se trouver tout à fait vertical et en contact avec son voisin. Le second jour ils se trouvaient, à midi, à 59° au-dessus de l'horizon, et la nuit ils étaient de nouveau complétement clos chacun s'étant élevé de 31°. Le quatrième jour, les cotylédons ne se fermèrent pas complétement à la nuit. La première paire et les paires suivantes de feuilles vraies se comportèrent absolument de même. Nous pensons que, dans ce cas, le mouvement méritait le nom de nyctitropique, quoique l'angle parcouru fût très faible. Les cotylédons sont très sensibles à la lumière, et ne s'étaleront pas, si l'action de cet agent est insuffisante.

Anoda Wrightii (Malvacées). Les cotylédons, quand ils sont encore assez jeunes et que leur diamètre ne dépasse pas 5 mm. à 7^{mm}5, tombent, le soir, de leur position diurne, jusqu'à former sous l'horizon un angle de 35° environ. Mais, les mêmes semis ayant vieilli et produit de vraies feuilles, les cotylédons presque orbiculaires, dont le diamètre atteignait alors 13^{mm}75, avaient, la nuit, un mouvement vertical vers le bas. Ce fait nous fit supposer que leur descente pouvait être due principalement à leur poids ; ils ne manquaient cependant nullement de consistance, et au moment de leur ascension, ils montaient avec élasticité pour reprendre leur position primitive. Un pot, planté de quelques semis déjà vieux fut retourné dans la soirée, avant le commencement de la descente nocturne, et la nuit venue, les cotylédons prirent, malgré leur propre poids et une certaine action géotropique, une position verticale en se dirigeant vers le haut. Lorsque des pots étaient ainsi renversés, le mouvement de descente paraissait un peu troublé, mais tous les mouvements pouvaient être susceptibles de variations, sans cause apparente. Ce dernier fait, joint au mouvement de descente moins prononcé des cotylédons jeunes, mérite mention. Quoique les mouvements des cotylédons persistassent longtemps, aucun pulvinus n'était visible à l'extérieur, mais la croissance durait très longtemps. Les cotylédons ne paraissent que légèrement géotropiques, quoique l'hypocotyle le soit fortement.

Gossypium arboreum (?) (var. Coton nankin) (Malvacées). — Les cotylédons se comportent presque de la même manière que ceux d'Anodea. Le 15 juin, les cotylédons de deux semis mesuraient 16^{mm}25 de longueur (mesurés le long de la nervure médiane) et se trouvaient horizontaux à midi ; à 10 h. du soir, ils occupaient la même position, et n'étaient pas descendus du tout. Le 23 juin, les cotylédons de l'un de ces semis étaient longs de 27^{mm}5, et à 10 h. du soir, ils étaient descendus de la position horizontale à 62° sous l'horizon. Les cotylédons de l'autre semis étaient longs de 32^{mm}5, et une feuille vraie s'était formée ; ils étaient descendus, à 10 h. du soir, à 70° sous l'horizon. Le 25 juin, la feuille vraie de ce dernier semis était longue de 22^{mm}5, et les cotylé-

20

dons occupaient presque la même position nocturne. Le 9 juillet, les cotylédons paraissaient très vieux et commençaient à se flétrir; ils étaient cependant presque horizontaux à midi, et verticaux à 10 h. du soir.

Gossypium herbaceum. — Il est remarquable que les cotylédons de cette espèce se comportent d'une manière toute différente que ceux de la précédente. Ils furent observés pendant 6 semaines depuis leur premier développement, jusqu'à ce qu'ils fussent parvenus à une taille considérable (ils étaient encore frais et verts) c'est-à-dire à une largeur de 62^{mm}5. A cet âge, une feuille vraie s'était formée, et avait atteint une longueur de 5 cm., pétiole compris. Durant ces 6 semaines, les cotylédons ne descendirent pas la nuit; ils avaient cependant, en vieillissant, pris un poids considérable, et étaient supportés par des pétioles fort allongés. Des semis, nés de graines qui nous avaient été envoyées de Naples, se comportaient de la même manière. Il en était de même pour ceux d'une espèce cultivée dans l'Alabama et pour ceux du coton de Lea-island. Nous ne savons à quelles espèces se rapportait ces trois dernières formes. Pour le coton de Naples, nous ne pûmes empêcher la position nocturne des cotylédons de subir l'influence du plus ou moins d'hydratation du sol; nous prîmes cependant les précautions nécessaires pour qu'une trop grande humidité ne leur fît pas perdre leur consistance. Le poids des grands cotylédons des espèces de l'Alabama et de Lea-island les fit un peu pencher vers le bas, lorsque les pots dans lesquels ils poussaient furent placés sens dessus dessous. Il faut remarquer, cependant, que ces trois espèces avaient levé au milieu de l'hiver, ce qui trouble quelquefois considérablement les mouvements nyctitropiques des feuilles et des cotylédons.

Cucurbitacées.— Les cotylédons de *Cucurbita aurantia* et *ovifera*, et de *Lagenaria vulgaris*, forment, du 1er au 3e jour de leur vie, un angle d'environ 60° au-dessus de l'horizon, pour s'élever la nuit jusqu'à devenir verticaux et en contact intime l'un avec l'autre. Dans *Cucumis dudaim*, ils forment sur l'horizon un angle de 45° et se ferment la nuit. Les extrémités des cotylédons de toutes ces espèces sont, cependant, réfléchies, de sorte que cette partie est, la nuit, pleinement exposée au zénith. Ce fait empêche de croire que ce mouvement soit de nature identique à celui des plantes sommeillantes. Après les deux ou trois premiers journées, les cotylédons s'écartent davantage pendant le jour, et cessent de se fermer complètement la nuit. Ceux de *Trichosantes anguina*, assez épais et mous, ne s'élèvent pas la nuit; on pouvait d'ailleurs s'y attendre. D'autre part, ceux d'*Acantho-*

sicyos horrida (1) n'ont rien qui paraisse devoir empêcher chez eux un mouvement de même nature que celui des autres espèces ; cependant ils ne s'élèvent pas, la nuit, d'une manière bien nette. Ce fait vient à l'appui de notre opinion en démontrant que les mouvements nocturnes de ces espèces ont été acquis dans un but spécial, qui peut être la protection de la jeune plumule contre la radiation, par le contact de la partie basilaire toute entière des deux cotylédons.

Geranium rotundifolium (Géraniacées). — Un seul semis poussa par hasard dans un pot, et nous observâmes que ses cotylédons s'inclinaient perpendiculairement vers le bas pendant plusieurs nuits successives, après avoir été horizontaux à midi. Ce semis, après être devenu une petite plante, mourut avant la floraison : il avait été acheté à Kew, et reconnu pour être très certainement un Géranium, probablement de l'espèce sus-nommée. Ce fait est remarquable, car les cotylédons de *G. cinereum, Endrenii, Ibericum, Richardsoni* et *subcaulescens*, furent observés durant plusieurs semaines dans l'hiver, et ils ne descendaient pas, tandis que ceux de *G. Ibericum* s'élevaient de 27° à l'entrée de la nuit.

Apium petroselinum (Ombellifères). — Un semis avait, le 22 novembre, ses cotylédons presque complétement étalés dans la journée ; à 8 h. 30 du soir, ils étaient considérablement élevés, et, à 10 h. 30, ils étaient presque clos, leurs extrémités n'ayant plus qu'un écartement de 2 mm. Le lendemain matin (le 23) les extrémités étaient écartées de 14^{mm}5, c'est-à-dire plus de sept fois autant. La nuit suivante, les cotylédons occupaient presque la même position qu'auparavant. Le 24 au matin ils étaient horizontaux, et, la nuit, ils étaient élevés de 60° au-dessus de l'horizon. Il en fut de même dans la nuit du 25. Mais, quatre jours après, le 29 (le semis était alors âgé d'une semaine) les cotylédons avaient cessé de s'élever visiblement la nuit.

Apium graveolens. — Les cotylédons étaient horizontaux à midi, et, à 10 h. du soir, ils formaient, au-dessus de l'horizon, un angle de 61°.

Lactuca scariola (Composées). — Les cotylédons, encore jeunes, étaient presque horizontaux dans la journée, et s'élevaient la nuit jusqu'à devenir presque verticaux ; quelques-uns étaient même complétement clos et verticaux. Mais ce mouvement cessa lorsqu'ils vieillirent en devenant plus grands, après un intervalle de 11 jours.

Helianthus annuus (Composées). — Ce cas est assez douteux ; les cotylédons s'élèvent la nuit, et, une fois, ils formèrent au-dessus de

(1) Cette plante, de la terre de Dammara, dans l'Afrique méridionale, est remarquable en ce sens que c'est la seule plante non grimpante de la famille. Elle a été décrite dans « *Transac. Linn. Soc.* » XXVII. p. 30.

l'horizon un angle de 73°, de sorte qu'on aurait pu dire qu'ils sommeillaient.

Ipomœa cœrula vel *Pharbitis nil* (Convolvalacées). — Les cotylédons se comportent presque de la même manière que ceux d'Anoda et du Coton nankin : comme ces derniers, ils parviennent à une très grande taille. Lorsqu'ils sont encore jeunes et petits, leurs limbes ne mesurant que 12ᵐᵐ5 à 15 mm. de long (comptés sur la nervure médiane, jusqu'à la base du nœud central), ils demeuraient horizontaux soit au milieu de la journée soit durant la nuit. A mesure qu'ils grandissaient, ils commencèrent à descendre de plus en plus dans la soirée et au commencement de la nuit; et, lorsqu'ils furent parvenus à une longueur (mesurée de la même manière) de 25 à 31ᵐᵐ5, ils descendirent jusqu'à former un angle de 55° à 70° sous l'horizon. Ils ne se comportaient pourtant ainsi qu'après avoir été pleinement éclairés dans la journée. Toutefois, les cotylédons ne pouvaient que faiblement, ou même ne pouvaient pas s'incliner du tout vers une lumière latérale, quoique l'hypocotyle fût fortement héliotropique. Ils ne sont pas munis de pulvinus, mais leur croissance continue pendant une très longue période.

Ipomœa purpurea (vel *Pharbitis hispida*). — Les cotylédons se comportent à tous égards comme ceux d'*I. cœrulea*. Un semis, dont les cotylédons avaient 18ᵐᵐ75 de long (mesurés comme ceux de l'espèce précédente) et 41ᵐᵐ25 de large, et qui portait une petite feuille vraie développée, fut placé sur un clinostat dans une boîte noircie, de sorte que ni la pesanteur ni le géotropisme ne pouvaient avoir d'action sur lui. A 10 h. du soir, un cotylédon formait un angle de 77° et l'autre un angle de 82° au-dessous de l'horizon. Avant d'être placés sur le clinostat, ils formaient des angles de 15 et 29°. La position nocturne dépend principalement de l'incurvation du pétiole près du limbe, mais le pétiole tout entier s'incurve légèrement vers le bas. Il est bon de dire que des semis de cette espèce et de la précédente avaient poussé à fin février, un autre lot au milieu de mars, et que, dans aucun de ces deux cas, les cotylédons n'avaient montré de mouvements nyctitropiques.

Ipomœa bona-nox. — Les cotylédons, après quelques jours, atteignent une taille énorme ; ceux d'un semis mesuraient 81ᵐᵐ25 de large. Ils étaient étendus horizontalement à midi, et, à 10 h. du soir, ils formaient sous l'horizon un angle de 63°. Cinq jours après, ils mesuraient 112ᵐᵐ5 de large, et, la nuit venue, l'un formait un angle de 64° et l'autre un angle de 48° au-dessous de l'horizon. Quoique les limbes fussent minces, leur grande taille et la longueur de leurs pétioles nous firent penser que leur descente nocturne pouvait être déterminée par la pesanteur ; mais, lorsque le pot fut placé horizontalement, ils s'incurvèrent vers l'hypocotyle, mouvement qui ne pouvait nullement être déterminé par la pesanteur ; ils tournaient en même temps un peu sur eux-mêmes et vers le haut, sous l'influence de l'apogéotropisme. Toutefois, le poids des cotylédons exerce une telle influence, que, lorsque une autre nuit, le pot fut mis sens dessus-dessous, ils furent incapables de s'élever et de prendre ainsi leur position nocturne normale.

Ipomœa coccinea. — Les cotylédons encore jeunes ne descendent pas la nuit, mais, lorsqu'ils sont un peu plus âgés, tout en ne mesurant encore que 10 mm. de long (comptés comme prédédemment) et 20^{mm}5 de large, ils subissent une forte dépression. Dans un cas, horizontaux à midi, l'un était, à 10 h. du soir, à 64°, et l'autre à 47° sous l'horizon, à la même heure. Les limbes sont minces, et les pétioles qui s'incurvent, la nuit, plus fortement vers le bas, sont courts, de sorte que leur poids peut à peine exercer une influence sur leurs mouvements. Dans toutes les autres espèces d'Ipomæa, lorsque les deux cotylédons du même semis subissent une dépression nocturne inégale, ce phénomène paraît dépendre de la position qu'ils ont occupée dans la journée, relativement à la lumière.

Solanum lycopersicum (Solanées). — Les cotylédons s'élèvent la nuit jusqu'à venir presque en contact. Ceux de *S. palinacanthum* étaient horizontaux à midi, et, à 10 h. du soir, ils ne s'étaient élevés que de 27° 30' ; mais, le lendemain, avant le jour, ils étaient à environ 59° au-dessus de l'horizon, et, dans l'après-midi du même jour, ils étaient redevenus horizontaux. La manière d'être des cotylédons de cette dernière espèce paraît donc anormale.

Mirabilis jalapa et *longiflora* (Nyctaginées). — Les cotylédons, de dimensions égales, sont horizontaux au milieu de la journée, et, s'élèvent verticalement la nuit, pour venir en contact intime. Mais ce mouvement, chez *M. longiflora*, ne persiste que pendant les trois premières nuits.

Beta vulgaris (Polygonées). — Un grand nombre de semis furent observés en trois occasions. Dans la journée, les cotylédons étaient quelquefois presque horizontaux, mais, le plus souvent, ils formaient au-dessus de l'horizon un angle de 50°, et, pendant les deux ou trois premières nuits, ils s'élevaient verticalement jusqu'à devenir complétement clos. Après cela, pendant une ou deux nuits, ils ne s'élevèrent que faiblement, et, ensuite, ils ne se murent qu'insensiblement.

Amaranthus caudatus (Amaranthacées). — Nous sommes embarrassé de décider si cette plante doit être mentionnée ici. Les cotylédons d'un grand nombre de semis, après avoir été fortement éclairés dans la journée, s'incurvaient la nuit vers le bas, de sorte que les extrémités de quelques-uns regardaient directement le sol ; et cependant, la partie basilaire ne paraissait nullement déprimée. Le lendemain matin, ils étaient de nouveau horizontaux. Les cotylédons de nombreux autres semis, observés en même temps, n'étaient nullement affectés. Ce cas manifestement distinct de ceux de sommeil ordinaire, doit probablement se ranger parmi les phénomènes dus à l'épinastie, comme c'est établi, d'ailleurs, pour les feuilles de la même plante, suivant Kraus. Les cotylédons sont héliotropiques, et l'hypocotyle l'est également, à un degré encore plus considérable.

Oxalis. — Nous arrivons maintenant aux cotylédons pourvus d'un pulvinus, qui sont tous remarquables par la persistance de leurs mouvements nocturnes pendant plusieurs jours ou même plusieurs semaines, et, probablement, après la cessation de la croissance. Les cotylédons d'*O. rosea, floribunda* et *articulata* descendent verticalement la nuit, et recouvrent la partie supérieure de l'hypocotyle. Ceux d'*O. Valdiviana* et *sensitiva*, au contraire, s'élèvent verticalement, de sorte que leurs faces supérieures viennent en contact intime, et, après que les jeunes feuilles se sont développées, elles sont protégées par les cotylédons. Ces derniers organes étant, dans la journée, horizontaux ou même un peu inclinés sous l'horizon, il s'en suit que leur mouvement vespéral leur fait parcourir un arc d'au moins 90°. Leurs mouvements compliqués de circumnutation pendant la journée ont été décrits dans le premier chapitre. L'expérience était superflue, mais cependant des pots plantés de semis d'*O. rosea* et *floribunda* furent retournés, aussitôt que les cotylédons commencèrent à montrer quelques signes de sommeil, et ce fait ne provoqua aucune différence dans leurs mouvements.

Légumineuses. — On peut voir, par notre liste, que les mouvements nyctitropiques existent dans plusieurs espèces appartenant neuf genres, nettement distribués dans cette famille. Il est probable qu'il en est de même pour beaucoup d'autres. Les cotylédons de toutes ces espèces sont pourvus de pulvinus, et le mouvement, chez toutes, persiste pendant plusieurs jours ou plusieurs semaines. Dans le genre Cassia, les cotylédons des dix espèces portées sur notre liste s'élèvent verticalement la nuit, et viennent en contact intime. Nous avons observé que ceux de *C. florida* s'ouvraient, le matin, un peu plus tard que ceux de *C. glauca* et *pubescens*. Le mouvement est exactement le même chez *C. mimosoides* que dans les autres espèces, bien que les feuilles qui se développent plus tard sommeillent d'une manière nettement différente. Les cotylédons d'une onzième espèce, *C. nodosa*, sont épais et mous, ils ne s'élèvent pas la nuit. La circumnutation diurne des cotylédons de *C. tora* a été décrite dans le premier chapitre. Quoique les cotylédons de *Smithia sensitiva* s'élèvent de la position horizontale qu'ils occupent dans la journée, jusqu'à une position nocturne verticale, ceux de *S. Pfundii*, qui sont épais et charnus, ne sommeillent pas. Lorsque *Mimosa pudica* et *albida* ont été maintenus à une température assez élevée, dans la journée, les cotylédons viennent, la nuit, en contact intime. La circumnutation de ceux de *M. pudica* a été décrite. Les cotylédons d'une Bauhinia de Sainte-Catherine (Brésil) formaient, dans la journée, un angle d'environ 50° au-dessus de l'horizon, et s'élevaient, la nuit, à 77° ; il est probable, cependant, qu'ils se seraient complétement fermés, si les semis avaient été placés dans un lieu plus chaud.

Lotus. — Nous avons observé le sommeil des cotylédons dans trois espèces de Lotus. Ceux de *L. Jacobeus* présentent un singulier phénomène : ils ne s'élèvent pas la nuit d'une manière apparente pendant les 5 ou 6 premiers jours de leur vie et le pulvinus, dans cette période, n'est pas encore bien développé. Nous rencontrerons, plus loin, un cas presque parallèle, pour les feuilles de *Sida rhombifolia*. Les cotylédons de *L. Gebelii* ne s'élèvent que légèrement la nuit, et diffèrent beaucoup, à cet égard, de ceux des trois espèces portées sur notre liste.

Trifolium. — Nous avons observé la germination de 21 espèces. Dans la plupart d'entre elles, les cotylédons s'élèvent à peine, ou très légèrement, la nuit. Mais ceux de *T. glomeratum, striatum* et *incarnatum*, s'élèvent à 45° ou 55° au-dessus de l'horizon. Chez *T. subterraneum, leucanthemum* et *strictum*, ils sont verticaux ; et, chez *T. strictum*, le mouvement ascensionnel est accompagné, nous le verrons, d'un autre mouvement qui nous fait croire que cette élévation est réellement nyctitropique. Nous n'avons pas examiné avec soin les cotylédons de toutes les espèces, pour savoir s'ils étaient pourvus d'un pulvinus, mais cet organe était distinctement visible chez ceux de *T. subterraneum* et *strictum*, tandis qu'il n'y avait aucune trace de pulvinus chez certaines espèces, par exemple chez *T. resupinatum*, dont les cotylédons ne s'élèvent pas la nuit.

Trifolium subterraneum. — Les limbes des cotylédons, le premier jour après la germination (le 21 novembre) n'étaient pas complétement étalés, et étaient inclinés de 35° au-dessus de l'horizon. La nuit, ils atteignaient une inclinaison d'environ 75°. Deux jours après, les limbes, à midi, étaient horizontaux, et les pétioles fortement inclinés vers le haut : il est remarquable que le mouvement nocturne soit presque complétement localisé dans le limbe, étant effectué à sa base par le pulvinus, tandis que les pétioles conservent, la nuit comme le jour, à peu près la même inclinaison. Cette nuit (le 23 novembre) et les

quelques nuits suivantes, les limbes passèrent de la position horizontale à la verticale, et s'inclinèrent alors vers l'intérieur, en décrivant
un angle d'environ 10°, ils avaient, de la sorte, parcouru un arc de 100°.
A ce moment, leurs extrémités se touchaient presque, leurs bases
étaient un peu écartées. Les deux limbes formaient ainsi un toit fortement incliné au-dessus de l'axe du semis. Le mouvement est le même
que celui de la foliole terminale des feuilles tripartites de plusieurs
espèces de Trifolium. Après un intervalle de 8 jours (le 29 novembre),
les limbes étaient horizontaux dans la journée, et verticaux la nuit,
mais, alors, ils ne s'inclinaient plus vers l'intérieur. Ils continuèrent
à se mouvoir de la même manière pendant les deux mois qui suivirent, et, durant ce temps, ils avaient fortement augmenté de taille,
leurs pétioles n'ayant pas moins de 20 mm. de long; deux vraies feuilles s'étaient développées en même temps.

Trifolium strictum. — Le premier jour après la germination, les
cotylédons, qui sont pourvus d'un pulvinus, étaient horizontaux à
midi, et la nuit, ils ne s'élevaient qu'à environ 45° au-dessus de l'horizon. Quatre jours après, les semis furent de nouveau observés pendant la nuit; les limbes étaient alors verticaux et en contact, à l'exception des extrémités, qui se trouvaient fortement infléchies, et qui
regardaient le zénith. A cet âge, les pétioles sont courbés vers le
haut, et, la nuit, lorsque les bases des limbes se trouvent en contact,
les deux pétioles forment ensemble un anneau vertical entourant la
plumule. Les cotylédons continuèrent à se comporter à peu près de la
même manière pendant 8 ou 10 jours, à partir de la période de germination. Mais les pétioles s'étaient redressés et allongés pendant ce temps.
Après 12 ou 14 jours se forma la première feuille vraie, et, pendant
les 15 jours qui suivirent, nous pûmes observer à diverses reprises un
mouvement remarquable. En I, (fig. 125), nous avons un croquis,
fait au milieu de la journée, d'un semis âgé d'environ 15 jours. Les
deux cotylédons (*Rc* est celui de droite, et *Lc* celui de gauche) sont
directement opposés, et la première feuille vraie (*F*) se projette perpendiculairement sur eux. La nuit (voir II et III)) le cotylédon droit
(*Rc*) est fortement élevé, mais il n'a pas autrement changé de position.
Le cotylédon gauche (*Lc*) s'est aussi élevé, mais il a encore tourné sur
lui-même, de sorte que son limbe, au lieu d'être vis-à-vis de celui du
cotylédon opposé, se trouve maintenant presque à angle droit avec lui.
Ce mouvement nocturne de torsion s'effectue non pas au moyen du pulvinus, et par la torsion du pétiole dans toute sa longueur, ainsi qu'on
peut le voir par les lignes courbes de sa face supérieure concave. En
même temps, la vraie feuille (*F*) s'élève de manière à se trouver verticale, ou même dépasse la verticale, et s'incline un peu vers l'intérieur.

Elle tourne aussi un peu, et, par ce moyen, la face supérieure de son limbe regarde la face supérieure du cotylédon gauche tordu, et vient presque en contact avec elle. Ce dernier fait paraît, d'ailleurs, être le but auquel tendent ces singuliers mouvements. Nous avons observé cumulativement, pendant plusieurs nuits consécutives, 20 semis, et, dans 19 d'entre eux, c'était le cotylédon gauche seul qui subissait la torsion ; la feuille vraie était aussi toujours tordue de façon que la face supérieure du limbe regardât celle du cotylédon gauche, et s'en approchât très fortement. Dans un seul cas, ce fut le cotylédon droit qui se

Fig. 125.

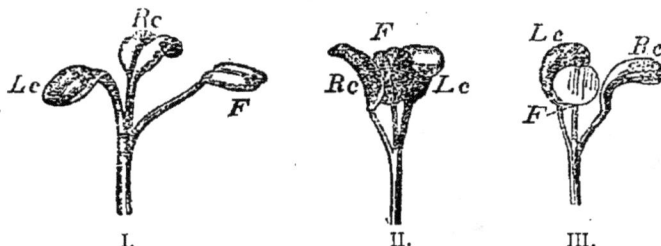

I.   II.   III.

Trifolium strictum : positions diurne et nocturne des deux cotylédons et de la première feuille vraie. — I. Semis vu obliquement par le haut, pendant le jour : Rc, cotylédon droit ; Lc, cotylédon gauche ; F, première feuille vraie. — II. Semis un peu plus jeune, vu la nuit : Rc, cotylédon droit élevé, mais dont la position n'a pas autrement changé ; Lc, cotylédon gauche élevé et tordu latéralement ; F, première feuille élevée et tordue de façon à regarder le cotylédon gauche. — III. Le même semis, vu la nuit du côté opposé. Cette figure montre la face inférieure de la première feuille F, au lieu de la face supérieure, vue dans la figure II.

courba, ayant la feuille vraie tournée de son côté. Mais ce semis se trouvait dans une condition anormale, car, à proprement parler, le cotylédon gauche n'avait pas de mouvement ascensionnel nocturne. Le fait que nous venons de rapporter est extrêmement remarquable, car, dans aucune plante, si ce n'est celle-ci, nous n'avons vu, chez les cotylédons d'autres mouvements que des mouvements verticaux. Il est d'autant plus remarquable, que nous trouverons un cas analogue dans les feuilles du genre voisin Melilotus, chez lequel les folioles terminales tournent pendant la nuit, de manière à présenter un de leurs bords au zénith, et, en même temps, s'inclinent sur un côté, de sorte que leur face supérieure vient en contact avec celle d'une ou des deux folioles latérales, qui sont à ce moment verticales.

Remarques finales sur les mouvements nyctitropiques des cotylédons. — Le sommeil des cotylédons (bien que ce soit là un sujet à peine effleuré) paraît être un phénomène beaucoup plus commun que celui des feuilles. Nous avons observé la position diurne et nocturne des cotylédons dans 153 genres, distinctement répartis au milieu de toute la série des plantes dicotylédones, mais, à tous autres égards, choisis au hasard. Dans 26 de ces genres, une ou plusieurs espèces amenaient la nuit leurs cotylédons dans une position verticale ou presque verticale, en leur faisant décrire un angle d'au moins 60°. Si nous mettons de côté les Légumineuses, dont les cotylédons paraissent particulièrement disposés au sommeil, il nous reste 140 genres, sur lesquels 19 ont une ou plusieurs espèces à cotylédons sommeillants. Si, maintenant, nous avions à choisir au hasard 140 genres, en dehors des Légumineuses, et que nous en observions les feuilles pendant la nuit, nous n'en trouverions certainement pas 19 renfermant des espèces à feuilles sommeillantes. Nous nous reportons ici exclusivement aux plantes que nous avons observées nous-mêmes.

Sur notre liste complète de semis nous comptons 30 genres appartenant à 16 familles, dont les cotylédons, dans une au moins de leurs espèces, s'élèvent ou descendent dans la soirée ou au commencement de la nuit, jusqu'à parvenir à 60° au moins au-dessus ou au-dessous de l'horizon. Dans la grande majorité des genres, soit 24, le mouvement est ascendant, de sorte que la même direction prévaut, dans ces mouvements nyctitropiques, comme dans ceux, moins périodiques, que nous avons décrits dans le second chapitre. Les cotylédons se dirigent vers le bas pendant la première partie de la nuit, dans 6 genres seulement; dans l'un de ceux-ci, Cannabis, l'incurvation de l'extrémité vers le bas est probablement due à l'épinastie, ainsi que Kraus l'admet pour les feuilles. Le mouvement vers le bas sur un parcours de 90° est bien marqué chez *Oxalis Valdiviana* et *sensitiva*, et dans *Geranium rotundifolium*. C'est un fait remarquable que, dans *Anoda Wrightii*, dans une espèce de Gossypium, et dans au moins 3 espèces d'Ipomæa, les cotylédons encore jeunes ne descendent la nuit que très peu ou même pas du tout ; ce mouvement se prononce cependant bien dès qu'ils sont devenus grands et forts. Quoique le mouvement vers le bas ne puisse s'attribuer au poids des cotylédons, dans les divers cas que nous avons observés, c'est-à-dire dans les Anoda, dans *Ipomæa purpurea* et *bona-nox*, et même dans *Ipomæa coccinea*, cependant, si l'on se rappelle que les cotylédons sont en continuelle circumnutation, on admettra qu'une cause légère peut avoir d'abord influé sur la direction du grand mouvement nocturne, vers le haut ou vers le bas. Nous pouvons donc penser que, dans quelque membre primitif du groupe en question, le poids des cotylédons a d'abord déterminé la direction vers le bas. Ce fait que, dans ces espèces, les cotylédons descendent peu durant leur jeune âge, paraît devoir empêcher de croire que le mouvement, plus développé lorsqu'ils sont plus âgés, ait été acquis pour leur procurer une protection contre la radiation nocturne : mais, nous devons nous rappeler qu'il y a beaucoup de plantes dont les feuilles sommeillent tandis que les cotylédons ne le font pas; et si, en quelques cas, les feuilles sont protégées la nuit contre le froid tandis que les cotylédons ne le sont pas, de même, dans d'autres, il peut être important pour l'espèce que les cotylédons presque complétement développés puissent être mieux protégés que ceux plus jeunes.

Dans toutes les espèces d'Oxalis que nous avons observées, les cotylédons sont pourvus d'un pulvinus; mais cet organe est devenu plus ou moins rudimentaire dans *O. corniculata,* et la grandeur du mouvement ascensionnel nocturne de ses cotylédons est plus variable; il n'est cependant jamais assez considérable pour qu'on puisse le nommer sommeil. Nous n'avons pas observé si les cotylédons de *Geranium rotundifolium* sont pourvus d'un pulvinus. Dans les Légumineuses, tous les cotylédons qui sommeillent, autant que nous avons pu le voir, sont munis de cet organe. Mais, dans *Lotus Jacobœus*, ces coussinets ne sont pas pleinement développés pendant les quelques premiers jours de la vie du semis, et les cotylédons ne possèdent pas alors un mouvement ascensionnel nocturne bien accusé. Dans *Trifolium strictum*, les limbes des cotylédons s'élèvent la nuit au moyen de leur pulvinus, tandis que le pétiole du cotylédon décrit en même temps un demi-tour sur lui-même, indépendamment du pulvinus.

Comme règle générale, les cotylédons pourvus de pulvinus continuent à s'élever ou à descendre la nuit pendant une plus longue période que ne le font ceux dépourvus de cet organe. Dans ce dernier cas, le mouvement dépend, sans aucun doute, d'un accroissement alternativement plus fort sur la face supérieure et sur la face inférieure du pétiole ou du limbe, ou de ces deux surfaces à la fois, accroissement précédé probablement d'une augmentation dans la turgescence des cellules affectées. De tels mouvements ne persistent généralement que pendant une très courte période — par exemple, pour Brassica et Githago, 4 ou 5 nuits, pour Beta 2 ou 3 nuits, enfin pour Raphanus une seule nuit. Il y a cependant quelques exceptions à cette règle, car les cotylédons de Gossypium, Anoda et Ipomœa ne possèdent pas de pulvinus, et continuent cependant longtemps à se mouvoir et à croître. Nous pensions d'abord que, lorsque le mouvement ne durait que 2 ou 3 nuits, il ne pouvait être pour la plante que d'une utilité très restreinte, et qu'on pouvait à peine lui donner le nom de sommeil; mais, comme beaucoup de feuilles à croissance rapide ne sommeillent que quelques nuits, et que les cotylédons se développent rapidement et complètent bientôt leur croissance, ce doute ne nous parut pas fondé surtout en considérant plus spécialement l'énergie que montrent dans plusieurs cas ces mouvements. Nous pouvons mentionner ici un autre point de ressemblance entre le sommeil des feuilles et celui des cotylédons, c'est que quelques-uns de ces derniers (ceux, par exemple, de Cassia et de Githago) sont aisément affectés par l'absence de lumière. Ils se ferment alors, ou, s'ils sont fermés, ils ne s'ouvrent pas ; d'autres au contraire (comme les cotylédons d'Oxalis) ne sont que très peu impressionnés par la lumière. Dans le chapitre suivant, nous montrerons que les mouvements nyctitropiques, soit des feuilles soit des cotylédons, ne sont autre chose qu'une modification de la circumnutation.

Dans les Légumineuses et les Oxalidées, les feuilles et les cotylédons de la même espèce étant généralement soumis au sommeil, l'idée nous vint d'abord naturellement que le mouvement nyctitropique des cotylédons n'était surtout qu'un développement anticipé d'une habitude propre à un âge plus avancé de la vie. Une telle explication ne peut pourtant être admise, quoiqu'il paraisse y avoir quelque connexion, comme on pouvait s'y attendre, entre ces deux sortes de phénomène. Les feuilles de beaucoup de plantes sommeillent, tandis que leurs cotylédons ne le font pas, — fait dont *Desmodium gyrans* nous offre un excellent exemple, ainsi que trois espèces de Nicotiana observées par nous ; il en est de même pour *Sida rhombifolia, Abutilon Darwini* et *Chenopodium album*. D'autre part, les cotylédons de certaines plantes sommeillent sans que les feuilles les imitent ; c'est ce qui arrive pour les espèces de Beta, Brassica, Geranium, Apium, Solanum et Mirabilis, indiquées sur notre liste. Bien plus frappant encore est ce fait, que, dans un même genre, les feuilles dans plusieurs espèces ou même de toutes peuvent sommeiller, tandis que ce phénomène ne se présente, pour les cotylédons, que chez quelques-unes d'entre elles ; il en est ainsi pour les g. Trifolium, Lotus, Gossypium, et, en partie, pour Oxalis. De plus, lorsque les cotylédons et les feuilles de la même plante dorment à la fois, leurs mouvements peuvent être de natures nettement différentes. Ainsi, dans le genre Cassia, les cotylédons s'élèvent verticalement la nuit, tandis que les feuilles descendent et tournent sur elles-mêmes, de manière à ce que leurs faces inférieures regardent en dehors. Dans des semis d'*Oxalis Valdiviana*, ayant 2 ou 3 feuilles bien développées, il était curieux de voir, la nuit, chaque foliole se tourner vers l'intérieur et descendre verticalement, tandis qu'en même temps et sur la même plante, les cotylédons étaient verticaux et tournés vers le haut.

Ces divers faits, qui montrent l'indépendance des mouvements nocturnes dans les feuilles et dans les cotylédons des mêmes plantes, ou dans des plantes appartenant aux mêmes genres, nous amènent à penser que la puissance motrice des cotylédons a été acquise dans un but spécial. D'autres faits viennent à l'appui de cette conclusion, tels que la présence des coussinets, qui permettent au mouvement des cotylédons de continuer pendant plusieurs semaines. Dans les Oxalis, les cotylédons de certaines espèces se meuvent pendant la nuit verticalement vers le haut, et dans d'autres au contraire vers le bas ; mais cette grande différence, chez des plantes du même genre, n'est pas aussi surprenante qu'elle peut le paraître d'abord, si l'on considère que les cotylédons de chaque espèce sont doués, pendant la journée, d'une continuelle oscillation suivant la perpendiculaire, de sorte qu'une cause légère peut déterminer le sens de leur mouvement nocturne. Notre proposition peut encore s'appuyer sur le mouvement nocturne spécial du cotylédon gauche de *Trifolium strictum*, en connexion avec celui de la première feuille vraie ; enfin, sur la distribution, dans toute la série des dicotylédones, de végétaux dont les cotylédons sont soumis au sommeil. Si l'on prend en considération ces divers faits, nous paraîtrons autorisé à conclure que les mouvements nyctitropiques des cotylédons, qui amènent le limbe dans une position nocturne verticale ou presque verticale, soit vers le haut soit vers le bas, ont été acquis, au moins dans la plupart des cas, dans un but spécial. Il nous est d'ailleurs impossible de mettre en doute que ce but ne soit la protection de la surface supérieure du limbe, et peut-être du bourgeon central, c'est-à-dire de la plumule, contre la radiation nocturne.

CHAPITRE VII

Modifications dans la Circumnutation : Mouvements de sommeil ou nyctitropiques des feuilles.

Conditions nécessaires pour ces mouvements. — Liste des genres et des familles qui comprennent des plantes à feuilles sommeillantes. — Description des mouvements dans les divers genres. — Oxalis : enroulement nocturne des folioles. — Averrhoa : rapides mouvements des folioles. — Porliera : ferme ses folioles lorsque les plantes ne sont pas arrosées. — Tropæolum : ses feuilles ne sommeillent qu'après un fort éclairage diurne. — Lupinus : divers modes de sommeil. — Melilotus : singuliers mouvements de la foliole latérale. — Trifolium. — Desmodium : le mouvement des folioles latérales rudimentaires n'existe pas dans la jeunesse du végétal; état du pulvinus. — Cassia : mouvements complexes de ses folioles. — Bauhinia : enroulement nocturne des folioles. — Mimosa pudica : mouvements composés des feuilles, effet de l'obscurité. — Mimosa albida : ses folioles réduites. — Schrankia : mouvement de descente des aiguillons. — Marsilea : le seul cryptogame sommeillant connu. — Remarques finales et résumé. — Le nyctitropisme est une modification de la circumnutation, régularisée par les alternances de lumière et d'obscurité. — Forme des premières feuilles vraies.

Nous arrivons aux mouvements de sommeil, ou nyctitropiques, des feuilles. On doit se rappeler que nous avons convenu d'appliquer ce terme seulement aux feuilles qui amènent, la nuit, leur limbe dans une position soit verticale soit éloignée de moins de 30° de la verticale, c'est-à-dire d'au moins 60° au-dessus ou au-dessous de l'horizon. En quelques cas, cet effet est obtenu par la seule rotation du limbe, le pétiole ne s'élevant ou ne s'abaissant pas considérablement. La limite fixée (30° de la verticale) est purement arbitraire : nous l'avons choi-

sie pour les raisons énumérées plus haut, c'est-à-dire
parce que, quand le limbe se rapproche à ce point de la
perpendiculaire, la partie de sa surface qui demeure dirigée la nuit vers le zénith, et qui souffre de la radiation,
représente tout au plus la moitié de celle qui subirait les
mêmes effets, si le limbe était horizontal. Toutefois, en
quelque cas, des feuilles qui paraissent empêchées par
leur structure de parcourir un arc aussi considérable (60°), ont été cependant comprises parmi les plantes
sommeillantes.

On peut dire d'abord que les mouvements nyctitropiques des feuilles sont facilement affectés par les conditions auxquelles les plantes sont soumises. Si la terre
demeure trop sèche, ces mouvements sont fortement atté-
nués ou cessent entièrement; d'après Dassen même, (1),
si l'air est très sec, les feuilles d'Impatiens et de Malva
deviennent immobiles. Carl Kraus a aussi insisté (2),
dernièrement, sur la façon profonde dont sont influencés
les mouvement périodiques des feuilles par la quantité de
vapeur d'eau qu'absorbent ces organes : cet auteur croit
qu'il faut rapporter à cette cause surtout, l'amplitude variable du mouvement de descente des feuilles de *Polygonum convolvulus*. S'il en est ainsi, ces mouvements ne
seraient pas, à notre sens, strictement nyctitropiques.
Les plantes, pour sommeiller, doivent avoir été soumises
à une température convenable : *Erythrina crista-galli*, en
plein air et fixée contre un mur, paraissait recevoir une
chaleur suffisante ; cependant, les folioles ne sommeillaient pas, tandis que celles d'une autre plante gardée
dans la serre étaient toutes dirigées, la nuit, verticalement en bas. Dans un jardin potager, les folioles de *Pha*.

(1) Dassen, « *Tijdschrift vor. Naturlijke Gesch. en Physiologie* », 1837, IV
p. 106. Voir aussi Cl. Royer : *Sur l'importance d'un état spécial de turgescence*
des cellules, in « Annal. Sc. Nat. » IX, 1868, p. 345.

(2) « *Beitrage zur Kentniss der Bewegungen* » etc., in « Flora » 1879, pp. 42
43, 67, etc.

seolus vulgaris ne sommeillaient point durant la dernière partie de l'été. Cl. Royer dit, (1) en parlant, je pense, des plantes originaires de France, que ces dernières ne sommeillent pas si la température est inférieure à 5° C. Pour beaucoup de plantes sommeillantes, c'est-à-dire pour les espèces de Tropæolum, Lupinus, Ipomæa, Abutilon, Siegesbeckia, et probablement d'autres genres encore , il est indispensable que les feuilles aient eu dans la journée un bon éclairage, si on veut leur voir prendre, la nuit, leur position verticale. C'est probablement pour ce motif que des semis de *Chenopodium album* et de *Siegesbeckia orientalis*, nés au milieu de l'hiver, ne sommeillèrent point, bien qu'ils fussent maintenus à une température convenable. Enfin, une violente agitation de quelques minutes, déterminée par le vent, empêcha de sommeiller, pendant les deux nuits qui suivirent , les feuilles de *Maranta arundinacea*, qui n'avaient pas été dérangées auparavant dans la serre.

Nous allons donner sur les plantes sommeillantes, nos observations, faites suivant la méthode décrite dans l'introduction. La tige de la plante fut toujours fixée (à moins d'indication contraire) près de la base de la feuille, de manière à empêcher, pendant l'observation des mouvements propres à la feuille, la circumnutation de cette tige. Les tracés ayant été relevés sur un verre vertical faisant face à la plante, il fut évidemment impossible d'indiquer la marche de la feuille, dès qu'elle commençait, dans la soirée, à s'incliner fortement vers le haut ou vers le bas. Il faut donc comprendre que les lignes brisées de nos diagrammes, représentant la marche des folioles dans la soirée et dans la nuit, doivent toujours être prolongées par la pensée à une distance beaucoup plus considérable vers le haut ou vers le bas. Nous donnerons, à la fin de

(1) « *Annales des Sc. Nat. Bot.* » (5ᵉ série), IX, 1868, p. 866.

ce chapitre, les conclusions auxquelles nous ont amené ces observations.

Nous indiquons, dans la liste suivante, tous les genres qui, à notre connaissance, comprennent des plantes sommeillantes. Un arrangement identique à celui usité dans le cas précédent a été suivi, et nous avons ajouté aussi les numéros d'ordre des familles. Cette liste présente quelque intérêt, car elle montre que l'habitude du sommeil est commune à certaines plantes réparties dans toute la série vasculaire ; le plus grand nombre des genres portés sur cette liste ont été observés par nous avec plus ou moins de soin. Plusieurs cependant ont été indiqués sur l'autorité d'autres auteurs, dont nous avons indiqué les noms, et nous n'avons rien de plus à dire à ce sujet. Sans aucun doute, cette liste est fort imparfaite, et il faudrait y ajouter plusieurs plantes indiquées dans le *Somnus plantarum* de Linné ; mais nous ne pouvions juger, dans beaucoup des cas rapportés par cet observateur, si les limbes occupaient, la nuit, une position presque verticale. Il appelle sommeillantes plusieurs plantes, par exemple *Lathyrus odoratus* et *Vicia faba*, chez lesquelles nous n'avons pu observer aucun mouvement se rapportant à ceux de sommeil, et, comme personne ne peut douter de l'exactitude de Linnée, nous avons laissé ces cas dans le doute.

Liste des genres qui comprennent des espèces à feuilles sommeillantes.

CLASSE I. DICOTYLÉDONES.

Sous-Classe I. ANGIOSPERMES.

Genres.	Familles.
Githago.	Caryophyllées (26).
Stellaria (Batalin).	"
Portulaca (Ch. Royer).	Portulacées (27).
Sida.	Malvacées (36).
Abutilon.	"
Malva (Linnée et Pfeffer.)	"

Sous-Classe I. ANGIOSPERMES.

Genres.	Familles.
Hibiscus (Linnée).	"
Anoda.	"
Gossypium.	"
Ayenia (Linnée).	Sterculacées (37).
Triumfetta (Linnée).	Tiliacées (38).
Linum (Batalin).	Linées (39).
Oxalis.	Oxalidées (41).
Averrhoa.	"

Liste des genres qui comprennent des espèces à feuilles sommeillantes.

Classe I. DICOTYLÉDONES.

Sous-Classe I. ANGIOSPERMES.

Genres.	Familles.
Porlieria.	Zygophyllées (45).
Guiacum.	»
Impatiens (Linnée, Pfeffer, Batalin).	Balsaminées (48).
Tropæolum.	Tropæolées (49).
Crotolaria (Thiselton Dyer).	Légumineuses (75).
Lupinus.	» Tribu II.
Cytisus.	» »
Trigonella.	» »
Medicago.	» Trib. III.
Melilotus.	» »
Trifolium.	» »
Securigera.	» »
Lotus.	» Trib. IV.
Psoralea.	» »
Amorpha (Duchartre).	» Tribu IV.
Dælea	» »
Indigofera.	» »
Tephrosia.	» »
Wistaria.	» »
Robinia.	» »
Sphærophysa.	» »
Colutea.	» »
Astragalus.	» »
Glycyrrhiza.	» »
Coronilla.	» Tribu V.
Hedysarum.	» »
Onobrychis.	» »
Smithia.	» »
Arachis.	» »
Desmodium.	» »
Uriania.	» »
Vicia.	» Trib. VII.
Centrosema.	» Tr. VIII.
Amphicarpæa.	» »
Glycine.	» »
Erythrina.	» »
Apios.	» »
Phaseolus.	» »
Sophora.	» Tribu X.
Cæsalpinia.	» Tr. XIII.

Sous-Classe I. ANGIOSPERME .

Genres.	Familles.
Hæmatoxylon.	» Tr. XIII
Gleditschia (Duchartre).	» »
Poinciana.	» »
Cassia.	» Tr. XIV.
Bauhinia.	» Tr. XV.
Tamariodus.	» Tr. XVI.
Adenanthera.	» Tr. XX.
Prosopis.	» »
Neptunia.	» »
Mimosa.	» »
Schraukia.	» »
Acacia.	» Tr. XXII.
Albizzia.	» Tr. XXIII.
Melaleuca(Bouché)	Myrtacées (94).
Ænothera (Linnée)	Onagrariées (100).
Passiflora.	Passiflorées (105).
Siegesbeckia.	Composées (122).
Ipomæa.	Convolvulacées (151).
Nicotiana.	Solanées (157).
Mirabilis.	Nyctaginées (177).
Polygonum (Batalin).	Polygonées (179).
Amarantbus.	Amaranthacées (180).
Chenopodium.	Chenopodiées (181
Pimelia (Bouché).	Thymetées (188).
Euphorbia.	Euphorbiacées (202
Phyllanthus (Pfeffer).	» »

Sous-Classe II. GYMNOSPERMES

Abies (Chatin).

Classe II. MONOCOTYLÉDONES

Thalia.	Cannacées (21)
Maranta.	»
Colocasia.	Aroidées (30).
Strephium.	Graminées (55).

Classe III. ACOTYLÉDONES.

Marsilea.	Marsileacées (4).

Githago segetum. — Les premières feuilles produites par nos semis s'élèvent et se ferment avec la nuit. Sur un semis un peu plus âgé, deux jeunes formaient, à midi, un angle de 55° au-dessus de l'horizon, et cet angle s'élevait, vers la nuit, à 86°, de sorte que chaque feuille avait parcouru 31°. L'angle était cependant moins fort en certains cas. Nous eûmes l'occasion de faire des observations semblables sur de jeunes feuilles (les vieilles n'ont qu'un très faible mouvement) produites par des plantes presque complétement développées. Batalin dit (*Flora*, 1ᵉʳ octobre 1873, p. 437) que les jeunes feuilles de Stellaria se ferment si complétement, la nuit, qu'elles forment par leur ensemble de grands bourgeons.

Sida (Malvacées). — Les mouvements nyctitropiques des feuilles de ce genre sont remarquables à plus d'un égard. Batalin nous informe (voir aussi *Flora*, 1ᵉʳ oct. 1873, p. 437) que celles de *S. napœa* descendent la nuit, mais il ne peut se rappeler suivant quel angle s'opère ce mouvement. Les feuilles de *S. rhombifolia* et *retusa*, d'autre part, s'élèvent verticalement, en se pressant contre la tige. Nous avons donc ici, dans le même genre, des mouvements diamétralement opposés. De plus, les feuilles de *S. rhombifolia* sont munies d'un pulvinus, composé d'une masse de petites cellules dépourvues de chlorophylle, dont les grands axes sont parallèles à l'axe du pétiole. Ces cellules mesurées suivant ce grand axe, n'ont que 1/5 de la longueur de celles du pétiole ; mais, au lieu d'en être nettement séparées (comme c'est le cas pour le pulvinus de la plupart des plantes) elles arrivent graduellement à la longueur des cellules ordinaires. D'autre part, *S. napœa*, d'après Batalin, ne possède pas de pulvinus ; il nous informe qu'on peut trouver une gradation, dans les diverses espèces du genre, entre les deux états du pétiole. *Sida rhombifolia* présente une autre particularité, dont nous n'avons pu constater aucun autre cas dans les feuilles sommeillantes : nous avons observé, à plusieurs reprises, que les feuilles de très jeunes pieds dans cette espèce, bien que s'élevant un peu dans la soirée, ne sommeillent pas, tandis que les mouvements de sommeil sont remarquables chez les feuilles appartenant à des plantes un peu plus âgées. Par exemple, une feuille, longue de 21ᵐᵐ25, et portée sur un très jeune semis haut de 5 cm., formait à midi un angle de 9° au-dessus de l'horizon, et, à 10 h. du soir, cet angle n'avait été porté qu'à 19° ; une autre feuille, longue de 35 mm., et portée sur un semis de la même hauteur, formait, aux mêmes heures, des angles de 7° et 32° ; elle avait donc parcouru un arc de 25°. Ces feuilles, dont les mouvements étaient si faibles, possédaient un pulvinus très peu développé. Après quelques semaines, lorsque ces mêmes semis eurent atteint des hauteurs de 62ᵐᵐ5 et de 75 mm., quelques-unes des feuilles prenaient une position nocturne presque verticale, et d'autres étaient très fortement inclinées ; il en était de même avec des plantes entièrement développées et en état de floraison.

Nous relevâmes le mouvement d'une feuille, du 28 mai, 9 h. 15 du matin, au 30, 8 h. 30 du matin. La température étant trop basse (15 à 16° C.) et l'éclairage à peine suffisant, les feuilles ne s'inclinèrent pas aussi fortement, la nuit, qu'elles l'avaient fait auparavant et qu'elles le firent plus tard dans la serre. Les mouvements ne parurent cependant pas autrement troublés. Le premier jour, la feuille descendit un peu jusqu'à 5 h. 15 du soir, puis elle s'éleva rapidement et fortement jusqu'à 10 h. 5 du soir, et ce mouvement ne continua que faiblement pendant le reste de la nuit (fig. 126). Le lendemain (29), de bonne heure, elle redescendit en décrivant de légers zigzags, jusqu'à 9 h. du matin. A ce moment, elle occupait à peu près la même place que la veille au matin. Durant le reste de la journée, elle descendit légèrement, en décrivant de faibles zigzags latéraux. Le soir, le mouvement ascensionnel commença après 4 h. du soir de la même manière que la veille, et, le lendemain matin, elle descendit encore rapidement. Les lignes ascendantes et descendantes ne coïncident pas, comme on peut le voir par le diagramme. Le 30, nous fîmes un nouveau tracé (nous ne le donnons pas ici) sur une échelle un peu plus grande, l'extrémité de la feuille étant alors à 22°m5 du verre vertical. Pour pouvoir observer avec plus de soin la marche suivie au moment où la descente diurne se transforme en élévation nocturne, nous

Fig. 126.

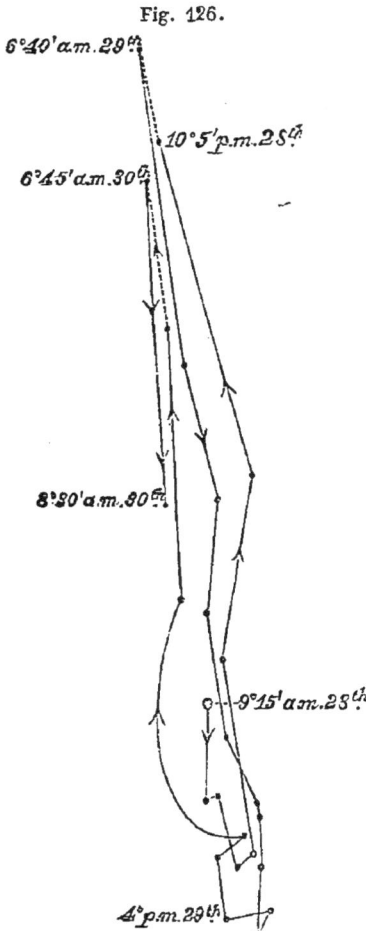

Sida rhombifolia : circumnutation et mouvements nyctitropiques d'une feuille prise sur une jeune plante, haute de 23 cm. 75. Le fil est fixé sur la nervure médiane d'une feuille presque complètement développée, longue de 60 mm. le mouvement est relevé sous un châssis vitré. L'extrémité de la feuille est à 14 cm du verre vertical, de sorte que le diagramme n'est pas très amplifié.

marquâmes des points de demi-heure en demi-heure, depuis 4 h. jusqu'à 10 h. 30 du soir. Cette précaution rendit le mouvement latéral en zigzag plus apparent que dans notre figure déjà donnée, mais la nature de ce mouvement demeure toujours la même. L'impression que laissèrent dans notre esprit ces expériences fut que la feuille dépensant une quantité superflue de mouvement, la grande élévation nocturne ne pouvait se produire à une heure peu avancée.

Abutilon Darwini (Malvacées). — Sur des plantes très jeunes, les feuilles étaient presque horizontales dans la journée, et verticales la nuit. Des sujets très petits, gardés dans une grande salle éclairée seulement par le haut, ne sommeillaient pas la nuit : il faut, pour que le mouvement se produise, que les feuilles aient joui d'un très bon éclairage pendant la journée. Les cotylédons ne dorment pas. Linnée dit que les feuilles de *Sida abutilon* descendent perpendiculairement à l'entrée de la nuit, tandis que leurs pétioles s'élèvent. Le prof. Pfeffer nous informe que les feuilles d'une Malva, parente de *M. sylvestris*, s'élèvent fortement la nuit, et ce genre, aussi bien que le genre Hibiscus, est compris, par Linnée, dans sa liste des plantes sommeillantes.

Anoda Wrighti (Malvacées). — Les feuilles des très jeunes plantes, lorsqu'elles sont parvenues à une taille modérée, descendent, la nuit, soit presque verticalement, soit jusqu'à un angle de 45° sous l'horizon. Il y a en effet des variations considérables dans l'intensité de leur descente nocturne , et elles dépendent en partie du degré d'éclairage que les feuilles ont reçu dans la journée. Mais les feuilles, encore jeunes, ne descendent pas la nuit, fait complètement inusité. Le sommet du pétiole, au point où il touche le limbe, se développe en un pulvinus, qui existe déjà chez les jeunes feuilles non nyctitropiques ; il n'est cependant pas, chez elles, aussi nettement défini que dans les feuilles plus âgées.

Gossypium (var. Coton Nankin) (Malvacées). — Quelques jeunes feuilles longues de 25 à 50 mm., portées sur deux semis hauts de 15 à 20 mm., étaient horizontales ou peu élevées sur l'horizon, le 8 et le 9 juin à midi ; mais, à dix heures du soir, elles étaient descendues jusqu'à 68° et 90° au-dessous de l'horizon. Lorsque les mêmes plantes eurent atteint une hauteur double, leurs feuilles furent, la nuit, verticales ou presque verticales. Les feuilles de quelques grands pieds de *G. maritimum* et *Braziliense*, gardés dans une serre fort mal éclairée, ne descendaient fortement la nuit que par hasard, et on pouvait à peine dire qu'elles sommeillaient.

Oxalis (Oxalidées). — Dans la plupart des espèces de ce genre, les trois folioles se dirigent, la nuit, verticalement vers le bas. Mais leurs pétioles étant très courts, les limbes ne sauraient prendre leur position nocturne à cause du manque de place, s'ils ne se rendaient pas plus étroits, par un artifice quelconque. C'est ce qu'ils obtiennent en

s'enroulant plus ou moins (fig. 127). L'angle formé par les deux moï-
tiés de la même foliole se trouva varier, chez divers individus des différentes espèces, entre 92° et 150°; dans trois des feuilles les plus
enroulées d'*O. fragrans*, il était de 76°, 74° et 54°. L'angle diffère souvent beaucoup pour les trois folioles de la même feuille. Les folioles
descendant et s'enroulant la nuit, leurs faces inférieures sont rapprochées (voir B) ou même amenées en contact: de cette circonstance on
peut conclure que le but de l'enroulement était la protection de cette
face inférieure. S'il en était ainsi, ce fait formerait une exception considérable à la règle qui veut que, lorsqu'il y a quelque différence dans le
degré de protection des deux faces contre la radiation, ce soit toujours
la face supérieure qui soit mieux protégée. Mais on peut avancer
aussi que l'enroulement des folioles et le rapprochement mutuel de
leurs faces inférieures, qui en est la conséquence, n'ont pas d'autre
objet que de permettre aux folioles de descendre verticalement ; c'est

Fig. 127.

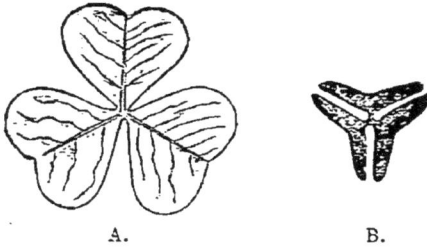

A.   B.

Oxalis acetosella : A, feuille vue verticalement par le haut. B, diagramme d'une feuille
sommeillante, vue aussi verticalement par le haut.

ce que semblerait prouver ce fait, que, lorsque les folioles ne sortent
pas du sommet d'un pétiole commun, ou même lorsqu'il y a un espace
suffisant, par suite d'un moindre raccourcissement des pétiolules, les
folioles descendent sans s'enrouler. C'est ce qui arrive pour les folioles d'*O. sensitiva, Plumieri* et *bupleurifolia*.

Il n'est pas nécessaire de donner une longue liste des nombreuses
espèces qui sommeillent de la manière que nous venons de décrire.
Ce genre de sommeil se présente chez les espèces à folioles assez
charnues, comme *O. carnosa*, ou chez celles qui possèdent de larges
feuilles, comme *O. Ortegenii*, ou enfin celles qui ont des feuilles composées de quatre folioles, comme *O. variabilis*. Il y a cependant des
espèces qui ne montrent aucun signe de sommeil, comme *O. penta-
phylla, enneaphylla, hirta* et *rubella*. Nous allons décrire la nature
des mouvements propres à quelques espèces.

Oxalis acetosella. — Le diagramme suivant (fig. 128), montre le

mouvement d'une foliole et du pétiole tout entier, relevé du 4 octobre,
11 h. du matin, au 5, 7 h. 45 du matin.
Le 4, après 5 h. 30 du soir, la foliole descendit rapidement, et elle était verticale
à 7 h. du soir. Quelque temps avant de
prendre cette dernière position, les mouvements ne pouvaient, naturellement,
plus être suivis sur le verre vertical ; il
faut donc étendre beaucoup plus loin,
par la pensée, la ligne pointillée indiquée sur le diagramme. A 6 h. 45 du matin, le lendemain, la feuille s'était élevée
considérablement, et elle continua ainsi
pendant l'heure qui suivit. A en juger,
cependant, par d'autres observations,
elle aurait bientôt commencé à redescendre. De 11 h. du matin à 5 h. 30 du soir,
la foliole se mut au moins quatre fois
vers le haut et tout autant vers le bas,
avant que commençât le grand mouvement nocturne de descente. Elle atteignit,
à midi, le point le plus élevé de son parcours. Après avoir fait des observations
similaires sur deux autres folioles, nous
arrivâmes presque aux mêmes résultats.
Sachs et Pfeffer (1) ont aussi brièvement
décrit les mouvements autonomes des
feuilles de cette plante.

Dans un autre cas, le pétiole d'une
feuille fut assujetti contre un petit bâton,
tout à fait près des folioles, et nous
fixâmes sur la nervure médiane de l'une
d'elles, un fil de verre terminé par une
goutte de cire, et pourvu d'un point de
repère. A 7 h. du soir, au moment où les
folioles sommeillaient, le fil pendait verticalement vers le bas, et nous traçâmes
alors les mouvements de la goutte de cire
jusqu'à 10 h. 40 du soir, comme le montre le diagramme suivant (fig. 129).

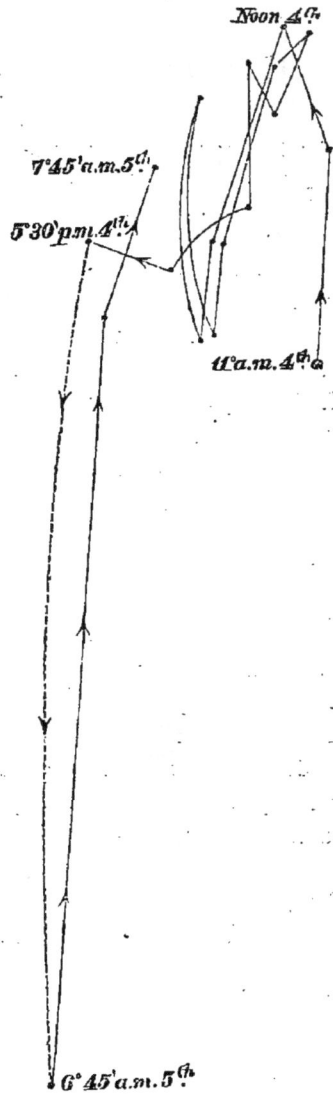

Fig. 128.

Oxalis acetosella : circumnutation
et mouvements nyctitropiques
d'une feuille presque complètement développée ; le fil est attaché sur la nervure médiane d'une
des folioles. Relevé sur un verre
vertical pendant 20 h. 45 m.

(1) Sachs, in « Flora » 1863, p. 470, etc. ; Pfeffer « Die Period. Bewegungen »,
etc., 1875, p. 53.

Nous voyons ici que la foliole était agitée d'un léger mouvement de droite à gauche et de haut en bas, pendant son sommeil.

Fig. 129.

Oxalis acetosella : Circumnutation et mouvement nyctitropique d'une foliole; relevés sur un verre vertical pendant 20 h. 45 m.

Oxalis Valdiviana. — Les feuilles ressemblent à celles de l'espèce précédente. Nous relevâmes pendant deux jours les mouvements de deux folioles dont les pétioles avaient été fixés. Nous ne donnons pas ici ces tracés, car ils ressemblent à ceux d'*O. acetosella*, si ce n'est toutefois que les oscillations verticales n'avaient pas la même fréquence dans la journée, et que le mouvement latéral était un peu plus fort, de sorte que les ellipses décrites étaient plus larges. Les feuilles s'ouvrent le matin de bonne heure, car, le 12 juin, à 6 h. 45 du matin, et le 13, elles avaient non seulement atteint leur hauteur pleine, mais elles avaient même déjà commencé à descendre; en un mot, elles circumnutaient. Nous avons vu dans le chapitre précédent, que les cotylédons, au lieu de descendre, montent verticalement la nuit.

Oxalis Ortegesi. — Les larges feuilles de cette plante sommeillent comme celles de l'espèce précédente. Les pétioles sont longs, et celui d'une jeune feuille s'élevait de 20°, de midi à 10 h. du soir, tandis que celui d'une feuille plus âgée ne s'élevait que de 13° dans le même temps. Grâce à ce mouvement des pétioles et à la descente verticale des larges folioles, les feuilles se groupent la nuit, et la plante tout entière expose à la radiation une surface bien plus faible que pendant la journée.

Oxalis Plumieri. — Dans cette espèce, les trois folioles ne se groupent pas à l'extrémité du pétiole, mais la foliole terminale se projette dans son prolongement, et est pourvue, de chaque côté, d'une foliole latérale. Toutes trois sommeillent en s'inclinant verticalement vers le bas, mais sans s'enrouler. Le pétiole est assez long. Après avoir assujetti un d'eux sur un bâton, nous relevâmes, pendant 48 heures, sur un verre vertical, le mouvement de la foliole terminale. Ce mouvement était très simple : elle descendait rapidement à 5 h. du soir, et le lendemain de bonne heure, s'élevait aussi rapidement. Au milieu de la journée elle était agitée d'un mouvement latéral faible et lent. Par suite, les lignes ascendantes et descendantes ne coïncidaient pas, et, chaque jour, une seule grande ellipse était engendrée. Il n'y avait pas d'autre trace de circumnutation, et ce fait est intéressant, nous le verrons plus loin.

Oxalis sensitiva. — Comme dans l'espèce précédente, les folioles s'inclinent verticalement vers le bas, sans s'enrouler. Le pétiole, très allongé, s'élève beaucoup dans la soirée, mais dans quelques plantes jeunes, ce mouvement ne commença qu'à une heure avancée de la nuit. Nous avons vu que les cotylédons, au lieu de descendre comme les folioles, s'élèvent verticalement la nuit.

Oxalis bupleurifolia. — Cette espèce est remarquable par ses pétioles foliacés, comme les phyllodes de beaucoup d'Acacias. Les folioles sont petites, d'un vert plus pâle et d'une consistance plus faible que les pétioles foliacés. La foliole que nous observâmes mesurant 13ᵐᵐ75 de long, était portée par un pétiole long de 5 cm. et large de 7ᵐᵐ5. On peut croire que les folioles sont en train de subir un avortement ou une oblitération, comme ceux d'une autre espèce Brésilienne, *O. rusciformis.* Toutefois, dans l'espèce actuelle, les mouvements nyctitropiques s'accomplissent parfaitement. Le pétiole foliacé fut d'abord observé pendant 48 heures, et il se trouva en circumnutation continuelle, comme le montre la fig. 130. Il s'élevait dans la journée et dans la première partie de la nuit, pour descendre pendant le reste de la nuit et le commencement de la matinée; mais ce mouvement n'était pas assez prononcé pour prendre le nom de sommeil. Les lignes d'ascension et de descente ne coïncidaient pas, de sorte qu'une ellipse

Fig. 130.

Oxalis bupleurifolia : circumnutation d'un pétiole foliacé. Le fil est fixé obliquement sur l'extrémité du pétiole. Mouvements relevés sur un verre vertical, du 26 juin, 9 h. du matin, au 28, 8 h. 50 du matin ; l'extrémité de la foliole est à 102ᵐᵐ5 du verre de sorte que le mouvement n'est pas très amplifié. Plante haute de 22 cm. 6, éclairée par le haut. Temp. 23° 1/2 - 24° 1/2 C.

était engendrée chaque jour. Il n'y avait qu'un faible mouvement de zigzag. Si le fil avait été fixé longitudinalement, nous aurions probablement vu que le mouvement latéral est plus fort que ne l'indique le diagramme.

Nous observâmes ensuite une foliole terminale sur une autre feuille dont le pétiole avait été fixé et nous en donnons les mouvements dans la fig. 131. Durant la journée, les folioles sont étendues horizontalement, et, la nuit, elles pendent verticalement. Comme le pétiole s'élève pendant la journée, les folioles doivent s'incliner vers le bas dans la soirée, en décrivant un arc supérieur à 90°, pour pouvoir prendre leur position nocturne verticale. Le premier jour, la foliole se mouvait simplement suivant la verticale; le second jour, elle circumnutait pleinement de 8 h. du matin à 4 h. 30 du soir; à ce moment commença la grande descente nocturne.

Fig. 131.

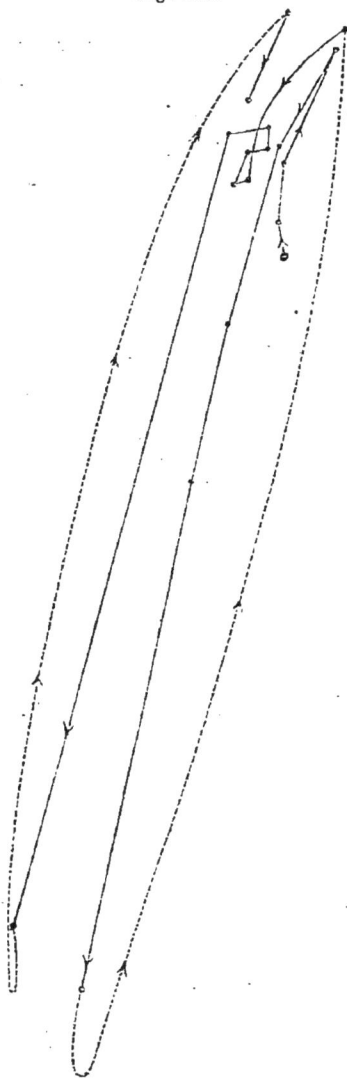

Oxalis bupleurifolia : circumnutation et mouvement nycotritropique de la foliole terminale, pourvue d'un fil fixé sur la nervure médiane. Relevé sur un verre vertical du 26 juin, 9 h. m. au 28, 8 h. 45 m. Conditions identiques à celles du cas précédent.

Averrhoa bilimbi (Oxalidées). — On sait depuis longtemps (1), d'abord que les folioles de ce genre sommeillent; ensuite, qu'elles se meuvent spontanément dans la journée; et, troisièmement, qu'elles sont sensibles à l'attouchement. Cependant, à aucun de ces points de vue, elles ne se distinguent essentiellement des espèces d'Oxalis. Elles en diffèrent toutefois, comme M. R. I. Lynch (2) vient de le montrer, par l'amplitude de leurs mouvements spontanés. Dans *A. bilimbi*, il est remarquable de voir, par un jour chaud et lumineux, les folioles tomber rapidement l'une après l'autre, puis remonter lentement. Ces mouvements égalent ceux de *Desmodium gyrans*. Vers la nuit, les folioles pendent vers le bas; elles sont alors immobiles, ce qui peut être dû à ce que les paires opposées sont pressées l'une contre l'autre. Le pétiole principal est dans la journée en mouvement constant, mais nous n'avons pas fait sur cet organe d'observations minutieuses.

Les diagrammes suivants sont des représentations graphiques des variations de l'angle qu'une foliole donnée forme avec la verticale. Les observations furent faites de la manière suivante. La plante, poussant dans un pot, était gardée à une haute température, le pétiole de la feuille à observer dirigé droit vers l'observateur et séparé de lui par un verre vertical. Le pétiole était assujetti de façon

(1) Dr Bruce « *Philosoph. Trans.* » 1875, p. 356.
(2) « *Journal Lin. Soc.* » vol. XVI, 1877, p. 231.

que l'articulation basilaire, ou pulvinus, d'une des folioles latérales, fût placée au centre d'un arc gradué disposé au-devant de la foliole et à peu de distance. Un mince fil de verre était fixé sur la feuille, de manière à se projeter comme une continuation de la nervure médiane. Ce fil remplissait l'office d'index, et, lorsque la feuille montait ou descendait, en tournant autour de son pulvinus, son mouvement angulaire pouvait être reporté, en lisant, à de courts intervalles, la position du fil de verre sur l'arc gradué. Afin d'éviter les erreurs de parallaxe, toutes les lectures furent faites à travers un petit rond tracé sur le verre vertical, en ligne droite avec le pulvinus de la foliole, et le centre de l'arc gradué. Dans les diagrammes qui suivent, les ordonnées représentent les angles formés par la foliole avec la verticale, à des moments successifs (1). Il s'ensuit qu'une descente de la courbe repré-

Fig. 132.

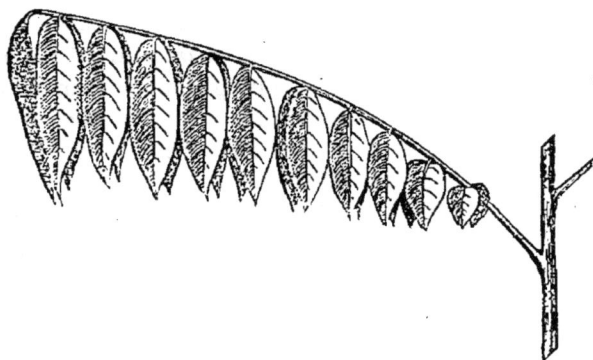

Averrhoa bilimbi : feuille pendant le sommeil; figure réduite.

sente un mouvement de la feuille vers le bas et que la ligne O indique une position verticale en bas. La fig. 133 représente le mouvement qui se produit dans la soirée, dès que les folioles commencent à prendre leur position nocturne. A 4 h. 55 du soir, la foliole formait avec la verticale un angle de 85°; elle n'était donc que de 5° au-dessus de l'horizontale.

Mais, afin de pouvoir maintenir le diagramme dans les limites de notre format, nous avons dû représenter la feuille comme formant à ce moment un angle de 75° au lieu de 85°. Peu après 6 heures, elle pendait verticalement vers le bas et avait atteint sa position nocturne.

(1) Dans tous les diagrammes, 1 mm., dans la direction horizontale, représente une minute de temps. Chaque mm. dans la position verticale représente un degré de mouvement angulaire. Dans les fig. 133 et 134, la température est représentée, (suivant les ordonnées) à l'échelle de 1 mm. pour chaque 0°.1 C. Dans la fig. 135, chaque millimètre vaut 0°.4.

Entre 6 h. 10 et 6 h. 35, elle décrivit un certain nombre de petites oscillations d'environ 2° chacune, pendant des périodes de 4 à 5 minutes.
L'état de repos complet qui suivit n'est pas indiqué dans notre dia-

Fig. 133.

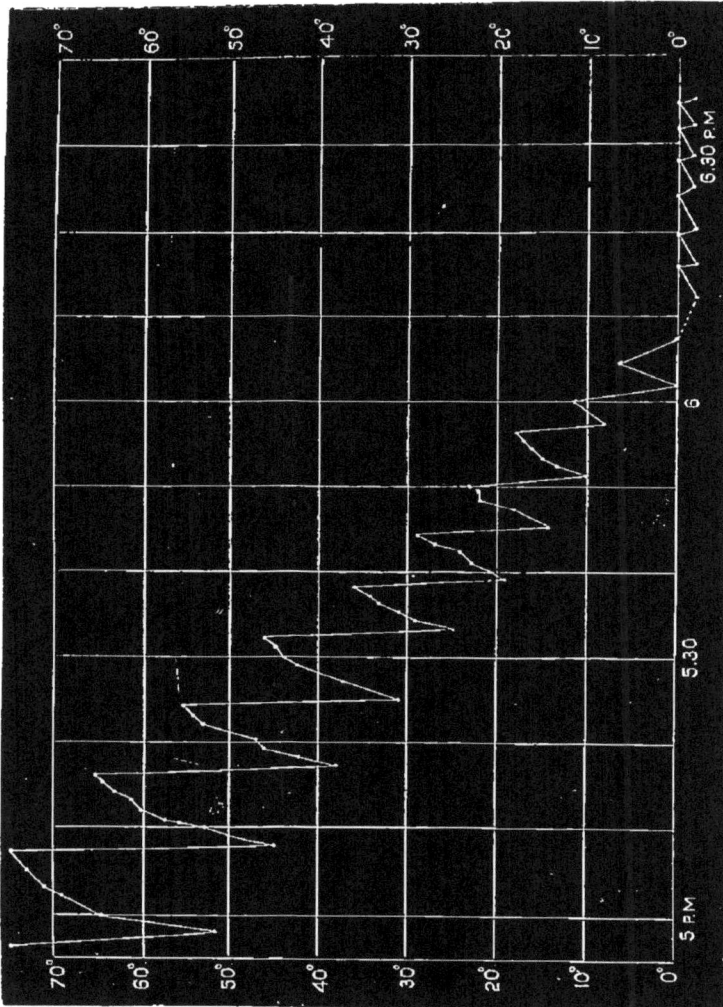

Averrhoa bilimbi : mouvements angulaires d'une foliole pendant sa descente dans la
soirée, lorsqu'elle prend sa position de sommeil. Temp. 25°-27° C.

gramme. Il est manifeste que chaque oscillation est formée d'une élévation graduelle, suivie d'une chute soudaine. A chaque chute de la
foliole, celle-ci s'approche un peu plus de sa position nocturne. L'am-

plitude des oscillations diminuait, en même temps que la période devenait plus courte.

Une lumière brillante fait prendre aux feuilles une position fortement inclinée vers le bas. Nous observâmes une foliole qui, dans la lumière diffuse, s'éleva pendant 25 m. Un rideau fut alors écarté, de façon que la plante fût brillamment éclairée (BR, fig. 134), et, au bout

Fig. 134.

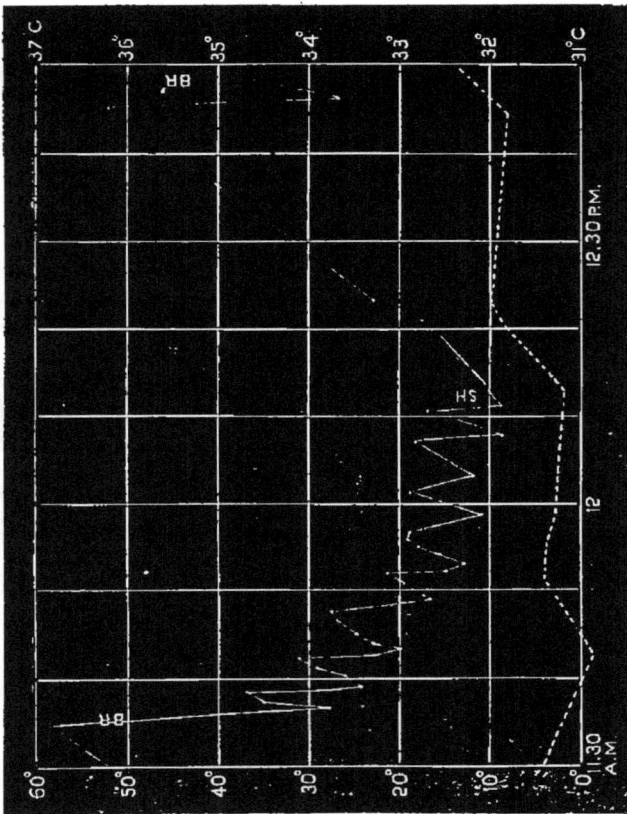

Averrhoa bilimbi : mouvements angulaires d'une foliole pendant le passage d'une brillante illumination à la lumière diffuse faible. La température, représentée par la ligne brisée, demeure presque la même.

d'une minute, la foliole commença à descendre et tomba de 47°, comme l'indique le diagramme. Cette descente s'effectua au moyen de sept oscillations précisément similaires de celles qui amènent la descente nocturne. La plante fut de nouveau protégée contre la lumière (SH) et un long mouvement d'élévation commença, jusqu'à ce qu'une autre série d'oscillations se produisît (BR') lorsque la lumière fut admise de

Fig. 135.

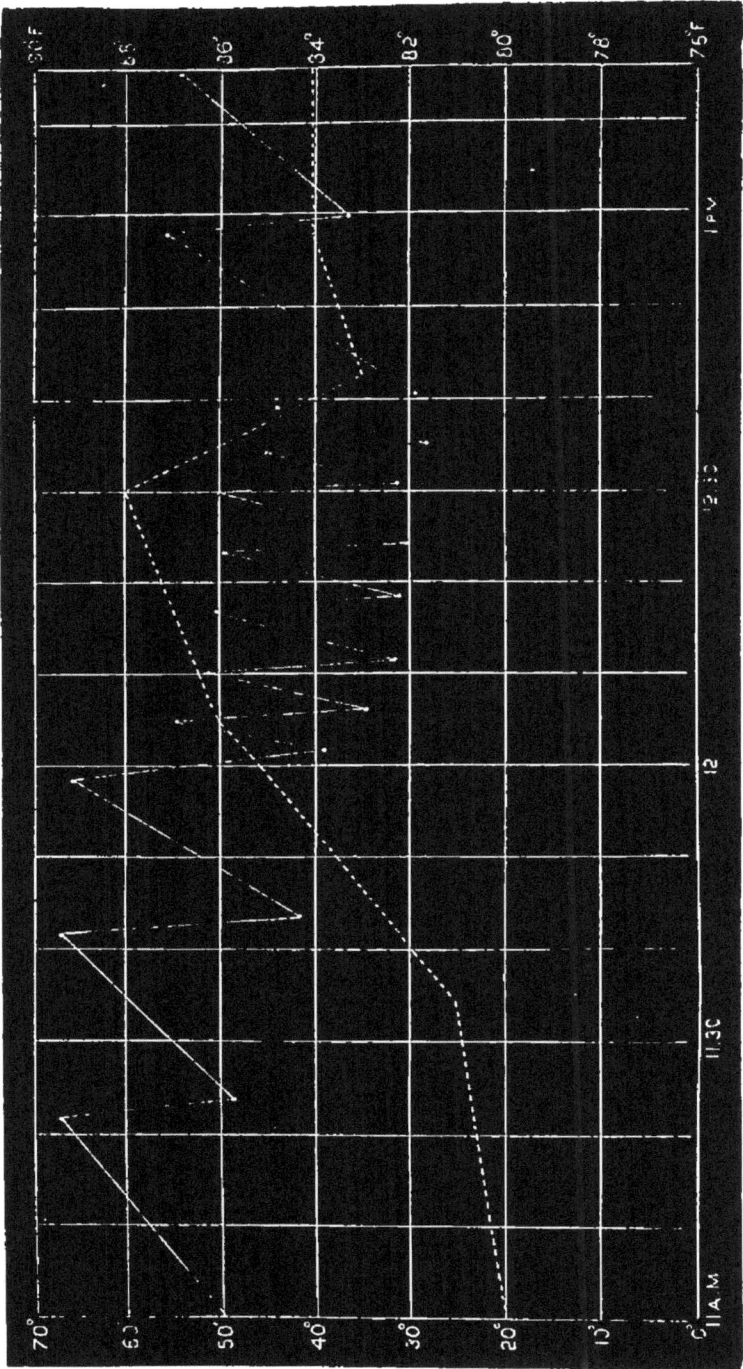

Averrhoa bilimbi : Mouvements angulaires d'une foliole pendant un changement de température. La ligne pointillée indique cette température.

nouveau. Dans cette expérience, l'air froid pouvant pénétrer par la fenêtre ouverte, lorsque les rideaux étaient écartés, il en résulta que la température n'était pas augmentée, alors même que le soleil donnait sur la plante.

L'effet d'un accroissement de température dans la lumière diffuse est indiqué par la fig. 135. La température commença à s'élever à 11 h. 85 du matin (le feu venait d'être allumé) ; mais, à 12 h. 42, il s'était produit un mouvement de descente bien marqué.

On peut voir par le diagramme que, lorsque la température était à son maximum, il se produisait de rapides oscillations d'une amplitude faible, la position moyenne de la foliole se rapprochant alors de la verticale. Lorsque la température commençait à descendre, les oscillations devenaient plus grandes et plus lentes, en même temps que la position moyenne de la foliole se rapprochait de l'horizontale. La vitesse des oscillations était peut-être un peu plus grande que celle indiquée par le diagramme. Ainsi, lorsque la température oscillait entre 31° et 32° C., il se produisit, en 19 minutes, 14 oscillations de quelques degrés.

D'autre part, l'oscillation peut être beaucoup plus lente. C'est ainsi que nous observâmes une foliole (temp. 25° C.) qui s'éleva pendant 40 m. avant de redescendre et de compléter son oscillation.

Porlieria hygrometrica (Zygophyllées). — Les feuilles de cette plante (forme Chilienne) ont une longueur de 25 à 87^{mm}5 et portent, de chaque côté du pétiole commun, jusqu'à 16 ou 17 petites folioles alternes. Elles sont articulées sur le pétiole, et le pétiole l'est sur la branche, au moyen d'un pulvinus. Nous devons indiquer que deux formes ont probablement été confondues sous le même nom. Dans un arbuste Chilien, que nous reçûmes de Kew, les feuilles portaient de nombreuses folioles, tandis que celles des plantes du Jardin de Botanique de Würzburg n'en portaient que 7 à 8 paires. L'ensemble des caractères de ces arbustes paraissait présenter quelque dissemblance. Nous verrons qu'ils diffèrent encore par une remarquable particularité physiologique. Dans la plante Chilienne, les pétioles des plus jeunes feuilles, portées par des branches verticales, étaient horizontaux pendant la journée et descendaient verticalement la nuit jusqu'à devenir parallèles, et à toucher la partie inférieure de la branche. Les pétioles dans les feuilles un peu plus âgées ne parvenaient pas, la nuit, jusqu'à la verticale, mais s'inclinaient fortement. Dans un cas, nous trouvâmes une branche qui avait poussé perpendiculairement vers le bas ; les pétioles qu'elle portait étaient doués, relativement à la branche, d'un mouvement identique à celui que nous venons de décrire, et, par

22

suite, se dirigeaient vers le haut. Sur les branches horizontales, les plus jeunes pétioles sont aussi en proie au même mouvement nocturne qui les attire vers la branche, et, par conséquent, ils s'étendent horizontalement. Il est à remarquer, cependant, que, bien que jouissant jusqu'à un certain point d'un mouvement semblablement orienté, les pétioles plus âgés, sur la même branche, s'inclinent aussi vers le bas. Ils occupent de cette façon relativement au centre de la terre et à la branche, une position quelque peu différente de celles que prennent les pétioles des branches dirigées vers le haut. Pour les folioles, elles se meuvent la nuit vers l'extrémité du pétiole, jusqu'à ce que leurs nervures médianes se trouvent presque parallèles avec ce support. Elles sont ainsi imbriquées l'une sur l'autre. Par ce moyen, la moitié de la face inférieure de la foliole précédente, et toutes les folioles, à l'exception de celles de la base, assurent la protection de leur face supérieure tout entière et de la moitié de leur face inférieure. Les folioles placées sur les deux côtés du même pétiole n'arrivent pas, la nuit, en contact intime, comme le font celles de beaucoup de Légumineuses ; elles sont séparées par un sillon ouvert ; elles ne peuvent pas d'ailleurs coïncider exactement, car elles alternent l'une avec l'autre.

Nous avons observé pendant 36 h. la circumnutation du pétiole d'une feuille longue de $18^{mm}75$ (voir fig. 136). Dans la première matinée, la feuille descendit un peu, puis remonta jusqu'à 1 h. du soir, ce qui était probablement dû à ce qu'elle était éclairée à ce moment, par le haut, à travers un châssis vitré. Elle circumnuta alors autour du même point et sur un très faible espace, jusqu'à 4 h. du soir, moment où commença le grand mouvement nocturne de descente. Pendant la dernière partie de la nuit, et de très bonne heure dans la matinée, la feuille s'éleva de nouveau. Le second jour, elle descendit pendant la matinée jusqu'à 1 heure du soir,

Fig. 136.

Porlieria hygrometrica : circumnutation et mouvements nyctitropiques du pétiole d'une feuille, relevés du 7 juillet 9 h. 35 m. au 8, à minuit environ. L'extrémité de la feuille est à 187mm5 du verre vertical. Tempér. 19°,5-20°,5 C.

ce qui constitue sans aucun doute son mouvement normal. De 1 h. à 4 h. du soir, elle s'éleva suivant une ligne en zigzags, et peu après

commença son grand mouvement nocturne de descente. La feuille
compléta ainsi, en 24 heures, une double oscillation.

Le nom spécifique donné à cette plante par Ruiz et Pavon, indique
que dans le sol aride de sa patrie, elle ressent quelque influence de
l'état hygrométrique de l'atmosphère (1). Au Jardin Botanique de
Würzburg, on avait placé, en plein air, une plante en pot, arrosée

Fig. 137.

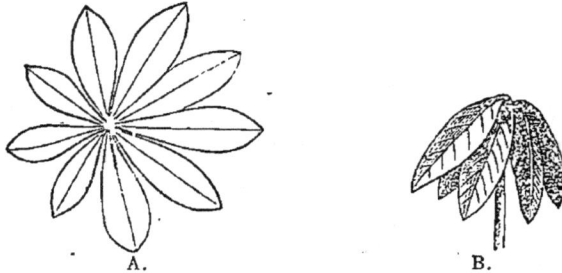

Lupinus pilosus : A. feuille vue verticalement par le haut dans la journée B. feuille
sommeillante, vue latéralement la nuit.

chaque jour, et une autre plante, en pleine terre, que l'on n'arrosait
jamais. Après un temps chaud et humide, il existait une grande différence dans l'état des folioles de ces deux plantes ; celles du sujet
non arrosé demeuraient à demi closes ou même tout-à-fait fermées
dans la journée. Mais des rameaux coupés sur cet arbuste, ouvraient
leurs feuilles, même dans une lumière peu brillante, lorsque leurs
extrémités étaient placées dans l'eau, ou qu'ils y étaient plongés
en entier, ou encore lorsqu'ils se trouvaient sous une cloche, dans
l'air humide ; les feuilles de la plante demeuraient fermées pendant ce
temps. Après une grosse pluie, les mêmes feuilles restaient ouvertes pendant deux jours ; elles se fermaient à demi pendant les deux
journées suivantes, et, après un nouveau jour, elles étaient complètement closes. La plante était alors largement arrosée, et, le lendemain
matin, les folioles étaient entièrement étalées. L'autre plante, qui
poussait dans un pot, après avoir été exposée à une forte pluie, fut
placée devant une fenêtre dans le laboratoire ; elle avait ses folioles
ouvertes, et demeura dans cet état, pendant 48 heures ; mais, après
une nouvelle journée, les feuilles étaient demi-closes. La plante fut
alors arrosée, et, pendant les deux jours qui suivirent, les folioles res-

(1) « *Systema Veg. Floræ Peruv. et Chil.* » tome I, p. 95, 1798. Nous ne pouvons comprendre la description que donnent les auteurs de la manière d'être de
cette plante dans son pays natal. Ils s'étendent beaucoup sur son pouvoir de prédire
les changements de temps. Il semblerait que la clarté du soleil exerce une grande
influence sur l'ouverture et la fermeture des folioles.

tèrent ouvertes. Le troisième jour elles étaient encore à demi-fermées, mais après un nouvel arrosage, elles s'ouvrirent pendant deux jours. De ces divers faits, nous pouvons conclure que la plante souffre rapidement du manque d'eau, et que, dès qu'elle se trouve dans ces conditions défavorables, elle ferme à moitié ou tout-à-fait ses folioles, pour n'exposer à l'évaporation qu'une faible surface. Il est donc probable que ces mouvements, semblables à ceux de sommeil, et qui se produisent seulement lorsque la terre est sèche, constituent une adaptation contre la déperdition d'humidité.

Un arbuste haut d'environ 1^{m}20, venant du Chili, et entièrement couvert de feuilles, se comportait d'une façon fort différente, car ses folioles ne se fermèrent jamais pendant la journée. Le 6 juillet, la terre du pot où il végétait, paraissant complétement desséchée, nous lui donnâmes un peu d'eau. Après 21 et 22 jours (le 27 et le 28), pendant lesquels la plante n'avait pas reçu une goutte d'eau, les feuilles commencèrent à se faner, mais sans donner, dans la journée, aucun signe de fermeture. Il nous paraissait presque incroyable qu'une plante, si ce n'est une plante charnue, pût vivre dans un sol aussi sec, qui ressemblait à la poussière d'un grand chemin. Le 29, en secouant l'arbuste, nous vîmes tomber quelques feuilles; celles qui restaient ne pouvaient plus se fermer pendant la nuit. La plante fut alors modérément arrosée et aspergée, à une heure assez avancée de la soirée. Le lendemain matin (le 30), l'arbuste paraissait aussi bien portant que jamais, et, vers la nuit, les feuilles prirent leurs positions de sommeil. Nous pouvons ajouter qu'une petite branche de cet arbuste fut enfermée pendant treize jours, au moyen d'un manchon de caoutchouc, dans une large bouteille à moitié pleine de chaux vive qui maintenait l'atmosphère dans un état de complète sécheresse. Malgré cela, les feuilles de cette branche ne souffrirent nullement, et ne se fermèrent point pendant les jours les plus chauds. Une autre expérience fut faite sur le même arbuste, les 2 et 6 août (à cette dernière date, le sol paraissait extrêmement sec). Il fut exposé en plein air et au vent pendant toute la journée, mais les folioles ne donnèrent aucun signe d'occlusion. La forme chilienne diffère donc nettement de celle de Würzburg, en ce qu'elle ne ferme pas ses folioles par suite du manque d'eau, et en ce qu'elle peut vivre sans une goutte d'eau pendant un laps de temps d'une longueur surprenante.

Tropæolum majus (?) (var. cultivée) (Tropæolées). — Plusieurs plantes en pots se trouvaient dans la serre ; les limbes foliaires qui regardaient la lumière étaient fortement inclinés dans la journée, et verticaux la nuit. Cependant, les feuilles placées au bas des pots, quoique éclairées par le haut, ne devenaient pas verticales pendant la nuit.

Nous crûmes, d'abord, que cette différence dans leur position dépendait en quelque manière de l'héliotropisme, car les feuilles sont fortement héliotropiques. La vraie cause de cette particularité est cependant que, si elles ne sont pas fortement éclairées pendant au moins une partie de la journée, les feuilles ne prennent pas, la nuit, leur position de sommeil, et une faible différence dans l'éclairage suffit pour décider si elles seront ou non verticales pendant l'obscurité. Nous n'avons observé aucun cas aussi remarquable que celui-ci, de l'influence de l'éclairage sur les mouvements nyctitropiques. Les feuilles présentent encore une autre particularité, car leur habitude de s'élever en s'étalant dans la matinée est plus fortement fixée par l'hérédité que celle de descendre ou de sommeiller à l'approche de la nuit. Les mouvements ont pour cause l'incurvation d'une portion supérieure du pétiole, longue de 12^{mm}5 à 25 mm. Mais la partie contiguë au limbe, sur une longueur de 6^{mm}25, ne s'incurve pas, et demeure toujours perpendiculaire sur le limbe. La portion incurvée ne présente avec le reste du pétiole aucune différence de structure, soit externe, soit interne. Nous allons donner les expériences sur lesquelles s'appuient ces conclusions.

Un grand pot, contenant plusieurs plantes, fut placé, le 3 septembre au matin, hors de la serre, devant une fenêtre au nord-est, dans la même position qu'il avait, autant que possible, occupé jusque-là relativement à la lumière. Vingt-quatre feuilles furent marquées avec un fil, sur la partie des plantes qui regardait la fenêtre : quelques-unes avaient leurs limbes horizontaux, le plus grand nombre étaient inclinées d'environ 45° sous l'horizon. Vers la nuit, toutes, sans exception, devinrent verticales. Le lendemain matin (le 4) de bonne heure, elles reprirent leurs positions précédentes, et, la nuit, elles redevinrent verticales. Le 5, les volets furent ouverts à 6 h. 15 du matin, et à 8 h. 18, après 2 h. 3 m. d'éclairage, et après avoir pris leur position diurne, elles furent placées dans une armoire obscure. Nous les observâmes deux fois dans la journée, et trois fois dans la soirée, la dernière fois à 10 h. 30 du soir, et aucune n'avait pris la position verticale. A 8 h., le lendemain matin (le 6) elles gardaient encore la même position diurne ; elles furent alors replacées devant la même fenêtre au nord-est. La nuit, toutes les feuilles qui avaient été tournées vers la lumière présentaient leurs pétioles incurvés et leurs limbes verticaux. Cependant aucune des feuilles qui n'avaient pas reçu directement la lumière ne prit la position verticale, bien qu'elles eussent été au préalable modérément éclairées par la lumière diffuse. Elles furent alors placées, pendant la nuit, dans la même armoire obscure ; à 9 heures du matin, le lendemain (le 7) toutes celles qui sommeillaient avaient repris leur position diurne. Le pot fut alors exposé pendant 3 heures au

soleil, de manière à stimuler les plantes; à midi, il fut replacé devant
la même fenêtre au nord-est, et, la nuit, les feuilles sommeillèrent
comme d'habitude, pour s'ouvrir le lendemain matin. Ce jour-là (le 8)
à midi, les plantes, après être restées pendant 5 h. 45 devant la même
fenêtre, et avoir été ainsi éclairées (quoique peu fortement, car le ciel
demeura couvert pendant tout ce temps), furent replacées dans l'armoire, et, à 3 h. du soir, la position des feuilles était très peu changée
si tant est qu'elle le fut; elles ne sont donc pas fortement affectées par
l'obscurité; mais, à 10 h. 15 du soir, toutes les feuilles qui avaient
regardé la fenêtre pendant l'exposition demeuraient verticales, tandis
que les autres gardaient leur position diurne. Le lendemain matin
(le 9), les feuilles s'ouvrirent dans l'obscurité comme les deux autres
fois, et nous le laissâmes toute la journée privées de lumière; dans
l'obscurité : la nuit, quelques-unes devinrent verticales ; ce fut le seul
cas que nous pûmes observer d'une tendance ou d'une habitude héréditaire de la plante à sommeiller au moment convenable. Ce qui
montre qu'il s'agissait bien d'un sommeil véritable, c'est que ces mêmes
feuilles reprirent leur position diurne le lendemain matin (le 10), alors
qu'elles étaient encore dans l'obscurité.

Le pot fut alors (le 10, à 9 h. 45 du matin) replacé devant la fenêtre
au nord-est, après être demeuré 36 h. dans l'obscurité. La nuit, les
limbes de toutes les feuilles (à l'exception de quelques-unes qui
n'avaient pas été bien éclairées) se trouvaient nettement verticaux.

A 6 h. 45 du matin, le 11, après que les plantes eurent été éclairées
du même côté pendant 25 m. seulement, le pot fut retourné, de façon
que les feuilles qui avaient été présentées à la lumière fussent maintenant tournées vers l'intérieur de la pièce : aucune d'entre elles ne
sommeilla la nuit, tandis que quelques-unes, en petit nombre, de celles qui, auparavant, regardaient l'intérieur de la pièce, et qui, jamais
avant ce jour, n'avaient été éclairées directement et n'avaient som-
meillé, prirent une position nocturne verticale. Le lendemain (le 12)
la plante fut replacée dans sa position première, de façon que les mêmes feuilles qu'auparavant fussent tournées vers la lumière ; celles-ci
sommeillèrent alors comme de coutume. Nous ajouterons seulement
que, dans quelques jeunes semis conservés dans la serre, les limbes
de la première paire de feuilles vraies (les cotylédons sont hypogés)
étaient tout à fait horizontaux le jour, et complétement verticaux la
nuit.

Nous fîmes ensuite quelques expériences sur la circumnutation de
3 feuilles tournées vers la fenêtre; mais nous n'en donnons pas ici les
diagrammes, car ces feuilles étaient agitées d'un certain mouvement
vers la lumière. Il était cependant manifeste qu'elles s'élevaient et

descendaient plus d'une fois dans la journée, les lignes ascendantes et descendantes présentant, en certains endroits, de très nombreux zigzags. La descente nocturne commençait vers 7 h. du soir, et les feuilles étaient déjà considérablement élevées le lendemain matin à 6 h. 45.

Légumineuses. — Cette famille comprend beaucoup plus de plantes à feuilles sommeillantes que toutes les autres réunies. Les numéros d'ordre des tribus auxquelles appartiennent les divers genres ont été placés à côté de leurs noms, suivant la disposition adoptée par Bentham et Hooker.

Crotolaria (sp. ?) (Tribu 2). — Cette plante est monophylle, et M. T. Thiselton Dyer nous informe que les feuilles s'élèvant verticalement la nuit, viennent presser contre la tige.

Lupinus (Tribu 2). — Les feuilles palmées ou digitées des nombreuses espèces de ce genre sommeillent de trois manières différentes. L'une des plus simples, consiste en ce que toutes les folioles s'inclinent fortement vers le bas, lorsque vient la nuit, après avoir été étalées horizontalement dans la journée. C'est ce que montrent les croquis (fig. 137), d'une feuille de *L. pilosus* vue verticalement par le haut dans la journée, et d'une autre feuille sommeillante ayant ses folioles inclinées vers le bas. Dans cette position, elles sont pressées les unes contre les autres, et, comme elles ne se replient pas à la façon de celles du genre Oxalis, elles ne peuvent prendre une position verticale ; mais elles s'abaissent souvent suivant un angle de 50° sous l'horizon. Dans cette espèce, tandis que les folioles s'inclinent vers le bas, les pétioles se relèvent, suivant un angle qui se trouva être de 23°, dans les deux cas où nous le mesurâmes. Les folioles de *L. subcarnosus* et *arboreus*, qui étaient horizontales dans la journée, descendaient la nuit presque de la même manière, dans la première espèce elles formaient un angle de 38°, et, dans la seconde, un angle de 36° au-dessous de l'horizon ; mais leurs pétioles n'avaient pas de mouvement appréciable. Il est possible, nous allons le voir, que dans un grand nombre des trois espèces précédentes et des suivantes, examinées dans toutes les saisons, on puisse trouver quelques feuilles sommeillant d'une façon différente.

Dans les deux espèces suivantes, les folioles, au lieu de descendre, se relèvent la nuit. Dans *L. Hartwegii*, quelques-unes forment à midi un angle de 36° sur l'horizon, et un angle de 51° la nuit. Elles figurent ainsi par leur ensemble un cône creux, à angle modérément rapprochés. Le pétiole d'une feuille s'élevait de 14° et celui d'un autre de 11° la nuit. Dans *L. luteus*, une foliole s'élevait de 47° à midi, à 65° la nuit, et une autre, sur une feuille distincte, de 45° à 69°. Les pétioles, cependant, s'abaissaient la nuit suivant un arc peu étendu, soit, en trois cas, de 2°, 6° et 9°30'. Eu égard à ce mouvement des pétioles, les folioles inférieures plus longues doivent s'incliner vers le haut un peu plus que les folioles supérieures plus courtes, pour pouvoir occuper une position nocturne symétrique. Nous allons voir que quelques feuilles, sur les mêmes pieds de *L. luteus*, sommeillent d'une façon fort différente.

Nous arrivons à une position nocturne des feuilles fort remarquable, commune à plusieurs espèces de Lupinus. Sur la même feuille, les folioles les plus courtes, qui regardent généralement le centre de la plante, descendent la nuit, tandis que celles plus longues placées du côté opposé, s'élèvent. Les folioles intermédiaires et latérales tournent légèrement sur leur axe. Il y a cependant une certaine variabilité dans l'ascension et la descente des folioles. Comme on peut s'y attendre en présence de mouvements si divers et si compliqués, la base de chaque foliole est développée en un pulvinus, au moins chez *L. luteus*. Il en résulte que toutes les folioles de la même feuille ont une position nocturne plus ou moins inclinée, ou même perpendiculaire : elles forment, dans ce dernier cas, une étoile verticale. Le même fait se produit dans les feuilles d'une espèce achetée sous le nom de *L. pubescens*. La fig. 138 montre, en A, les feuilles dans leur position diurne : en B, est la même plante pendant la nuit, avec les deux feuilles supérieures dont les folioles sont presque verticales. En C, est représentée une autre feuille, vue latéralement, avec ses folioles presque verticales. Ce sont surtout ou même exclusivement les plus jeunes feuilles qui forment, pendant la nuit, des étoiles verticales. Mais il y a de grandes variations dans la position nocturne des diverses feuilles de la même plante. Quelques-unes conservent leurs folioles presque horizontales, d'autres forment des étoiles plus ou moins inclinées, ou verticales, et quelques-unes enfin ont *toutes* leurs folioles inclinées vers le bas, comme dans les premiers cas que nous avons cités. Il est encore remarquable de voir que, bien que toutes les plantes nées du même lot de graines fussent identiques en apparence, certains individus avaient cependant durant la nuit, les folioles de leurs feuilles disposées de manière à former des étoiles plus ou moins fortement inclinées ; chez d'autres toutes descendaient vers le bas sans former d'étoiles ; chez d'autres enfin elles gardaient leur position horizontale, ou s'élevaient un peu.

Nous n'avons jusqu'à présent parlé que des différentes positions nocturnes des folioles de *L. pubescens* ; mais les pétioles diffèrent aussi dans leurs mouvements. Celui d'une jeune feuille qui formait, la nuit, une étoile fortement inclinée, était, à midi, à 42° au-dessus de l'horizon, et, pendant la nuit, à 72° ; il s'était donc élevé de 30°. Le pétiole d'une autre feuille, dont les folioles occupaient une position similaire, ne s'élevait que de 6°. D'autre part, le pétiole d'une feuille dont toutes les folioles s'abaissaient la nuit, descendait en même temps de 4°. Les pétioles de deux autres feuilles un peu plus âgées furent ensuite observés : tous deux formaient, dans la journée, le

Fig. 138.

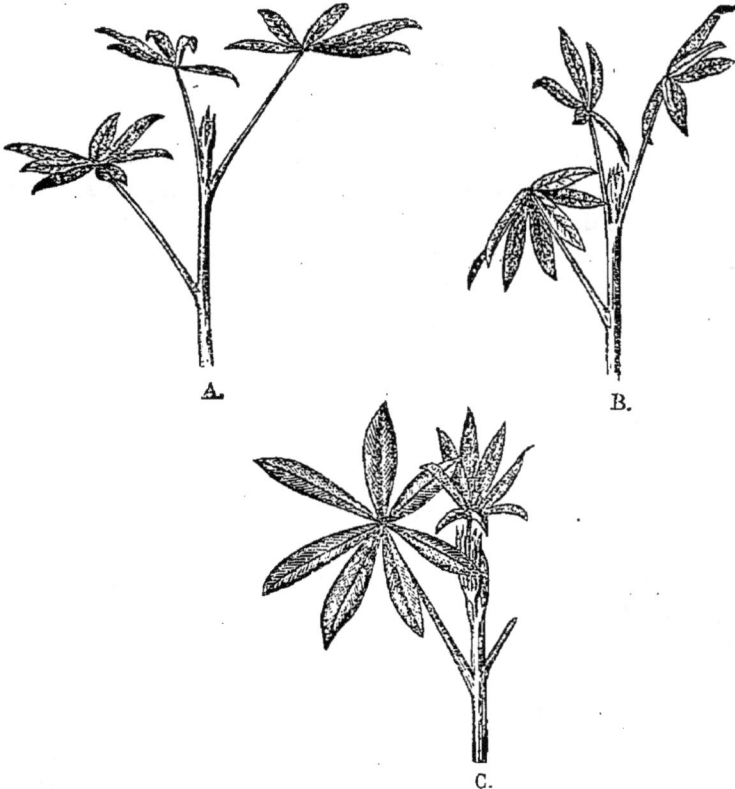

Lupinus pubescens : A, feuille vue latéralement dans la journée. B, la même feuille la nuit. C, une autre feuille dont les folioles forment, la nuit, une étoile verticale Figures réduites.

même angle avec l'horizon, soit 50° ; l'un d'entre eux s'éleva, la nuit, de 7 à 8°, et l'autre descendit de 3 à 4°.

Nous trouvons, dans quelques autres espèces, des cas semblables à ceux de *L. pubescens*. Sur une seule plante de *L. mutabilis*, quelques feuilles, horizontales dans la journée, formaient, la nuit, des étoiles fortement inclinées, et le pétiole de l'une d'elles s'éleva de 7°. D'autres feuilles, qui étaient aussi horizontales dans la journée avaient, la nuit, toutes leurs folioles inclinées de 46° sous l'horizon, mais leurs pétioles avaient à peine changé de position. En outre, *L. luteus* offrait encore un cas plus remarquable, car, dans deux feuilles, les folioles qui étaient, à midi, à 50° au-dessus de l'horizon, s'élevaient la nuit à 65° et 69°, de manière à former un cône creux. Quatre feuilles de la même plante, dont les folioles étaient horizontales à midi, formaient, la nuit, des étoiles verticales ; trois autres feuilles, également horizontales à midi, avaient, la nuit, leurs folioles inclinées vers le bas. De sorte que les feuilles de cette même plante prenaient trois positions nocturnes différentes. Bien que nous soyions impuissants à expliquer ce fait, nous voyons que, d'une même souche, ont pu sortir des espèces à habitudes nyctitropiques nettement différentes.

Il y a peu de chose à ajouter sur le sommeil des diverses espèces de Lupinus. Plusieurs, *L. polyphyllus, nanus, Menziesii, speciosus* et *albifrons*, quoique observés en plein air et dans la serre, ne présentaient pas, dans leurs feuilles, de mouvements suffisants pour permettre de dire qu'ils sommeillaient. De certaines observations faites sur deux espèces sommeillantes, il ressort que, comme chez *Tropœolum majus*, les feuilles ont besoin d'être fortement éclairées dans la journée, pour sommeiller la nuit. En effet, plusieurs plantes, gardées toute la journée dans une pièce dont les fenêtres étaient orientées au nord-est, ne dormirent pas la nuit. Mais, lorsque les pots furent placés en plein air le lendemain, puis rentrés la nuit, les feuilles sommeillèrent comme d'habitude. L'expérience répétée la journée et la nuit suivantes, donna les mêmes résultats.

Quelques observations furent faites sur la circumnutation des feuilles de *L. luteus* et *arboreus*. Il suffira de dire que les folioles de cette dernière espèce montraient une double oscillation dans le cours de 24 heures ; elles descendaient en effet depuis le matin jusqu'à 10 h. 15, puis remontaient en décrivant de nombreux zigzags jusqu'à 4 h. du soir, et, à ce moment, commençait la grande chute nocturne. Le lendemain matin, à 8 h., les folioles s'étaient élevées à leur hauteur normale. Nous avons vu, dans le 4ᵉ chapitre, que les feuilles de *L. speciosus* qui ne dorment pas, circumnutent sur une étendue considérable, décrivant plusieurs ellipses dans la journée.

Cytisus (Tribu 2) *Trigonella* et *Medicago* (Tribu 3). — Nous n'avons fait que quelques observations sur ces trois genres. Les pétioles d'une jeune plante, haute d'un pied, de *Cytisus fragrans*, s'élevaient la nuit, de 28° dans un cas et de 33° dans un autre. Les trois folioles s'incurvaient aussi vers le haut et se rapprochaient en même temps les unes des autres, de sorte que la base de la foliole centrale venait recouvrir les bases des deux folioles latérales. Leur incurvation est si orte qu'elles viennent presser contre la tige, de sorte que si l'on regarde

Fig. 139.

Medicago marina : A, feuilles dans la journée. B, feuilles la nuit.

verticalement par le haut une de ces jeunes plantes, on ne voit que les faces inférieures des folioles : leurs pages supérieures sont ainsi,

Fig. 140.

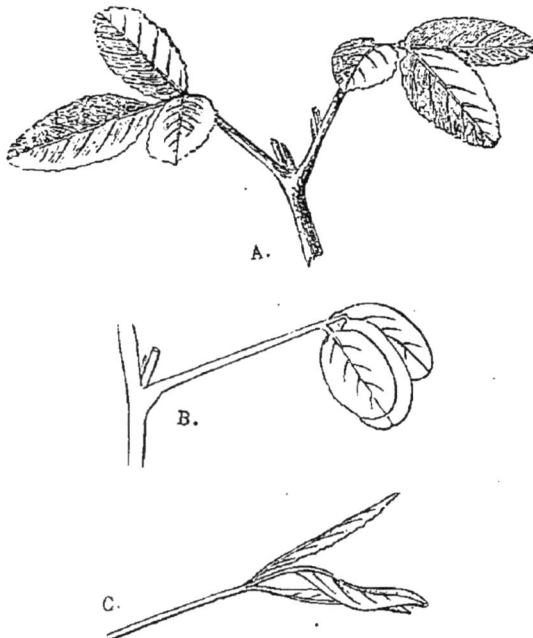

Melilotus officinalis : A, feuille dans la journée. B, feuille sommeillante. C, autre feuille sommeillante vue par-dessus; mais, dans ce cas, la foliole terminale n'est pas venue en contact aussi intime que d'ordinaire avec la foliole centrale.

suivant la règle générale, protégées le mieux possible contre la radiation. Tandis que, sur les jeunes plantes, les feuilles se comportaient ainsi, celles d'un arbuste plus âgé et en pleine floraison n'étaient douées d'aucun mouvement nocturne.

Trigonella Cretica jouit d'un mouvement de sommeil semblable à celui de Melilotus, que nous allons décrire, D'après M. Royer (1) les feuilles de *Medicago maculata* s'élèvant la nuit « se renversent un peu, de manière à présenter obliquement au ciel leur face inférieure.» Nous donnons une figure (fig. 139) des feuilles de *M. marina* étalées et sommeillantes; elle pourrait servir à indiquer les mêmes états dans *Cytisus fragrans*.

Melilotus (Tribu 3). — Les espèces de ce genre ont une manière remarquable de sommeiller. Les trois folioles de chaque feuille possèdent un mouvement de rotation sur elles-mêmes de 90°, de sorte que leurs limbes sont verticaux la nuit, et présentent au ciel un de leurs bords latéraux (fig. 140). Nous comprendrons mieux leurs autres mouvements, plus compliqués, si nous imaginons que nous maintenons toujours l'extrémité de la feuille dirigée vers le nord. Les folioles, en devenant verticales la nuit, pourraient naturellement se tourner de façon que leurs pages supérieures regardent d'un côté ou de l'autre. Mais les deux folioles latérales, dans leur mouvement de rotation, tendent à présenter cette face vers le nord, et, comme elles se rapprochent en même temps de la foliole terminale, la face supérieure de l'une regarde à peu près le N. N. O., et celle de l'autre le N. N. E. La foliole terminale se comporte d'une autre façon, car sa rotation s'effectue indifféremment, sa face supérieure se tournant tantôt vers l'est, tantôt vers l'ouest, mais plus souvent de ce dernier côté. Cette foliole se meut en même temps d'une autre manière fort remarquable, car, tandis que son limbe tourne pour devenir vertical, la foliole entière s'incline d'un côté, et invariablement du côté vers lequel s'est dirigée sa face supérieure. De cette manière, si la page supérieure regarde l'ouest, la foliole entière s'incline vers l'ouest, jusqu'à ce qu'elle vienne en contact avec la surface supérieure verticale de la foliole latérale de ce côté. Ce mouvement assure une excellente protection à la face supérieure de la foliole terminale et d'une des folioles latérales. Ce fait, que la foliole terminale effectue sa rotation d'un côté ou de l'autre et s'incline ensuite vers ce même côté, nous parut si remarquable, que nous nous efforçâmes d'en déterminer la cause. Ayant pensé qu'au début du mouvement, la direction pouvait en être déterminée par la plus grande pesanteur de l'une des moitiés de la foliole, nous fixâmes, avec de la gomme, des morceaux de bois sur un des côtés de plusieurs folioles terminales, mais sans

(1) « *Annales des Sc. Nat.* » Bot. (5ᵉ série), IX, 1868, p. 368.

obtenir aucun résultat : elles continuèrent à effectuer leur rotation dans le même sens qu'auparavant. Voulant savoir si, pour une même foliole, le mouvement s'effectuait toujours dans le même sens, nous attachâmes des morceaux de fil noir sur 20 feuilles, dont les folioles terminales tournaient leur face supérieure vers l'ouest, et des morceaux de fil blanc sur 14 autres feuilles dont les folioles terminales tournaient leur face supérieure vers l'est. Nous suivîmes pendant 14 jours les mouvements de ces feuilles, et ils s'effectuèrent constamment dans le même sens : nous n'eûmes à constater qu'une seule exception, car une des folioles qui, à l'origine, se dirigeait vers l'est, tourna neuf jours après vers l'ouest. Le siège des deux mouvements, de rotation et d'inclinaison, se trouve placé dans le pulvinus des pétioles secondaires.

Nous croyons que les folioles, surtout les folioles latérales, en accomplissant les mouvements complexes que nous venons de décrire, s'inclinent un peu vers le bas. Mais nous n'en sommes pas sûr, car, pour ce qui concerne le pétiole principal, son mouvement nocturne est en grande partie déterminé par la position que la feuille a pu occuper dans la journée. Ainsi, un pétiole principal que nous observâmes s'élevait la nuit de 59°, tandis que trois autres ne parcouraient que 7 et 9°. Les pétioles principaux et secondaires sont en circumnutation continuelle pendant tout le cours des 24 h., comme nous allons le voir.

Les feuilles sommeillent à peu près de la même manière dans les 15 espèces suivantes : *M. officinalis. suaveolens, parviflora, alba, infesta, dentata, gracilis, sulcata, elegans, cœrulea, Petitpierreana, macrorrhiza, Italica, secundiflora* et *Taurica* ; mais l'inclinaison vers un côté de la foliole terminale peut faire défaut, pour peu que la plante n'ait pas une croissance vigoureuse. Chez *M. Petitpierreana* et *secundiflora*, nous avons rarement vu cette foliole s'incliner vers un côté. Dans de jeunes pieds de *M. Italica*, elle s'inclinait comme d'habitude, mais, sur des pieds plus âgés, en pleine floraison, qui poussaient dans le même pot et que nous observions en même temps, à 8 h. 30 du soir, aucune des folioles terminales, sur plusieurs bouquets de feuilles, ne s'était inclinée vers un côté, bien qu'elles fussent toutes verticales : les deux folioles latérales, qui étaient aussi verticales, ne s'étaient pas non plus dirigées vers la terminale. A 10 h. 30 du soir, et 1 heure après minuit, la foliole terminale s'était un peu courbée vers un côté, et les folioles latérales avaient eu également un léger mouvement vers elle, de sorte que la position des folioles, même à cette dernière heure, était loin de celle qu'elles occupent d'ordinaire. De plus, chez *M. Taurica*, nous ne vîmes jamais la foliole terminale s'incliner d'un côté ou de l'autre, bien que les deux folioles latérales en prenant leur position verticale, se dirigeâssent vers elle. Le pétiole secondaire de la foliole terminale est, dans cette espèce, d'une longueur inusitée, et, si la foliole s'était inclinée d'un côté, sa face supérieure ne serait venue en contact qu'avec l'extrémité de la foliole latérale ; c'est probablement dans ce fait qu'il faut rechercher la cause de l'absence de mouvement latéral.

Les cotylédons sont dépourvus de mouvements nyctitropiques. Les premières feuilles n'ont qu'une seule foliole orbiculaire, qui tourne sur elle-même, la nuit, pour amener son limbe dans une position verticale. Il est remarquable de voir que chez *M. Taurica*, et, à un degré un peu moindre chez *M. macrorrhiza* et *Petitpierreana*, toutes les feuilles encore jeunes et petites, émergées au commencement du printemps des branches de plusieurs pieds qui avaient été taillés dans la serre, présentaient des mouvements nyctitropiques entièrement différents des mouvements normaux : les trois folioles, au lieu de tourner sur leur axe, pour présenter au ciel leur bord latéral, se dirigeaient vers le haut et prenaient une position verticale, en opposant au ciel leur extrémité. Elles prenaient donc une position analogue à celle des feuilles du genre voisin Trifolium. Si nous nous appuyons sur ce principe, que les caractères embryologiques révèlent dans le règne animal, les lignes de descendance, il peut se faire, peut-être, que les mouvements des jeunes feuilles, dans les trois espèces de Melilotus que nous considérons, indiquent que ce genre descend d'une forme primitive étroitement alliée au genre Trifolium, et sommeillant comme lui. De plus, il existe une espèce, *M. messanensis*, dont les feuilles, sur des plantes en pleine croissance, hautes de 2 et 3 pieds, sommeillent de la même manière que les jeunes feuilles dont nous venons de parler, et que les feuilles de Trifolium. Nous fûmes si surpris de ce dernier fait, que, jusqu'après examen des fleurs et des fruits, nous crûmes avoir semé, par erreur, des graines d'un Trifolium, au lieu de celles d'un Melilotus. Il paraît donc probable que *M. messanensis* a conservé ou repris une habitude primordiale.

Nous retraçâmes la circumnutation d'une feuille de *M. officinalis*, en laissant la tige libre. L'extrémité de la foliole terminale décrivit, de 8 h. du matin à 4 h. du soir, trois ellipses larges ; à 4 h. du soir, commença le mouvement nocturne de torsion. Nous déterminâmes plus tard que ce mouvement est formé de la circumnutation peu étendue de la tige, de celle, plus forte, du pétiole principal, de celle enfin du pétiole secondaire de la foliole terminale. Le pétiole principal d'une feuille ayant été fixé sur un bâton, près de la base du pétiole secondaire de la foliole terminale, cette dernière décrivit deux petites ellip

ses, de 10 h. 30 du matin à 2 h. du soir. A 7 h. 15 du soir, après que
cette même foliole (de même qu'une autre), eût tourné sur elle-même
pour prendre sa position nocturne verticale, elle commença à s'élever
lentement, jusqu'à 10 h. 35 du soir. Nous ne continuâmes pas l'observation plus longtemps.

Comme *M. messanensis* sommeille d'une manière anormale, différente de celle de toutes les autres espèces du genre, nous relevâmes,
pendant deux jours, la circumnutation d'une foliole terminale, après
avoir fixé la tige. Chaque matin, la foliole descendait, jusqu'à midi,
puis commençait à remonter très lentement; mais, le premier jour, le
mouvement ascensionnel fut interrompu, de 1 h. à 3 h. du soir,
par la formation d'une ellipse étendue latéralement, et, le second
jour, à la même heure, par la formation de deux ellipses plus petites.
Le mouvement d'élévation recommença ensuite, et devint rapide à une
heure avancée de la soirée, lorsque la foliole commença à prendre sa
position de sommeil. Le mouvement de descente commença, les deux
jours, à 6 h. 45 du matin.

Trifolium (Tribu 3).—Nous observâmes les mouvements nyctitropiques de 11 espèces, et nous les trouvâmes tous étroitement similaires.
Si nous prenons une feuille de *T. repens* à pétiole verticale, et dont
les trois folioles soient étendues horizontalement, nous verrons, dans
la soirée, les deux folioles latérales tourner sur leur axe et s'approcher
l'une de l'autre, jusqu'à ce que ce leurs faces supérieures viennent en
contact. En même temps, elles s'inclinent vers le bas, dans un plan
perpendiculaire à celui de leur position primitive, jusqu'à ce que leurs
nervures médianes forment un angle de 45° avec la partie supérieure
du pétiole. Ce changement tout particulier de position demande une
torsion considérable du pulvinus. La foliole terminale s'élève un peu,
sans aucune torsion, et s'incline de plus en plus jusqu'à venir former
un toit protecteur sur les bords des folioles latérales, devenues elles-
mêmes verticales. La foliole terminale parcourt ainsi un angle d'au
moins 90°, généralement même de 130 ou 140°, et assez fréquemment
(nous l'avons souvent observé chez *T. subterraneum*) de 180°. Dans ce
dernier cas, la foliole terminale a une position nocturne horizontale
(voir fig. 141) présentant sa face inférieure tournée vers le ciel. Cette
différence dans les angles que forment la nuit les folioles terminales
chez des individus de la même espèce, est accompagnée de différences
fréquentes dans le degré de rapprochement des folioles latérales.

Nous avons vu que les cotylédons de certaines espèces s'élèvent verticalement la nuit, et que ceux d'autres espèces n'ont aucun mouvement nyctitropique. La première feuille vraie est généralement unifoliolée et orbiculaire; elle s'élève toujours et prend une position verti-

cale, ou, plus souvent, s'incline un peu plus, et présente obliquement au zénith sa surface inférieure, comme le fait la foliole·terminale de la feuille ordinaire. Mais elle ne tourne pas sur elle-même comme la première feuille simple de Melilotus. Chez *T. Pannonicum*, la première feuille vraie était généralement unifoliolée, mais quelquefois trifoliolée ou encore partiéllement lobée, et dans un état intermédiaire.

Circumnutation. — Sachs a décrit (1) en 1863 les mouvements verticaux spontanés des folioles de *T. incarnatum*, lorsqu'elles sont pla-

Fig. 141.

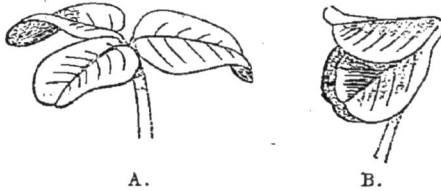

A.   B.

Trifolium repens : A, feuille dans la journée. B. feuille sommeillante.

cées dans l'obscurité. Pfeffer a fait de nombreuses observations sur les mouvements similaires de *T. pratense* (2). Il établit que la foliole terminale, dans cette espèce, observée à différents moments, parcourait des angles de 30 à 120° dans l'espace de 1 h. 1/2 à 4 heures. Nous avons observé les mouvements de *T. subterraneum*, *resupinatum* et *repens*.

Trifolium subterraneum. — Un pétiole ayant été assujetti près de la base des trois folioles, le mouvement de la foliole terminale fut relevé pendant 26 heures 1/2. (Fig. 142).

De 6 h. 45 du matin à 6 h. du soir, l'extrémité se mut 3 fois vers le haut et 3 fois vers le bas, complétant ainsi 3 ellipses en 11 h. 15 m. Les lignes ascendantes et descendantes étaient plus rapprochées les unes des autres que dans la plupart des plantes, bien qu'il y eut un certain mouvement latéral. A 6 h. du soir commença le grand mouvement nocturne d'élévation, et, le lendemain matin, le mouvement de descente continua jusqu'à 8 h. 30. A ce dernier moment, la foliole se remit à circumnuter comme nous venons de le décrire. Dans la figure, le grand mouvement nocturne d'élévation et le mouvement de descente de la matinée fortement abrégés, à cause du manque de place, ne sont représentés que par une courte ligne courbe. La foliole était horizontale lorsqu'elle parvenait à un point un peu au-

(1) « *Flora*, » 1863, p. 497.

(2) « *Die Period. Bewegungen* » 1875. pp. 35. 52.

dessous du milieu du diagramme : ainsi, pendant la journée, elle oscillait également au-dessus et
au-dessous de la position horizontale. A 8 h. 30 du matin
elle était à 48° au-dessous de
l'horizon, et à 11 h. 30 du matin, elle s'était élevée à 50° au-
dessus ; elle avait donc parcouru 98° en 3 heures.

Fig. 142.

A l'aide du tracé, nous déterminâmes que la distance
parcourue dans ces 3 heures
par l'extrémité de la foliole
était de 25ᵐᵐ75. Si nous considérons la figure, et que nous
prolongions vers le haut, par
la pensée, la ligne courbe qui
représente le mouvement nocturne, nous voyons que ce dernier mouvement n'est autre
chose qu'une exagération ou
une prolongation de l'une des
ellipses diurnes. La même foliole avait été observée la
veille, et la marche qu'elle
suivit ce jour-là, fut presque
identique à celle que nous venons de décrire.

Trifolium resupinatum. —
Une plante, laissée entièrement libre, fut placée devant
une fenêtre orientée au nord-
est, dans une position telle
qu'une foliole terminale se
projetait perpendiculairement
à la source de la lumière. Le
ciel demeura tout le jour uniformément couvert. Les mouvements de cette foliole ayant
été relevés pendant deux jours,
se trouvèrent étroitement si-
milaires dans ces deux journées. La fig. 143 montre ceux qui furent exé-

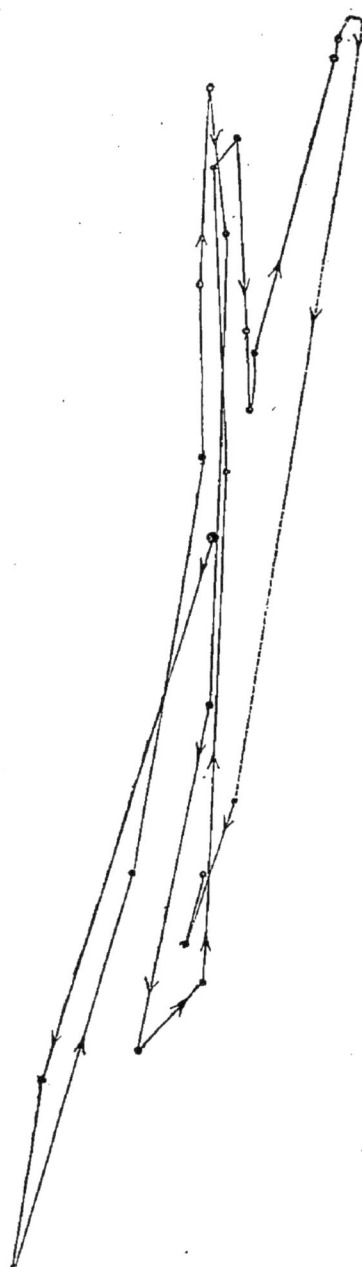

Trifolium subterraneum : circumnutation et mouvement nyctitropique d'une foliole terminale (longue de 17 mm.), relevés du 4 juillet, 6 h. 45 m., au 5, 9 h. 15 m. Extrémité de la feuille à 95 mm. du verre vertical. Mouvement amplifié 5 fois 1/4, et réduit ici de moitié. Plante éclairée par le haut. Température 16-17° C.

cutés le second jour. L'obliquité des diverses lignes est due en partie à la manière dont était vue la foliole, et en partie à ce qu'elle avait subi un léger mouvement vers la lumière. De 7 h. 50 du matin à 8 h. 40, la foliole descendit, c'est-à-dire que le mouvement de réveil continua. Elle s'éleva alors, en présentant un léger mouvement latéral vers la lumière. A 12 h. 30 elle rebroussa chemin, et à 2 h. 30, elle reprit sa marche primitive ayant ainsi complété une petite ellipse dans le milieu de la journée. Dans la soirée, elle s'éleva rapidement, et à 8 h., le lendemain matin, elle occupait exactement le même point que la veille. La ligne qui représente le mouvement nocturne devrait s'étendre beaucoup plus haut, et elle a été ici abrégée jusqu'à n'être représentée que par une courte ligne courbe pointillée. La foliole terminale de cette espèce décrivait donc, dans la journée, une seule ellipse additionnelle, au lieu des deux que l'on trouve dans *T. subterraneum*. Mais nous devons nous rappeler avoir vu, dans le quatrième chapitre, que la tige circumnute; les pétioles principaux et secondaires se comportent de même, sans aucun doute, de sorte que le mouvement représenté fig. 143 est un mouvement composé. Nous essayâmes d'observer les mouvements d'une feuille gardée à l'obscurité pendant la journée, mais elle commença à sommeiller après 2 h. 15 m., et ce mouvement était bien prononcé après 4 heures 30 m.

Fig. 143.

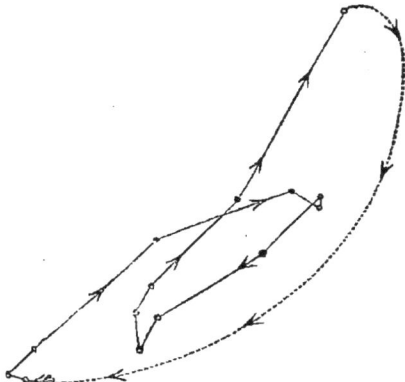

Trifolium resupinatum : circumnutation et mouvements nyctitropiques de la foliole terminale pendant 24 heures.

Trifolium repens. — Une tige fut assujettie près de la base d'une feuille assez âgée, et nous observâmes pendant deux jours le mouvement de la foliole terminale. Ce cas est intéressant, à cause de la simplicité des mouvements, qui contrastent avec ceux des espèces précédentes. Le premier jour, la foliole descendit de 8 h. du matin à 3 h. du soir, et, le second jour, de 7 h. du matin à 1 h. du soir. Les deux jours, la marche descendante était un peu en zigzag, et représentait évidemment le mouvement circumnutant diurne des deux espèces précédentes. Après 1 h. du soir, le 1er octobre (fig. 144) la foliole commença à s'élever, mais les deux jours, soit avant soit après ce moment, le mouvement était ralenti jusqu'à 4 h. du soir. La rapide élévation vespérale et nocturne commença alors. Ainsi, dans cette espèce, la marche, peudant 24 h., consiste en une seule grande ellipse; dans *T. resupinatum* il y en a deux , dont l'une, fortement allongée, comprend le mouvement nocturne ; et, dans *T. subterraneum*, trois ellipses, dont l'une, celle de la nuit, est aussi beaucoup plus longue.

Securigera coronilla (Tribu 4). — Les folioles, qui sont opposées et nombreuses, s'élèvent la nuit, viennent en contact intime, et s'inclinent vers le bas, suivant un angle peu considérable, en se dirigeant vers la base du pétiole.

Fig. 144.

Lotus (Tribu 4). — Nous avons observé les mouvements nyctitropiques dans 10 espèces de ce genre, et nous les avons trouvés tous semblables. Le pétiole principal s'élève un peu la nuit ; les trois folioles s'élèvent aussi jusqu'à devenir verticales, et se rapprochent en même temps. Ce mouvement était bien visible chez *L. Jacobœus*, dont les folioles sont presque linéaires. Dans la plupart des espèces, les folioles s'élèvent jusqu'à presser contre la tige, et, souvent, elles s'inclinent un peu vers l'intérieur, de manière à présenter obliquement au ciel leurs pages inférieures. Ce dernier fait était surtout clairement visible dans *L. major*, car les pétioles de cette espèce ont une longueur inusitée, ce qui permet aux folioles de s'incliner plus fortement vers l'intérieur. Les jeunes feuilles, au sommet des tiges, se ferment la nuit assez fortement pour prendre l'aspect de larges bourgeons. Les folioles stipuliformes, qui sont toujours de dimensions considérables, s'élèvent comme les autres folioles (fig. 145). Toutes les folioles de *L. Gebelii*, et, probablement, celles des autres espèces, sont pourvues à leur base de pulvinus distincts, de couleur jaunâtre, formés de cellules très petites. Nous traçâmes pendant deux jours la circumnutation d'une foliole terminale de *L. peregrinus* dont la tige avait

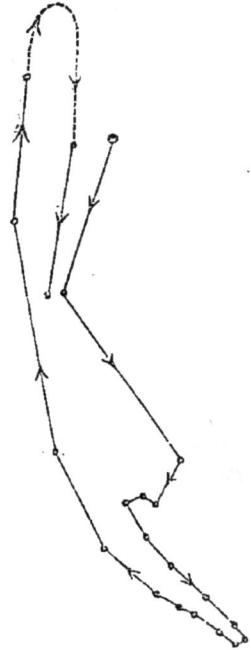

Trifolium repens : circumnutation et mouvements nyctitropiques d'une foliole terminale presque complétement développée, relevés sur un verre vertical du 30 septembre 7 h. matin au 1er octobre 8 h. matin. Course nocturne représentée par la ligne courbe pointillée, fortement réduite.

été fixée. Mais ce mouvement avait une telle simplicité, que nous n'avons pas cru nécessaire d'en reproduire le diagramme. La foliole descendait lentement depuis le matin jusqu'à 1 h. du soir environ. Elle s'élevait alors graduellement d'abord, puis rapidement à la fin de la soirée. Elle restait parfois stationnaire pendant environ 20 m., dans le courant de la journée, et quelquefois, décrivait de légers zigzags.

Nous relevâmes aussi, de la même manière et en même temps, le mouvement d'une des folioles basilaires en forme de stipules : sa marche était entièrement semblable à celle de la foliole terminale.

Dans la tribu 5 de Bentham et Hooker, les mouvements nyctitropiques des espèces propres à 12 genres ont été examinés par nous et par d'autres observateurs ; mais ils ne le furent avec quelque soin que dans le genre Robinia. *Psoralea acaulis* élève la nuit ses trois folioles ; au

Fig. 145.

A.   B.

Lotus creticus : A, branche pendant la journée ; B, la même la nuit ; ss, folioles en forme de stipules.

contraire, *Amorpha fruticosa* (1), *Dalea alopecuroides* et *Indigofera tinctoria* abaissent les leurs.

Duchartre (2) dit que *Tephrosia caribœa* est le seul exemple de « folioles couchées le long du pétiole et vers la base, » mais un mouvement semblable se présente dans d'autres cas, comme nous l'avons vu

(1) Duchartre, « El. de Bot. » 1867, p. 349.
(2) Ibid. p 347.

souvent. *Wistaria Sinensis*, d'après Royer (1), « abaisse ses folioles qui, par une disposition bizarre, sont inclinées dans la même feuille, les supérieures vers le sommet, les inférieures vers la base du pétiole commun ; mais les folioles d'une jeune plante que nous avons observée dans la serre descendaient au contraire, la nuit, verticalement vers le bas. Les folioles s'élèvent dans *Spœrophysa Salsola, Colutea arborea*, et *Astragalus uliginosus*, mais s'abaissent au contraire, d'après Linné, dans *Glycyrrhiza*. Les folioles de *Robinia pseudo-acacia* descendent aussi la nuit verticalement vers le bas, mais les pétioles s'élèvent un peu ; de 3° dans un cas, et de 4° dans un autre. Nous relevâmes pendant deux jours les mouvements de circumnutation d'une foliole terminale sur une feuille assez vieille ; ces mouvements étaient extrêmement simples. La foliole descendait lentement, suivant de faibles zig-

Fig. 146.

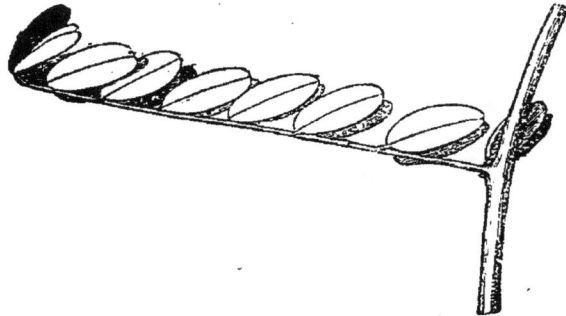

Coronilla rosea : feuille sommeillante.

zags, de 8 h. du matin à 5 h. du soir ; puis le mouvement devenait plus rapide ; mais, le lendemain à 7 h. du matin, elle avait repris sa position diurne. Il n'y avait dans ce mouvement qu'une seule particularité, c'est que, dans ces deux jours, il y eut une oscillation distincte, bien que faible, entre 8 h. 30 et 10 h. du matin ; elle eut été, probablement, plus prononcée sur une feuille plus jeune.

Coronilla rosea. — Les feuilles portent 9 ou 10 paires de folioles opposées, qui sont horizontales dans la journée, leurs nervures médianes formant des angles droits avec le pétiole. La nuit, elles s'élèvent, de sorte que les folioles opposées viennent en contact, et ce contact est très intime pour les folioles des très jeunes feuilles. En même temps, elles s'inclinent vers la base du pétiole, jusqu'à ce que leurs nervures médianes forment avec cet organe des angles de 40° à 50° sur un plan vertical (fig. 146). Les folioles, cependant, s'inclinent quelquefois à tel

(1) « *Ann. des Sc. Nat.*, Bot. » 5ᵉ série, IX, 1868.

point que leurs nervures médianes devenues parallèles au pétiole, reposent sur lui. Elles occupent ainsi une position opposée à celle que l'on trouve chez plusieurs Légumineuses, par exemple dans *Mimosa pudica*. Mais, comme elles sont éloignées l'une de l'autre, elles ne se recouvrent pas aussi complétement que dans cette dernière plante. Le pétiole principal est légèrement courbé vers le bas dans la journée; mais il se redresse la nuit. En trois cas, il s'éleva : de 3° au-dessus de l'horizon, à midi; de 9° au-dessus à 10 h. du soir; de 11° à 38°, et de 5° à 33° : le mouvement angulaire, dans ce dernier cas, était de 28°. Dans plusieurs autres espèces de Coronilla, les folioles ne montraient qu'un faible mouvement de cette nature.

Hedysarum coronarium (Tribu 6). — Les petites folioles latérales, sur des plantes croissant en plein air, s'élevaient verticalement la

Fig. 147.

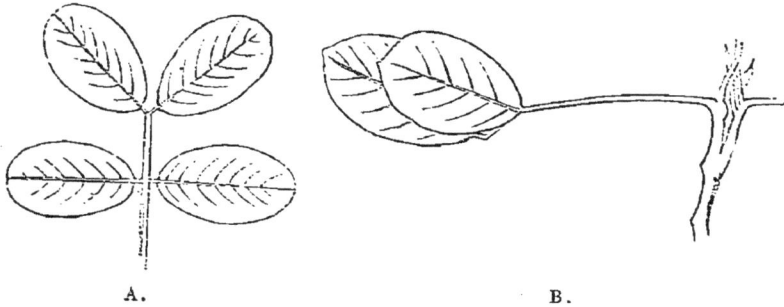

A.   B.

Arachis hypogea : A, feuille pendant la journée, vue verticalement par le haut; B, vue latérale d'une feuille la nuit, d'après des photographies; figures réduites.

nuit, mais la large foliole terminale ne s'inclinait que modérément. Les folioles ne paraissaient pas s'élever du tout.

Smithia Pfundii (Tribu 6). Les folioles s'élèvent verticalement, et le pétiole principal a aussi un mouvement considérable d'élévation.

Arachis hypogea (Tribu 6). En A (fig. 147), est représenté le croquis d'une feuille, avec ses deux paires de folioles; et, en B, celui d'une feuille sommeillante, tracé d'après une photographie à la lumière de l'aluminium. Les deux folioles terminales tournent sur elles-mêmes, la nuit, pour amener leurs limbes dans une position verticale, et se rapprochent l'un de l'autre jusqu'à se toucher; ils ont en même temps un léger mouvement vers le haut et en arrière. Les deux folioles se rencontrent de la même manière, mais se meuvent en même temps en avant, c'est-à-dire dans une direction opposée à celle des deux folioles terminales, qu'elles recouvrent en partie. Les quatre folioles ayant leurs bords dirigés vers le zénith, et leurs faces inférieures tournées en dehors, forment ainsi par leur ensemble un seul groupe. Sur une plante dont la croissance n'était pas vigoureuse, les folioles fermées paraissaient trop lourdes pour que les pétioles pussent les supporter dans leur position verticale, et, chaque nuit, le pétiole principal tournait sur lui-même, de manière à donner à tout le groupe de folioles une position horizontale; la face inférieure des folioles d'un côté regardait alors le zénith, d'une manière fort anormale. Nous ne mentionnons ce fait que sous réserves, car il nous surprit beaucoup jusqu'au moment où nous reconnûmes qu'il était anormal. Les pétioles s'inclinent vers le haut pendant la journée, mais descendent la nuit, jusqu'à former presque un angle droit avec la tige. Nous ne mesurâmes que dans un cas l'arc parcouru dans ce mouvement de descente : il fut de 39°. Un pétiole ayant été assujetti sur un bâton, à la base des deux folioles terminales, nous retraçâmes la circumnutation d'une de ces folioles, de 6 h. 40 du matin à 10 h. 40 du soir; la plante était éclairée par le haut. La température oscilla entre 17° et 17°,5 C., elle fut par conséquent un peu trop basse. Pendant ces 16 heures, la foliole se mut 3 fois vers le haut et 3 fois vers le bas, et, comme les lignes d'ascension et de descente ne coïncidaient pas, elle décrivit 3 ellipses.

Desmodium gyrans (Tribu 6). — Nous représentons ici (fig. 148), une grande feuille, pleinement développée, de cette plante si fameuse par les mouvements spontanés de ses deux folioles latérales. La grande foliole terminale sommeille en s'inclinant verticalement vers le bas, tandis que le pétiole s'élève. Les cotylédons ne sommeillent pas, mais les premières feuilles se comportent comme leurs congénères plus âgées. Nous donnons en A et en B (fig. 149), l'aspect que présente une branche à l'état de sommeil et une autre dans la journée; ces figures sont copiées d'après des photographies; nous voyons que, la nuit, les feuilles sont groupées ensemble, par suite de l'élévation des pétioles, ce qui leur assure une très grande protection. Les pétioles des feuilles plus jeunes, près du sommet des rameaux, s'élèvent, la nuit, jusqu'à devenir verticales, et parallèles à la tige; celles des côtés se trouvent, au contraire, en quatre cas, élevées respectivement de 46°5, 36°, 20° et 19°5, au-dessus de leurs positions diurnes. Par exemple, dans le premier de ces quatre cas, le pétiole était, dans la journée, à 23°, et, la nuit, à 69° 5 au-dessus de l'horizon. Dans la soirée, l'élévation des pétioles

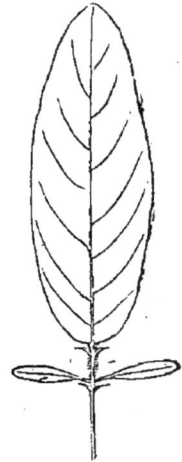

Fig. 148.

Desmodium gyrans : feuille vue par le haut, réduite de moitié. Les petits stipules ont une grandeur inusitée.

est presque complète, avant que les folioles n'aient pris leur position perpendiculaire.

Circumnutation. — Nous observâmes pendant 5 h. 15 m. les mouvements circumnutants de quatre jeunes branches. Dans ce laps de temps, chacune avait complété une petite figure ovale. Le pétiole principal circumnute aussi rapidement, car, en 31 m., il changea de direction, au moins rectangulairement, six fois, décrivant ainsi une figure qui paraissait représenter deux ellipses. Le mouvement de la foliole

Fig. 149

A.   B.

Desmodium gyrans : A, branche pendant la journée ; B, branche pendant la nuit. d'après photographies ; figures réduites.

terminale réalisé au moyen de son pétiole secondaire ou de son pulvinus, est tout à fait aussi rapide, ou même davantage, que celui du pétiole principal ; son amplitude est beaucoup plus grande. Pfeffer (1) a vu ces folioles parcourir un angle de 8° en 10 ou 30 secondes.

Une petite feuille, presque entièrement développée, portée par une jeune plante haute de 20ᶜᵐ, fut observée du 22 juin, 8 h. 30 du matin, au 24, 8 h. du matin. La tige avait été fixée. Dans le diagramme que nous en donnons (fig. 150), les deux lignes courbes pointillées placées au bas de la figure, et qui représentent le mouvement nocturne, de-

(1) « *Die Period. Bewegungen* ». p. 35.

Fig. 150.

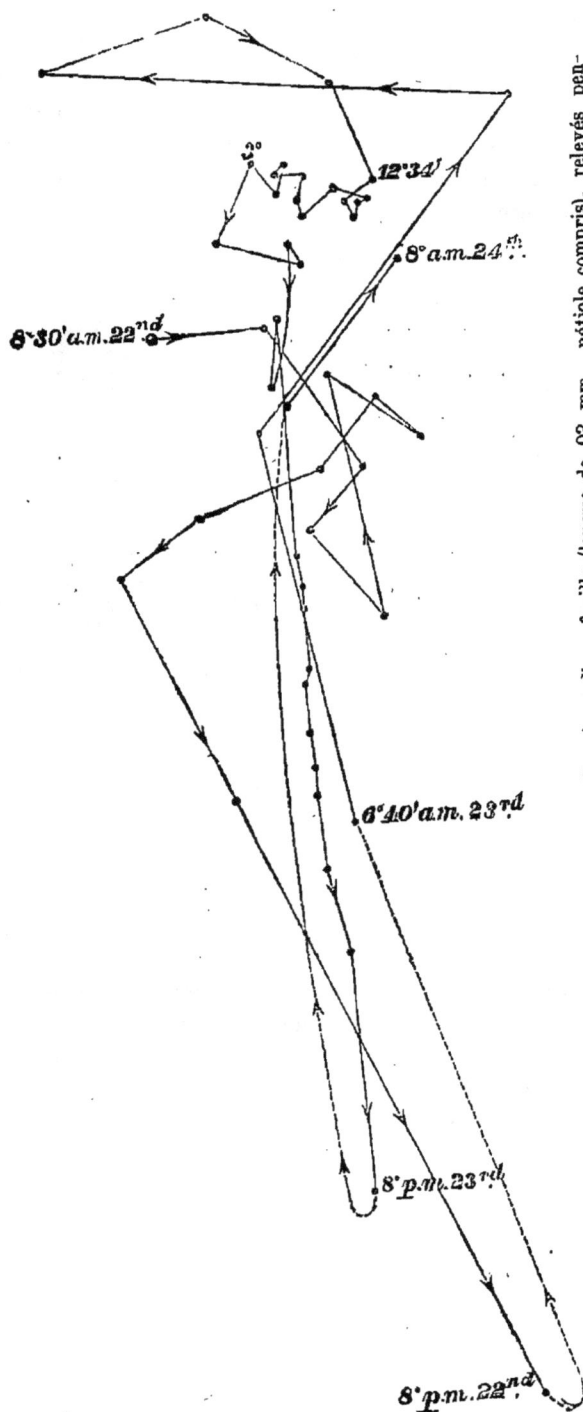

Desmodium gyrans : circumnutation et mouvement nyctitropique d'une feuille (longue de 93 mm., pétiole compris), relevés pendant 48 h. Fil fixé sur la nervure médiane de la foliole terminale, dont l'extrémité est à 15 cm. du verre vertical. Diagramme réduit d'un tiers. Plante éclairée par le haut : température 19-20° C.

vraient être prolongées beaucoup plus vers le bas. Le premier jour, la foliole se mut trois fois vers le sol et trois fois vers le ciel, avec un mouvement latéral considérable ; la marche était aussi très fortement sinueuse. Nous tracions généralement nos points toutes les heures ; si nous les avions relevés seulement à quelques minutes d'intervalle, toutes les lignes auraient présenté des zigzags extrêmement nombreux, avec des boucles çà et là. Nous pouvons dire qu'il en aurait été ainsi, car nous relevâmes 5 points en 31 minutes (de 12 h. 34 à 1 h. 5 du soir) et nous voyons, dans la partie supérieure du diagramme, quels zigzags se sont ainsi formés. Si le premier et le dernier point seulement avaient été relevés, nous aurions dû les réunir par une ligne droite. On peut constater le même fait dans les lignes qui représentent la marche de 2 h. 24 à 3 h. du soir ; six points intermédiaires avaient été relevés ; de même de 4 h. 46 à 4 h. 50. Mais le résultat était bien différent après 6 h., c'est-à-dire après le commencement du grand mouvement nocturne de descente. Quoique nous eussions relevé neuf points en 32 m., la ligne formée par leur réunion (voir la figure) était presque droite. Les folioles commencent donc à descendre dans la soirée en décrivant des zigzags, mais, aussitôt que la descente devient rapide, leur énergie toute entière est employée pour ce mouvement, et leur marche devient ainsi rectiligne. Lorsque les folioles ont pris leur position de sommeil, leur mouvement devient très faible ou nul.

Si la plante avait été soumise à une température plus élevée que 19 à 21° C., les mouvements de la foliole terminale eussent probablement été plus rapides encore et plus étendus que ceux indiqués par le diagramme. Nous gardâmes pendant un certain temps une plante dans la serre, à une température de 33 à 34° C., et, en 35 m., l'extrémité d'une foliole descendit deux fois et remonta une fois, parcourant un espace de 30 mm. suivant la verticale, et de $20^{mm}5$, suivant l'horizontale. Pendant ce mouvement, la foliole tournait encore sur son axe (c'est là un point qui n'avait pas, auparavant, attiré notre attention), car le plan du limbe avait changé de 41° après quelques minutes seulement. Parfois la foliole demeurait immobile pendant un certain temps. Il n'y avait pas ce mouvement par soubresauts, qui est si caractéristique dans les petites folioles latérales. Un abaissement soudain et considérable de température détermine la descente de la foliole terminale ; ainsi nous plongeâmes une feuille coupée, dans de l'eau à 25° C., qui fut lentement chauffée jusqu'à 39° C., et que nous laissâmes refroidir jusqu'à 21° ; le pétiole secondaire de la foliole terminale s'incurva alors vers le bas. L'eau fut ensuite chauffée jusqu'à 48°, et le pétiole secondaire se redressa. Nous répétâmes deux fois des expériences semblables sur des feuilles plongées dans l'eau, et nous obtinmes à peu près le même résultat. On peut ajouter que l'eau chauffée à 49 ou 50° C. ne brûle pas la feuille. Nous plaçâmes une plante dans l'obscurité, à 8 h. 37 du matin, et, à 2 h. du soir (c'est-à-dire après 5 h. 23 m.), bien que les folioles se fussent considérablement abaissées, elles n'avaient, en aucune façon, pris leur position de sommeil. Pfeffer, d'autre part, dit (1) que ce fait se produisait, dans ses expériences, au bout de 3/4 d'heure à 2 heures ; peut-être cette différence dans les résultats est-elle due à ce que la plante sur laquelle portaient nos expériences était très jeune et vigoureuse.

Mouvements des petites folioles latérales. — Ces mouvements ont été décrits si souvent, que nous nous efforcerons d'être aussi bref que possible en exposant quelques nouveaux faits et les conclusions qui en découlent. Les folioles ont quelquefois des changements considérables de position, qui peuvent atteindre près de 180° : on peut voir alors leurs pétioles secondaires prendre une incurvation considérable. Elles tournent sur leur axe, pour présenter successivement leur face supérieure vers tous les points de l'horizon. La figure décrite par leur extrémité est une ellipse ou un ovale irrégulier. Elles demeurent quelquefois stationnaires pendant un certain temps. A ces divers points de vue, il n'y a aucune différence, si ce n'est comme rapidité et comme amplitude, entre leurs mouvements et ceux moins considérables qu'accomplit la grande foliole terminale, en décrivant ses grandes oscillations. Les mouvements des petites folioles sont, autant qu'on peut le savoir, fortement influencés par la température. C'est ce que montrent bien les expériences suivantes : des feuilles à folioles immobiles furent plongées dans de l'eau froide, dont la température fut peu à peu élevée jusqu'à 39° C. ; les folioles prirent alors un mouvement rapide, décrivant en 40 m. près d'une douzaine de petits cercles irréguliers. Au bout de ce temps, l'eau s'était refroidie ; aussi les mouvement devinrent-ils plus lents, et cessèrent-ils presque complétement ; l'eau fut de nouveau chauffée à 38° C., et les folioles recommencèrent à se mouvoir avec rapidité. Dans un autre cas, un bouquet de petites feuilles ayant été plongé dans de l'eau à 11° 5 C., les folioles furent réduites à l'immobilité. L'eau étant portée à 37° C., les folioles commencèrent aussitôt à se mouvoir ; à 40°, les mouvements devinrent beaucoup plus rapides ; chaque petit cercle ou chaque ovale était complété en 1 m. 30 s., ou 1 m. 45 s. Il n'y avait cependant pas de soubresauts, ce que l'on doit probablement attribuer à la résistance de l'eau.

Sachs dit que les folioles demeurent immobiles tant que l'air ambiant n'a pas atteint une température de 21 à 22° C., ce qui concorde

---

(1) « *Die Period. Bewegungen* », p. 39.

avec nos expériences faites sur des plantes pleinement ou presque
pleinement développées. Mais les folioles plus jeunes montrent des
mouvements de soubresauts à des températures beaucoup plus basses.
Un semis fut placé pendant une demi-journée (le 16 avril) dans une
pièce où la température était stationnaire à 19° C.; une des folioles
avait des soubresauts continuels, mais moins rapides que dans la
serre. Le soir, le pot fut transporté dans une chambre à coucher, dont
la température se maintint toute la nuit à 18°; à 10 h. et 11 h. du soir,
et à une heure du matin, la foliole était encore agitée de soubresauts
rapides; à 8 h. 30 du matin, nous ne vîmes plus rien, mais notre observation ne dura alors que peu de temps. Elle était pourtant, à ce
moment, moins fortement inclinée qu'à 1 h. du matin. A 6 h. 30 du
matin (temp. 18° C.) son inclinaison était encore plus faible, et elle
avait de nouveau diminué à 6 h. 45; à 7 h. 40 du matin, elle s'était
élevée, et, à 8 h. 30, nous vîmes recommencer les soubresauts. Cette
foliole avait donc été toute la nuit en mouvement, et les soubresauts
avaient cessé à 1 h. du matin (et peut-être plus tard) pour recommencer à 8 h. 30 du matin; la température n'était cependant que de 18° C.
Nous pouvons donc en conclure que les folioles latérales portées sur
de jeunes plantes diffèrent un peu, comme constitution, de celles que
produisent des plantes plus âgées.

Dans le genre Desmodium, l'immense majorité des espèces sont trifoliées; quelques-unes cependant sont unifoliées, et la même plante
peut même porter des feuilles uni et trifoliées. Dans la plupart des
espèces, les folioles latérales sont seulement un peu plus petites que la
terminale. On peut donc considérer comme presque rudimentaires les
folioles latérales de *D. gyrans* (voir plus haut, fig. 148). Aussi leurs
fonctions sont-elles rudimentaires, si l'on peut employer ce terme,
car certes elles ne sommeillent pas comme les folioles latérales de
taille normale. Il est cependant possible que le mouvement de descente des folioles que nous venons de décrire, entre 1 h. et 6 h. 40 du
matin, représente leur sommeil. On sait bien que les folioles sont agitées par des soubresauts pendant la première partie de la nuit; mais
notre jardinier observa (le 13 octobre), dans la serre, une plante dont
toutes les folioles étaient inclinées, de 5 h. à 5 h. 30 du matin, et il ne
put voir aucun soubresaut jusqu'à 6 h. 55; la température était de
28° C. Deux jours après, le 15, il observa la même plante à 4 h. 47 du
matin, et vit que les grandes folioles terminales étaient à l'état de
veille, bien qu'elles ne fussent pas complétement horizontales; le thermomètre marquait 24° C. La seule cause que nous puissions assigner
à cette absence anormale de sommeil est la suivante: la plante avait
été exposée, pendant la journée précédente, à une température excep-

tionnellement élevée, dans une de nos expériences. A la même heure, les petites folioles latérales décrivaient des soubresauts, mais nous ignorons s'il existe une connexion quelconque entre ce dernier fait et la position presque horizontale de la foliole terminale. Quoi qu'il en soit, il est certain que les folioles latérales ne sommeillent pas comme la terminale, et cela à tel point, qu'on peut les considérer comme fonctionnellement rudimentaires. Elles sont à peu près dans les mêmes conditions pour ce qui concerne l'irritabilité ; si, en effet, une plante est frappée, ou si elle reçoit un filet d'eau, au moyen d'une seringue, les folioles terminales s'abaissent jusqu'à 45° au-dessous de l'horizon ; mais nous ne pûmes en aucun cas constater un semblable mouvement dans les folioles latérales. Nous ne pouvons cependant affirmer en pleine connaissance de cause qu'on ne puisse obtenir aucun effet en frappant ou en pinçant le pulvinus.

Comme la plupart des organes rudimentaires, les folioles sont de dimensions variables ; elles quittent souvent leur position normale, et ne se trouvent plus opposées ; l'une des deux disparaît fréquemment. Cette absence paraît, dans quelques cas, mais pas dans tous, due à ce que les folioles sont devenues complétement confluentes avec le pétiole principal ; cette supposition est confirmée par la présence d'un léger sillon, le long de sa marge supérieure, et par la disposition des vaisseaux.

Dans un cas, il existait un vestige de la foliole, sous forme d'une petite pointe à l'extrémité du sillon. La disparition fréquente, soudaine et complète d'une des folioles rudimentaires, ou même de toutes deux, est un fait assez singulier ; mais il est encore bien plus surprenant de constater que les premières feuilles développées sur les semis en sont dépourvues. Ainsi, sur un jeune plant, la 7e feuille au-dessus des cotylédons était la première pourvue de folioles latérales ; encore n'en portait-elle qu'une. Sur un autre semis, la 11e feuille seulement portait une foliole ; sur les neuf feuilles suivantes, cinq n'étaient pourvues que d'une foliole latérale, et quatre n'en avaient pas du tout ; enfin une feuille, la 21e au-dessus des cotylédons, montrait deux folioles latérales rudimentaires. Par analogie avec ce qui se passe dans le règne animal, on pouvait s'attendre à ce que ces folioles rudimentaires fussent mieux développées et plus régulièrement présentes sur des plantes très jeunes. Mais il faut se rappeler, d'abord, que des caractères perdus depuis longtemps peuvent quelquefois reparaître à un âge plus avancé, et, ensuite, que les espèces de Desmodium sont généralement trifoliées, mais que quelques-unes sont unifoliées : faits qui amènent à penser que *D. gyrans* descend d'une espèce unifoliée, qui provenait elle-même d'une forme trifoliée ; dans ce cas, en effet, on pourrait attribuer à la régression vers des progéniteurs plus ou moins éloignés, à la fois l'absence des petites folioles latérales sur les semis très jeunes, et leur apparition subséquente (1).

Personne ne peut supposer que les rapides mouvements des folioles latérales soient, pour la plante, d'une utilité quelconque : on ignore complétement pourquoi elles se comportent de cette façon. Ayant pensé que cette faculté motrice devait être en relation avec leur état rudimentaire, nous observâmes les folioles presque rudimentaires de *Mimosa albida* vel *sensitiva* (dont nous donnerons plus loin le croquis, fig. 159), mais ces dernières ne montrèrent aucun mouvement extraordinaire, de plus, la nuit, elles prenaient leur position de sommeil comme les folioles entièrement développées. Il existe cependant, entre ces deux cas, une différence considérable. Le pulvinus des folioles rudimentaires n'a pas subi, chez Desmodium, une diminution de longueur (en concordance avec l'atténuation du limbe) aussi considérable que le pulvinus des folioles de Mimosa ; et c'est de la longueur et du degré d'incurvation du pulvinus que dépendent l'amplitude et la rapidité des mouvements du limbe. Ainsi, la longueur moyenne du pulvinus des grandes folioles terminales de Desmodium est de 3 mm., tandis que celle des folioles rudimentaires atteint à peine $2^{mm}86$; ce n'est là qu'une très légère différence, qui, du reste, est beaucoup plus accentuée pour le diamètre, celui du pulvinus des petites folioles n'étant que de $0^{mm}3$ à $0^{mm}4$, tandis que le pulvinus des folioles terminales mesure $1^{mm}33$. Si nous passons maintenant à *Mimosa albida*, nous trouvons que la longueur moyenne du pulvinus des folioles presque rudimentaires n'est que de $0^{mm}466$, c'est-à-dire un peu moins du quart de la longueur du pulvinus des folioles normales, qui est de $1^{mm}66$. Cette faible diminution de longueur du pulvinus des folioles rudimentaires de Desmodium, est la cause probable de leur mouvement de circumnutation si rapide et si considérable, elle détermine la différence qui existe avec les mouvements des folioles presque rudimentaires de Mimosa. La petite taille et le faible poids du limbe, ainsi que le peu de résistance qu'oppose l'air à son mouvement y contribuent aussi sans aucun doute ; nous avons vu, en effet, que si ces folioles sont plongées dans l'eau, dont la résistance est beaucoup plus considérable, leurs mouvements par soubresauts sont complétement interrompus. Nous ne saurions dire pourquoi le pulvinus a été si peu affecté relativement au limbe, pendant la réduction des folioles latérales, ou pendant leur

(1) *Desmodium vespertilionis* est étroitement allié à *D. gyrans*, et cette espèce paraît ne porter qu'occasionnellement des folioles rudimentaires. (Duchartre. *Eléments de Botanique*, 1867, p. 35.)

réapparition, pas davantage si leur origine est due à la régression. Toutefois, il est bon de noter que, dans ces deux genres, la réduction des folioles paraît avoir été effectuée par un processus différent, et dans des buts distincts. Dans Mimosa, en effet, la réduction des folioles basilaires internes était nécessaire à cause du manque de place ; mais une telle nécessité n'existe pas chez Desmodium, et la réduction de ses folioles latérales me paraît être plutôt le résultat du balancement organique, et, par suite, la conséquence du développement considérable de la foliole terminale.

Uraria (Tribu 6) et *Centrosema* (Tribu 8). — Les folioles d'*Uraria lagopus*, et les feuilles d'une Centrosema du Brésil, descendent verticalement pendant la nuit. Dans la première plante, le pétiole s'élève en même temps de 16° 5.

Amphicarpœa monoica (Tribu 8). — Les folioles descendent verticalement la nuit, et les pétioles s'abaissent aussi considérablement. Un pétiole, que nous observâmes avec soin, était, dans la journée, à 25° au-dessus de l'horizon, et, la nuit, à 32° au-dessous. Il descendait donc de 57°. Un fil fut fixé transversalement sur la foliole terminale d'une jeune feuille (longue de 56ᵐᵐ25, pétiole compris), et nous relevâmes sur un verre vertical le mouvement de la feuille entière. Le plan vertical était désavantageux sous plusieurs rapports, eu égard à la rotation de la feuille qui, indépendamment de ses mouvements verticaux, déterminait l'élévation ou l'abaissement du fil. Mais il convenait mieux que tout autre pour le but que nous nous proposions, c'est-à-dire pour constater si le mouvement était plus considérable après que la feuille avait pris sa position de sommeil. La plante avait été solidement fixée sur un bâton, de manière à prévenir la circumnutation de la tige. Nous relevâmes les mouvements de la feuille pendant 48 heures, du 10 juillet 9 h. matin au 12, 9 h. m. On peut voir, fig. 151, quelle était la complexité de la marche suivie pendant ces deux journées : le second jour, la direction changea 13 fois. Les folioles commençaient à sommeiller un peu après 6 heures du soir ; à 7 h. 15 elles étaient verticales et dormaient complétement. Mais, pendant les deux nuits, elles continuèrent à se mouvoir, de 7 h. 11 du soir à 10 h. 40 et 10 h. 50, presque autant que dans la journée ; c'était là ce que nous désirions savoir. Nous voyons, par la figure, que le grand mouvement de descente dans la soirée ne diffère pas essentiellement de la circumnutation diurne.

Glycine hispida (Tribu 8). — Les trois folioles descendent verticalement pendant la nuit.

Erythrina (Tribu 8). — Nous en observâmes cinq espèces, et, toutes présentèrent leurs folioles descendant verticalement la nuit. Dans *E.*

caffra et dans une autre espèce innommée, les pétioles s'élevaient légèrement en même temps. Nous relevâmes ces mouvements dans une foliole terminale d'*E. cristagalli* (le pétiole principal étant fixé) du 8 juin, à 6 h. 40 du matin, au 10, 8 h. du matin. Pour pouvoir observer les mouvements nyctitropiques de cette plante, il est nécessaire qu'elle ait poussé dans une serre, car, en plein air, dans nos climats, elle ne sommeille

Fig. 151.

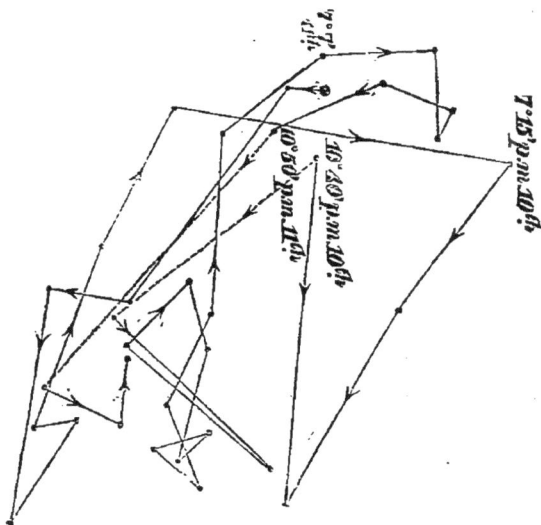

Amphicarpœa monoica : circumnutation et mouvements nyctitropiques pendant 48 h. d'une feuille dont l'extrémité est à 325 mm. du verre vertical. Figure réduite au tiers. Plante éclairée par le haut. Temp. 17°,5-18°,5 C.

pas. Nous voyons, d'après le diagramme (fig. 152), que la foliole oscillait deux fois verticalement depuis le grand matin jusqu'à midi ; puis elle s'élevait jusqu'à 3 h. A ce moment, commençait la grande descente nocturne. Le second jour (dont nous ne donnons pas le diagramme), nous constatâmes la même double oscillation avant midi, mais, dans l'après-midi, une seule oscillation très faible se produisit. Le troisième matin, la foliole avait un mouvement latéral, ce qui tient à ce qu'elle commençait à prendre une position oblique ; ce fait semble se produire invariablement pour les folioles de cette espèce à mesure qu'elles vieillissent. Pendant les deux nuits suivantes, les folioles sommeillaient verticalement, et continuaient à montrer un certain mouvement vertical et latéral.

Erythrina caffra. — Un fil ayant été fixé transversalement sur une foliole terminale, dont nous désirions observer les mouvements nyctitropiques, la plante fut placée, le 10 juin au matin, sous un châssis vitré, qui n'admettait pas une très forte lumière. Nous ne savons si c'est pour ce motif ou pour tout autre que la foliole garda toute la journée une position verticale ; toutefois elle circumnutait dans cette position, décrivant une figure qui représentait deux ellipses irrégulières. Le lendemain elle circumnutait plus fortement, décrivant quatre ellipses irrégulières, et, à 3 h. du soir, elle avait repris sa position horizontale. A 7 h. 15 du soir, elle sommeillait ; mais elle continua à circumnuter jusqu'à 11 h. du soir, heure à laquelle cessa l'observation.

Erythrina corallodendron. — Nous relevâmes les mouvements d'une foliole terminale. Pendant le jour, elle oscilla quatre fois vers le haut et quatre fois vers le bas de 8 h. du matin à 4 h. du soir ; à ce moment commençait le grand mouvement nocturne. Le troisième jour, le mouvement avait la même amplitude, mais il était remarquablement simple, car la foliole s'élevait suivant une ligne parfaitement droite de 6 h. 50 du matin à 3 h. du soir, puis descendait sur une ligne tout aussi droite, jusqu'à sa position nocturne verticale.

Apios tuberosa (Tribu 8). — Les folioles descendent verticalement pendant la nuit.

Phaseolus vulgaris (Tribu 8). — Les folioles descendent aussi verticalement la nuit. Dans la serre, le pétiole d'une jeune feuille s'élevait de 16° et celui d'une feuille plus âgée de 10°. Dans des plantes vivant en plein air, les folioles ne paraissaient pas sommeiller jusqu'à ce que la saison fut assez avancée, car, dans les nuits des 11 et 12 juillet, aucune n'avait sa position de sommeil. Dans

Fig. 152.

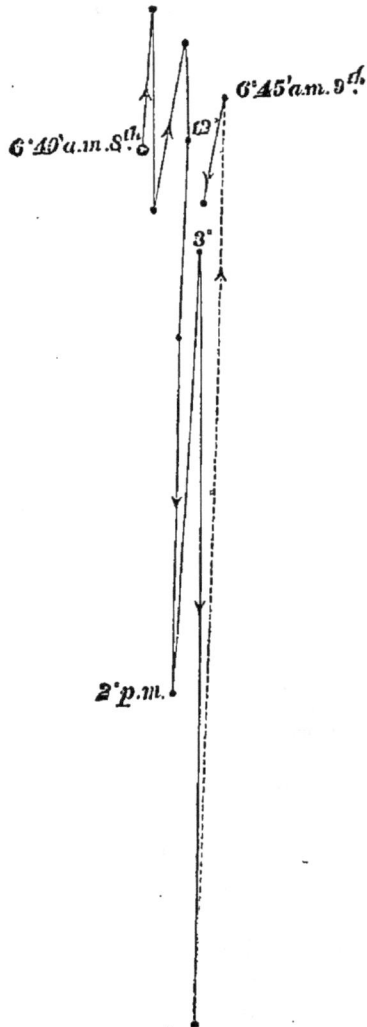

Erythrina crista-galli : circumnutation et mouvement nyctitropique de la foliole terminale, longue de 93 mm. ; relevés pendant 25 heures. Extrémité de la feuille à 90 mm. du verre vertical ; figure réduite de moitié. Plante éclairée par le haut. Temp. 17° 5 18° 5 C.

P. caracalla et *Hermandesii*, les premières feuilles unifoliolées et les folioles des feuilles secondaires trifoliolées descendaient verticalement la nuit. Ce mouvement est très prononcé dans les feuilles secondaires trifoliolées de *P. Roxburghii*, mais il est à remarquer que les feuilles primaires unifoliolées, plus allongées, s'élèvent, la nuit, de 20 à 60° au-dessus de l'horizon. Dans des semis plus âgés, cependant, dont les feuilles secondaires venaient de se développer, les feuilles primaires étaient horizontales au milieu de la journée, ou un peu inclinées au-dessous de l'horizon. Dans un cas semblable, les feuilles primaires qui, à midi, étaient à 26° sous l'horizon, se trouvaient, à 10 heures du soir, à 20° au-dessus. A la même heure, cependant, les folioles des feuilles secondaires étaient verticales. Nous avons donc ici ce cas extraordinaire des feuilles secondaires et primaires possédant,

Fig. 153.

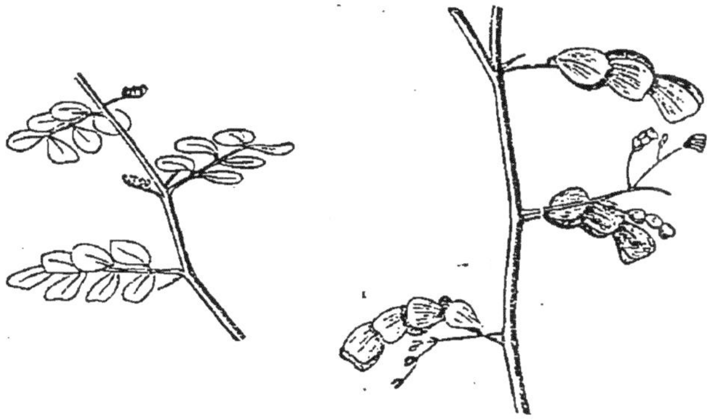

A.   B.

Hæmatoxylon campechianum : A, branche pendant la journée ; B, branche sommeillante. Réduites aux deux tiers.

sur la même plante, et en même temps, des mouvements directement opposés.

Nous venons de voir que les folioles, dans les six genres de Phaséolées que nous avons observés (à l'exception des feuilles primaires de *Ph. Roxburghii*) sommeillent toutes de la même manière, en descendant verticalement. Nous n'observâmes que dans trois de ces genres les mouvements des pétioles : ils s'élevaient chez Centrosema et Phaseolus, et descendaient chez Amphicarpæa.

Sophora chrysophylla (Tribu 10). — Les folioles s'élèvent la nuit, et se dirigent en même temps vers l'extrémité de la feuille, comme dans *Mimosa pudica*.

Cæsalpinia, Hæmatoxylon, Gleditschia, Poinciana. — Les folioles de deux espèces de Cæsalpinia (Tribu 13) s'élèvent la nuit. Dans

Hæmatoxylon Campechianum (Tribu 13) les folioles se meuvent en avant, de sorte que leurs nervures médianes deviennent parallèles au pétiole et que leurs faces inférieures, devenues verticales, font face à l'extérieur (fig. 153). Le pétiole descend un peu. Dans Gleditschia, si nous comprenons bien la description de Duchartre, et dans *Poinciana Galliesii* (appartenant tous deux à la tribu 13), les folioles se comportent de la même manière.

Cassia (Tribu 14). — Dans de nombreuses espèces de ce genre, les mouvements nyctitropiques, tout à fait semblables, sont d'une grande complexité. Linnée le premier en a donné une courte description ; depuis, ils ont été décrits de nouveau par Duchartre. Nos observations ont porté surtout sur *C. floribunda* (1) et *corymbosa*, et, occasionnellement, sur quelques autres espèces. Les folioles, étalées horizontalement, descendent la nuit jusqu'à une position verticale ; mais ce mouvement n'est pas simple, comme dans beaucoup d'autres genres, car chaque foliole tourne sur son axe, pour présenter à l'extérieur sa face inférieure. Les faces supérieures des folioles opposées viennent ainsi en contact au-dessous du pétiole, ce qui leur assure une excellente protection (fig. 154). La rotation et les autres mouvements s'effectuent au moyen d'un pulvinus bien développé à la base de chaque foliole ; on peut aisément vérifier ce fait en traçant dans la journée, le long de cet organe, une étroite ligne noire. Les deux folioles terminales forment ensemble, dans la journée, un angle un peu inférieur à un angle droit ; mais leur divergence augmente fortement pendant leur rotation et leur mouvement de descente, de telle sorte que leur position nocturne est latérale, comme l'indique la figure. Elles ont de plus un léger mouvement vers l'intérieur, et se dirigent ainsi un peu vers la base du pétiole.

Dans un cas, nous trouvâmes que la nervure médiane d'une foliole terminale formait, la nuit, un angle de 36° avec une ligne menée perpendiculairement de l'extrémité du pétiole. La seconde paire de folioles a aussi un léger mouvement dans le même sens, mais moins fort que celui de la première paire. La troisième paire se meut verticalement vers le bas ou même un peu en avant. Ainsi, toutes les folioles, dans ces espèces qui n'en portent que 3 ou 4 paires, tendent à former un seul bouquet, avec leurs faces supérieures en contact, et leurs pages inférieures tournées vers l'extérieur. Enfin le pétiole principal s'élève la nuit, à des degrés très différents suivant l'âge des feuilles :

(1) D'après ce que me dit M. Dyer, M. Bentham croit que *C. floribunda* (arbuste de serre très commun) est un hybride venant de France, et que cette plante se rapproche beaucoup de *C. lævigata*. Il est hors de doute que cette espèce est la même que Lindley a décrite (« *Bot. Reg.* » Tab. 1422) comme *C. Hebertiana*.

quelques-uns ne parcourent qu'un angle de 12°, tandis que d'autres vont jusqu'à 41°.

Cassia calliantha. — Les feuilles portent un grand nombre de folio_ les, qui se meuvent, la nuit, presque de la même manière que celles

Fig. 154.

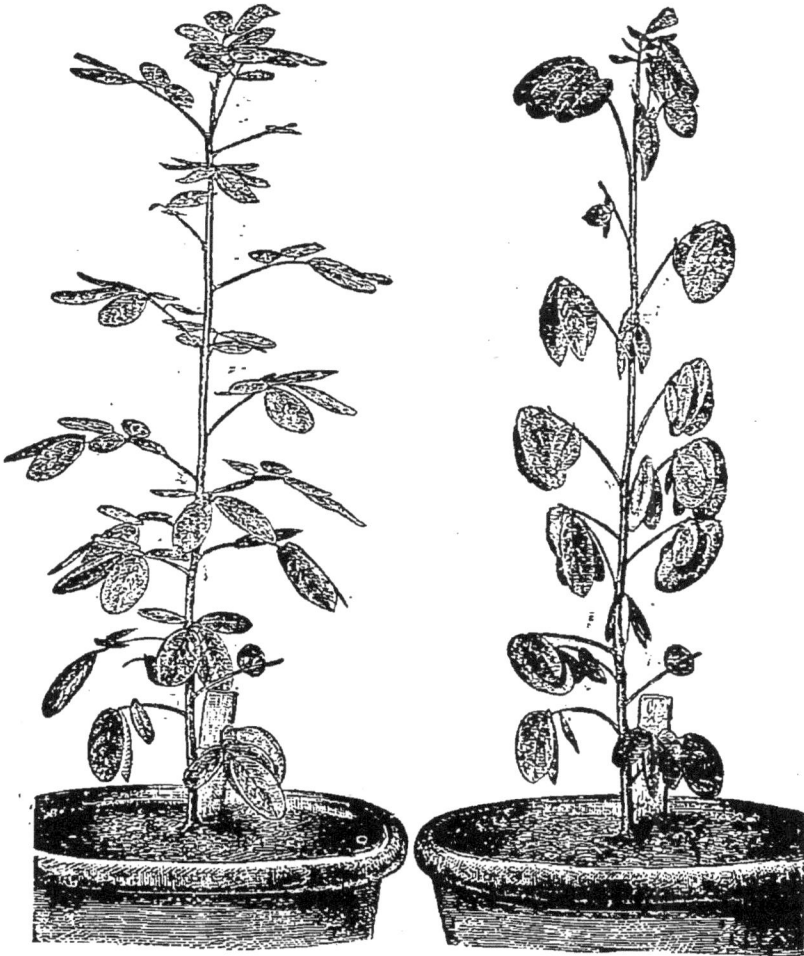

Cassia corymbosa : A, plante pendant la journée; B, la même la nuit. D'après des photographies.

que nous venons de décrire. Mais les pétioles ne paraissent pas s'élever; un d'entre eux, que nous observâmes attentivement, descendit de 3°.

Cassia pubescens. — La principale différence qui existe entre les mouvements nyctitropiques de cette espèce et ceux des espèces précé-

dentes, consisté en ce que les folioles n'ont pas un mouvement de rotation aussi prononcé ; par suite, leurs faces inférieures ne regardent
qu'imparfaitement l'extérieur pendant la nuit. Les pétioles, légèrement
inclinés sur l'horizon, pendant la journée, sont doués d'un remarquable
mouvement nocturne d'élévation, à la faveur duquel les feuilles prennent une position verticale ou presque verticale. Ce mouvement, joint
à la position nocturne perpendiculaire des folioles, fait que la plante
tout entière est étroitement serrée pendant la nuit. Dans les deux figu-

A.   Fig. 155.

B.

Cassia pubescens : A, partie supérieure de la plante pendant la journée; B, la même
la nuit. D'après des photographies.

res suivantes (fig. 155) copiées d'après des photographies, la plante est
reproduite dans ses deux positions, et l'on peut voir quelle différence
d'aspect elle présente.

Cassia mimosoides. — La nuit, les nombreuses folioles de chaque
feuille tournent sur leur axe, et leurs extrémités se dirigent vers la
pointe de la feuille. Elles s'imbriquent ainsi, leur face inférieure tournée vers le haut, et leur nervure médiane presque parallèle avec le
pétiole. Par suite, cette espèce diffère de toutes les autres que nous
avons observées, à l'exception de la suivante, en ce que les folioles ne

tombent pas la nuit. Un pétiole dont nous mesurâmes le mouvement, s'élevait la nuit de 8°.

Cassia Barclayana. — Les folioles de cette espèce australienne sont nombreuses, très étroites, et presque linéaires. La nuit, elles s'élèvent un peu, et se meuvent simultanément vers l'extrémité de la feuille. Par exemple, deux folioles opposées qui formaient ensemble, dans la journée, un angle de 104°, ne s'écartaient, la nuit, que de 72°; chacune s'était donc élevée de 16° au-dessus de sa position diurne. Le pétiole d'une jeune feuille s'élevait la nuit de 34° et celui d'une feuille plus âgée de 19°. Eu égard au faible mouvement des folioles et au mouvement considérable du pétiole, l'arbuste présente, la nuit, un aspect tout différent de celui de la journée; on peut, cependant, à peine dire que les feuilles sommeillent.

Nous observâmes les mouvements de circumnutation des feuilles de *C. floribunda, calliantha* et *pubescens*, pendant trois ou quatre jours pour chaque espèce; ils étaient essentiellement semblables, quoique plus simples dans la dernière espèce. Le pétiole de *C. floribunda* ayant été assujetti contre un bâton à la base des deux folioles terminales, un fil fut fixé sur la nervure médiane d'une de ces dernières. Les mouvements en furent relevés du 13 août, 1 h. du soir, au 17, 8 h. 30 du matin, mais nous ne donnons, dans la fig. 156, que ceux des 24 dernières heures. Chaque jour, depuis 8 h. du matin (moment où la feuille prenait sa position diurne) jusqu'à 2 ou 3 h. du soir, elle décrivait des zigzags, ou circumnutait sur une faible étendue. Entre 2 et 3 h. du soir, commençait le grand mouve-

Fig 156.

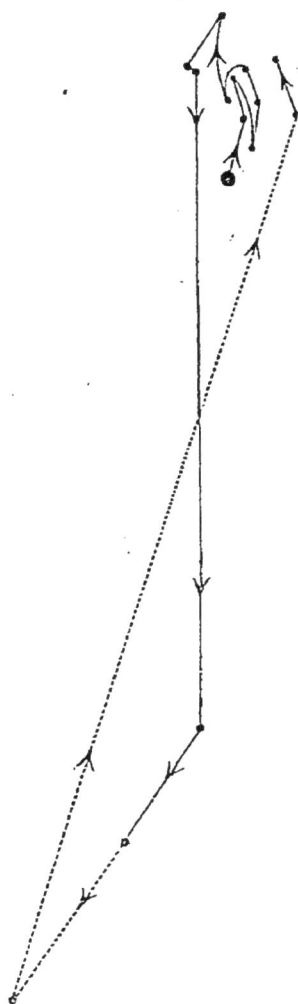

Cassia floribunda : circumnutation of mouvement nyctitropique d'une foliole terminale, longue de 46 mm, relevés de 8 h. du matin, au lendemain matin 8 h. Extrémité de la foliole à 137 mm, du verre vertical. Temp. 16-17° 5 C. Figure réduite de moitié.

ment nocturne. Les lignes qui représentent ce mouvement et l'élévation du matin sont obliques, à cause de la manière particulière, déjà
décrite, dont les feuilles sommeillent.

La foliole ayant pris sa position nocturne, à 6 h. du soir, et tandis
que le fil se dirigeait perpendiculairement vers le bas, nous en relevâmes le mouvement jusqu'à 10 h. 30 du soir ; pendant tout ce temps, il
oscillait de droite à gauche, complétant un peu plus d'une ellipse.

Bauhinia (Tribu 15). — Dans quatre espèces, les mouvements nyctitropiques étaient aussi tout particuliers. Une plante, née de graines
que Fritz Müller nous avait envoyées du sud du Brésil, fut observée plus
spécialement. Les feuilles en sont larges et profondément échancrées à
la pointe. La nuit, les deux moitiés s'élèvent et s'appliquent fortement
l'une contre l'autre, comme les feuilles opposées de beaucoup de Légumineuses. Dans de très jeunes plants, les pétioles s'élèvent considérablement et simultanément. Un pétiole, incliné à midi de 45° au-dessus de l'horizon, était, la nuit, à 75° ; l'élévation était donc de 30° ; un
autre atteignait à 34°. Tandis que les deux moitiés de la feuille se ferment, la nervure médiane descend d'abord verticalement, puis s'incline
en arrière, de manière à venir s'appliquer le long d'une des faces de
son propre pétiole couché vers le haut ; la nervure médiane se dirige
ainsi vers la tige, c. à d. vers l'axe de la plante. L'angle formé par la
nervure médiane avec l'horizon, fut, dans un cas, mesuré à des heures
différentes ; dans la soirée, cette nervure était verticale ; à 10 h. 15 du
soir, elle n'était qu'à 27° sous l'horizon, se dirigeant ainsi vers la tige :
elle avait donc parcouru un arc de 153°. Par suite de ce mouvement
d'enroulement des feuilles et d'élévation du pétiole, la plante toute
entière est beaucoup plus ramassée la nuit que pendant la journée, et
ces deux aspects diffèrent autant l'un de l'autre qu'un peuplier fastigié
de Lombardie peut différer d'une autre espèce de peuplier. Il est à
remarquer que, lorsque nos plantes furent un peu plus âgées, c'est-à-
dire qu'elles eurent atteint une hauteur de 2 ou 3 pieds, les pétioles ne
s'élevaient plus la nuit, et les nervures médianes des feuilles repliées
ne venaient plus s'appliquer sur une de leurs faces. Nous avons déjà
noté, dans d'autres genres, que les pétioles de plantes très jeunes s'élevaient beaucoup plus que ceux de plantes plus âgées.

Tamarindus Indica (Tribu 16). — Les folioles s'approchent la nuit
jusqu'à se rencontrer, et se dirigent vers l'extrémité de la feuille. Elles
sont donc imbriquées et leurs nervures médianes deviennent parallèles
au pétiole. Le mouvement est tout-à-fait semblable à celui d'Hæmatoxylon (voir plus haut fig. 153) mais plus frappant, à cause du grand
nombre des folioles.

Adenanthera, Prosopis et Neptunia (Tribu 20). — Dans *Adenan-*

hera pavonia, les folioles se tournent vers le côté, et descendent la nuit. Dans *Prosopis* elles se dirigent vers le haut. Chez *Neptunia oleracea*, les folioles, sur les côtés opposés de la même feuille, viennent en contact la nuit et se dirigent en avant. Les feuilles secondaires se meuvent vers le bas, et en même temps en arrière, ou vers la tige. Le pétiole principal s'élève.

Mimosa pudica (Tribu 20). — Cette plante a été l'objet d'innombrables observations; mais il y existe certains phénomènes relatifs à notre sujet, auxquels on n'a pas donné une attention suffisante. La nuit, on le sait, les folioles opposées viennent en contact et se dirigent vers l'extrémité de la feuille; elles s'imbriquent donc complétement, protégeant ainsi leurs faces supérieures. Les quatre feuilles secondaires s'approchent ainsi l'une de l'autre, et la feuille entière devient beaucoup plus compacte. Le pétiole principal descend pendant la journée, jusqu'à une heure assez avancée du soir, puis s'élève jusqu'au matin de bonne heure. La tige est agitée d'un mouvement de circumnutation continu et rapide, quoique s'exerçant sur une faible étendue. Nous observâmes pendant deux jours quelques très jeunes plantes, gardées à l'obscurité : bien qu'elles fussent soumises à une température un peu trop basse (14-15° C), la tige de l'une d'elles décrivit en douze heures quatre petites ellipses. Nous allons voir que le pétiole principal est également en circumnutation continuelle, de même que chaque feuille secondaire et chaque foliole prise en particulier. Si donc l'on relevait le mouvement de l'extrémité d'une foliole, la marche suivie serait la résultante du mouvement des quatre parties séparées.

La veille au soir, un fil avait été fixé longitudinalement sur le pétiole principal d'une feuille presque complétement développée et douée d'une grande sensibilité, qui mesurait 10 cm. de long; la tige avait été fixée sur un bâton, près de la base du pétiole. Le tracé fut relevé sur un verre vertical, dans la serre, à une haute température. Le premier point indiqué fig. 157 fut relevé à 8 h. 30 du matin, le 2 août, et le dernier à 7 h. du soir, le 3. Pendant 12 heures, le premier jour, le pétiole se mut trois fois vers le bas et deux fois vers le haut. Pendant le même temps, le second jour, il se mut cinq fois vers le bas, et quatre fois vers le haut. Les lignes ascendantes et descendantes ne coïncidaient pas, de sorte que le mouvement de circumnutation du pétiole était manifeste. La grande descente, dans la soirée, et le grand mouvement nocturne d'ascension étaient l'exagération de l'une des circumnutations. Il faudrait, cependant, faire observer que le pétiole descendait beaucoup plus bas, le soir, qu'on ne pouvait le voir sur le verre vertical, et qu'on n'a pu l'indiquer sur le diagramme. Après 7 heures du soir, le 3 (c'est-à-dire après que nous eûmes relevé le dernier point de la fig. 157), le pot fut transporté dans une chambre, et nous trouvâmes, à 12 h. 50 du matin (c'est-à-dire après minuit) que le pétiole était relevé presque verticalement, et beaucoup plus incliné qu'à 10 h. 40 du soir. Lorsque nous l'observâmes de nouveau, à 4 h. du matin, il avait commencé à descendre, et ce mouvement continua jusqu'à 6 h. 15 du matin ; puis le pétiole décrivit des zigzags, et se remit à circumnuter. Nous fîmes sur un autre pétiole des observations analogues, qui nous donnèrent à peu près le même résultat.

En deux autres occasions, nous observâmes les mouvements du pétiole principal à des intervalles de deux ou trois minutes ; les plantes étaient soumises à une température assez élevée (dans le premier cas, 25-27° C.), et le fil décrivit 2 et 1/2 ellipses en 69 minutes. La seconde fois, avec une température de 27-29° C., il décrivit un peu plus de 3 ellipses en 67 m. Par conséquent, la figure 157 n'est pas assez complexe, et elle l'eût été bien davantage, si les points avaient été relevés sur le verre à des intervalles de 2 ou 3 minutes, au lieu d'une heure ou d'une demi-heure. Le pétiole principal décrit, dans la journée, de petites ellipses, d'un mouvement rapide et continu ; mais, après que le grand mouvement nocturne d'élévation avait commencé, si l'on avait relevé les points toutes les 2 ou les 3 minutes (comme nous l'avons fait de 9 h. 30 à 10 h. 30 du soir, avec une température de 28°,5 C.) la ligne qui les eût réunis eût été presque absolument droite.

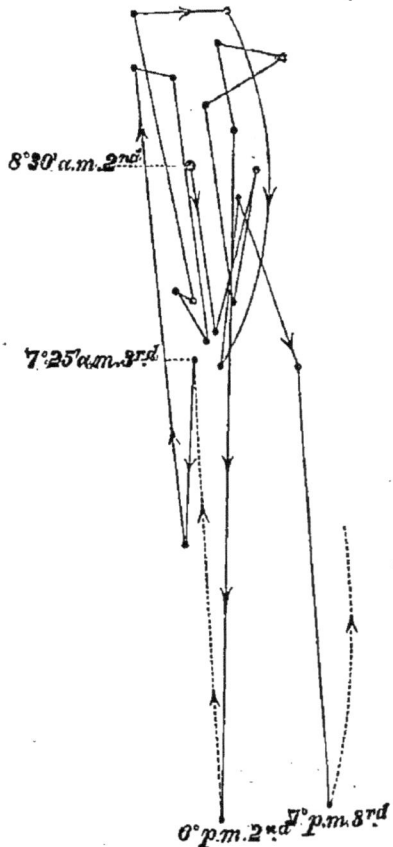

Fig. 157.

Mimosa pudica : circumnutation et mouvement nyctitropique du pétiole principal, relevés pendant 34 h. 30 m.

Le mouvement du pétiole est, selon toute probabilité, dû aux variations dans la turgescence du pulvinus, et non (d'après les conclusions de Pfeffer) à la croissance. Pour le montrer, nous choisîmes en vue de nos observations, une très vieille feuille, dont quelques folioles étaient déjà flétries, et qui avait presque complètement perdu sa sensibilité ;

la plante était soumise à la température la plus favorable, 26°,5 C. Le pétiole descendit de 8 h. à 10 h. 50 du matin, puis s'éleva un peu en décrivant de faibles zigzags, demeurant souvent stationnaire, jusqu'à 5 h. du soir, moment où commença la grande descente nocturne, qui continua au moins jusqu'à 10 h. du soir. A 7 h. du matin, le lendemain, il s'était élevé au même niveau que la veille, puis il descendit en décrivant des zigzags. Mais, de 10 h. 30 du matin à 4 h. 15 du soir, il demeura presque immobile, ayant alors perdu toute faculté de mouvement. Donc, le pétiole de cette vieille feuille, qui avait depuis longtemps terminé sa croissance, était agité d'un mouvement périodique; mais, au lieu de circumnuter plusieurs fois dans la journée, il n'avait que deux mouvements d'ascension et deux de descente en 24 heures ; les lignes ascendantes et descendantes ne coïncidaient pas.

Nous avons déjà dit que les feuilles secondaires ont un mouvement indépendant de celui du pétiole principal. Le pétiole d'une feuille fut fixé sur un support en liège, près du point de divergence des feuilles secondaires, et nous attachâmes longitudinalement, sur l'une des deux feuilles secondaires terminales, un court et mince fil de verre ; derrière ce fil, et tout près de lui, était disposé un demi-cercle gradué. En regardant verticalement, ses mouvements angulaires ou latéraux pouvaient être ainsi mesurés avec exactitude. De midi à 4 h. 15 du soir, la feuille secondaire ne changea de position que par un mouvement angulaire de 7° ; mais la direction de ce mouvement n'était pas continuellement la même, car elle se mut, dans un cas, quatre fois vers un côté, et trois fois dans le sens opposé, et sur une étendue de 16°. Cette feuille secondaire circumnutait donc. A une heure plus avancée de la soirée, les quatre feuilles secondaires se rapprochèrent l'une de l'autre et celle que nous observions parcourut vers l'intérieur un arc de 59° de midi à 6 h. 45 du soir. Nous fîmes 10 observations dans un intervalle de 2 h. 20 minutes (à des distances moyennes de 14 m.), de 4 h.25 à 6 h. 45 du soir. Il n'y avait pas alors, au moment où la feuille prenait sa position de sommeil, de mouvement d'un côté à l'autre, mais bien un mouvement continu vers l'intérieur. Il se produit donc là dans la soirée le même changement d'un mouvement circumnutant en un mouvement continu dans la même direction, que pour le pétiole principal.

Nous avons dit aussi que chaque foliole séparée circumnute. Une feuille secondaire fut fixée au moyen de gomme laque au sommet d'un petit bâton fortement enfoncé en terre, immédiatement au-dessous d'une paire de folioles, dont les nervures médianes furent toutes deux munies de minces fils de verre. Ce traitement ne fit aucunement souffrir les folioles, car elles continuèrent à exécuter leurs mouvements de sommeil, et gardèrent toute leur sensibilité. Nous relevâmes pendant 49 heures les mouvements de l'une d'elles, comme le montre la fig. 158. Le premier jour, la foliole descendit jusqu'à 11 h. 30 du matin, puis s'éleva jusqu'à une heure assez avancée de la soirée en décrivant des

Fig. 158.

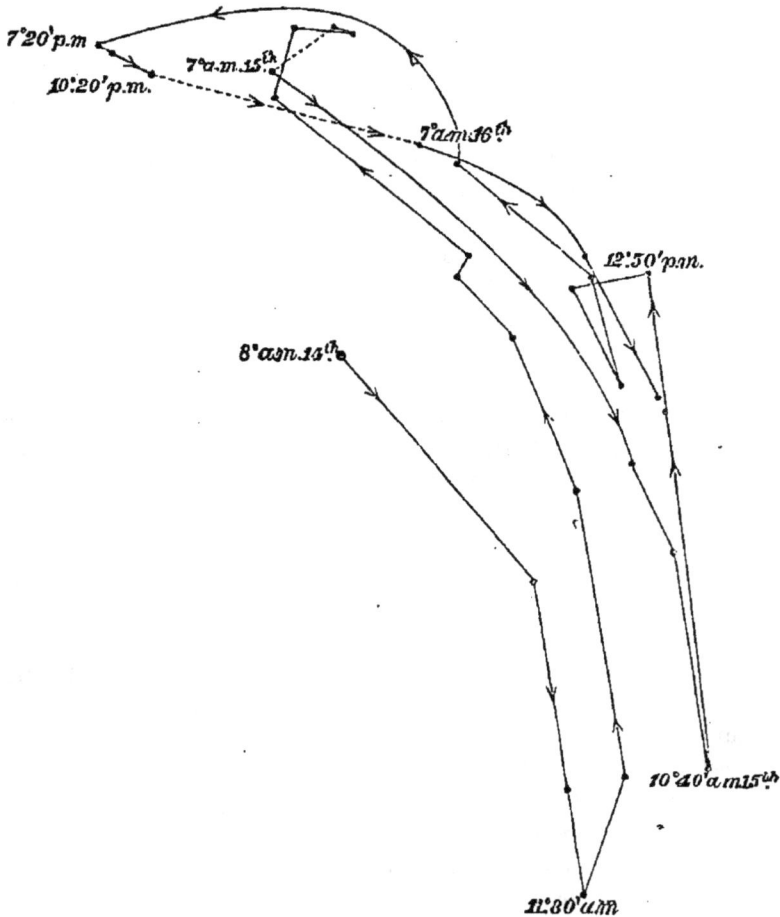

Mimosa pudica : circumnutation et mouvement nyctitropique d'une foliole (la feuille secondaire assujettie) du 14 septembre, 8 h. m., au 16, 9 h. m.

zigzags, révélateurs de l'état de circumnutation. Le second jour, la foliole était plus accoutumée à son nouvel état : elle oscilla deux fois vers le haut et deux fois vers le bas en 24 heures. Cette plante était soumise à une température assez basse (16-17° C.); si elle avait été chauffée un peu plus, sans aucun doute le mouvement de la foliole

aurait été beaucoup plus rapide et plus compliqué. On peut voir, par
le diagramme, que les lignes d'ascension ne coïncidaient pas. Mais
l'amplitude considérable du mouvement latéral dans la soirée provient
de ce que les folioles s'inclinaient vers l'extrémité de la feuille pour
prendre leur position de sommeil. Nous eûmes l'occasion d'observer
une autre foliole, et nous la trouvâmes en continuelle circumnutation
pendant le même espace de temps.

La circumnutation n'est pas annulée dans les feuilles soumises à
l'obscurité pendant un temps modérément long; mais elles perdent la
périodicité caractéristique de leurs mouvements. Quelques semis très
jeunes furent gardés deux jours dans l'obscurité (temp. 14-15° C.),
excepté aux moments où nous observions la circumnutation des tiges.
Dans la soirée du second jour, les folioles ne prirent pas complètement leur position caractéristique de sommeil. Le pot fut alors placé
pendant trois jours dans une armoire obscure, à peu près à la même
température, et, à la fin de cette période, les folioles ne donnaient aucun
signe de sommeil; elles n'étaient que peu sensibles à l'attouchement.
Le jour suivant, la tige fut fixée sur un bâton, et nous relevâmes pendant une demi-heure sur un verre vertical les mouvements de deux
feuilles.. Les plantes furent encore maintenues à l'obscurité, excepté au
moment de chaque observation, qui durait 3 ou 4 minutes; elles étaient
alors éclairées par deux bougies. Le troisième jour, les folioles montraient encore des traces de sensibilité lorsqu'on les pressait fortement,
mais, dans la soirée, elles ne donnaient aucun signe de sommeil. Toutefois, leurs pétioles continuaient à circumnuter distinctement, quoiqu'ils eussent complétement perdu l'ordre caractéristique de leurs mouvements, en relation avec le jour et la nuit. Ainsi une feuille descendit
pendant les deux premières nuits (c'est-à-dire de 10 h. du soir à 7 h.
du matin) au lieu de monter, et, la troisième nuit, son mouvement
principal avait une direction latérale. La seconde feuille se comportait
d'une manière tout aussi anormale, car elle eut un mouvement latéral
pendant la première nuit, elle descendit fortement pendant la seconde,
et elle remonta pendant la troisième à une hauteur inusitée.

Avec des plantes gardées à une haute température et exposées à la
lumière, le mouvement circumnutant de l'extrémité d'une feuille, le
plus rapide que nous ayons observé, était de 0mm06 par seconde; il aurait atteint 3mm625 par minute, si la feuille n'avait pas eu des moments
d'arrêt. La distance parcourue par l'extrémité (déterminée au moyen
d'une mesure placée près de la feuille) fut, dans un cas, de près de
18mm75 dans la direction verticale, en 15 m., et, dans une autre occasion, de 15mm625 en 60 m.; mais il se produisait en même temps un
certain mouvement latéral.

Mimosa albida (1). — Les feuilles de cette plante, dont l'une est représentée fig. 159, réduite aux 2/3 de la grandeur naturelle, offrent certaines particularités intéressantes. Elles sont formées d'un long pétiole ne portant que deux feuilles secondaires (représentées ici un peu plus écartées qu'elles ne le sont d'habitude) ; chacune porte deux paires de folioles. Mais les folioles basilaires internes ont une taille fortement réduite, ce qui est dû probablement à ce que la place a manqué pour leur développement; on peut donc les considérer comme presque rudimentaires. Leur taille varie un peu, et toutes deux, ou une seule, peuvent parfois disparaître. Toutefois, elles ne sont nullement rudimentaires quant à leurs fonctions, car elles sont sensibles, extrêmement héliotropiques, elles circumnutent avec presque la même vitesse que les folioles pleinement développées, et pren-

Fig. 159.

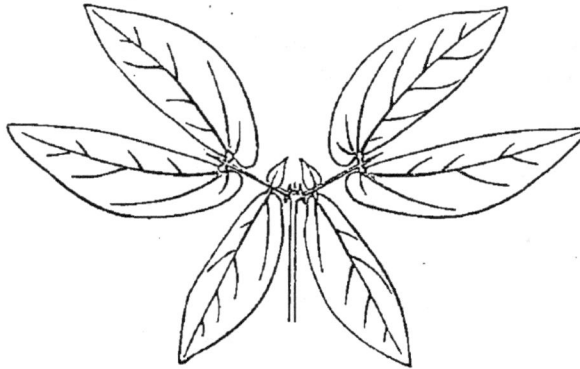

Mimosa albida : Feuille vue verticalement par en haut.

nent, pour le sommeil, exactement la même position. Dans *M. pudica* les folioles internes de la base des feuilles secondaires sont aussi fortement réduites et tronquées obliquement. Ce fait était bien visible sur des semis de *M. pudica*, dont la troisième feuille au-dessus des cotylédons ne portait que deux feuilles secondaires, pourvues chacune de 3 ou 4 paires de folioles ; la foliole basilaire interne était au moins de moitié plus courte que les autres, de sorte que la feuille toute entière ressemblait d'assez près à celle de *M. albida*. Dans cette dernière espèce, le pétiole principal se termine par une petite pointe, de chaque côté de laquelle se trouve une paire de petites excroissances charnues,

(1) M. Thiselton Dyer nous informe que cette plante péruvienne (qui nous avait été envoyée de Kew) est considérée par M. Bentham (« *Trans. Linn. Soc.* » volume XXX, p. 390) comme « l'espèce ou la variété qui représente le plus communément la *M. sensitiva* de nos jardins. »

en forme de lancettes, pourvues de poils sur les bords, qui tombent et disparaissent peu après l'entier développement de la feuille. On peut à peine douter que ces petites excroissances soient au moins les représentants temporaires d'une paire additionnelle de folioles pour chaque feuille secondaire ; en effet, l'externe est deux fois aussi large que l'interne, et un peu plus longue ; elle mesure 1^{mm}75 de long, tandis que l'autre n'a que 1^{mm}25 ou 1^{mm}50. Si la paire basilaire des folioles dans les feuilles existantes avait à devenir rudimentaire, nous devrions nous attendre à ce que les rudiments montrâssent encore une trace de leur inégalité de taille actuelle. La structure de la première feuille vraie vient encore à l'appui de notre conclusion, et démontre que les feuilles secondaires de la forme ancestrale de *M. albida* possédaient au moins trois paires de folioles, au lieu des deux qui existent actuellement. Cette première feuille consiste en un simple pétiole, portant souvent trois paires de folioles. Ce dernier fait, de même que la présence des rudiments, nous amènent ensemble à conclure que *M. albida* descend d'une forme dont les feuilles portaient plus de deux paires de folioles. La seconde feuille au-dessus des cotylédons ressemble à tous égards aux feuilles des plantes pleinement développées.

Lorsque les feuilles prennent leur position de sommeil, chaque foliole exécute une demi-révolution sur son axe, de manière à présenter un de ses bords au zénith, et vient en contact avec la foliole opposée. Les feuilles se rapprochent aussi fortement l'une de l'autre, de sorte que les quatre folioles terminales se trouvent réunies. Les grandes folioles basilaires (en contact avec les folioles internes rudimentaires) se meuvent vers le haut et en avant, pour embrasser la face externe des folioles terminales réunies ; ainsi les huit folioles (en y comprenant les deux rudimentaires) forment ensemble un seul bouquet vertical. Les deux feuilles secondaires descendent en même temps qu'elles se rapprochent l'une de l'autre, et ainsi, au lieu de s'étendre horizontalement dans le prolongement du pétiole principal, comme pendant le jour, elles s'inclinent la nuit d'environ 45°, ou même d'un angle plus considérable au-dessous de l'horizon. Le mouvement du pétiole principal paraît être variable. Nous l'avons vu, dans la soirée, être de 27° plus bas que dans la journée ; mais, quelquefois, il garde à peu près la même position. Cependant, sa marche normale est probablement un mouvement de descente dans la soirée et d'élévation pendant la nuit ; ce mouvement est en effet bien marqué dans le pétiole de la première feuille formée.

Nous avons tracé pendant 2 jours 3/4 la circumnutation du pétiole principal d'une jeune feuille ; elle était fort étendue, mais moins complexe que celle de *M. pudica*. Le mouvement latéral était beaucoup

plus fort que celui qu'on constate ordinairement dans les jeunes feuilles en circumnutation ; c'était d'ailleurs la seule particularité à noter.
L'extrémité d'une des folioles terminales, vue sous le microscope, parcourait 0^{mm}5 en 3 minutes.

Mimosa marginata. — Les folioles opposées s'élèvent et se rapprochent l'une de l'autre pendant la nuit, mais ne viennent pas en contact,
excepté lorsqu'il s'agit de très jeunes feuilles portées sur des branches
vigoureuses. Les folioles dont la croissance est complète circumnutent
dans la journée, mais lentement et sur une faible étendue.

Schrankia uncinata (Tribu 20). — Une feuille se compose de deux
ou trois paires de feuilles secondaires, portant chacune de nombreuses petites folioles. Ces dernières, lorsque la plante sommeille, se dirigent en avant, et deviennent imbriquées. L'angle compris entre les
deux feuilles secondaires terminales diminue la nuit ; cette diminution
était, dans un cas, de 15° ; elles descendent en même temps jusqu'à
devenir presque verticales. Les paires suivantes de feuilles secondaires descendent aussi, mais sans converger, c'est-à-dire sans se diriger
vers l'extrémité de la feuille. Le pétiole principal ne subit aucune
dépression, au moins dans la soirée. A ce dernier égard, aussi bien
que pour les mouvements de descente des feuilles secondaires, il y a
une différence marquée entre les mouvements nyctitropiques de cette
espèce et ceux de *Mimosa pudica.* Il faut cependant ajouter que notre
spécimen n'était pas très vigoureux. Les feuilles secondaires de
Schrankia aculeata descendent la nuit.

Acacia Farnesiana (Tribu 22). — Il existe une remarquable différence dans l'aspect que présente cette plante lorsqu'elle sommeille ou
dans son facies diurne. La même feuille, dans ces deux états, est
représentée fig. 160. Les folioles se dirigent vers l'extrémité de la
feuille secondaire, en s'imbriquant, et les feuilles secondaires ressemblent alors à des cordes suspendues. Les remarques et les mesures
suivantes ne s'appliquent pas complétement à la petite feuille figurée
ici. Les feuilles secondaires se meuvent en avant et descendent en
même temps, tandis que le pétiole principal a un mouvement d'élévation considérable. Pour ce qui concerne l'amplitude du mouvement :
les deux feuilles secondaires terminales d'un spécimen formaient
ensemble un angle de 100° dans la journée, et de 38° dans la nuit ; chacune s'était donc déplacée de 31° en avant. Les avant-dernières feuilles secondaires formaient dans la journée un angle de 180°, c'est-à-
dire étaient opposées l'une à l'autre en ligne droite ; la nuit chacune
avait parcouru 65° en avant. Les deux feuilles secondaires de la base
formaient chacune, dans la journée, un angle de 21° en arrière, et,
la nuit, un angle de 38° en avant ; chacune avait donc parcouru 59° en

avant. Mais les feuilles secondaires descendaient fortement en même temps, et, quelquefois, pendaient perpendiculairement. Le pétiole principal, d'autre part, s'élève beaucoup : à 8 h. 30 du soir, un de ces organes était de 34° plus haut qu'à midi, et, à 6 h. 40 le lendemain matin, il s'était encore élevé de 10° ; peu après commença le mouvement diurne de descente. Nous relevâmes pendant 14 heures la marche d'une feuille presque complétement développée; elle présentait de forts zigzags, et paraissait former cinq ellipses, dont les grands axes avaient des directions différentes.

Albizzia lophanta (Tribu 23). — Les folioles viennent, la nuit, en

Fig. 160.

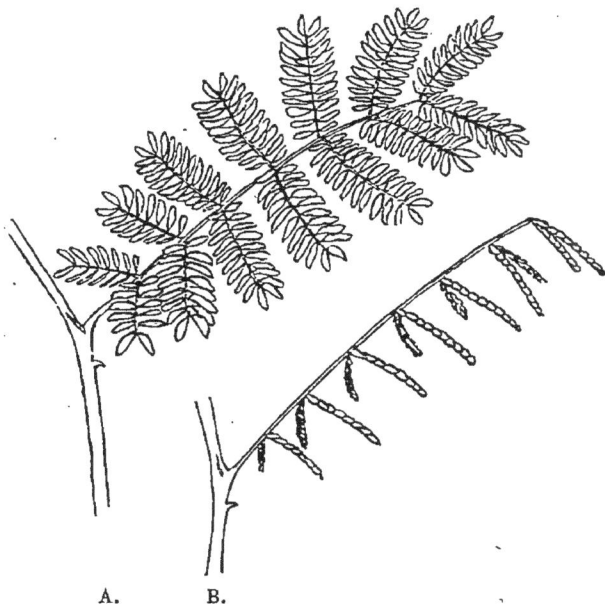

A.   B.

Acacia Farnesiana : A, feuille dans la journée; B, la même la nuit.

contact l'une avec l'autre, et se dirigent vers l'extrémité de la feuille secondaire. Les folioles secondaires se rapprochent l'une de l'autre, mais restent dans le même plan que dans la journée'; à cet égard, elles diffèrent beaucoup de celles de Schrankia et d'Acacia. Le pétiole principal ne s'élève qu'un peu. La première feuille formée au-dessus des cotylédons porte 11 folioles de chaque côté. et ces folioles sommeillent comme celles des feuilles qui sont formées plus tard ; mais le pétiole de cette première feuille était incliné vers le bas dans la journée, et, la nuit, il se redressait, de sorte que la corde de l'arc formé par lui était alors de 16° plus élevée que dans la journée.

Melaleuca ericœfolia (Myrtacées). — D'après Bouché (« *Bot. Zeitung*, » 1874, p. 359), les feuilles sommeillent la nuit à peu près de la même manière que celles de certaines espèces de Pimelia.

Ænothera mollissima (Onagrariées). — D'après Linnée « *Somnus plantarum* », les folioles s'élèvent verticalement la nuit.

. *Passiflora gracilis* (Passiflorées). — Les jeunes feuilles sommeillent, leurs limbes pendant verticalement vers le bas ; le pétiole, sur toute sa longueur, a alors une certaine incurvation. Le même organe dans la feuille la plus élevée d'une jeune branche était, à 10 h. 45 du matin, à 33° au-dessus de l'horizon, et, à 10 h. 30 du soir, alors que le limbe pendait verticalement, il n'était qu'à 15° ; il était donc descendu de 18°. Celui de la feuille suivante n'avait parcouru que 70°. Pour une cause demeurée inconnue, les feuilles n'ont pas toujours leurs mouvements caractéristiques de sommeil. La tige d'une plante, qui était demeurée quelque temps devant une fenêtre au nord-est, fut assujettie sur un bâton à la base d'une jeune feuille dont le limbe était incliné de 40° sous l'horizon. Par suite de cette position, la feuille était vue obliquement, et les mouvements verticaux paraissaient obliques sur le tracé. Le premier jour (12 octobre), la feuille descendit en décrivant des zigzags jusqu'à une heure avancée de la soirée. A 8 h. 15 du matin, le 13, elle avait regagné à peu près le niveau qu'elle occupait la veille au matin. Nous commençâmes alors un nouveau tracé (fig. 161). La feuille continua à s'élever jusqu'à 8 h. 50 du matin, puis se dirigea un peu vers la droite, et descendit ensuite. De 11 h. du matin à 5 h. du soir, elle circumnuta, et, après ce moment, elle commença la grande descente nocturne. A 7 h. 15 du soir, elle était verticale. La ligne pointillée devrait être prolongée beaucoup plus bas sur la figure. Le lendemain matin (14) à 6 h. 50, la feuille s'était fortement élevée, et elle continua jusqu'à 7 h. 50 du matin, pour redescendre ensuite. Il faut remarquer que les lignes tracées dans cette seconde matinée auraient coïncidé et se seraient confondues avec celles de la veille, si le pot n'avait été un peu déplacé vers la gauche. Dans la soirée (le 14), nous plaçâmes un point de repère derrière le fil fixé à l'extrémité de la feuille, et nous relevâmes avec soin son mouvement de 5 h. à 10 h. 15 du soir. De 5 h. à 7 h. 15, la feuille descendit suivant une ligne droite, et, à ce dernier moment, elle paraissait verticale. Mais, de 7 h. 15 à 10 h. 15, la ligne fut formée par une succession de secousses, dont nous ne pûmes reconnaître la cause. Il était cependant manifeste que le phénomène n'était plus un simple mouvement de descente.

Siegesbeckia orientalis (Composées). — Quelques semis naquirent pendant l'hiver, et furent conservés dans la serre ; ils fleurirent, mais leur croissance avait été mauvaise, et leurs feuilles ne donnaient aucun signe de sommeil. Les feuilles d'autres semis nés en mai étaient horizontales à midi (le 22 juin) et formaient, à 10 h. du soir, un angle considérable au-dessous de l'horizon. Pour quatre jeunes feuilles, longues de 50 à 62^{mm}5, ces angles se trouvèrent être de 50°, 56°, 60° et 65°. A la fin d'août, les plantes avaient atteint une taille de 25 à 27^{cm}5 ; les plus jeunes feuilles étaient si fortement inclinées vers le bas, la nuit, qu'on pouvait les dire sommeillantes. Cette espèce est une de celles qui ont besoin d'être bien éclairées dans la journée pour sommeiller, car, en deux occasions, chez des plantes qui étaient demeurées tout le jour devant des fenêtres au nord-est, ces feuilles ne sommeillèrent pas la

Fig. 161.

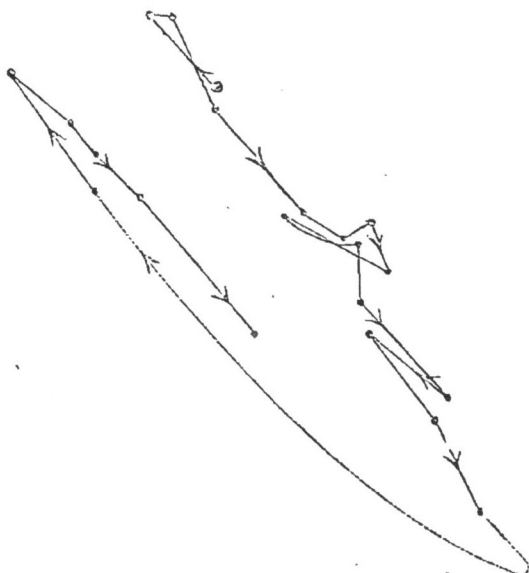

Passiflora gracilis : circumnutation et mouvement nyctitropique d'une feuille , relevés sur un verre vertical, du 13 octobre, 8 h. 20 m. , au 14, 10 h. m. Figure réduite aux deux tiers.

nuit. La même cause explique probablement pourquoi les feuilles nées à la fin de l'hiver ne sommeillaient pas. Le professeur Pfeffer nous informe que les feuilles d'une autre espèce (*S. Jorullensis ?*) sont verticales pendant la nuit.

Ipomœa cerulea et *purpurea* (Convolvulacées). — Les feuilles de très jeunes plantes, hautes d'un ou deux pieds, s'inclinent la nuit à 68° et 80° sous l'horizon; quelques-unes pendent verticalement. Le lendemain matin elles se relèvent jusqu'à la position horizontale. Les pétioles s'incurvent la nuit vers le bas, soit sur toute la longueur, soit dans leur partie supérieure seulement ; c'est probablement ce qui détermine le mouvement du limbe. Il paraît nécessaire que les feuilles aient été bien éclairées dans la journée pour pouvoir sommeiller, car celles qui se trouvaient à la partie postérieure d'une plante placée devant une fenêtre au nord-est ne sommeillaient pas.

Nicotiana tabacum (variété de Virginie) et *glauca* (Solanées). — Les jeunes feuilles de ces deux espèces sommeillent en se dirigeant verticalement vers le haut. Nous donnons, fig. 162, le dessin de deux branches de *N. glauca*, dans la journée et la nuit : l'une des branches

Fig. 162.

Nicotiana glauca : branches avec feuilles étalées le jour, et sommeillantes la nuit. Figures réduites, d'après des photographies.

dont nous prîmes la photographie était accidentellement inclinée sur un côté.

A la base du pétiole de *N. Tabacum*, à la face externe, se trouve une masse de cellules un peu plus petites que les autres, et dont les plus grands axes ont une autre direction que ceux des cellules ordinaires du parenchyme ; elles peuvent être considérées comme formant une sorte de pulvinus. Une jeune plante de *N. Tabacum* fut choisie pour l'observation, et nous suivîmes pendant trois jours la circumnutation de la cinquième feuille au-dessus des cotylédons. Dans la première matinée (le 10 juillet) la feuille descendit de 9 à 10 h. du matin, ce qui est sa marche normale, mais elle s'éleva pendant le reste de la journée; ce fait est dû, sans aucun doute, à ce qu'elle était éclairée seulement par le haut; en effet, l'élévation ordinaire de la soirée ne commence pas avant 3 ou 4 h. du soir. Le premier point de la fig. 163 ayant été marqué à 3 h. du soir, le tracé fut continué pendant les 65 h. qui suivirent. Lorsque la feuille se trouva en face du point qui vient après celui de 3 h. du soir, elle était horizontale. Le diagramme n'a de remarquable que sa simplicité, et la rectitude de ses lignes. La feuille décrivait chaque jour une seule grande ellipse, car il faut remarquer que les lignes ascendantes et descendantes ne coïncidaient pas. Dans la soirée du 11, la feuille ne descendit pas aussi bas que de coutume, et décrivit un léger zigzag. Le mouvement diurne d'élévation commençait toujours le matin à 7 h. Les lignes pointillées du haut de la figure, qui représentent la position nocturne verticale de la feuille, devraient se prolonger beaucoup plus haut.

Fig. 163.

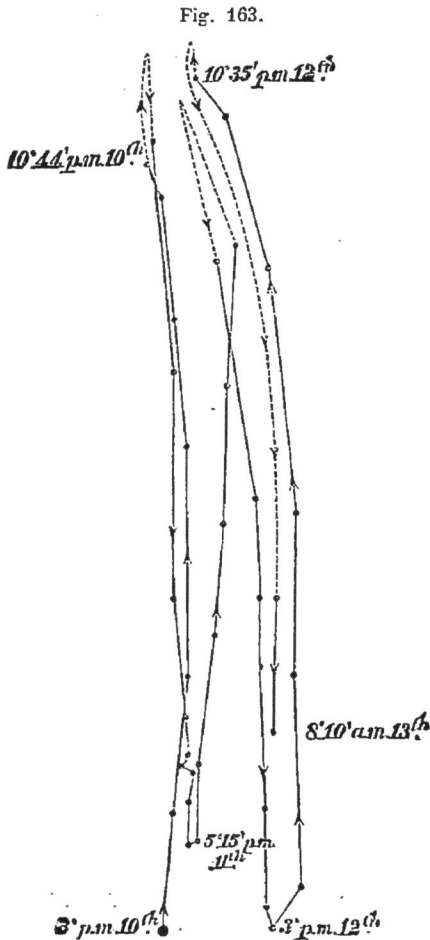

Nicotiana tabacum : circumnutation et mouvement nyctitropique d'une feuille longue de 135 mm. Relevés sur verre vertical, du 10 juillet 3 h. soir au 13, 8 h. 10 matin. Temp. 17° 5 18° 5 C. Figure réduite de moitié.

Mirabilis longiflora et *jalapa* (Nyctaginées). — La première paire de feuilles (au-dessus des cotylédons), portée par des semis de ces deux espèces, après avoir divergé considérablement dans la journée, mettait la nuit ses deux parties en contact parfait. Les deux feuilles supérieures d'un semis plus âgé étaient presque horizontales dans la journée, et verticales la nuit, mais sans venir en contact, à cause de la résistance qu'offrait le bourgeon central.

Polygonum aviculare (Polygonées). — Le professeur Batalin nous informe que les jeunes feuilles s'élèvent verticalement la nuit. C'est aussi ce qui se produit, d'après Linnée, dans plusieurs espèces d'*Amaranthus* (Amaranthacées) ; nous avons observé un mouvement de cette nature dans un membre de ce genre. De plus, chez *Chenopodium album* (Chénopodiées), les jeunes feuilles supérieures de quelques semis, hauts d'environ 10 cm., étaient horizontales ou subhorizontales dans la journée, et, le 7 mars à 10 h. du soir, tout à fait ou presque tout à fait verticales. D'autres semis, nés dans la serre pendant l'hiver (le 28 janvier), furent observés nuit et jour, et nous ne pûmes constater aucune différence dans la position de leurs feuilles. D'après Bouché (« *Bot. Zeitung,* » 1874, p. 359), les feuilles de *Pimelia linoides* et *spectabilis* (Thymelées), sommeillent la nuit.

Euphorbia jacquiniæflora (Euphorbiacées). — M. Lynch appela notre attention sur ce fait que les feuilles jeunes de cette plante, dans leur position de sommeil, pendent verticalement. La troisième feuille à partir du sommet (le 11 mars) était inclinée, dans la journée, de 30° au-dessous de l'horizon, et, la nuit, pendait verticalement ; il en était de même pour quelques-unes des feuilles plus jeunes encore. Le lendemain matin, elle revenait au même niveau que la veille. La quatrième et la cinquième feuilles à partir du sommet étaient horizontales dans la journée, et ne descendaient la nuit que de 38°. La sixième feuille ne changeait pas sensiblement de position. Le mouvement de descente est dû à l'incurvation vers le bas du pétiole, dont aucune partie ne montre une structure analogue à celle d'un pulvinus. Le 7 juin au matin, de bonne heure, un fil de verre fut fixé longitudinalement sur une jeune feuille (la troisième à partir du sommet), longue de 65^{mm}625, et ses mouvements furent relevés pendant 72 heures sur un verre vertical ; la plante était éclairée par le haut à travers un châssis vitré. Chaque jour, la feuille descendait suivant une ligne presque droite de 7 h. du matin à 5 h. du soir ; à ce moment, elle était si fortement inclinée vers le bas, que ses mouvements ne pouvaient plus être relevés ; pendant la seconde moitié de la nuit, ou le matin de bonne heure, la feuille remontait. Elle circumnutait donc d'une manière extrêmement simple, décrivant toutes les 24 h. une seule grande ellipse, car les lignes ascendantes et descendantes ne coïncidaient pas. Chaque matin elle occupait une hauteur un peu moindre que celle de la veille, fait qui était probablement dû en partie à ce que la feuille avançait en âge, et en partie à ce que l'éclairage était insuffisant. En effet, quoique les feuilles ne soient que très peu héliotropiques, leur inclinaison diurne est cependant déterminée, d'après les observations de M. Lynch et les miennes, par l'intensité de la lumière qu'elles reçoivent. Le troisième jour, l'amplitude du mouvement de descente avait beaucoup faibli, et la ligne tracée présentait des zigzags plus nombreux que les jours précédents ; il semblait que la feuille dépensât ainsi la capacité de mouvement qu'elle possédait. Le 7 juin à 10 h. du soir, la feuille étant verticale, nous observâmes ses mouvements au moyen d'un point de repère placé derrière elle, et nous vîmes l'extrémité du fil de verre osciller légèrement et lentement de droite à gauche et verticalement.

Phyllanthus Niruri (Euphorbiacées). — Les folioles de cette plante sommeillent, selon Pfeffer (1), d'une manière remarquable et comme celles de Cassia : elles descendent la nuit en tournant sur leur axe, de sorte que leurs faces inférieures regardent vers l'extérieur. Elles sont pourvues d'un pulvinus ; on devait d'ailleurs s'y attendre, en voyant la complexité de leurs mouvements.

GYMNOSPERMES.

Pinus Nordmanniana (Conifères). — M. Joannes Chatin dit (2) que les feuilles, qui sont horizontales dans la journée, s'élèvent la nuit, pour prendre une position presque perpendiculaire sur la branche qui les porte ; nous pensons que cela s'applique à une branche horizontale. Il ajoute : « En même temps, ce mouvement d'érection est accompagné d'un mouvement de torsion imprimé à la partie basilaire de la feuille, et pouvant souvent parcourir un arc de 90 degrés. » Les faces inférieures des feuilles sont blanches, tandis que leurs faces supérieures sont d'un vert foncé ; aussi, l'arbre a-t-il, le jour et la nuit, un aspect tout différent. Les feuilles d'un petit arbre, placé dans un pot, ne nous montrèrent aucun mouvement nyctitropique. Nous avons vu, dans un des chapitres précédents, que les feuilles de *Pinus pinaster* et *Austriaca* sont en circumnutation continuelle.

(1) « *Die Period. Beweg.* », p. 159.

(2) Nous croyons nécessaire, en raison même du grand intérêt que présente l'observation de M. J. Chatin, sur une catégorie de végétaux jusqu'ici considérés comme échappant aux règles bien établies dans ce volume pour le plus grand nombre des Angiospermes, de reproduire en entier la communication de l'auteur à l'Académie des Sciences. Elle servira sans doute de point de départ à des observations suivies qui, dans ce groupe des Gymnospermes, font jusqu'ici défaut :

« L'*Abies Nordmanniana* est une Conifère aujourd'hui très répandue, en raison de l'élégante coloration de ses feuilles, dont la face inférieure est blanchâtre, tandis que leur face supérieure est d'un beau vert foncé.

« Or, si l'on observe cet arbre de grand matin ou vers le déclin du jour, on constate que l'ensemble de son feuillage est uniformément blanchâtre, tandis que, dans

Monocotylédones.

Thalia dealbata (Cannacées). — Les feuilles de cette plante sommeillent en se tournant verticalement vers le haut. Elles sont pourvues de pulvinus bien développés. C'est le seul cas de sommeil que nous connaissions pour une très grande feuille. Le limbe d'une jeune feuille qui ne mesurait encore que 331 mm. de long et 162^{mm}5 de large, formait à midi un angle de 121° avec son large pétiole ; la nuit, il était placé verticalement dans le prolongement de cet organe, et s'était, par suite, élevé de 59°. La distance que parcourait alors l'extrémité d'une autre grande feuille (mesurée au moyen d'un tracé orthogonal), de 7 h. 30 du matin à 10 h. du soir, était de 262^{mm}5. Nous relevâmes pendant deux jours sur un verre vertical la circumnutation de deux jeunes feuilles, placées parmi les feuilles plus grandes de la base de la plante. Le premier jour, l'extrémité de l'une d'elles, et, le second jour, l'extrémité de l'autre, décrivirent, de 6 h. 40 du matin à 4 h. du soir, deux ellipses, dont les plus grands axes s'étendaient dans des directions très différentes, relativement aux lignes qui représentaient les grands mouvements quotidiens.

le milieu de la journée, la teinte verte y semble générale. Si l'on cherche à se rendre compte de cette différence de coloration, on voit qu'elle résulte d'une position spéciale des feuilles, situation qui varie durant le jour et durant la nuit : dans le premier cas, les feuilles sont étalées sur le rameau et présentent leur face supérieure, d'où résulte l'aspect verdâtre du feuillage ; durant la seconde période, au contraire, c'est leur face inférieure qui s'offre à l'observateur et qui détermine la teinte blanchâtre de l'*Abies*.

« On arrive donc à distinguer ainsi une *position diurne* et une *position nocturne*. Celle-ci mérite une attention spéciale, en raison des phénomènes qui la déterminent : on voit les feuilles, d'abord horizontales, se redresser peu à peu sur le rameau de manière à prendre une direction souvent presque perpendiculaire à celle du rameau ; mais, en même temps, ce mouvement d'érection est accompagné d'un mouvement de torsion imprimé à la partie basilaire de la feuille et pouvant souvent parcourir un arc de 90 degrés. Les feuilles des rameaux supérieurs semblent subir, sous ce rapport, une sorte d'accommodation qui permet à cette torsion d'y persister au moins partiellement. C'est d'ailleurs là un fait particulier que je me borne à indiquer actuellement, comptant le traiter d'une manière plus détaillée dans une prochaine Communication, où j'aurai l'honneur de présenter à l'Académie les résultats que m'ont fournis des expériences qui seront bientôt terminées et que j'ai entreprises dans le but de reconnaître, chez l'*Abies Nordmannania* et quelques autres types voisins, les causes et le mécanisme des phénomènes mentionnés ici et dont l'analyse permet d'examiner, dans leurs principaux détails, ces *mouvements de torsion*, sur lesquels la Physiologie végétale ne possède que bien peu de données. A un autre point de vue, leur étude permet d'étendre aux Gymnospermes l'existence des mouvements spontanés que d'anciens observateurs ont signalés chez plusieurs Dicotylédones, que M. Brongniart a décrits chez plusieurs Monocotylédones et qui, l'exemple actuel le montre nettement, se retrouvent dans les trois grandes divisions des végétaux phanérogames. » (*Traducteur.*)

Maranta arundinacea (Cannacées). — Les limbes des feuilles, qui sont pourvues de pulvinus, sont horizontaux pendant la journée, ou inclinés de 10 à 20° sur l'horizon, et verticaux la nuit. Ils s'élèvent donc, pendant l'obscurité, de 70 à 90°. La plante fut placée à midi en lieu obscur dans la serre, et, le lendemain, nous relevâmes les mouvements des feuilles. De 8 h. 40 à 10 h. 30 du matin, elles s'élevèrent, puis descendirent fortement jusqu'à 1 h. 37 du soir. Mais, à 3 h. du soir, elles s'étaient de nouveau un peu élevées, et elles continuèrent pendant le reste de la soirée, et pendant la nuit. L'obscurité prolongée pendant un jour et demi ne suffit donc pas pour altérer la périodicité de leurs mouvements. Par une soirée chaude, mais humide, la plante, pendant qu'on la transportait dans la maison, fut violemment secouée, et, la nuit, aucune feuille ne prit sa position de sommeil. Le lendemain matin, la plante fut replacée dans la serre, et, la nuit encore, aucune feuille ne sommeilla ; mais, la nuit suivante, le système foliaire s'éleva comme d'habitude, de 70° et 80°. Ce fait est analogue à celui que nous avons observé chez les plantes grimpantes, qu'une forte agitation prive pour quelque temps de leur faculté de circumnutation ; mais dans ce cas, l'effet produit était beaucoup plus fort et plus prolongé (1).

Colocasia antiquorum (Caladium esculentum, Hort.) (Aroïdées). — Les feuilles de cette plante sommeillent en abaissant leurs limbes dans la soirée, de manière à ce qu'ils soient fortement inclinés, ou même verticaux, leurs extrémités regardant le sol. Elles ne sont pas pourvues de pulvinus. Le limbe de l'une d'elles était, à midi, à 1° au-dessous de l'horizon ; à 4 h. 20 du soir, à 20° ; à 6 h. du soir, à 43° ; à 7 h. 20, à 69°, et à 8 h. 30, à 68° : à ce moment donc, elle avait commencé à se relever ; à 10 h. 15 du soir, elle était à 65°, et le lendemain matin de bonne heure à 11° sous l'horizon. Nous relevâmes pendant 48 h. sur un verre vertical la circumnutation d'une autre jeune feuille, dont le pétiole mesurait 81^{mm}25, et le limbe 10 cm. de long. Elle était faiblement éclairée à travers un châssis vitré, ce qui paraissait troubler la périodicité de ses mouvements.

Cependant la feuille descendit fortement pendant les deux après-midi, jusqu'à 7 h. 10, et 9 h. du soir, puis s'éleva un peu, et se mût latéralement. Les deux matins de bonne heure, elle reprit sa position diurne. Les mouvements latéraux, bien marqués pendant un certain temps au commencement de la nuit, constituaient le seul fait intéressant à constater, car c'est grâce à eux que les lignes ascendantes et descendantes ne coïncidaient pas, suivant la règle générale des orga-

(1) La priorité de cette observation est due à M. Crié, professeur à la faculté des Sciences de Rennes, qui avait décrit le phénomène dès 1875 dans le Bulletin de la Société Linnéenne de Normandie. (*Traducteur.*)

nes circumnutants. Les mouvements des feuilles de cette plante sont donc de l'espèce la plus simple ; aussi n'avons-nous pas cru nécessaire d'en donner ici le diagramme. Nous avons vu que, dans un autre genre d'Aroïdées, Pistia, les feuilles ont un mouvement ascensionnel nocturne si ample, qu'on peut les dire sommeillantes.

Strephium floribundum (1) (Graminées). Les feuilles ovales, pourvues d'un pulvinus, sont, pendant la journée, soit étendues horizontalement, soit un peu inclinées au-dessous de l'horizon. Celles qui sont portées sur des chaumes verticaux, ne font que s'élever perpendiculairement la nuit, de sorte que leurs extrémités se dirigent vers le zénith (fig. 164). Les feuilles horizontales portées sur des chaumes fortement inclinés ou presque horizontaux dirigent la nuit leur pointe vers l'extrémité du chaume, l'une de leurs marges latérales se dirigeant vers le zénith. Pour pouvoir prendre cette position, les feuilles

Fig. 164.

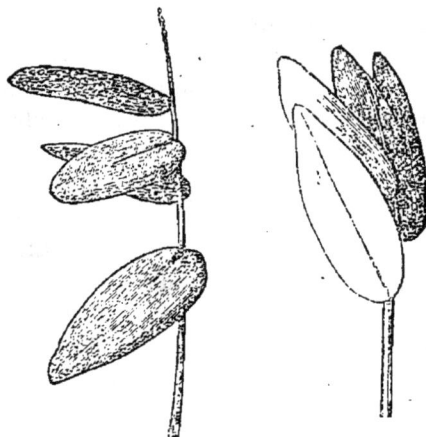

Strephium floribundum : chaumes avec feuilles dans leurs positions de veille et de sommeil. Figures réduites.

doivent tourner sur leur axe suivant un angle de près de 90°. La surface du limbe est ainsi toujours verticale, quelle que puisse être la position de la nervure médiane ou de la feuille tout entière.

Nous relevâmes pendant 48 heures la circumnutation d'une jeune feuille, longue de 57^{mm}5 (fig. 165). Le mouvement était remarquablement simple : la feuille descendait depuis 6 h. 40 du matin, et même avant, jusqu'à 2 h. ou 2 h. 50 de l'après-midi, puis s'élevait jusqu'à la verticale à 6 h. du soir environ ; elle descendait de nouveau dans la dernière partie de la nuit, ou le matin de bonne heure. Le second jour,

(1) A. Brongniart a observé le premier que les feuilles de cette plante et celles de Marsilea sommeillent : voir *Bulletin de la Soc. Bot. de France*, t. VII, 1860, p. 470.

la ligne descendante était fortement en zigzag. Comme d'habitude, les lignes ascendantes et descendantes ne coïncidaient pas. Dans un autre cas, avec une température un peu plus élevée, de 24°-26°, 5 C., nous observâmes 17 fois une feuille, de 8 h. 50 du matin à 12 h. 16 du soir; elle changea de marche au moins rectangulairement six fois dans cet intervalle de 3 h. 26 m., et décrivit deux triangles irréguliers, et un demi-triangle. Donc la feuille, dans ce cas, avait un mouvement rapide et complexe de circumnutation.

ACOTYLÉDONES.

Marsilea quadrifolia (Marsiléacées). — On voit en A (fig. 166) le croquis d'une feuille étalée horizontalement dans la journée. Chaque foliole est pourvue d'un pulvinus bien développé. Lorsque les feuilles sommeillent, les deux folioles terminales s'élèvent, avec un demi-mouvement de torsion, et viennent en contact l'une avec l'autre (B) ; elles sont de plus embrassées par les deux autres folioles (C); de cette manière, les quatre folioles forment ensemble un bouquet vertical, avec leurs surfaces inférieures tournées vers l'extérieur. C'est par un simple accident que la feuille représentée pendant le sommeil a le sommet de son pétiole incurvé. La plante fut placée dans une chambre, où la température n'était que peu supérieure à 15° C. ; nous relevâmes pendant 24 h. le mouvement d'une des folioles, le pétiole ayant été fixé au préalable (fig. 167). La feuille descendit depuis le matin de bonne heure jusqu'à 1 h. 50 du soir, puis s'éleva jusqu'à 6 h. du soir, en prenant sa position de sommeil. Un fil de verre pendant verticalement fut alors fixé sur l'une des folioles terminales supérieures ; une partie du tracé obtenu (fig. 167) montre qu'elle continua à descendre

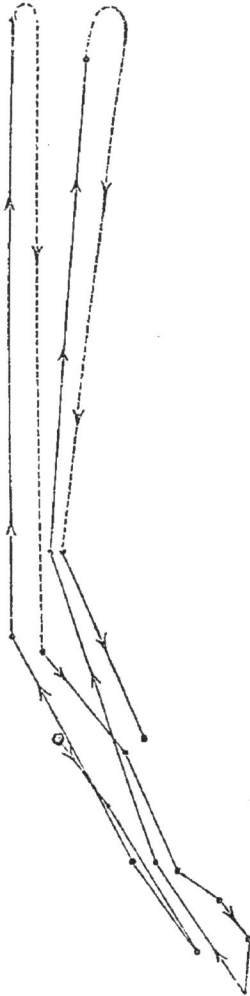

Fig. 165.

Strephium floribundum : circumnutation et mouvement nyctitropique d'une feuille, relevés du 26 juin, 9 h. m. au 27, 8 h. 45 m. Fil fixé sur la nervure médiane. Extrémité de la feuille à 20 cm. 65 du verre vertical. Plante éclairée par le haut. Temp. 23° 5 24° 5 C.

en décrivant un zigzag, jusqu'à 10 h. 40 du soir. A 6 h. 45 du matin, le lendemain, la feuille était étalée, et le fil se dirigeait au-dessus du verre vertical; mais, à 8 h. 25 du matin, il occupait la position indiquée sur la figure. Le diagramme diffère beaucoup comme aspect de la plupart de ceux que nous avons déjà donnés; cela est

Fig. 166.

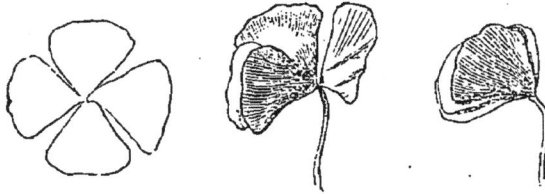

Marsilea quadrifoliata : A, feuille pendant la journée, vue verticalement par en haut; B, feuille commençant à sommeiller, vue latéralement; C, la même, sommeillante. Figures réduites de moitié.

dû à ce que la foliole tournait sur elle-même et se mouvait latéralement, pour se rapprocher de la foliole opposée, et venir en contact avec elle. Nous relevâmes, de 6 h. du soir à 10 h. 35, les mouvements d'une autre foliole sommeillante; elle circumnutait clairement, car elle continua à descendre pendant deux heures, puis s'éleva, pour

Fig. 167.

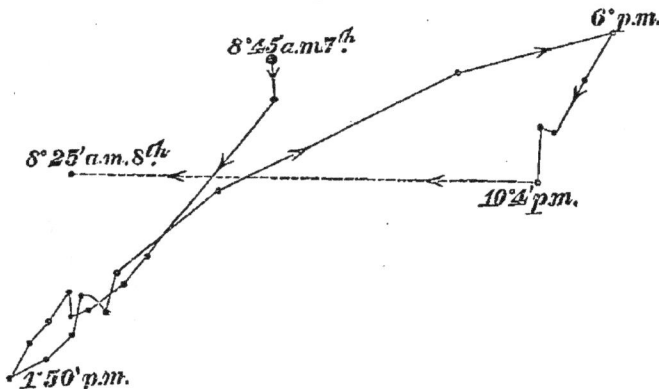

Marsilea quadrifolia : circumnutation et mouvement nyctitropique d'une foliole, relevés sur un verre vertical, pendant près de 24 h. Figure réduite aux deux tiers. Plante soumise à une température peut-être un peu trop basse.

redescendre encore plus bas que le point qu'elle occupait à 6 h. du soir. On peut voir, dans la fig. 167, que la foliole, lorsque la plante était soumise, dans la maison, à une température assez basse, descendait et remontait au milieu de la journée suivant une ligne en zigzags. Mais, lorsqu'elle était placée dans la serre de 9 h. du matin à

3 h. du soir, et soumise à une température élevée, mais variable (entre 22 et 28° C.) une foliole, dont le pétiole était fixé, circumnutait rapidement, car elle décrivait trois grandes ellipses verticales en 6 heu-res. D'après Brongniart, *Marsilea pubescens* sommeille comme l'es-pèce dont nous nous occupons. Ces plantes sont les seules cryptoga-mes sommeillantes que nous connaissions.

Résumé et remarques finales sur les mouvements nyc-titropiques, ou de sommeil, des feuilles. — Que ces mou-vements soient, d'une manière quelconque, de haute importance pour les plantes qui les présentent, cela ne saurait être discuté par ceux qui ont observé quelle complexité ils peuvent atteindre. Ainsi, dans Cassia, les folioles horizontales dans la journée, ne se contentent pas de s'incliner, la nuit, verticalement vers le bas, et de donner à leur dernière paire une direction en arrière fort bien marquée, mais elles tournent encore sur leur axe, pour montrer à l'extérieur leur surface inférieure. La foliole terminale de Melilotus possède un semblable mouvement de rotation, à la suite duquel l'un de ses bords se tourne vers le haut; elle se meut en même temps soit vers la gauche soit vers la droite, jusqu'à ce que sa face supérieure vienne en contact avec celle de la foliole latérale placée de ce côté, qui a, elle aussi, tourné sur son axe. Dans Arachis, les quatre folioles forment ensem-ble, pendant la nuit, un simple bouquet vertical; pour obtenir ce résultat, les deux folioles antérieures doivent se diriger vers le haut, et les deux postérieures en avant, en même temps qu'elles tournent toutes sur leur axe. Dans le genre Sida, les feuilles de quelques espèces par-courent la nuit un angle de 90° vers le haut, et celles d'au-tres espèces décrivent le même angle vers le bas. Nous avons constaté une semblable différence dans les mouve-ments nyctitropiques des cotylédons du genre Oxalis. Dans le genre Lupinus, encore, les folioles se meuvent soit vers le haut, soit vers le bas; dans quelques espèces,

L. luteus, par exemple, les folioles placées sur un côté de la feuille en étoile se meuvent vers le haut, et celles du côté opposé vers le bas, tandis que les folioles intermédiaires ne font que tourner sur leur axe. Par ces mouvements variés, la feuille entière forme, la nuit, une étoile verticale, au lieu de l'étoile horizontale qu'elle représentait dans la journée. Quelques feuilles et folioles, en même temps qu'elles se meuvent vers le haut ou vers le bas, s'enroulent encore plus ou moins pendant la nuit, comme celles de Bauhinia et de quelques espèces d'Oxalis.

Les positions de sommeil des feuilles sont, à la vérité, variées presque à l'infini : ces organes peuvent se diriger verticalement vers le haut ou vers le bas, ou, si ce sont des folioles, vers l'extrémité ou la base de la feuille, ou prendre toute position intermédiaire. Ils tournent souvent sur leur axe, jusqu'à décrire un arc de 90°. Les feuilles qui se trouvent placées, dans la même plante, sur des branches verticales, ou sur des branches horizontales, ou plus inclinées, ont quelquefois des mouvements tout à fait différents ; c'est ce qui se passe dans les genres Porlieria et Strephium.

L'aspect tout entier de certaines plantes subit la nuit des changements remarquables, comme dans le genre Oxalis, et encore plus fortement dans le genre Mimosa. Un arbuste d'*Acacia Farnesiana* paraît, la nuit, couvert de petites cordes au lieu de feuilles. Si on laisse de côté quelques genres que nous n'avons pas vus nous-mêmes, et au sujet desquels nous conservons des doutes, et quelques autres, dont les feuilles tournent la nuit sur leurs axes, mais sans monter ni descendre, il reste 37 genres dont les feuilles ou les folioles s'élèvent, pour se diriger souvent, en même temps, vers l'extrémité ou la base de la feuille, et 32 genres dont les feuilles ou les folioles descendent la nuit.

Les mouvements nyctitropiques des feuilles, folioles et

pétioles, s'effectuent de deux manières différentes : — d'abord par l'alternance de la croissance sur leurs deux faces opposées, croissance qui suit la turgescence des cellules ; — secondement, au moyen d'un pulvinus, amas de petites cellules, généralement dépourvues de chlorophylle, qui deviennent alternativement plus turgescentes sur des faces presque opposées ; cette turgescence n'est pas suivie de croissance, si ce n'est toutefois lorsque la plante est encore très jeune. Un pulvinus paraît, nous l'avons déjà montré, être formé par un groupe de cellules arrêtées de bonne heure dans leur développement ; il ne diffère donc pas essentiellement des tissus environnants. Les cotylédons de certaines espèces de Trifolium sont pourvus d'un pulvinus, et d'autres en sont dépourvus ; il en est de même pour les feuilles dans le genre Sida. Nous voyons aussi, dans le même genre, des transitions dans le développement du pulvinus ; dans le genre Nicotiana, nous rencontrons ce qu'on peut considérer comme le commencement du développement de cet organe. La nature des mouvements est étroitement similaire, qu'il y ait ou non un pulvinus ; c'est ce que démontrent beaucoup des diagrammes que nous avons donnés dans ce chapitre. Il faut remarquer que, lorsqu'il y a un pulvinus, les lignes ascendantes et descendantes ne coïncident presque jamais, de sorte que les feuilles qui possèdent cet organe décrivent des ellipses, qu'elles soient encore jeunes ou assez vieilles pour avoir terminé leur croissance. Ce fait montre que l'augmentation alternative de turgescence des cellules ne se produit pas sur les faces exactement opposées du pulvinus, pas plus que l'augmentation de croissance qui détermine les mouvements des feuilles dépourvues de cet organe. Lorsqu'il y a un pulvinus, les mouvements nyctitropiques continuent pendant une période beaucoup plus longue que lorsque cet organe n'existe pas. Nous l'avons déjà prouvé à propos des cotylédons, et Pfeffer a donné, dans le même but, le résultat de ses observations relatives aux feuilles. Nous avons vu qu'une feuille de *Mimosa pudica* continuait à se mouvoir de la manière ordinaire, quoiqu'un peu plus simplement, jusqu'à sa mort. On peut ajouter que quelques folioles de *Trifolium pratense* furent maintenues ouvertes pendant 10 jours, et que, le premier soir après leur mise en liberté elles s'élevèrent pour sommeiller selon leur habitude. Outre que la longue continuation des mouvements dépend de la présence du pulvinus (et cela paraît être la cause finale de son développement), les mouvements nocturnes de torsion sont toujours, comme l'a fait remarquer Pfeffer, confinés dans les feuilles pourvues de cet organe.

C'est une règle générale que la première feuille vraie, bien qu'elle puisse différer quelque peu comme aspect des feuilles de la plante adulte, sommeille cependant comme ces dernières. Ce fait est absolument indépendant du sommeil des cotylédons, et de la manière dont s'effectue ce sommeil. Mais dans *Phaseolus Roxburghii*, les premières feuilles unifoliées s'élèvent assez haut, la nuit, pour qu'on puisse dire qu'elles sommeillent, tandis que les folioles des feuilles secondaires trifoliées, descendent pendant le même temps. Chez de jeunes plantes de *Sida rhombœfolia*, hautes seulement de quelques pouces, les feuilles ne sommeillent pas, tandis que, dans des plantes un peu plus âgées, elles s'élèvent verticalement la nuit. D'autre part, les feuilles de très jeunes plantes de *Cytisus fragrans* sommeillaient d'une façon très apparente, tandis que, sur un pied vieux et vigoureux gardé dans la serre, les feuilles ne montraient aucun mouvement nyctitropique. Dans le genre Lotus, les folioles basilaires en forme de stipules s'élèvent verticalement la nuit et sont pourvues d'un pulvinus.

Comme nous l'avons déjà fait remarquer, lorsque les feuilles ont la nuit un changement considérable de posi-

tion, au moyen de mouvements compliqués, on peut à
peine douter que ces mouvements présentent quelque
avantage pour la plante. S'il en est ainsi, nous devons
étendre cette conclusion à un grand nombre de plantes
sommeillantes ; en effet, les mouvements nyctitropiques
les plus compliqués et les plus simples sont reliés par les
gradations les plus insensibles. Mais, pour les motifs que
nous avons exposés au commencement de ce chapitre, il
est impossible, dans certains cas, de déterminer si certains mouvements peuvent recevoir le nom de nyctitropiques. Généralement, la position nocturne des feuilles
indique assez clairement que le bénéfice résultant de
leurs mouvements est la protection de leur face supérieure
contre la radiation, et, dans beaucoup de cas, la protection
mutuelle de toutes les parties contre le froid, par leur rapprochement intime. On doit se rappeler que nous avons
prouvé, dans le chapitre précédent, que les feuilles maintenues forcément horizontales pendant la nuit eurent
beaucoup plus à souffrir de la radiation que celles qui
avaient pu prendre leur position verticale normale.

Les feuilles de plusieurs plantes ne peuvent sommeiller
que si elles ont reçu dans la journée une lumière suffisante ; ce fait nous fit douter quelque temps que la protection de leurs faces supérieures contre la radiation fût
dans tous les cas la cause finale de leurs mouvements
nyctitropiques. Mais nous n'avons aucune raison de supposer que la lumière du soleil reçue à ciel ouvert, même
par le temps le plus couvert, soit insuffisante pour obtenir ce résultat ; et nous devons nous rappeler que les
feuilles protégées contre la lumière en raison de leur situation à la partie inférieure de la plante, et qui, quelquefois, ne sommeillent pas, sont aussi protégées, la nuit,
contre la radiation. Nous ne voulons cependant pas nier
qu'il puisse exister des cas dans lesquels les feuilles
éprouvent la nuit des changements considérables de posi-

tion, sans retirer aucun bénéfice de ces mouvements.

Dans les plantes sommeillantes, le limbe prend presque toujours une position verticale ou à peu près verticale ; mais il paraît complètement indifférent que ce soit sa pointe, sa base, ou un de ses bords latéraux qui regarde le zénith. C'est une règle absolument générale que, s'il existe une différence quelconque, dans le degré d'exposition à la radiation, entre les surfaces supérieure et inférieure des feuilles ou des folioles, c'est la page supérieure qui est la moins exposée. C'est ce qui se passe dans les genres Lotus, Cytisus, Trifolium et autres. Dans plusieurs espèces de Lupinus, les folioles ne se placent pas verticalement la nuit, et leur structure ne paraît pas, d'ailleurs, le leur permettre. Par suite, leur face supérieure, quoique fortement inclinée, est plus exposée que l'inférieure ; nous sommes donc ici en face d'une exception à la règle. Mais, dans d'autres espèces de ce genre, les folioles se placent verticalement ; ce résultat est cependant obtenu par un mouvement tout à fait inusité, car les folioles placées sur les faces opposées de la même feuille se meuvent dans des directions différentes.

C'est encore une règle générale que, lorsque les folioles viennent en contact *intime* l'une avec l'autre, ce contact a lieu par les faces supérieures, qui sont ainsi très bien protégées. Dans quelques cas, ce résultat peut être la conséquence directe de leur élévation verticale ; mais c'est encore pour obtenir la protection de leurs faces supérieures que les folioles de Cassia tournent sur leur axe d'une manière si remarquable pendant leur mouvement de descente ; c'est dans le même but que la foliole terminale de Melilotus tourne sur elle-même en se dirigeant vers un côté, jusqu'à ce qu'elle rencontre la foliole latérale de ce côté. Lorsque des feuilles ou des folioles opposées descendent verticalement sans tourner sur elles-mêmes, leurs faces inférieures se rapprochent et viennent quelquefois

26

en contact ; mais c'est là le résultat direct et inévitable de leur position. Dans plusieurs espèces d'Oxalis, les faces inférieures des folioles contiguës pressent l'une contre l'autre et sont ainsi mieux protégées que les faces supérieures ; mais ce fait provient surtout de ce que chaque foliole se recourbe la nuit pour pouvoir descendre verticalement. La torsion ou la rotation des feuilles, qui se produit dans des cas si nombreux, paraît toujours servir à rapprocher leurs faces supérieures, ou à les amener en regard d'autres parties de la plante, pour assurer leur protection. Ce fait est surtout visible dans des plantes telles qu'Arachis, *Mimosa albida*, et Marsilea, dont les folioles forment ensemble, la nuit, un seul bouquet vertical. Si, dans *Mimosa pudica*, les folioles opposées se dirigeaient seulement vers le haut, leurs faces supérieures viendraient en contact, ce qui leur assurerait une excellente protection ; mais elles s'inclinent toutes successivement vers l'extrémité de la feuille, de sorte que non seulement leurs faces sont protégées, mais encore les paires successives s'imbriquent en se recouvrant mutuellement, et en recouvrant en même temps les pétioles. Cette imbrication des folioles est un phénomène très répandu chez les plantes sommeillantes.

Le mouvement nyctitropique du limbe s'effectue généralement par l'incurvation de la partie supérieure du pétiole, qui se différencie souvent pour former un coussinet; cette modification peut aussi s'étendre à tout le pétiole, si la longueur n'en est pas considérable. Mais le limbe lui-même se meut ou s'incurve quelquefois : un exemple frappant de ce fait nous est offert par le genre Bauhinia, car les deux moitiés de la feuille s'élèvent et viennent en contact pendant la nuit. Le limbe et la partie supérieure du pétiole peuvent encore se mouvoir à la fois. De plus, le pétiole tout entier s'élève généralement ou s'abaisse la nuit. Ce mouvement pétiolaire est quelquefois considérable : c'est ainsi que les pétioles de *Cassia pubescens* ne sont que peu élevés au-dessus de l'horizon pendant la journée, et s'élèvent la nuit, jusqu'à devenir presque ou tout à fait perpendiculaires. Les pétioles des plus jeunes feuilles de *Desmodium gyrans* s'élèvent ainsi verticalement la nuit.

D'autre part, dans le genre Amphicarpæa, les pétioles de certaines feuilles s'abaissent la nuit d'une quantité qui peut atteindre 57°; ceux d'Arachis parcourent 39° dans le même sens, et viennent ainsi se placer perpendiculairement à la tige. En général, lorsque nous avons mesuré les mouvements de plusieurs pétioles sur la même plante, nous avons constaté des différences considérables. Ces différences sont surtout en rapport avec l'âge de la feuille : par exemple, le pétiole d'une feuille assez âgée de *Desmodium gyrans* ne se redressait que de 46°, tandis que d'autres plus jeunes s'élevaient verticalement. Celui d'une jeune feuille de *Cassia floribunda* s'élevait de 41°, et celui d'une feuille plus âgée de 12° seulement. Il est singulier de constater que l'âge de la plante exerce quelquefois une grande influence sur l'amplitude du mouvement ; ainsi, dans de jeunes semis de Bauhinia, les pétioles s'élevaient la nuit de 30 et 34° ; tandis que les pétioles des mêmes plantes parvenues à une hauteur de 2 ou 3 pieds, se mouvaient à peine. La position des feuilles d'une plante, sous l'influence de la lumière, paraît aussi agir sur l'amplitude des mouvements du pétiole; en effet, on ne pourrait invoquer aucune autre cause apparente, pour expliquer pourquoi les pétioles de certaines feuilles de *Melilotus officinalis* s'élevaient de 59° tandis que le mouvement nocturne d'autres feuilles n'atteignait que 7 et 9°.

Dans beaucoup de plantes, les pétioles se meuvent, la nuit, dans une direction, et les folioles dans la direction diamétralement opposée. Ainsi, dans trois genres de Phaseolées, les folioles se dirigeaient, la nuit, verticalement

vers le bas, et les pétioles s'élevaient dans deux d'entre
eux, tandis qu'ils s'abaissaient dans le troisième. Des espèces du même genre diffèrent souvent entièrement par les
mouvements de leurs pétioles. Bien plus, dans la même
plante de *Lupinus pubescens*, quelques pétioles s'élevaient
de 30°, d'autres de 6° seulement, tandis que quelques-uns
s'abaissaient de 4°. Les folioles de *Cassia Barclayana*
avaient la nuit un mouvement si faible, qu'on pouvait à
peine les dire sommeillantes, et cependant les folioles de
quelques jeunes feuilles parcouraient, en s'élevant, jusqu'à 34°. Ces divers faits paraîtraient indiquer que les
mouvements des pétioles ne se produisent pas en vue d'un
but spécial, bien qu'une conclusion de ce genre ne soit
généralement pas admissible. Lorsque les folioles descendent verticalement la nuit tandis que les pétioles s'élèvent, comme cela se produit souvent, il est certain que
le mouvement ascensionnel dans ces derniers organes
n'est d'aucune utilité pour les folioles et ne les aide pas à
prendre leur position nocturne, puisqu'elles sont ainsi
forcées de parcourir un angle beaucoup plus grand que
celui qu'elles auraient à décrire sans ce mouvement du
pétiole.

Malgré ce que nous venons de dire, il y a de fortes raisons de croire que, dans certains cas, l'élévation des pétioles, lorsqu'elle est considérable, peut assurer un bénéfice à la plante, en réduisant fortement la surface exposée
à la radiation nocturne. Si le lecteur veut bien comparer
les deux figures de *Cassia pubescens* (fig. 155) copiées d'a-
près des photographies, il verra que le diamètre nocturne
de la plante est près d'un tiers plus faible que son diamètre pendant la journée, et que, par suite, la surface exposée à la radiation est près de 9 fois moindre. On pourrait
déduire la même conclusion de l'examen des dessins
(fig. 149) d'une branche de *Desmodium gyrans* à l'état de
veille et à l'état de sommeil. Ce même fait se produit

d'une manière frappante dans les jeunes pieds de Bauhinia, et chez *Oxalis Ortegesii*.

Nous sommes amené à formuler une conclusion analogue pour les mouvements des pétioles secondaires de certaines feuilles pennées. Les feuilles secondaires de *Mimosa pudica* convergent la nuit ; de cette façon, les folioles closes et imbriquées de chaque feuille secondaire sont réunies en un seul bouquet, et se protègent mutuellement en n'exposant à la radiation que la plus faible surface possible. Dans *Albizzia lophantha*, les feuilles secondaires se rapprochent de la même manière. Les mêmes organes dans *Acacia Farnesiana* ne se rapprochent pas, mais se dirigent vers le bas. Ceux de *Neptunia oleracea* s'inclinent aussi en bas, et, en même temps, en arrière, vers la base de la feuille, tandis que le pétiole principal s'élève. Dans le genre Schrankia encore, les feuilles secondaires subissent la nuit une dépression. Dans ces trois derniers cas, bien que les feuilles secondaires ne se protégent pas mutuellement la nuit, cependant, après leur mouvement de descente, elles exposent à la radiation, comme les feuilles qui descendent verticalement la nuit, une surface beaucoup moindre que si elles étaient demeurées horizontales.

Quiconque n'aurait jamais observé d'une manière suivie une plante sommeillante, supposerait naturellement que les feuilles se meuvent seulement dans la soirée, pour prendre leur position de sommeil, et le matin, pour s'ouvrir. Mais ce serait là une erreur complète car nous n'avons pas trouvé une seule exception à la loi qui veut que les feuilles sommeillantes continuent à se mouvoir pendant toute la durée des vingt-quatre heures ; seulement ce mouvement est beaucoup plus fort lorsqu'elles prennent leur position de veille ou de sommeil qu'à tout autre moment. Tous les diagrammes que nous avons donnés et ceux bien plus nombreux que nous avons relevés

montrent que les feuilles ne demeurent pas stationnaires
pendant la journée. Il est fort incommode d'observer
leurs mouvements au milieu de la nuit : nous l'avons cependant fait dans quelques cas, et nous avons aussi tracé
des diagrammes pendant la première partie de la nuit,
pour Oxalis, Amphicarpæa, deux espèces d'Erythrina,
une Cassia, Passiflora, Euphorbia et Marsilea; les feuilles, après avoir pris leur position nocturne, se trouvèrent
toujours et constamment en mouvement. Cependant, lorsque des folioles opposées viennent en contact intime l'une
avec l'autre, ou avec la tige, il y a, croyons-nous, un obstacle mécanique à leurs mouvements ; ce point n'a cependant pas été suffisamment éclairci.

Lorsqu'on relève pendant vingt-quatre heures les mouvements des feuilles sommeillantes, on voit que les lignes
ascendantes et descendantes ne coïncident pas, si ce n'est
occasionnellement, et par accident, sur une faible longueur ; c'est ainsi que beaucoup de feuilles décrivent, en
24 heures, une seule grande ellipse. Ces ellipses sont en
général étroites (le mouvement latéral n'ayant qu'une faible amplitude) et dirigées suivant la perpendiculaire.
L'existence du mouvement latéral est démontrée par ce
fait que les lignes verticales ne coïncident pas, et, parfois, comme chez *Desmodium gyrans* et *Thalia dealbata*,
il devient fortement accusé. Dans les Melilotus, les ellipses décrites pendant la journée par la foliole terminale,
ont, contrairement à l'habitude, une direction latérale, et
non verticale ; ce phénomène est évidemment en relation
avec le mouvement latéral de cette foliole, lorsqu'elle prendra sa position nocturne. Dans la majorité des plantes sommeillantes, les feuilles ont, dans les 24 heures, plus d'une
oscillation verticale; ainsi, fréquemment, elles décrivent
deux ellipses, l'une de grandeur modérée, et l'autre de
très grande amplitude, qui comprend le mouvement nocturne. Une feuille, par exemple, qui se dirige, la nuit,

verticalement vers le haut, descendra vers la matinée, puis remontera considérablement, descendra de nouveau dans l'après-midi, pour remonter dans la soirée, et prendra sa position nocturne verticale. Elle décrira ainsi, en 24 heures, deux ellipses d'inégale amplitude. D'autres plantes tracent, dans le même temps, trois, quatre ou cinq ellipses. Parfois les plus grands axes de ces diverses ellipses affectent des directions différentes; c'est ce qu'on constate dans *Acacia Farnesiana*.

Les exemples suivants pourront nous donner une idée de la vitesse de ce mouvement : *Oxalis acetosella* complétait deux ellipses, dans l'espace de 1 h. 25 m. pour chacune ; *Marsilea quadrifolia* en décrivait une en 2 heures : *Trifolium subterraneum*, une en 3 h. 30 m. ; et *Arachis hypogœa* en 4 h. 50.

Mais le nombre d'ellipses décrites en un temps donné dépend beaucoup de l'état de la plante et des conditions dans lesquelles elle se trouve placée. Il arrive souvent qu'une seule ellipse peut être décrite en un jour et deux le lendemain. *Erythrina corallodendron* décrivit quatre ellipses dans la première journée d'observation et une seule dans la troisième; ce fait semblait dû à l'insuffisance de l'éclairage, et, peut-être, de la température. Il semble aussi cependant qu'il y ait, dans les différentes espèces du même genre, une tendance innée à décrire, en 24 heures, un nombre différent d'ellipses : les folioles de *Trifolium repens* n'en décrivent qu'une; celles de *T. resupinatum* deux, et celles de *T. subterraneum* trois, dans la journée. Celles d'*Oxalis Plumieri* décrivent aussi une seule ellipse en 24 heures; celles d'*O. bupleurifolia*, deux; celles d'*O. Valdiviana*, trois; et celles d'*O. acetosella*, cinq au moins.

La ligne suivie par l'extrémité d'une feuille ou d'une foliole pendant qu'elle décrit, dans la journée, une ellipse ou plus, est souvent en zigzag, tantôt sur tout son par-

cours, et tantôt le matin ou le soir seulement. Le genre
Robinia nous offre un exemple de mouvement en zigzag
localisé dans la matinée, et l'on peut voir un mouvement
semblable localisé dans la soirée, dans le diagramme
(fig. 126) donné pour le genre Sida. L'amplitude de ce
mouvement en zigzag dépend en grande partie des conditions favorables dans laquelle la plante se trouve placée.
Mais, même dans les conditions les plus favorables, si les
points qui indiquent la position de la feuille sont relevés
à de trop grands intervalles et qu'on les relie par des
lignes droites, la marche suivie paraîtra comparativement simple, bien que le nombre des ellipses décrites
soit plus considérable ; mais si les points sont relevés
toutes les deux ou trois minutes, il en résulte souvent
que toutes les lignes offrent de forts zigzags, plusieurs
petites boucles, des triangles, et d'autres figures analogues.
C'est ce que montre, en deux points, le diagramme
(fig. 150) des mouvements de *Desmodium gyrans*. *Strephium floribundum*, observé à une haute température,
décrivait plusieurs petits triangles, chacun dans l'espace
de 43 m. *Mimosa pudica*, observée dans les mêmes conditions, décrivait trois petites ellipses en 67 m.; l'extrémité d'une foliole parcourait en une seconde $0^{mm}05$, soit
3 mm. par minute. Les folioles d'Averrhoa présentaient
un très grand nombre de petites oscillations, lorsque la
température était élevée et le soleil brillant. Le mouvement en zigzag peut, dans tous les cas, être considéré
comme un mouvement destiné à parfaire de petites boucles, qui se trouvent étirées par suite d'un mouvement
prépondérant dans une direction donnée. Les rapides
girations des petites folioles latérales de Desmodium
appartiennent à la même classe de mouvements, quelque
peu exagérés comme rapidité et comme amplitude. Les
mouvements de soubresauts de l'hypocotyle du Chou et
des feuilles de *Dionœa*, avec un faible mouvement en

avant et un retrait encore plus faible, suivant une ligne un peu différente, paraissent, lorsqu'on les examine sous le microscope, appartenir à la même catégorie. Nous pouvons supposer que nous sommes ici en présence de la conversion en mouvement de l'énergie dégagée dans tous les changements chimiques dont les tissus sont incessamment le siège. Enfin, il faut noter que les folioles, et probablement quelques feuilles, en décrivant leurs ellipses, évoluent souvent légèrement sur leurs axes, de sorte que le limbe de la feuille est tourné vers chaque côté successivement. C'est ce que nous avons parfaitement vu dans les larges folioles terminales de Desmodium, Erythrina et Amphicarpæa; ce mouvement est, d'ailleurs, probablement commun à toutes les folioles pourvues de pulvinus.

Pour ce qui concerne la périodicité des mouvements des feuilles sommeillantes, Pfeffer (1) a si clairement montré qu'elle dépend de l'alternance quotidienne du jour et de la nuit, qu'on ne peut rien ajouter à ce sujet. Mais nous devons rappeler la manière d'être des Mimosa dans le Nord, là où le soleil ne se couche pas, et l'inversion complète des mouvements quotidiens, au moyen de la lumière et de l'obscurité artificielles.

Nous avons montré aussi que, bien que les feuilles mises à l'obscurité pendant un temps modérément long continuent à circumnuter, la périodicité de leurs mouvements est cependant fortement troublée, ou presque annulée. On ne peut supposer que la présence ou l'absence de la lumière soit la cause directe des mouvements, puisque ceux-ci sont de la plus grande diversité, même pour les folioles de la même feuille qui sont, cependant, toutes exposées à la lumière dans les mêmes conditions. Les mouvements sont sous la dépendance de causes

(1) *Die Periodischen Bewegungen der Blattorgane*, 1875, p. 30 *et passim*.

innées, et leur nature est essentiellement adaptive. Les alternances de lumière et d'obscurité ne font qu'annoncer à la feuille que le moment est arrivé pour elle de se mouvoir d'une certaine façon. De ce fait, que plusieurs plantes (Tropæolum, Lupinus, etc.) ne sommeillent pas si elles n'ont pas eu, dans la journée, un éclairage suffisant, nous pouvons déduire que la cause qui détermine les feuilles à modifier leur mouvement ordinaire de circumnutation, n'est pas la diminution de lumière dans la soirée, mais bien le contraste entre son intensité à cette heure-là, et celle qu'elle possède au commencement de la nuit.

Les feuilles de la plupart des plantes prennent le matin leur position diurne caractéristique, bien que la lumière soit encore absente, et beaucoup continuent à se mouvoir selon leur habitude, dans l'obscurité, pendant une journée entière : nous devons en conclure que la périodicité de leurs mouvements est héréditaire jusqu'à un certain point (1). La puissance de cette hérédité diffère beaucoup dans des espèces distinctes, et ne paraît jamais bien inflexible. Des plantes, en effet, ont été apportées de toutes les parties du monde dans les jardins et dans les serres, et, si leurs mouvements étaient en relation étroite et immuable avec les alternances du jour et de la nuit, elles devraient sommeiller, dans notre pays, à des heures fort différentes, ce qui n'arrive pas. De plus, on a observé que, dans leur pays natal, les plantes sommeillantes

_____

(1) Pfeffer nie cette hérédité ; il attribue (*Die Period. Beweg.* pp. 30-56) la périodicité, lorsqu'elle se prolonge un jour ou deux dans l'obscurité, au *Nachwirkung*, c'est à dire à la continuation des effets de la lumière et de l'obscurité. Mais il nous est impossible d'adopter son raisonnement. Il ne paraît pas y avoir plus de raisons pour attribuer de tels mouvements à cette cause, que, par exemple, l'habitude héréditaire dans le blé d'été et celui d'hiver, de croître mieux dans des saisons différentes. Cette habitude, en effet, se perd au bout de quelques années, comme les mouvements des feuilles au bout de quelques jours. Sans aucun doute, de tels effets sont produits dans les graines par la culture longtemps prolongée des parents dans des climats différents, et néanmoins personne, bien certainement, ne voudrait les nommer *Nachwirkung* des climats.

changent leurs heures de sommeil avec les saisons (1).
. - Reportons-nous maintenant à notre liste systématique.
Elle contient les noms de toutes les plantes sommeillantes connues de nous, bien que cette liste soit, sans
aucun douté, fort imparfaite. On peut avouer que, en
règle générale, toutes les espèces du même genre sommeillent à peu près de la même manière. Il y a cependant
quelques exceptions : dans quelques genres importants,
(Oxalis, par exemple), riches en plantes sommeillantes,
plusieurs espèces ne dorment pas. Melilotus nous offre
une espèce qui sommeille comme un Trifolium, et diffère
ainsi beaucoup de ses congénères ; il en est de même pour
plusieurs Cassia. Dans le genre Sida, les feuilles sont
douées d'un mouvement nocturne soit d'ascension, soit
de descente, et, dans le genre Lupinus, elles sommeillent
suivant trois modes différents. Si nous nous reportons à
notre liste, le premier point qui nous frappe est que les
genres sommeillants sont beaucoup plus nombreux
parmi les Légumineuses (et dans presque toutes les tribus de Légumineuses) que dans toutes les autres familles
réunies ; nous serions tentés de rapprocher ce fait de la
grande mobilité des tiges et des feuilles dans cette famille,
mobilité qui est bien mise en évidence par le grand nombre d'espèces grimpantes qu'elle renferme. Après les
Légumineuses, viennent les Malvacées, avec quelques
familles très rapprochées. Mais le point de beaucoup le
plus important à constater, c'est que nous trouvons des
plantes sommeillantes dans 28 familles, réparties entre
toutes les divisions de la série des Phanérogames, et chez
une Cryptogame. Aussi, bien qu'il soit possible que, chez
les Légumineuses, et peut-être encore chez les Malvacées
et les Chénopodiées, la tendance au sommeil ait été transmise héréditairement par un des progéniteurs, il est
cependant manifeste que cette tendance a été acquise,

(1) Pfeffer, ibid. p 46.

dans les divers genres des autres familles, d'une façon tout à fait indépendante. Ce point admis, une question se présente immédiatement. Comment cette acquisition a-t-elle été possible ? La réponse, nous n'en pouvons douter, est que les feuilles doivent leurs mouvements nyctitropiques à leur état de circumnutation (commun à toutes les plantes), et cela par suite d'un développement ou d'une modification utile de ce mouvement primitif.

Nous avons montré, dans les chapitres précédents, que les feuilles et les cotylédons de toutes les plantes ont un mouvement vertical continu, généralement peu étendu, mais quelquefois considérable, et que ces organes décrivent, en 24 heures, une ou plusieurs ellipses ; ils sont en même temps si fortement affectés par les alternances du jour et de la nuit, qu'ils présentent généralement, ou au moins très souvent, un faible mouvement quotidien ; c'est sur cette base que nous devons nous appuyer pour expliquer le développement des mouvements nyctitropiques plus considérables. Il est impossible de douter qu'on doive ranger dans la classe des circumnutations les mouvements des feuilles et des cotylédons qui ne sommeillent pas, car ils sont étroitement semblables à ceux des hypocotyles, des épicotyles, des tiges des plantes adultes, et des divers autres organes. Si nous considérons maintenant le cas le plus simple de sommeil chez les feuilles, nous voyons l'organe décrire en 24 heures une seule ellipse, qui ressemble à tous égards à celle décrite par une feuille non-sommeillante, mais dont l'amplitude est plus considérable.

Dans les deux cas, la marche suivie est souvent en zigzag. Toutes les feuilles non sommeillantes sont en circumnutation incessante, et nous devons conclure qu'une partie au moins du mouvement vertical d'une feuille sommeillante est due à la circumnutation; et ce serait, d'après nous, faire une supposition gratuite que de rapporter à une autre origine le reste de ce même mouvement. Dans une multitude de plantes grimpantes, les ellipses décrites ont été considérablement amplifiées en vue d'un but spécial : l'enroulement autour d'un support. Dans ces plantes grimpantes, les divers organes circumnutants ont été si fortement modifiés, relativement à la lumière, que, au contraire de ce qui se passe dans toutes les autres plantes, ils ne s'inclinent plus vers elle. Dans les plantes sommeillantes, la vitesse et l'amplitude des mouvements foliaires ont été si fortement modifiés, relativement à la lumière, que ces organes se meuvent dans une certaine direction, lorsque cette lumière décroît le soir, ou qu'elle augmente le matin, et cela sur une étendue beaucoup plus grande qu'à toutes les autres heures de la journée.

Mais les feuilles et les cotylédons de beaucoup de plantes non sommeillantes jouissent de mouvements bien plus complexes que ceux dont nous venons de parler, car ces organes décrivent, dans la journée, deux ou trois ellipses, quelquefois davantage. Si, maintenant, une plante de ce genre devait se transformer en plante sommeillante, l'un des côtés d'une de ces diverses ellipses devrait augmenter beaucoup d'amplitude dans la soirée, jusqu'à ce que la feuille, devenue verticale, se mît alors à circumnuter autour du même point. Le lendemain matin, le côté d'une autre ellipse devrait aussi subir une amplification considérable, pour ramener la feuille dans sa position diurne ; la circumnutation continuerait ensuite jusqu'au soir, sans modification. Si le lecteur veut jeter les yeux, par exemple, sur le diagramme représenté fig. 142, relatif aux mouvements nyctitropiques de la foliole terminale de *Trifolium subterraneum*, en se rappelant que la ligne courbe pointillée au haut de la figure, devrait se prolonger beaucoup plus loin, il verra que le grand mouvement nocturne d'élévation, et celui de descente qui se produit le matin, forment ensemble une grande ellipse semblable à l'une de celles décrites dans la journée, et ne différant de ces dernières que par la taille.

Le lecteur peut encore se reporter au diagramme (fig. 103) représentant trois ellipses et demie décrites en 6 h. 35 m. par une feuille de *Lupinus speciosus*, l'une des espèces du genre qui ne sommeillent pas, et il verra que, après avoir allongé fortement vers le haut la ligne qui s'élevait toujours dans la soirée, et après l'avoir ramenée le lendemain matin, à son niveau normal, le diagramme représentera les mouvements d'une plante sommeillante.

Avec ces plantes sommeillantes qui complètent plusieurs ellipses dans la journée, et qui suivent une ligne en zigzag, en décrivant, dans leur marche, de petites boucles et des triangles, on constate le fait suivant : aussitôt que l'une des ellipses commence, dans la soirée, à s'allonger fortement, on peut relever des points toutes les 2 ou 3 minutes, et les réunir; la ligne ainsi obtenue est presque absolument droite, elle contraste fortement avec celles qui ont été relevées dans la journée. C'est ce que nous avons observé dans *Desmodium gyrans* et *Mimosa pudica*. De plus, dans cette dernière plante, les feuilles secondaires convergent dans la soirée par un mouvement bien accusé, tandis que, dans la journée, elles convergent et divergent continuellement, mais sur une faible étendue. Dans tous les cas analogues, il était presque impossible d'observer la différence entre les mouvements diurnes et le mouvement nocturne, sans être convaincu que, dans la soirée, la plante rachète sa dépense de force en s'abstenant de tout mouvement latéral, et emploie toute son énergie pour gagner rapidement, en ligne directe, sa position nocturne caractéristique. Dans plusieurs autres cas, par exemple lorsqu'une feuille, après avoir complété, dans la journée, une ou plusieurs ellipses régulières, décrit, dans la soirée, de nombreux zigzags, il semble qu'elle dépense le trop plein de son énergie, et que les grands déplaceménts nocturnes coïncident avec la période de la journée la plus propre pour ces mouvements.

Les plus complexes des mouvements accomplis par les plantes sommeillantes sont ceux qui se produisent lorsque les feuilles ou les folioles, après avoir décrit, dans la journée, plusieurs ellipses verticales, tournent sur leur axe dans la soirée, pour occuper, la nuit, une position entièrement différente de celle qu'elles avaient dans la journée. Par exemple, les folioles terminales de Cassia ne se contentent pas de descendre verticalement le soir, mais elles tournent sur elles-mêmes pour présenter à l'extérieur leur face inférieure. De tels mouvements ne se produisent absolument, ou presque absolument, que dans les folioles pourvues d'un pulvinus. Mais cette torsion n'est pas une nouvelle sorte de mouvement, acquise en vue seulement du sommeil; nous avons montré, en effet, que quelques folioles, en décrivant, dans la journée, leurs ellipses ordinaires, tournent légèrement, de manière à diriger leur limbe tantôt d'un côté, tantôt de l'autre. Nous pouvons voir par là combien les faibles mouvements verticaux périodiques des feuilles peuvent aisément se transformer en mouvements nyctitropiques simples, mais plus considérables; cependant, nous ne savons pas encore par quelle série de modifications ont pu être acquis les mouvements plus complexes effectués au moyen de la torsion du pulvinus. On ne pourrait donner, pour chaque cas, une explication probable, qu'après un examen attentif des mouvements dans toutes les formes alliées.

Des faits et des considérations que nous avons exposés, on peut conclure que le nyctitropisme, ou le sommeil des feuilles et des cotylédons, est surtout une modification de leurs mouvements ordinaires de circumnutation, régularisés dans leur amplitude et leur périodicité, par les alternances de lumière et d'obscurité. Le résultat acquis est la protection des faces supérieures des feuilles contre les effets de la radiation nocturne, et souvent, en même temps, la protection mutuelle des diverses parties par leur contact intime. Dans les cas semblables à ceux des folioles de Cassia — des folioles terminales de Melilotus — de toutes les folioles d'Arachis, Marsilea, etc. — nous voyons la circumnutation ordinaire modifiée de la façon la plus complète que nous connaissions parmi toutes les classes de modifications que ce mouvement peut subir. En considérant à ce point de vue l'origine du nyctitropisme, nous pouvons comprendre comment il se fait que quelques plantes ont pu acquérir l'habitude de placer verticalement, la nuit, les limbes de leurs feuilles, c'est-à-dire de sommeiller. De toute autre manière, ce phénomène demeurerait inexplicable.

Les feuilles de certaines plantes se meuvent dans la journée d'une façon particulière qui a improprement reçu le nom de *sommeil diurne*; lorsque le soleil les frappe fortement, elles orientent leurs bords dans la direction de ses rayons. Nous aurons à examiner ces phénomènes dans le chapitre suivant, consacré à l'héliotropisme. Nous avons montré que les folioles d'une forme de *Porlieria hygrometrica* demeurent fermées pendant la journée, comme si elles sommeillaient, tant que la plante manque d'eau; c'est probablement pour éviter une évaporation trop rapide. Nous ne connaissons qu'un autre cas analogue, c'est celui de certaines Graminées qui replient en dedans leurs feuilles étroites lorsqu'elles sont exposées au soleil par un temps sec; ce mouvement a été décrit par Duval-Jouve (1). Nous avons observé le même phénomène dans *Elymus arenarius*.

Il existe un autre mouvement, connu depuis Linné, et généralement désigné sous le nom de *sommeil*; c'est celui des pétales dans les nombreuses fleurs qui se ferment la nuit. Ces mouvements ont été habilement étudiés par

(1) « *Ann. des Sc. Nat.* (Bot.) » 1875, tome 1, pp. 326-329.

qui a montré que (comme Hofmeister l'avait déjà observé) ils reconnaissent pour cause plutôt la température
que l'alternance du jour et de la nuit. Bien que ces mouvements ne puissent manquer de protéger les organes de la
reproduction contre la radiation nocturne, il ne semble
pas que ce soit là leur fonction principale ; ils seraient
plutôt destinés à protéger ces organes contre les vents
froids, et surtout contre la pluie, pendant la journée. Ce
dernier fait semble d'autant plus probable, que Kerner (1)
a montré qu'un genre de mouvement entièrement distinct
atteint, dans bien des cas, le même but ; c'est l'incurvation vers le bas de la partie supérieure du pédoncule.
L'occlusion des fleurs doit aussi empêcher le contact des
insectes mal adaptés pour la fécondation, et même celui
des espèces bien adaptées, dans les moments où la température n'est pas favorable à cet acte. Nous ne savons si
les mouvements des pétales sont une modification de la
circumnutation ; c'est cependant très probable.

Embryologie des Feuilles. — Nous avons eu l'occasion
d'indiquer dans ce chapitre quelques faits relatifs à ce
qu'on peut nommer l'Embryologie des feuilles. Dans la
plupart des plantes, la première feuille développée après
les cotylédons ressemble complétement aux feuilles qui
naissent plus tard sur la plante adulte ; mais il n'en est
pas toujours ainsi. La première feuille produite par
quelques espèces de Drosera, par exemple par *D.
Capensis*, diffère entièrement de celles que porte la plante
adulte, et ressemble de très près à celles de *D. rotundifolia*, comme l'a montré le professeur Williamson, de
Manchester. La première feuille vraie du genêt épineux,
ou Ulex, n'est pas étroite et épineuse comme le seront
celles qui se développent plus tard. D'autre part, dans
beaucoup de Légumineuses, par exemple Cassia, *Acacia*

lophantha, etc.; la première feuille a essentiellement les mêmes caractères que les autres, mais elle porte des folioles moins nombreuses. Dans Trifolium, la première feuille vraie ne porte généralement qu'une seule foliole, au lieu de trois, et diffère quelque peu, par ses contours, de la foliole correspondante des autres feuilles. Dans *Trifolium pannonicum*, la première feuille vraie était unifoliée dans quelques semis, et, dans d'autres, complétement trifoliée; entre ces deux états extrêmes, on trouve toutes les gradations, quelques semis portant une feuille plus ou moins découpée sur un côté ou sur les deux, et quelques-unes munies d'une seule foliole latérale parfaite. Nous pouvons donc ici, chose qui arrive rarement, surprendre une structure propre à un âge plus avancé, en train d'empiéter graduellement sur une condition plus ancienne, ou embryologique, et de la remplacer.

Le genre Melilotus est allié de très près au genre Trifolium et la première feuille ne porte qu'une seule foliole, qui, la nuit, tourne sur son axe pour présenter au zénith un de ses bords latéraux. Elle sommeille donc comme la foliole terminale sur une plante adulte, ainsi que nous l'avons observé dans 15 espèces, et non pas comme la foliole correspondante de Trifolium, qui ne fait que s'incliner vers le haut. Il est donc curieux de constater que, dans une de ces 15 espèces, *M. Taurica* (et, à un moindre degré, dans deux autres), les feuilles portées sur de jeunes branches, ou sur des plantes taillées et gardées en pot pendant l'hiver dans la serre, sommeillent comme les feuilles de Trifolium, tandis que celles qui sont portées sur les branches complétement développées de la même plante sommeillent ensuite normalement, comme des feuilles de Melilotus. Si l'on peut envisager les jeunes branches qui sortent de terre comme de nouveaux individus, participant jusqu'à un certain point de la nature des semis, on peut considérer comme une habitude embryologique la manière particulière dont leurs feuilles sommeillent; cette habitude résulterait probablement de ce que le genre Melilotus descend d'une forme qui sommeillait comme les Trifolium. Cette manière de voir est en partie confirmée par l'existence d'une autre espèce, *M. Messanensis* (non comprise parmi les 15 dont nous avons parlé) dont les feuilles, portées sur des branches jeunes ou vieilles, sommeillent comme celles d'un Trifolium.

La première feuille vraie de *Mimosa albida* est formée d'un pétiole simple, portant souvent trois paires de folioles, toutes à peu près de la même forme et de la même dimension : la seconde feuille diffère entièrement de la première, et ressemble à l'une de celles de la plante adulte (voir fig. 159); elle se compose de deux feuilles secondaires, dont chacune porte deux paires de folioles ; la foliole basilaire interne demeure très petite. Mais, à la base de chaque feuille secondaire, existe une paire de petites pointes, qui sont évidemment des rudiments de folioles, car elles sont de grandeurs inégales, comme les deux folioles suivantes. Ces rudiments n'ont qu'une signification embryologique, car ils ne durent que pendant la jeunesse de la feuille, pour disparaître complètement dès qu'elle a atteint sa croissance complète.

Dans *Desmodium gyrans*, les deux folioles latérales sont beaucoup plus petites que les folioles correspondantes de la plupart des espèces de ce genre considérable. Elles varient aussi de taille et de position. L'une d'entre elles peut être absente, et quelquefois toutes deux manquent; enfin, elles ne sommeillent pas comme les folioles des feuilles entièrement développées. On peut donc les considérer comme presque complétement rudimentaires : suivant les principes généraux de l'embryologie, elles devraient être plus constamment et plus parfaitement développées sur les plantes très jeunes que sur celles plus

âgées. Mais, il n'en est pas ainsi, car elles étaient complètement absentes sur de jeunes semis, et n'apparaissaient
qu'après le développement de 10 à 20 feuilles. Ce fait nous
amène à penser que *D. gyrans* descend d'une forme trifoliée, en passant par une forme unifoliée (il en existe) ;
les folioles latérales apparaîtraient alors par régression.
Quoi qu'il en soit, il est intéressant de noter que les coussinets, ou organes de mouvement de ces petites folioles,
n'ont pas, de beaucoup, subi une réduction aussi considérable que leur limbe, si l'on prend pour terme de comparaison la grande foliole terminale. C'est ce qui peut
probablement nous donner une explication plausible de
leur pouvoir extraordinaire de giration.

CHAPITRE VIII

**Modifications dans la circumnutation : Mouvements
déterminés par la lumière.**

Distinction entre l'héliotropisme et les effets de la lumière sur la périodicité des mouvements des feuilles. — Mouvements héliotropiques de Beta, Solanum, Zea, et Avena. — Mouvements héliotropiques vers une lumière obscure, dans les genres Apios, Brassica,
Phalaris, Tropæolum et Cassia. — Mouvements aphéliotropiques
des vrilles de Bignonia, des pédoncules floraux de Cyclamen. — Enfouissement des gousses. — L'Héliotropisme et l'Aphéliotropisme
sont des formes modifiées de la circumnutation. — Moyens par lesquels un mouvement se convertit en un autre. — Héliotropisme
transversal, ou Diahéliotropisme, sous l'influence de l'épinastie, du
poids de l'organe, et de l'apogéotropisme. — Apogéotropisme annulé
au milieu de la journée, par l'héliotropisme. — Effets du poids des
limbes cotylédonaires. — Ce qu'on nomme le sommeil diurne. —
Action nuisible d'une lumière intense sur la Chlorophylle. — Mouvements destinés à éviter cette lumière intense.

Sachs le premier a montré la différence importante qui
existe entre l'action de la lumière capable de modifier les
mouvements foliaires périodiques, et celle qui fait incliner
les feuilles vers la source lumineuse (1). Ces derniers mouvements, dits *héliotropiques*, dépendent de la direction de
la lumière, tandis que les déplacements périodiques sont
placés sous l'influence des changements dans son intensité, sans dépendre aucunement de la direction des rayons
lumineux. La périodicité du mouvement circumnutant

(1) « *Physiologie Végétale.* » Traduct. franç. de Marc Micheli, 1868, pp. 42, 517,
etc.

continue souvent pendant quelque temps dans l'obscurité, comme nous l'avons vu dans le chapitre précédent ; l'incurvation héliotropique cesse au contraire rapidement lorsque la lumière n'exerce plus son action. Toutefois des plantes qui, par suite d'une obscurité longtemps prolongée, ont cessé de se mouvoir périodiquement, sont encore héliotropiques, d'après Sachs, si on les expose de nouveau à la lumière.

L'*Aphéliotropisme*, ou, comme on le désigne habituellement, l'héliotropisme négatif, est l'action qui s'exerce lorsqu'une plante, inégalement éclairée sur ses deux faces, s'incline pour s'éloigner de la source lumineuse, au lieu de se diriger vers elle, comme dans les cas précédents ; mais l'aphéliotropisme est relativement rare, au moins à un degré bien prononcé. Il existe une troisième catégorie considérable de cas, que Franck plaçait sous l'influence de l' « Héliotropisme-Transversal », désignation que nous avons remplacée ici par le mot *Diahéliotropisme*. Sous l'influence du Diahéliotropisme, certaines parties des plantes se placent plus ou moins transversalement, relativement à la direction des rayons lumineux, et reçoivent ainsi une très grande quantité de lumière. Si l'on considère la cause finale du mouvement, nous en trouvons enfin une quatrième catégorie : les feuilles de certaines plantes, exposées à une lumière nuisible par suite de son intensité trop considérable, s'élèvent, s'abaissent, ou tournent sur elles-mêmes, pour recevoir une moins grande quantité de rayons lumineux. On a quelquefois donné à ces phénomènes le nom de *sommeil diurne*. Il nous paraît convenable de les nommer *parhéliotropiques*, pour employer un terme correspondant à ceux que nous avons déjà adoptés.

Nous montrerons, dans ce chapitre, que tous les mouvements compris dans ces quatre catégories sont des formes modifiées de la circumnutation. Nous ne prétendons

pas dire qu'une partie d'une plante qui, en continuant sa
croissance, ne circumnuterait pas — bien qu'une telle
supposition soit absolument improbable — ne pourrait
pas s'incliner vers la lumière ; mais, en fait, l'héliotropisme paraît toujours être une modification des mouvements circumnutants. Tout mouvement placé sous l'action de la lumière sera nécessairement facilité par la circumnutation de chaque partie, c'est à dire par son incurvation successive vers tous les points de l'horizon ;
en effet, un mouvement qui existe toujours n'a qu'à
s'accentuer dans une direction, en diminuant ou en ces-
sant complétement dans les autres, pour devenir héliotropique, aphéliotropique, etc. Nous donnerons, dans le chapitre suivant, quelques observations sur la sensibilité des
plantes à l'action de la lumière, la vitesse avec laquelle
elles s'inclinent vers cet agent physique, l'exactitude de
leur direction vers la source lumineuse, etc. Nous montrerons ensuite — ce qui nous paraît un point du plus haut
intérêt — que la sensibilité à l'action lumineuse est quelquefois localisée dans une partie très restreinte de la
plante, et que cette partie, subissant l'action de l'agent lumineux, transmet son influence aux organes éloignés, en
déterminant leur incurvation.

Héliotropisme. — Lorsqu'une plante fortement héliotropique (et les espèces diffèrent, à cet égard, considérablement les unes des autres) est exposée à une lumière latérale brillante, elle s'incline fortement vers cette source
lumineuse ; la marche suivie par la tige est droite ou
presque droite. Mais, si la lumière diminue beaucoup, ou
est occasionnellement interrompue, ou si, encore, elle
n'est reçue que dans une direction légèrement oblique, la
marche suivie est plus ou moins en zigzag. Nous avons
vu, et nous verrons encore que ces zigzags résultent de
l'élongation des ellipses, des boucles, etc., que la plante
aurait décrites, si elle avait été éclairée par le haut. En

plusieurs cas, nous avons été frappés de ce fait, par l'observation de la circumnutation dans des semis très sensibles, éclairés avec intention soit un peu obliquement, soit seulement à des intervalles successifs.

Par exemple, deux jeunes semis de *Beta vulgaris* ayant été placés au milieu d'une pièce éclairée par des fenêtres orientées au nord-est, furent constamment recouverts, excepté au moment des observations, dont la durée respective était d'une minute ou deux. Il en résulta que leurs hypocotyles s'inclinèrent vers le côté par où entrait, à certains intervalles, un peu de lumière, et que les lignes décrites par ces organes se trouvèrent fortement en zigzag. Bien qu'ils n'eussent pas décrits, même approximativement, une seule ellipse, nous conclûmes de l'existence des zigzags — et nous avons prouvé que cette conclusion est légitime — que les hypocotyles étaient en circumnutation ; le lendemain, en effet, les semis ayant été placés dans une pièce complétement obscure, furent observés, chaque fois, à l'aide d'une petite bougie disposée directement au-dessus d'eux. Leurs mouvements étant ainsi relevés sur un verre horizontal, les hypocotyles circumnutaient alors manifestement (fig. 168 et fig. 39, donnée précédemment p. 50) ; il y eut cependant un léger mouvement vers le côté où se trouvait placée la bougie. Si nous considérons

Fig. 168.

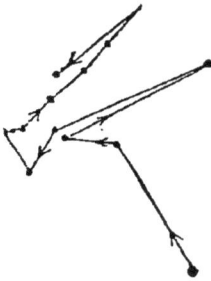

Beta vulgaris : circumnutation de l'hypocotyle, modifiée par l'action d'une lumière latérale, relevée sur un verre horizontal de 8 h. 30 du matin à 5 h. 30 du soir. La direction des rayons de la bougie qui éclairait la plante, serait indiquée par une ligne joignant le premier point à l'avant-dernier. Figure réduite à 1/3 de l'original.

ces diagrammes, et que nous supposions la bougie placée plus latéralement, nous devrons admettre que les hypocotyles, encore en circumnutation, se seraient courbés, en même temps, beaucoup plus fortement vers la lumière, ce qui aurait nécessairement donné naissance à de longues lignes en zigzag.

Deux semis de *Solanum lycopersicum* furent éclairés par le haut, mais, par suite d'un accident, ils reçurent un peu plus de lumière d'un côté que de l'autre, et leurs hypocotyles s'inclinèrent vers le côté le plus fortement éclairé ; leur mouvement donna naissance à une ligne en zigzag, interrompue par deux petits triangles, comme l'indiquent la fig. 87 (p. 48) et un autre diagramme que nous n'avons pas donné. Les cotylédons en forme de gaîne de *Zea mays* se comportèrent, dans des circonstances presque semblables, d'une manière à peu près analogue, comme nous l'avons décrit dans notre premier chapitre ; en effet, ils s'inclinèrent toute la journée vers un côté, décrivant cependant, dans leur marche, quelques sinuosités remarquables. Avant de savoir combien l'action d'une lumière latérale pouvait modifier la circumnutation ordinaire, nous avions placé en face d'une fenêtre au nord-est quelques semis d'avoine dont les cotylédons étaient déjà assez vieux, et, par suite, peu sensibles ; toute la journée, cependant, ils s'inclinèrent vers la fenêtre, en décrivant de nombreux zigzags. Le lendemain, ils continuèrent à s'incliner dans la même direction (fig. 169) mais avec des zigzags moins prononcés. Cependant, de 12 h. 40 à 2 h. 35 du soir, le ciel se couvrit de nuages extrêmement épais, et il est intéressant de constater que, pendant cet intervalle, les cotylédons circumnutèrent pleinement.

Les observations précédentes ont quelque valeur, car nous les fîmes à un moment où nous ne nous occupions pas de l'héliotropisme ; elles nous amenèrent à expérimenter sur plusieurs espèces de semis, en les exposant à une faible lumière latérale, pour observer les transitions entre la circumnutation ordinaire et l'héliotropisme. Des semis en pots furent placés en face d'une fenêtre au nord-est, à une distance d'environ 90 cm. Au-dessus des pots, et de chaque côté, furent disposées des planches noircies. En arrière, les plantes étaient exposées à la lumière diffuse de la pièce, qui possédait une seconde fenêtre au nord-est, et une au nord-ouest. Il était aisé, en plaçant devant la croisée un ou plusieurs stores, de diminuer l'entrée de la lumière de manière que la face de la plante tournée vers la fenêtre fût à peine plus fortement éclairée que la face exposée à la lumière diffuse. A une heure assez avancée de la soirée, les stores étaient successivement enlevés, et, comme, pendant toute la journée, les semis n'avaient reçu qu'une lumière assez faible, ils continuaient à s'incliner vers la fenêtre beaucoup plus tard qu'ils ne l'eussent fait sans ces précautions. La plupart des semis furent choisis parce que nous les savions très sensibles à l'action de la lumière, et quelques uns, au contraire, à cause de leur très faible sensibilité, ou parce que cette faculté avait diminué chez eux en vieillissant. Les mouvements furent

Fig. 169.

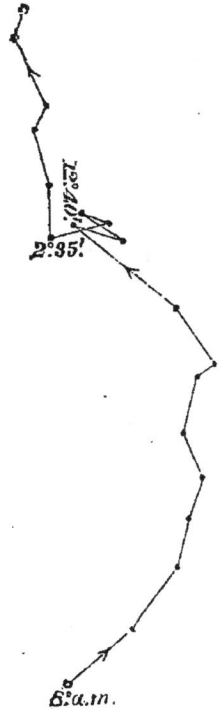

Avena sativa : mouvement héliotropique et circumnutation d'un cotylédon en forme d'étui (haut de 37 mm. 5), relevés sur un verre horizontal, de 8 h. du matin à 10 h. 25 du soir, le 16 octobre.

426   CIRCUMNUTATION MODIFIÉE

relevés de la manière habituelle sur un verre horizontal; un mince fil de verre muni de petits triangles de papier avait été fixé verticalement sur les hypocotyles. Lorsque la tige ou l'hypocotyle s'inclinait fortement vers la lumière, il nous fallait relever la dernière partie de sa course sur un verre vertical, parallèle à la fenêtre, et perpendiculaire au verre horizontal.

Apios graveolens. — En quelques heures, l'hypocotyle s'incline à angle droit vers une lumière latérale brillante. Afin de déterminer si la course suivie par cet organe était rectiligne, avec un faible éclairage latéral, nous plaçâmes d'abord des semis devant une fenêtre au sud-ouest, par une matinée couverte et pluvieuse; nous relevâmes pendant 8 h. les mouvements de deux hypocotyles, qui, pendant ce temps, s'inclinèrent fortement vers la lumière. Un des diagrammes obtenus est représenté fig. 170, et l'on peut voir que la marche suivie était complètement droite. Mais, dans ce cas, la quantité de lumière reçue était encore plus que suffisante, car deux semis, placés devant une fenêtre au nord-est, protégée par un store ordinaire en toile et par deux autres en mousseline, inclinèrent leurs hypocotyles vers cette faible lumière en ne décrivant que de très faibles zigzags; mais après 4 h. l'intensité lumineuse diminua encore, et les zigzags devinrent plus accentués. Un de ces semis décrivit en outre, dans l'après-midi, une ellipse de dimensions considérables, dont le plus grand axe était dirigé vers la fenêtre.

Nous voulûmes alors avoir une lumière assez peu brillante, et, pour cela, nous exposâmes d'abord plusieurs semis devant une fenêtre au nord-est, protégée par un store en toile, trois stores en mousseline, et une serviette. Mais la lumière qui filtrait était alors si faible qu'on ne pouvait distinguer l'ombre projetée par un crayon sur du papier blanc; les hypocotyles ne manifestèrent aucune incurvation vers la fenêtre. Pendant ce temps, c'est à dire de 8 h. 15 à 10 h. 50 du matin, les hypocotyles décrivirent des zigzags ou circumnutèrent autour du même point, comme on peut le voir en A, fig 171. A 10 h. 50 nous enle-

Fig. 170.

Apios graveolens : mouvement héliotropique d'un hypocotyle (haut. de 11 mm. 25), vers une lumière latérale modérée, relevé sur un verre horizontal de 8 h. 30 m. à 11 h. 30 m., le 18 septembre. Figure réduite à 1/3 de l'original.

vâmes la serviette pour la remplacer par deux stores en mousseline ; la lumière passait alors à travers un store en toile et quatre en mousseline. Un crayon, placé sur du papier blanc, près des semis, laissait alors une ombre à peine perceptible et dirigée dans le sens opposé à la

Fig. 171.

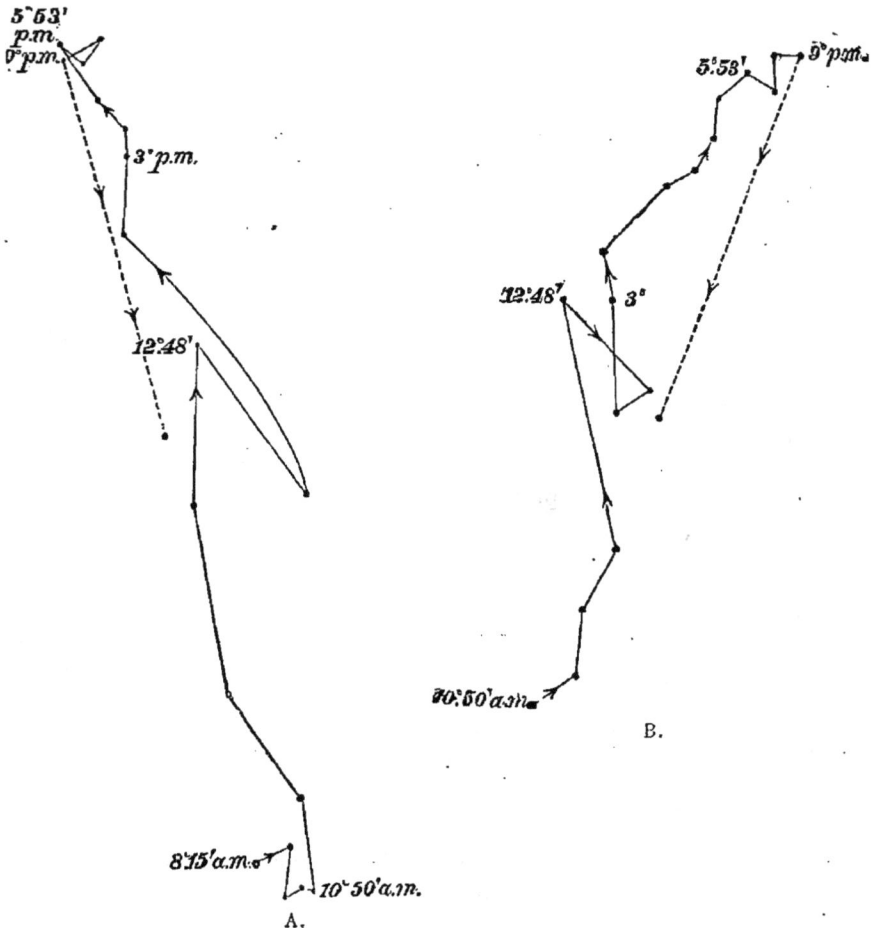

Apios graveolens : mouvement héliotropique et circumnutation des hypocotyles de deux semis vers une faible lumière latérale, relevés pendant la journée sur un verre horizontal. Les lignes pointillées indiquent la marche nocturne. L'hypocotyle de A mesure 12 mm. 5, celui de B. 13 mm. 75 de haut. Figure réduite de moitié.

fenêtre. Mais ce très léger excès de lumière sur un côté suffit pour que les hypocotyles de tous les semis commençassent immédiatement à s'incliner vers la fenêtre, en décrivant des zigzags. La marche de l'un de ces hypocotyles est indiquée en A (fig. 171) : après s'être dirigé vers la fenêtre, de 10 h. 50 du matin à 12 h. 48, ils s'inclina en sens contraire, et revint sur ses pas suivant une ligne à peu près parallèle; il décrivit ainsi, de 10 h. 50 à 12 h. 48, une ellipse étroite. Dans la soirée, lorsque la lumière commença à diminuer, l'hypocotyle cessa de se diriger vers la fenêtre, et circumnuta sur un petit espace autour du même point; pendant la nuit, il eut un mouvement de recul considérable, c'est à dire qu'il se redressa beaucoup plus, sous l'action de l'apogéotropisme. En B, nous avons le diagramme des mouvements d'un autre semis à partir du moment (10 h. 50) où la serviette fut enlevée; ce mouvement est, sur tous les points essentiels, semblable au précédent. Dans ces deux cas, on ne pouvait douter que le mouvement circumnutant ordinaire de l'hypocotyle eût été modifié, et fût devenu héliotropique.

Fig. 172.

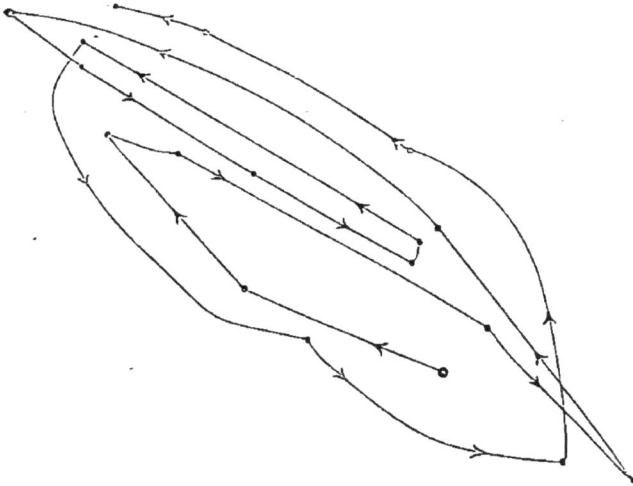

Brassica oleracea : circumnutation ordinaire de l'hypocotyle d'un semis.

Brassica oleracea. — L'hypocotyle du chou, lorsqu'il ne subit pas l'influence d'une lumière latérale, circumnute d'une façon compliquée à peu près sur la même étendue; nous reproduisons ici (fig. 172) le diagramme que nous avons déjà donné de ce mouvement. Si l'hypocotyle est exposé à une lumière latérale modérée, il s'incline fortement vers le côté éclairé, suivant une ligne droite ou presque droite. Mais, si la lumière latérale est très faible, sa marche, extrêmement tortueuse, n'est évidemment qu'une modification de la circumnutation. Des semis furent placés devant une fenêtre au nord-est, protégée par un store de mousseline, et par une serviette. Le temps était couvert, et, lorsqu'il devenait un peu plus clair nous ajoutions temporairement un nouveau store de mousseline. La lumière qui entrait par la fenêtre

était, ainsi, assez faible pour que, à en juger à vue d'œil, les semis
parûssent recevoir un éclairage plus fort de l'intérieur de la chambre
que de la fenêtre ; il n'en était cependant pas ainsi, en réalité, comme
nous pûmes le constater en observant l'ombre très légère d'un crayon
sur du papier blanc. Toutefois, ce très faible excès de lumière sur une
face suffit pour que les hypocotyles, qui, le matin, étaient verticaux,
s'inclinassent à angle droit vers la fenêtre, de telle sorte que, dans la
soirée, après 4 h. 23, nous dûmes relever leur marche sur un verre
vertical parallèle à la fenêtre. Nous devons dire que, à 3 h. 30 du soir,
le temps se couvrit un peu plus, et la serviette fut enlevée et remplacée
par un nouveau store de mousseline, qui fut lui-même enlevé à 4 h.,
les deux autres demeurant seuls. La fig. 173 montre la marche ainsi
suivie par un des hypocotyles, de 8 h. 9 du matin à 7 h. 10 du soir. Il
faut remarquer que, pendant les 16 premières minutes, la direction
suivie par l'hypocotyle était oblique relativement à la lumière, ce qui
était dû, sans aucun doute, à la circumnutation de l'organe dans cette
direction. Nous observâmes à plusieurs reprises des cas semblables,
et il était rare qu'une lumière faible produisît aucun effet avant un
quart à trois quarts d'heure. A 5 h. du soir, moment où la lumière
diminuait, l'hypocotyle commençait à circumnuter autour du même
point. Le contraste entre les deux figures 172 et 173 aurait été bien plus
frappant, si elles avaient été d'abord tracées à la même échelle, puis
rèduites de la même quantité. Mais les mouvements indiqués par la
fig. 172 furent d'abord plus fortement amplifiés, et, ensuite, réduits à la
moitié de l'échelle primitive, tandis que ceux de la fig. 173, d'abord
moins amplifiés, furent ensuite réduits au tiers de leur grandeur primitive. Un diagramme tracé en même temps, et représentant les
mouvements d'un second hypocotyle, avait un aspect tout à fait analogue ; cependant ce second semis ne s'inclina pas aussi fortement vers
la lumière, et sa circumnutation fut un peu mieux indiquée.

Phalaris Canariensis. — Les cotylédons en forme de fourreau de
cette plante monocotylédone furent choisis pour nos expériences, à
cause de leur sensibilité pour la lumière, et parce qu'ils circumnutent
très bien, comme nous l'avons déjà montré (voir fig. 49, p. 60). Bien
que nous n'eussions aucun doute quant au résultat, nous plaçâmes
d'abord quelques semis devant une fenêtre au sud-ouest, par une matinée modérément claire, et nous relevâmes les mouvements de l'un
d'entre eux. Comme cela se produit bien souvent, le sujet commença
par se mouvoir pendant les premières 45 minutes, en décrivant des
zigzags ; il subit ensuite pleinement l'influence de la lumière, et se dirigea vers cet agent, pendant les 2 h. 30 m. qui suivirent, en décrivant
une ligne presque droite. Nous ne donnons pas ici ce diagramme, car

il est absolument identique à celui des mouvements d'*Apios graveolens* dans les mêmes circonstances (fig. 170). A midi, le semis s'était courbé complètement sur toute son étendue ; il circumnuta alors au-

Fig. 173.

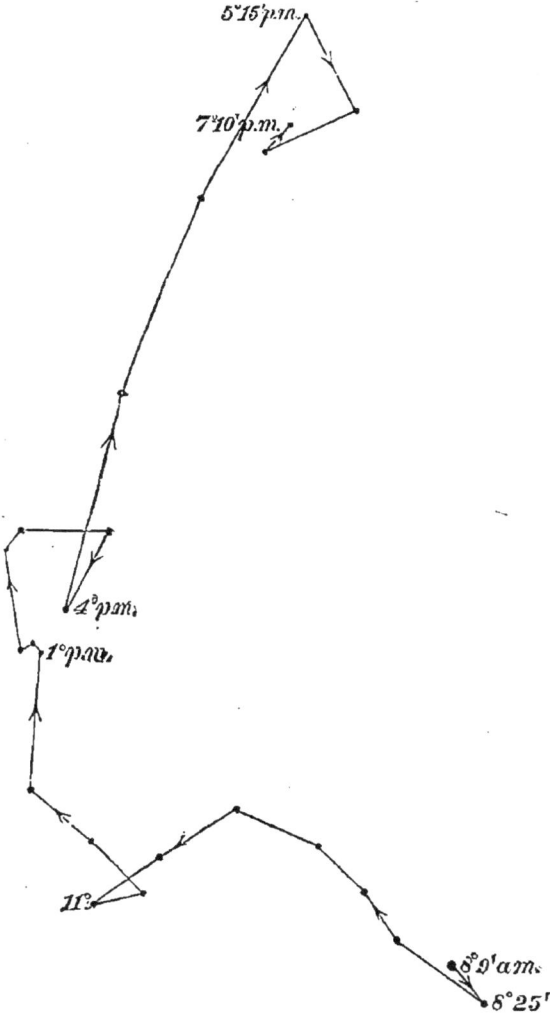

Brassica oleracea : mouvements héliotropique et circumnutant d'un hypocotyle vers une très faible lumière latérale, relevés pendant 11 heures, sur un verre horizontal le matin, et sur un verre vertical le soir. Figure réduite au tiers de l'original.

tour du même point, et décrivit deux ellipses ; à 5 h. du soir, il s'était beaucoup éloigné de la lumière, sous l'action de l'apogéotropisme. Après quelques expériences préliminaires, destinées à déterminer le

degré convenable d'obscurité, quelques semis furent placés, le 16 septembre, devant une fenêtre au nord-est ; la lumière était tamisée à travers un store ordinaire en toile et trois autres en mousseline. L'ombre d'un crayon sur du papier blanc était ainsi à peine visible près des semis ; elle était cependant dirigée dans le sens opposé à la fenêtre. Dans la soirée, à 4 h.
30, puis à 6 h., un des stores en mousseline fut enlevé. Nous voyons, fig. 174, la marche suivie dans ces conditions par un cotylédon assez vieux et peu sensible, haut de $47^{mm}5$, qui s'inclina beaucoup vers la lumière, mais sans que son incurvation devint rectangulaire. Depuis 11 h. du matin, moment où le temps devint un peu plus sombre, jusqu'à 6 h. 30 du soir, les zigzags furent bien marqués ; ils représentaient évidemment des ellipses étirées et déformées. Après 6 h. 30 du soir, et pendant la nuit, il s'écarta de la fenêtre suivant une ligne coupée par des crochets. Un autre semis plus jeune se mouvait, en même temps, beaucoup plus fortement, et sur un espace plus considérable, et se dirigeait vers la lumière suivant une ligne qui ne présentait que de légers zigzags ; à 11 h. du matin, il était courbé presque rectangulairement dans cette direction, et il se mit à circumnuter sur place.

Fig. 174.

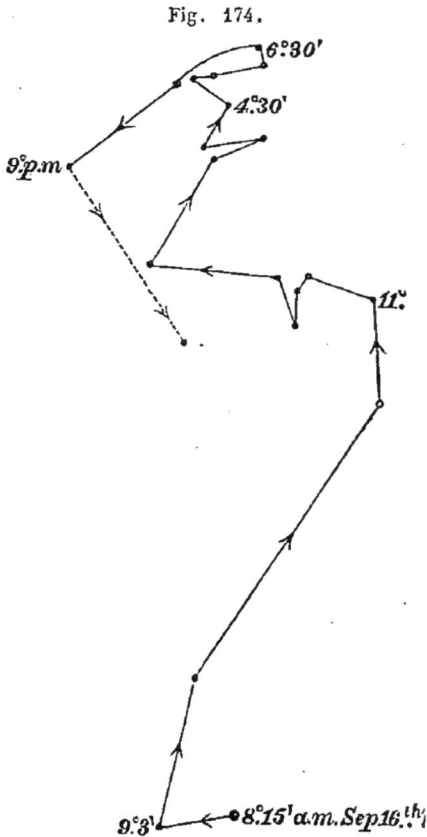

Phalaris Canariensis : mouvement héliotropique et circumnutation d'un cotylédon assez vieux vers une faible lumière latérale, relevés sur un verre horizontal, du 16 septembre, 8 h. 15 m. au 17, 7 h. 45 m Figure réduite à 1/3 de l'original.

Tropæolum majus. — Quelques semis très jeunes, ne portant que deux feuilles, et n'ayant, par conséquent, pas encore atteint l'âge où la plante grimpe, furent d'abord placés devant une fenêtre au nord-est, sans aucun store. Les épicotyles se courbèrent vers la lumière si rapidement, qu'en un peu moins de 3 heures, leurs extrémités se dirigeaient rectangulairement dans sa direction. Les lignes tracées étaient presque droites, ou présentaient de légers zigzags ; dans ce dernier cas,

nous voyons qu'une trace de circumnutation a persisté, même sous
l'influence d'une lumière modérée. A deux reprises, pendant que ces
épicotyles s'inclinaient vers la fenêtre, des points furent relevés à des
intervalles de 5 ou 6 minutes, afin de voir s'il n'y avait pas de traces
d'un mouvement latéral ; mais ce dernier était presque nul : les lignes
formées par la jonction de ces points étaient à peu près droites, ou ne
montraient que de légers zigzags, comme dans les autres parties des
diagrammes. Après que les épicotyles se furent complètement inclinés
vers la lumière, ils décrivirent comme d'habitude des ellipses de dimensions considérables.

Après avoir vu comment les épicotyles s'inclinent vers une lumière
modérée, nous plaçâmes des semis devant une fenêtre au nord-est, le
7 septembre, à 7 h. 48 du matin. Cette croisée était protégée par une
serviette, à laquelle nous ajoutâmes, peu après, un store ordinaire en
toile ; mais les épicotyles continuèrent encore à se mouvoir dans la
direction de la lumière. A 9 h. 13 du matin, nous plaçâmes devant la
fenêtre deux nouveaux stores en mousseline, de sorte que les semis
ne recevaient, de ce côté, que très peu de lumière de plus que de l'intérieur de la pièce. L'état du temps variait, de sorte que, par moments,
les semis recevaient de la fenêtre moins de lumière que du
côté opposé (nous nous en assurâmes au moyen de l'ombre portée);
nous enlevions alors momentanément un des stores. Dans la soirée
tous furent enlevés un à un. La figure 175 indique la marche suivie,
dans ces conditions, par un épicotyle. Pendant toute la journée, jusqu'à 6 h. 45 du soir, il s'inclina complétement vers la lumière; son
extrémité parcourut à ce moment un espace considérable. Après
6 h. 45, il revint en arrière, dans le sens opposé à la fenêtre, jusqu'à
10 h. 40, moment où fut relevé le dernier point. Nous avons
donc ici un mouvement héliotropique distinct, effectué au moyen de
six figures allongées, qui auraient été plus ou moins elliptiques, si les
points avaient été plus rapprochés. La direction générale des figures
était vers la lumière, et l'extrémité de chaque ellipse était plus rapprochée de la fenêtre que celle de la figure précédente. Si la lumière
avait été seulement un peu plus intense, l'épicotyle se serait incliné
plus fortement dans sa direction ; c'est du moins la conclusion que
nous permettent de poser les expériences précédentes. Le mouvement
latéral aurait, en même temps, beaucoup diminué, et les ellipses
ou les autres figures se seraient étirées, de manière à constituer une
ligne en zigzag, probablement encore interrompue par une ou deux
petites boucles. Si la lumière avait été encore plus intense, nous aurions obtenu une ligne légèrement en zigzag, ou tout à fait droite, car
le mouvement vers la lumière aurait été beaucoup plus accentué, pen-

dant que le déplacement latéral aurait subi une diminution considérable.

Sachs dit que les entre-nœuds les plus âgés de ce Tropæolum sont
aphéliotropiques; pour vérifier le fait, nous plaçâmes une plante,
haute de 29cm5, dans une boîte noircie à l'intérieur, mais ouverte sur
le côté qui regardait une fenêtre au nord- est, dépourvue de store. Un
fil fut fixé sur le troisième entre-nœud à partir du sommet, pour
une plante, et sur le quatrième pour une autre. Ces entre-nœuds
n'étaient peut-être pas assez âgés, ou peut-être encore la lumière

Fig. 175.

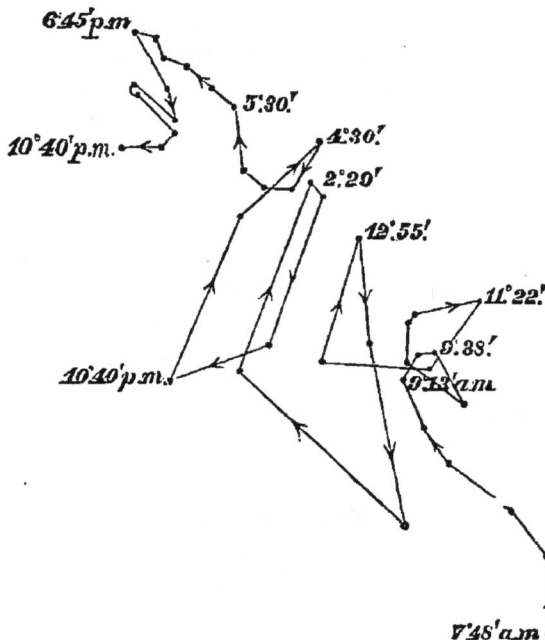

Tropæolum majus : mouvement héliotropique et circumnutation de l'épicotyle d'un jeune
semis vers une faible lumière latérale, relevés sur un verre horizontal, de 7 h. 48 m. à
10 h. 40 s. Figure réduite de moitié.

était trop faible pour déterminer une action aphéliotropique, car les
deux plantes s'inclinèrent légèrement vers la fenêtre, au lieu de s'en
éloigner, pendant quatre jours. La marche du premier de ces entre-
nœuds, pendant deux jours, est représentée fig. 176; nous voyons
qu'il circumnutait sur une petite échelle, ou bien se dirigeait vers la
fenêtre, suivant une ligne en zigzag. Nous avons cru devoir indiquer ici ce cas de faible héliotropisme dans l'un des entre-nœuds un peu
âgés d'une plante qui, lorsqu'elle est jeune, est si fortement sensible
à l'excitation lumineuse.

28

Cassia tora. — Les cotylédons de cette plante sont extrêmement sensibles à l'action lumineuse, tandis que les hypocotyles le sont beaucoup moins que ceux de la plupart des autres semis ; nous avons souvent observé ce fait surprenant. Nous crûmes donc qu'il valait la peine de relever ces mouvements. Les semis furent exposés à une lumière latérale, devant une fenêtre au nord-est, qui, d'abord, n'était couverte que d'un store en mousseline ; mais, comme, vers 11 h. du matin, le temps s'éclaircit, nous ajoutâmes un nouveau store en toile. Après 4 h. du soir, nous enlevâmes d'abord un des stores, puis l'autre. Les semis étaient protégés de chaque côté et par le haut, mais, en arrière, ils étaient exposés à la lumière diffuse de la pièce. Des fils perpendiculaires furent fixés sur les hypocotyles de deux semis, qui, dans la matinée, étaient verticaux. La fig. 177 montre la marche suivie pendant deux jours par l'un d'entre eux ; mais il faut noter d'une façon toute particulière que, le second jour, les semis furent gardés à l'obscurité, et circumnutèrent, par conséquent, à peu près sur place. Le premier jour (le 7 octobre) l'hypocotyle se dirigea vers la lumière de 8 h. du matin à 12 h. 23, suivant une ligne en zigzag, puis tourna brusquement vers la gauche, et décrivit ensuite une petite ellipse. Une autre ellipse irrégulière fut complétée de 3 h. du soir à 5 h. 30 environ, et l'hypocotyle s'inclina encore vers la lumière. L'hypocotyle était droit et vertical dans la matinée, mais, à 6 h. du soir, sa moitié supérieure était courbée vers la lumière, de sorte que la

Fig. 176.

Tropæolum majus : mouvement héliotropique et circumnutation d'un vieil entrenœud vers une lumière latérale, relevés sur un verre horizontal, du 2 novembre, 8 h. m., au 4, 10 h. 20 m. Les lignes pointillées indiquent la marche nocturne.

corde de l'arc ainsi formé faisait avec la perpendiculaire un angle de 20°. Après 6 h. du soir, il revint sur ses pas, sous l'action de l'apogéotropisme, et continua toute la nuit à s'éloigner de la fenêtre, comme l'indique la ligne pointillée. Le lendemain, il fut maintenu à l'obscurité, et éclairé seulement par une bougie au moment des observations ; la marche suivie, depuis le 8, 7 h. du matin, jusqu'au 9, 7 h. 45 du matin, est indiquée par le diagramme. La différence est frappante entre les deux parties de la figure décrite, c'est à dire entre la partie tracée dans la journée du 7, sous l'influence d'une lumière latérale assez forte, et celle tracée le 8 dans l'obscurité. Pendant le premier jour, les lignes décrites étaient toutes dirigées vers la source lumineuse. Les mouvements d'un autre semis, tracés dans les mêmes conditions, étaient étroitement semblables.

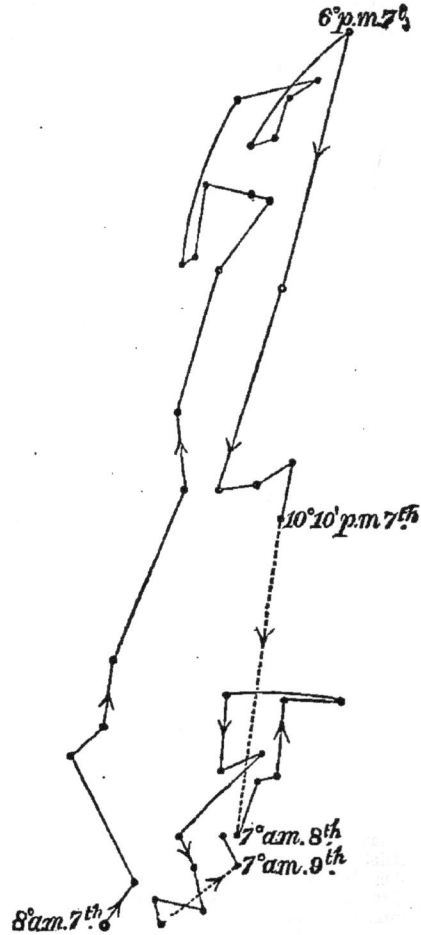

Fig. 177.

Aphéliotropisme. —Nous ne pûmes observer que deux cas d'aphéliotropisme, car ce genre de mouvement est assez rare ; les déplacements sont généralement si légers, qu'il eût été souvent très difficile de les relever.

Bignonia capreolata. — Aucun organe, dans une plante quelconque, ne s'éloigne aussi fortement de la lumière, autant que nous avons pu le voir, que les vrilles de ce Bignonia. Ces organes sont encore remarquables en ce que leur circumnutation est beaucoup moins régulière que celle de la plupart des autres vrilles, et en ce qu'ils demeurent souvent stationnaires. Ils subissent l'action de l'aphéliotropisme, pour venir en contact avec les troncs des arbres (1). La tige d'une jeune plante fut assujettie sur un bâton, à la base d'une paire de petites vrilles, qui se projetaient verticalement vers le haut. La

Cassia tora : mouvement héliotropique et circumnutation d'un hypocotyle, haut de 37 mm. 5. relevés sur un verre horizontal, de 8 h. du matin à 10 h. 10 du soir, le 7 octobre. Circumnutation du même hypocotyle dans l'obscurité, du 8 octobre, 7 h. m. au 9, 7 h. 45 m.

plante fut placée en face d'une fenêtre au nord-est, et protégée, sur toutes ses autres faces, contre l'action de la lumière. Le premier point fut relevé à 6 h. 45 du matin, et, à 7 h. 45, les deux vrilles avaient subi

(1) *Mouvements et Habitudes des Plantes grimpantes*, 1875, p. 97.

l'influence de la lumière, car elles s'éloignèrent de la fenêtre, en ligne droite, jusqu'à 9 h. 20 du matin; elles entrèrent alors en circumnuta-

Fig. 178.

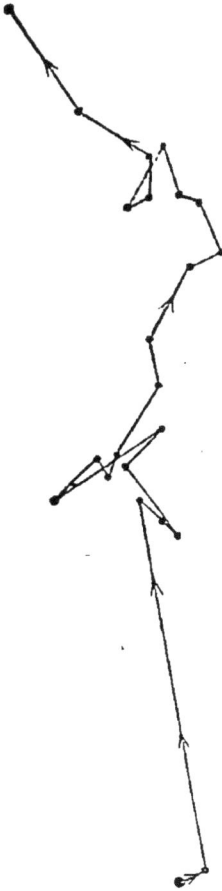

Bignonia capreolata : mouvement aphéliotropique d'une vrille, relevé sur un verre horizontal, du 9 juillet, 6 h. 45 m.. au 20, 10 h. m. Les mouvements qui, sur le tracé original, étaient peu amplifiés, sont réduits ici aux 2/3 de l'échelle primitive.

tion, en continuant à s'éloigner de la lumière, mais sensiblement (voir la fig. 178, qui représente les mouvements de la vrille de gauche). A 3 h. du soir, elles se remirent à s'éloigner rapidement de la source lumineuse, suivant une ligne en zigzag. A la fin de la soirée, le déplacement de ces deux organes avait été si considérable, qu'ils se trouvaient directement opposés à la direction des rayons lumineux. Pendant la nuit, ils eurent un léger mouvement dans un sens à peu près opposé. Le lendemain matin, ils se remirent à s'éloigner de la lumière, en se rapprochant; aussi, le soir, étaient-ils entrelacés et dirigés dans le sens directement opposé à la source lumineuse. La vrille de droite, en convergeant, décrivait des zigzags beaucoup plus prononcés que celle de gauche, dont nous reproduisons ici le mouvement. Les deux diagrammes montraient que le mouvement aphéliotropique n'était qu'une forme modifiée de la circumnutation.

Cyclamen Persicum. — Lorsque cette plante fleurit, ses pédoncules sont verticaux, mais leur partie supérieure se recourbe, de sorte que les fleurs sont pendantes. Dès que les gousses commencent à se développer, les pédoncules s'allongent beaucoup, et s'inclinent légèrement vers le bas; mais leur partie supérieure courte et recourbée, se redresse. Plus tard, les gousses atteignant le sol, si la terre est couverte de mousse ou de feuilles sèches, elles sont enfouies sous ces corps. Nous avons souvent vu des dépressions en forme de godets, formées par les gousses dans du sable humide ou de la sciure de bois; une gousse, mesurant 7mm5 de diamètre s'enterra même dans la sciure jusqu'aux trois quarts de sa longueur (1). Nous aurons, plus loin, l'oc-

(1) Les pédoncules de plusieurs autres espèces de Cyclamen se tordent en une spire, et, d'après Erasme Darwin (*Bot. Gard.* Canto. III, p. 126) les gousses pénètrent de force dans la terre. Voir aussi Grenier et Godron, *Flore de France,* tome II, p. 459.

casion de nous demander quel est l'avantage procuré à la plante par cet enfouissement. Les pédoncules peuvent changer la direction de leur incurvation. Si un pot, muni de plantes dont les pédoncules sont déjà recourbés vers le bas, est placé horizontalement, les pédoncules s'inclinent lentement et perpendiculairement à leur direction primitive, vers le centre de la terre. Nous avions donc attribué d'abord ce mouvement au géotropisme. Mais un pot qui avait été placé horizontalement, avec les gousses dirigées toutes vers la terre, fut renversé, tout en demeurant horizontal, de façon que les fruits fusssent alors dirigés verticalement vers le haut : ce pot fut en cet état placé dans une boîte

Fig. 179.

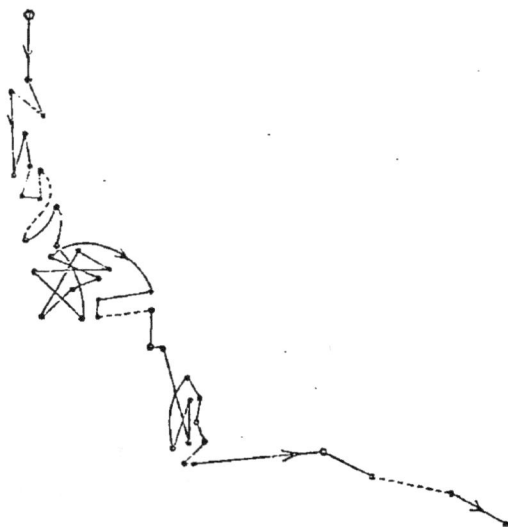

Cyclamen Persicum : mouvement aphéliotropique d'un pédoncule floral, fortement amplifié (47 fois environ ?) relevé sur un verre horizontal, du 18 février 1 h. s., au 21, 8 h. m.

noire, et, après quatre jours et quatre nuits, les gousses n'avaient pas changé de position. Le pot, toujours dans la même position, fut alors exposé à la lumière, et, deux jours après, il s'était produit une certaine incurvation des pédoncules vers le bas ; le quatrième jour, deux d'entre eux regardaient le centre de la terre ; les autres prirent la même direction un jour ou deux après. Une autre plante, dans un pot qui avait toujours gardé sa position normale, fut placée pendant six jours à l'obscurité ; elle portait 3 pédoncules, et un seul d'entre eux, pendant ce temps, présenta vers le bas une certaine incurvation, du reste douteuse. Ce n'est donc pas le poids des gousses qui détermine le mouvement vers le bas. Ce pot fut ensuite exposé à la lumière, et, trois jours après, les pédoncules présentaient une incurvation descendante considérable. Nous sommes donc amené à penser que ce phénomène est dû à l'aphéliotropisme ; nous n'avons cependant pas pu faire d'autres expériences.

Voulant observer la nature du mouvement, nous soulevâmes un peu, et nous fixâmes sur un bâton, un pédoncule portant une grosse gousse qui avait déjà touché le sol. Un fil fut fixé à l'extrémité de la gousse, et un point de repère placé au-dessus nous permit de relever ses mouvements sur un verre horizontal, pendant 67 h., avec une amplification considérable. La plante était éclairée par le haut pendant la journée. Nous donnons, fig. 179, une copie du diagramme obtenu ; on ne peut douter que le mouvement de descente soit une modification de la circumnutation, mais sur une très faible échelle. L'observation fut répétée sur une autre gousse, en partie enfoncée dans la sciure de bois, et qui fut relevée jusqu'à 6mm25 au-dessus de la surface ; cette gousse décrivit en 24 heures trois cercles très petits. Si nous considérons la grande longueur et la faible épaisseur des pédoncules, en même temps que la légèreté des gousses, nous pouvons conclure que ces organes ne sauraient creuser des dépressions dans la sciure ou dans le sable, ou s'enfouir sous la mousse, etc., s'ils n'y étaient aidés par leur mouvement continuel de révolution ou de circumnutation.

Relations entre la Circumnutation et l'Héliotropisme. — Quiconque considérera les diagrammes que nous venons de donner, représentant les mouvements des tiges de diverses plantes vers une lumière latérale plus ou moins intense, sera forcé d'admettre qu'il y a une transition graduée entre la circumnutation et l'Héliotropisme. Lorsqu'une plante est exposée à une forte lumière latérale, et qu'elle continue pendant toute la journée à s'incliner dans la direction de la source lumineuse, pour ne s'arrêter que le soir, le mouvement est incontestablement héliotropique. Mais, dans le cas de Tropæolum (fig. 175), la tige, ou l'épicotyle, circumnutait nettement pendant toute la journée, et continuait, en même temps, à se mouvoir héliotropiquement ; ce dernier mouvement était dû à ce que l'extrémité de chaque ellipse successive était plus rapprochée de la source lumineuse que l'extrémité de la figure précédente. Dans le cas de Cassia (fig. 177) il est

très intéressant de comparer les mouvements de l'hypocotyle, suivant que cet organe est exposé à une lumière
latérale modérée, ou qu'il est placé dans l'obscurité; la
différence est la même entre les mouvements ordinaires
de circumnutation d'un semis de Brassica (fig. 172, 173)
ou de Phalaris (fig. 49, 174), et leurs mouvements héliotropiques vers une fenêtre protégée par des stores. Dans
ces deux cas, comme dans beaucoup d'autres, il était intéressant de remarquer comment les tiges commençaient
à circumnuter, dès que la lumière diminuait d'intensité,
dans la soirée. Nous avons donc de nombreuses transitions entre un mouvement vers la lumière, qui doit être
considéré comme une légère modification de la circumnutation, et qui se compose encore d'ellipses et de cercles,
et un mouvement presque ou même complètement direct,
et héliotropique, — en passant par un mouvement plus ou
moins en zigzag, interrompu parfois par des boucles ou
des ellipses.

Une plante exposée à une lumière latérale, même brillante, se meut généralement d'abord suivant une ligne en
zigzag, ou même directement dans le sens opposé à la lumière; sans aucun doute, ce mouvement est dû à ce
qu'elle circumnute, à ce moment, dans une direction, soit
opposée à la source lumineuse, soit plus ou moins transversale, relativement à cette dernière. Cependant, dès que
la direction du mouvement circumnutant coïncide à peu
près avec celle de la lumière, la plante s'incline franchement dans cette direction, si l'intensité lumineuse est
suffisante. La marche paraît devenir plus ou moins rapide
et rectiligne, suivant le degré d'intensité de la lumière.
D'abord, les plus grands axes des figures elliptiques décrites continuellement par la plante tant que la lumière
demeure assez faible, se dirigent plus ou moins exactement vers la source lumineuse, et chaque ellipse est décrite en un point plus rapproché de cette dernière. Puis,

si la lumière augmente, même très faiblement, le mouvement dans sa direction s'accroît et s'accélère, tandis que le mouvement en sens contraire est retardé ou même annulé ; mais il y a toujours un certain déplacement latéral, car la lumière agit avec moins d'énergie sur un mouvement perpendiculaire à sa direction que sur un déplacement dirigé dans le même sens qu'elle même (1). Il en résulte que la marche est devenue plus ou moins en zigzag, et que sa vitesse est inégale. Enfin, si la lumière est très brillante, tout mouvement latéral disparaît ; l'énergie tout entière de la plante est employée à rendre rectiligne le mouvement circumnutant, et à augmenter sa rapidité dans une seule direction, c'est à dire vers la lumière.

On paraît admettre généralement que l'héliotropisme est un mouvement tout à fait distinct de la circumnutation ; et on pourra dire que, dans nos diagrammes donnés plus haut, on voit l'héliotropisme étroitement combiné au mouvement circumnutant, ou substitué à la circumnutation. Mais, s'il en était ainsi, il faudrait admettre qu'une lumière latérale intense arrête complètement le mouvement circumnutant, puis qu'une plante exposée à son action se meut vers l'agent lumineux suivant une ligne droite, sans décrire aucune figure elliptique ou circulaire. Si la lumière diminue un peu, tout en demeurant assez forte pour que la plante continue à se diriger vers elle, nous voyons, avec plus ou moins d'évidence, que la circumnutation continue encore. Il faudrait, en outre, supposer que la lumière latérale seule a ce pouvoir extraordinaire d'arrêter la circumnutation, car nous savons que les diverses plantes sur lesquelles ont porté nos expé-

(1) Dans son travail *Ueber orthotrope und plagiotrope Pflanzentheile* (*Arbeiten des Bot. Inst. in Würzburg*, Band 11 Heft 11, 1879), Sachs a discuté la manière dont le géotropisme et l'héliotropisme sont affectés par les différences angulaires entre les organes des plantes et la direction de la force incidente.

riences, et toutes celles que nous avons observées pendant leur croissance, continuent à circumnuter, quelle que soit l'intensité de la lumière, quand l'éclairage leur vient d'en haut. On ne peut pas oublier, d'ailleurs, que, dans la vie de chaque plante, la circumnutation précède l'héliotropisme, car les hypocotyles, les épicotyles et les pétioles circumnutent avant d'être sortis de terre et d'avoir subi l'influence de la lumière.

Nous croyons donc notre opinion complétement justifiée, lorsque nous disons que, sous l'influence d'une lumière latérale, le mouvement circumnutant se convertit en mouvement héliotropique ou aphéliotropique. De cette manière, il n'est plus nécessaire de supposer, contre toute analogie, qu'une lumière latérale arrête complétement la circumnutation : elle ne fait qu'exciter la plante à modifier son mouvement, momentanément, en vue d'un avantage à acquérir. L'existence de toutes les gradations possibles entre une marche directe vers la lumière et une marche formée d'une série de boucles ou d'ellipses, devient parfaitement explicable. Enfin, la conversion de la circumnutation en héliotropisme ou aphéliotropisme est tout à fait analogue à celle qui se produit dans les plantes sommeillantes, qui, pendant la journée, complètent une ou deux ellipses, ou davantage, et, souvent, décrivent des lignes brisées, ou forment de petites boucles. Lorsque ces plantes commencent, dans la soirée, à prendre leur position de sommeil, elles emploient également toute leur énergie à rendre leur marche rectiligne et rapide. Pour les mouvements de sommeil, la cause déterminante, qui régularise en même temps le déplacement, est une différence dans l'intensité de la lumière venant d'en haut, aux divers moments de la journée ; pour les mouvements héliotropiques et aphéliotropiques, c'est une différence dans l'intensité de la lumière qui frappe un des côtés de la plante.

Héliotropisme transversal (de Franck) (1), *ou Diahé-*
-liotropisme. — La cause qui pousse les feuilles à se placer
plus ou moins transversalement sur la direction des
rayons lumineux, et à diriger leurs faces supérieures
vers la lumière, a été, depuis longtemps, l'objet de nombreuses controverses. Nous ne nous occuperons pas
ici du but de ce mouvement, qui est, sans aucun doute,
de procurer un éclairage aussi complet que possible aux
faces supérieures des feuilles, mais nous ne considérerons
que les moyens par lesquels ces organes peuvent prendre
une telle position. Il serait difficile de donner un exemple de Diahéliotropisme meilleur et plus simple que celui
offert par beaucoup de semis, dont les cotylédons sont
étalés horizontalement. Lorsque ces organes sortent des
enveloppes séminales, ils sont en contact l'un avec l'autre,
et occupent des positions diverses : on les voit souvent
verticaux. Ils divergent bientôt, et ce mouvement s'effectue par l'action de l'épinastie, qui, nous l'avons vu,
n'est qu'une modification de la circumnutation. Après
s'être complétement étalés, les cotylédons gardent à peu
près la même position, quoiqu'ils soient fortement éclairés par le haut pendant toute la journée; leurs faces inférieures sont rapprochées du sol, et, par suite, protégées
contre le soleil. Il y a donc une différence considérable
dans la quantité de lumière que reçoivent leurs faces supérieures et inférieures, et, s'ils étaient héliotropiques, ils
devraient s'incliner fortement vers le haut. Il ne faut cependant pas supposer que de tels cotylédons soient invariablement fixés dans leur position horizontale. Lorsque
des semis sont placés devant une fenêtre, leurs hypocotyles, très héliotropiques, s'inclinent fortement dans la direction de la lumière, et les faces supérieures des cotylé-

---

(1) « *Die natürliche wagerechte Richtung von Pflanzentheilen* » 1870. Voir
aussi quelques articles intéressants du même auteur, « *Zur Frage über Trans-
versal-Geo-und Heliotropismus. (Bot. Zeit.)* 1873, p. 17 *et seq.*

dons, entraînées par ce mouvement, demeurent encore
exposées perpendiculairement aux rayons lumineux;
mais, si l'hypocotyle est fixé de manière à ne pouvoir
s'incliner, les cotylédons changent eux-mêmes de position. Si tous deux sont placés dans la ligne que suit la
lumière en entrant, celui qui est le plus éloigné de la
source lumineuse s'élève, tandis que celui qui en est le
plus rapproché s'abaisse souvent. S'ils sont placés transversalement aux rayons lumineux, ils tournent légèrement sur leur axe. Il en est de même pour les feuilles des
plantes qui poussent contre un mur, ou devant une fenêtre. Une faible quantité de lumière suffit pour déterminer de tels mouvements; il est seulement nécessaire
que la lumière puisse frapper obliquement les plantes
pendant un temps suffisant. Relativement à la torsion
des cotylédons, que nous venons de mentionner, Franck
a fait un grand nombre d'expériences très frappantes
sur des feuilles appartenant à des branches fixées au
préalable dans diverses positions, ou complètement retournées.

Dans nos observations sur les cotylédons des semis,
nous avons souvent été surpris de la persistance de leur
position horizontale diurne, et nous étions convaincu,
avant d'avoir lu le travail de Franck, qu'il était nécessaire d'en donner une explication spéciale. De Vries a
montré (1) que la position plus ou moins horizontale des
feuilles est, dans la plupart des cas, placée sous l'influence
de l'épinastie, de leur propre poids, et de l'apogéotropisme. Une feuille jeune ou un cotylédon, dès sa mise en
liberté, est amené dans sa position spéciale par l'épinastie
(nous l'avons déjà fait remarquer), et, d'après de Vries,
ce mouvement persiste longtemps dans les nervures médianes et dans les pétioles. L'influence du poids ne peut

(1) *Arbeiten des Bot. Inst. in Würzburg*, Heft. II, 1872, pp. 223-277.

être qu'à peine appréciable pour la plupart des cotylédons, à l'exception de quelques cas que nous allons citer, mais elle peut prendre une importance plus considérable pour des feuilles larges et épaisses. Quant à l'apogéotropisme, de Vries affirme qu'il entre généralement en jeu, et nous aurons à faire ressortir, indirectement, l'évidence de ce fait. Mais, outre ces forces et d'autres énergies constantes qui agissent sur les feuilles et les cotylédons, nous croyons que, dans bien des cas (nous ne disons pas dans tous), il y a, cependant, dans ces organes, une tendance prépondérante à venir se placer dans une direction plus ou moins transversale, relativement à celle des rayons lumineux.

Dans les cas que nous venons de citer, de semis exposés à une lumière latérale avec leurs hypocotyles assujettis, il est impossible que l'épinastie, la pesanteur et l'apogéotropisme, soit en opposition, soit combinés, puissent déterminer l'élévation d'un des cotylédons et l'abaissement de l'autre, car toutes ces forces doivent agir également sur ces deux organes. D'autre part, l'épinastie, la pesanteur et l'apogéotropisme, agissant tous dans un plan vertical, ne peuvent déterminer la torsion des pétioles, qui se produit dans les semis soumis aux conditions d'éclairage telles que nous les avons indiquées plus haut. Tous ces mouvements dépendent évidemment, d'une manière quelconque, de l'obliquité de la lumière ; ils ne peuvent cependant prendre le nom d'héliotropiques, car ce mot implique une inclinaison vers cet agent physique, tandis que le cotylédon le plus rapproché de la source lumineuse s'en éloigne en se dirigeant vers le bas, et que tous deux se placent, autant que possible, dans une position perpendiculaire aux rayons lumineux. Ces mouvements doivent, par conséquent, prendre un nom particulier. Les cotylédons et les feuilles sont en oscillation continuelle suivant la verticale ; ils gardent cependant toute la journée leur position; le diahéliotropisme doit donc être considéré comme une forme modifiée de la circumnutation. Ce fait était surtout évident lorsque nous relevions les mouvements de cotylédons placés en face d'une fenêtre.

Nous voyons quelque chose d'analogue dans les feuilles et les cotylédons sommeillants, qui, après avoir oscillé verticalement pendant toute la journée, s'élèvent le soir jusqu'à la verticale, et, le lendemain matin, descendent pour reprendre leur position horizontale ou diahéliotropique, mouvement qui s'effectue en opposition avec l'héliotropisme. Ce retour à leur position diurne, qui nécessite souvent un mouvement angulaire de 90°, est analogue au mouvement des feuilles sur des branches déplacées, qui reprennent leur position primitive. Il faut noter qu'une force telle que l'apogéotropisme agira avec plus ou moins d'énergie (1) selon les diverses positions de ces feuilles ou de ces cotylédons, qui ont pendant la journée des oscillations verticales considérables; ces organes reprennent cependant leur position horizontale ou diahéliotropique.

Nous pouvons donc conclure que les mouvements diahéliotropiques ne peuvent s'expliquer complètement par l'action directe de la lumière, de la pesanteur, de la gravitation, etc., pas plus que les mouvements nyctitropiques des cotylédons et des feuilles. Dans le dernier cas, ces organes se placent de manière que leurs faces supérieures soient aussi peu exposées que possible à la radiation nocturne, de sorte que les faces supérieures des folioles opposées viennent souvent en contact. Ces mouvements, qui peuvent devenir extrêmement complexes, sont régularisés par les alternances de lumière et d'obscurité, bien que ce ne soit pas là qu'il faille en rechercher les

_____

(1) Voir plus haut la note relative aux remarques de Sachs sur ce sujet.

causes. Dans le cas du diahéliotropisme, les cotylédons
et les feuilles se placent de manière à ce que leurs faces
supérieures soient pleinement exposées à la lumière; ce
mouvement est régularisé par la direction des rayons lumineux sans être directement déterminé par cette influence. Dans les deux cas, le mouvement est une modification de la circumnutation sous l'influence de causes
innées ou constitutionnelles; cette modification est analogue à celle qui se produit dans les plantes grimpantes,
dont la circumnutation augmente d'amplitude et devient
plus circulaire, ou dans les feuilles et les cotylédons jeunes qui sont amenés par épinastie dans leur position horizontale.

Nous ne nous sommes occupés, jusqu'ici, que des
feuilles et des cotylédons qui gardent constamment une
position horizontale; mais beaucoup de ces organes se
placent dans une situation plus ou moins oblique, et quelques-uns deviennent perpendiculaires. On ne connaît pas
la cause de ces différences de position; mais, selon les
idées de Wiesner (nous aurons à les exposer plus loin),
il est probable que certains de ces organes auraient à
souffrir s'ils recevaient perpendiculairement toute la
lumière solaire.

Nous avons vu, dans le second et dans le quatrième
chapitre, que les cotylédons et les feuilles dont les changements nocturnes de position ne sont pas assez considérables pour mériter le nom de sommeil, s'élèvent généralement un peu dans la soirée, pour redescendre le lendemain matin, de façon que, la nuit, ils sont un peu plus
inclinés vers le haut qu'au milieu de la journée. Il est
impossible d'admettre qu'un mouvement ascensionnel de
2 ou 3, ou même de 10 ou 20° pouvant être de quelque utilité pour la plante, ait été acquis dans ce but. De tels
mouvements doivent résulter de changements périodiques
dans les conditions auxquelles sont soumis ces organes,

et on peut à peine douter qu'il s'agisse des alternances quotidiennes de lumière et d'obscurité. De Vries dit, dans le travail dont nous avons déjà parlé, que la plupart des pétioles et des nervures médianes sont apogéotropiques (1). L'apogéotropisme pourrait donc donner l'explication de ce mouvement ascensionnel, si commun à un nombre considérable d'espèces distinctes, que (nous devons le supposer), il est annulé au milieu de la journée, par le diahéliotropisme, aussi longtemps qu'il est utile pour la plante d'avoir ses feuilles et ses cotylédons pleinement exposés à l'action de la lumière. L'heure exacte de la soirée à laquelle commence ce léger mouvement ascensionnel, et l'étendue même de ce mouvement dépendront de la sensibilité des organes à l'influence de la gravitation et de leur pouvoir de résistance à son action pendant la journée, en même temps que de l'amplitude de leurs mouvements circumnutants ordinaires. Comme ces diverses facultés diffèrent grandement suivant les espèces, nous devons nous attendre à ce que l'heure du mouvement ascensionnel diffère aussi beaucoup : c'est, en effet, ce qui arrive. Outre l'apogéotropisme, il est possible que quelque autre agent entre en jeu, directement ou indirectement, pour déterminer ce mouvement. Ainsi une jeune fève (*Vicia faba*), poussant dans un petit pot, fut placée devant une fenêtre sur un clinostat ; la nuit, les feuilles s'élevèrent un peu, bien que l'action de l'apogéotropisme eut été complètement éliminée. Toutefois elles s'éle-

(1) D'après Franck (*Die nat. Wagerechte Richtung von Pflanzentheilen*, 1870. p. 40), les feuilles radicales de beaucoup de plantes, placées à l'obscuri é, s'élèvent et deviennent même verticales ; il en est de même, dans quelques cas, pour les jeunes pousses. (Voir Rauwehoff *Archives Néerlandaises*, tome XII, p. 32). Ces mouvements indiquent l'apogéotropisme ; mais, lorsque des organes ont été longtemps placés dans l'obscurité, la quantité d'eau et de matière minérale qu'ils contiennent est si fortement altérée, et leur croissance régulière si troublée, qu'il serait peut-être imprudent de se baser sur leurs mouvements, pour savoir ce qui se passerait, dans les conditions normales. (Voir Godlewski *Bot. Zeitung*, 14 février 1879).

vèrent moins fortement que si elles avaient été soumises à l'apogéotropisme. N'est-il pas possible, et même probable, que les feuilles et les cotylédons qui s'élèvent le soir, sous l'action de l'apogéotropisme, pendant d'innombrables générations, puissent hériter d'une tendance à ce mouvement. Nous avons vu que les hypocotyles de beaucoup de Légumineuses ont, depuis une époque lointaine, hérité d'une tendance à se recourber; nous savons encore que les mouvements de sommeil des feuilles sont jusqu'à un certain point héréditaires, indépendamment de l'action de l'alternance de lumière et d'obscurité.

Dans nos observations sur les mouvements circumnutants des feuilles et des cotylédons qui ne sommeillent pas, nous trouvons à peine quelques cas de mouvement de descente dans la soirée et d'élévation dans la matinée, — c'est à dire de mouvements inverses de ceux dont nous venons de parler. Nous ne doutons pas que des cas semblables puissent se présenter puisque les feuilles de beaucoup de plantes sommeillent en descendant verticalement. Comment expliquer alors que les quelques cas que nous avons pu observer, doivent être laissés dans le doute. Les jeunes feuilles de *Cannabis sativa* descendent la nuit de 30 à 40° au-dessous de l'horizon; Kraus attribue ce fait à l'épinastie et à l'absorption d'une certaine quantité de vapeur d'eau. Lorsque la croissance épinastique est vigoureuse, elle peut, dans la soirée, être plus forte que le diahéliotropisme, car, à ce moment, il est peu important pour la plante de maintenir ses feuilles horizontales. Les cotylédons d'*Anoda Wrightii*, d'une variété de Gossypium, et de plusieurs espèces d'Ipomœa, demeurent horizontaux dans la soirée, tant qu'ils sont encore jeunes; lorsqu'ils sont devenus un peu plus âgés, ils s'inclinent un peu vers le bas, et, lorsqu'ils sont grands et lourds, leur incurvation est si forte qu'ils peuvent être considérés comme sommeillants. Pour Anoda et pour

plusieurs espèces d'Ipomœa, il a été prouvé que le mouvement de descente ne dépendait pas du poids des cotylédons; mais, si le mouvement devient si fortement prononcé lorsque ces organes sont grands et lourds, nous
pouvons supposer que, à l'origine, la pesanteur jouait un
rôle dans le phénomène, et que c'est elle qui a déterminé
la direction suivant laquelle s'est modifié le mouvement
circumnutant.

*Ce qu'on nomme sommeil diurne des feuilles ou Parhé-
liotropisme.* — Il existe, placée sous l'action de la lumière, une autre catégorie de mouvements, qui permet de
croire jusqu'à un certain point que les mêmes phénomènes décrits plus haut ne sont qu'indirectement dus à
l'influence de cet agent physique. Nous voulons parler
de ces mouvements propres aux feuilles et aux cotylédons
qui font que ces organes, de diahéliotropiques qu'ils sont
lorsque la lumière est modérée, changent de position et
présentent leurs bords à la lumière, quand la radiation
solaire devient plus intense. Ces mouvements ont quelquefois reçu le nom de sommeil diurne, mais ils diffèrent
entièrement des déplacements nyctitropiques quant aux
avantages qu'ils peuvent procurer à la plante : dans certains cas, en outre, la position diurne est exactement inverse de la position nocturne.

On sait depuis longtemps (1) que, lorsque le soleil est brillant, les
folioles de Robinia s'élèvent de manière à présenter leurs bords à la
lumière, tandis que, dans leur position nocturne, ces organes pendent
verticalement vers le bas. Nous avons observé le même mouvement,
lorsque le soleil éclairait fortement les folioles d'un Acacia d'Austra-
lie. Les folioles d'*Amphicarpœa monoica* tournaient leurs bords vers

(1) Pfeffer donne les noms de plusieurs anciens auteurs, et les dates de leurs
travaux, dans *Die Period. Beweg.* p. 62.
Nous croyons utile de rappeler ici que bien que, mal étudiée et constituant dans
l'ensemble des recherches consignées en ce livre, la partie la moins développée,
cette question est certainement, parmi les phénomènes relatifs au mouvement des
plantes, celle qui fut le plus anciennement connue. Valerius Cordus, le premier
entre les botanistes, signala ce phénomène dans *Glycirrhiza echinata*, en faisant

le soleil ; le mouvement analogue des petites folioles basilaires, presque rudimentaires, de *Mimosa albida*, était, dans un cas, si rapide,
qu'on pouvait distinctement le voir à la loupe. Les premières feuilles,
allongées et unifoliées, de *Phaseolus Roxburghii*, étaient, à 7 h. du
matin, à 20° au-dessus de l'horizon, et, sans aucun doute, elles descendaient ensuite un peu plus bas. A midi, après avoir été exposées
2 heures environ à un soleil brillant, elles atteignaient à 56° au-dessus
de l'horizon ; dans cette situation elles étaient protégées contre les
rayons solaires, mais elles demeuraient encore bien éclairées par le
haut, et, après 30 m., elles étaient descendues de 40°, car elles n'étaient
plus qu'à 16° au-dessus de l'horizon. Quelques jeunes plantes de *Phaseolus Hernandesii* furent exposées au même soleil brillant, et leurs
premières feuilles, larges et unifoliées, étaient alors presque ou tout à
fait verticales, comme beaucoup d'entre les folioles latérales des feuilles
secondaires trifoliées ; quelques-unes de ces folioles avaient en outre,
sans s'élever, tourné sur elles-mêmes, suivant un angle de 90°, de manière à présenter leurs bords aux rayons lumineux. Les folioles de la
même feuille se comportaient quelquefois de ces deux manières différentes, mais le résultat du mouvement était toujours une diminution
dans l'intensité de l'éclairage. Ces plantes furent alors protégées contre le soleil, et observées 1 heure 1/2 après ; toutes les feuilles et les folioles avaient repris leur position ordinaire subhorizontale. Les cotylédons couleur de cuivre de quelques semis de *Cassia mimosoides*
étaient horizontaux dans la matinée, mais, lorsque le soleil les avait
frappés, ils s'étaient élevés jusqu'à 45° 1/2 au-dessus de l'horizon. Le
mouvement, dans ces différents cas, ne doit pas être confondu avec
l'occlusion soudaine des folioles de *Mimosa pudica*, que l'on peut
observer quelquefois lorsqu'une plante soumise pendant quelque temps
à l'obscurité est brusquement exposée au soleil ; dans ce cas, en effet,
la lumière paraît agir de la même manière qu'un attouchement.

D'après les observations du professeur Wiesner, il est probable que
les mouvements dont nous venons de parler ont été acquis dans un
but spécial. La chlorophylle des feuilles ayant souvent à souffrir d'une
lumière trop intense, ce savant croit qu'elle est protégée par les moyens
les plus divers, tels que la présence de poils, des matières coloran-

connaitre pour la première fois le sommeil des plantes (1561). Il fut retrouvé au
XVIIIᵉ siècle par Charles Bonnet, qui le mentionne avec détail chez *Robinia pseudoaccacia*, dans son remarquable mémoire sur les feuilles (in-4° p. 94-96). Depuis
cette époque, sauf une note de M. J.-E. Planchon (*Bulletin de la Soc. bot. de
France*, 1858, p. 470) et le peu qu'en a dit Pfeffer, il n'a plus été rien écrit sur ce
sujet jusqu'à l'apparition du présent livre de Darwin. Le parhéliotropisme mérite
cependant l'attention des physiologistes. (*Traducteur*).

tes, etc. (1). Parmi ces moyens, il faudrait placer les changements de
position des feuilles, qui, en présentant leurs bords au soleil, reçoivent évidemment une bien moindre quantité de lumière de cet astre. Il
a expérimenté sur les jeunes folioles de Robinia, en les fixant dans
une position telle qu'elles ne pussent éviter d'être complètement éclairées, tandis que d'autres pouvaient prendre une position oblique ; les
premières, au bout de deux jours, commençaient à souffrir de l'action
de la lumière.

Dans les cas que nous venons de citer, les folioles se dirigent vers
le haut, ou se tournent latéralement, de manière à placer leurs bords
dans la direction des rayons solaires. Mais Cohn a observé depuis
longtemps que les folioles d'Oxalis s'inclinent vers le bas, lorsqu'elles
sont pleinement exposées à l'action de la lumière. Nous avons trouvé

Fig. 180.

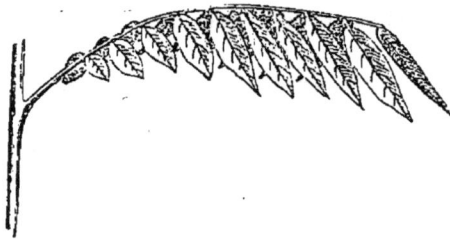

Averrhoa bilimbi : Feuille avec ses folioles inclinées vers le bas, après exposition au
soleil. Les folioles sont quelquefois plus fortement inclinées que ne l'indique la figure.

un exemple frappant de ce mouvement dans les grandes folioles d'*O.
Ortegesii*. On peut fréquemment observer un mouvement semblable
dans les folioles d'*Averrhoa bilimbi* (Oxalidées) ; nous donnons ici
(fig. 180) la figure d'une feuille sur laquelle le soleil a frappé directement. Dans le chapitre précédent, nous avons donné un diagramme
(fig. 134) représentant les oscillations au moyen desquelles une foliole
descendit rapidement, dans ces conditions. On peut voir que le mouvement ressemble beaucoup à celui (fig. 133) par lequel la feuille prend
sa position nocturne. Le prof. Batalin nous communique, par une
lettre datée de février 1879, un fait intéressant, qui se rattache au
sujet que nous traitons actuellement : les folioles d'*Oxalis acetosella*
peuvent, dans la journée, être exposées au soleil pendant plusieurs se-

(1) *Die natürlichen Einrichtungen zum Schutze des Chlorophylls*, etc., 1876.
(Les dispositions naturelles prises en vue de protéger la Chlorophylle). Pringsheim
a récemment observé au microscope la destruction de la Chlorophylle, en quelques
minutes, sous l'action de la lumière solaire concentrée, en présence de l'oxygène.
Voir aussi Stahl, sur la protection de la Chlorophylle contre une lumière intense,
dans *Bot. Zeitung*, 1880.

maines, sans souffrir aucun dommage s'il leur est possible de s'abaisser; mais, si on les en empêche, elles perdent leur couleur et blanchissent en deux ou trois jours. Cependant la durée d'une feuille est d'environ deux mois, lorsqu'elle est exposée à la lumière diffuse, et, dans ce cas, les folioles ne s'abaissent jamais pendant la journée.

Puisqu'il est prouvé que les mouvements d'ascension des folioles de Robinia, et ceux de descente des folioles d'Oxalis sont d'une grande utilité pour ces plantes lorsqu'elles sont exposées à un soleil brillant, il paraît probable qu'ils ont été acquis dans le but spécial d'éviter un éclairage trop intense. Il eut été extrêmement difficile, dans les cas que nous venons de mentionner, de surveiller assez exactement, et de relever les mouvements des feuilles pleinement exposées aux rayons du soleil. Aussi n'avons-nous pu déterminer si le parhéliotropisme était toujours une forme modifiée de la circumnutation. C'est cependant certainement le cas pour les feuilles d'Averrhoa, et probablement pour celles des autres espèces, car ces organes sont en circumnutation continuelle.

CHAPITRE IX

Sensibilité des plantes à l'action de la lumière : Transmission de ses effets.

Utilité de l'héliotropisme. — Les plantes insectivores et les plantes grimpantes ne sont pas héliotropiques. — Le même organe peut être héliotropique à un moment de son développement, et pas à un autre. — Sensibilité extraordinaire de certaines plantes à l'action de la lumière. — Les effets de la lumière ne sont pas en rapport avec son intensité. — Effet d'un éclairage antérieur. — Temps nécessaire pour l'action de la lumière. — Effets subséquents de la lumière. — L'apogéotropisme agit dès que la lumière diminue. — Exactitude de la direction des plantes vers la lumière. Elle dépend de l'éclairage d'une face entière de la plante. — Localisation de la sensibilité à l'action lumineuse, et transmission de ses effets. — Manière dont s'inclinent les cotylédons de Phalaris. — Résultats du manque de lumière sur leurs extrémités. — Effets transmis au-dessous de la surface du sol. — L'éclairage latéral de l'extrémité détermine la direction de l'incurvation de la base. — Cotylédons d'Avena ; incurvation de leur base, par suite de l'éclairage de leur extrémité supérieure. —Résultats similaires obtenus avec les hypocotyles de Brassica et de Beta. — Aphéliotropisme des radicules de Sinapis, dû à la sensibilité de leurs extrémités. — Remarques finales, et résumé du chapitre. — Moyens par lesquels la circumnutation se change en héliotropisme et aphéliotropisme.

Il est impossible, si l'on examine les plantes qui poussent sur un talus, ou au bord d'un bois épais, de douter que leurs jeunes tiges et leurs feuilles prennent les positions convenables pour assurer à ces derniers organes l'éclairage le plus complet, et les rendre ainsi capables d'opérer la décomposition de l'acide carbonique. Mais les

cotylédons en fourreau de quelques Graminées, par
exemple, ceux de Phalaris, ne sont pas verts, et ne contiennent qu'une petite quantité d'amidon ; nous pouvons
en conclure qu'ils ne décomposent que très peu, ou même
pas du tout, d'acide carbonique. Ils sont cependant extrêmement héliotropiques ; cette faculté a probablement pour
eux une autre utilité ; elle peut, par exemple, leur servir
de guide pour quitter la graine enterrée, et pour leur permettre d'atteindre l'air et la lumière, à travers les fissures
du sol et les entraves de la végétation environnante. Cette
hypothèse est appuyée par ce fait que, dans Phalaris et
Avena, la première feuille vraie, qui est brillamment
colorée en vert, et qui, sans aucun doute, décompose
l'acide carbonique, est, cependant, à peine héliotropique.
Les mouvements héliotropiques de beaucoup d'autres
semis les aident probablement de la même manière à sortir de terre ; l'apogéotropisme seul ne suffirait pas, en
effet, pour les guider vers le haut, en évitant les obstacles
placés sur la route.

L'héliotropisme est si répandu, parmi les plantes plus
âgées, qu'il n'y en a qu'un nombre extrêmement restreint dont une partie quelconque (tige, pédoncules floraux, pétioles ou feuilles) ne s'incline pas vers une
lumière latérale. *Drosera rotundifolia* est une des rares
plantes dont les feuilles ne montrent aucune trace d'héliotropisme. On n'en trouve pas non plus dans Dionæa,
bien que cette dernière plante n'ait pas été observée
avec soin. Sir J. Hooker a exposé pendant quelque temps
à une lumière latérale les ascidies de Sarracenia, sans
observer d'inclination (1). Nous pouvons comprendre
la raison qui empêche ces plantes insectivores d'être hé-

(1) D'après F. Kurtz (« *Verhandl. des Bot. Vereins der Provinz Brandenburg* »
BD XX, 1878), les feuilles ou ascidies de *Darlingtonia californica* sont fortement
aphéliotropiques. Nous n'avons pu découvrir ce mouvement dans une plante qui est
restée peu de temps en notre possession.

liotropiques, et nous voyons que le phénomène principal de leur vie n'est plus la décomposition de l'acide carbonique ; il est en effet bien plus important pour elles de placer leurs feuilles dans la position la plus convenable pour la capture des insectes, que dans celle qui leur assurerait un meilleur éclairage.

Les vrilles, qui sont des modifications de feuilles ou d'autres organes, et les tiges des plantes grimpantes, sont rarement héliotropiques ; il y a longtemps déjà que Mohl avait constaté ce fait. Ici encore nous voyons la raison de ce phénomène, car, si ces organes subissaient l'attraction vers une lumière latérale, ils seraient obligés, par ce fait, de se séparer de leurs supports. Mais quelques vrilles sont aphéliotropiques, par exemple celles de *Bignonia capreolata* et de *Smilax aspera* ; les tiges de certaines plantes qui grimpent au moyen de crampons, comme le Lierre et *Tecoma radicans*, sont aussi aphéliotropiques, et cette faculté leur permet de trouver plus facilement un support. Les feuilles de la plupart des plantes grimpantes sont, au contraire, héliotropiques ; mais nous n'avons pu trouver aucune trace d'un tel mouvement chez celles de *Mutisia clematis*.

La répartition universelle des mouvements héliotropiques, et la distribution des plantes grimpantes dans toute la série vasculaire sont des faits si remarquables, que l'absence apparente de toute tendance à l'héliotropisme, dans les tiges de ces végétaux, nous parut mériter des recherches plus approfondies, car elle indiquerait que l'héliotropisme peut être complètement éliminé. Lorsque des plantes grimpantes sont exposées à une lumière latérale, leurs tiges continuent à circumnuter sur place, sans montrer aucune incurvation visible vers la source lumineuse. Mais nous pensâmes qu'on pourrait trouver quelques traces d'héliotropisme, en comparant la vitesse moyenne des tiges dans leurs révolutions successives vers la lumière et dans le sens opposé (1). Trois jeunes plantes (hautes d'un pied environ) d'*Ipomœa cœrulea* et quatre d'*I. purpurea*, placées dans des pots séparés, furent exposées, par une belle journée, devant une fenêtre au nord-est, de manière à diriger les extrémités de leurs tiges vers cette fenêtre, qui seule éclairait la pièce. Lorsque l'extrémité de la tige de chaque plante se dirigeait dans le sens opposé à la lumière, puis vers cette dernière, nous notions la durée de ses mouvements. Nous continuâmes l'expérience depuis 6 h. 45 du matin jusqu'à plus de 2 h. du soir, le 17 juin. Après quelques observations, nous pouvions estimer la durée de chaque demi-révolution, avec une limite d'erreur de 5 minutes au plus. Bien qu'il y eut de grandes différences dans la vitesse du mouvement, aux différents points de la même révolution, la plante compléta 22 demi-cercles dirigés vers la lumière, avec une durée moyenne de 73. 95 minutes pour chacun. Les 22 demi-cercles dirigés dans le sens opposé avaient une durée moyenne de 73. 5 minutes. On peut donc dire que les tiges marchaient vers la lumière et dans la direction opposée avec la même vitesse moyenne ; il est cependant probable que l'exactitude des résultats obtenus était en partie accidentelle. Dans la soirée, ces tiges n'étaient nullement courbées vers la fenêtre. Toutefois, il paraissait y avoir une trace d'héliotropisme, car, dans 6 de ces 7 plantes, le premier demi-cercle décrit pour s'éloigner de la lumière, demanda un peu plus de temps, et le premier demi-cercle décrit vers cet agent en exigea beaucoup moins que la moyenne ; ces mouvements étaient exécutés de bon matin, après que la plante avait passé toute la nuit dans l'obscurité, ce qui avait probablement exagéré sa sensibilité.

(1) Nous avons malheureusement donné à ce sujet quelques résultats erronés dans « *The Movements and Habits of climbing plants.* » 1875, pp. 28, 32, 40, 48, 53. Nos conclusions avaient été tirées d'observations trop peu nombreuses, car nous ne connaissions pas alors l'inégalité de la vitesse que possèdent quelquefois les tiges et les vrilles des plantes grimpantes dans les différentes parties de leur révolution.

Ainsi, pour ces 7 plantes, prises ensemble, la durée moyenne du premier demi-cercle décrit en s'éloignant de la source lumineuse fut de 73.5 minutes, ce qui est la vitesse moyenne de tous les demi-cercles qui, dans le courant de la journée, sont dirigés vers le même sens ; tandis que la durée moyenne du premier demi-cercle dirigé vers la lumière n'était que de 63.1 m., au lieu de 73.95 m., vitesse moyenne de tous les demi-cercles décrits dans ce même sens pendant la journée.

Nous fîmes des observations analogues sur *Wistaria Sinensis*, et nous trouvâmes que la durée moyenne de neuf demi-cercles décrits en s'éloignant de la lumière était de 117 minutes, et celle de 7 demi-cercles décrits vers la source lumineuse, de 122 minutes ; cette différence ne dépassait pas la limite possible d'erreur. Pendant les trois jours que dura l'exposition au soleil, la tige ne montra aucune incurvation vers la fenêtre devant laquelle elle était placée. Dans ce cas, le premier demi-cercle décrit, dans la matinée, pour s'éloigner de la lumière, demanda un peu *moins* de temps que le premier demi-cercle dirigé dans un sens opposé. Ce résultat, s'il n'est pas accidentel, paraît indiquer que la tige conservait une trace de sa tendance primitive à l'aphéliotropisme. Dans *Lonicera brachypoda*, les demi-cercles décrits vers la lumière et dans le sens opposé avaient des durées extrêmement différentes : 5 demi-cercles dans la direction opposée à la lumière demandèrent en moyenne 202.4 m., et 4 décrits vers cet agent, 229.5 m. ; mais le mouvement de la tige était très irrégulier, et, dans ces circonstances, les observations furent beaucoup trop rares.

Il faut remarquer que la même partie de la même plante peut être affectée de manières bien différentes par la lumière, suivant son âge, et, à ce qu'il paraît, suivant la saison. Les tiges hypocotylées d'*Ipomœa cœrulea* et *purpurea* sont extrêmement héliotropiques, tandis que les tiges de plantes plus âgées, hautes seulement d'un pied, sont, nous venons de le voir, absolument insensibles à l'action lumineuse. Sachs dit (et nous-même avons observé le même fait) que les hypocotyles du Lierre (*Hedera helix*) sont légèrement héliotropiques tandis que les tiges de plantes parvenues à quelques centimètres de haut deviennent si fortement aphéliotropiques, qu'elles s'inclinent perpendiculairement, dans la direction opposée à celle de la lumière. Cependant quelques jeunes plantes qui s'étaient comportées de cette manière au commencement de l'été devinrent encore distinctement héliotropiques au commencement de septembre ; nous relevâmes pendant 10 jours la marche onduleuse de leurs tiges, pendant qu'elles se courbaient lentement vers une fenêtre au nord-est. Les tiges de très jeunes plantes de *Tropæolum majus* sont fortement héliotropiques, tandis que celles des plantes plus âgées, sont, d'après Sachs, légèrement aphéliotropiques. Dans tous les cas, l'héliotropisme des très jeunes tiges sert à exposer complètement à la lumière les cotylédons, ou les premières feuilles vraies, si ceux-ci sont hypogés. La perte de cette faculté par les tiges plus âgées, ou la transformation de ce mouvement en aphéliotropisme, est en rapport avec leur habitude de grimper.

La plupart des semis sont fortement héliotropiques, et cette faculté est, sans aucun doute, un grand avantage pour eux dans la lutte pour l'existence, car elle leur permet d'exposer au soleil leurs cotylédons, aussi rapidement et aussi complètement que possible, dans le but d'avoir du carbone. Nous avons montré, dans notre premier chapitre, que le plus grand nombre des semis circumnutent largement et rapidement. Comme l'héliotropisme n'est qu'une modification de la circumnutation, nous sommes tenté de voir une connexion dans le grand développement de ces deux facultés chez les semis. Nous ne saurions dire s'il y a des plantes qui circumnutent lentement

et sur un faible espace, tout en étant fortement héliotropiques ; mais il y en a plusieurs, et cela n'a rien de surprenant, qui circumnutent largement, tout en n'étant que
très peu héliotropiques, ou même en ne l'étant pas du tout.
Drosera rotundifolia nous offre un excellent exemple de
ce dernier cas. Les stolons du fraisier circumnutent à peu
près comme les tiges des plantes grimpantes, et ne subissent nullement l'action d'une lumière modérée ; mais si, à
la fin de l'été, on les expose à une lumière assez brillante,
ils sont légèrement héliotropiques ; à la lumière du soleil,
ils sont aphéliotropiques, suivant De Vries. Les plantes
grimpantes circumnutent bien plus largement que toutes
les autres, et, cependant, elles ne sont nullement héliotropiques.

Bien que les tiges de la plupart des semis soient fortement héliotropiques, quelques-unes cependant ne le sont
que très peu, sans que nous puissions donner aucune raison de ce phénomène. Ce cas se présente pour l'hypocotyle de *Cassia tora*, et le même fait nous frappe chez plusieurs autres semis, par exemple ceux de *Reseda odorata*.
Quant au degré de sensibilité des espèces les plus impressionnables, nous avons montré, dans le chapitre précédent, que les semis de plusieurs espèces, placés devant
une fenêtre (au nord-est, recouverte de plusieurs stores)
et exposés, par derrière, à la lumière diffuse de la pièce,
se mouvaient sans hésitation vers la fenêtre, bien qu'il
fût, à moins d'observer l'ombre portée par un crayon sur
du papier blanc, impossible de juger quel était le côté le
plus éclairé. L'excès de lumière sur un côté était donc
extrêmement faible.

Un pot garni de semis de *Phalaris Canariensis* levés
dans l'obscurité, fut placé dans une pièce complètement
obscure à une distance de 3 m 60 d'une très petite lampe.
Après 3 heures, les cotylédons avaient une incurvation
douteuse vers la lumière, et, 7 h. 40 après le commence-

ment de l'expérience, ils étaient tous nettement, bien que légèrement, courbés vers la lampe. Cependant, à cette distance de 3 m 60, la lumière était si faible qu'on ne pouvait voir les semis eux-mêmes, ni lire les grands chiffres romains tracés sur le cadran d'une montre; on ne pouvait pas davantage apercevoir la trace d'un crayon sur le papier, et c'est tout au plus si on distinguait une ligne tracée à l'encre de Chine. Nous fûmes surtout surpris en voyant qu'un crayon ne portait sur du papier blanc aucune ombre visible; cependant, les semis subissaient l'action de ce faible excès de lumière sur une de leurs faces, excès que l'œil humain ne pouvait percevoir. Dans un autre cas, l'action fut exercée par une lumière encore plus faible, car quelques cotylédons de Phalaris s'inclinèrent légèrement vers la même lampe placée à une distance de 6 m; à cette distance, on ne pouvait voir une tache de 2 mm 29 de diamètre, faite à l'encre de Chine sur du papier blanc, et, c'est à peine si l'on apercevait une tache de même nature de 3 mm 56 de diamètre. Cependant une tache de la grandeur que nous indiquons paraît très grande à la lumière ordinaire (1).

Nous déterminâmes ensuite la grandeur que devait avoir un rayon lumineux pour exercer son action; ceci s'applique en effet à la lumière qui sert de guide aux semis tandis qu'ils sortent du sol à travers les fentes, ou les objets qui l'encombrent. Un pot garni de semis de Phalaris fut recouvert d'une cloche en étain, percée, sur un de ses côtés, d'un trou circulaire de 1 mm 23 de diamètre. Le pot fut placé en face d'une lampe, et, une autre fois, devant une fenêtre; dans les deux cas, les semis, après quelques heures, étaient distinctement courbés vers ce trou.

(1) Strasburger dit (« Wirkung des Lichtes auf Schwarns poren » 1878, p. 52) que les spores d'Hæmatococcus se dirigeaient vers une lumière qui permettait à peine la lecture de caractères d'imprimerie de grandeur moyenne.

Les expériences suivantes furent encore plus précises ; de petits tubes de verre très épais, clos à la partie supérieure, et recouverts d'un vernis noir, furent placés au-dessus des cotylédons de Phalaris (venus dans l'obscurité) de manière à les recouvrir entièrement. Nous avions auparavant enlevé, sur une des faces, une étroite bande de vernis, à travers laquelle la lumière pouvait entrer. Nous mesurâmes plus tard, au microscope, les dimensions de ces ouvertures. Pour contrôler notre expérience, nous choisîmes des tubes semblables, mais sans vernis, et transparents, qui n'empêchèrent pas les cotylédons de s'incliner vers la lumière. Deux cotylédons furent placés devant une fenêtre au sud-ouest ; l'un deux était éclairé à travers une ouverture de $0^{mm}1$ seulement de large, et de $0^{mm}4$ de long ; l'autre, par une ouverture de $0^{mm}2$ de large et $1^{mm}5$ de long. Les semis furent examinés après un intervalle de 7 h. 40 m., et nous les trouvâmes distinctement courbés vers la lumière. Quelques autres cotylédons subirent en même temps un traitement analogue ; toutefois les ouvertures n'étaient pas dirigées vers le soleil, mais de manière à ne recevoir que la lumière diffuse de l'appartement ; ces cotylédons ne montrèrent aucune incurvation. Sept autres cotylédons furent éclairés à travers des ouvertures étroites, mais comparativement longues, pratiquées dans le vernis ; elles mesuraient de $0^{mm}25$ à $0^{mm}65$ de large, et de $3^{mm}75$ à $7^{mm}5$ de long. Tous les cotylédons s'inclinaient vers le côté par où leur parvenait la lumière, que les ouvertures fussent dirigées vers le soleil ou dans tout autre sens. Il nous paraît surprenant que la lumière puisse déterminer une incurvation, en passant à travers une ouverture large de $0^{mm}1$ et longue de $0^{mm}4$.

Avant de connaître l'extrême sensibilité des cotylédons de Phalaris à l'action lumineuse, nous avions essayé de relever leur circumnutation dans l'obscurité au moyen

d'une petite bougie, que nous placions, pour une minute
ou deux à chaque observation, à peu près au même
endroit, un peu à gauche et en avant du verre vertical sur
lequel nous tracions les mouvements. Nous observâmes
ainsi les semis dix-sept fois dans la journée, à des intervalles de demi-heure ou trois quarts d'heure ; à la fin de la
soirée nous constatâmes, à notre grande surprise, que les
29 cotylédons étaient fortement inclinés vers le verre vertical, et se dirigeaient un peu sur la gauche, vers le point
où était placée la bougie. Ainsi, l'exposition à une faible
lumière, pendant des intervalles aussi courts que ceux
que nous venons d'indiquer, suffirait pour déterminer un
mouvement héliotropique prononcé. Nous attribuâmes
d'abord ce phénomène à la persistance, à chaque reprise,
de l'impression lumineuse ; mais, après avoir lu les observations de Wiesner (1), que nous avons déjà citées dans
le chapitre précédent, nous ne pûmes douter qu'une
lumière intermittente ne fut plus efficace qu'une lumière
continue, car les plantes sont surtout sensibles à une différence dans l'intensité lumineuse.

Les cotylédons de Phalaris s'inclinent bien plus lentement vers une lumière très faible que vers une brillante
source lumineuse. Ainsi, dans nos expériences sur des
semis placés dans une pièce obscure à 3 m 60 d'une petite
lampe, l'incurvation, après 3 h., était douteuse et à peine
perceptible, et après 4 h., elle était encore très légère,
bien qu'indiscutable. Après 8 h., les cordes des arcs formés par les cotylédons ne s'éloignaient de la perpendiculaire que de 16° en moyenne. Si la lumière avait été brillante, ils se seraient courbés bien plus fortement en une
heure ou deux. Plusieurs expériences furent faites sur des
semis placés à diverses distances d'une petite lampe, dans
une pièce obscure. Nous n'en citerons qu'une. Six pots

_____

(1) « *Sitz. der K. Akad. der Wissensch*. » (Vienne), Jahr 1880, p. 12.

furent laissés pendant 4 heures devant la lampe, à des distances de 0^{m}60, 1^{m}20, 2^{m}40, 3^{m}60, 4^{m}80, et 6 mètres. Comme l'intensité lumineuse décroissait suivant une progression géométrique, les semis placés dans le second pot recevaient 4 fois moins de lumière que ceux du premier, ceux du troisième 16 fois, ceux du quatrième 36 fois, ceux du cinquième 64 fois, et ceux du sixième 100 fois moins. On devait donc s'attendre à ce qu'il se produisît une énorme différence dans leur incurvation héliotropique ; il y eut en effet une grande différence entre les semis les plus rapprochés et ceux les plus éloignés de la lampe, mais la distinction était presque nulle entre les pots successifs. Afin d'éviter toute erreur, nous priâmes trois personnes, qui ne connaissaient pas le but de l'expérience, d'arranger les pots suivant le degré d'incurvation des cotylédons. La première personne les ordonna convenablement, mais resta longtemps indécise entre le pot placé à 3^{m}60 et celui placé à 4^{m}80 de la lampe ; les quantités de lumière reçues par eux étaient cependant dans le rapport de 36 à 64. La seconde personne les ordonna aussi suivant les distances auxquelles ils avaient été placés, mais hésita longtemps entre le pot de 2^{m}40 et celui de 3^{m}60, qui avaient reçu la lumière dans la proportion de 16 à 36. La troisième personne les disposa suivant un ordre tout différent, et hésita entre quatre des pots. Ceci montre avec une évidence concluante combien peu différentes étaient les positions de leurs cotylédons, malgré les différences considérables qui existaient dans la quantité de lumière reçue. Il faut encore noter que, nulle part, il n'y avait excès de lumière, car, même dans le pot le plus rapproché, l'incurvation fut très lente et très faible. Près du 6e pot, à 6^m de la lampe, la lumière reçue permettait à peine de distinguer sur du papier blanc un point à l'encre de chine de 3^{mm}56 de diamètre : un point de 3^{mm}29 demeurait invisible.

Le degré de l'incurvation des cotylédons de Phalaris

dans un temps donné dépend non pas tant de la quantité
de lumière qu'ils peuvent recevoir latéralement, que de
celle qu'ils avaient reçue auparavant par le haut ou sur
les côtés. Nous avons indiqué déjà des faits analogues
pour les mouvements nyctitropiques et périodiques. Un
pot contenant des semis de Phalaris venus dans l'obscurité fut encore conservé à l'abri de la lumière, et un autre
fut placé à la lumière dans la terre par un temps couvert
(le 26 septembre) et, le lendemain matin, par un beau
soleil. Ce matin-là, le 27, les deux pots furent placés dans
une boite noircie à l'intérieur et ouverte sur une face,
devant une fenêtre au nord-est recouverte d'un store en
toile, d'un autre en mousseline, et d'une serviette ; de la
sorte la lumière reçue était très faible, bien que le soleil
fût brillant. Lorsque nous observâmes les pots, nous le
fîmes aussi rapidement que possible, et nous trouvâmes
les cotylédons placés transversalement, par rapport aux
rayons lumineux, de façon que leur incurvation ne peut
avoir été ni augmentée ni diminuée. Les semis qui étaient
restés dans l'obscurité étaient peut-être après 50 m., et
certainement après 70 m., inclinés vers la fenêtre, mais
cependant légèrement. Après 85 m., quelques-uns des
semis qui avaient été éclairés auparavant étaient à peine
affectés, et, après 100 m., quelques-uns des plus jeunes
étaient un peu inclinés vers la fenêtre. A ce moment (c'est-
à-dire après 100 m.) il y avait une différence notable dans
l'incurvation des semis des deux pots. Après 2 h. 12 m.,
nous mesurâmes les cordes des arcs formés par quatre des
semis les plus fortement courbés dans chaque pot ; ceux
qui avaient été, auparavant, placés à l'obscurité, formaient
avec la perpendiculaire un angle moyen de 19° ; ceux qui
avaient été éclairés, un angle de 7° seulement. Cette différence ne diminua point pendant les deux heures qui
suivirent. Comme contrôle, les semis des deux pots
furent replacés pendant deux heures dans l'obscurité

complète, afin que l'apogéotropisme pût agir sur eux.
Ceux qui n'avaient qu'une légère incurvation s'élevèrent
complètement et devinrent verticaux ; ceux qui, dans l'autre pot, étaient plus fortement courbés, gardèrent leur
incurvation.

Deux jours après, nous répétâmes cette expérience,
avec cette seule différence que la lumière reçue de la
fenêtre était encore plus faible, car elle passait à travers
un store en toile, un store en mousseline, et deux serviet-
tes : de plus, le temps était un peu moins clair. Le résultat obtenu fut cependant le même, mais il se produisit
plus lentement. Les semis qui, auparavant, avaient été
gardés à l'obscurité, n'offraient pas la moindre incurvation après 54 m., et ne commencèrent à se courber
qu'après 70 m. Ceux qui avaient été, auparavant, plus fortement éclairés, ne furent nullement affectés avant 130 m.,
à ce moment même, l'action exercée sur eux était très
faible. Après 145 m., quelques semis du dernier pot
étaient nettement courbés vers la lumière ; il y avait
alors entre les deux pots une différence très sensible.
3 h. 45 après le commencement de l'expérience, nous mesurâmes dans chaque pot les cordes des arcs formés par
3 semis ; l'angle moyen formé avec la perpendiculaire par
ceux du pot auparavant placé à l'obscurité était de 16°,
tandis que, pour l'autre pot, il ne dépassait pas 5°.

L'incurvation des cotylédons de Phalaris vers une
lumière latérale est donc certainement influencée par le
degré de l'éclairage antérieur. Nous allons voir, en outre,
que l'influence de la lumière sur leur incurvation continue encore quelque temps après que les radiations lumineuses ont cessé de se produire. Nous savons déjà que
l'incurvation ne croît ou ne décroît pas suivant la même
proportion que la lumière qui la détermine : c'est ce que
montrent les quelques expériences faites sur des semis
placés devant une lampe. Tous ces faits indiquent que les

radiations lumineuses agissent sur la plante comme un stimulus, à peu près de la même manière qu'elles agissent sur le système nerveux des animaux, et que leur influence ne s'exerce pas directement sur les cellules ou les cloisons de cellules dont l'expansion ou la contraction détermine l'incurvation de l'organe.

Nous avons eu déjà l'occasion de montrer quelle est la lenteur de l'incurvation des cotylédons de Phalaris vers une lumière très faible; mais, lorsque ces mêmes plantes étaient placées devant une lampe fournissant une lumière brillante, leurs extrémités s'inclinaient vers elle à angle droit, en 2 h. 20 m. Les hypocotyles de quelques semis de *Solanum lycopersicum* étaient, dans la matinée, courbés rectangulairement vers une fenêtre au nord-est. A 1 h. du soir, nous déplaçâmes le pot, de façon que l'incurvation des semis fût dirigée dans le sens opposé; à 5 h. du soir, l'incurvation était renversée et de nouveau dirigée vers la fenêtre. Les semis avaient donc parcouru un angle de 180° en 4 h., après avoir déjà parcouru, dans la matinée, un angle de 90° environ. Il faut considérer cependant que la première moitié du renversement de l'incurvation avait dû être aidée par l'apogéotropisme. Nous avons observé des cas analogues avec d'autres semis, notamment avec ceux de *Sinapis alba*.

Nous essayâmes de connaître le temps que mettait la lumière pour agir sur les cotylédons de Phalaris; mais cette détermination était rendue très difficile par leur rapide mouvement de circumnutation; de plus, leur sensibilité diffère beaucoup suivant leur âge; nous pouvons, cependant, donner quelques-unes de nos observations. Des pots, garnis de semis de Phalaris, furent placés sous un microscope muni d'un oculaire micrométrique, dont chaque division égalait 0^{mm} 05. Ils furent d'abord éclairés par une lampe dont la lumière traversait une solution de bichromate de potasse, afin d'éviter les effets de l'héliotropisme. Nous pouvions ainsi observer la direction des mouvements circumnutants des cotylédons, indépendamment de l'action de la lumière ; et, en déplaçant le pot, nous pouvions donner à cette circumnutation une direction perpendiculaire à celle que devaient prendre les rayons lumineux pour frapper sur la plante, lorsqu'on enlèverait la solution. La direction du mouvement circumnutant peut changer à chaque instant, et la plante peut ainsi s'incliner soit vers la lampe, soit dans le sens opposé, sans subir l'action de la radiation lumineuse ; c'est ce qui donne aux résultats obtenus un élément d'incertitude. Lorsque la solution eût été enlevée, 5 semis, dont la circumnutation était dirigée perpendiculairement aux rayons lumineux, commencèrent à se mouvoir vers ces derniers, en 6, 4, 7 1/2, 6, et 9 minutes. Dans un de ces cas, l'extrémité du cotylédon traversa cinq divisions du micromètre (soit $0^{mm}254$) en 3 minutes. Deux semis s'éloignaient de la lumière au moment où la solution fut enlevée ; l'un d'eux commença à se mouvoir vers la lampe au bout de 13 m., et l'autre au bout de 15. Ce dernier semis fut observé pendant plus d'une heure ; il continua à se diriger vers la lumière ; dans un cas il traversa 5 divisions du micromètre ($0^{mm}254$) en 2 m. 30 s. Dans tous ces semis, la vitesse du mouvement vers la lumière était très inégale, et les cotylédons demeuraient parfois stationnaires pendant plusieurs minutes ; deux d'entre eux eurent même un léger mouvement rétrograde. Un autre semis, qui circumnutait transversalement sur la direction des rayons lumineux, s'inclina vers la lumière, 4 m. après la suppression de la solution ; puis il demeura presque stationnaire pendant 10 m.; pendant les 6 m. qui suivirent, il traversa 5 divisions du micromètre, puis 8 divisions en 11 m. Cette vitesse variable du mouvement, interrompue par des pauses, et même d'abord par des retours en arrière, s'accorde bien avec notre opinion, qui

fait de l'héliotropisme une modification de la circumnutation.

Pour pouvoir observer la durée des effets de la lumière,
nous plaçâmes à 10 h. 40 du matin, devant une fenêtre au
nord-est, un pot garni de semis de Phalaris, venus dans
l'obscurité. Les semis étaient protégés, sur tous les autres
côtés, contre l'accès de la lumière. Nous relevâmes, sur
un verre horizontal, les mouvements d'un des cotylédons.
Il circumnuta sur place pendant les 24 premières minutes, puis se dirigea rapidement vers la lumière pendant
1 h. 33 m. L'accès de la lumière fut alors supprimé (après
1 h. 57 m.) et le cotylédon continua à se mouvoir dans la
même direction pendant plus de 15 m. certainement, et
probablement pendant 27 m. environ. Le doute que renferment nos résultats provient de la nécessité où nous
étions de ne pas observer souvent le semis, pour éviter
de l'exposer, même momentanément, à l'action lumineuse. Ce même semis fut alors laissé à l'obscurité jusqu'à 3 h. 18 du soir, et, pendant ce temps, il reprit,
sous l'influence de l'apogéotropisme, sa position verticale
primitive ; il fut alors de nouveau exposé au jour, par
un temps couvert. A 3 h. du soir, il avait parcouru une
très faible distance dans la direction de lumière, puis,
pendant les 45 m., qui suivirent, son mouvement devint
rapide. Après cette exposition de 1 h. 27 à une radiation
très peu intense, la lumière fut de nouveau supprimée, et
le cotylédon continua à se mouvoir dans le même
sens pendant 14 m. environ ; la limite d'erreur possible,
dans cette observation, était très faible. Le semis fut alors
placé à l'obscurité ; il se dirigea en arrière, et, après
1 h. 27, il se trouvait dans la position même qu'il occupait
à 2 h. 18 du soir. Ces observations montrent que les cotylédons de Phalaris, lorsqu'il ont subi l'action d'une
lumière latérale, continuent à s'incliner dans la même
direction pendant un quart d'heure ou une demi-heure.

Dans les deux expériences que nous venons de relater, les cotylédons se dirigeaient en arrière, pour s'éloigner de la fenêtre, peu après avoir été placés à l'obscurité ; en retraçant la circumnutation de plusieurs espèces de semis exposés à une lumière latérale, nous observâmes à plusieurs reprises qu'ils se dirigeaient dans le sens opposé à la source lumineuse, lorsque, vers le soir, l'intensité des rayons devenait plus faible. C'est ce que montrent plusieurs des diagrammes donnés dans le chapitre précédent. Nous voulûmes savoir si le mouvement était entièrement placé sous l'influence de l'apogéotropisme, ou si un organe, après s'être incliné vers la lumière, ne tendait pas, pour quelque autre cause, à s'éloigner d'elle, lorsque son intensité diminuait. Dans ce but, nous exposâmes pendant 8 h. devant une lampe deux pots de semis de Phalaris et un de semis de Brassica. Pendant ce temps, les cotylé-dons des premiers semis, et les hypocotyles des seconds s'inclinèrent rectangulairement vers la lumière. Les pots furent alors couchés horizontalement, de façon que les parties supérieures des cotylédons et des hypocotyles de 9 semis fussent dirigées verticalement vers le haut ; nous vérifiâmes leur direction à l'aide du fil à plomb. Dans cette position, ces organes ne pouvaient subir l'action de l'apogéotropisme, et, s'il y avait en eux quelque tendance à se redresser, ou à se courber dans une direction opposée à celle de leur premier mouvement héliotropique, cette tendance devait se manifester, car, dans les premiers moments, elle ne pouvait être que très peu contrariée par l'apogéotropisme. Les semis furent gardés à l'obscurité pendant 4 heures, et, dans cet intervalle, ils furent observés deux fois ; mais nous ne pûmes constater aucune incurvation uniforme opposée à leur premier mouvement héliotropique. Nous avons dit incurvation *uniforme*, car, dans leur nouvelle situation, les semis circumnutaient, et, après 2 h., ils étaient inclinés dans diverses directions, formant avec la perpendiculaire des angles de 4 à 11°. Après deux nouvelles heures, leurs positions étaient encore modifiées, et de même le lendemain matin. Nous pouvons donc conclure que, dans les plantes, l'incurvation rétrograde, qui les éloigne de la lumière, lorsque celle-ci diminue ou est supprimée, est entièrement due à l'apogéotropisme (1).

Dans nos diverses expériences, nous avions été souvent frappé de la rectitude avec laquelle des semis se dirigeaient vers un rayon lumineux, même de très faible intensité. Afin de rendre ce fait plus manifeste, plusieurs semis de Phalaris, qui avaient poussé à l'obscurité, dans une boîte très étroite et longue de plusieurs pieds, furent placés dans une pièce obscure devant une lampe pourvue d'une petite mèche cylindrique, et tout près d'elle. Par suite, aux deux bouts et au centre de la boîte, les cotylédons devaient, pour regarder la lumière, se courber dans des directions entièrement différentes. Lorsque leur incurvation fut devenue rectangulaire, un long fil blanc fut tendu par deux personnes immédiatement au-dessus d'un cotylédon, et parallèlement à sa direction ; puis on agit de même successivement pour tous les cotylédons, et dans presque tous les cas, le fil vint couper en deux parties égales la petite mèche cylindrique de la lampe, qui était alors éteinte. Autant que nous en pûmes juger, la déviation n'excédait jamais un degré ou deux. Au premier abord, cette extrême rectitude paraît surprenante, mais elle ne l'est pas en réalité, car une tige cylindrique verticale, quelle que soit sa position relativement à la lumière, aura exactement une moitié de sa circonférence éclairée et une moitié dans l'ombre ; si la différence dans l'éclairage des deux faces est la cause déterminante de l'héliotro-

(1) D'après ce que rapporte Wiesner (« *Die Undulirende Nutation der Internodien* ») H. Muller, de Thurgau, aurait trouvé qu'une tige qui s'incline héliotropiquement s'efforce en même temps, sous l'influence de l'apogéotropisme, de s'élever dans une position verticale.

pisme, une tige cylindrique devra donc s'incliner vers la lumière avec beaucoup plus d'exactitude. Cependant, les cotylédons de Phalaris ne sont pas cylindriques ; mais ils ont une section ovale, dont le grand arc est au petit comme 100 est à 70 (du moins dans celui que nous avons mesuré). On ne pouvait cependant trouver aucune différence dans la rectitude de leur incurvation, que leurs faces étroites ou élargies fussent dirigées vers la lumière, ou qu'ils occupassent, vis à vis de cet agent, une position intermédiaire. Il en était de même pour les cotylédons d'*Avena sativa*, dont la section est aussi ovale. Une courte réflexion montrera que, quelle que soit la position de ces cotylédons, il doit y avoir une ligne de plus grand éclairage, placée exactement en face de la source lumineuse, et que, de chaque côté de cette ligne, l'organe recevra une égale quantité de lumière. Mais, si l'ovale est obliquement placé relativement à la lumière, cette dernière s'étendra sur un plus grand espace d'un côté de la ligne que de l'autre. Nous pouvons dire, par conséquent, que la même quantité de lumière, qu'elle soit concentrée sur un espace restreint, ou répandue sur une surface plus considérable, produit exactement les mêmes résultats; les cotylédons, en effet, dans la longue boîte dont nous avons parlé, occupaient toutes les positions relativement à la lumière, et, cependant, tous étaient exactement dirigés vers elle.

Nous avons montré, en enduisant longitudinalement d'encre de Chine un des côtés de cinq cotylédons de Phalaris, que l'incurvation de ces organes vers la lumière dépend de l'éclairage d'une de leurs faces tout entière, tandis que l'autre face demeure obscure, et non pas de l'effet des rayons lumineux sur une étroite zône longitudinale placée sur la ligne de ces rayons. Les cotylédons dont une moitié était noircie comme nous venons de le dire, furent placés sur une table près d'une fenêtre au nord-est, la face noircie dirigée soit vers la droite, soit

vers la gauche. Il en résulta que, au lieu de s'incurver en
ligne droite vers la fenêtre, ils s'éloignèrent d'elle, pour
s'incliner vers le côté dépourvu d'enduit, en décrivant
les angles suivants : 35°, 83°, 31°, 43° et 39°. Il faut remarquer qu'il était presque impossible de noircir exactement une moitié de l'organe, ou de placer tous ces
semis à section ovale tout à fait dans la même position
relativement à la lumière; c'est ce qui explique la différence qui existe entre les angles décrits. Cinq cotylédons d'Avena furent traités de la même manière, mais
avec plus de soin; ils s'inclinèrent dans une direction
latérale relativement à la position de la fenêtre, et vers
les côtés intacts, suivant des angles de 44°, 44°, 55°, 51°
et 57°. Il est facile de comprendre pourquoi les cotylédons, en s'incurvant, s'éloignaient de la fenêtre, car le
côté tout entier qui n'avait pas été noirci doit avoir reçu
une certaine quantité de lumière, tandis que le côté opposé
n'en recevait aucune. Mais la quantité de lumière la plus
considérable devait être reçue par une zône étroite du
côté intact, dirigée du côté de la fenêtre, et toutes les parties placées en arrière, (dont la section représentait un
demi-ovale) en recevaient de moins en moins; nous pouvons en conclure que l'angle d'incurvation est la résultante de l'action de la lumière sur le côté intact tout
entier.

Nous devions nous assurer, avant de faire ces expériences, que l'application de l'encre de Chine ne faisait souffrir aucun dommage aux plantes, au moins pendant plusieurs heures; cette substance ne pourrait d'ailleurs être
nuisible qu'en arrêtant la respiration. Pour savoir s'il en
résultait rapidement une altération, nous recouvrîmes
d'une épaisse couche de matière transparente les moitiés
supérieures de 8 cotylédons d'Avena. Pour quatre, la matière employée était de la gomme, et, pour les quatre autres, de la gélatine. Ces semis furent placés dans la mati-

née devant une fenêtre, et, dans la soirée, ils étaient normalement courbés vers la lumière, bien que l'enduit
transparent formât alors une croute épaisse de gomme ou
de gélatine. De plus, si les semis enduits d'encre de
Chine avaient eu à souffrir sur le côté noirci, le côté
opposé aurait continué à croître, de sorte qu'il y aurait eu
incurvation vers la face noircie; au contraire, nous avons
vu que l'incurvation se produisait toujours dans le sens
opposé, c'est-à-dire vers le côté intact, qui subissait l'action de la lumière. Nous avons pu, d'ailleurs, constater
les effets produits par une action nocive exercée longitudinalement sur les cotylédons d'Avena et de Phalaris : en
effet, avant de savoir que les corps gras leur étaient nuisibles, nous en avions couvert plusieurs sur un côté, d'un
mélange d'huile et de noir de fumée, et les avions ainsi
placés devant une fenêtre; plus tard nous conservâmes à
l'obscurité plusieurs cotylédons traités de la même façon.
Ces cotylédons s'incurvèrent bientôt pleinement vers le
côté noirci; ce fait est dû, évidemment, à ce que, par l'application d'un corps gras, leur croissance avait été arrêtée
sur ce côté, tandis qu'elle continuait sur l'autre. Il faut
noter cependant que l'incurvation différait de celle provoquée par l'impression lumineuse, qui, en dernier
lieu, devient très forte près du sol. Ces semis ne moururent pas, mais ils souffrirent beaucoup, et poussèrent
mal.

LOCALISATION DE LA SENSIBILITÉ A L'ACTION DE LA LUMIÈRE ET TRANSMISSION DE SES EFFETS.

Phalaris Canariensis. — En observant l'exactitude
avec laquelle les cotylédons de cette plante s'inclinent
vers la lumière d'une petite lampe, nous vînmes à penser que la partie supérieure déterminait la direction de
l'incurvation de la partie inférieure. Lorsque les cotylé-

dons sont exposés à l'action d'une lumière latérale, la partie supérieure s'incurve la première, et la courbure s'étend ensuite graduellement vers le bas jusqu'à la base, et même, nous allons le voir, un peu au-dessous de terre. Ce fait est bien visible avec des cotylédons de 2^{mm}5, et même moins (nous avons observé cette action sur un cotylédon haut seulement de 0^{mm}75), à 12^{mm}5 environ. Mais, lorsqu'ils atteignent une hauteur de 25^{mm} environ, la partie basilaire, sur une longueur de 3^{mm}75 à 5^{mm} au-dessus du sol, cesse de se courber. Puisque, chez les cotylédons jeunes, la partie inférieure commence à se courber après que la partie supérieure s'est déjà fortement inclinée vers la lumière, l'extrémité se trouverait, à la fin, dirigée vers la terre et non vers la source lumineuse, si la partie supérieure ne changeait pas le sens de son incurvation, et ne

Fig. 181.

Phalaris Canariensis : positions prises par trois jeunes cotylédons soumis à l'influence d'une lumière latérale.

se redressait pas, dès que la surface convexe supérieure de la partie arquée reçoit plus de lumière que la surface inférieure concave. La fig. 181 montre la position définitive que prennent de jeunes cotylédons verticaux soumis à l'action d'une lumière venant obliquement d'en haut à travers une fenêtre. On peut voir que la partie supérieure tout entière s'est redressée presque complètement. Lorsque les cotylédons étaient exposés devant une lampe à lumière brillante, placée au même niveau qu'eux, la partie supérieure, qui, d'abord, était fortement courbée vers la lumière, se redressait et redevenait parallèle à la surface du sol dans les pots; la partie basilaire était alors courbée rectangulairement. Cette incurvation considérable, et le redressement subséquent de la partie supérieure, ne demandaient souvent qu'un petit nombre d'heures.

Lorsque la partie supérieure s'est un peu courbée vers la lumière, son poids doit tendre à augmenter l'incurvation de la partie inférieure; mais il nous a été démontré, de plusieurs manières, qu'une telle action ne pouvait être que tout à fait insignifiante. Lorsque nous placions au sommet des cotylédons de petits capuchons en feuilles d'étain (que nous aurons à décrire plus loin), le poids était considérablement accru, sans qu'il y eût d'augmentation dans la vitesse de l'incurvation. Mais l'évidence la plus complète nous fut offerte lorsque nous plaçâmes devant une lampe des semis de Phalaris, dans une position telle que les cotylédons fussent étalés horizontalement, et perpendiculaires à la direction des rayons lumineux. En 5 h. 1/2, ces cotylédons se dirigèrent vers la lumière, et leurs bases se courbèrent à angles droits ; cette brusque incurvation ne pouvait cependant en aucune façon être favorisée par le poids de la partie supérieure, qui agissait perpendiculairement au plan de courbure.

Nous montrerons que, lorsque la partie supérieure des cotylédons de Phalaris et d'Avena était recouverte de petits étuis en étain ou en verre noirci, et qu'un obstacle mécanique était ainsi offert à son incurvation, la partie inférieure ne se courbait plus lorsqu'elle était exposée à l'action de la lumière. Nous pensâmes que ce fait pouvait être dû, non pas à l'exclusion de la lumière sur la partie supérieure, mais à la nécessité pour l'incurvation, de se produire graduellement suivant la longueur de l'organe ; de cette manière, la partie inférieure ne pouvait se courber avant la partie supérieure, quelle que fût la force de l'excitation. Il était nécessaire de vérifier la vérité de cette hypothèse, et nous la trouvâmes fausse ; en effet, la moitié inférieure de plusieurs cotylédons se courbait vers la lumière, bien que la partie supérieure fût enfermée dans un petit tube de verre *transparent*, qui empêchait, autant qu'on en peut juger, son incurvation. Comme il était possible, cependant, que la partie enfermée dans le tube pût s'incliner un peu, nous fixâmes, au moyen de gomme laque, de petites baguettes rigides et des éclats de verre sur une face de la partie supérieure de 15 cotylédons ; en six cas même, ces corps furent, en outre, attachés avec des fils. La partie supérieure de l'organe devait donc, nécessairement, demeurer droite. Il en résulta que les moitiés inférieures de tous ces cotylédons se courbèrent vers la lumière, mais, en général, cette incurvation ne fut pas aussi considérable que celle des cotylédons laissés libres dans les pots ; on peut peut-être expliquer cette différence en admettant que l'application de gomme laque sur une surface considérable de l'organe avait légèrement endommagé ce dernier. On peut ajouter que, lorsque les cotylédons de Phalaris et d'Avena subissent l'action de l'apogéotropisme, c'est la partie supérieure qui se courbe la première ; et, lorsque cette partie est rendue rigide par les artifices que nous venons d'indiquer, l'incurvation vers le haut de la partie basilaire se produit quand même.

Nous avons fait de nombreuses expériences pour confirmer notre op'nion, et pour prouver que c'est la partie supérieure des cotylédons de Phalaris qui régularise l'incurvation de la partie inférieure, sous l'action d'une lumière latérale ; mais la plupart de nos premières tentatives furent inutiles, pour plusieurs motifs qu'il est inutile d'indiquer ici. Nous coupâmes la partie supérieure de 7 cotylédons, sur des longueurs de $2^{mm}5$ à 4^{mm}, et ces organes, exposés tout le jour à une lumière latérale, demeurèrent verticaux. Sur un autre lot de 7 cotylédons, les extrémités furent coupées sur une longueur de $1^{mm}27$ environ, seulement, et ces organes s'inclinèrent vers une lumière latérale, mais pas si fortement que les semis intacts, qui se trouvaient dans le même pot. Ce dernier cas montre que l'ablation de l'extrémité n'est pas, par elle-même, assez préjudiciable à la plante pour empêcher l'action de l'héliotropisme ; mais nous pensions alors qu'un préjudice assez grave devait provenir de l'ablation d'une longueur plus forte, comme dans notre première expérience. Aussi ne tentâmes-nous plus d'expériences de ce genre, ce que nous regrettons aujourd'hui ; nous trouvâmes en effet, plus tard, que, en coupant les extrémités de trois cotylédons sur une longueur de 5^{mm}, et celles de quatre autres sur des longueurs de $3^{mm}5$, 3^{mm}, $2^{mm}5$, et $1^{mm}75$, cette amputation ne les empêchait nullement de s'incliner vers le haut, sous l'action de l'apogéotropisme, tout comme les exemplaires intacts. Il est donc extrêmement improbable que l'amputation des extrémités sur des longueurs de $2^{mm}5$ et $3^{mm}5$ ait pu produire un préjudice assez grave pour empêcher l'incurvation de la partie inférieure vers la lumière.

Nous essayâmes alors de couvrir la partie supérieure des cotylédons de Phalaris de petits capuchons opaques, et de laisser ensuite la partie inférieure pleinement exposée devant une fenêtre au sud-ouest, ou devant une lampe à lumière brillante. Quelques-uns de ces capuchons étaient faits avec des feuilles d'étain extrêmement minces, noircies à l'intérieur ; ils avaient le désavantage d'être quelquefois, bien que rarement, trop lourds, surtout lorsqu'ils étaient deux fois repliés. Les bords inférieurs pouvaient être pressés, pour venir en contact parfait avec les cotylédons ; cela demandait cependant beaucoup de précautions, pour éviter d'endommager ces organes. On pouvait s'assurer,

cependant, si ce dommage avait eu lieu, en enlevant les capuchons, et
en voyant si les cotylédons étaient alors sensibles à l'action de la
lumière. D'autres capuchons furent faits avec des tubes de verre
extrêmement minces noircis à l'intérieur; ceux-ci étaient aussi très
utiles, mais présentaient le désavantage de ne pouvoir être pressés contre les cotylédons, et mis en contact parfait avec eux. Nous employâmes cependant des tubes qui s'ajustaient exactement aux cotylédons,
et, en outre, le sol, autour de chacun des semis, fut recouvert de papier
noir, pour éviter la réflexion de la lumière. A un certain point de vue,
ces tubes étaient meilleurs que les capuchons en feuilles d'étain, car il
était possible de couvrir en même temps des cotylédons avec des tubes
opaques, et d'autres avec des tubes transparents : nous pouvions ainsi
contrôler nos expériences. On ne doit pas oublier que nous choisis-
sions toujours des cotylédons jeunes, et que ceux de ces organes dont
les mouvements n'étaient pas troublés se courbaient vers le sol dans
la direction de la lumière.

Nous commencerons par les expériences faites avec les tubes en
verre. Les sommets de 9 cotylédons, de hauteurs différentes, furent
enfermés jusqu'à la moitié, à peu près, de leur longueur, dans des
tubes incolores et transparents; ils furent alors exposés pendant
8 heures devant une fenêtre au sud-ouest, par un beau soleil. Tous
s'inclinèrent fortement vers la lumière, au même degré que beaucoup
des autres semis laissés libres dans les mêmes pots ; ainsi, les tubes
de verre n'empêchaient nullement les cotylédons de se diriger vers la
lumière. Dix-neuf autres cotylédons furent en même temps recouverts,
de la même manière, de tubes enduits d'une couche épaisse d'encre de
Chine. Sur cinq de ces tubes, la couche noire se contracta, à notre
grande surprise, lorsqu'elle fut exposée au soleil, et il se forma de peti
tites craquelures, qui laissaient passer la lumière; ces cinq semis
furent mis de côté. Sur les 14 cotylédons qui restaient, et dont la moitié
inférieure était demeurée tout le temps exposée aux rayons du soleil,
7 demeurèrent verticaux ; 1 s'inclina fortement vers la lumière, et
6 ne s'inclinèrent que légèrement, mais les bases de la plupart d'entre
eux demeurèrent droites ou presque droites. Il est possible qu'une certaine quantité de lumière ait été réfléchie vers le haut par le sol, et soit
ainsi entrée par la base de ces 7 derniers tubes, quoique des morceaux de papier noir eussent été disposés sur le sol, autour d'eux, car
la lumière du soleil était très forte. Cependant les 7 cotylédons inclinés, et les 7 qui étaient demeurés droits présentaient en apparence le
contraste le plus remarquable avec les semis placés dans les mêmes
pots, et qui n'avaient subi aucun traitement. Les tubes noircis furent
alors enlevés à 10 de ces semis, et ils furent exposés pendant 8 h.

devant une lampe : 9 d'entre eux se courbèrent fortement, et un légèrement, vers la lumière ; ce fait prouve que l'absence antérieure d'incurvation dans la partie basilaire, ou la présence d'une incurvation très légère, étaient bien dues à l'exclusion de la lumière sur la partie supérieure.

Des observations analogues furent faites sur 12 cotylédons plus jeunes, dont les moitiés supérieures étaient enfermées dans des tubes de verre noirci, tandis que les moitiés basilaires étaient pleinement exposées au soleil. Dans ces semis plus jeunes, la zône sensible paraît s'étendre un peu plus bas, comme nous l'avons observé en plusieurs autres occasions, car deux d'entre eux s'inclinèrent aussi fortement vers la lumière que les semis demeurés libres ; les dix autres étaient courbés légèrement, bien que leur partie basilaire, qui, dans les conditions normales, s'incline plus fortement que toute autre, montrât à peine des traces d'incurvation. Ces 12 semis pris ensemble différaient fortement, quant au degré de l'incurvation, de tous les autres semis laissés libres dans les mêmes pots.

Nous eûmes encore une meilleure évidence de l'efficacité des tubes noircis, par quelques expériences que nous donnerons plus loin, et dans lesquelles les moitiés supérieures de 14 cotylédons furent enfermées dans des tubes sur lesquels on avait enlevé une bande très mince du vernis noir. Ces bandes claires n'étaient pas dirigées vers la fenêtre, mais bien obliquement vers un côté de la chambre, de sorte qu'une très faible quantité de lumière pouvait exercer son action sur la partie supérieure des cotylédons. Ces 14 semis demeurèrent 8 jours exposés devant une fenêtre au sud-ouest, par un temps couvert, et tous se maintinrent droits, tandis que tous les autres semis demeurés libres dans les mêmes pots s'inclinaient fortement vers la lumière.

Nous arrivons maintenant aux expériences faites avec des capuchons en feuilles d'étain très minces. Ces capuchons furent placés, en plusieurs fois, sur les sommets de 24 cotylédons, de manière à les couvrir sur une longueur de 3^{mm}75 à 5^{mm}. Les semis furent exposés à l'action d'une lumière latérale pendant des périodes qui variaient entre 6 h. 30^m et 7 h. 45^m, et qui suffirent pour déterminer l'incurvation presque rectangulaire, de tous les autres semis demeurés libres dans les mêmes pots. Ces semis étaient longs de 1 à 28^{mm}75, mais la plupart mesuraient environ 18 ou 19^{mm}. Sur les 24 cotylédons mis en expérience, 3 s'inclinèrent fortement, mais pas vers la lumière ; ils ne se redressèrent pas, la nuit suivante, sous l'action de l'apogéotropisme, ce qui nous fait penser soit que les capuchons étaient trop courts, soit que les plantes elles-mêmes n'étaient pas en bon état ; nous pouvons, par suite, ne pas tenir compte de ces trois cas. Il nous reste donc à considérer 21 cotylédons; sur ce nombre, 17 demeurèrent tout le temps absolument droits ; les 11 autres s'inclinèrent légèrement vers la lumière, mais pas de beaucoup aussi fortement que ceux qui étaient demeurés libres dans les mêmes pots. Puisque les tubes de verre, lorsqu'ils n'étaient pas noircis, n'empêchaient pas les cotylédons de se courber fortement, on ne pouvait supposer que les capuchons en feuilles d'étain très minces empêchassent ce mouvement autrement que par l'exclusion de la lumière. Pour prouver que les plantes n'avaient pas souffert du traitement subi par elles, nous enlevâmes les capuchons de 6 semis, et exposâmes ces derniers devant une lampe, pendant le même laps de temps qu'auparavant : ils eurent tous une incurvation considérable dans la direction de la lumière.

Puisqu'il était ainsi prouvé que des capuchons de 3^{mm}75 à 5^{mm}, suffisaient amplement pour empêcher les cotylédons de s'incliner vers la source lumineuse, nous en couvrîmes 8 autres avec des capuchons longs seulement de 1^{mm}5 à 3^{mm}. Sur ce nombre, 2 demeurèrent verticaux, un se courba fortement, et 5 légèrement, vers la lumière, mais beaucoup moins que les semis laissés libres dans les mêmes pots.

Une autre expérience fut faite suivant une méthode différente : Nous entourâmes, avec des morceaux de feuilles d'étain, la partie supérieure, mais non pas le sommet, de 8 semis assez jeunes longs d'un peu plus de 12^{mm}5. Les sommets et les bases des cotylédons demeurèrent donc ainsi pleinement exposés à l'action d'une lumière latérale, pendant 8 heures, tandis qu'une zône intermédiaire, supérieure, était protégée. Chez quatre de ces semis, les sommets demeuraient libres sur une longueur de 1^{mm}25 : sur ce nombre, deux se courbèrent vers la lumière, mais leur partie inférieure tout entière demeura verticale ; au contraire, les deux autres, sur toute leur longueur, montrèrent une légère incurvation. Les sommets des quatre autres semis étaient exposés au soleil sur une longueur de 1^{mm} ; un demeura presque vertical, tandis que les trois autres se courbèrent considérablement vers la source lumineuse. Les autres semis laissés libres dans les mêmes pots se courbèrent tous fortement.

De ces diverses expériences, y compris celles faites avec les tubes de verre, et celles où les extrémités des cotylédons furent coupées, nous pouvons déduire que l'exclusion de la lumière sur la partie supérieure des cotylédons de Phalaris empêche la partie inférieure de se courber, bien qu'elle soit pleinement exposée au soleil. Sur une longueur de 1^{mm} à 1^{mm}25, le sommet, bien qu'il soit lui-même sensible, et se dirige vers la lumière, n'exerce qu'une faible action sur l'incurvation de la partie basilaire. L'exclusion de la lumière sur une longueur de 2^{mm}5 au sommet, n'exerce pas non plus une grande influence sur l'incurvation de la partie inférieure. D'autre part, l'exclusion de ce même agent, sur une longueur de 3mm75 à 5mm, ou sur toute la moitié supérieure, empêche complètement la portion inférieure pleinement éclairée, de s'incurver comme (voir f. 181) cela arrive toujours lorsqu'un cotylédon libre est éclairé latéralement. Chez de très jeunes semis, la zône sensible paraît s'étendre un peu plus bas, relativement à leur hauteur, que, dans les semis plus âgés. Nous devons donc en conclure que, lorsque des semis sont exposés à l'action d'une lumière latérale, l'influence est transmise du sommet à la partie basilaire, pour déterminer l'incurvation de cette dernière.

Cette conclusion est encore confirmée par ce que l'on peut observer sur une petite échelle, surtout avec des cotylédons jeunes, sans exclusion artificielle de la lumière : ces organes s'inclinent en effet au-dessous de la surface, où ne peut pénétrer aucun rayon lumineux. Des graines de Phalaris furent couvertes d'une couche de sable fin épaisse de 6mm25, formée de grains de silex très fins, couverts d'oxyde de fer. Une couche de ce sable, au même degré d'humidité que celle placée sur les graines, fut étendue sur une lame de verre ; lorsque la couche atteignit une épaisseur 1mm25 (mesurée avec soin) on ne pouvait voir passer à travers aucun rayon lumineux, par un beau temps, à moins de regarder à travers un long tube noirci : on découvrait alors une trace de lumière, mais probablement beaucoup trop faible pour affecter la plante. Une couche épaisse de 2mm5 était absolument opaque, si l'on en jugeait à l'aide du tube noirci. On peut ajouter que le sable, en se desséchant, conservait la même opacité. Ce sable, lorsqu'il était humide, cédait à une très légère pression, et, en cet état, ne se contractait pas, et ne présentait aucune craquelure. Dans une première expérience, des cotylédons qui avaient atteint une hauteur modérée furent exposés pendant 8 h. devant une lampe, et se courbèrent fortement. A leur base, sur la face opposée à la lumière, s'étaient formées des crevasses bien dessinées, qui mesurées sous le microscope, à l'aide du micromètre, atteignaient 0mm5 à 0mm75 de large ; elles avaient évidemment été engendrées par l'incurvation vers la lumière des bases des cotylédons. Sur le côté éclairé, les cotylédons étaient en contact intime avec le sable, qui était un peu soulevé. En enlevant, au moyen d'un couteau, le sable sur un côté des cotylédons, dans la direction de la lumière, nous trouvâmes que la partie courbée, et la crevasse ouverte dans le sable s'étendaient à une profondeur d'environ 2mm5, profondeur où la lumière ne pouvait pénétrer. Les cordes des courts arcs ainsi engendrés par la partie enterrée, formaient en quatre cas, des angles de 11°, 13°, 15° et 18° avec la perpendiculaire. Le lendemain matin, ces courtes portions courbées s'étaient redressées sous l'action de l'apogéotropisme.

Dans l'expérience suivante, nous traitâmes de la même manière des cotylédons beaucoup plus jeunes, mais en les exposant à un éclairage latéral assez faible. Après quelques heures, un cotylédon courbé, haut de 7^{mm}5, présentait, sur sa face obscure, une crevasse dans le sable large de 1^{mm}; un autre cotylédon, haut seulement de 3^{mm}25 avait déterminé l'ouverture d'une crevasse de 0^{mm}5. Mais le cas le plus curieux fut celui d'un cotylédon qui venait de sortir de terre, et ne mesurait que 0^{mm}75; nous le trouvâmes courbé vers la lumière jusqu'à une profondeur de 5^{mm} sous le sol. Puisque nous connaissons l'impénétrabilité du sable à la lumière, il faut que, dans ces divers cas, l'éclairage de l'extrémité supérieure ait déterminé l'incurvation des parties inférieures enterrées. Mais on peut cependant mettre en avant une cause apparente de doute; les cotylédons étant continuellement en circumnutation, ils tendent à former autour de leur base une crevasse circulaire, qui laisserait passer la lumière de tous les côtés; ce fait ne pourrait cependant pas se produire lorsque les cotylédons sont éclairés latéralement; nous savons en effet qu'ils s'inclinent énergiquement vers une lumière latérale, et ils pressent alors si fortement sur le sable, dans la direction de la lumière, que ce fait seul suffit pour empêcher l'entrée de cet agent sur cette face. Tout rayon admis sur la face opposée, où s'est ouverte une crevasse, tendrait à diminuer l'incurvation qui s'exerce vers la lampe ou la source lumineuse. On peut ajouter qu'il est indispensable, dans ces expériences, d'employer du sable fin et humide, qui cède facilement à la pression; en effet, des semis, placés dans un sol ordinaire, qu'on avait négligé de maintenir humide, et exposés pendant 9 h. 30 à un fort éclairage latéral, ne formaient aucune crevasse dans le sol, à leur base, et n'étaient pas courbés vers la lumière, au-dessous de la surface.

La preuve la plus frappante de l'action exercée par la partie supérieure sur la partie inférieure des cotylédons de Phalaris, lorsqu'ils sont éclairés latéralement, nous a peut-être été fournie par les tubes de verre noircis (dont nous avons déjà parlé) sur une face desquels avait été enlevée une bande étroite du vernis noir, et qui admettaient, par conséquent, un mince faisceau lumineux. La largeur de ces bandes transparentes variait entre 0^{mm}25 et 0^{mm}50. Des cotylédons, dont la moitié supérieure était enfermée dans des tubes ainsi disposés, furent placés devant une fenêtre au sud-ouest, dans une position telle que les bandes transparentes ne fussent pas directement en face de la fenêtre, mais sur le côté. Les semis furent exposés pendant 8 heures, et, avant la fin de cet intervalle, les nombreux autres semis laissés libres dans les mêmes pots s'étaient fortement inclinés vers la lumière. Dans ces conditions, les moitiés inférieures tout entières des cotylédons munis

31

de tubes noircis, demeurèrent tout le temps exposées au soleil, tandis que les moitiés supérieures ne recevaient que la lumière diffuse de l'appartement, et cela, à travers une ouverture très étroite. Si l'incurvation de la partie inférieure avait été déterminée par l'éclairage de cette même partie, tous les cotylédons se seraient courbés vers la fenêtre : mais ce fait fut loin de se produire. Des tubes pareils à ceux que nous venons de décrire furent placés, en plusieurs fois, sur les moitiés supérieures de 27 cotylédons ; 14 d'entre eux demeurèrent absolument verticaux ; ainsi la lumière diffuse qui pénétrait par la fente latérale ne suffisait pas pour produire un effet quelconque, et les cotylédons se comportaient de la même manière que ceux dont la partie supérieure était enfermée dans des tubes noircis complètement. Les moitiés inférieures des 15 autres cotylédons ne se courbèrent pas directement vers la fenêtre, mais obliquement vers elle ; l'un formait avec sa direction un angle de 18° seulement, mais les 12 autres, des angles variant entre 45° et 62°. Au commencement de l'expérience, des épingles avaient été fixées dans la terre, dans la direction que regardaient les fentes des tubes ; c'est de ce côté seulement qu'entrait une petite quantité de lumière diffuse. A la fin de l'expérience, 7 des cotylédons courbés se dirigeaient exactement vers les épingles, et 6 vers un point intermédiaire entre les épingles et la fenêtre. Cette position intermédiaire est facile à comprendre, car tout rayon lumineux direct qui pouvait entrer obliquement par l'étroite ouverture devait exercer une action beaucoup plus forte que la lumière diffuse qui entrait directement. Après une exposition de 8 h., il y avait un contraste extrêmement remarquable entre ces 13 cotylédons et tous les autres semis placés dans les mêmes pots qui étaient tous (à l'exception des 14 dont nous avons parlé plus haut) fortement courbés vers la fenêtre, suivant des directions parallèles. Il est donc certain qu'une très faible quantité de lumière, frappant la moitié supérieure des cotylédons de Phalaris, est bien plus capable de déterminer la direction de la courbure de la moitié inférieure, que l'éclairage de cette dernière partie pendant toute la durée de l'expérience.

Pour confirmer les résultats précédents, nous croyons utile d'indiquer ici l'effet que nous avons obtenu en enduisant d'une couche épaisse d'encre de Chine une face de la partie supérieure de trois cotylédons de Phalaris, sur une longueur de 5^{mm} à partir de l'extrémité. Ces cotylédons furent disposées de façon que la face intacte ne fut pas dirigée vers la fenêtre, mais un peu latéralement. Tous trois se courbèrent vers cette face, et formèrent avec la direction de la fenêtre, des angles de 31°, 35°, et 83°. La courbure dans cette direction s'étendit jusqu'à leur base, bien que la partie inférieure tout entière fut exposée pleinement à la lumière venue de la fenêtre.

Enfin, bien qu'on ne puisse douter que l'éclairage de la partie supérieure des cotylédons de Phalaris ait une influence considérable sur l'incurvation de la portion inférieure, quelques observations semblaient cependant rendre probable cette idée, que l'excitation simultanée de la partie inférieure par la lumière, favorise grandement l'incurvation ou même est presque nécessaire pour qu'elle se produise. Mais nos expériences ne furent pas concluantes, car il était très difficile d'empêcher l'accès de la lumière sur la moitié inférieure d'un cotylédon sans apporter un obstacle mécanique à son incurvation.

Avena sativa. — Les cotylédons de cette plante se courbent fortement vers une lumière latérale, exactement comme ceux de Phalaris. Nous fîmes sur eux des expériences semblables aux précédentes, et dont nous allons indiquer les résultats aussi brièvement que possible. Elles sont un peu moins concluantes que celles sur les cotylédons de Phalaris ; on peut l'attribuer à ce que la zône sensible varie dans son extension, chez une espèce aussi variable et cultivée depuis aussi longtemps que l'avoine commune. Des cotylédons qui n'atteignaient pas tout à fait 18^{mm}75 de haut furent choisis pour nos expériences : six eurent leurs sommets protégés contre la lumière par des capuchons en feuilles d'étain, hauts de 6^{mm}25, et deux autres par des capuchons de 7^{mm}5. Sur ces 8 cotylédons, 5 demeurent tout le temps pleinement exposés au soleil ; deux furent légèrement, et un très fortement, courbés vers lui. Des capuchons de 5^{mm} ou 5^{mm}5 seulement furent placés sur 4 autres cotylédons, dont pas un seul ne demeura vertical : un était légèrement, et les trois autres très fortement, courbés vers la lumière. Dans ce cas, et dans les suivants, tous les semis laissés libres dans les mêmes pots s'inclinèrent fortement vers la source lumineuse.

L'expérience qui suivit fut faite au moyen de courts fragments de plume, très transparents ; des tubes de verre d'un diamètre suffisant pour couvrir les cotylédons auraient été trop lourds. D'abord, les sommets de 13 cotylédons furent couverts de tuyaux de plume non noircis ; sur ce nombre, 11 se courbèrent fortement et 2 modérément vers la source lumineuse ; ainsi le simple emprisonnement du cotylédon dans le tuyau de plume n'empêchait pas son incurvation. En second lieu, les sommets de 11 cotylédons furent recouverts de tuyaux de plume longs de 7^{mm}5, noircis et opaques. Sur ce nombre 7 demeurèrent verticaux, mais 3 se courbèrent plus ou moins transversalement, relativement à la direction des rayons lumineux ; peut-être devrait-on ne pas tenir compte de ces trois derniers cas ; un seul était légèrement courbé vers la lumière. Des tuyaux de plume noircis, longs de 6^{mm}25 furent placés sur les sommets de 4 autres cotylédons ; un seul de ces derniers demeura vertical ; un second s'inclina légèrement, et les deux autres se courbèrent aussi fortement vers la lumière que les semis laissés libres dans les mêmes pots. Ces deux derniers cas sont inexplicables, si l'on considère que les capuchons mesuraient 6^{mm}25.

. Enfin, les sommets de 8 cotylédons furent recouverts d'une même membrane de baudruche très transparente, et tous s'inclinèrent aussi fortement que les semis libres. Les sommets de 9 autres cotylédons furent recouverts de même d'une membrane de baudruche, mais noircie sur une longueur de 6^{mm}25 à 7^{mm}5, et imperméable à la lumière : 5 demeurèrent verticaux, et 4 se courbèrent vers la lumière presque aussi fortement que les semis laissés libres. Ces quatre derniers cas, ainsi que les deux du paragraphe précédent, offrent une remarquable exception à la règle qui veut que l'éclairage de la partie supérieure détermine l'incurvation de la moitié inférieure. Toutefois, 5 de ces 8 cotylédons demeurèrent verticaux, bien que leur partie inférieure fût demeurée éclairée pendant toute l'expérience : et c'aurait été miracle de trouver 5 semis libres, encore verticaux après une exposition de plusieurs heures au soleil.

Les cotylédons d'Avena, comme ceux de Phalaris, lorsqu'ils poussent dans du sable fin et humide, laissent sur leur face non éclairée une crevasse qui est déterminée par leur incurvation vers la lumière. Ils se courbent au-dessous de la surface à une profondeur où, nous le savons, les rayons lumineux ne peuvent pénétrer. Les cordes des arcs formés par les portions courbées sous le sol faisaient, en deux cas, avec la perpendiculaire, des angles de 2° et 21°. Les crevasses laissées sur la face non éclairée avaient, en quatre cas, des largeurs de 0^{mm}2, 0^{mm}4, 0^{mm}6 et 0^{mm}6.

Brassica oleracea. — Nous montrerons ici que la partie supérieure de l'hypocotyle du chou, lorsqu'elle est éclairée par une lumière latérale, détermine l'incurvation de la partie inférieure. Il est nécessaire d'expérimenter sur de jeunes semis, hauts de 12^{mm}5 ou un peu moins, car, lorsqu'ils ont atteint 25^{mm}, la base ne se courbe plus. Dans nos premières expériences, nous enduisîmes les hypocotyles d'encre de Chine, ou nous coupâmes leurs sommets sur des longueurs variables, mais il n'est pas nécessaire de rapporter ces expériences, bien qu'elles confirment, autant qu'on peut s'en assurer, les résultats des suivantes. Ces dernières furent faites en entourant la moitié supérieure de jeunes hypocotyles d'un fragment de baudruche, et en recouvrant celui-ci d'une couche d'encre de Chine, ou d'un enduit graisseux noirci. Comme contrôle, des fragments de la même baudruche, non noircis, furent fixés autour de la partie supérieure de 12 hypocotyles, qui, tous, s'inclinèrent fortement vers la lumière, à l'exception d'un seul, qui n'était que modérément courbé. Vingt autres jeunes

hypocotyles avaient leur partie supérieure entourée de baudruche noircie, tandis que leur moitié inférieure demeurait pleinement éclairée.
Ces semis furent alors exposés pendant 7 ou 8 heures, dans une boîte
noircie à l'intérieur et ouverte sur une face, soit devant une lampe,
soit devant une fenêtre au sud-ouest. Cette durée d'exposition était
amplement suffisante, comme le montrait le fort héliotropisme de tous
les autres semis, très nombreux, laissés libres dans les mêmes pots.
Quelques-uns, cependant, demeurèrent exposés beaucoup plus longtemps. Sur ces 20 hypocotyles, 14 demeurèrent verticaux, et 6 se courbèrent légèrement vers la lumière. Mais deux de ces derniers cas ne
constituaient pas des exceptions réelles, car, lorsque nous enlevâmes
la baudruche, nous vîmes qu'elles n'avait été qu'imparfaitement noircie, et que plusieurs espaces transparents se trouvaient sur le côté
éclairé. De plus, en deux autres cas, la baudruche noircie ne couvrait
pas tout à fait la moitié de l'hypocotyle. En somme, il y avait un contraste remarquable, dans les divers pots, entre ces 20 hypocotyles
et les autres semis laissés libres, qui, tous, étaient fortement courbés,
à leur base, vers la lumière, quelques-uns étant même couchés sur le
sol.

Il est bon d'indiquer ici en détail celle de nos expériences (comprise
dans les résultats précédents) qui obtint le plus grand succès. Six
jeunes semis avaient été choisis, dont les hypocotyles atteignaient à
peine 11^{mm}25, à l'exception d'un, qui mesurait 15^{mm}, du sol à la base
des pétioles. Leurs moitiés supérieures, mesurées à vue d'œil, furent
recouvertes de baudruche noircie à l'encre de Chine. Ils furent exposés dans une pièce obscure, devant une lampe placée au même niveau
que les pots qui contenaient les semis. Ceux-ci furent observés après
un intervalle de 3 h. 10 m, et 5 des hypocotyles protégés se trouvèrent
absolument droits; le sixième était légèrement courbé vers la lumière;
tous les autres semis laissés libres dans les mêmes pots étaient fortement inclinés vers la lampe. Ils furent de nouveau examinés après une
exposition continue de 20 h. 35 m. Alors le contraste entre les deux
groupes de semis était considérable; les semis libres avaient leurs
hypocotyles étendus horizontalement vers la lampe, et se courbaient
vers le sol; au contraire, ceux dont la moitié supérieure était protégée
par la baudruche noircie, mais dont la moitié inférieure demeurait
exposée à la lumière, se trouvaient encore droits, à l'exception d'un
qui gardait la même incurvation légère qu'il avait à l'observation
précédente. Ce dernier semis se trouva avoir été assez mal noirci,
car, sur le côté qui regardait la lampe, on pouvait, à travers la couche
d'encre de Chine, distinguer la couleur rouge de l'hypocotyle.

Nous expérimentâmes ensuite sur neuf semis plus âgés, dont les hypocotyles variaient entre 22ᵐᵐ et 40ᵐᵐ. La baudruche qui entourait leur moitié supérieure fut recouverte d'un enduit graisseux noir sur une longueur de 7ᵐᵐ5 seulement, c'est-à-dire sur moins de 1/3 à 1/4 ou 1/5 de leur longueur totale. Ils furent exposés à la lumière pendant 1 h. 15 m.; le résultat montrait que toute la zone sensible, qui détermine l'incurvation de la partie inférieure, n'était pas protégée contre l'action lumineuse. En effet, tous 9 s'inclinèrent vers la lumière, 4 très légèrement, 3 modérément, et 2 aussi fortement que les semis laissés libres. Toutefois, les 9 semis, pris ensemble, différaient beaucoup, quand au degré de l'incurvation, de tous les nombreux semis laissés libres, et de ceux recouverts de baudruche non noircie, qui se trouvaient dans les mêmes pots.

Des graines furent recouvertes d'une couche, épaisse de 6ᵐᵐ 25, du sable dont nous avons parlé à propos de Phalaris; lorsque les hypocotyles eurent atteint une hauteur de 10 à 13ᵐᵐ75, ils furent exposés pendant 9 heures devant une lampe; leurs bases étaient étroitement entourées par le sable humide. Tous s'inclinèrent vers la terre, leur partie supérieure très rapprochée du sol et presque parallèle à sa surface. Du côté de la lumière, leurs bases étaient en contact intime avec le sable qui avait subi une légère compression; du côté opposé, il y avait des crevasses, larges de près de 0ᵐᵐ25; mais elles n'étaient pas nettes et régulières comme celles obtenues avec les semis de Phalaris et d'Avena; nous ne pûmes donc pas les mesurer aussi facilement sous le microscope. Lorsque le sable fut enlevé, les hypocotyles se trouvèrent courbés à une profondeur qui, dans trois cas, s'étendait au moins à 2ᵐᵐ5 au-dessous de la surface, dans un quatrième cas à 2ᵐᵐ75, et, dans un cinquième à 3ᵐᵐ75. Les cordes des arcs formés par les courtes parties enterrées et courbées, faisaient avec la perpendiculaire des angles de 11° à 15°. D'après ce que nous savons de l'imperméabilité du sable à la lumière, l'incurvation des hypocotyles s'étendait certainement à une profondeur où cet agent ne pouvait pénétrer; il faut donc que l'incurvation ait été déterminée par une influence transmise par la partie supérieure éclairée.

Les moitiés inférieures de cinq jeunes hypocotyles furent entourées de baudruche transparente, et, après 8 heures d'exposition devant une lampe, tous ces semis étaient inclinés vers la lumière aussi fortement que les semis laissés libres. Les moitiés inférieures de dix autres jeunes hypocotyles furent également entourées de baudruche, mais avec une couche d'encre de Chine; leur moitié supérieure, exposée à la lumière, se courba bien dans sa direction, mais la partie inférieure, protégée, demeura verticale, excepté dans un cas, où la couche d'encre de Chine était imparfaitement étendue. Ce résultat semble prouver que l'influence transmise par la partie supérieure n'est pas suffisante pour déterminer l'incurvation du reste de l'hypocotyle, si celui-ci n'est pas entièrement éclairé. Mais il est encore douteux, comme pour Phalaris, que la baudruche couverte d'une couche d'encre de Chine n'ait pas apporté au mouvement un obstacle mécanique.

Beta vulgaris. — Quelques expériences analogues furent tentées sur cette plante, qui ne s'y prête pas très bien, car la partie basilaire de l'hypocotyle, après avoir atteint une hauteur d'environ 12^{mm}5, ne s'incline plus beaucoup vers une lumière latérale. Quatre hypocotyles furent entourés, près de la base des pétioles, de fragments de feuilles d'étain, larges de 5^{mm} et ils demeurèrent droits, après avoir été exposés toute la journée devant une lampe. Deux autres furent entourés sur une longueur de 3^{mm}75, et l'un d'entre eux demeura droit, tandis que l'autre se courbait. En deux autres cas, les feuilles n'avaient que 2^{mm}5 de large, et ces deux hypocotyles se courbèrent, l'un d'eux faiblement, vers la lumière. Les semis laissés libres dans les mêmes pots étaient tous nettement dirigés vers la source lumineuse, et ils se redressèrent presque complétement pendant la nuit. Les pots furent alors retournés et placés devant une fenêtre, de façon que la lumière tombât sur les côtés opposés des semis; les hypocotyles libres s'inclinèrent de ce côté en 7 heures. Sept des huit semis entourés de feuilles d'étain demeurèrent verticaux, mais un, protégé sur une largeur de 2^{mm}5, se courba vers la lumière. Dans un autre cas, la moitié supérieure de sept semis fut entourée de baudruche noircie; sur ce nombre, quatre demeurèrent verticaux, et trois se courbèrent un peu vers la lumière. En même temps, quatre semis entourés de baudruche qui n'avait pas été noircie, aussi bien que ceux laissés libres dans les mêmes pots, s'inclinaient vers la lampe, devant laquelle ils demeurèrent exposés 22 heures.

Radicules de Sinapis alba. — Les radicules de certaines plantes sont indifférentes, pour ce qui concerne l'incurvation, à l'action de la lumière; d'autres s'inclinent vers la source lumineuse ou dans le sens opposé (1). Il est très douteux que ces mouvements soient de quelque utilité pour la plante, au moins pour les racines souterraines. Ils résultent probablement de ce que les radicules sont sensibles au contact, à l'humidité, à la gravitation, et, comme conséquence, à tous les autres excitants qui, dans les circonstances ordinaires, n'ont pas à exercer sur elles leur action. Les radicules de *Sinapis alba*, plongées dans l'eau et exposées à une lumière latérale, s'éloignent d'elle; elles sont donc aphéliotropiques. L'incurvation s'étend à environ 4mm. de

(1) Sachs, « *Physiologie végétale,* » 1868, p. 44.

l'extrémité. Pour déterminer si ce mouvement se présente généralement, nous plaçâmes dans l'eau et nous exposâmes à une lumière latérale 41 radicules qui s'étaient développées dans la terre humide. Toutes, à l'exception de deux cas douteux, se courbèrent pour s'éloigner de la lumière. En même temps, les extrémités de 54 autres radicules exposées dans les mêmes conditions furent très légèrement touchées avec du nitrate d'argent. Elles furent noircies sur une longueur de 0^{mm}05 à 0^{mm}7, et probablement brûlées; mais nous pûmes observer que cela n'apportait pas un obstacle matériel à la croissance de la partie supérieure. Plusieurs, en effet, qui furent mesurées, s'allongèrent, en 8 ou 9 heures seulement, de 5 à 7mm. Sur les 54 radicules cautérisées, un cas demeure douteux; 25 se courbèrent pour s'éloigner de la lumière, comme d'habitude; et 28, soit plus de moitié, ne montrèrent pas la moindre tendance à l'aphéliotropisme. Il y avait une différence considérable, dont nous ne pouvons découvrir la cause, entre les résultats des expériences faites vers la fin d'avril et au milieu de septembre. Quinze radicules (prises parmi les 54) furent cautérisées à cette première époque et exposées au soleil; sur ce nombre, 12 ne furent pas aphéliotropiques, 2 le furent encore, et 1 demeura douteuse. En septembre, 39 radicules cautérisées furent exposées à la lumière, à une température convenable : 23 demeurèrent aphéliotropiques comme de coutume; et 16 seulement ne montrèrent aucune incurvation. Si nous considérons ensemble les résultats obtenus à ces deux époques, nous ne pouvons douter que la destruction de l'extrémité sur une longueur de moins d'un millimètre ait détruit, dans la moitié des cas observés, la sensibilité à l'action lumineuse. Il est probable que, si les extrémités avaient été cautérisées sur une longueur de 1mm. toute trace d'aphéliotropisme aurait disparu. On peut penser que, bien que l'application d'un caustique n'arrête pas la croissance, elle peut cependant la retarder assez pour empêcher le mouvement dans la partie supérieure; mais il faut repousser cette supposition, car nous avons vu, et nous verrons encore, que la cautérisation d'une face de l'extrémité de plusieurs espèces de radicules, détermine un mouvement. Il nous paraît donc inévitable de conclure que la sensibilité à l'action lumineuse réside dans l'extrémité de la radicule de *Sinapis alba*, et que cette extrémité, lorsqu'elle a été excitée, transmet l'excitation à la partie supérieure, en déterminant son incurvation. A ce point de vue, ce cas est parallèle à celui des radicules de diverses plantes, dont les extrémités sont sensibles au contact et aux autres excitants, et à la gravitation, comme nous le montrerons dans le onzième chapitre.

REMARQUES FINALES ET RÉSUMÉ DU CHAPITRE

Nous ne savons si c'est une règle générale pour les semis que l'éclairage de la partie supérieure détermine l'incurvation de la partie inférieure. Mais, comme ce phénomène s'est produit dans les quatre espèces que nous avons examinées, et qui appartiennent aux familles bien distinctes des Graminées, des Crucifères et des Chénopodées, il est probablement assez communément répandu. Il est presque impossible que ce phénomène ne soit pas d'une certaine utilité pour les semis, en les aidant à trouver le chemin le plus court de la graine enterrée à la lumière; c'est à peu près dans le même but que les yeux des animaux rampants inférieurs sont placés à la partie tout à fait antérieure de leur corps. Il est très douteux que, chez les plantes pleinement développées, l'éclairage d'une partie détermine l'incurvation d'une autre partie. Les sommets de 5 jeunes plantes d'*Asparagus officinalis* (dont la hauteur variait entre 27^{mm}5 et 67^{mm}5, et qui se composaient de plusieurs courts entre-nœuds), furent recouverts de capuchons en feuilles d'étain, longs de 7^{mm}5 à 8^{mm}75. La partie inférieure, laissée libre, s'inclina vers une lumière latérale, aussi fortement que celle des semis qui étaient demeurés libres dans les même pots. D'autres semis de la même plante eurent leurs sommets enduits d'encre de Chine; nous obtînmes, de cette manière, le même résultat négatif. Des morceaux de papier noirci furent collés sur les bords et sur les faces des limbes de plusieurs feuilles de jeunes plantes de *Tropœolum majus* et de *Ranunculus ficaria* : ces plantes ayant été ensuite placées dans une boîte, devant une fenêtre, les pétioles des feuilles protégées se courbèrent vers le soleil aussi fortement que ceux des feuilles libres.

Les cas précédents, se rapportant à des semis, ont été

décrits avec détail, non seulement parce que la transmission de l'excitation lumineuse est un fait physiologique nouveau, mais encore parce que nous pensons que ce
fait tend à modifier quelque peu la manière dont on considère les mouvements héliotropiques. Jusqu'à ces derniers temps, on croyait que ces mouvements résultaient
simplement d'une augmentation de croissance sur une
face de l'organe. Il est généralement admis (1), aujour-
d'hui, que la diminution de la lumière accroît la turgescence des cellules, ou l'extensibilité des membranes cellulaires, ou les deux à la fois, sur le côté placé à l'ombre,
et que ces effets sont suivis d'une augmentation de croissance. Mais Pfeffer a montré qu'une différence dans la
turgescence des deux faces du pulvinus — organe composé d'un amas de cellules dont le développement a cessé
de bonne heure — est déterminée par une inégalité dans
les quantités de lumière reçues par ces deux faces; que,
par suite, le mouvement ainsi causé n'est accompagné
d'aucune augmentation de croissance sur le côté le plus
turgescent (2). Tous les observateurs paraissent croire
que l'action lumineuse s'exerce directement sur la partie qui s'incurve; mais nous avons vu qu'il n'en est pas
ainsi, avec les semis que nous venons de décrire. Leurs
moitiés inférieures furent brillamment éclairées pendant
plusieurs heures, sans s'incliner aucunement vers la
source lumineuse, tandis que c'est cette partie dont l'incurvation est la plus forte dans les circonstances ordi-

---

(1) Emil Godlewski a donné (« Bot. Zeit. » 1879 n°⁵ 6-9) un excellent résumé
(p. 120) de l'état de la question. Voir aussi Vines, (« Arb. des Bot. Inst. Würzb. »
1878, B, II, pp. 114-147). Hugo de Vries a publié récemment un article encore plus
important sur ce sujet (« Bot. Zeit. » 19 et 26 décembre 1879.)

(2) « Die Period. Beweg. der Blattorgane, » 1875, p. 7, 63, 123, etc. Frank a aussi
insisté (« Die Naturliche wagerechte Richtung von Pflanzentheilen » 1870, p. 53)
sur le rôle important que jouent les pulvinus des folioles des feuilles composées
en amenant ces folioles dans une position convenable relativement à la lumière. Ce
fait est surtout visible chez les plantes grimpantes, qui sont placées dans toutes
sortes de positions, peu convenables pour favoriser l'action lumineuse.

naires. Fait encore plus frappant, l'éclairage partiel d'une ligne étroite, sur une face de la partie supérieure des cotylédons de Phalaris, déterminait le sens de l'incurvation de la portion inférieure; par suite, cette dernière partie ne s'inclinait pas vers la lumière brillante qui l'éclairait, mais vers un côté, obliquement situé, et par lequel n'entrait qu'une faible quantité de rayons lumineux. Ces résultats semblent impliquer la présence, dans la partie supérieure de la plante, d'une matière qui subit l'action lumineuse, et la transmet à la partie inférieure. Nous avons montré que cette transmission est indépendante de l'incurvation de la partie supérieure sensible. Nous avons un cas semblable de transmission chez Drosera : lorsqu'une glande est irritée, c'est la partie basilaire, et non pas la partie terminale du tentacule, qui s'incline. Les filaments flexibles et sensitifs de Dionœa transmettent aussi un stimulus, sans s'incliner eux-mêmes; il en est encore de même pour la tige de Mimosa.

La lumière exerce une influence puissante sur la plupart des tissus végétaux, et il n'est pas douteux qu'elle tende généralement à en entraver la croissance. Mais, lorsque les deux faces d'une plante sont éclairées à un degré un peu différent, il ne s'ensuit pas nécessairement que l'incurvation vers le côté le plus brillamment éclairé ait pour cause des changements dans les tissus, de même nature que ceux qui entraînent l'augmentation de croissance dans l'obscurité. Nous savons enfin qu'une partie de certains organes peut s'incliner pour s'éloigner de la lumière, et cependant ce dernier agent peut ne pas favoriser l'accroissement de cette partie. C'est ce qui se passe pour les radicules de *Sinapis alba*, qui sont pleinement aphéliotropiques; leur croissance est cependant plus forte à l'obscurité qu'à la lumière (1). Il en est de

(1) Francis Darwin : « *Ueber das Wachsthum negativ heliotropischer Würzeln* ; » (« Arb. des Bot. Inst. in Würzb. » B, II, Heft. iii, 1880, p. 521).

même pour plusieurs racines aériennes, suivant Wiesner (1); mais il y a des cas tout à fait opposés. Il paraît donc que la lumière ne détermine pas d'une manière uniforme la croissance des parties aphéliotropiques.

Nous ne devons pas perdre de vue que la faculté de s'incliner vers la lumière est grandement avantageuse pour la plupart des plantes. Il n'est donc pas improbable que cette faculté ait été acquise spécialement. A plusieurs égards, la lumière paraît agir sur les plantes à peu près de la même manière qu'elle agit sur les animaux par l'intermédiaire du système nerveux (2). Dans les semis, l'excitation, nous venons de le voir, est transmise d'une partie à l'autre. Chez l'animal, un mouvement peut être déterminé par une quantité de lumière extrêmement minime ; et nous avons vu qu'une différence, imperceptible à l'œil humain, dans l'éclairage des deux faces d'un cotylédon de Phalaris, suffit pour déterminer son incurvation. Nous avons montré en outre qu'il n'y a pas un parallélisme exact entre l'intensité de la lumière qui agit sur la plante et le degré de l'incurvation; il était, par exemple, presque impossible de trouver la moindre différence dans l'incurvation de plusieurs semis de Phalaris exposés à une lumière qui, bien que faible, était beaucoup plus brillante que celle qui agissait sur d'autres semis de même nature. La rétine, lorsqu'elle a été excitée par une lumière intense, conserve pendant quelque temps l'impression produite : les semis de Phalaris continuaient pendant près d'une demi-heure à s'incliner vers le côté par lequel ils avaient été éclairés. La rétine ne peut percevoir l'impression d'une lumière faible, après avoir été

---

(1) « *Sitzb. der K. Akad. der Wissensch.* » (Vienne), 1880, p. 12.

(2) Sachs a fait, à ce sujet, plusieurs remarques frappantes sur les divers stimulants qui déterminent le mouvement chez les plantes. Voir son mémoire « *Ueber orthotrope und plagiotrope Pflanzentheile*, » (« Arb. des Bot. Inst. in Würzburg » 1879, B. ii, p. 282).

exposée à une radiation intense : les plantes qui, la veille
et pendant la matinée, ont été placées en plein soleil, ne
se courbent pas aussi vite vers une faible lumière latérale
que les autres semis de même nature qui ont été gardés à
l'obscurité.

En admettant que la lumière agisse sur les parties des
plantes en voie d'accroissement de manière à déterminer
en elles une tendance à s'incurver vers le côté le plus fortement éclairé — supposition que contredisent les expériences précédentes sur les semis, et tous les organes
aphéliotropiques — cette tendance différerait encore grandement suivant les espèces ; elle varie même chez les
divers individus de la même espèce ; on peut s'en assurer
en examinant un pot de semis d'une plante cultivée
depuis longtemps (1). Il y a donc une base qui permet la
modification de cette tendance pour l'obtention d'un avantage. Nous voyons, en plusieurs cas, que cette modification s'est produite. Ainsi, il est beaucoup plus important,
pour les plantes insectivores, de placer leurs feuilles dans
la meilleure position pour attraper les insectes, que de les
tourner vers la lumière ; aussi n'ont-elles pas cette dernière faculté. Si les tiges des plantes grimpantes devaient
se diriger vers la lumière, elles se détacheraient le plus
souvent de leurs supports ; aussi avons-nous vu que, chez
elles, l'incurvation héliotropique ne se produit pas.
Comme les tiges de la plupart des autres plantes sont

(1) Strasburger a montré dans son intéressant travail (« *Wirkung des Lichtes...
auf Schwarmsporen* ») que le mouvement vers une lumière latérale des zoospores de
diverses plantes inférieures est placé sous l'influence de leur état de développement, de la température à laquelle elles sont soumises, du degré de l'éclairage sous
lequel elles se sont développées, et de plusieurs autres causes inconnues ; de sorte
que les zoospores des mêmes espèces peuvent se mouvoir, dans le champ du microscope, soit vers la lumière, soit dans le sens opposé. Quelques individus, cependant, paraissent indifférents à la lumière, et ceux d'espèces différentes se comportent
de façons très diverses. Plus la lumière est forte, plus leur course est rectiligne. Ils
subissent aussi, pendant une très courte période, la continuation des effets de la
lumière. A tous égards, ces mouvements ressemblent à ceux des plantes plus élevées. Voir aussi Stahl « *Ueber den Einflus der Lichts auf die Bewegungs erschei-
nungen der Schwarmsporen* » (Verh. d. phys. med. Ges. in Würzb., B, XII, 1878).

héliotropiques, nous pouvons être sûrs que les plantes grimpantes, disséminées dans toute la série vasculaire, ont perdu une faculté que possédaient leurs ancêtres, qui ne grimpaient pas. De plus, chez Ipomea, et probablement chez toutes les autres plantes grimpantes, la tige de la jeune plante, avant de commencer à grimper, est fortement héliotropique, évidemment afin de pouvoir exposer pleinement à la lumière ses cotylédons et ses premières feuilles vraies. Chez le Lierre, les tigelles des semis sont modérément héliotropiques, et elles deviennent aphéliotropiques lorsqu'elles sont un peu plus âgées. Certaines vrilles, formées par des feuilles modifiées, sont devenues aphéliotropiques, bien que les feuilles soient d'ordinaire fortement diahéliotropiques, et leur extrémité tend à s'insinuer dans les fentes et les crevasses obscures.

Même pour les mouvements héliotropiques ordinaires, il est à peine admissible qu'ils résultent directement de l'action de la lumière, sans une adaptation spéciale. Nous devons expliquer ici ce que nous entendons par les mouvements hygroscopiques d'une plante. Si les tissus propres à une des faces d'un organe sont soumis à une évaporation rapide, ils se dessécheront et se contracteront rapidement, causant ainsi l'incurvation de l'organe vers ce côté. Les mouvements, remarquables par leur complexité, par lesquels les étamines d'*Orchis pyramidalis* s'enroulent autour de la trompe d'une mouche, puis changent de position pour déposer leurs masses polliniques sur le double stigmate, — ou le mouvement de torsion par lequel certaines graines s'enfouissent elles-mêmes sous le sol (1).

(1) Francis Darwin ; « *On the Hygroscopic Mechanism* » etc. (Trans. Lin. Soc., série II, vol. 1, p. 149. 1876).

Lire aussi sur ce sujet un travail récent très remarquable de Albrecht Zimmermann « *Ueber mechanische Einrichtungen zur Verbreitung der Samen und Früchte mit besonderer Berichtigung der Torsioners-cheinungen* » dans *Jahrbücher für wissenschaftliche Botanik* de Pringsheim (12ᵉ vol. 4ᵉ cahier — Leipzig 1881) « Sur les adaptations en vue de la dispersion des graines et des fruits, avec une étude spéciale des phénomènes de torsion. »   (*Traducteur*).

— proviennent de la manière dont l'humidité est répartie dans les organes en question. Personne, cependant, ne voudra supposer que ces résultats aient été acquis sans une adaptation spéciale. De même nous devons croire à une adaptation, lorsque nous voyons l'hypocotyle d'un semis, qui contient de la chlorophylle, se courber vers la lumière; en effet, par suite de ce mouvement, il reçoit lui-même moins de lumière, puisqu'il est alors protégé par ses propres cotylédons, mais il place ces derniers organes — les plus importants — dans la meilleure position pour être pleinement éclairés. On peut donc dire que l'hypocotyle se sacrifie en faveur des cotylédons, ou plutôt de la plante entière. Mais, s'il ne peut s'incliner, comme cela arrive souvent pour des semis qui poussent au milieu d'une végétation épaisse, les cotylédons eux-mêmes s'inclinent alors pour regarder la lumière : celui qui est le plus éloigné de cet agent s'élève, tandis que le plus rapproché s'abaisse, ou bien tous deux tournent latéralement sur leur axe (1). Nous devons penser aussi que l'extrême sensibilité de la partie supérieure des cotylédons en fourreau des Graminées, et la faculté qu'ils possèdent de transmettre aux parties inférieures l'excitation reçue, sont des arrangements spécialement destinés à leur faire trouver le chemin le plus court vers la lumière. Pour les plantes qui poussent sur un talus, ou que le vent a courbées, il est intéressant d'observer comment les feuilles se meuvent, en tournant souvent sur leur axe, pour présenter directement au soleil leurs pages supérieures. Ces divers faits nous frapperont encore plus si nous nous rappelons qu'une lumière trop intense est nuisible pour la chlorophylle, et que les folioles de plusieurs Légumineuses, lorsque la radiation est trop forte, s'élèvent et présentent leurs bords

(1) Wiesner a fait des remarques du même genre sur les feuilles : « *Die undulirende Nutation der Internodien* » (p. 6, extrait du vol. XXVII (1878), des Sitb. der K. Akad. des Vissensch, Vienne),

au soleil, pour éviter tout dommage. D'autre part, les folioles d'Averrhoa et d'Oxalis, dans les mêmes conditions,
s'inclinent vers le bas.

Nous avons montré, dans le chapitre précédent, que
l'héliotropisme est une forme modifiée de la circumnutation ; comme chaque partie en voie d'accroissement, dans
la plante, circumnute plus ou moins, nous pouvons comprendre comment il se fait que la faculté de s'incliner
vers la lumière ait pu être acquise par une telle multitude
de plantes, disséminées dans tout l'ensemble du règne végétal (1). Nous avons déjà expliqué de quelle manière un
mouvement de circumnutation — c'est-à-dire un mouvement consistant en une succession d'ellipses irrégulières
ou de boucles — s'est converti graduellement en une marche rectiligne vers la lumière. Nous avons d'abord une suc
cession d'ellipses dont les plus grands axes sont tous dirigés vers la source lumineuse, et dont chacune est décrite
de plus en plus près de cette source ; — puis les boucles
sont étirées et converties en zigzags fortement prononcés,

(1) M. Musset, professeur à la Faculté des Sciences de Grenoble, a signalé
récemment (*Bulletin de la Société de Statistique, des Sciences naturelles et des
Arts industriels de l'Isère*, séance du 11 février 1881) un fait d'héliotropisme qu'il
a observé dans un organisme inférieur, *Peziza acetabulum* L., discomycète dont
la constitution et la consistance cartilagineuse, dit cet observateur, se plie mal aux
exigences de cette influence cosmique. Bien que M. Musset ait avancé à tort dans
cette note que c'est la première fois qu'un tel phénomène est constaté dans un
organisme inférieur de cette nature, assertion contre laquelle proteste toute la bi-
bliographie contenue dans ce livre et qui ne s'explique guère après les travaux de
M. Musset lui-même sur les *Oscillaires*, douées précisément de cette propriété,
après ceux, devenus classiques, de Strasburger sur les mouvements héliotropiques
des zoospores (1878), etc., etc. ; bien que, en outre, le savant botaniste de Grenoble ait cru devoir ajouter, non moins sans raison, que ce phénomène est encore
inconnu dans ses causes, — affirmation qui a lieu de surprendre venant après l'apparition des beaux travaux de Sachs, de Wiesner, de Strasburger et enfin de Ch. et
Francis Darwin sur la matière, — le fait signalé dans la Pezize n'en a pas moins
sa valeur, parce qu'il confirme, d'une part, la diffusion du phénomène dans toute la
série végétale (vasculaire ou cellulaire), et, de l'autre, qu'il met en évidence cette
vérité déjà confirmée pour ce qui concerne les animaux, à savoir qu'une très faible
quantité de lumière peut suffire à déterminer un mouvement vers cet agent physique. Nous devons donc être reconnaissant à M. Musset d'avoir publié son observation que nous enregistrons ici tout au long : « Ce champignon avait germé en nom-

avec une petite boucle se formant encore de place en place. En même temps que le mouvement vers la lumière s'étend et s'accélère, celui dans le sens opposé est diminué et retardé et enfin arrêté. Les mouvements en zigzag diminuent aussi graduellement, et, enfin, la marche devient absolument rectiligne. C'est ainsi que, sous l'influence d'une lumière assez forte, il n'y a aucune dépense inutile d'énergie.

Comme, chez les plantes, chaque caractère est plus ou moins variable, il ne paraît pas difficile d'admettre que les mouvements circumnutants ont pu s'accroître ou se modifier, en vue de l'obtention d'un avantage, par la conservation des individus chez lesquels les variations favorables se produisaient. L'hérédité des mouvements habituels est un élément nécessaire pour ce processus de sélection ou de survivance du plus apte, et nous avons vu qu'il y a de bonnes raisons pour croire que les mouvements habituels sont héréditaires chez les plantes. Dans les espèces grimpantes, les mouvements circumnutants ont augmenté

« bre incalculable dans une galerie souterraine pratiquée en juin à Grenoble par « les sapeurs-mineurs au polygone du génie. Il ne pénétrait dans cette mine pro- « fonde, et par la seule ouverture d'entrée, qu'une lumière tellement ménagée, « qu'à 5 mètres de cette ouverture, il était impossible de distinguer les caractères « d'un livre. Plus loin, et dans les galeries transversales, l'œil ne recevait plus « qu'une vague lueur. Il était donc curieux de voir, en s'aidant souvent de la lu- « mière d'une bougie, toutes les Pezizes inclinant leur coupe vers le point par où « leur arrivaient de rares et pâles rayons. Couchée sur le flanc, la coupe était par- « fois plissée selon son diamètre horizontal, simulant l'aspect d'une huitre en- « tr'ouverte. Il est donc prouvé qu'il suffit ici d'une lumière très peu intense, pres- « que d'une simple lueur pour déterminer l'héliotropisme. »

En terminant nous dirons encore qu'il n'est point étonnant de voir les végétaux les plus inférieurs être doués d'héliotropisme, après la constatation faite récemment par Fr. Darwin de l'existence du phénomène de circumnutation dans ces êtres dégradés et même dans les organismes unicellulaires, comme *Phycomyces nitens* (*Ueber Circumnutation bei einem einzelligen Organe.* — Sur le phénomène de circumnutation dans un organe unicellulaire. — Botanische Zeitung, n° 30, 29 juillet 1881).

Nous savons, en effet, que les mouvements héliotropiques dérivent de la circumnutation par gradations insensibles. Quoi de surprenant dès lors que les Pezizes qui, quelle que soit leur constitution, sont des assemblages de cellules, obéissent aussi aux lois de l'héliotropisme, comme tous les autres végétaux ? (*Traducteur.*)

d'amplitude et sont devenus plus circulaires : le stimulus est ici interne ou inné ; chez les plantes sommeillantes, les mouvements, après avoir augmenté d'amplitude, ont souvent changé de direction : ici, le stimulus est l'alternance de la lumière et de l'obscurité, aidé, cependant, par l'hérédité. Dans le cas de l'héliotropisme, le stimulus est l'éclairage inégal des deux faces de la plante, qui détermine, comme dans les cas précédents, une modification du mouvement circumnutant propre à faire incliner les organes vers la lumière. Une plante qui, par les causes que nous avons données, est devenue héliotropique, peut facilement perdre cette tendance, si nous en jugeons par les cas que nous avons énumérés plus haut, dès qu'elle devient inutile ou dangereuse. Une espèce qui a cessé d'être héliotropique peut encore devenir aphéliotropique par suite de la conservation des individus qui tendent à circumnuter dans une direction plus ou moins opposée à celle d'où vient la lumière ; la cause de cette variation, comme celle de plusieurs autres, est cependant encore inconnue. C'est de la même manière qu'une plante peut devenir diahéliotropique.

CHAPITRE X

Modifications de la Circumnutation : Mouvements placés sous l'influence de la Gravitation.

Moyens d'observation. — Apogéotropisme. — Cytisus ; Verbena ; Beta.
— Conversion graduelle de la circumnutation en apogéotropisme chez
Rubus, Lilium, Phalaris, Avena et Brassica. — Action retardatrice
de l'héliotropisme sur l'apogéotropisme. — Action des coussinets. —
Mouvements des pédoncules floraux d'Oxalis.— Remarques générales
sur l'apogéotropisme. — Géotropisme. — Mouvements des radicules.
— Enfouissement des capsules. — Trifolium subterraneum. —
Arachis. — Amphicarpæa. — Diagéotropisme. — Conclusion.

Notre but dans ce chapitre est de montrer que le géotropisme, l'apogéotropisme et le diagéotropisme sont des
formes modifiées du mouvement circumnutant. Des fils
de verre extrêmement fins, munis de deux petits triangles
de papier, furent fixés sur les sommets de jeunes tiges,
souvent sur des hypocotyles de semis, des pédoncules
floraux, des radicules, etc., et les mouvements de ces
organes furent alors relevés de la manière habituelle sur
des lames de verre horizontales ou verticales. Il faut se
rappeler que, comme les tiges ou les autres organes
deviennent de plus en plus obliques relativement aux
lames de verre, les figures tracées sur ces dernières
deviennent de plus en plus amplifiées. Excepté au moment
de chaque observation, les plantes étaient protégées contre la lumière ; celle-ci, qui était toujours faible, ne
pouvait alors entrer que de manière à troubler le moins
possible le mouvement observé ; nous n'avons d'ailleurs

jamais trouvé de traces d'un trouble apporté dans le mouvement par ce procédé d'observation.

Dans nos observations sur les gradations entre la circumnutation et l'héliotropisme, nous avions le grand avantage de pouvoir diminuer l'intensité de la lumière; mais il était naturellement impossible de faire sur le géotropisme des expériences analogues. Nous pouvions, cependant, suivre les mouvements de tiges placées d'abord à peu près perpendiculairement (et dans ce cas le géotropisme agissait avec une force moins grande), puis disposées horizontalement et à angle droit avec la direction de la force. Nous choisîmes aussi des plantes qui n'étaient que faiblement géotropiques ou apogéotropiques, ou dont la sensibilité à la gravitation avait légèrement diminué par suite de leur croissance un peu tardive. Nous employâmes encore une autre méthode : les tiges furent d'abord placées de manière à faire sous l'horizon un angle de 30 ou 40 degrés, de sorte que l'apogéotropisme eût à exercer une force considérable avant qu'elles fussent devenues complétement perpendiculaires; dans ce cas, le mouvement ordinaire de circumnutation n'était pas entièrement annihilé. Nous observâmes en outre dans la soirée des plantes qui, pendant le jour, avaient subi une forte incurvation héliotropique; leurs tiges, en effet, à mesure que la lumière diminuait graduellement, se relevaient avec lenteur sous l'action de l'apogéotropisme; dans ce cas, la modification de la circumnutation était quelquefois très visible.

Apogéotropisme. — Les plantes furent choisies, pour nos observations, à peu près au hasard, mais dans des familles bien distinctes. Si l'on place horizontalement la tige d'une plante qui n'est même que modérément sensible à l'apogéotropisme, la partie supérieure en voie d'accroissement s'incline fortement vers le haut, jusqu'à devenir perpendiculaire; la ligne obtenue en joignant les points successivement relevés sur la lame de verre, est généralement droite. Par exemple, un jeune pied de *Cytisus fragrans*, haut de 30 cm., fut placé de manière

que sa tige fit sous l'horizon un angle de 10°, et sa marche fut relevée
pendant 72 h. Elle s'inclina d'abord un peu
vers le bas (voir fig. 182) à cause, sans
doute, du poids de la tige ; ce fait se produisit pour la plupart des autres plantes observées par nous ; mais, comme elles circumnutaient en même temps, les courtes
lignes dirigées vers le bas étaient souvent
obliques. Après trois quarts d'heure, la tige
commença à se courber vers le haut, fortement pendant les deux premières heures, et
beaucoup plus lentement dans la soirée,
pendant la nuit et le lendemain. Pendant la
seconde nuit, elle descendit un peu et circumnuta le lendemain ; elle avait en même
temps un léger mouvement vers la droite,
causé par l'admission accidentelle d'une
petite quantité de lumière. La tige était alors
inclinée de 60° au-dessus de l'horizon, après
avoir parcouru un arc de 70°. Avec le temps,
elle serait probablement devenue perpendiculaire, et aurait, sans aucun doute, continué à circumnuter. Le seul fait à remarquer
dans la figure que nous donnons ici est la
rectitude de la marche suivie. Cependant,
le mouvement ascensionnel de la tige n'a-
vait pas une vitesse uniforme, et, quelquefois, elle demeurait presque ou complètement immobile. Ces alternatives représentent, selon toute probabilité, une tendance à
circumnuter dans la direction opposée à l'a-
pogéotropisme.

    La tige herbacée de *Verbena melindres* (?)
placée horizontalement, s'éleva tellement, en
7 heures, que son mouvement ne put plus
être observé sur le verre vertical placé devant la plante. La longue ligne ainsi tracée
était absolument droite. Après ces 7 heures,
elle continua à s'élever, mais en circumnutant légèrement. Le lendemain elle était ver-

Fig. 182.

Cytisus fragrans : mouvement apogéotropique d'une
tige, de 10° au-dessous à 60°
au-dessus de l'horizon, relevé
sur un verre vertical, du 12
mars, 8 h. 30 m. au 13, 10
h. 30 s. Le mouvement de
circumnutation qui suivit est
aussi indiqué jusqu'au 15, 6
h. 45 m. La marche nocturne
est indiquée, comme d'usage,
par une ligne brisée. Mouvement peu amplifié, et réduit
ici aux 2/3.

ticale et circumnutait régulièrement, comme le montre la fig. 82,
donnée le Chap. IV. Les tiges de plusieurs autres plantes très sensi-

bles à l'apogéotropisme s'élevaient suivant des lignes presque droites, puis se mettaient tout à coup à circumnuter. Un hypocotyle de chou, assez vieux et en partie étiolé, haut de 7 cm., était si sensible, que, placé de manière à former avec la perpendiculaire un angle de 23° seulement, il devint vertical en 33 minutes. Il ne pouvait subir une action bien forte de la part de l'apogéotropisme, dans cette position peu inclinée; aussi nous attendions-nous à le voir circumnuter, ou au moins décrire des zigzags. C'est pour cela que nous relevâmes des points toutes les 3 minutes; mais, en les joignant, nous obtînmes une ligne presque droite. Lorsque cet hypocotyle se fut redressé, il continua encore à se mouvoir dans la même direction générale pendant une demi-heure, mais en décrivant des zigzags. Pendant les 9 h. qui suivirent il circumnuta régulièrement, et décrivit 3 grandes ellipses. Dans ce cas, l'apogéotropisme, bien qu'agissant suivant un angle peu favorable, avait complétement détruit le mouvement de circumnutation.

Fig. 183.

12:58 p.m.

12:3

9 p.m.

7 a.m. 29th

8"55'a.m. 28h.

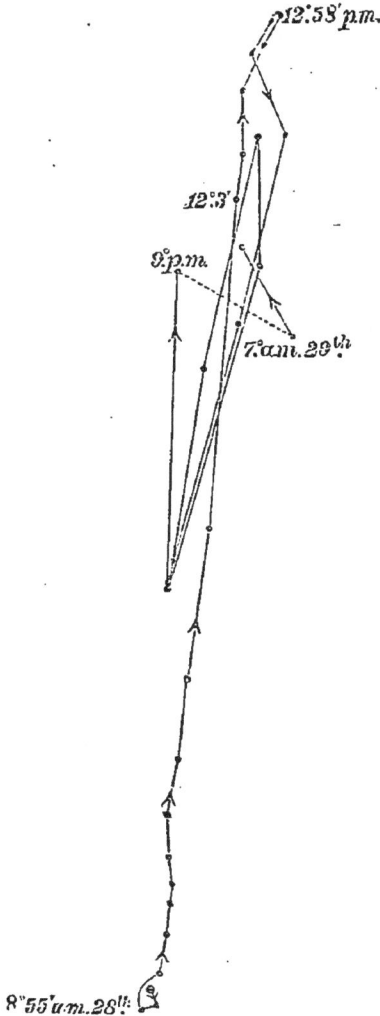

Beta vulgaris : mouvement apogéotropique d'un hypocotyle de 19° au-dessous de l'horizon jusqu'à la verticale, et circumnutation subséquente, relevés sur une lame de verre horizontale, du 28 septembre, 8 h. 28 m., au 29, 8 h. 40 m. Figure réduite au tiers.

Les hypocotyles de *Beta vulgaris* sont fortement sensibles à l'apogéotropisme. Un semis fut placé de manière à former, au-dessous de l'horizon, un angle de 19°. Il descendit d'abord un peu (fig. 183) à cause, sans doute, de son poids; mais comme il était en circumnutation, la ligne était oblique. Pendant les 3 h. 8 m. qui suivirent, il s'éleva suivant une ligne presque droite, décrivant un angle de 109°; il était alors (12 h. 3) perpendiculaire. Il continua pendant 55 m. à se mouvoir dans la même direction générale au-delà de la perpendiculaire, mais en décrivant des zigzags. Il revint ensuite sur ses pas, suivant une ligne onduleuse, puis se mit à circumnuter régulièrement et décrivit 3 ellipses pendant le reste de la journée. Il faut remarquer que, dans la figure, les ellipses ont une grandeur exagérée, relativement à la longueur de la ligne droite, et cela à cause de la position des lames de verre horizontale et verticale. Un autre hypocotyle assez vieux fut placé de manière à ne s'écarter de la perpendiculaire que de 31°; dans cette position, l'apogéotropisme n'agissait que faiblement; aussi sa marche fut-elle en zigzag.

Les cotylédons en fourreau de *Phalaris canariensis* sont extrêmement sensibles à l'apogéotropisme. Un de ces organes fut placé de manière à former sous l'horizon un angle de 40°. Quoiqu'il fût assez vieux et haut de 32mm5, il reprit la position verticale en 4 h. 30 m., après avoir parcouru un angle de 130° presque en ligne droite. Il commença ensuite tout à coup à circumnuter comme d'habitude. Les cotylédons de cette plante, lorsque la première feuille a commencé à paraître, ne sont plus que légèrement apogéotropiques, bien qu'ils continuent à circumnuter. L'un d'eux, à ce moment du développement, fut placé horizontalement et ne reprit la position perpendiculaire qu'après 13 h.; sa marche était légèrement en zigzag. De même, un hypocotyle assez vieux de *Cassia tora* (haut de 31 mm.) demanda 28 h. pour se redresser, en décrivant des zigzags distincts. Au contraire, des hypocotyles plus jeunes se mouvaient bien plus rapidement, et suivant une ligne presque droite.

Lorsqu'une tige ou un autre organe, placé horizontalement, s'élève en décrivant des zigzags, nous pouvons conclure, par suite des considérations que nous avons déjà exposées dans les précédents chapitres, que nous avons affaire à une forme modifiée de la circumnutation; mais, si la marche est rectiligne, la circumnutation n'est nullement évidente, et on peut, si l'on veut, affirmer que ce mouvement a été remplacé par un autre d'une espèce distincte. Cette manière de voir paraît très probable, lorsque (comme cela nous est souvent arrivé pour les hypocotyles de Brassica et de Beta, les tiges de Cucurbita et les cotylédons de Phalaris) l'organe en question, après s'être incliné suivant une ligne droite, se met tout à coup à circumnuter comme d'habitude. La figure 183 montre un excellent exemple d'un tel changement de mouvement — c'est-à-dire du changement d'un mouvement rectiligne en mouvement circumnutant; nous en avons même observé des exemples encore plus frappants chez Beta, Brassica et Phalaris.

Nous allons décrire quelques cas dans lesquels on peut constater la modification graduelle du mouvement circumnutant en apogéotropisme, sous l'influence de circonstances que nous énumérerons pour chaque cas.

Fig. 184.

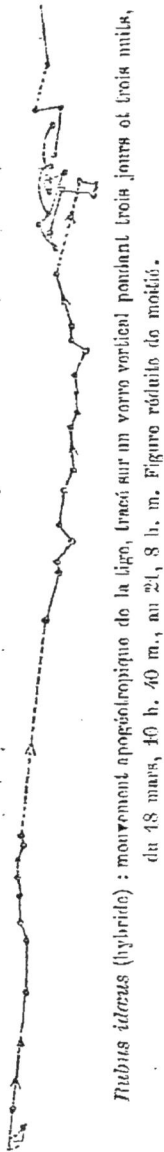

Rubus idœus (hybride). — Une jeune plante, haute de 275 mm. et placée dans un pot, fut disposée horizontalement. Nous relevâmes pendant 70 h. son mouvement ascensionnel ; mais la plante, bien que poussant vigoureusement, n'était pas fortement sensible à l'apogéotropisme, ou n'était pas capable d'un mouvement rapide, car, pendant ce temps, elle ne parcourut que 67°. Nous pouvons voir par le diagramme (fig. 184) que, pendant les 12 premières heures, le mouvement ascensionnel était presque rectiligne. Au moment où la plante fut disposée horizontalement, elle était évidemment en circumnutation, car elle s'éleva d'abord un peu, malgré le poids de la tige, puis redescendit. Elle ne commença donc sa marche ascensionnelle définitive qu'après un laps de temps de 1 h. 25 m. Le second jour, elle s'était élevée considérablement, et l'apogéotropisme agissait sur elle avec beaucoup moins de force; aussi sa marche, pendant 15 h. 1/2, fut-elle clairement en zigzag, et la vitesse de son mouvement fut-elle très inégale. Pendant le troisième jour, l'apogéotropisme avait une action encore beaucoup plus faible, et la tige circumnutait pleinement, car, dans la journée, elle se dirigea 3 fois vers le haut et 3 fois vers le bas, 4 fois vers la droite et 4 fois vers la gauche. Mais sa marche était si complexe, que nous pûmes à peine la relever sur le verre. Nous pouvons voir, cependant, que les ellipses irrégulières successivement formées s'élèvent de plus en plus. L'apogéotropisme continua à agir le lendemain matin, et la tige s'éleva encore, quoiqu'elle ne fut alors qu'à 23° de la perpendiculaire. Dans ce diagramme, ou peut suivre les diverses transitions par lesquelles une marche apogéotropique ascensionnelle, presque rectiligne, devint d'abord onduleuse, puis se transforma en mouvement circumnutant, dont la plupart des ellipses irrégulières successivement formées étaient dirigées vers le haut.

Rubus idœus (hybride) : mouvement apogéotropique de la tige, tracé sur un verre vertical pendant trois jours et trois nuits, du 18 mars, 10 h. 40 m., au 21, 8 h. m. Figure réduite de moitié.

Lilium auratum. — Une plante haute de 57cm5 fut placée horizontalement, et la partie terminale de sa tige s'éleva de 58° en 46 h. de la manière indiquée par la fig. 185. Nous voyons ici que, pendant toute la seconde journée, la tige circumnuta pleinement, en se courbant vers le haut sous l'influence de l'apogéotropisme. Elle avait encore à s'élever beaucoup, car, lorsque nous relevâmes le dernier point du diagramme, elle était encore à 32° de la perpendiculaire.

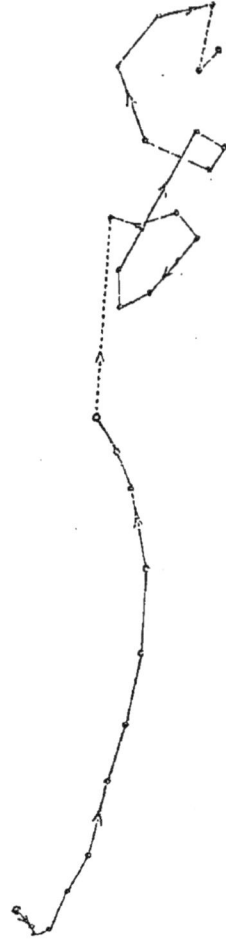

Fig. 185.

Phalaris canariensis. — Un cotylédon de cette plante, long de 32ᵐᵐ5, a déjà été décrit comme s'étant élevé en 4 h. 30 de 40° au-dessous de l'horizon jusqu'à la verticale, décrivant, presque en ligne droite, un angle de 130°, et se mettant ensuite tout à coup à circumnuter. Un autre cotylédon assez vieux de la même hauteur, mais qui n'avait pas encore produit de feuille vraie, fut placé de même à 40° au dessous de l'horizon. Pendant les 4 premières heures il s'éleva suivant une ligne presque droite (fig. 186) ; aussi, à 1 h. 10 du soir, il était fortement incliné, et l'apogéotropisme exerçait sur lui une action beaucoup moindre. Il commença alors à décrire des zigzags. A 4 h. 15 m. du soir (c'est-à-dire 7 h. après le commencement de l'expérience), il était vertical ; il continua ensuite à circumnuter sur place de la manière habituelle. Nous sommes ici en présence de la transformation d'un mouvement apogéotropique rectiligne en mouvement circumnutant, — transformation graduelle et non pas brusque, comme dans le premier cas.

Avena sativa. — Les cotylédons en fourreau, encore jeunes, sont fortement apogéotropiques ; ceux qui furent placées à 45° au-dessous de l'horizon s'élevèrent de 90° en 7 ou 8 heures suivant des lignes absolument droites. Un cotylédon assez vieux dont la première feuille commença à se montrer pendant nos observations, fut disposé de manière à former sous l'horizon un angle de 10° ; il ne s'éleva que de 59° en 24 h. Il se comportait un peu différemment qu'une plante plus âgée observée par nous. Cette dernière en effet, pendant

Lilium auratum : mouvement apogéotropique d'une tige, relevé sur un verre vertical, pendant deux jours et deux nuits, du 18 mars. 10 h. 40 m., au 20, 8 h. m. Figure réduite de moitié.

les 4 1/2 premières heures, s'éleva suivant une ligne peu éloignée de la droite ; elle circumnuta pendant les 6 h. 1/2 qui suivirent, c'est-à-dire qu'elle descendit et remonta avec de nombreux zigzags. Elle reprit ensuite son mouvement ascensionnel suivant une ligne assez droite, et, avec le temps, elle aurait, sans aucun doute, atteint la perpendiculaire. Dans ce cas, après les 4 1/2 premières heures, la circumnutation ordinaire avait été, pendant un certain temps, plus forte que l'apogéotropisme.

Brassica oleracea. — Les hypocotyles de plusieurs jeunes semis, placés horizontalement, s'élevaient verticalement, presque en ligne droite, en 6 ou 7 h. Un semis qui avait poussé dans l'obscurité et avait atteint une hauteur de 56^{mm}25 (il était donc assez vieux et peu sensible) fut placé de façon que l'hypocotyle fît sous l'horizon un angle de 30 à 40°. La partie supérieure seule se recourba vers le haut, et s'éleva pendant 3 h. 10 suivant une ligne à peu près droite (fig. 187) ; mais il ne fut pas possible de relever le mouvement sur le verre vertical avant 1 h. 10 m. de sorte que la ligne à peu près droite devrait être beaucoup plus longue sur la figure. Pendant les 11 h. qui suivirent, l'hypocotyle circumnuta, décrivant des figures irrégulières, dont chacune était un peu plus élevée que la précédente. Pendant la nuit et le lendemain matin, il continua à s'élever en zigzag, l'apogéotropisme continuant à exercer son action. A la fin de nos observations, après 23 h., l'hypocotyle était encore à 32° de la perpendiculaire. Il était

Fig. 186.

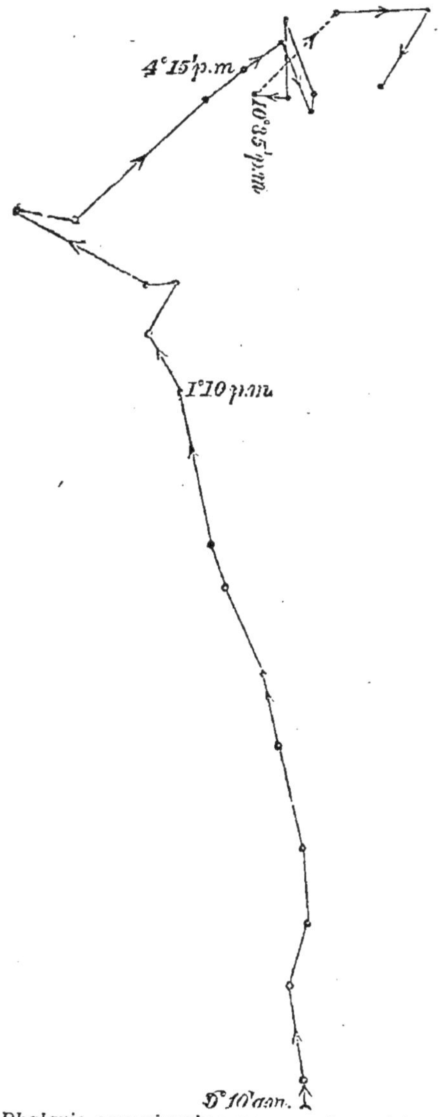

Phalaris canariensis : mouvement apogéotropique d'un cotylédon, tracé sur verre vertical et horizontal, du 19 septembre, 9 h. 10 m., au 20, 9 h. m. Figure réduite à 1/3.

impossible de douter qu'il fût parvenu à la verticale, en décrivant un certain nombre de nouvelles ellipses irrégulières, l'une au-dessus de l'autre.

L'apogéotropisme retardé par l'héliotropisme. — Lorsque la tige
d'une plante s'incline, dans la journée, vers une lumière latérale, le
mouvement est contrarié par l'apogéotropisme. Mais comme la lumière
diminue graduellement dans la soirée, l'apogéotropisme prend peu à peu le dessus, et
ramène la tige vers une position verticale.
C'est donc une excellente occasion pour observer comment l'apogéotropisme agit lorsqu'il est presque contre-balancé par une
force opposée. Par exemple, la plumule de
Tropæolum majus (voir plus haut fig. 175),
se dirigeait vers la lumière, dans la soirée,
suivant une ligne onduleuse, jusqu'à 6 h. 45,
puis revenait sur ses pas jusqu'à 11 h. 40,
en décrivant des zigzags et une ellipse de
dimensions considérables. L'hypocotyle de
Brassica oleracea (voir plus haut fig. 173)
avait vers la lumière un mouvement rectiligne jusqu'à 5 h. 15 du soir, puis rebrous-
sait chemin, s'inclinant presque à angle
droit dans sa marche en arrière, puis se dirigeait de nouveau pendant peu de temps
vers la place de la source lumineuse. Nous
ne fîmes pas d'observations après 7 h. 10
du soir, mais, pendant la nuit, il reprit sa
position verticale. Un hypocotyle de *Cassia
tora* se dirigeait dans la soirée suivant une
ligne en zig-zag, vers la lumière jusqu'à
6 h. du soir, et était, à ce moment, à 20°
de la perpendiculaire ; il revenait alors sur
ses pas, présentant, jusqu'à 10 h. 30, quatre
grandes incurvations rectangulaires qui
complétaient presque une ellipse. Nous eûmes l'occasion d'observer plusieurs autres
cas analogues, et, dans tous, nous pûmes
voir que le mouvement apogéotropique n'é-
tait qu'un mouvement circumnutant modifié.

Fig. 187.

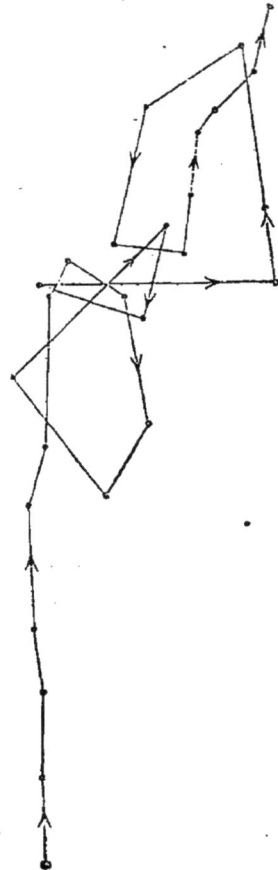

Brassica oleracea : mouvement apogéotropique, tracé
sur un verre vertical, du 12
septembre, 9 h. 20 m., au 13,
8 h. 30 m. La partie supérieure
de la figure est plus amplifiée
que l'autre. Si la marche entière avait été relevée, la ligne
droite dirigée vers le haut,
serait beaucoup plus longue.
Figure réduite à 1/3.

*Mouvements apogéotropiques effectués à l'aide des coussinets ou
pulvinus.* — On sait que des mouvements de cette nature se présentent chez les Graminées, et sont effectués à l'aide de la base épaissie
de leurs feuilles en fourreaux ; la tige est au contraire, en ce point,
plus mince que partout ailleurs. Comme tous les autres coussinets,

ceux-ci devraient continuer à circumnuter pendant une longue période, après que les parties voisines ont complété leur croissance.
Nous voulûmes donc vérifier s'il en était ainsi chez les Graminées,
car, dans ce cas, l'incurvation des tiges horizontales ou courbées s'expliquerait suivant notre théorie et démontrerait que l'apogéotropisme
est une modification de la circumnutation. Lorsque ces articulations
se sont courbées vers le haut, elles se fixent dans leur nouvelle position par une augmentation de croissance sur la face inférieure.

Lolium perenne. — Une jeune tige, haute de 175 mm. et composée
de 3 entre-nœuds, qui n'avait pas encore montré ses fleurs, fut choisie
pour nos observations. Nous fixâmes sur la tige, immédiatement au-
dessus de la seconde articulation, à 75 mm. au-dessus du sol, un fil de
verre long et très mince. Il fut prouvé plus tard que cette articulation
était en activité, car sa face inférieure augmentait beaucoup sous
l'action de l'apogéotropisme (comme l'a décrit De Vries) lorsque le
chaume avait été maintenu 24 h. dans une position horizontale. Le
pot fut placé de manière que l'extrémité du fil de verre se trouvât sous
l'objectif de 2 pouces d'un microscope pourvu d'un oculaire micrométrique, dont chaque division était égale à 0^{mm}05. Nous l'observâmes à
plusieurs reprises pendant 6 h., et la vîmes en mouvement continuel ;
elle traversa, en 2 h., 5 divisions du micromètre, soit 0^{mm}26. Parfois,
elle se dirigeait en avant par des secousses, dont chacune avait une étendue de 0^{mm}025, puis revenait lentement un peu en arrière, pour faire
de nouveau un saut en avant. Ces oscillations étaient absolument analogues à celles que nous avons décrites chez Brassica et Dionœa,
mais elles ne se produisaient que par occasions. Nous pouvons en
conclure que cet entre-nœud assez vieux continuait à circumnuter faiblement.

Alopecurus pratensis. — Une jeune plante, haute de 275 mm., et
dont les fleurs commençaient à se montrer, mais sans s'être encore
épanouies, fut pourvue d'un fil de verre fixé immédiatement au-dessus
de la seconde articulation, à 50 mm. environ du sol. L'entre-nœud
basilaire, haut de 50 mm. environ, fut fixé sur un bâton, pour éviter
tout mouvement de circumnutation. L'extrémité du fil de verre, qui
faisait au-dessus de l'horizon un angle de 50° environ, fut fréquemment
observée pendant 24 h. de la même manière que dans le cas précédent.
A toutes les observations, le fil était toujours en mouvement ; il traversa en 3 h. 1/2 30 divisions du micromètre, soit 1^{mm}5 ; mais son mouvement était quelquefois plus rapide, car dans un cas il traversa 5
divisions en 1 h. 1/2. Nous fûmes obligé de déranger le pot, ce qui
entraîna le fil de verre hors du champ de vision, mais, autant que
nous en pûmes juger, il suivit, pendant la journée, une marche demi-

circulaire, et, sans doute possible, il prit successivement deux directions perpendiculaires l'une sur l'autre. Par moments, il oscillait de la même manière que dans l'espèce précédente, quelques-uns de ses sauts atteignant jusqu'à 0^{mm}025. Nous pouvons en conclure que, dans cette espèce et dans la précédente, les articulations conservent longtemps leur mouvement circumnutant; et ce mouvement pourrait facilement se convertir en apogéotropisme, si la tige était placée dans une position horizontale ou inclinée.

Mouvements des pédoncules floraux d'Oxalis carnosa, sous l'influence de l'apogéotropisme et d'autres forces. — Les mouvements du pédoncule principal et des trois ou quatre pédoncules secondaires que porte chaque pédoncule principal de cette plante, sont extrêmement complexes et reconnaissent plusieurs causes distinctes. Lorsque les fleurs sont épanouies, les deux sortes de pédoncules circumnutent sur place, comme nous l'avons vu (fig. 91) dans le Chap. IV. Mais, dès que les fleurs ont commencé à se flétrir, les pédoncules secondaires se courbent vers le bas, ce qui est dû à l'épinastie; en deux cas, en effet, les pots étant horizontaux, les pédoncules secondaires prirent la même position, relativement au pédoncule principal, qu'ils auraient prise si la plante avait gardé sa direction verticale; c'est-à-dire que chacun forma, avec le pédoncule principal, un angle de 40° environ. S'ils avaient subi l'action du géotropisme ou de l'aphéliotropisme (la lumière par en haut), ils se seraient tournés directement vers le centre de la terre. Un pédoncule fut assujetti sur un bâton dans une position perpendiculaire, et l'un des pédoncules secondaires dirigés vers le haut, que nous observâmes, circumnutait lorsque la fleur était épanouie; il continua au moins 24 heures après qu'elle se fut flétrie. Il commença alors à s'incliner vers le bas, et, après 36 h., il était infléchi un peu au dessous de l'horizon. Nous commençâmes alors un nouveau diagramme (A fig. 188) et le pédoncule secondaire traça une ligne descendante en zigzag depuis 7 h. 20 du soir, le 19, jusqu'au 22, 9 h. du matin. Il était alors dirigé presque perpendiculairement vers le bas, et le fil de verre dût être enlevé et replacé transversalement sur la base de la jeune capsule. Nous nous attendions à voir le pédoncule secondaire immobile dans cette nouvelle position. Mais il continua à osciller lentement, comme un pendule, d'un côté à l'autre, dans un plan perpendiculaire à celui de sa descente. Ce mouvement circumnutant fut observé du 22, 9 h. du matin, au 24, 9 h. du matin, comme le montre le diagramme, en B. Nous ne pûmes pas observer plus longtemps ce pédoncule; mais il aurait certainement continué à circumnuter jusqu'à la presque maturité de la capsule (qui ne demande que peu de temps), et se serait alors redressé.

Le mouvement ascensionnel (C. fig. 188) est effectué en partie par le

Fig. 188.

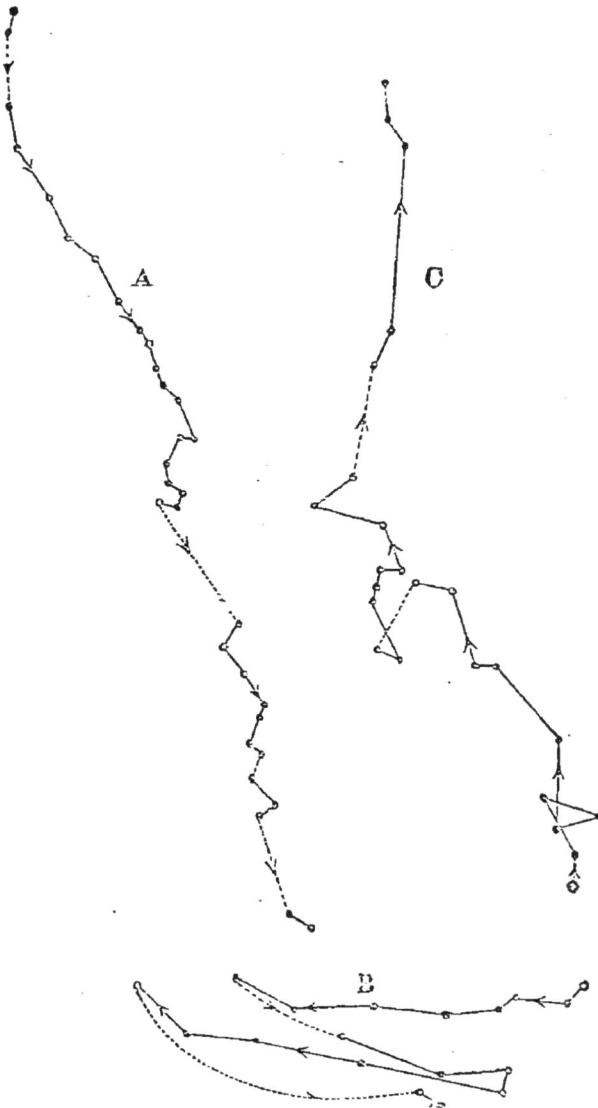

Oxalis carnosa : mouvement du pédoncule floral, relevé sur un verre vertical : A, mouvement épinastique vers le bas ; B, circumnutation pendant que le pédoncule est pendant ; C, mouvement ascensionnel subséquent, dû à l'épinastie et à l'apogéotropisme combinés.

pédoncule secondaire, qui s'élève de la même manière qu'il était descendu auparavant sous l'action de l'épinastie, c'est-à-dire par un mou-

vement manifesté au point de son insertion sur le pédoncule principal. Ce mouvement ascensionnel se produisait chez des plantes maintenues à l'obscurité, et dans quelque position qu'on fixât le pédoncule
principal ; il ne peut donc reconnaître pour cause l'héliotropisme ou
l'apogéotropisme, mais seulement l'hyponastie. Outre ce mouvement à
l'insertion du pédoncule secondaire, il y en a un autre de nature très
différente, car le pédoncule secondaire se courbe vers le haut dans son
milieu. S'il arrive, à ce moment, que le pédoncule soit
encore fortement incliné vers le bas, cette dernière incurvation est si
forte qu'elle produit un crochet. La partie supérieure portant la capsule se place ainsi toujours dans une position perpendiculaire, et ce
mouvement se produit dans l'obscurité, et quelle que soit la position
du pédoncule principal ; il ne peut donc être dû à l'héliotropisme ou à
l'épinastie, mais seulement à l'apogéotropisme.

Pour relever ce mouvement ascensionnel, nous fixâmes un fil de
verre sur un pédoncule secondaire portant une capsule presque mûre,
qui commençait à se relever par les deux moyens que nous venons de
décrire. Sa marche fut tracée (C. fig. 188) pendant 58 h., et, au bout de
ce temps, il était presque absolument vertical. On voit que la ligne
suivie est fortement en zigzag, avec quelques boucles. Nous pouvons
en conclure que ce mouvement est une modification de la circumnutation.

Les diverses espèces d'Oxalis retirent probablement l'avantage suivant des mouvements de leurs pédoncules floraux. On sait que leurs
graines sont mises en liberté par la rupture de la capsule ; les parois
de cette dernière sont extrêmement minces, comme du papier d'argent,
et sont aisément pénétrées par la pluie. Mais, dès que les pétales se
flétrissent, les sépales s'élèvent pour entourer la jeune capsule, formant au-dessus d'elle un toit imperméable, dès que le pédoncule secondaire a commencé à s'incliner vers le bas. Par suite d'un mouvement
ascensionnel qui se produit plus tard, la capsule mûre est à une distance du sol plus grande de deux fois la longueur du pédoncule secondaire, que lorsque ce dernier pendait vers le bas ; elle peut ainsi
répandre ses graines à une distance plus considérable. Les sépales,
qui entourent l'ovaire jeune, présentent une adaptation additionnelle,
car ils s'étalent lorsque les graines sont mûres, pour ne pas empêcher leur dispersion. Dans le cas d'Oxalis acetosella, on dit que les
capsules s'enfouissent quelquefois sous des feuilles mortes, ou même
sous terre, mais ce fait ne peut se produire pour O. carnosa, car la
tige ligneuse est trop élevée.

Oxalis acetosella. — Les pédoncules sont pourvus, dans leur milieu, d'une articulation ; aussi la partie inférieure représente-t-elle le

pédoncule principal, et la partie supérieure l'un des pédoncules secondaires d'*O. carnosa*. La partie supérieure s'incline vers le bas, lorsque la fleur a commencé à se flétrir, et le pédoncule tout entier prend alors la forme d'un crochet. Nous pouvons dire, par analogie avec *O. carnosa*, que ce mouvement relève de l'épinastie. Lorsque la capsule est presque mûre, la partie supérieure se redresse, sous l'influence de l'hyponastie ou de l'apogéotropisme, ou des deux à la fois, et non de l'héliotropisme, car ce mouvement se produit aussi dans l'obscurité. La courte portion courbée du pédoncule d'une fleur cleistogame, portant une capsule presque mûre, fut observée dans l'obscurité pendant trois jours. L'extrémité de la capsule était d'abord dirigée perpendiculairement vers la terre, mais, dans ces trois jours, elle s'éleva de 90°, de manière à se projeter horizontalement. La fig. 189

Fig. 189.

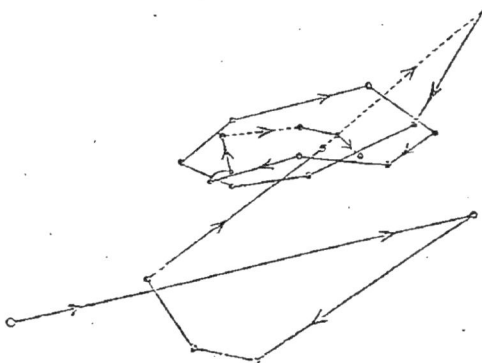

Oxalis acetosella : marche suivie par la partie supérieure d'un pédoncule, pendant qu'il s'élève, relevée du 1er juin, 11 h. m., au 3, 9 h. m. Figure réduite de moitié.

indique la marche suivie pendant les deux dernières journées ; on peut y voir quelle était la netteté de la circumnutation du pédoncule, pendant qu'il s'élevait. Les principales lignes de mouvement étaient perpendiculaires au plan de courbure du pédoncule. Nous ne continuâmes pas ce diagramme ; mais, après deux nouvelles journées, le pédoncule et sa capsule s'étaient complétement redressés.

Remarques finales sur l'Apogéotropisme. — Lorsque, par un moyen quelconque, on atténue l'influence de l'apogéotropisme, cette action s'exerce, comme nous l'avons vu dans les divers cas qui précèdent, en augmentant, dans une direction opposée à celle de la pesanteur, le mouvement permanent de circumnutation, et en le diminuant dans le sens même de la pesanteur et dans les autres directions. Le mouvement ascensionnel prend ainsi une vitesse inégale, et est quelquefois interrompu par des intervalles de repos. Toutes les fois que'des ellipses ou des boucles prennent encore naissance, leurs plus grands axes sont presque toujours dirigés suivant la perpendiculaire, d'une façon analogue à ce qui se produisait pour les mouvements placés sous l'influence de la lumière. L'apogéotropisme agissant avec une énergie de plus en plus grande, les ellipses et les boucles cessent de se former, et la marche devient d'abord fortement puis de moins en moins onduleuse, et enfin rectiligne. De cette gradation dans la nature du mouvement, et de ce fait que toutes les parties en voie d'accroissement, qui subissent seules (excepté quand il y a un pulvinus) l'action apogéotropique, sont en circumnutation continuelle, nous pouvons conclure que la marche rectiligne elle-même est une forme extrêmement modifiée de la circumnutation. Il est à remarquer qu'une tige (ou tout autre organe fortement apogéotropique) qui s'est rapidement courbée vers le haut en ligne droite, est souvent entraînée au-delà de la verticale comme par la force acquise. Cet organe s'incline alors un peu vers le bas, jusqu'à un point autour duquel il se met enfin à circumnuter. Nous observâmes deux exemples de ce fait chez *Beta vulgaris* (l'un d'eux est indiqué fig. 183), et deux autres dans l'hypocotyle de Brassica. Ce mouvement résulte probablement de l'accumulation de l'action apogéotropique. Afin d'observer combien de temps duraient de tels effets ultérieurs, nous plaçâmes, couché sur le côté, dans l'obscurité, un pot de semis de Beta, et, en 3 h. 15, les hypocotyles acquirent une incurvation considérable. Le pot, encore à l'obscurité, fut alors redressé, et nous relevâmes les mouvements de deux hypocotyles : l'un d'eux continua à s'incliner suivant sa direction primitive, devenue en opposition avec l'apogéotropisme, pendant 37 m. environ, peut-être 38 m.; mais, après 61 m., son mouvement était dirigé dans le sens opposé. L'autre hypocotyle continua à se mouvoir dans la direction primitive pendant 37 m. au moins.

Des espèces différentes et des organes différents dans la même espèce subissent très inégalement l'action de l'apogéotropisme. De jeunes semis, dont la plupart circumnutaient largement et rapidement, s'inclinaient vers le haut et devenaient verticaux en beaucoup moins de temps que des plantes plus âgées. Mais nous ignorons si ce fait résulte de leur plus grande sensibilité à l'apogéotropisme, ou de leur plus grande flexibilité. Un hypocotyle de Beta parcourait en 3 h. 8 m. un angle de 109°, et un cotylédon de Phalaris, un angle de 130° en 4 h. 30. D'autre part, la tige d'une Verbena herbacée s'élevait de 90° en 24 h. environ, celle d'un Rubus, de 90° en 70 h.; celle d'un Cytisus, de 70° en 72 h.; celle d'un jeune Chêne d'Amérique, de 37° seulement en 72 h. La tige d'un jeune *Cyperus alternifolius* ne s'élevait que de 11° en 96 h.; l'incurvation était localisée près de sa base. Bien que les cotylédons en fourreau de Phalaris soient extrêmement sensibles à l'apogéotropisme, la première feuille vraie ne montre aucune trace de cette sensibilité. Deux frondes d'une fougère, *Nephrodium molle*, toutes deux jeunes, furent gardées pendant 46 h. dans une position horizontale, et, pendant ce temps, elles s'élevèrent si peu, que la manifestation de tout mouvement apogéotropique demeura très douteuse.

Le cas le plus curieux que nous connaissions de cette différence de sensibilité à la gravitation, et, par suite de mouvement, dans les diverses parties d'un même organe, est celui qu'offrent les pétioles des cotylédons d'*Ipomœa leptophylla*. La partie basilaire, unie sur une faible longueur à l'hypocotyle peu développé et à la radicule, se montre fortement géotropique; la partie supérieure tout entière est au contraire apogéotropique. Mais, après un certain temps, une partie, située près du limbe du cotylédon, subit l'action de l'épinastie, et se courbe vers le bas, afin de pouvoir sortir de terre en forme d'arc. Elle se redresse ensuite, et subit de nouveau l'action de l'apogéotropisme.

Un rameau de *Cucurbita ovifera*, placé horizontalement, se dirigea pendant 7 h. vers le haut en ligne droite, jusqu'à venir former un angle de 40° au-dessus de l'horizon; il se mit alors à circumnuter, comme si, à cause de sa nature, il n'avait aucune tendance à s'élever plus haut. Une autre branche verticale fut assujettie sur un bâton près de la base d'une vrille, et le pot fut alors couché horizontalement dans l'obscurité. Dans cette position, la vrille circumnutait; elle décrivit en 14 h. plusieurs grandes ellipses, et se comporta de même le lendemain. Mais, pendant tout ce temps, elle ne se montra nullement affectée par l'apogéotropisme. D'autre part, lorsque les branches d'une autre Cucurbitacée, *Echinocystis lobata*, sont fixées, dans l'obscurité, de façon que les vrilles soient inclinées au-dessous de l'horizon, ces dernières commencent immédiatement à se courber vers le haut, et, en accomplissant ce mouvement, cessent complétement de circumnuter; mais, lorsqu'elles sont devenues horizontales, elles recommencent visiblement leur mouvement de révolution (1). Les vrilles de *Passiflora gracilis* sont aussi apogéotropiques. Deux branches furent fixées dans une position telle que leurs vrilles formassent au-dessous de l'horizon un angle de plusieurs degrés. L'un de ces organes fut observé pendant 8 h. et s'éleva durant ce temps en décrivant deux cercles, l'un au-dessus de l'autre. L'autre vrille se dressa suivant une ligne presque droite, pendant les 4 premières heures, en décrivant cependant une petite boucle; elle était alors à 45° environ

---

(1) Pour plus de détails, voir « *Mov. et Hab. of Cl. plants,* » 1875, p. 131.

au-dessus de l'horizon, et elle continua à circumnuter dans cette position, pendant les 8 h. que dura encore l'observation.

Un organe ou une partie d'organe qui, encore jeune, est extrêmement sensible à l'apogéotropisme, perd cette sensibilité en vieillissant. Il faut remarquer, comme un fait qui montre l'indépendance de cette sensibilité. et du mouvement circumnutant, que ce dernier continue quelque temps encore après que l'organe a complétement perdu le pouvoir de se courber vers le centre de la terre. C'est ainsi qu'un semis d'Oranger, ne portant que 3 jeunes feuilles et dont la tige était assez dure, ne montra aucune incurvation après être demeuré 24 h. étendu horizontalement; cette tige avait cependant un faible mouvement de circumnutation. L'hypocotyle d'un jeune semis de *Cassia tora*, placé dans la même position, devint vertical au bout de 12 h.; celui d'un semis plus âgé, haut de 33mm, se redressa en 28 h.; et celui d'un autre semis encore plus âgé, haut de 37^{mm}5, demeura 2 jours horizontal, mais continua à circumnuter distinctement pendant tout ce temps.

Lorsque les cotylédons de Phalaris ou d'Avena sont étendus horizontalement, la partie supérieure s'incline d'abord vers le haut, puis la partie inférieure. Par suite, lorsque la partie basilaire est devenue verticale, la partie terminale doit se courber dans le sens opposé, pour se redresser et se trouver aussi verticale; ce redressement subséquent est placé encore sous l'influence de l'apogéotropisme. Nous rendîmes rigide la partie terminale de 8 cotylédons de Phalaris, en fixant sur elle de faibles fragments de verre, qui l'empêchaient de s'incliner : la partie basilaire se courba néanmoins vers le haut. Une tige ou un autre organe, qui s'incline vers le haut sous l'influence de l'apogéotropisme exerce une force considérable : son propre poids, qui doit nécessairement être soulevé, suffisait, dans la plupart des cas, pour faire d'abord légère-

ment courber l'organe vers le bas; mais ce mouvement de
descente devenait généralement oblique à cause du mouvement simultané de circumnutation. Les cotylédons
d'Avena placés horizontalement, soulèvent leur propre
poids, et sont, en outre, capables de déplacer le sable
humide qui se trouve au-dessus d'eux, de manière à
laisser libres de petits espaces à la face inférieure de leur
base; c'est là une preuve remarquable de la force qu'ils
peuvent déployer.

L'extrémité des cotylédons de Phalaris et d'Avena
subissant l'action de l'apogéotropisme avant leur partie
basilaire, — et, d'autre part, cette même extrémité,
excitée par une lumière latérale, transmettant à la base
l'excitation reçue, et déterminant son incurvation, — nous
croyions que la même règle intervenait pour l'apogéotropisme et pour l'héliotropisme. Nous enlevâmes, par suite,
les extrémités de 7 cotylédons de Phalaris, sur une longueur qui, en 3 cas, était de 5 mm., et, dans les 4 autres
cas, de de $3^{mm}5$, 3^{mm}, $2^{mm}5$ et $1^{mm}75$. Mais ces cotylédons,
étendus horizontalement, se courbèrent vers le haut aussi
nettement que ceux qui étaient demeurés intacts; ce qui
montre que la sensibilité à la pesanteur n'est pas localisée dans l'extrémité.

GÉOTROPISME.

Ce mouvement est directement opposé à l'apogéotropisme. Beaucoup d'organes se courbent vers le bas sous
l'action de l'épinastie, ou de l'aphéliotropisme, ou de leur
propre poids; mais nous ne rencontrons, dans les organes
subaériens, que très peu de cas d'un mouvement de descente, dû au géotropisme. Nous en donnerons cependant
un bon exemple dans ce qui va suivre, en parlant de *Trifolium subterraneum* et, probablement, d'*Arachis hypogœa*.

D'autre part, toutes les racines qui pénètrent dans le sol (y compris les pétioles modifiés de Megarrhiza et d'*Ipomœa leptophylla*) sont guidées par le géotropisme dans leur marche vers le bas ; il en est de même pour beaucoup de racines aériennes, tandis que d'autres, comme celles du Lierre, paraissent indifférentes à son action. Nous avons décrit, dans notre premier chapitre, les mouvements des radicules de plusieurs semis. Nous pouvons y voir (fig. 1) comment une radicule de Chou circumnutait lorsqu'elle était placée verticalement, de manière à ne subir que faiblement l'action géotropique ; et comment une autre (fig. 2), placée d'abord dans une position inclinée, descendait en décrivant des zigzags, tout en demeurant quelquefois stationnaire pendant un certain temps. Deux autres radicules de Chou descendaient suivant une ligne droite. Une radicule de Vesce placée verticalement (fig. 20), fit un grand mouvement, et se mit à décrire des zigzags ; mais, à mesure qu'elle descendait et qu'elle subissait plus fortement l'action géotropique, son mouvement devenait presque rectiligne. Une radicule de Cucurbita, dirigée vers le haut (fig. 26) décrivit aussi d'abord des zigzags, en formant de petites boucles, puis se mut suivant une ligne droite. Nous observâmes à peu près le même résultat avec les radicules de *Zea mays*. Mais la meilleure évidence de la connexion intime qui existe entre la circumnutation et le géotropisme, nous fut offerte par les radicules de Phaseolus, Vicia et Quercus, et, bien qu'à un moindre degré, par celles de Zea et d'Æsculus (voir fig. 18, 19, 21, 41 et 52) ; en effet, ces radicules, en poussant sur des lames inclinées de verre noirci, laissaient des traces nettement onduleuses.

Enfouissement des capsules : Trifolium subterraneum. — Les inflorescences de cette plante sont remarquables en ce qu'elles ne produisent que 3 ou 4 fleurs parfaites, situées vers l'extérieur. Toutes les autres fleurs avortent et se transforment en aiguillons rigides, dont le centre est parcouru par un faisceau vasculaire. Après quelque temps, se développent à leur sommet 5 proéminences en forme de griffes, longues et élastiques, qui représentent les divisions du calice. Dès que les fleurs parfaites commencent à se flétrir, elles s'inclinent vers le bas, si l'on suppose que le pédoncule soit perpendiculaire, et entourent alors étroitement la partie supérieure de ce dernier. Ce mouvement est dû à l'épinastie, comme celui des fleurs de *T. repens.* Les fleurs centrales imparfaites suivent plus tard, l'une après l'autre, la même marche. Pendant que les fleurs parfaites s'inclinent ainsi, le pédoncule tout entier se dirige vers le bas et s'allonge beaucoup, jusqu'à ce que l'inflorescence touche le sol. Vaucher (1) dit que lorsque la plante est placée de telle sorte que l'inflorescence ne puisse bientôt atteindre la terre, le pédoncule s'allonge de 15 à 20 cm., ce qui est un accroissement extraordinaire. Quelle que soit la position de la branche, la partie supérieure du pédoncule s'incline d'abord vers le haut sous l'action de l'héliotropisme ; mais, dès que la fleur commence à se flétrir, l'incurvation vers le bas du pédoncule entier commence à se produire. Ce dernier mouvement se manifestait dans l'obscurité complète, et avec des pédoncules portés sur des branches dans toutes les positions ; il ne peut donc être attribué à l'héliotropisme ou à l'épinastie, mais ne peut dépendre que du géotropisme. Dix-neuf inflorescences verticales, portées sur des branches placées dans toutes les positions, sur des plantes poussant en serre chaude, furent marquées au moyen de fils : après 24 h. six d'entre elles pendaient verticalement ; elles avaient donc, dans ce temps, parcouru un arc de 180°. Dix étaient à peu près horizontales ; elles avaient décrit un arc de 90° environ. Trois pédoncules très jeunes n'avaient eu qu'un léger mouvement vers le bas, mais, après un nouvel espace de 24 h., ils étaient fortement inclinés.

Lorsque l'inflorescence atteint la surface du sol, les fleurs imparfaites les plus jeunes, placées au centre, sont encore fortement pressées les unes contre les autres, et forment une projection conique ; au contraire, les fleurs parfaites et imparfaites de la périphérie sont tournées vers le haut, et entourent étroitement le pédoncule. Elles sont ainsi disposées de manière à offrir une résistance aussi faible que possible pour pénétrer dans le sol, bien que le diamètre de l'inflorescence soit encore considérable. Nous allons maintenant décrire les moyens par lesquels s'effectue cette pénétration. Les inflorescences peuvent s'enfouir dans le terreau ordinaire des jardiniers, et très faiblement dans

---

(1) « *Hist. Phys. des Pl. d'Europe,* » t. II, 1841, p. 106.

le sable ou dans des cendres fines, assez fortement pressées. La profondeur à laquelle elles pénétraient, mesurée de la surface à la base de l'inflorescence, variait entre 6ᵐᵐ25 et 12ᵐᵐ5 ; dans un cas elle dépassait 15 mm. Avec une plante gardée dans la maison, une inflorescence s'enterra partiellement dans le sable en 6 h. : après 3 jours, on ne voyait plus à l'extérieur que les extrémités des calices tournés vers le haut, et, après 6 jours, toute l'inflorescence avait disparu. Mais nous croyons, par suite d'observations que nous avons eu occasion de faire, que, pour des plantes exposées en plein air, le temps nécessaire est beaucoup plus court.

Lorsque les inflorescences se sont cachées sous le sol, les fleurs centrales avortées s'allongent beaucoup en durcissant et en blanchissant. Elles se courbent graduellement, l'une après l'autre, vers le haut, c'est-à-dire vers le pédoncule, comme l'avaient fait d'abord les fleurs parfaites. Dans ce mouvement, les proéminences en griffes du sommet emportent avec elles une certaine quantité de terre. C'est ainsi qu'une inflorescence qui est demeurée sous terre un temps suffisant, forme une boule de dimensions assez considérables ; cette boule est composée des fleurs avortées, séparées les unes des autres par la terre, et entourant les petites gousses (produits des fleurs parfaites), qui se trouvent placées autour de la partie supérieure du pédoncule et l'enserrent étroitement. Les calices des fleurs parfaites et imparfaites sont couverts de poils simples multicellulaires, qui jouissent du pouvoir d'absorption ; en effet, si on les place dans une solution de carbonate d'ammoniaque (2 gr. pour une once d'eau) leur contenu protoplasmatique se contracte immédiatement et perd ensuite ses lents mouvements habituels. Ce trèfle croit ordinairement dans un sol sec, mais nous ne savons si le pouvoir d'absorption des poils des inflorescences lui est d'une utilité quelconque. Très peu des inflorescences que leur position empêche de pénétrer sous le sol, parviennent à produire des graines. Au contraire, celles enterrées ont toujours, autant que nous avons pu l'observer, produit autant de graines qu'il y avait de fleurs parfaites.

Nous allons maintenant observer les mouvements du pédoncule pendant son incurvation. Nous avons vu (Chap. IV, fig. 92) qu'une jeune inflorescence verticale circumnutait nettement. Ce mouvement continuait après que le pédoncule eût commencé à s'incliner vers le bas. Nous observâmes le même pédoncule lorsqu'il formait au-dessus de l'horizon un angle de 19°, et il continua à circumnuter pendant deux jours. Un autre, qui était déjà courbé de 36° au-dessous de l'horizon, fut observé du 22 juillet, 11 h. du matin, au 27 ; à cette dernière date, il pendait verticalement. La fig. 190 montre sa marche pendant les

12 premières heures, et sa position pendant les trois matinées qui suivirent, jusqu'au 25; à ce dernier moment il était presque vertical. Pendant le premier jour, le pédoncule circumnutait visiblement, car il se mut 4 fois vers le bas et 3 fois vers le haut; chacun des jours suivants, à mesure qu'il descendait, le même mouvement continuait; mais il ne fut pas observé d'une manière suivie : il était moins accentué. Il faut dire que ces pédoncules étaient observés dans la maison,

Fig. 190.

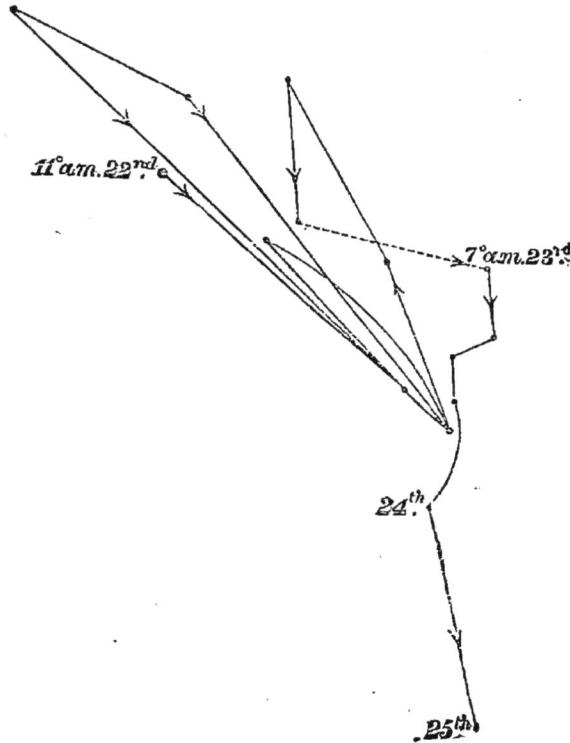

Trifolium subterraneum : mouvement du pédoncule, relevé du 22 juillet, 11 h. m. au 25 au matin. Fil de verre fixé transversalement sur le pédoncule, à la base de l'inflorescence.

sous un double châssis vitré, et que leur marche générale vers le bas était beaucoup plus faible que celle des pédoncules placés en plein air ou dans la serre.

Nous traçâmes encore le mouvement d'un autre pédoncule vertical, dont l'inflorescence était à 12mm5 au-dessus du sol, puis de nouveau au moment où les fleurs touchèrent la terre. Dans les deux cas, des ellipses irrégulières étaient décrites en 4 ou 5 heures. Un pédoncule, pris sur une plante qui avait été transportée dans la maison, alla en un seul jour, de la verticale à une position diamétralement opposée. Ici, la marche suivie pendant les 12 premières heures était presque droite, mais avec quelques zigzags bien marqués, qui trahissaient la nature essentielle du mouvement. Enfin, nous traçâmes pendant 51 h.

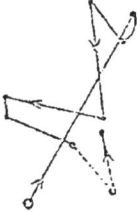

Fig. 191.

Trifolium subterraneum : mouvement de circumnutation du pédoncule, pendant que l'inflorescence s'enfouit dans le sable, et que les extrémités des sépales sont encore visibles. Relevé du 26 juillet, 8 h. m., au 27, 9 h. m. Fil de verre fixé transversalement sur le pédoncule près de l'inflorescence

la circumnutation d'un pédoncule pendant qu'il s'enfouissait obliquement sous un petit tas de sable. Lorsqu'il fut parvenu à une profondeur telle que les extrémités seules des sépales demeurassent visibles, nous relevâmes pendant 25 h. la figure 191. Lorsque l'inflorescence eut complétement disparu sous le sable, nous fîmes pendant 11 h. 45 m. un autre tracé (fig. 192); nous voyons encore ici que le pédoncule circumnutait.

Celui qui observe une inflorescence en train de s'enfouir, est vite convaincu que le mouvement de rotation dû à la continuation du mouvement circumnutant du pédoncule joue un rôle important dans cette action. Si nous considérons que les inflorescences sont très légères, que les pédoncules sont longs, minces, flexibles, et qu'ils sont portés par des plantes elles-mêmes flexibles, il nous est à peine

Fig. 192.

Trifolium subterraneum : mouvement du même pédoncule, l'inflorescence étant complétement enfouie sous le sable : Relevé le 29 juillet, de 8 h. m. à 7 h. 15 s.

possible de croire qu'un objet aussi large qu'une des inflorescences puisse pénétrer dans le sol par suite de la seule croissance du pédoncule, s'il n'y est pas aidé par un mouvement de rotation. Lorsqu'une inflorescence a pénétré d'une faible profondeur dans le sol, un autre agent important entre en jeu : les fleurs centrales, avortées et rigides, terminées chacune par cinq longues griffes, se courbent vers le pédoncule; en

agissant ainsi, elles ne peuvent manquer d'entraîner l'inflorescence à une plus grande profondeur ; cette action est encore aidée par le mouvement circumnutant, qui continue même lorsque la fleur est complétement enterrée. Les fleurs avortées agissent ainsi en quelque sorte comme les pattes de la taupe, qui chassent la terre en arrière, et le corps en avant.

On sait que les capsules de plantes très différentes, ou s'enfoncent sous terre, ou sont produites par des fleurs imparfaites développées au-dessous de la surface. Outre le cas dont nous venons de nous occuper, nous allons en citer deux autres caractéristiques. Il est probable qu'un des principaux avantages gagnés par ce mouvement est la protection des graines contre les animaux qui pourraient les manger. Chez *T. subterraneum*, les graines ne sont pas seulement cachées par suite de l'enfouissement, mais elles sont encore protégées par les fleurs avortées, rigides, qui les entourent. Nous pouvons dire en outre, avec la plus entière confiance, que cette protection est ici le but poursuivi, car les graines de plusieurs espèces de ce même genre sont protégées par des moyens différents (1) : par la fermeture et l'occlusion complète du calice, par la persistance et l'incurvation de l'étendard, etc. Mais le cas le plus curieux est celui qui nous est offert par *T. globosum*, dont les fleurs supérieures sont stériles, comme celles de *T. subterraneum*, mais se développent ici en larges bouquets de poils qui enveloppent et protègent les fleurs fertiles. Cependant, dans tous ces cas, les capsules et leurs graines peuvent, comme l'a fait remarquer M. T. Thiselton Dyer (2), retirer un avantage de ce qu'elles sont maintenues dans un certain état d'humidité. L'avantage offert par la présence de cette humidité est peut-être confirmé par la présence des poils absorbants sur les fleurs de *T. subterraneum*. D'après M. Bentham, cité par M. Dyer, la position penchée de *Helianthemum prostratum* « maintient les capsules en contact avec la surface du sol, retarde leur maturité, et leur permet ainsi d'atteindre des dimensions plus considérables. » Les capsules de Cyclamen et d'*Oxalis acetosella* ne sont enfouies que quelquefois, et seulement sous la mousse ou les feuilles mortes. Si c'est un avantage pour une plante que ses capsules puissent être maintenues humides et froides, en demeurant sous le sol, nous avons ici la première étape par laquelle a été acquis le pouvoir de pénétrer sous terre, au moyen du mouvement universel de circumnutation.

Arachis hypogœa. — Les fleurs qui s'enfouissent sortent de branches rigides, quelques pouces au-dessus du sol, et sont verticales. Lorsqu'elles sont tombées, le gynophore, partie qui supporte l'ovaire, atteint une grande longueur, jusqu'à 75 ou 100 mm., et s'incline perpendiculairement vers le bas. Il ressemble tout à fait à un pédoncule, mais son extrémité, qui contient les ovules, est unie et pointue, et, à l'origine, nullement élargie. L'extrémité, après avoir atteint le sol, s'y enfonce ; dans un cas observé par nous elle atteignit une profondeur de 25 mm. ; dans un autre cas, $17^{mm}5$. Elle se développe alors en une large gousse. Les fleurs situées trop haut sur la plante pour que le gynophore puisse atteindre

---

(1) Vaucher, « *Hist. Phys. des Pl. d'Europe,* » t. II, p. 110.
(2) Voir son article intéressant dans « *Nature,* » 4 avril 1878, p. 446.

le sol, ne produisent jamais de gousses, à ce qu'on rapporte (1).

Nous relevâmes pendant 46 h. le mouvement d'un jeune gynophore, long d'un peu plus de 25 mm., et qui pendait verticalement ; le fil de

Fig. 194.

Fig. 193.

Arachis hypogœa : circumnutation d'un jeune gynophore vertical, relevée sur verre vertical, du 31 juillet. 10 h. m., au 2 août, 8 h. m.

Arachis hypogœa : mouvement de descente du même jeune gynophore, étendu horizontalement. Relevé sur verre vertical. le 2 août, de 8 h. 30 m. à 8 h. 30 s.

verre, avec ses points de repère, était fixé transversalement un peu au-dessus de l'extrémité. Il circumnutait pleinement (fig. 193) en même temps qu'il s'allongeait et qu'il s'inclinait vers le bas. Il fut alors

(1) « Gardners Chronicle, » 1857, p. 566.

relevé, de manière à se trouver à peu près horizontal, et la partie terminale se courba vers le bas, suivant une marche presque droite pendant 12 h., mais avec une tendance à la circumnutation (voir fig. 194). Après 24 h., il était presque vertical. Nous ne pûmes déterminer si la cause de ce mouvement de descente est le géotropisme ou l'aphéliotropisme. Ce n'est pourtant pas, très probablement, l'aphéliotropisme, car tous les gynophores s'accroissaient directement dans le sens de la terre, tandis que la lumière pénétrait dans la serre tant par un côté que par le haut. Un autre gynophore plus âgé, dont l'extrémité touchait presque le sol, fut observé pendant trois jours de la même manière que celui dont nous venons de parler; il se trouva continuellement en circumnutation. Pendant les 34 premières heures, il décrivit une figure qui représentait quatre ellipses. Enfin, un long gynophore, dont l'extrémité avait déjà pénétré dans le sol sur une longueur d'environ 12^{mm}5, fut amené à l'extérieur et étendu horizontalement; il commença à se courber fortement vers le bas, suivant une ligne en zigzag; mais, le lendemain, la portion terminale blanchie était un peu racornie. Comme les gynophores sont rigides, qu'ils sortent de branches dures, et qu'ils sont, en outre, terminés par des pointes également rigides, il est probable qu'ils pourraient pénétrer dans le sol par la seule force de leur croissance. Mais il faut que cette action soit encore aidée par le mouvement circumnutant, car, lorsque du sable fin et humide fut pressé autour de l'extrémité d'un gynophore qui avait atteint le sol, nous trouvâmes, au bout de quelques heures, ce dernier entouré d'une petite craquelure circulaire. Après 3 semaines, ce gynophore fut découvert, et nous trouvâmes son extrémité à une profondeur un peu supérieure à 12^{mm}5, développée en une petite gousse blanche et ovale.

Amphicarpœa monoica. — Cette plante porte des branches longues et minces, qui s'enroulent autour d'un support, et par conséquent, circumnutent. Au commencement de l'été, des branches plus courtes sortent des parties inférieures de la plante, se courbent vers le bas, et pénètrent dans le sol. Nous vîmes l'une d'elles, terminée par un petit bourgeon, pénétrer dans le sable de 5^{mm}5 en 24 h. Elle fut déterrée et fixée dans une position inclinée de 25° sous l'horizon; elle était faiblement éclairée par le haut. Dans cette position, elle décrivit deux ellipses verticales en 24 h.; mais, le lendemain, lorsqu'elle fut transportée dans la maison, elle ne circumnutait que très peu sur place. Nous vîmes d'autres branches pénétrer dans le sol, et nous les trouvâmes ensuite, courant comme des racines sous la surface, sur une longueur de près de 5 cm.; elles étaient fortement épaissies. L'une d'elles, après ce parcours souterrain, s'était de nouveau montrée à l'air. Nous ne

savons jusqu'à quel point la circumnutation aide ces branches délicates à pénétrer dans le sol; mais elles sont aidées par les poils
recourbés dont elles sont couvertes. Cette plante produit des gousses
aériennes, et d'autres souterraines, dont l'aspect est très différent.
Asa Gray dit (1) que ce sont les fleurs imparfaites des branches ram-
pantes basilaires qui produisent les gousses souterraines. Ces fleurs
doivent donc s'enfouir comme celles d'Arachis. Mais on peut croire
que les branches que nous avons vues pénétrer dans le sol produisent
aussi des fleurs et des gousses souterraines.

DIAGÉOTROPISME.

Voisine du géotropisme et de l'apogéotropisme, il existe,
d'après Frank, une autre forme de mouvement, « *géotropisme transversal* » ou *diagéotropisme*, ainsi que nous
pouvons le nommer pour employer un terme analogue à
ceux que nous avons déjà adoptés. Sous l'influence de la
gravitation, certains organes sont amenés à se placer plus
ou moins transversalement, relativement à la direction
de cette force (2). Nous n'avons fait aucune observation à
ce sujet; aussi nous contenterons-nous de faire remarquer ici que la position des racines secondaires de diverses
plantes, qui s'étendent horizontalement, ou s'inclinent un
peu vers le bas, serait probablement considérée par Frank
comme due au géotropisme transversal. Comme nous
avons montré, dans le chap. I, que les racines secondaires de Cucurbita laissent des traces onduleuses sur
des lames inclinées de verre noirci, il est évident que
ces organes circumnutent visiblement, et on ne peut douter que ce fait se produise dans les autres racines secondaires. Il paraît donc très probable qu'elles se placent
dans leur position diagéotropique au moyen de modifications dans leur mouvement circumnutant.

(1) « *Manual of the Botany of the Northern United States,* » 1856, p. 106 (Ma-
nuel de Botanique pour les Etats-Unis du Nord.)
(2) Elfving vient de décrire (« *Arbeiten des Bot. Inst. in Würzburg,* » 1880
B. II, p. 489) un excellent exemple de ce mouvement dans les rhizomes de certaines
plantes.

Enfin, nous pouvons conclure en disant que les trois modes de mouvement que nous venons de décrire, et qui dépendent de la gravitation, sont des modifications du mouvement circumnutant. Différentes parties ou différents organes de la même plante, et le même organe dans diverses espèces, subissent de façons très différentes l'action de la gravitation. Nous ne pouvons trouver aucune raison qui explique pourquoi la pesanteur modifierait l'état de turgescence et l'accroissement intérieur d'un organe sur sa face supérieure, et ceux d'un autre organe sur sa face inférieure. Nous sommes donc autorisé à dire que les mouvements, tant géotropiques qu'apogéotropiques ou diagéotropiques, dont nous pouvons généralement comprendre le but final, ont été acquis, pour le bien de la plante, par la modification du mouvement universel de circumnutation. Ceci implique cependant que la gravitation produit sur les tissus jeunes un effet suffisant pour servir de guide à la plante.

CHAPITRE XI

Localisation de la Sensibilité géotropique : Transmission de ses effets.

Considérations générales. — Vicia faba : effets obtenus en coupant l'extrémité des radicules. — Régénération de ces extrémités. — Effets obtenus en exposant les extrémités des radicules à l'action géotropique, et en les coupant ensuite. — Effets obtenus en les coupant obliquement. — Effets de la cautérisation. — Effets de la graisse sur les radicules. — Pisum sativum : extrémité des radicules cautérisée transversalement, sur les faces supérieure et inférieure. — Phaseolus : cautérisation des radicules et application d'un corps graisseux. — Gossypium. — Cucurbita : cautérisation transversale, sur les faces supérieure et inférieure. — Zea : cautérisation. — Remarques finales et résumé. — Avantages de la localisation de la sensibilité géotropique dans l'extrémité radiculaire.

Ciesielski dit (1) que, lorsque les racines de Pisum, de Vicia et de Lentille sont étendues horizontalement après que leur extrémité a été coupée, elles ne subissent pas l'action géotropique ; mais, quelques jours après, lorsqu'une nouvelle coiffe et un nouveau point végétatif se sont formés, elles s'inclinent perpendiculairement vers le bas. Il dit plus loin que, si l'extrémité est coupée après que la radicule est demeurée quelque temps étendue horizontalement, mais avant qu'elle ait commencé à se courber, on peut la placer dans une position quelconque, et l'incurvation se produit comme si elle subissait encore

(1) *Abwartskrümmung der Wurzel* (Courbure inférieure de la racine) Inaug. Dissert. Breslau, 1871, p. 29.

l'action géotropique : ceci montre qu'une certaine excitation a déjà été transmise de l'extrémité à la partie basilaire, avant l'amputation. Sachs a répété ces expériences. Il a coupé, sur des longueurs de $0^{mm}5$ à 1 mm. (mesurées depuis l'extrémité du point végétatif), la pointe des radicules de *Vicia faba*, a placé ces radicules horizontalement ou verticalement dans l'air humide, dans la terre, ou dans l'eau, et les a vues se courber dans toutes sortes de directions (1). Il était donc en contradiction avec les résultats obtenus par Ciesielski. Mais, comme nous avons déjà vu que, chez diverses plantes, l'extrémité de la radicule est sensible au contact et aux autres excitants, et qu'elle transmet à la partie supérieure en voie d'accroissement l'excitation reçue par elle, en déterminant son incurvation, il nous paraissait, *à priori*, y avoir de fortes probabilités en faveur des affirmations de Ciesielski. Nous nous décidâmes donc à répéter ses expériences, et à en tenter d'autres sur plusieurs espèces en suivant différentes méthodes.

Vicia faba. — Des radicules de cette plante furent fixées horizontalement, soit au-dessus de l'eau, soit de manière à ce que leur face inférieure fût en contact avec elle. Leurs extrémités avaient été coupées auparavant, dans une direction aussi transversale que possible, sur différentes longueurs, mesurées depuis l'extrémité de la coiffe, et que nous spécifierons dans chaque cas. Toujours l'entrée de la lumière avait été évitée. Nous avions, auparavant, expérimenté sur des centaines de radicules intactes placées dans les mêmes conditions, et nous les avions toujours vues pleinement héliotropiques, au bout de 12 h. Avec 4 radicules, dont l'extrémité avait été coupée sur une longueur de $1^{mm}5$, de nouvelles coiffes et de nouveaux points végétatifs s'étaient reformés après un intervalle de 3 jours et 20 h. En quelques autres occasions, cette régénération des extrémités et la réapparition de leur sensibilité se produisirent dans un temps un peu plus court. Il fallait donc observer de 12 à 48 h. après l'opération les radicules dont l'extrémité avait été coupée.

(1) « *Arbeiten des Bot. Instituts in Wurzburg.* » Heft. III, 1873, p. 432.

Quatre radicules furent étendues horizontalement, leur face inférieure touchant la surface de l'eau ; leurs extrémités avaient été coupées sur une longueur de 0ᵐᵐ5 seulement : après 23 h., trois d'entre
elles étaient encore horizontales ; après 47 h., une des trois devint faiblement géotropique, et, après 70 h., les deux autres montraient des
traces de cette action. La quatrième radicule était, après 23 h., verticalement géotropique. Mais, par suite d'un accident, la coiffe seule
avait été détachée, sans le point végétatif. Ce cas ne constituait donc
pas une exception réelle, et nous n'avons pas à en tenir compte.

Cinq radicules furent étendues horizontalement comme les précédentes, et leurs extrémités furent coupées sur une longueur de 1 mm. ;
après 22-23 h., quatre d'entre elles étaient encore horizontales, et une
légèrement géotropique ; après 48 h., la dernière était devenue verticale ; une seconde était aussi un peu géotropique ; deux demeurèrent
à peu près horizontales ; enfin la dernière avait poussé d'une façon
anormale, et s'était inclinée vers le haut, suivant un angle de 65°.

Quatorze radicules furent étendues horizontalement un peu au-dessus de l'eau ; leurs extrémités étaient coupées sur une longueur de
1ᵐᵐ5 ; après 12 h., toutes étaient encore horizontales, tandis que cinq
spécimens de contrôle, placés dans le même vase, étaient fortement
courbés vers le bas. Après 24 h., plusieurs des radicules coupées
étaient encore horizontales, mais quelques-unes montraient des traces de géotropisme ; une était même pleinement géotropique, car son
incurvation au-dessous de l'horizon atteignait 40°.

Sept radicules, étendues horizontalement, et dont l'extrémité était
coupée sur une longueur de 2 mm., ne furent malheureusement pas
observées avant 35 h. ; à ce moment, 3 étaient encore horizontales,
mais, à notre grande surprise, 4 étaient plus ou moins géotropiques.

Dans les cas suivants, les radicules furent mesurées avant l'amputation de leur extrémité, et, en 24 h., elles s'étaient toutes considérablement allongées ; il n'est cependant pas nécessaire que nous donnions ici les mesures prises. Il est plus important de savoir que, suivant les recherches de Sachs, la vitesse de la croissance des diverses
parties est la même dans les radicules amputées et dans celles intactes. Vingt-neuf radicules à la fois furent traitées comme les précédentes, et, en 24 h., quelques-unes seulement accusèrent des traces de
géotropisme ; cependant, les radicules intactes devenaient toujours,
nous l'avons établi, plus ou moins courbées vers le bas, dans le
même laps de temps. La partie de la radicule qui s'incurve le plus
fortement se trouve à 3 ou 6 mm. de l'extrémité, et, comme, après l'opération, la partie qui se courbe continue à croître, il ne paraît y avoir
aucune raison pour qu'elle ne subisse pas l'action géotropique, à

moins que l'incurvation ne dépende d'une influence transmise par l'extrémité. Les expériences de Ciesielski mettent en pleine évidence cette transmission ; nous les avons répétées et amplifiées de la façon suivante.

Des fèves furent placées dans de la tourbe friable, le hile tourné vers le bas, et, lorsque leurs radicules eurent atteint, en poussant perpendiculairement, une longueur de 12mm5 à 25 mm., nous en choisîmes 16 parfaitement droites, que nous plaçâmes horizontalement dans la tourbe, en les recouvrant d'une couche mince. Nous les laissâmes ainsi pendant 1 h. 37 en moyenne. Les extrémités furent alors coupées *transversalement* sur une longueur de 1mm5, et, immédiatement après, nous les replaçâmes verticalement dans la tourbe. Dans cette position, le géotropisme ne pouvait déterminer aucune incurvation. Mais, si une influence quelconque avait été déjà transmise par l'extrémité à la partie qui se courbe le plus fortement, nous pouvions nous attendre à voir cette partie s'incurver dans la direction de l'action géotropique antérieure, car il faut noter que ces radicules, privées de leurs extrémités sensibles, devaient pouvoir se courber dans une direction quelconque sans en être empêchées par le géotropisme. Il en résulta que, sur les 16 radicules enfouies verticalement, quatre continuèrent pendant plusieurs jours à croître vers le bas, tandis que douze se courbaient plus ou moins latéralement. Sur deux de ces douze on put apercevoir une trace d'incurvation après 3 h. 30 m., à compter du moment où elles avaient été placées horizontalement ; les 12 étaient complètement courbées en 6 h., et encore plus complètement en 9 h. Chez chacune d'entre elles, l'incurvation était dirigée vers la face qui regardait le bas, lorsque les radicules étaient horizontales. L'incurvation s'étendait à une distance de 5 à 8 mm., à partir de l'extrémité de la coiffe. Sur les 12 radicules courbées, 5 acquirent une incurvation permanente perpendiculaire ; les 7 autres étaient d'abord beaucoup moins fortement courbées, et, après 24 h., cette incurvation décrut graduellement, mais sans disparaître complètement. Cette diminution devrait naturellement se produire, si une exposition de 1 h. 37 m. au géotropisme ne servait qu'à modifier la turgescence des cellules, mais sans influer entièrement sur leur croissance subséquente. Les cinq radicules qui s'étaient courbées à angle droit demeurèrent fixées dans cette position et continuèrent à croître horizontalement dans la tourbe, sur une longueur de 25 mm. environ, pendant 4 à 6 jours. Durant ce temps, de nouvelles extrémités avaient pris naissance ; et il faut remarquer que cette régénération se produisait plus lentement dans la tourbe que dans l'eau, peut-être parce que nos nombreuses observations modifiaient les conditions normales de la racine. Lorsque les extrémités furent régénérées, le géotropisme put agir sur elles, et elles s'inclinèrent de nouveau vers le bas. Nous donnons fig. 195 un croquis fidèle d'une de ces cinq radicules, réduite à la moitié de sa grandeur naturelle.

Nous vérifiâmes ensuite si une courte exposition à l'action géotropique pouvait suffire pour produire un effet consécutif. Sept radicules furent étendues horizontalement pendant une heure au lieu de 1 h. 37 m. comme les précédentes ; et, après l'amputation de leurs extrémités (sur une longueur de $1^{mm}5$), elles furent placées verticalement dans de la tourbe humide.

Fig. 195.

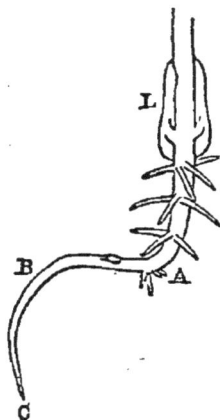

Vicia faba : Radicule courbée rectangulairement en A, après l'amputation de l'extrémité, par suite de l'effet antérieur du géotropisme. L, côté de la fève qui repose sur la tourbe, lorsque le géotropisme agit sur la radicule. A, siége principal de l'incurvation, lorsque la radicule est verticale. B, siége principal de l'incurvation après régénération de l'extrémité. C, extrémité régénérée.

Sur ces 7 radicules, 3 ne furent aucunement affectées, et continuèrent toute la journée à pousser droit vers le bas. Quatre montraient, après 8 h. 30 m., une trace distincte d'incurvation, dans la direction où avait agi précédemment le géotropisme ; à cet égard, elles différaient beaucoup de celles qui avaient été exposées pendant 1 h. 37, car la plupart de ces dernières étaient pleinement courbées au bout de 6 h. L'incurvation d'une de ces quatre radicules disparut complètement après 24 h. Dans la seconde, l'incurvation augmenta pendant deux jours, puis se mit à diminuer. La troisième demeura toujours courbée, de telle sorte que sa partie terminale faisait un angle de 45° avec la direction verticale primitive. La quatrième radicule devint horizontale. Ces deux dernières continuèrent pendant deux jours de plus à pousser dans la même direction, c'est-à-dire suivant un angle de 45° sous l'horizon, et horizontalement. Le quatrième jour, dans la matinée, de nouvelles extrémités s'étaient formées, et le géotropisme pouvait agir de nouveau ; elles devinrent alors perpendiculaires, exactement comme les cinq radicules décrites dans le paragraphe précédent, et comme le montre la figure 195.

Enfin, cinq autres radicules furent traitées de la même manière, mais ne furent exposées que 45 m. à l'action du géotropisme. Après 8 h. 30 m., une seulement était affectée d'une façon douteuse ; après 24 h., deux étaient courbées, d'une façon à peine perceptible, vers le côté où avait agi le géotropisme ; après 48 h., celle que nous avons mentionnée la première avait un rayon d'incurvation de 60 mm. Cette incurvation était bien due à l'action exercée par le géotropisme, lorsque la radicule était horizontale ; c'est ce qui nous fut démontré 4 jours après, lorsqu'une extrémité nouvelle eut été formée, par sa croissance perpendiculaire. Ce cas nous montre que, lorsque les extrémités sont coupées après une exposition de 45 m. seulement au géotropisme, bien que l'influence transmise aux parties voisines de la radicule soit parfois très faible, elle suffit cependant pour produire une incurvation modérément prononcée.

- Dans les expériences que nous venons de rapporter sur 29 radicules étendues horizontalement, une seulement eut une croissance irrégulière bien marquée, après l'amputation de l'extrémité, et se courba vers le haut, sur un angle de 65°. Dans les expériences de Ciesielski, les radicules ne peuvent pas avoir poussé bien régulièrement, car, s'il en avait été ainsi, il n'aurait pu parler avec assurance de la disparition de toute action géotropique. Il est aussi à remarquer que Sachs, qui expérimenta sur un grand nombre de radicules dont les extrémités étaient coupées, obtint, comme résultat ordinaire, un grand désordre dans la croissance. Comme des radicules étendues horizontalement, et dont les extrémités sont coupées, subissent souvent l'action du géotropisme pendant une courte période, et quelquefois pleinement après un jour ou deux, nous pensions que cette influence pouvait avoir empêché tout trouble dans la croissance, bien qu'elle ne fut pas capable de déterminer une incurvation immédiate. Par conséquent, 13 radicules, dont 6 avaient leurs extrémités coupées transversalement sur une longueur de 1mm5, et les 7 autres sur une longueur de 0mm5 seulement, furent suspendues verticalement dans l'air humide; elles ne pouvaient, dans cette position, être affectées par le géotropisme ; mais elles ne montrèrent aucune grande irrégularité de croissance, pendant les 4 ou 6 jours de l'observation. Nous pensâmes alors que, si on ne prenait pas de précautions en coupant les extrémités transversalement, un des côtés de la coupure pouvait être irrité plus que l'autre, soit dès l'abord, soit plus tard, pendant la régénération de l'extrémité, ce qui causait l'incurvation de la radicule sur un côté. Nous avons aussi montré au Chapitre III que l'ablation d'une bande mince sur une face de la radicule pouvait déterminer son incurvation en sens contraire. Suivant ces idées, 30 radicules, dont les extrémités étaient coupées sur une longueur de 1mm5, furent mises dans l'eau. 20 d'entre elles étaient amputées suivant un angle de 20° avec la ligne transversale sur l'axe longitudinal ; la coupure était donc légèrement oblique. Les 10 autres étaient coupées suivant un angle de 45° environ. Dans ces circonstances, il n'y eut pas moins de 19 radicules sur les 30, qui se tordirent fortement en 2 ou 3 jours. Onze autres radi-

cules furent traitées de la même manière, mais avec cette différence
que l'amputation eut lieu à 1 mm. seulement de l'extrémité de la
coiffe : sur ce nombre, une seulement fut beaucoup, et deux légèrement tordues; cette amputation n'était donc pas suffisante. Sur les
30 radicules sus-mentionnées une ou deux seulement montraient au
bout de 24 h. une incurvation ; mais, dans les dix-neuf cas, celle-ci
devint complète le second jour, et encore plus apparente à la fin du
troisième jour; à ce moment les extrémités étaient complétement ou
partiellement régénérées. Par conséquent, lorsqu'une nouvelle extrémité se forme sur une amputation oblique, elle se développe probablement plus tôt d'un côté que de l'autre, et, de cette façon elle excite la
partie voisine à se courber sur un côté. Il paraît donc probable que
Sachs a coupé, sans le vouloir, les radicules sur lesquelles il opé-
rait, suivant une direction qui n'était pas rigoureusement transversale.

Cette explication de la croissance irrégulière de certaines radicules
coupées, est encore confirmée par les résultats que l'on obtient en en
cautérisant l'extrémité ; il arrive souvent, en effet, qu'on brûle ou
qu'on endommage une plus grande longueur de la radicule d'un côté
que de l'autre. Il faut remarquer que, dans les expériences que nous
allons citer, les extrémités des radicules furent d'abord séchées avec
du papier buvard, puis légèrement touchées avec un bâton sec de
nitrate d'argent. Quelques attouchements suffisent pour brûler la
coiffe et quelques-unes des couches de cellules au-dessus du point
végétatif. 27 radicules, dont quelques-unes étaient jeunes et très courtes, d'autres de longueur modérée, furent suspendues verticalement
au-dessus de l'eau, après avoir été cautérisées. Sur ce nombre, quelques-unes plongèrent dans l'eau immédiatement, et d'autres le second
jour seulement. Nous observâmes le même nombre de radicules intactes du même âge, qui devaient servir de contrôle. Après un intervalle
de 3 ou 4 jours, le contraste apparent entre les spécimens cautérisés
et les autres, était remarquable. Les radicules intactes avaient poussé
droit, ne présentant que l'incurvation normale, que nous avons nommée incurvation de Sachs. Sur les 27 radicules cautérisées, 15 étaient
extrêmement tordues; 6 d'entre elles avaient poussé vers le haut et
formaient des crochets, de sorte que leur extrémité venait en contact
avec la graine ; 5 avaient poussé rectangulairement; quelques-unes
seulement des 12 autres étaient tout à fait droites, et certaines, à la
fin de nos observations, s'étaient courbées près de l'extrémité. Des
radicules cautérisées, étendues horizontalement, et non pas verticales,
eurent aussi une croissance irrégulière ; le fait n'était cependant, autant qu'on en pouvait juger, pas aussi constant que pour celles sus-

pendues verticalement; il ne se produisit en effet que 5 fois sur 19 radicules ainsi traitées.

Au lieu de couper les extrémités, comme dans nos premières expériences, nous essayâmes alors de toucher avec le caustique, avec les précautions énumérées plus haut, des radicules étendues horizontalement; mais nous devons faire à ce sujet quelques remarques préliminaires. On peut objecter que le caustique pourrait endommager les radicules, et empêcher leur incurvation; mais nous avons vu, dans le Chapitre III, avec une évidence complète, que les extrémités, cautérisées latéralement, de radicules verticales se courbent parfaitement, et que leur incurvation se produit dans le sens opposé au côté cautérisé. Nous essayâmes aussi de toucher à la fois la face supérieure et la face inférieure de radicules de fèves, étendues horizontalement dans la terre humide. Les extrémités de 3 radicules furent touchées sur la face supérieure, ce qui devait aider l'incurvation géotropique; les 3 autres furent touchées sur la face inférieure, ce qui devait contrarier l'incurvation vers le bas; trois demeurèrent intactes, comme contrôle. Après 4 h., nous priâmes un observateur désintéressé de choisir parmi les 9 radicules les deux dont l'incurvation était le plus forte, et les deux dont elle était le plus faible. Il choisit pour les dernières deux de celles qui avaient été touchées à la face inférieure, et, comme les plus fortement courbées, deux de celles qui avaient été touchées à la face supérieure. Nous donnerons plus loin les résultats d'expériences analogues, et encore plus frappantes, faites sur *Pisum sativum* et *Cucurbita ovifera*. Nous pouvons donc affirmer en toute sécurité que l'application d'un caustique sur l'extrémité de la radicule n'empêche pas son incurvation.

Dans les expériences qui vont suivre, nous touchâmes à peine, avec le caustique, les extrémités de jeunes radicules étendues horizontalement; le caustique fut promené transversalement, de façon que la cautérisation s'étendît tout autour de l'extrémité, aussi symétriquement que possible. Les radicules furent alors suspendues au-dessus de l'eau, dans un vase clos dont la température fut maintenue assez basse (13-15 C°). Nous avions trouvé, en effet, que les radicules étaient plus sensibles au contact, à une température un peu plus basse, et nous pensions que la même règle devait s'appliquer au géotropisme. Dans une expérience exceptionnelle, 9 radicules (qui étaient un peu trop vieilles, car elles étaient parvenues à 3 ou 5 cm.) furent étendues horizontalement dans la terre humide, après cautérisation de leurs extrémités, et furent soumises à une température trop haute (20° C.) Par suite, le résultat obtenu ne fut pas aussi frappant que dans les cas suivants : néanmoins, lorsque six d'entre elles furent examinées,

après 9 h, 40 m., elles ne montraient aucun indice d'incurvation géotropique ; cependant, après 24 h., lorsque nous examinâmes les 9,
2 seulement étaient demeurées horizontales, 2 montraient quelques
traces de géotropisme, et 5 étaient légèrement ou modérément géotropiques, mais d'une façon qui n'était pas comparable à celle des
exemplaires de contrôle. Des marques avaient été tracées sur 7 de ces
radicules cautérisées, à 10 mm. de l'extrémité, comprenant toute la
portion en voie d'accroissement ; après les 24 h., cette partie avait une
longueur moyenne de 37 mm. ; elle avait donc augmenté de plus de
3 fois 1/2 sa longueur primitive ; il faut se rappeler cependant que les
fèves étaient exposées à une température assez élevée.

Fig. 196.

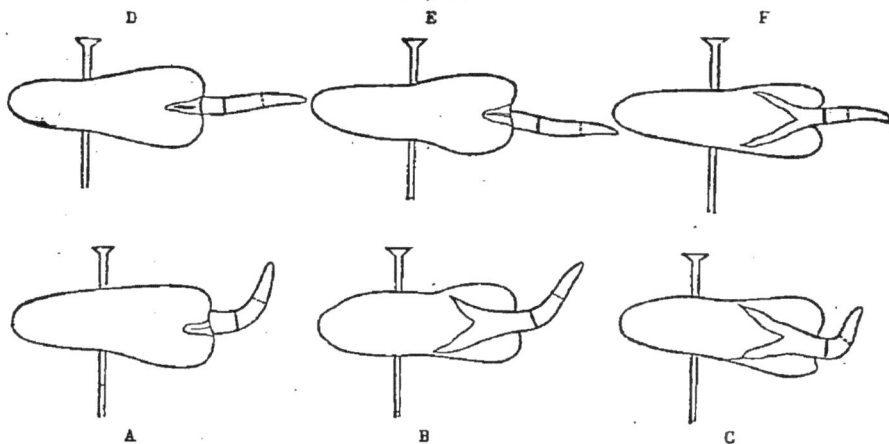

Vicia faba : état des radicules qui ont été étendues horizontalement pendant 23 h. 30 m.
A, B, C, extrémités cautérisées ; D, E, F, extrémités intactes. La longueur des radicules est réduite de moitié, mais, par suite d'erreur, les fèves n'ont pas subi la même
réduction.

Dix-neuf jeunes radicules, dont les extrémités étaient cautérisées,
furent étendues horizontalement au-dessus de l'eau, en plusieurs fois.
Dans chaque expérience, nous observions un nombre égal d'exemplaires de contrôle. La première fois, les extrémités de 3 radicules
furent légèrement touchées avec le caustique pendant 6 ou 7 secondes :
c'était la plus longue de nos applications habituelles. Après 23 h.
30 m. (temp. 13-14° C.) ces trois radicules A B C (fig. 196), étaient
horizontales, tandis que les 3 exemplaires de contrôle étaient devenus, en 8 h., légèrement géotropiques, et fortement (D, E. F) en 23 h.
30 m. Un point avait été tracé sur les 6 radicules, à 10 mm. de l'extrémité, au commencement de l'expérience. Après les 23 h. 30 m. cette
partie terminale, longue d'abord de 10 mm., était parvenue, dans les

exemplaires cautérisés, à une longueur moyenne de 17^{mm}3, et à 15^{mm}7 dans les radicules de contrôle ; c'est ce qu'indique, dans la figure, la ligne pleine transversale, tandis que la ligne pointillée se trouve tracée à 10 mm. de l'extrémité. Les radicules intactes de contrôle avaient donc eu un accroissement plus faible que celles cautérisées ; mais, sans aucun doute, ce fait était accidentel, car des radicules d'âges différents poussent avec des vitesses différentes, et, de même, la croissance d'individus divers est affectée par des causes inconnues. L'état des extrémités de ces trois radicules, qui avaient été cautérisées plus longtemps que d'habitude, était le suivant : l'extrémité noircie, c'est-à-dire la partie qui avait été touchée par le caustique, était suivie d'une zône jaunâtre, due probablement à l'absorption d'une partie du caustique ; en A, les 2 zônes ensemble mesuraient 1^{mm}1 de longueur, et 1^{mm}4 de diamètre, à la base de la zône jaunâtre; en B, la longueur n'était que de 0^{mm}7, et le diamètre de 0^{mm}7 ; en C, la longueur était de 0^{mm}8, et le diamètre de 1^{mm}2.

Trois autres radicules, dont les extrémités avaient subi pendant 2 ou 3 secondes le contact du caustique, demeurèrent horizontales pendant 23 h. (temp. 14-15°) ; naturellement, les exemplaires de contrôle étaient devenus, pendant ce temps, complètement géotropiques. La portion terminale en voie d'accroissement, longue de 10 mm., des radicules cautérisées, était parvenue, pendant cet intervalle, à une longueur moyenne de 24^{mm}5 ; celle des radicules de contrôle à 26 mm. Une coupe d'une des extrémités cautérisées montra que la partie noircie avait 0^{mm}5 de long, dont 0^{mm}2 s'étendaient sur le point végétatif ; on pouvait trouver des traces de décoloration jusqu'à environ 1^{mm}6 de l'extrémité de la coiffe.

Dans un autre lot de six radicules (temp. 13-14° C.), les trois spécimens de contrôle étaient pleinement géotropiques en 8 h. 1/2, et, après 24 h., la longueur moyenne de leur portion terminale était parvenue de 10 mm. à 21 mm. Lorsque le caustique fut appliqué sur les trois exemplaires cautérisés, il y fut laissé, sans mouvement, pendant 5 secondes, de telle sorte que les marques noires étaient extrêmement petites. Le caustique fut donc appliqué une seconde fois, après 8 h. 1/2, et, pendant ce temps, on n'avait pu observer aucune action géotropique. Lorsque les radicules furent examinées de nouveau après un nouvel intervalle de 15 h. 1/2, une était horizontale, et les deux autres montraient, à notre grande surprise, des traces de géotropisme qui, peu après, devinrent fortement marquées chez l'une d'elles ; mais, dans ce dernier spécimen, l'extrémité décolorée ne mesurait que 3/2 de mm. de long. La partie en voie d'accroissement de ces trois radicules s'était accrue, en 24 h., de 10 mm. à 16^{mm}5 en moyenne.

Il serait superflu de décrire en détail la façon dont se comportèrent les 10 autres radicules cautérisées. Tandis que les exemplaires de contrôle devenaient tous géotropiques en 8 h., une seule montra une trace de géotropisme ; 4 furent d'abord examinées après 14 h., et une seule était légèrement géotropique. Après 23-24 h., 5 des 10 étaient encore horizontales, 4 légèrement, et 1 décidément géotropique. Les radicules cautérisées augmentèrent beaucoup de longueur, mais nous ne croyons pas utile de donner ici les mesures prises.

Cinq des dernières radicules cautérisées que nous venons de mentionner étant devenues quelque peu géotropiques en 24 h. ; elles furent renversées (en même temps que les trois qui étaient encore horizontales) de sorte que leurs extrémités étaient maintenant un peu tournées vers le haut, et furent de nouveau touchées avec le caustique. Après 24 h., elles ne montraient aucune trace de géotropisme ; au contraire, les 8 exemplaires de contrôle correspondants, qui avaient aussi été renversés, de façon que leurs extrémités regardâssent le zénith, devinrent tous géotropiques ; quelques-uns avaient, en 24 h., décrit un angle de 180°, d'autres un angle de 135° environ, et d'autres un angle de 90° seulement. Les huit radicules qui avaient été cautérisées deux fois furent observées pendant un jour encore (c'est-à-dire 48 h. après leur renversement) ; elles ne montraient encore aucun signe de géotropisme. Cependant, elles continuaient à croître rapidement ; quatre furent mesurées après avoir été renversées ; elles avaient, pendant ce temps, augmenté de 8 à 11 mm. ; les quatre autres furent mesurées 48 h. après avoir été renversées, et leur accroissement était de 20, 18, 23 et 28 mm.

En formulant nos conclusions relativement aux effets de la cautérisation sur les extrémités des radicules, nous devons nous rappeler d'abord que les radicules de contrôle, étendues horizontalement, subissaient toujours l'action du géotropisme, et se courbaient quelquefois en 8 ou 9 heures ; secondement, que le siège principal de l'incurvation se trouvait à 3 ou 6 mm. de l'extrémité ; troisièmement, que l'extrémité était décolorée par le caustique sur une longueur qui dépassait rarement 1 mm. ; quatrièmement, que le plus grand nombre des radicules cautérisées, bien que soumises, tout le temps, à la pleine influence du géotropisme, demeuraient horizontales pendant 24 h., et quelquefois 2 fois plus longtemps, et que celles qui se courbaient ne le faisaient qu'à un faible degré ; cinquièmement, que les radicules cautérisées continuaient à croître presque, et quelquefois tout à fait aussi bien que celles intactes sur la face qui se courbe le plus ; et enfin, qu'un attouchement du caustique sur l'extrémité d'une radicule, s'il était latéral, déterminait l'incurvation, loin de l'empêcher.

Si nous tenons compte de tous ces faits, nous devons en conclure que, dans les conditions normales, l'incurvation géotropique de la racine est due à une influence transmise de l'extrémité aux parties voisines où se produit la courbure, et que, lorsque l'extrémité de la racine est cautérisée, elle ne peut donner naissance à l'excitation nécessaire pour produire l'incurvation géotropique.

Comme nous avions observé que la graisse est nuisible à certaines plantes, nous voulûmes expérimenter son effet sur les radicules. Lorsque les cotylédons de Phalaris et d'Avena étaient couverts de graisse, sur une face, la croissance de cette face était complètement arrêtée ou fortement retardée, et, comme la face opposée continuait à croître, les cotylédons ainsi traités se courbaient vers le côté couvert de graisse. Cette même matière brûlait les hypocotyles délicats et les jeunes feuilles de certaines plantes. La matière grasse que nous employions était composée d'un mélange de noir de fumée et d'huile d'olive, dont la consistance était telle qu'on pouvait l'étendre en couche épaisse. Les extrémités de 5 radicules de fèves furent enduites de cette matière sur une longueur de 3 mm., et, à notre grande surprise, cette partie parvint, en 23 h., à une longueur de $7^{mm}1$; la couche épaisse de graisse était curieusement étirée. Elle n'avait donc pas retardé beaucoup la croissance de la partie terminale de la radicule, si même elle l'avait retardée. Eu égard au géotropisme, les extrémités de sept radicules étendues horizontalement furent enduites sur une longueur de 2 mm., et, après 24 h., on ne pouvait saisir aucune différence nette entre leur incurvation, et celle d'un nombre égal d'exemplaires de contrôle. Les extrémités de 33 autres radicules furent enduites, en diverses occasions, sur une longueur de 3 mm.; elles furent comparées avec les exemplaires de contrôle après 8, 24 et 48 h. En un cas, après 24 h., il y avait une très petite différence dans l'incurvation entre les exemplaires graissés et ceux intacts; mais généralement la différence était très appréciable, et l'incurvation des exemplaires enduits de graisse était plus faible. La partie en voie d'accroissement (y compris l'extrémité graissée) de six de ces radicules fut mesurée : nous trouvâmes que, en 23 h., elle était parvenue de 10 mm. à une longueur moyenne de $17^{mm}7$, tandis que la partie correspondante des exemplaires intacts mesurait alors $20^{mm}8$. Il semblait donc que, bien que l'extrémité elle-même, lorsqu'elle était graissée, continuât à croître, cependant la croissance de la radicule entière était quelque peu retardée, et que l'incurvation géotropique de la partie supérieure, qui n'était pas couverte de graisse, était, dans la plupart des cas, considérablement retardée.

Pisum sativum. — Cinq radicules étendues horizontalement au-dessus de l'eau, furent légèrement touchées à l'extrémité, à deux ou trois reprises, avec le caustique sec. Ces extrémités furent mesurées en deux cas, et la partie noircie se trouva mesurer seulement 0ᵐᵐ5. Cinq autres radicules furent laissées comme contrôle. La partie qui se courbe le plus fortement sous l'action du géotropisme se trouve à une distance de plusieurs millimètres de l'extrémité. Après 24 h., puis après 32 h., quatre des radicules cautérisées étaient encore horizontales, mais une était pleinement géotropique, et faisait sous l'horizon un angle de 45°. Les cinq exemplaires de contrôle étaient légèrement géotropiques après 7 h. 20 m., et fortement après 24 h. ; il formaient au-dessous de l'horizon des angles de 59, 60, 65, 57 et 43°. La longueur des radicules ne fut pas mesurée dans chaque cas, mais il était manifeste que celles cautérisées avaient eu une croissance très forte.

Le cas suivant prouve que, par elle-même, l'action du caustique n'empêche pas l'incurvation de la radicule. Dix radicules furent étendues horizontalement dans une couche épaisse de tourbe friable humide; auparavant, leurs extrémités avaient été cautérisées à la face supérieure. Dix autres radicules placées de la même manière furent touchées sur la face inférieure, ce qui devait tendre à les faire courber pour s'éloigner du côté cautérisé, c'est-à-dire vers le haut, en opposition avec le géotropisme. Enfin, dix radicules intactes demeurèrent pour contrôle. Après 24 h., ces dernières étaient toutes géotropiques ; les dix cautérisées à la face supérieure étaient aussi géotropiques, et nous pensons que leur incurvation précéda celle des exemplaires de contrôle. Les dix qui avaient été cautérisées à la face inférieure présentaient des aspects bien différents : le N° 1, cependant, était perpendiculairement géotropique; mais cela ne constitue pas une exception réelle, car, en examinant au microscope, nous ne trouvâmes aucun vestige de cautérisation ; il était évident que, par suite d'une erreur, cette radicule n'avait pas été touchée par le caustique. Le N° 2 était pleinement géotropique, et formait sous l'horizon un angle de 45° ; le N° 3 était légèrement, et le N° 4 à peine géotropiques ; les Nᵒˢ 5 et 6 étaient rigoureusement horizontaux ; les quatre autres radicules étaient légèrement courbées vers le haut, malgré le géotropisme. Dans ces quatre cas, le rayon de l'incurvation (au cyclomètre de Sachs) était de 5 mm., 10 mm., 30 mm. et 70 mm. Cette incurvation était distincte bien avant la fin des 24 h., soit 8 h. 45 environ après la cautérisation des radicules.

Phaseolus multiflorus. — Huit radicules, servant de contrôle, furent étendues horizontalement, quelques-unes dans la tourbe friable, les autres dans l'air humide. Toutes devinrent pleinement géotropiques en 8 h. 30 (temp. 20-21° C.); elles faisaient alors, au-dessous de l'horizon, un angle moyen de 68°. La partie de la radicule courbée par le géotropisme était plus longue que chez *Vicia faba*, car elle mesurait 6 mm., à partir de l'extrémité de la coiffe. Neuf autres radicules furent étendues de la même manière : trois dans la tourbe humide, et six dans l'air humide, et leurs extrémités furent cautérisées transversalement pendant 4 ou 5 secondes. Trois de leurs extrémités furent examinées plus tard : sur la 1re, une longueur de $0^{mm}68$ était décolorée ; les $0^{mm}136$ de la base étaient jaunâtres, et la partie apicale noire ; dans la 2e, la décoloration s'étendait à $0^{mm}65$, et les $0^{mm}4$ de la base étaient jaunes ; dans la troisième, la décoloration s'étendait à $0^{mm}6$, et la teinte jaune à $0^{mm}13$. Le caustique affectait donc moins de 1 mm., mais cela suffisait presque complètement pour annuler l'action géotropique ; après 24 h., en effet, une seule des neuf radicules cautérisées devint légèrement géotropique, et forma au-dessus de l'horizon un angle de 10° ; les 8 autres demeurèrent horizontales, l'une d'elles étant cependant un peu courbée latéralement.

La partie terminale (longue de 10 mm.) des six radicules cautérisées dans l'air humide, avait plus que doublé de longueur en 24 h., car cette partie mesurait alors en moyenne $20^{mm}7$. La croissance dans ce même temps était plus grande dans les spécimens de contrôle, car leur partie terminale était parvenue à une longueur moyenne de $26^{mm}6$. Mais, comme les radicules cautérisées avaient plus que doublé de longueur dans les 24 h., il est manifeste qu'elles n'avaient pas été endommagées par le caustique. Nous pouvons ajouter ici que, en expérimentant les effets de la cautérisation d'un côté de la radicule, nous avions d'abord appliqué une trop grande quantité de caustique, et l'extrémité toute entière (nous ne croyons pas que ce fut sur une longueur de plus de 1 mm.) de six radicules horizontales avait été brûlée : elles continuèrent cependant pendant deux ou trois jours à croître horizontalement.

Nous fîmes plusieurs expériences, en enduisant du corps graisseux que nous avons déjà décrit, les extrémités de radicules étendues horizontalement. L'incurvation géotropique dans 12 radicules, au préalable enduites sur une longueur de 2 mm., fut retardée pendant 8 ou 9 h., mais, après 24 h., elle était presque aussi forte que celle des exemplaires de contrôle. Les extrémités de 9 radicules furent enduites sur une longueur de 3 mm., et, après 7 h. 10 m., elles faisaient avec l'horizon un angle moyen de 30°, tandis que l'angle formé par les exemplaires de contrôle était de 54°. Après 24 h., les deux lots ne différaient que très peu quant au degré d'incurvation. Dans quelques autres expériences, cependant, il y avait une différence bien marquée, après 24 h., entre les exemplaires enduits de graisse et ceux servant de contrôle. La partie terminale de huit spécimens de contrôle, était, en 24 h., parvenue, de 10 mm., à une longueur moyenne de 24^{mm}3, tandis que la longueur moyenne des radicules enduites de graisse était de 20^{mm}7. La graisse retardait donc un peu la croissance de la partie terminale, mais cette partie n'avait pas davantage à souffrir : en effet, plusieurs radicules qui avaient été enduites sur une longueur de 2 mm. continuèrent à croître pendant 7 jours ; elles n'étaient alors pas beaucoup plus courtes que celles servant de contrôle. L'aspect présenté par ces radicules après les 7 jours était très curieux, car l'enduit graisseux, noir, avait été étiré en stries longitudinales extrêmement fines, avec des points et des réticulations, qui couvraient leur surface sur une longueur de 26 à 44 mm. Nous pouvons en conclure que la graisse, appliquée sur l'extrémité des radicules de ce Phaseolus, empêche et retarde quelque peu l'incurvation géotropique de la partie qui devrait se courber le plus fortement.

Gossypium herbaceum. — Les radicules de cette plante s'incurvent, sous l'action du géotropisme, sur une longueur de 6 mm. environ. Cinq radicules, placées horizontalement dans l'air humide, furent touchées avec le caustique, et la décoloration s'étendit sur une longueur de 2/3 de mm. à 1 mm. Après 7 h. 45, et de nouveau après 23 h., elles ne montrèrent aucune trace de géotropisme. Cependant la portion normale, longue de 9 mm., était parvenue à une longueur moyenne de 15^{mm}9. Six radicules de contrôle, après 7 h. 45, étaient toutes pleinement géotropiques, deux étant verticales ; après 23 h., toutes étaient verticales, ou à peu près.

Cucurbita ovifera. — Un grand nombre d'expériences demeurèrent inutiles, pour les causes suivantes. D'abord, l'extrémité des radicules qui étaient devenues assez vieilles n'avait qu'un faible géotropisme, quand on les maintenait dans l'air humide ; du moins l'incurvation ne se produisit pas bien dans nos expériences, tant que les radicules ne furent pas placées dans la tourbe et maintenues à une température assez élevée. Secondement, les hypocotyles des graines qui étaient fixées avec des épingles sur des bouchons se courbaient graduellement, et, comme les cotylédons étaient fixés, le mouvement de l'hypocotyle affectait la position de la radicule, et causait de la confusion. Enfin, la pointe de la radicule est si fine, qu'il était difficile de ne pas la cautériser trop ou trop peu. Mais nous parvînmes généralement à surmonter cette dernière difficulté, comme le montrent les expériences suivantes, que nous donnons pour prouver que la cautérisation d'un côté de l'extrémité n'empêche pas l'incurvation de la partie supérieure de l'hypocotyle. Dix radicules furent étendues horizontalement dans la tourbe humide, puis leurs extrémités furent cautérisées à la face supérieure. Après 8 h., toutes étaient pleinement géotropiques, trois d'entre elles rectangulairement ; après 19 h., toutes étaient fortement géotropiques, et la plupart se dirigeaient perpendiculairement vers le bas. Dix autres radicules, placées de la même manière, furent cautérisées à la face inférieure ; après 8 h., trois étaient légèrement géotropiques, mais pas autant de beaucoup que la moins géotropique des radicules précédentes ; quatre demeurèrent horizontales, et trois étaient courbées vers le haut, malgré le géotropisme. Après 19 h., les trois qui étaient légèrement géotropiques l'étaient devenues fortement. Sur les quatre radicules horizontales, une seule montrait des traces de géotropisme ; sur les 3 courbées vers le haut, une gardait cette incurvation, et les 2 autres étaient devenues horizontales.

Les radicules de cette plante, comme nous l'avons déjà fait remarquer, ne poussent pas bien dans l'air humide ; nous devons cependant donner brièvement le résultat d'une de nos expériences. Neuf jeunes radicules de 7^{mm}5 à 12^{mm}5 de long, cautérisées à l'extrémité, et noircies sur une longueur qui n'excédait pas 1/2 mm., furent étendues horizontalement dans l'air humide, avec huit exemplaires de contrôle. Après un intervalle de 4 h. 10 seulement, tous les exemplaires de contrôle étaient légèrement géotropiques, tandis qu'aucune des radicules cautérisées ne montrait de traces de cette incurvation. Après 8 h. 35 m. il y avait la même différence entre les deux lots, mais un peu plus fortement marquée. Pendant ce temps, les deux lots avaient considérablement augmenté de longueur. Cependant les radicules servant de contrôle ne se courbèrent jamais davantage vers le bas, et, après 24 h., il n'y avait pas grande différence entre les deux lots, quant au degré d'incurvation.

Huit jeunes radicules, de longueurs à peu près égales (9 mm. en moyenne) furent placées dans la tourbe, et exposées à une température de 24-25° C. Leurs extrémités avaient été cautérisées transversalement, et cinq d'entre elles étaient noircies sur une longueur d'environ 0^{mm}5, tandis que les trois autres étaient décolorées d'une façon à peine visible. Dans la même boîte étaient 15 radicules de contrôle, longues d'environ 9 mm., pour la plupart ; quelques-unes cependant étaient un peu plus longues et plus vieilles, et, par conséquent, moins sensibles. Après 5 h., les 15 radicules de contrôle étaient plus ou moins géotropiques : après 9 h., huit d'entre elles étaient courbées au-dessous de l'horizon, suivant des angles qui variaient entre 45° et 90° ; les 7 autres n'étaient que légèrement géotropiques : après 25 h., toutes étaient rectangulairement géotropiques. L'état des huit radicules cautérisées, après les mêmes intervalles, était le suivant :

après 5 h., une seule était légèrement géotropique, et c'était une de celles dont l'extrémité n'était que faiblement décolorée : après 9 h., cette radicule était rectangulairement géotropique, et deux autres l'étaient légèrement; c'étaient les trois qui avaient à peine été affectées par le caustique; les 5 autres étaient encore strictement horizontales . Après 24 h. 40 m., les trois dont les extrémités n'étaient que légèrement décolorées étaient courbées rectangulairement ; les cinq autres n'étaient nullement affectés, mais plusieurs avaient poussé d'une façon assez tortueuse, bien que toujours dans le plan horizontal. Les huit radicules cautérisées qui avaient d'abord une longueur moyenne de 9 mm., étaient parvenues, après 9 h., à une longueur moyenne de 19==75, et, après 24 h. 40 m., à la longueur extraordinaire de 5 cm. Il n'y avait aucune différence nette de longueur entre les 5 radicules bien cautérisées, qui demeuraient horizontales, et les trois dont les extrémités étaient légèrement cautérisées, et qui s'étaient fortement courbées vers le bas. Quelques-unes des radicules de contrôle furent mesurées après 25 h. ; leur longueur moyenne était légèrement plus grande que celle des radicules cautérisées, soit 5==5. Nous voyons ainsi que la cautérisation de l'extrémité de la radicule de cette plante, sur une longueur d'environ 0==5, bien qu'empêchant l'incurvation géotropique de la partie supérieure, agit à peine sur la croissance de la radicule entière.

Dans la même boîte que les 15 spécimens de contrôle, dont nous venons de décrire la rapide croissance et l'incurvation géotropique, se trouvaient 6 radicules, longues d'environ 15 mm., étendues horizontalement, dont les extrémités avaient été coupées transversalement sur une longueur de 1 mm. environ. Ces radicules furent examinées après 9 h., puis après 24 h. 40, et toutes demeurèrent horizontales. Elles n'étaient pas devenues, à beaucoup près, aussi tortueuses que celles cautérisées que nous venons de décrire. Les radicules dont l'extrémité avait été coupée eurent, dans les 24 h. 40 m., autant qu'on en peut juger, à vue d'œil, une croissance aussi rapide que celle des exemplaires intacts.

Zea mays. — Les extrémités de plusieurs radicules étendues horizontalement dans l'air humide, furent essuyées avec du papier buvard, puis touchées avec le caustique sec pendant 2 ou 3 secondes dans la première expérience ; mais ce contact était trop long, car les extrémités furent noircies sur une longueur d'un peu plus de 1 mm. Elles ne montrèrent aucun signe de géotropisme après un intervalle de 9 h. ; elles furent alors mises de côté. Dans une seconde expérience, les extrémités de 3 radicules furent touchées pendant un temps plus court, et furent noircies sur une longueur de 0==5 à 0==75 :

toutes demeurèrent horizontales pendant 4 h., mais, après 8 h. 30 m., l'une d'elles, dont la partie noircie n'avait que $0^{mm}5$, était inclinée de 21° au-dessous de l'horizon. Six radicules de contrôle étaient toutes légèrement géotropiques après 4 h., et fortement après 8 h. 30 m. ; le siège principal de l'incurvation se trouvait généralement à 6 ou 7 mm. de l'extrémité. Dans les exemplaires cautérisés, la partie terminale en voie d'accroissement, longue de 10 mm., parvenait, en 8 h. 30 m., à une longueur moyenne de 13 mm. ; cette longueur était de $14^{mm}3$ dans les exemplaires de contrôle.

Dans une troisième expérience, les extrémités de cinq radicules (exposées à une température de 21-22° C.) furent touchées avec le caustique une fois seulement, et très légèrement ; elles furent ensuite examinées au microscope ; la partie décolorée avait une longueur moyenne de $0^{mm}76$. Après 4 h. 10 m., aucune n'était courbée ; après 5 h. 45 m., puis après 23 h. 30 m., elles demeuraient encore horizontales, à l'exception d'une, qui était alors inclinée de 20° sous l'horizon. La partie terminale, longue de 10 mm., s'était fortement accrue pen-les 23 h. 30, et avait atteint une moyenne de 26 mm. Quatre radicules servant de contrôle devinrent légèrement géotropiques après 4 h. 10, et pleinement après 5 h. 45 m. Leur longueur moyenne, après 23 h. 30, s'était accrue de 10 mm. à 31 mm. Par conséquent, une légère cautérisation de l'extrémité ralentit légèrement la croissance de toute la radicule, et arrête manifestement l'incurvation de la partie qui devrait se courber sous l'influence du géotropisme, et qui continue encore à augmenter fortement de longueur.

Remarques finales. — Nous venons de montrer avec une évidence surabondante que, dans diverses plantes, l'extrémité radiculaire seule est sensible au géotropisme, et que c'est cette portion d'organe qui, sous l'influence de cet agent, détermine l'incurvation des autres parties. La longueur exacte de la portion sensible paraît varier quelque peu, et dépendre en partie de l'âge de la radicule ; mais la destruction d'une longueur, même inférieure à 1mm. ou $1^{mm}5$, dans les diverses espèces observées, a suffi pour empêcher pendant 24 h. ou même plus longtemps, l'incurvation d'une partie quelconque de la radicule. Cette localisation de la sensibilité dans l'extrémité seule est un fait si remarquable, que nous croyons devoir donner ici un bref résumé des expériences précédentes. Les extrémités furent coupées sur 29 radicules horizontales de *Vicia faba*, et, à part quelques exceptions, ces radicules ne montrèrent aucune trace de géotropisme en 22 ou 23 h.; il ne leur faut cependant que 8 ou 9 h. pour se courber complétement, dans les conditions ordinaires. On ne doit pas oublier que ce simple fait de couper l'extrémité d'une radicule horizontale n'empêcherait pas l'incurvation des parties voisines, si la radicule avait été, une heure ou deux auparavant, exposée à l'action du géotropisme. L'extrémité, après l'amputation, se régénère quelquefois complétement en trois jours; il est même possible qu'elle puisse, avant sa complète régénération, transmettre une impulsion aux parties voisines. Six extrémités radiculaires de *Cucurbita ovifera* furent coupées comme celles de *Vicia faba* : ces radicules ne montrèrent, en 24 h., aucune trace de géotropisme; cependant, les spécimens de contrôle étaient légèrement affectés au bout de 5 h., et fortement au bout de 9.

Dans des plantes appartenant à six genres distincts, l'extrémité des radicules fut touchée transversalement avec un caustique sec; l'altération ainsi produite s'étendait rarement à plus de 1 mm., quelquefois moins; à en juger par la décoloration, même très légère, qui l'accompagnait. Nous pensions qu'il serait plus avantageux de détruire le point végétatif que de le couper: nous savions, en effet, par nos nombreuses expériences précédentes, et par celles que nous avons indiquées dans ce chapitre, que la cautérisation de l'extrémité sur une de ses faces, loin d'empêcher l'incurvation des parties voisines, la détermine au contraire. Dans tous les cas qui suivront, des radicules dont les extrémités étaient intactes furent examinées en même temps et dans les mêmes conditions, et, dans chaque cas, ces dernières se courbèrent avant l'écoulement de la moitié ou du tiers du temps que dura

l'expérience. Dans *Vicia faba*, 19 radicules furent cautérisées : 12 demeurèrent horizontales pendant 23-24 h.,
6 étaient légèrement et 1 fortement géotropique. Huit de
ces radicules furent ensuite retournées et cautérisées de
nouveau : aucune d'elles ne présenta, en 24 h., le moindre
signe de géotropisme; pendant ce temps, les spécimens de
contrôle, également retournés, se courbèrent fortement
vers le bas. Dans *Pisum sativum*, 5 radicules eurent
leurs extrémités cautérisées, et, après 32 h., 4 étaient
encore horizontales. Les spécimens de contrôle étaient
légèrement géotropiques au bout de 7 h. 20 m., et fortement au bout de 24 h. Les extrémités de 9 autres radicules de cette plante furent cautérisées sur la face inférieure, et 6 demeurèrent horizontales pendant 24 h. ou se
courbèrent vers le haut, malgré le géotropisme; 2 étaient
légèrement et 1 fortement géotropiques. Dans *Phaseolus
multiflorus*, 15 radicules furent cautérisées, et 8 demeurèrent horizontales pendant 24 h.; au contraire, tous les
spécimens de contrôle étaient fortement courbés en 8 h.
30 m. Sur 5 radicules cautérisées de *Gossypium herbaceum*, 4 demeurèrent horizontales pendant 23 h., et une
devint légèrement géotropique ; 6 radicules de contrôle
étaient distinctement géotropiques au bout de 7 h. 45 m.
Cinq radicules de *Cucurbita ovifera* demeurèrent horizontales dans la tourbe pendant 25 h., et 9 dans l'air
humide pendant 8 h. 30; les spécimens de contrôle étaient
légèrement géotropiques au bout de 4 h. 10 m. Nous cautérisâmes sur leur face inférieure 10 extrémités radiculaires de la même plante : 6 demeurèrent 19 h. horizontales ou se tournèrent vers le haut; 1 était légèrement et
3 fortement héliotropiques.

Enfin, les extrémités de plusieurs radicules de *Vicia
faba* et de *Phaseolus multiflorus* furent enduites d'une
épaisse couche de graisse, sur une longueur de 3 mm.
Cette matière, fortement nuisible pour la plupart des

plantes, ne brûla point les radicules et n'arrêta pas leur croissance; elle ne fit que diminuer un peu la rapidité de l'accroissement; elle troubla aussi généralement un peu l'incurvation géotropique de la partie supérieure.

Les divers cas qui précèdent n'auraient aucune signification si l'extrémité elle-même était la partie qui s'incurve le plus fortement; mais nous savons que le maximum de croissance se trouve sur un point éloigné de l'extrémité de quelques millimètres, et que, sous l'influence du géotropisme, c'est cette partie qui se courbe le plus fortement. Nous n'avons aucune raison de croire que cette partie ait à souffrir de la mort ou du mauvais état de l'extrémité, et il est certain que, lorsque la pointe a été détruite, cette partie continue à croître avec une rapidité telle, que sa longueur double souvent en un jour. Nous avons vu aussi que la destruction de l'extrémité n'empêche pas l'incurvation des parties voisines, quand ces dernières ont auparavant reçu, de l'extrémité, une excitation. Dans les radicules étendues horizontalement, dont l'extrémité a été coupée ou détruite, la partie qui devrait se courber le plus fortement demeure immobile pendant plusieurs heures ou même plusieurs jours, bien qu'exposée perpendiculairement à la pleine influence du géotropisme : nous devons en conclure que l'extrémité seule, sensible à cette action, transmet l'excitation aux parties voisines, en déterminant leur incurvation. Nous avons une preuve directe de cette transmission : en effet, lorsqu'une radicule a été étendue horizontalement durant une heure ou une heure et demie, temps pendant lequel l'influence supposée a pu parvenir à une petite distance de l'extrémité, et que la pointe est alors coupée, la radicule se courbe plus tard, bien que placée perpendiculairement. Les portions terminales des diverses radicules ainsi traitées continuaient pendant quelque temps à croître dans la direction de la courbure nouvellement acquise, car, une fois dépourvues d'extrémité, elles ne pouvaient plus subir l'influence du géotropisme. Mais, après trois ou quatre jours, lorsque de nouveaux points végétatifs s'étaient formés, les radicules subissant de nouveau l'action géotropique, se recourbaient perpendiculairement vers le bas. Pour établir une comparaison dans l'autre règne vivant, nous devrions supposer qu'un animal, étendu à terre, a conçu l'intention de se lever dans une direction particulière, mais que sa tête ayant été coupée à ce moment, l'impulsion donnée a continué à parcourir lentement les nerfs jusqu'aux muscles, de sorte que, après plusieurs heures, l'animal décapité s'est levé dans la direction déterminée.

Comme l'extrémité de la radicule se trouve être la partie la plus sensible au géotropisme dans les familles bien distinctes des Légumineuses, des Malvacées, des Cucurbitacées et des Graminées, nous pouvons en conclure que ce caractère est commun aux racines de la plupart des plantes. Lorsqu'une radicule pénètre dans le sol, son extrémité doit passer la première; et nous pouvons juger des avantages de sa sensibilité au géotropisme, en rappelant qu'elle doit déterminer la route à suivre par la racine tout entière. Lorsque la racine est détournée de sa route souterraine par un obstacle, c'est aussi un avantage précieux qu'une longueur considérable de la radicule puisse se courber (d'autant plus que l'extrémité elle-même croît lentement et se courbe peu), car l'organe peut ainsi reprendre plus tôt sa marche vers le bas. Mais il paraît, à première vue, indifférent que ce résultat soit obtenu par la sensibilité au géotropisme de toute la partie en voie d'accroissement, ou par une influence transmise exclusivement au moyen de la radicule. Nous devons cependant nous rappeler que c'est l'extrémité qui est sensible au contact des objets durs, et qui détermine l'éloignement de la radicule, la guidant ainsi, dans le sol, suivant les lignes de moindre résistance. C'est encore l'extrémité qui est seule sensible, au moins dans quelques cas, à l'humidité, et qui détermine l'incurvation de la radicule vers sa source (1). Ces deux sortes de sensibilité sont pendant quelque temps plus fortes que le géotropisme, qui l'emporte en dernier ressort. Donc, les trois genres de sensibilité doivent souvent se trouver en antagonisme ; l'un est d'abord le plus fort, puis l'autre ; ce serait dès lors un avantage, peut-être une nécessité, pour l'accord et l'équilibre de ces trois sensibilités, qu'elles fussent toutes localisées dans le même groupe de cellules qui doit transmettre leurs commandements au reste de la radicule, et qui détermine son incurvation vers la source d'irritation, ou en sens contraire.

Enfin, ce fait que l'extrémité seule est sensible à l'attraction de la pesanteur est important pour la théorie du géotropisme. Les auteurs paraissent généralement considérer l'incurvation d'une radicule vers le centre de la terre comme le résultat direct de la gravitation ; on croit que cet agent modifie la croissance de la face supérieure

---

(1) Dans un article récent sur l'*Hydrotropisme des racines* (*Bulletin de la Société botanique de France*, séance du 8 avril 1881), M. E. Mer a exposé de nouvelles recherches faites en vue de contrôler les conclusions, du reste contradictoires, d'expériences antérieures, devenues classiques et dues à Johnston, Knight, Sachs, Duhamel, Duchartre, etc. L'auteur, qui semble ne pas avoir connaissance des nouveaux travaux de Ch. Darwin exposés dans ce livre, sur ce point important de physiologie végétale, conclut de ses recherches que toutes les expériences entreprises jusqu'à lui ont manqué de précision et de délicatesse. Les résultats de ces expériences et des siennes, peuvent, selon lui, s'expliquer par les règles ordinaires de la croissance dans les racines. Il répudie absolument, et il n'est pas douteux que son avis sera partagé, cette croyance accréditée que l'hydrotropisme est une faculté spéciale, instinctive de la racine. Il n'est pas un physiologiste qui se refuse à admettre que cette manifestation est due, comme le veut M. E. Mer, à l'alternative d'action des milieux (humides ou secs) sur le corps radiculaire, mais il n'en est pas moins vrai, comme le prouve Darwin, par ses expériences, qu'il y a dans cet organe une sensibilité spéciale, résultant sans doute de sa constitution intime (anatomique et physico-chimique), qui lui permet de réagir plus activement, sous l'influence de ces modifications légères de milieux, que toute autre partie du végétal. C'est là un point dont M. E. Mer n'a tenu qu'un faible compte et qui a évidemment occupé une place importante dans les préoccupations de Ch. Darwin, puisqu'il est arrivé à localiser cette sensibilité à l'extrémité radiculaire.

(TRADUCTEUR).

ou inférieure, de manière à produire l'incurvation dans la direction voulue. Mais nous savons maintenant que c'est l'extrémité seule qui subit l'excitation, et que cette partie transmet au reste de la radicule une influence qui détermine son incurvation vers le bas. La pesanteur ne paraît pas agir sur une radicule d'une manière plus directe que sur un animal inférieur, qui se meut lorsqu'il ressent un poids ou une pression quelconque.

CHAPITRE XII

Résumé et Remarques finales.

Nature du mouvement circumnutant. — Histoire d'une graine en germination. — La radicule sort d'abord et se met à circumnuter. Sensibilité considérable de son extrémité. — Sortie au-dessus du sol de l'hypocotyle, ou de l'épicotyle, courbé en arc. — Sa circumnutation et celle des cotylédons. — Le semis produit une tige portant une feuille vraie. — Circumnutation de tous les organes, ou de toutes les parties. — Modifications du mouvement circumnutant. — Épinastie et hyponastie. — Mouvements des plantes grimpantes. — Mouvements nyctitropiques. — Mouvements placés sous l'influence de la lumière ou de la pesanteur. — Localisation de la sensibilité. — Ressemblances entre les mouvements des plantes et ceux des animaux. — L'extrémité de la radicule agit comme un être intelligent.

Il pourra être utile pour le lecteur que nous résumions brièvement les principales conclusions dont nous avons, autant qu'il est en nous, démontré l'exactitude dans le cours de cet ouvrage. Toutes les parties ou tous les organes d'une plante, tant que dure leur croissance, et quelques organes pourvus de pulvinus, après que cette croissance s'est arrêtée, sont en circumnutation continuelle. Ce mouvement commence même avant que le jeune semis soit sorti de terre. Autant qu'on peut les déterminer, la nature et les causes, en ont été rapidement décrites dans l'Introduction. Nous ne savons pourquoi chaque partie d'une plante, pendant sa croissance, et, dans quelques cas, lorsque cette croissance est arrêtée, peut voir ses cellules devenir plus turgescentes et ses parois cellulaires plus extensibles d'abord sur une

face puis sur l'autre, pour déterminer le mouvement circumnutant. Il paraîtrait que ces changements dans l'état
des cellules demandent des périodes de repos.

Dans quelques cas, comme pour les hypocotyles de
Brassica, les feuilles de Dionæa, et les entre-nœuds de·
Graminées, le mouvement circumnutant, vu soùs le microscope, paraît consister en innombrables petites oscillations. La partie que l'on observe fait un brusque saut
en avant, sur une longueur de $0^{mm},0050$ ou $0^{mm},0025$, puis
revient lentement sur ses pas, en parcourant une partie
de cette distance ; quelques secondes après, elle saute de.
nouveau brusquement en avant; mais ce phénomène ne
se produit pas sans de nombreuses intermissions. Le
mouvement rétrograde paraît dû à l'élasticité des tissus
résistants. Nous ne savons jusqu'à quel point est répandu
ce mouvement oscillatoire, car nous n'avons observé au
microscope qu'un petit nombre de plantes en circumnutation ; mais, dans le cas de Drosera, nous n'avons pu en
découvrir aucune trace avec l'objectif de 2 pouces dont
nous nous servions. Le phénomène est d'ailleurs des plus
remarquables. L'hypocotyle entier d'un chou, ou toute
la feuille d'une Dionée ne pouvait se jeter ainsi brusque-·
ment en avant sans qu'un très grand nombre de cellules fussent simultanément affectées sur la même face.
Devons-nous supposer que ces cellules deviennent successivement de plus en plus turgescentes sur une face,
jusqu'à ce que la partie cède tout à coup en se courbant,
(et il faudrait alors admettre l'existence, dans la plante,
de ce qu'on pourrait nommer un microscopique tremblement de terre) ; ou que les cellules deviennent toutes à la
fois tout à fait turgescentes sur une face, d'une manière
intermittente, chaque saut en avant étant alors contrarié
par l'élasticité des tissus?

La circumnutation est, pour la vie de la plante, d'une
importance considérable ; c'est, en effet, par ses modifica-

tions que le végétal acquiert des mouvements qui lui sont nécessaires ou très profitables. Si la lumière frappe sur un côté d'une plante, ou qu'elle fasse place à l'obscurité, ou si la pesanteur agit sur une partie déplacée, la plante peut, d'une manière encore inconnue, accroître la turgescence toujours variable de ses cellules sur une face; c'est ainsi que le mouvement ordinaire de circumnutation se modifie, et que l'organe s'incline vers la source d'excitation, ou dans le sens opposé ; il peut encore occuper une position nouvelle, comme dans le sommeil des feuilles. L'influence qui modifie la circumnutation se transmet d'une partie à l'autre. Des changements innés ou constitutionnels, indépendants de toute influence extérieure, viennent souvent modifier le mouvement circumnutant à certaines périodes particulières de la vie de la plante. La présence de la circumnutation étant universelle, nous pouvons comprendre comment il se fait que des mouvements de la même nature aient pu se produire dans les membres les plus distincts de toute la série végétale. Il ne faut pas supposer, cependant, que tous les mouvements des plantes soient des modifications de la circumnutation; nous allons voir, en effet, qu'il y a des raisons pour croire qu'il n'en est pas ainsi.

Après ces remarques préliminaires, nous allons prendre, par la pensée, une graine qui germe, et considérer le rôle que jouent, dans la vie de la plante, les divers modes de mouvement. Le premier changement qui se produise dans la semence est la sortie de la radicule, qui commence aussitôt à circumnuter. Ce mouvement est immédiatement modifié par la pesanteur, et devient géotropique. En supposant donc que la graine gise à la surface du sol, la radicule s'incline fortement vers le bas, suivant une marche plus ou moins en spirale, comme nous l'avons vu sur des verres noircis. La sensibilité à l'action de la pesanteur réside dans l'extrémité, et c'est l'extrémité qui transmet l'excitation aux parties voisines, en déterminant leur incurvation. Dès que l'extrémité, protégée par la coiffe, atteint la surface du sol, elle y pénètre, si ce dernier est humide et friable ; cette pénétration paraît aidée par le mouvement de révolution, ou de circumnutation, de l'extrémité radiculaire. Si la surface compacte ne se laisse pas pénétrer facilement, la graine elle-même, dans le cas où elle n'est pas trop lourde, se trouve déplacée ou soulevée par la croissance et l'élongation continues de la radicule. Mais, dans l'état de nature, les graines sont souvent recouvertes de terre ou d'autres matières, elles tombent dans des crevasses, etc., ce qui leur fournit un point de résistance, et permet à la radicule de pénétrer aisément dans le sol. Mais, même pour les graines qui gisent à la surface, il existe un auxiliaire d'une autre nature : une multitude de poils extrêmement fins émis à la partie supérieure de la radicule, s'attachent fortement aux pierres ou aux autres objets qui se trouvent dans le voisinage; ils peuvent se fixer même sur le verre. C'est ainsi que la partie supérieure est maintenue tandis que la radicule s'enfonce dans le sol. La fixation des poils radiculaires s'effectue par la liquéfaction de la surface externe cellulosique des cellules, et par la solidification subséquente de la matière liquéfiée. Ce curieux processus se produit, suivant toute probabilité, moins pour fixer la radicule sur les objets superficiels, que pour pouvoir amener les poils en contact intime avec les particules du sol, et leur permettre d'absorber la couche d'eau qui entoure ces particules, avec les matières qu'elle tient en dissolution.

Lorsque la radicule a pénétré à une petite profondeur dans le sol, son épaississement contribue, avec les poils radiculaires, à la maintenir en place; la force exercée à ce moment par l'accroissement longitudinal de la radicule l'amène à une profondeur plus grande. Cette force, combinée à celle qui provient de la croissance transversale, permet à la radicule d'agir comme un coin. En voie d'accroissement, une racine même de taille modérée, telle qu'une radicule de *Vicia faba*, peut déplacer un poids de plusieurs livres. Il n'est pas probable que l'extrémité, enfermée dans la terre compacte, puisse alors circumnuter pour faciliter sa descente, mais le mouvement circumnutant doit aider la radicule à pénétrer dans une fissure transversale ou oblique, ou dans un trou de ver ; il est même certain que les racines courent très souvent dans de vieux trous de lombrics. L'extrémité s'efforce donc de circumnuter, et presse alternativement le sol par toutes ses faces, ce qui ne peut être que d'une grande utilité pour la plante. Nous avons vu, en effet, que, lorsque de petits morceaux de papier-carton et de papier très mince étaient fixés sur les faces opposées de l'extrémité radiculaire, la partie en voie d'accroissement, tout entière, était sollicitée à se courber pour s'éloigner du côté où se trouvait le carton (c'est-à-dire la substance la plus résistante) et pour se diriger vers le papier mince. Nous pouvons donc être à peu près certains que, si l'extrémité rencontre dans le sol une pierre ou un autre obstacle, ou même un terrain plus résistant d'un côté que de l'autre, la racine s'écartera autant que possible de l'obstacle, ou du sol le plus compacte, et suivra ainsi, infailliblement, une ligne de moindre résistance.

L'extrémité est plus sensible au contact prolongé avec un objet qu'à l'influence de la pesanteur, si celle-ci agit obliquement sur la radicule, et même quelquefois si elle agit dans la direction la plus favorable, c'est-à-dire perpendiculairement. L'extrémité subissait l'influence d'une goutte de gomme laque, attachée sur elle, dont le poids était inférieur à $0^{mg}33$; elle est donc plus sensible que la vrille la plus délicate, celle de *Passiflora gracilis*, par exemple, qui est à peine excitée par un morceau de fil de fer pesant $0^{mg}32$. Mais ce degré même de sensibilité est peu appréciable, si on le compare à celui des glandes de Drosera, qui sont excitées par des particules dont le poids n'atteint que $0^{mg}0008382$. La sensibilité de l'extrémité radiculaire ne saurait s'expliquer par l'amincissement des tissus qui l'entourent, puisqu'elle est protégée par une coiffe relativement épaisse. Bien que la radicule s'éloigne lorsqu'on touche légèrement son extrémité avec un caustique (et c'est là un fait remarquable), cependant, si le dommage causé par la cautérisation est trop considérable, le pouvoir de transmettre l'excitation aux parties voisines est complétement perdu. Nous savons déjà qu'on peut trouver d'autres cas analogues.

Lorsqu'une radicule a été déviée par la rencontre d'un obstacle, le géotropisme agit pour en ramener l'extrémité dans la direction de la perpendiculaire ; mais le géotropisme ne possède pas une bien grande force, et, ici, entre en jeu, comme Sachs l'a prouvé, un autre mouvement d'adaptation et des plus intéressants. Les radicules, à quelques millimètres de leur extrémité, sont sensibles à un contact prolongé, et s'inclinent, sous cette influence, de manière à se diriger vers l'objet qui les touche, au lieu de s'en éloigner, comme elles le font lorsque le contact a lieu par un côté de leur extrémité. De plus, l'incurvation ainsi produite est brusque, et s'étend seulement à la partie excitée. Il suffit, pour amener cette incurvation, d'une pression même légère, comme celle exercée par un morceau de carton collé sur une des faces de l'organe. Par conséquent, une radicule, en passant, au sein de la terre, sur le bord d'un obstacle, sera pressée contre lui par l'action du géotropisme, et cette pression déterminera sa brusque incurvation au-delà du bord. Elle reprendra donc aussi rapidement que possible sa marche normale vers le bas.

Les radicules sont également sensibles sur leurs deux

faces, à l'état hygrométrique plus ou moins considérable de l'air et elles s'inclinent vers le point d'où provient l'humidité. Il est donc probable qu'elles sont de même sensibles à l'humidité du sol. Nous avons déterminé, en différents cas, que cette sensibilité a son siège dans l'extrémité, et que, de là, se transmet une excitation qui détermine l'incurvation des parties voisines vers l'objet humide, malgré l'influence du géotropisme. Nous pouvons en conclure que les racines seront déviées de leur course normale par la présence, dans le sol, d'une source d'humidité.

Enfin, la plupart des radicules, sinon toutes, sont légèrement sensibles à l'action lumineuse, et, d'après Wiesner, elles s'inclinent en général faiblement pour s'éloigner de la lumière. Il est très douteux que cette sensibilité puisse être de quelque utilité pour la plante ; cependant, lorsque les graines germent à la surface du sol, elle peut légèrement aider le géotropisme à faire pénétrer la radicule dans la terre (1). En un cas, nous avons reconnu que cette sensibilité réside dans l'extrémité, et que l'influence transmise éloigne de la lumière les parties voisines. Les racines sub-aériennes observées par Wiesner étaient toutes aphéliotropiques, propriété qui, sans aucun doute, leur est d'une certaine utilité, en les amenant en contact avec les troncs d'arbres, ou avec la surface des rochers, suivant leur mode de vie.

Nous voyons donc que, dans les semis, l'extrémité radiculaire est susceptible de plusieurs sortes de sensibilité, et que cette extrémité transmet aux parties voisines une excitation capable de déterminer leur incurvation vers l'objet excitant, ou dans le sens opposé, suivant les be-

---

(1) Le Dʳ Karl Richter, qui a spécialement traité ce sujet (« K. Akad. der Wissenschaften in Wien , » 1879, p. 149), établit que l'aphéliotropisme n'aide ᵣas les radicules à pénétrer dans le sol.

soins de la plante. Les côtés de la radicule sont également sensibles au contact, mais d'une façon fort différente. La gravitation, bien que son action soit beaucoup plus faible que celle des autres excitants, exerce une influence ininterrompue ; aussi prévaut-elle toujours en dernier ressort, et détermine-t-elle la croissance de la radicule vers le bas.

La radicule primaire émet des racines secondaires qui se projettent presque horizontalement ; nous vîmes, dans un cas, que ces racines secondaires circumnutaient. Leurs extrémités sont aussi sensibles au contact, ce qui les porte à s'éloigner des objets qu'elles viennent à rencontrer ; elles ressemblent donc à cet égard, autant que nous avons pu l'observer, aux radicules primaires. Sachs a montré qu'après avoir été déplacées, elles reprennent leur position primitive sub-horizontale, ce qui est probablement dû à l'influence du diagéotropisme. Les racines secondaires émettent des racines tertiaires, mais, dans la fève au moins, ces dernières ne subissent plus l'influence de la gravitation ; elles se dirigent, par suite, dans tous les sens. C'est ainsi que l'arrangement général des racines des trois ordres est admirablement adapté pour aller chercher, dans tous les points du sol, les particules nutritives.

Sachs a montré que, si l'on coupe l'extrémité de la radicule primaire (et cette extrémité peut, parfois, être détruite chez des semis dans les conditions naturelles), l'une des racines secondaires se dirige perpendiculairement vers le bas ; ce fait est analogue à la croissance perpendiculaire vers le haut d'une des branches latérales, après l'amputation de la souche principale. Nous avons vu, sur des racines de fève, que, si la radicule primaire au lieu d'être amputée, est fortement comprimée, de manière à ce qu'un excès de sève soit dirigé vers les racines secondaires, ce fait suffit pour modifier les conditions naturelles

propres à ces dernières, et déterminer leur croissance vers
le bas. Nous avons d'ailleurs indiqué plusieurs autres faits
de même nature. Comme tout ce qui modifie les conditions normales d'un organe est susceptible d'amener une
régression, c'est-à-dire de faire réapparaître un caractère
primitif, il semble probable que, lorsque des racines
secondaires se dirigent vers le bas, ou des branches latérales vers le haut, ces organes reviennent au mode primitif de croissance des racines et des branches.

Chez les graines dicotylédones, après la sortie de la
radicule, l'hypocotyle rompt les enveloppes séminales;
mais, si les cotylédons sont hypogés, c'est l'épicotyle qui
sort le premier. Ces organes sont d'abord invariablement
courbés, et leur partie supérieure se dirige vers le bas,
parallèlement à leur partie inférieure. Ils conservent cette
forme jusqu'au moment où ils se sont élevés au-dessus
du sol. Dans quelques cas cependant, ce sont les pétioles
des cotylédons ou des premières feuilles vraies qui, bri-
sant les enveloppes séminales, traversent la couche
du sol avant l'apparition d'une partie de la tige. Ces
pétioles sont alors toujours invariablement arqués. Nous
n'avons rencontré qu'une seule exception à cette règle;
encore n'était-elle que partielle : elle est offerte par les
pétioles des deux premières feuilles vraies d'*Acanthus
candelabrum*. Pour *Delphinium nudicaule*, les pétioles
des deux cotylédons complétement confluents sortent
de terre en forme d'arc; plus tard, les pétioles des premières feuilles formées après les cotylédons sont arqués,
et peuvent ainsi se faire jour à travers les bases des
pétioles confluents des cotylédons. Dans le cas de Megarrhiza, c'est la plumule qui sort en forme d'arc à travers le
tube formé par la confluence des pétioles des cotylédons.
Chez les plantes adultes, les tiges florifères et les feuilles
pour quelques espèces, enfin le rachis dans plusieurs fougères, sortant séparément du sol, sont également arqués.

Ce fait, que des organes si différents, dans des plantes d'espèces diverses, sortent de terre sous forme d'arc, montre qu'une telle disposition doit revêtir pour eux, d'une manière quelconque, une importance considérable. D'après Haberlandt, l'extrémité en voie d'accroissement, et encore tendre, se trouve ainsi protégée contre tout dommage, et cette explication est probablement vraie. Mais en outre, comme les deux branches de l'arc sont en période de croissance, leur force s'en trouve ainsi grandement accrue, tant que l'extrémité, retenue sous les enveloppes séminales, y rencontre un point d'appui. Chez les monocotylédones, la plumule ou le cotylédon prend rarement une forme arquée, autant que nous avons pu le voir ; le fait se produit cependant pour le cotylédon foliacé de l'oignon : la couronne de l'arc, est en outre, dans ce cas, le siège d'une protubérance spéciale qui vient la renforcer. Chez les Graminées, le sommet du cotylédon droit, en fourreau, se développe en une crête blanche, dure, qui sert évidemment à vaincre la résistance du sol. Chez les dicotylédones, l'incurvation de l'épicotyle ou de l'hypocotyle paraît souvent résulter surtout de la position prise dans la graine par les différentes parties. Mais il est douteux que cela soit vrai dans tous les cas, et il n'en est certainement pas ainsi dans quelques-uns, où nous avons vu l'incurvation commencer à se produire après la sortie complète des diverses parties hors des enveloppes. Comme, d'ailleurs, l'incurvation se produit quelle que soit la position dans laquelle les graines se trouvent placées, elle est sans aucun doute due à l'augmentation momentanée de la croissance sur une face de l'organe, phénomène dépendant de l'épinastie ou de l'hyponastie.

Universellement répandue, cette habitude de l'hypocotyle est fort probablement d'origine très ancienne. Il n'est donc pas surprenant qu'elle ait pu être transmise

36

par hérédité, au moins dans une certaine mesure, à des plantes pourvues de cotylédons hypogés, chez lesquelles l'hypocotyle, peu développé, ne paraît jamais au-dessus du sol, et pour lesquelles, par conséquent, ce processus n'est d'aucune utilité. Cette tendance explique, nous l'avons vu, l'incurvation de l'hypocotyle (et le mouvement radiculaire qui en provient), phénomène qui a d'abord été observé par Sachs, et que nous avons souvent eu l'occasion de signaler sous le nom d'incurvation de Sachs.

Les divers organes arqués dont nous venons de parler sont en circumnutation continuelle, ou s'efforcent constamment de circumnuter, même avant de sortir de terre. Dès qu'une partie de l'arc quitte les enveloppes séminales, elle subit l'action de l'apogéotropisme, et les deux branches à la fois s'inclinent vers le haut, aussi rapidement que le leur permet la terre environnante, jusqu'à ce que l'arc tout entier soit vertical. Sa croissance subséquente lui permet de se faire jour à travers le sol. Mais ses efforts continuels pour circumnuter favorisent aussi son émergence, dans une faible mesure, car nous savons qu'un hypocotyle, en circumnutant, peut refouler de tous les côtés, autour de lui, le sable humide qui l'environne. Dès que le plus faible rayon de soleil atteint un semis, l'héliotropisme le guide à travers une fente du sol, ou au milieu du réseau de la masse de végétation environnante: l'apogéotropisme, en effet, ne peut agir sur lui que dans une direction exactement perpendiculaire. Il est donc probable qu'il existe une certaine sensibilité à l'action lumineuse, dans l'extrémité des cotylédons de Graminées, comme dans la partie supérieure de l'hypocotyle, chez certaines plantes au moins.

Par suite de la croissance de l'arc, les cotylédons sont amenés au-dessus du sol. Les enveloppes séminales restent sous terre, ou demeurent encore quelque temps autour des cotylédons. Leur chute a lieu plus tard principalement par suite de la croissance de ces derniers organes. Mais, chez la plupart des Cucurbitacées, on voit une curieuse conformation spéciale destinée à amener la chute des enveloppes sous le sol ; cette disposition consiste en une saillie perpendiculaire sur la base de l'hypocotyle, qui accrochant la partie inférieure des enveloppes, tandis que la partie supérieure est entraînée par la croissance de l'hypocotyle arqué, déchire ainsi les membranes séminales. Une structure à peu près analogue nous est offerte par *Mimosa pudica*, et par quelques autres plantes. Avant que les cotylédons se soient complétement étalés, l'hypocotyle se redresse généralement, par suite d'une augmentation de croissance sur la face concave, c'est-à-dire par un procédé inverse de celui qui a déterminé l'incurvation. En dernier lieu, il ne reste aucune trace de l'incurvation primitive, si ce n'est toutefois dans le cotylédon foliacé de l'oignon qui fait exception à cette règle.

Les cotylédons peuvent alors remplir les fonctions des feuilles, et décomposer l'acide carbonique : ils fournissent aussi, aux autres parties de la plante, les aliments qu'ils renferment souvent. Lorsque cette réserve nutritive est considérable, ils demeurent généralement enfouis sous le sol par suite du faible développement de l'hypocotyle, et peuvent ainsi plus facilement éviter d'être détruits par les animaux. Il arrive parfois que, sous l'influence de causes inconnues, les aliments s'accumulent dans l'hypocotyle ou dans la radicule, et alors un des cotylédons, ou même tous deux, demeurent rudimentaires : nous avons cité plusieurs exemples de ce fait. Il est probable que le mode extraordinaire de germination propre à *Megarrhiza Californica*, *Ipomœa leptophylla*, *pandurata*, et à *Quercus virens*, est en connexion avec l'enfouissement des racines tubéroïdes, qui, dans le jeune âge, sont gorgées de substances nutritives. Dans ces plantes, en effet, les pétioles des cotylédons sortent d'abord de la graine ; ils sont terminés par une petite radicule, et par l'hypocotyle. Ces pétioles s'inclinent géotropiquement comme une racine, et pénètrent dans le sol, de sorte que la véritable racine, qui plus tard augmente beaucoup de volume, est entraînée à une certaine distance au-dessous de la surface. Les gradations de structure sont toujours intéressantes, et Asa Gray nous informe que, dans *Ipomœa Jalapa*, qui forme aussi des tubercules, l'hypocotyle est encore d'une longueur considérable, tandis que les pétioles des cotylédons ne s'allongent que modérément. Mais, outre l'avantage qui résulte de l'accumulation des matières nutritives dans les tubercules, la plumule est encore, au moins dans Megarrhiza, protégée par son enfouissement contre les froids de l'hiver.

Chez beaucoup de semis de Dicotylédones, comme l'a récemment décrit De Vries, la contraction du parenchyme de la partie supérieure de la radicule entraîne l'hypocotyle vers le bas, et l'amène sous terre ; quelquefois (nous l'avons dit) ce mouvement va jusqu'à l'enfouissement des cotylédons. L'hypocotyle même, dans certaines espèces, se contracte d'une manière identique. Il est probable que cet enfouissement sert à protéger les semis contre les froids de l'hiver.

Notre végétal imaginaire est maintenant mûr en tant que semis, car son hypocotyle est droit et ses cotylédons pleinement étalés. Dans cet état, la partie supérieure de l'hypocotyle et les cotylédons, continuent pendant quelque temps à circumnuter : ce mouvement généralement d'une étendue considérable par rapport aux dimensions des parties, s'effectue rapidement. Mais les semis n'en peuvent tirer quelque avantage que lorsqu'il se modifie, surtout sous l'influence de la lumière et de la pesanteur ; ils sont capables alors, en effet, de se mouvoir plus rapidement et plus largement que ne sauraient le faire la plupart des plantes adultes. Les semis étant soumis à une lutte acharnée pour l'existence, il est pour eux extrêmement important de pouvoir s'adapter aussi rapidement et aussi parfaitement que possible à leurs conditions de vie. De là provient leur extrême sensibilité à l'action de la lumière et de la pesanteur. Les cotylédons de quelques espèces sont sensibles à l'attouchement; mais il est probable que ce n'est là qu'un résultat indirect des sensibilités précédentes, car il n'y a aucune raison pour croire qu'il puisse leur être utile de se mouvoir lorsqu'on les touche.

Notre semis possède maintenant une tige portant des feuilles, et souvent des branches, qui circumnutent toutes tandis qu'elles sont encore jeunes. Si nous considérons, par exemple, un grand Acacia, nous pouvons être assurés que chacune de ses innombrables pousses décrit constamment de petites ellipses; de même pour chaque pétiole, principal ou secondaire, et pour chaque foliole. Ces dernières, comme les feuilles ordinaires, se meuvent en général verticalement, à peu près dans le même plan, de manière à décrire des ellipses très étroites. Les pédoncules floraux sont également en circumnutation continuelle. Si nous pouvions voir au-dessous du sol, et si nos yeux étaient aussi puissants que des microscopes, nous apercevrions l'extrémité de chaque fibrille radiculaire s'efforçant de décrire de petites ellipses ou des cercles, autant que le lui permet la pression du sol. Tous ces mouvements étonnants se sont produits d'année en année, à partir du moment où l'arbre a apparu au-dessus de la surface du sol.

Les tiges se développent parfois en longs coulants ou stolons. Ces organes circumnutent d'une façon remarquable, ce qui les aide à éviter ou à surmonter les obstacles. Mais il est douteux que le mouvement circumnutant ait été augmenté dans ce but spécial.

Il nous faut considérer maintenant la circumnutation dans ses diverses modifications, comme la source des diverses grandes classes de mouvement. La modification peut se produire sous l'influence de causes innées, ou d'agents extérieurs. Dans la première catégorie, nous devons placer les feuilles qui, lorsqu'elles commencent à s'étaler, sont dans une position verticale, et s'inclinent graduellement vers le bas en vieillissant. Nous voyons des pédoncules floraux se pencher lorsque la fleur est flétrie, et d'autres se relever vers le ciel ; ou encore des tiges dont l'extrémité était d'abord courbée vers le bas, en crochet, se redresser ensuite, et bien d'autres cas encore. Ces changements de position, dus à l'épinastie ou à l'hyponastie, se produisent à certaines périodes de la vie de la plante, et sont indépendants de toute excitation extérieure. Ils ne s'effectuent pas par un mouvement continu vers le haut ou vers le bas, mais par une succession de petites ellipses, ou par des lignes en zigzag, c'est-à-dire par un mouvement de circumnutation accentué dans une direction donnée.

De plus, les plantes grimpantes, dans leur jeunesse, circumnutent de la manière ordinaire ; mais, dès que la tige est parvenue à une certaine hauteur — qui diffère suivant les espèces — elle s'allonge rapidement, et alors l'amplitude de la circumnutation s'accroît considérablement, dans le but évident d'aider la tige à s'enrouler autour d'un support. La tige circumnute aussi un peu plus également de tous les côtés, que chez les plantes non grimpantes. C'est ce qu'on peut voir nettement dans les vrilles formées de feuilles modifiées, qui décrivent de larges cercles, tandis que les feuilles ordinaires circumnutent presque dans le même plan vertical. Les pédoncules floraux, lorsqu'ils se transforment en vrilles, voient leur mouvement circumnutant [s'accroître considérablement, de la même manière.

Nous arrivons maintenant à notre second groupe des mouvements circumnutants, à ceux qui sont modifiés par des agents extérieurs. Les mouvements nyctitropiques, qui constituent le sommeil des feuilles, sont placés sous l'influence des alternances de lumière et d'obscurité. Ce n'est pas l'obscurité qui détermine le mouvement, mais la différence dans la quantité de lumière reçue pendant le jour et pendant la nuit. Pour plusieurs espèces en effet, les feuilles ne sommeillent pas la nuit, si leur éclairage diurne n'a pas été brillant. Elles acquièrent cependant, par hérédité, une tendance à se mouvoir aux moments voulus, indépendamment d'une modification dans la quantité de lumière. Les mouvements sont, dans certains cas, extraordinairement complexes, mais nous n'en parlerons pas longuement ici, puisque nous les avons complétement analysés dans le chapitre consacré à ce sujet. Les feuilles et les cotylédons prennent leur position nocturne de deux manières : au moyen d'un pulvinus, ou sans cet organe. Dans le premier cas, le mouvement continue aussi longtemps que la feuille ou le cotylédon garde sa vitalité ; dans le dernier, au contraire, il ne dure que pendant la croissance de l'organe. Les cotylédons paraissent, proportionnellement, sommeiller dans un plus grand nombre d'espèces que les feuilles. Chez certaines espèces, les feuilles sommeillent, et non les cotylédons ; chez d'autres, les cotylédons et non les feuilles ; chez d'autres enfin, l'un et l'autre de ces organes sommeillent, mais en prenant, la nuit, des positions nettement différentes.

Remarquablement diversifiés, les mouvements nyctitropiques des feuilles et des cotylédons diffèrent quelquefois beaucoup dans les espèces du même genre. Cependant, le limbe est toujours placé, la nuit, dans une position telle que sa face supérieure soit exposée le moins possible à la radiation. Nous ne pouvons douter que ce

soit là le but de ces mouvements. Nous avons prouvé que
des feuilles exposées en plein air, et dont les limbes étaient
assujettis dans la position horizontale, souffraient beaucoup plus du froid que d'autres, auxquels il avait été permis de prendre leur position horizontale caractéristique.
Nous avons cité à ce sujet plusieurs faits curieux, montrant que des feuilles étendues horizontalement souffraient
davantage, la nuit, lorsque l'air, qui n'est pas refroidi par
la radiation, ne pouvait circuler librement sous leur face
inférieure ; il en était de même pour les feuilles qui sommeillaient sur des branches maintenues immobiles. Dans
quelques espèces, les pétioles s'élèvent fortement la nuit,
et les feuilles secondaires se ferment. La feuille entière
devient ainsi plus compacte, et offre à la radiation une
surface plus faible.

. Nous avons, croyons-nous, clairement démontré que
les divers mouvements nyctitropiques des feuilles sont
des modifications du mouvement circumnutant. Dans le
cas le plus simple, une feuille décrit, durant les 24 h.,
une simple grande ellipse ; et le mouvement est combiné
de telle sorte que le limbe soit vertical pendant la nuit, et
reprenne le lendemain matin sa position naturelle. La
marche suivie ne diffère de la circumnutation ordinaire
que par sa plus grande amplitude et son accroissement
de rapidité à la fin de la soirée et au commencement de
la matinée. Si l'on n'admettait pas que ce fût-là un mouvement de circumnutation, les feuilles qui le présentent ne circumnuteraient pas du tout, ce qui constitue-
rait une monstrueuse anomalie. Dans d'autres cas, les
feuilles et les cotylédons décrivent, dans les 24 h., plusieurs ellipses verticales : dans la soirée, l'une de ces
ellipses prend une amplitude plus considérable, jusqu'à
ce que le limbe soit vertical. En cette position, la circumnutation continue jusqu'au lendemain matin, moment
auquel l'organe reprend sa position primitive. Quand ils

sont dus à un pulvinus, ces mouvements se trouvent souvent compliqués par la rotation de la feuille ou de la foliole; cette déviation, sur une faible échelle, se produit pendant la circumnutation ordinaire. On pourrait comparer entre eux les nombreux diagrammes que nous avons donnés de feuilles ou de cotylédons sommeillants ou non sommeillants, et l'on verrait qu'ils sont essentiellement de même nature. La circumnutation ordinaire se convertit en mouvement nyctitropique, d'abord par une augmentation d'amplitude moins considérable que celle des plantes grimpantes, et ensuite par la périodicité donnée à cette augmentation par les alternances de lumière et d'obscurité. Mais il existe fréquemment des traces distinctes de périodicité dans les mouvements circumnutants des feuilles et des cotylédons non sommeillants. Le fait que les mouvements nyctitropiques se produisent dans des espèces distribuées parmi de nombreuses familles dans toute la série des plantes vasculaires, est explicable, si ces mouvements résultent d'une modification de cette circumnutation universellement répandue ; de toute autre manière, ce fait demeure sans explication.

Nous avons cité, dans le septième chapitre, le cas d'une Porlieria, dont les folioles demeuraient fermées toute la journée, lorsque la plante n'était pas arrosée et cela, probablement, pour éviter toute évaporation. Il se produit, dans quelques Graminées, un fait de même nature. A la fin du même chapitre, nous avons ajouté quelques observations sur ce qu'on peut appeler l'embryologie des feuilles. Les feuilles portées par de jeunes pousses sur des pieds de *Melilotus Taurica* sommeillent comme celles d'un Trifolium, tandis que les feuilles des branches plus âgées, sur les mêmes plantes, dorment d'une façon toute différente et particulière à ce genre. Pour des raisons que nous avons déjà exposées, nous sommes tentés de considérer ce fait comme un cas de régression vers une habitude nyctitropique ancienne. Il en est de même avec *Desmodium gyrans*. Là, l'absence des petites folioles latérales, sur les très jeunes plantes, nous fait penser que l'ancêtre immédiat de cette espèce ne possédait pas de folioles latérales, et que leur apparition à l'état tout à fait embryonnaire, dans un âge un peu plus avancé, est le résultat d'une régression vers un type ancestral à trois folioles. [Quoi qu'il en soit, les rapides mouvements giratoires, ou circumnutants, des petites folioles latérales, nous paraissent dus en grande partie à ce que le pulvinus, organe du mouvement, n'a pas subi, à beaucoup près, la même réduction que le limbe, pendant les modifications successives qu'a traversées l'espèce.

Nous arrivons maintenant à la classe si importante des mouvements dus à l'action d'une lumière latérale. Lorsque les tiges, les feuilles, ou les autres organes, sont placés de façon qu'une de leurs faces soit plus fortement éclairée que l'autre, ces organes s'inclinent vers la lumière. Ce mouvement héliotropique résulte manifestement d'une modification dans la circumnutation ordinaire, et l'on peut suivre toutes les gradations entre ces deux phénomènes congénères. Lorsque la lumière était faible, et très peu différente sur les deux faces, le mouvement était formé par une succession d'ellipses, dirigées vers cet agent, et dont chacune était plus rapprochée que la précédente de la source lumineuse. Lorsque la différence d'éclairage sur les deux faces était un peu plus forte, les ellipses s'étiraient en zigzags fortement marqués, et la marche devenait rectiligne si la différence augmentait encore. Nous avons lieu de croire que des changements dans la turgescence des cellules sont la cause immédiate du mouvement de circumnutation; il semble que, lorsqu'une plante est inégalement éclairée sur ses deux faces, la turgescence, toujours changeante, est augmentée sur une face, et ralentie ou tout à fait arrêtée sur les autres. Un accroissement de turgescence est généralement suivi d'une augmentation de croissance, de telle sorte qu'une plante qui est courbée vers la lumière serait fixée dans cette position, si le géotropisme n'agissait pas sur elle pendant la nuit. Mais les organes pourvus d'un pulvinus s'inclinent, comme Pfeffer l'a montré, vers la lumière, sans que la croissance entre en jeu plus que pour les mouvements circumnutants ordinaires du pulvinus.

L'héliotropisme agit dans tout le règne végétal; mais, lorsque, par suite de changements dans le genre de vie d'une plante, ces mouvements deviennent nuisibles ou inutiles, la tendance est facilement éliminée, comme nous l'avons vu dans les plantes grimpantes et insectivores.

Les mouvements aphéliotropiques sont relativement très rares, excepté dans les racines aériennes. Dans les deux cas que nous avons examinés, le mouvement est bien certainement une modification de la circumnutation.

La position que les feuilles et les cotylédons occupent pendant la journée, position plus ou moins transversale relativement à la direction des rayons lumineux, est due, d'après Frank, à ce qu'on peut nommer le diahéliotropisme. Comme toutes les feuilles et tous les cotylédons sont en circumnutation continuelle on peut à peine douter que le diahéliotropisme résulte d'une modification de ce mouvement. De ce fait que les feuilles et les cotylédons s'élèvent fréquemment un peu dans la soirée, il semble ressortir que le diahéliotropisme a à lutter, dans la journée, contre une tendance à l'apogéotropisme.

Enfin, les folioles et les cotylédons de quelques plantes ont, on le sait, à souffrir d'un éclairage trop intense; lorsque le soleil les frappe, ils se meuvent vers le haut ou vers le bas, ou se tordent latéralement, de façon à diriger

leurs bords vers la source lumineuse, et à éviter ainsi tout
dommage. Ces mouvements parhéliotropiques sont certainement, dans un cas, une modification de la circumnutation, et il en est probablement de même dans tous les
autres, car les feuilles de toutes les espèces décrites circumnutent d'une manière évidente. Ce mouvement n'a cependant été observé que sur des folioles pourvues de pulvinus, dans lesquelles l'augmentation de turgescence n'est
pas suivie d'une augmentation de croissance. Nous pouvons comprendre pourquoi il en est ainsi, puisque ce
mouvement n'est provoqué que par un besoin temporaire.
Il serait manifestement désavantageux pour la feuille
d'être fixée, par sa croissance, dans une position inclinée. Elle a, en effet, à prendre sa position horizontale
primitive, aussitôt que possible, après que le soleil a
cessé de l'éclairer trop fortement.

L'extrême sensibilité de certains semis à l'action de la
lumière, est très remarquable, comme nous l'avons montré dans le IXe Chapitre. Les cotylédons de Phalaris s'inclinaient vers une lampe éloignée, qui émettait une
lumière si faible, qu'un crayon, placé verticalement près
des semis, ne laissait sur du papier blanc aucune ombre
perceptible. Ces cotylédons étaient donc affectés par une
différence dans l'intensité lumineuse, que l'œil ne pouvait saisir. Le degré de leur incurvation dans un temps
donné ne correspondait pas exactement à la quantité de
lumière reçue; à aucun moment, la lumière n'était en
excès. Ils continuaient à s'incurver vers une lumière
latérale, pendant près d'une demi-heure après que
celle-ci avait été éteinte. Leur incurvation avait une précision remarquable, et dépendait de l'éclairage d'une face
totale, l'autre face entière étant complétement dans l'obscurité. L'excitant principal des mouvements placés sous
l'influence de la lumière paraît, dans tous les cas, être
surtout la différence entre la quantité de lumière que les

plantes reçoivent à ce moment donné, et celle qu'elles ont reçue peu auparavant.

C'est ainsi que des semis pris à l'obscurité s'inclinaient vers une lumière faible, beaucoup plus tôt que d'autres qui avaient été auparavant exposés au plein jour. Nous avons vu plusieurs cas analogues pour les mouvements nyctitropiques des feuilles. Nous en observâmes un exemple frappant dans le cas des mouvements périodiques propres aux cotylédons d'une Cassia. Dans la matinée, un pot fut placé en la partie obscure d'une chambre, et tous les cotylédons s'élevèrent pour se fermer ; un autre pot avait été exposé en pleine lumière et les cotylédons s'étaient naturellement étalés : les deux pots furent alors placés ensemble au milieu de la pièce, et les cotylédons qui avaient été exposés au soleil commencèrent immédiatement à se fermer, tandis que les autres s'ouvraient. De cette façon, les cotylédons, dans les deux pots, se mouvaient dans des directions exactement opposées, lorsqu'on les soumettait à la même illumination.

Nous constatâmes que des semis, gardés à l'obscurité, et éclairés par une petite bougie pendant deux ou trois minutes seulement, à des intervalles de 3/4 d'heure ou d'une heure environ, se courbaient tous vers le point où avait été placée la bougie. Nous fûmes très surpris de ce fait, que nous attribuions aux effets consécutifs de la lumière, avant d'avoir lu les observations de Wiesner. Ce dernier a montré que, en une heure, plusieurs éclairages interrompus, d'une durée totale de 20 m., peuvent déterminer, dans une plante, le même degré d'incurvation qu'une illumination continue de 60 m. Nous croyons que ce phénomène, selon nous, peut s'expliquer par ce fait que l'excitation lumineuse est due non pas tant à l'intensité actuelle de la lumière, qu'à sa différence avec l'intensité de l'éclairage précédent ; et, dans le cas que nous citons, il y avait plusieurs alternances répétées de lumière et d'obscurité. A cet égard, et à plusieurs autres que nous avons énumérés plus haut, la lumière paraît agir sur les tissus des plantes, tout à fait de la même manière que sur le système nerveux des animaux.

Une grande analogie de la même nature, mais plus frappante encore, se montre en ce que la sensibilité à l'action lumineuse est localisée dans l'extrémité des cotylédons de Phalaris et d'Avena, et dans la partie supérieure des hypocotyles de Brassica et de Beta : c'est la transmission d'une certaine influence, de ces points aux parties inférieures, qui détermine l'incurvation de ces dernières. Cette influence se transmet aussi au-dessous du sol, à une profondeur que la lumière ne peut atteindre. Il résulte de cette localisation que les parties inférieures des cotylédons de Phalaris, etc., qui, normalement, s'inclinent plus fortement que les supérieures vers une lumière latérale, peuvent être brillamment éclairées pendant plusieurs heures, sans montrer la moindre incurvation, si la lumière n'a pu atteindre leurs extrémités. Il est intéressant de couvrir d'un capuchon les extrémités cotylédonaires de Phalaris, et de laisser pénétrer, à travers des ouvertures spéciales, une lumière très faible : la partie inférieure du cotylédon s'inclinera alors vers le côté de l'ouverture, et non pas vers le point qui, pendant tout le temps, aura été fortement éclairé. Dans les radicules de *Sinapis alba*, la sensibilité à l'action lumineuse réside aussi dans l'extrémité, qui, lorsqu'elle est éclairée latéralement, détermine l'incurvation aphéliotropique des autres parties de la racine.

La gravitation excite les plantes à s'éloigner du centre de la terre, ou à s'en rapprocher, ou à se placer transversalement par rapport à la direction de ce point. Bien qu'il soit impossible de modifier directement l'attraction de la pesanteur, son influence peut cependant être modérée indirectement, en employant les divers moyens indiqués dans le Xe Chapitre. Au milieu de telles circonstances, les mouvements apogéotropiques et géotropiques, et probablement aussi les mouvements diagéotropiques se mon‌trent jusqu'à l'évidence comme des formes modifiées de la circumnutation, de la même manière que nous avons vu cette évidence démontrée pour l'héliotro‌pisme.

Les diverses parties du même végétal, et les diverses espèces de plantes sont affectées par la gravitation de manières bien différentes et à des degrés divers. Quelques organes et quelques plantes montrent à peine des traces de cette action. Les jeunes semis, qui, nous le savons, circumnutent rapidement, y sont éminemment sensibles. Nous avons vu l'hypocotyle de Beta parcourir, en se redressant, un arc de 109° en 3 h. 8 m.. Les effets postérieurs de l'apogéotropisme durent environ une demi-heure, et des hypocotyles couchés horizontalement prennent quelquefois ainsi, temporairement, une position verticale. Les avantages provenant de l'apogéotropisme, du géotropisme et du diagéotropisme, sont généralement si évidents qu'il n'est pas nécessaire de les énumérer. Pour les pédoncules floraux d'Oxalis, l'épinastie détermine leur incurvation vers le bas, de sorte que les gousses mûres puissent être protégées contre la pluie par le calice. Plus tard, ramenés vers le haut par l'apogéotropisme combiné avec l'hyponastie, ils permettent aux fruits de répandre leurs graines sur un grand espace. Les capsules et les capitules de certaines plantes sont courbés vers le bas par le géotropisme, et s'enfoncent sous terre pour que les graines soient protégées et puissent mûrir en sûreté. Cet enfouissement est largement facilité par le mouvement circulaire dû à la circumnutation.

En ce qui concerne les radicules de beaucoup de semis, et probablement de tous, la sensibilité à la gravitation est localisée dans l'extrémité, qui transmet l'influence reçue à la partie immédiatement supérieure, et détermine son incurvation vers le centre de la terre. Cette transmission a été prouvée d'une manière des plus intéressantes : des radicules de fèves, horizontalement étendues, furent exposées pendant 1 h. ou 1 h. 1/2 à l'action de la pesanteur, puis leurs extrémités furent coupées. Pendant ce temps, on n'avait constaté aucune trace d'incurvation ; les radicules furent alors placées verticalement. Mais une certaine influence avait déjà été transmise par l'exmité à la partie voisine, car celle-ci s'inclina bientôt sur un côté, comme cela serait arrivé si la radicule était demeurée horizontale, et qu'elle eût toujours subi l'action du géotropisme. Les radicules ainsi traitées continuèrent à croître horizontalement pendant deux ou trois jours jusqu'à ce qu'une nouvelle extrémité eût été reformée ; elles subirent alors l'action géotropique, et se courbèrent perpendiculairement vers le bas.

Nous venons de montrer que les diverses classes importantes de mouvement sont autant de modifications de la circumnutation : celle-ci se fait sentir continuellement tant que dure la croissance, et même, lorsqu'il existe un pulvinus, après que la croissance a cessé. Ces classes de mouvements sont : ceux qui sont dus à l'épinastie et à l'hyponastie, — ceux qui sont particuliers aux plantes grimpantes, et que l'on nomme généralement circumnutation tournante — les mouvements nyctitropiques ou de sommeil, des feuilles et des cotylédons, — et les deux immenses classes de mouvements déterminés par la lumière et par la pesanteur. Lorsque nous parlons de modifications de la circumnutation, nous voulons dire que la lumière, ou les alternances de lumière et d'obscurité, la pesanteur, les pressions légères ou les autres excitants, et certains états de la plante, innés et constitutionnels, ne sont pas la cause directe du mouvement. Ces excitants déterminent plutôt un accroissement ou une diminution dans les change-

ments spontanés de turgescence qui se produisent continuellement dans les cellules. On ne sait de quelle manière
agissent la lumière, la pesanteur, etc., sur les cellules :
nous remarquerons seulement que, si un stimulant quelconque agissait sur les cellules de manière à déterminer
une faible tendance de la partie affectée à s'incliner d'une
façon avantageuse, cette tendance devrait aisément s'accroître par la conservation des individus les plus sensibles. Mais si cette même incurvation était inutile, la tendance serait éliminée, dans le cas où elle n'aurait pas une
force tout à fait supérieure ; nous savons en effet avec
quelle facilité varient les caractères des organismes. Nous
n'avons non plus aucune raison pour douter que, après la
complète élimination d'une tendance de l'organisme à se
courber dans une certaine direction sous l'influence d'un
certain stimulant, la faculté de se courber dans le sens
directement opposé ait pu être acquise par l'action de la
sélection naturelle (1).

Bien que la plupart des mouvements tirent leur origine
des modifications de la circumnutation, il en est d'autres
qui paraissent avoir une origine tout à fait indépendante ;
mais ils sont loin de former des classes aussi importantes. Lorsqu'on touche une feuille de Mimosa, elle prend
immédiatement sa position nyctitropique ; mais Brücke a
montré que ce mouvement provient d'un état de turgescence des cellules différent de celui qui détermine le sommeil ; et, comme les mouvements nyctitropiques sont évidemment dus à des modifications de la circumnutation,
ceux qui suivent l'attouchement ne peuvent qu'avec
peine se rattacher à la même cause. La partie inférieure
d'une feuille de *Drosera rotundifolia* ayant été fixée sur le
sommet d'un bâton planté en terre, de manière à ne pou-

---

(1) Voir, dans « *Die wagerechte Richtung von Pflanzentheilen* » (1870, pp. 90-
91, etc.) de Frank, ses remarques sur les rapports de la Sélection naturelle avec le
géotropisme, l'héliotropisme, etc.

voir exécuter le plus léger mouvement, nous observâmes pendant plusieurs heures un tentacule sous le
microscope ; sans qu'il montrât aucun mouvement de
circumnutation, et cependant, lorsque son extrémité fut
touchée par un morceau de viande, la partie basilaire
s'incurva en 23 secondes. Ce mouvement d'incurvation
ne peut cependant pas provenir d'une modification de la
circumnutation. Mais lorsqu'un objet de faibles dimensions, un fragment de carton, par exemple, était placé
sur une des faces de l'extrémité d'une radicule, qui, nous
le savons, est en circumnutation continuelle, l'incurvation
ainsi provoquée était tellement semblable au mouvement
causé par le géotropisme, qu'on ne pouvait se refuser à
y voir une modification de la circumnutation. Une fleur
de Mahonia fut assujettie sur un bâton, et les étamines,
sous le microscope, ne montrèrent aucun signe de circumnutation ; cependant, à un léger attouchement, elles
se dirigeaient brusquement vers le pistil. Enfin, l'incurvation de l'extrémité d'une vrille, déterminée par l'attouchement, paraît indépendante de son mouvement de
révolution, ou de circumnutation. Cette indépendance est
encore mieux démontrée par ce fait que la partie la plus
sensible au contact, circumnute beaucoup moins que les
parties inférieures ; elle paraît même n'avoir aucun mouvement (1).

Nous n'avons, dans ces cas, aucune raison de croire
que le mouvement provient d'une modification de la circumnutation, comme les autres classes de mouvements
que nous avons décrites dans ce volume ; cependant, la
différence, entre ces deux groupes de manifestations vitales, peut n'être pas aussi grande qu'elle le paraît au
premier abord. Dans l'un des cas, un excitant cause une
augmentation ou une diminution dans la turgescence cel-

(1) Pour plus d'évidence sur ce sujet, voir « *Movements and Habits of Climbing
Plants*, » 1875, pp. 173, 174.

lulaire, laquelle subit des variations continuelles : dans
l'autre cas, l'excitant détermine d'abord un changement
similaire dans leur état de turgescence. Nous ne savons
pourquoi un attouchement, une pression légère, ou quelque autre excitant, tel que l'électricité, la chaleur, l'absorption d'une matière animale, peut modifier la turgescence des cellules mises en cause, de façon à provoquer le
mouvement. Mais l'attouchement montre ce pouvoir si
souvent, et sur des plantes si distinctes, que cette tendance nous paraît générale : devenue utile, elle doit s'être
augmentée. Dans d'autres cas, un attouchement produit
un effet très différent ; chez Nitella, par exemple, on peut
voir le protoplasme s'éloigner des parois cellulaires ; chez
Lactuca, un suc laiteux est sécrété ; dans les vrilles de
certaines Vitacées, Cucurbitacées, et Bignoniacées, une
légère pression détermine une exagération dans la croissance des cellules.

Enfin, il est impossible de n'être pas frappé par la ressemblance qui existe entre les mouvements que nous
venons d'analyser dans les plantes, et beaucoup d'entre
les actes inconsciemment exécutés par les animaux inférieurs (1). Chez les plantes, il suffit d'un stimulant extrêmement faible ; et même, dans des espèces voisines, l'une
peut être très sensible à la plus légère pression continue,
tandis que l'autre répondra surtout à un léger attouchement momentané.

L'habitude de se mouvoir à certaines périodes est
acquise héréditairement à la fois par les plantes et par les
animaux ; nous avons d'ailleurs déjà signalé plusieurs

---

(1) Sachs fait à peu près la même remarque : « Dass sich die lebende Pflanzen-
substanz derart innerlich differenzirt, dass einzelne Theile mit specifischen Ener-
gien ausgerüstet sind, ahnlich, wie die verschiedenen Sinnesnerven des Thiere. »
(« Arb. des Bot. Inst. in Wurz. » Bd II, 1879, p. 282. — (La substance vivante des
plantes présente cette différenciation intérieure que certaines parties sont douées
d'énergies spécifiques, au même degré que les différents nerfs des sens chez les
animaux.)

autres.points de similitude. Mais la ressemblance la plus
frappante est dans la localisation de ces sensibilités, et la
transmission de l'influence reçue, de la partie excitée
à une partie voisine qui entre en mouvement. Cependant
les plantes ne possèdent ni nerfs, ni centres nerveux :
nous pouvons dès lors être amenés par là à penser que,
chez les animaux, ces structures ne servent que pour une
transmission plus parfaite des impressions, et pour une
communication plus complète entre les diverses parties.

  Nous croyons qu'il n'y a, dans les plantes, aucune
structure plus remarquable, au moins pour ce qui a rapport à ses fonctions, que celle de l'extrémité radiculaire.
Que cette pointe soit légèrement pressée, ou cautérisée,
ou coupée, et elle transmettra aux parties voisines une
influence qui déterminera leur incurvation vers le
côté opposé. Bien plus, l'extrémité pourra distinguer
entre un objet un peu plus lourd et un autre un peu
plus léger, placés sur ses faces opposées. Si, cependant, la radicule est pressée par un objet similaire un
peu au-dessus de son extrémité, la partie comprimée ne
transmettra aucune influence aux parties voisines, et s'inclinera brusquement vers l'objet qui la touche. Si l'extrémité de la radicule est exposée dans une atmosphère un
peu plus humide sur une de ses faces que sur l'autre, elle
transmettra encore aux parties voisines une influence qui
déterminera leur incurvation vers la source d'humidité.
Lorsque l'extrémité est exposée à l'influence de la
lumière (bien que, pour les radicules, nous n'ayons eu
qu'un seul exemple de ce fait), la partie voisine s'incline
pour s'éloigner de la source lumineuse; mais, lorsqu'elle
subit l'action de la pesanteur, la même partie s'incurve
vers le centre de gravité. Dans tous ces cas, nous pouvons apercevoir clairement le but final ou les avantages
des divers mouvements. Deux (ou même plus) des causes excitantes agissent souvent simultanément sur l'ex-

trémité, et l'une d'elles l'emporte sur l'autre, sans aucun doute, suivant l'importance qu'elle a pour la vie de la plante. La marche suivie par la radicule lorsqu'elle pénètre dans le sol doit être déterminée par l'extrémité, et c'est dans ce but qu'elle a acquis ses diverses sortes de sensibilité. Il est à peine exagéré de dire que la pointe radiculaire, ainsi douée et possédant le pouvoir de diriger les parties voisines, agit comme le cerveau d'un animal inférieur : cet organe, en effet, placé à la partie antérieure du corps, reçoit les impressions des organes des sens et dirige les divers mouvements.

INDEX ALPHABÉTIQUE

Zea mays, héliotropisme des semis, p. 62-423.
— —, cautérisation de la radicule, p. 544.

Zimmermann, dispersion de la
graine, p. 494 *note*.
Zukal, sur les mouvements de
Spirulina, p. 261 *note*.

ERRATA

Page 4, *ligne* 15. *Au lieu de* : des tiges, etc. Vers le... *lisez* : des tiges, etc., vers le...

Page 5, *ligne* 32. *Au lieu de* : négatif et positif, *lisez* : positif et négatif.

Page 34, *ligne* 1. *Au lieu de* : A 4 h. 30 du soir, *lisez* : A 5 h. 30 du soir.

Page, 33, *titre*. *Au lieu de* : TROPÆOLUM, *lisez* : CASSIA.

Page 37, *titre*. *Au lieu de* : LOTUS, *lisez* : CUCURBITA.

Page 45, *titre*. *Au lieu de* : PRIMULA, *lisez* : IPOMÆA.

Page 63, *titre*. *Au lieu de* : PHALARIS, *lisez* : SELAGINELLA.

Page 128, *ligne* 21. *Au lieu de* : vesces, *lisez* : fèves.

Page 160, *ligne* 6. *Au lieu de* : à un angle, *lisez* : un angle.

Page 172, *ligne* 21. *Au lieu de* : (nous parlons plus.... *lisez* : (nous ne parlons plus ...

Page 182, *ligne* 4. *Au lieu de* : d'autres sortent racines, *lisez* : d'autres racines sortent.

Page 194, *ligne* 12. *Au lieu de* : d'une branche mince, *lisez* : d'une tranche mince.

Page 206, *ligne* 9. *Au lieu de* : ne fut dans, *lisez* : fut dans.

Page 209, *légende*, 1re *ligne*. *Au lieu de* : Fucshia, *lisez* : Fuchsia.

Page 217, *ligne* 8. Supprimer la virgule après *peuvent*.

Page 228, *note* 6, *ligne* 7. Après *Parnassia palustris*, etc., fermez la parenthèse.

Page 219, *légende*, *ligne* 2. *Au lieu de* : 18 h. du soir, *lisez* : 6 h. du soir.

Page 234, *légende*, *ligne* 1. *Au lieu de* : ianthus, *lisez* : Dianthus.

Page 248, *ligne* 8, *Au lieu de* : été gardées, *lisez* : été gardés.

Page 251, *ligne* 38. *Au lieu de* : procède, *lisez* : procéda.

Page 253, *note* 1, *ligne* 2. *Au lieu de* : Laubblatter, *lisez* : Laubblaetter.

Page 263, *ligne* 30. *Au lieu de* : marqué, *lisez* : masqué.

Page 270, *ligne* 29. *Au lieu de* : circumnution, *lisez* : circumnutation.

Page 274, *note* 1. *Au lieu de* : climbring, *lisez* : climbing.

Page 287, *ligne* 9. *Au lieu de* : par ces derniers, *lisez* : par ces dernières.

Page 298, *ligne* 30. *Au lieu de* : *Melilolus*, *lisez* : *Melilotus*.

Page 306, *ligne* 6. *Au lieu de* : toute différente que, *lisez* : toute différente de.

Page 306, *ligne* 18. *Au lieu de* : se rapportait, *lisez* : se rapportaient.

Page 312, *ligne* 39. *Au lieu de* : et par la torsion, *lisez* : mais par la torsion.

Page 317, *ligne* 20. *Au lieu de* : de phénomène, *lisez* : de phénomènes.

Page 317, *ligne* 31. *Au lieu de* : dans plusieurs, *lisez* : de plusieurs.

Page 321, *ligne* 7. *Au lieu de* : en quelque cas, *lisez* : en quelques cas.

Page 324, *ligne* 37. *Au lieu de* : *Uriana*, *lisez* : *Urania*.

Page 351, *ligne* 20. *Au lieu de* : à pétiole verticale, *lisez* : à pétiole vertical.

Page 394, *ligne* 14. *Page* 395, *légende*, *ligne* 1. *Au lieu de* : *Marsilea quadrifolia*, *lisez* : *Marsilea quadrifoliata*.

Page 399, *ligne* 22. Supprimer la virgule après *trifoliées*.

Page 416, *ligne* 34. *Au lieu de* : étudiés par, *lisez* : étudiés par Pfeffer.

Page 471, *ligne* 32. *Au lieu de* : Les cotylédons, *lisez* : Des cotylédons.

Page 497, *note*, *ligne* 15. *Au lieu de* : Les organismes, *lisez* : Les organes.

DOLE. — TYP. CH. BLIND.

www.ingramcontent.com/pod-product-compliance
Lightning Source LLC
Chambersburg PA
CBHW060829220326
41599CB00017B/2293